普通高等教育"十三五"规划教材

混凝土结构设计

李 哲 主 编
崔晓玲 郭光玲 副主编

Design of Concrete Structures

化学工业出版社
·北京·

本书依据现行国家标准《建筑结构荷载规范》《混凝土结构设计规范》《建筑抗震设计规范》《装配式混凝土结构技术规程》等编写。全书共4章，主要讲述了混凝十梁板结构、单层厂房结构、钢筋混凝土框架结构的设计步骤并包含设计例题。其中，混凝土梁板结构补充讲述了装配式结构的梁板结构，钢筋混凝土框架结构也补充介绍了装配式框架结构的设计内容。本书部分章节讲及规范的内容可扫二维码了解具体内容。每章后有思考题和习题，读者可通过思考题和习题加深对课程内容的理解和应用。

本书可作为高等院校土木工程等专业的教材，也可供相关专业的设计、施工和科研人员参考。

图书在版编目（CIP）数据

混凝土结构设计/李哲主编. —北京：化学工业出版社，2019.8

普通高等教育“十三五”规划教材

ISBN 978-7-122-34483-0

Ⅰ.①混…　Ⅱ.①李…　Ⅲ.①混凝土结构-结构设计-高等学校-教材　Ⅳ.①TU370.4

中国版本图书馆CIP数据核字（2019）第089802号

责任编辑：刘丽菲　　装帧设计：史利平

责任校对：宋　夏

出版发行：化学工业出版社（北京市东城区青年湖南街13号　邮政编码100011）

印　　刷：三河市航远印刷有限公司

装　　订：三河市宇新装订厂

787mm×1092mm　1/16　印张20½　字数536千字　2019年10月北京第1版第1次印刷

购书咨询：010-64518888　　售后服务：010-64518899

网　　址：http：//www.cip.com.cn

凡购买本书，如有缺损质量问题，本社销售中心负责调换。

定　　价：58.00元

前言

混凝土结构设计是高等学校土木工程专业的专业课，其任务是通过本课程的学习，使学生掌握钢筋混凝土结构的梁板结构、单层工业厂房和框架结构的设计原理和方法，为将来从事钢筋混凝土结构设计和施工打下良好的基础，达到土木工程专业培养目标要求。

本书紧扣我国建筑行业现行颁布执行的有关规范和标准，尤其是《混凝土结构设计规范》（GB 50010—2010）、《建筑结构荷载规范》（GB 50009—2012）、《建筑抗震设计规范》（GB 50011—2010）和《装配式混凝土结构技术规程》（JGJ 1—2014）等。本书主要介绍了钢筋混凝土的梁板结构、单层工业厂房和框架结构的设计方法和构造措施等。

本书内容密切结合我国工程实际，力求文字简练，深入浅出。为了使读者既能深入、系统地理解结构的受力性能，又能正确灵活地掌握结构的设计方法，本书在阐述基本概念和设计原理的基础上，补充介绍了装配式相关内容，介绍了工程中实用的计算方法，并列举了适量的实例，包括现浇钢筋混凝土楼盖（其中含板式楼梯的具体设计过程）、单层厂房排架结构和多层框架结构三个完整的设计实例。本书中悬挑楼梯、螺旋楼梯、无梁楼盖、地震作用效应的计算因不常用或在其他课程中有详细讲述仅作为补充介绍，可扫二维码获取，同时为了便于教学工作和学生学习，在各章还提供了思考题和习题。本书部分讲及规范的内容可扫二维码了解具体内容。

本书可作为普通高等院校土木工程专业教材，也可作为土木工程设计和施工技术人员的学习参考书。

全书由西安理工大学李哲任主编，由西安理工大学崔晓玲和陕西理工大学郭光玲任副主编。具体编写分工为：崔晓玲编写第1、2章，郭光玲编写第3章，李哲编写第4章。另外，赵传智、王鑫杰、邢乐阳、雷家奇、冯学伟、乔成元参与习题的计算、附表的整理和部分图的绘制工作。

在本书编写过程中还参考了国内同行的教材、著作和论文等资料，在此表示感谢。

由于编者水平有限，书中必有不妥或疏忽之处，恳请读者批评指正。

编者

2019. 4

目录

第1章 绪论

1.1 概述

1.1.1 建筑结构

建筑物是人类利用物质技术手段，运用科学规律和美学法则，通过对空间的限定、组织而创造的供人们生活居住、工作学习、娱乐和从事生产等活动的空间场所，如住宅、办公楼、体育馆、发电厂等。

建筑结构是建筑物的骨架，是由各种材料（砖、石、混凝土、钢材和木材等）建造的若干基本构件（梁、板、柱、墙、杆、壳等）通过一定连接方式构成的空间整体体系，能安全可靠地承受自重及其在使用中（或施工过程中）可能出现的各种作用，并能将这些作用传递给地基。一种建筑结构体系通常对应一种结构分析计算简图，并形成相应的计算方法以及相关配套的结构构造措施。

建筑结构由水平承重结构体系、竖向承重结构体系和下部结构（室外地面以下）三部分组成。

水平承重结构由楼盖、屋盖、楼梯等组成，一方面承受直接作用在其上的竖向荷载，并把竖向荷载传递给竖向结构体系，另一方面把作用在各层处的水平力传递和分配给竖向结构体系。同时水平承重结构作为竖向结构体系的组成部分，与竖向结构体系中的构件共同形成整体结构，提高整个结构的侧向刚度和抗侧承载力。水平承重结构体系主要有梁板结构、平板结构、密肋结构、拱结构、网架结构、折板结构、筒壳结构、索结构、穹顶结构等，部分结构见图1-1。

竖向承重结构由墙和柱等构件组成，承受由楼、屋盖传来的竖向力和水平力并将其传给下部结构，是抵抗侧向力的主要结构体系，是整个结构的关键，所以常把竖向结构体系称为抗侧力结构体系，如剪力墙结构、框架结构、框架-剪力墙结构、筒体结构、框架-筒体结构和巨型框架结构等，部分结构见图1-2。

有些结构是作为一个整体同时承受竖向和水平荷载作用，无法简单区分出水平结构体系或竖向结构体系，此时称为空间结构体系，如空间壳体结构、空间折板结构、网壳结构等，近年来还有一些新型结构体系出现，如索膜结构、索支结构、索穹顶结构、充气结构、悬挂结构、束筒结构等，部分结构见图1-3。

下部结构包括地下室和基础，无地下室的建筑结构只包括基础，其主要作用是把上部结构传来的力可靠地传给天然地基或人工地基。基础主要采用钢筋混凝土，当荷载较小时也可采用砌体。钢筋混凝土基础主要形式有柱下独立基础、条形基础、筏板基础等；地下室还可

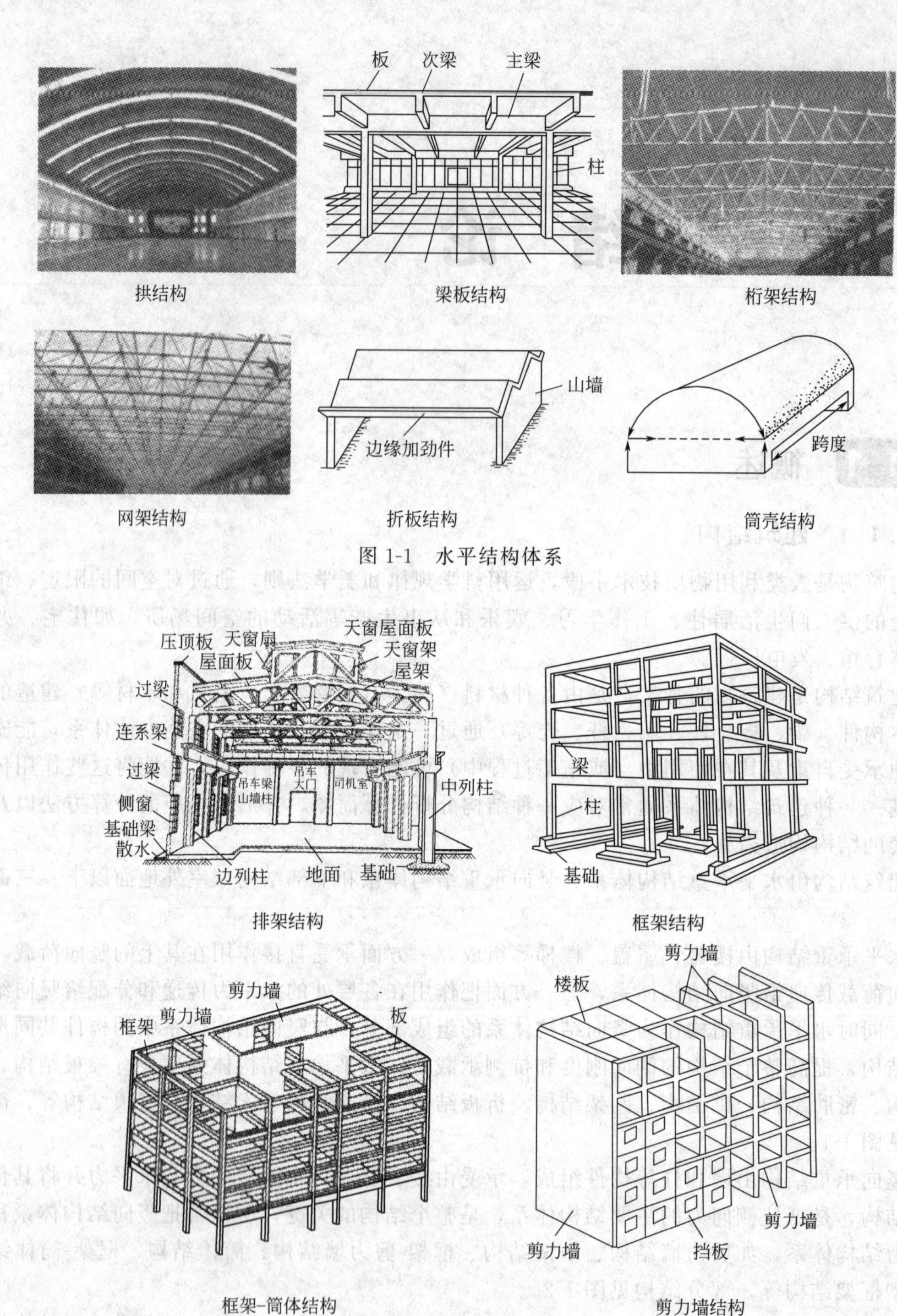

拱结构　梁板结构　桁架结构

网架结构　折板结构　筒壳结构

图 1-1　水平结构体系

排架结构　框架结构

框架-筒体结构　剪力墙结构

图 1-2　竖向结构体系

以做成同时承受水平和竖向作用的箱形基础。

建筑结构的作用，首先是形成人活动所需要的、功能良好和舒适美观的空间；其次是能够抵御自然和人为的各种作用，使建筑物安全、适用、耐久，并在突发偶然事件时能保持整体稳定；最后是能充分发挥所使用材料的效能。因此对要建造的建筑结构，首先要选择合理的结构形式和受力体系，其次是选择结构材料并充分发挥其作用，使结构具有抵御自然和人为的各种

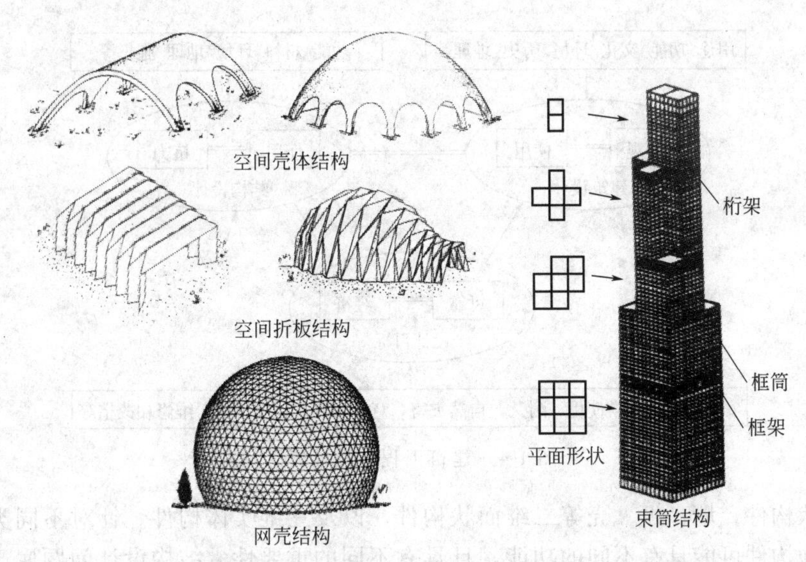

图 1-3 空间结构

作用的能力，如自重、使用荷载、风荷载和地震作用等。优秀的建筑结构，在使用上要满足空间要求和适用性要求；在安全上要满足承载力和耐久性要求；在技术上要体现科学技术和工程的新发展；在造型上要与建筑艺术融为一体；在建造上能合理使用材料并与施工实际相结合。

1.1.2 建筑结构的设计概念

工程建设是人们为满足自身的生产和生活需求有目的的改造、适应和顺应自然和环境的活动。工程建设应满足人们生产和生活的各种需求，如适宜的室内空间、无障碍通行等；应尽可能减少对自然环境造成的不利影响，减少甚至消除对环境造成危害。其中工程设计是基于人们对自然规律的认识，并合理运用自然规律，对整个工程建设和使用全过程进行合理规划的最重要的工作。

工程建设往往涉及多个领域，如建筑工程涉及建筑、交通、材料、防灾、结构、水暖电供应和施工建造等；对工业建筑，还涉及生产工艺流程、生产设备和运输等。工程设计是一项综合性极强的工作，需要各方面专业技术设计人员的密切配合。每个工程建设项目都具有各自独特的情况，因此，任何一个工程建设项目都应进行细致认真的规划与设计，其中工程结构承载着工程项目整个生命周期内各种荷载和环境作用的影响，是整个工程项目安全可靠运行的根本，保证工程结构的安全性和适用性是工程结构设计的最主要任务。

工程设计是一个在多种约束条件下寻找合理“解”的过程。所谓约束条件是指工程项目的用途、规模、投资、业主要求、材料供应、安全、环境、地理、施工技术水平，以及维护、维修和未来因各种灾害可能造成的损失及其对环境的影响等。工程设计应尽量满足各约束条件，并应体现可持续发展要求。由于工程建设涉及的领域和专业等因素太多，很难在多种约束条件下使各方都完全满意。因此，工程设计的结果往往是在保证主要功能得到最大满足的前提下，其他要求尽可能达到基本满足。以建筑工程为例，其设计概念如图 1-4 所示。

工程结构的主要功能是形成工程项目生产、生活和建筑造型所需要的空间承力骨架，并能够长期安全可靠地承受工程使用期间所可能遭受的各种荷载和变形作用、环境介质长期作用影响，包括各种自然灾害和意外事故（如火灾、地震、爆炸等)。《工程结构可靠性设计统一标准》(GB 50153—2008) 关于“结构”的定义是：“能承受作用并具有适当刚度的由各连接部件有机组合而成的系统”。其中，“各连接部件”即通常所说的“结构构件”，主要包括梁、柱、

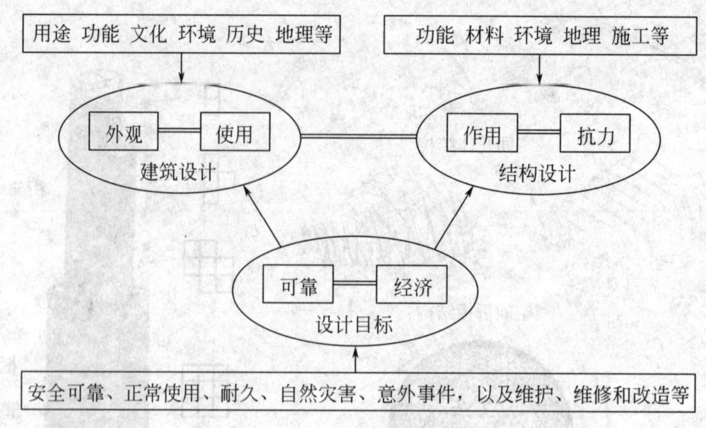

图 1-4 建筑工程的设计概念

杆、索等线状构件，墙、板、壳等二维面状构件，以及三维实体构件。针对不同类型的结构，结构中的各种构件可能具有不同的功能，且具有不同的重要性。结构设计问题属于系统设计，其中结构方案是结构设计的最重要的环节，对工程结构的整体安全性和经济性影响最大。

结构设计不仅要考虑结构本身，同时要考虑工程所处的环境条件、可选用的材料和施工方法以及正常使用阶段的维护维修，并需要考虑可能遭遇各种灾害带来的直接和间接经济损失。许多保留至今的著名工程结构物，无一不是在设计时综合考虑了当时的经济条件和未来各种因素的可能影响，使其经历了数百年甚至上千年至今依然屹立。

工程结构设计是一项全面、具体、细致的综合性工作，也是结构工程师与其他专业人员共同合作的一项创造性工作。作为保证工程结构安全的技术人员，结构工程师除应认真完成自己的工作外，还应与其他相关专业技术人员加强沟通协调，尤其在结构方案设计阶段，应充分与建筑师及相关专业的工程师沟通协调，保证结构方案的合理性，实现工程项目各方面设计目标的最优化。优秀的结构方案是建立在结构工程师对各种结构类型和结构体系整体受力特征的理解和把握的基础上的。结构设计人员应培养自己对结构体系整体传力路径的直觉和敏感性，使设计的结构体系能充分体现建筑师对建筑整体的设计意图。

1.2 混凝土结构

1.2.1 工程结构设计的过程和阶段

设计是指应用设计工具、依据设计规范和标准、考虑限制条件，将所提供的设计数据合成一个对象（如建筑）的过程。建筑结构设计是建筑工程设计中一项重要内容，既是一项创造性工作，又是一项全面、具体、细致的综合性工作。建筑工程的设计需要建筑师、结构工程师和设备工程师的通力合作，其中，结构工程师的基本任务是在结构的可靠与经济之间选择一种合理的平衡，力求以最低的代价，使所建造的结构在规定的条件下和规定的使用期限内，能满足预定的安全性、适用性和耐久性等功能要求。

大型建筑工程设计可分为三个阶段进行，即初步设计阶段、技术设计阶段和施工图设计阶段。对一般的建筑工程，可按初步设计和施工图设计两阶段进行。

(1) 初步设计阶段

初步设计阶段也称方案设计阶段，是以实现工程的总体使用功能为目标，根据建设场地情况、工程用途、各使用功能空间的分区与组织以及施工可行性和工程总体经济指标进行规划。在工程方案设计过程中，各个专业之间应相互配合，通力合作，主要是确定工程的基本规模、重要工艺和设备以及概算总投资等原则问题，提出工程项目的方案设计。该阶段需完成的设计文件有设计说明书、必要的设计图纸、主要设备和材料清单、投资估算及效果透视图等，应在调查研究和设计基础资料的基础上分专业编制。此阶段结构方案设计应以满足工程建设使用功能要求为前提，根据工程方案设计的空间需求分布情况，初步确定几种可行的结构方案和总体经济指标参与到整个工程方案设计中。对于一般工程，可将方案设计与初步设计结合。结构方案设计是结构设计中带有全局性的问题，应认真对待。对于建筑工程，确定结构方案时应尽量满足建筑设计要求，并与建筑师沟通，使结构方案在整体受力上合理可行，努力实现建筑与结构的统一。结构方案合理与否直接关系到整个工程的合理性、经济性和可靠性（安全、适用和耐久）。结构方案的确定需要有足够的知识、经验积累、设计人员的直觉和灵感，这需要一个长期的过程。从结构角度说，理想的结构方案具有受力明确、传力路径简洁，结构整体刚度大、整体性好，有足够的冗余度，延性大，轻质、高强、耐久等特点。结构设计负责编制**结构设计说明**（**码 1-1**）、结构体系、结构平面布置等内容，其中结构设计说明包括设计依据、结构设计要点和需要说明的问题、提出具体的地基处理方案、选定主要结构材料和构件标准图等：设计依据应阐述建筑所在地域、地界、有关自然条件、抗震设防烈度、工程地质概况等；结构设计要点应包括上部结构选型、基础选型、人防结构及抗震设计初步方案等；需要说明的问题是指对工艺的特殊要求、与相邻建筑物的关系、基坑特征及防护等。编制的结构平面布置应标出柱网、剪力墙、结构缝等。

码 1-1

（2）技术设计阶段

技术设计是针对技术上复杂或有特殊要求而又缺乏设计经验的建设项目而增设的一个设计阶段，其目的是进一步解决初步设计阶段一时无法解决的一些重大问题，是在初步设计基础上对方案设计的具体化、调整和深化。设计依据为已批准的初步设计文件，主要解决工艺技术标准、主要设备类型、结构型式和控制尺寸以及工程概算修正等主要技术关键问题，协调解决各专业之间存在的矛盾。

（3）施工图设计阶段

施工图设计是项目施工前最重要的一个设计阶段，要求以图纸和文字的形式解决工程建设中预期的全部技术问题，并编制相应的对施工过程起指导作用的施工预算。施工图按专业内容可分为建筑、结构、水、暖、电等部分。

对一般单项建筑工程项目，首先由建筑专业提出较成熟的初步建筑设计方案，结构专业根据建筑方案进行结构选型和结构布置，并确定有关结构尺寸，对建筑方案提出必要的修正；其次，建筑专业根据修改后的建筑方案进行建筑施工图设计，结构专业根据修改后的建筑方案和结构方案进行结构内力分析、荷载效应组合和构件截面设计，并绘制结构施工图。

施工图交付施工，并不意味着设计已经完成。在施工过程中，根据新的情况，还需对设计做必要的修改；建筑物交付使用后，做出工程总结，设计工作才算最后完成。

1.2.2　结构设计的内容

结构设计的基本内容主要包括结构方案设计、结构分析、作用或荷载效应组合、构件及其连接构造的设计和施工图绘制等，必要时可考虑极端灾害和偶然作用下结构的抗倒塌计算。

1.2.2.1　结构方案设计

结构方案设计主要是配合建筑设计的功能和造型要求，结合所选结构材料的特性，从结构受力、安全、经济以及地基基础和抗震等条件出发，综合确定合理的结构形式。结构方案应在满足适用性的条件下，符合受力合理、技术可行和尽可能经济的原则。无论是初步设计阶段，还是技术设计阶段，结构方案都是结构设计中的一项重要工作，也是结构设计成败的关键。初步设计阶段和技术设计阶段的结构方案，所考虑的问题是相同的，只不过是随着设计阶段的深入，结构方案的深度不同而已。

结构方案对后续结构设计有决定性影响，也对整体结构的安全性和经济性有重要影响，应给予充分的重视。其设计主要包括结构选型、结构布置和主要构件的截面尺寸估算等内容。

(1) 结构选型

结构选型就是根据建筑的用途功能、高度、荷载情况、所处的环境条件和所具备的物质与施工技术条件等因素选用合理的结构体系，主要包括确定结构体系（上部主要承重结构、楼盖结构、基础型式）、结构材料和施工方案。在初步设计阶段，一般须提出两种以上不同的结构方案，对其在主要荷载作用下进行结构分析和综合比较，选择较优的方案。比如可分别采用不同结构材料、不同结构体系、不同结构布置进行初步计算分析比较，并对有关问题进行专门分析和研究，在此基础上初步确定结构整体和各部分构件尺寸以及结构建造所采用的主要施工技术。对于一般工程，可根据工程所处的环境、地质条件、材料供应及施工技术水平，参照以往既有同类结构设计经验确定结构方案。

(2) 结构布置

结构布置就是在结构选型的基础上，选用构件的形式和布置，确定各结构构件之间的相互关系和传力路径，主要包括定位轴线、构件布置和结构缝的设置等。结构的平、立面布置宜规则，各部分的质量和刚度宜均匀、连续；结构的传力途径应简洁、明确，竖向构件宜连贯、对齐，宜采用超静定结构，重要构件和关键传力部位应增加冗余约束或有多条传力途径。结构设计时应通过设置结构缝将结构分割为若干相对独立的单元，结构缝包括伸缩缝、沉降缝、防震缝、构造缝、防连续倒塌的分割缝等，应根据结构受力特点及建筑尺度、形状、使用功能等要求，合理确定结构缝的位置和构造形式；宜控制结构缝的数量，应采取有效措施减少设缝对建筑功能、结构传力、构造做法和施工可行性等造成的影响，遵循“一缝多能”的设计原则，采取有效的构造措施；除永久性的结构缝以外，还应考虑设置施工接槎、后浇带、控制缝等临时性的缝以消除某些暂时性的不利影响。

(3) 构件截面尺寸的估算

水平构件的截面尺寸一般根据刚度和构造等条件，凭经验确定；竖向构件的截面尺寸一般根据侧移（或侧移刚度）和轴压比的限值来估算。

1.2.2.2 结构分析

确定结构上的作用（包括直接作用和间接作用）是进行结构分析的前提。分析和确定在结构设计使用年限内（包括建造和使用阶段）结构上可能承受的各种荷载与作用的形式和量值（包括可能遭遇的极端灾害和意外事故影响），并应估计其长期影响，必要时还应估计环境介质的长期影响。根据目前结构理论发展水平以及工程实际，一般只需要计算直接作用在结构上的荷载和地震作用，其他的间接作用，在一般结构分析中很少涉及。我国现行《建筑结构荷载规范》将结构上的荷载分为永久荷载、可变荷载和偶然荷载三类：永久荷载主要是指结构自重、土压力、预应力等；可变荷载主要有楼面活荷载、屋面活荷载和积灰荷载、吊车荷载、风荷载、雪荷载等；偶然荷载主要指爆炸力、撞击力等。荷载计算就是根据建筑结构的实际受力情况计算上述各种荷载的大小、方向、作用类型、作用时间等，作为结构分析的重要依据。

结构分析是指结构在各种作用（荷载）下的内力和变形等作用效应计算，其核心问题是确定结构计算模型，包括确定结构力学模型、计算简图和采用的计算方法。计算简图是进行结构分析时用以代表实际结构的经过简化的模型，是结构受力分析的基础，计算简图的选择应分清主次，抓住本质和主流，略去不重要的细节，使得所选取的计算简图既能反映结构的实际工作性能，又便于计算。计算简图确定后，应采取适当的构造措施使实际结构尽量符合计算简图的特点。计算简图的选取受较多因素的影响，一般来说，结构越重要，选取的计算简图应越精确；施工图设计阶段的计算简图应比初步设计阶段精确；静力计算可选择较复杂的计算简图，动力和稳定计算可选用较简略的计算简图。对于有耐久性要求的工程结构，尚应进行耐久性验算或采取相应的措施保证其设计使用年限。

1.2.2.3 荷载效应组合

荷载效应组合是指按照结构可靠度理论把各种荷载效应按一定规律加以组合，以求得在各种可能同时出现的荷载作用下结构构件控制截面的最不利内力。通常，在各种单项荷载作用下分别进行结构分析，得到结构构件控制截面的内力和变形后，根据在使用过程中结构上各种荷载同时出现的可能性，按承载能力极限状态和正常使用极限状态用分项系数与组合值系数加以组合，并选取各自的最不利组合值作为结构构件和基础设计的依据。

1.2.2.4 结构构件及其连接构造的设计

根据结构荷载效应组合结果，选取对配筋起控制作用的截面不利组合内力设计值，按承载能力极限状态和正常使用极限状态分别进行截面的配筋计算和裂缝宽度、变形验算，计算结果尚应满足相应的构造要求。构件之间的连接构造设计就是保证连接节点处被连接构件之间的传力性能符合设计要求，保证不同材料结构构件之间的良好结合，选择可靠的连接方式以及保证可靠传力所采取可靠的措施等。

1.2.2.5 施工图绘制

施工图是全部设计工作的最后成果，是进行施工的主要依据，是设计意图最准确、最完整的体现，是保证工程质量的重要环节。结构施工图编号前一般冠以“结施”字样，其绘制应遵守一般的制图规定和要求，并应注意以下事项。

（1）图纸一般应包括结构设计总说明，基础平面图及剖面图，楼盖平面图，屋盖平面图，梁、板、柱等构件详图，楼梯平、剖面图等。按平法标注时，结构施工图的内容和顺序编号是：结构设计总说明、基础平面图及基础详图、柱（剪力墙）结构平面图、梁结构平面图、板结构平面图、楼梯平面图和详图及其他构件。

（2）结构设计总说明一般包括工程概况、设计标准、设计依据、图纸说明、建筑分类等级、荷载取值、设计计算程序、主要结构材料、基础及地下室工程、上部结构说明、检测（观测）要求、施工需要特别注意的问题等。

（3）楼盖、屋盖结构平面图应分层绘制，应准确标明各构件关系及定位轴线或柱网尺寸、孔洞及埋件的位置及尺寸；应准确标注梁、柱、剪力墙、楼梯等和纵横定位轴线的位置关系以及板的规格、数量和布置方法，同时应表示出墙厚及圈梁的位置和构造做法；构件代号一般应以构件名称的汉语拼音的第一个大写字母作为标志；如选用标准构件，其构件代号应与标准图集中一致，并注明标准图集的编号和页码。

（4）按平法设计绘制**结构施工图**（码 1-2）时，应将所有柱、剪力墙、梁和板等构件进行编号，编号中含有类型代号和序号等。其中，类型代号的主要作用是指明所选用的标准构造详图；在标准构造详图上，已经按其所属构件类型注明代号，

码 1-2

以明确该详图与平法施工图中该类型构件的互补关系，使两者结合构成完整的结构设计图。应准确标明定位轴线或柱网尺寸、各构件关系及各构件和纵横定位轴线的位置关系、孔洞及预埋件的位置及尺寸；同时应表示出墙厚及圈梁的位置和构造做法；如选用标准构件，其构件代号应与标准图集中一致，并注明标准图集的编号和页码；在按结构（标准）层绘制的（柱、剪力墙、梁、板等）平面布置图上直接表示各构件尺寸、配筋，应当用表格或其他方式注明包括地上和地下各层的结构层楼（地）面标高、结构层高及相应的结构层号。对复杂的工业与民用建筑，尚需增加模板、开洞和预埋件等平面图。在特殊情况下才需增加剖面配筋图。

（5）基础平面图的内容和要求基本同楼盖平面图，尚应绘制基础剖面大样及注明基底标高，钢筋混凝土基础应画出模板图及配筋图。

（6）梁、板、柱、剪力墙等构件施工详图应分类集中绘制，对各构件应将钢筋规格、形状、位置、数量表示清楚，钢筋编号不能重复，用料规格应用文字说明，对标高尺寸应逐个构件标明，对预制构件应标明数量、所选用标准图集的编号；复杂外形的构件应绘出模板图，并标注预埋件、预留洞等；大样图可索引标准图集。

（7）绘图的依据是计算结果和构造规定，同时应充分发挥设计者的创造性，力求简明清楚，图纸数量少，但不能与计算结果和构造规定相抵触。

结构设计的成果应包括结构方案说明书、结构设计计算书和结构施工图。结构方案说明书应对结构方案予以说明，并解释理由；结构设计计算书应对结构计算简图的选取、结构所承受的荷载、结构内力分析方法及结果、结构构件截面尺寸、配筋结果等予以说明。

1.2.3 结构设计的要求

结构设计是一个系统和全面的工作，要求设计人员具有扎实的理论基础、丰富的专业知识、灵活的创新思维和认真负责的工作态度，密切配合其他专业，善于反思和总结。结构设计时应注意以下问题。

（1）现行规范、标准和规程既是已有成熟理论和经验的总结，又是当前经济技术的体现。为保证工程建设项目的安全性、可靠性和耐久性，一般情况下，工程结构设计应遵照现行相关规范、标准和规程进行。本教材主要依据《建筑结构荷载规范》（GB 50009—2012）、《混凝土结构设计规范》（GB 50010—2010）、《建筑抗震设计规范》（GB 50011—2010）和《高层建筑混凝土结构技术规程》（JGJ 3—2010）等介绍建筑结构的设计计算方法。为保证结构设计的可靠性和安全性，避免人为错误，结构设计还应进行校核和审核，以检查是否存在不合理的情况和不符合相关设计规范规定的情况。需要指出的是，现行规范只是对一般和大量的工程设计提出的平均或最低要求，随着结构工程学科的不断发展，新材料、新技术和新方法不断出现，仅按满足规范的要求进行设计是不够的。已颁布的技术标准、规范和规程是对以往成熟技术的总结，不能成为限制新技术推广应用的障碍。但对于新理论、新方法和新技术的初期应用阶段，应经过必要的试验研究和论证，确保其可靠性。经过一段时间的实践试点、改进和完善，新理论、新方法和新技术的内容可纳入有关技术标准、规范和规程，或编制专门的技术规程，以推广使用。

（2）掌握各种结构体系的受力特点、传力途径、适用范围、计算方法、经济特性等特别是结构的力学计算分析是结构设计的关键，满足力的平衡条件、几何变形条件和本构关系是确保结构分析计算正确的前提。设计计算一般包括建立力学模型、确定荷载、力学计算、结果分析和构件设计等部分。计算机的发展和普及极大地提高了设计效率和计算精度，但不能忽略由此而带来的负面影响，为此要理解设计软件的编制原理和使用范围，正确地输入结构布置、构件尺寸、材料指标、设计荷载及其他设计参数，确定合理的连接和约束条件以符合结构实际工作状况的计算简图，认真分析计算结果，经过合理的判断后再进行设计，不能盲目采用。

(3) 结构设计时，考虑到各种作用、材料性能和施工的变异性以及其他不可预测的因素，设计计算结果可能与实际相差较大，甚至有些作用效应至今尚无法定量计算。因此虽然设计计算是必需的，也是结构设计的重要依据，但仅仅依靠设计计算尚无法达到预期的设计目标，还必须重视结构概念设计和构造要求，从某种意义上讲，结构概念设计和构造要求有时甚至比设计计算更为重要。

(4) 图纸是工程师的语言，结构设计成果一般通过结构施工图表达。设计图纸应能以最简洁的图纸充分表达设计意图，并能易于使施工人员理解和接受。

1.2.4 结构设计原则

建筑结构设计的一般原则是安全、适用、耐久和经济合理。安全性、适用性和耐久性是建筑结构应满足的功能要求。结构设计时应考虑功能要求与经济性之间的均衡，在保证结构可靠的前提下，设计出经济、技术先进、施工方便的结构。具体的结构设计原则如下。

(1) 规则性原则

结构设计应尽量做到结构体型规则、质量均匀、刚度匀称、竖向对齐布置。规则结构传力明确，结构分析结果误差小，也有利于保证施工质量。对于复杂的结构体型，可采用结构缝将结构分割为若干规则的结构单元。对于结构不同部分荷载与作用差别较大的情况以及地基情况、温度变化、收缩和徐变等差别较大的情况，也可通过设置抗震缝、伸缩缝和沉降缝将结构分割为几个体型规则的结构单元。此外，结构中的荷载传力途径应合理、明确、直接，避免间接传力。

(2) 整体性原则

结构作为一个系统，其整体性可表述为“整体不等于部分之和”。任何构件一旦离开整体结构，整体结构丧失的功能不等于该构件在结构系统中所发挥的功能，可能更大，也可能更小。结构系统的整体性取决于构件的组成方式和构件之间的相互作用。采用同样结构构件、但按不同方式组成的结构系统，其整体性可能表现为截然不同的结果。如果因为局部构件的破坏与所导致的整体结构破坏程度很不相称，则结构的整体性就差。如砌体结构中圈梁和构造柱不仅增强砌体墙体的承载能力，更重要的是维持了墙体的整体性，显著增加了墙体的变形能力，减小了砌体墙发生粉碎性破坏的可能性。典型例子见图 1-5，其中图 1-5(a)设置了钢筋混凝土构造柱和圈梁，外走廊采用钢筋混凝土柱，楼梯间采用钢筋混凝土框架。一般来说，现浇钢筋混凝土结构通常整体性较好，预制装配式结构的整体性较差，此时可采用部分预制、部分现浇的方式增加结构整体性。

(a) 未倒塌的教学楼

(b) 彻底倒塌的教学楼

图 1-5 汶川地震中某小学两栋砖混结构教学楼的震害对比

(3) 多冗余度原则

多冗余度反映了结构的超静定次数。结构的超静定次数越多、冗余约束越多、荷载传递路径也越多，这有利于结构中不同构件之间的内力重分布，尤其当遭遇极端灾害作用导致个别构件失效时，高冗余度结构可避免整体结构发生连续性破坏。

（4）多层次性原则

工程结构作为一个系统，其中一个重要特征是结构中的构件具有不同的层次性，通常可分为重要性层次和功能性层次。

所谓重要性层次是指结构中的不同构件对整体结构的安全性影响程度大小的差别。通常结构中构件的重要性可分为关键构件、重要构件、一般构件和次要构件。所谓关键构件是指该构件一旦发生破坏将导致整个结构系统破坏。一般来说，结构中的柱、墙和转换梁等承受竖向荷载作用较大的构件为关键构件或重要构件，水平构件为一般构件和次要构件。对于重要构件，其安全储备应增加。正确认识结构系统的层次性，并使各层次构件的安全储备与其重要性相匹配。根据结构构件重要性层次的概念，通过合理的结构体系设计，可使结构在灾害作用下具备多道防线，使结构在不同灾害等级下的损坏情况不超过相应的等级。

结构系统层次性的另一个方面是功能性层次。传统的结构主要为结构构件组成受力系统，即所谓受力骨架，其主要功能是提供承载力和结构刚度。随着技术的进步和发展，近年来越来越多的新型功能构件被引入工程结构，丰富了结构系统的功能性层次，如减小结构动力响应的消能阻尼器、隔离地震或振动的隔震（隔振）构件、避免灾害作用下关键构件损伤的分灾构件、获知结构构件受力或工作状态的传感元件和监测系统以及可改变结构性能的控制系统等。图 1-6 为各种抗震与减震结构体系，图中有阴影部位为结构在地震下的分灾耗能构件和隔震减震构件。

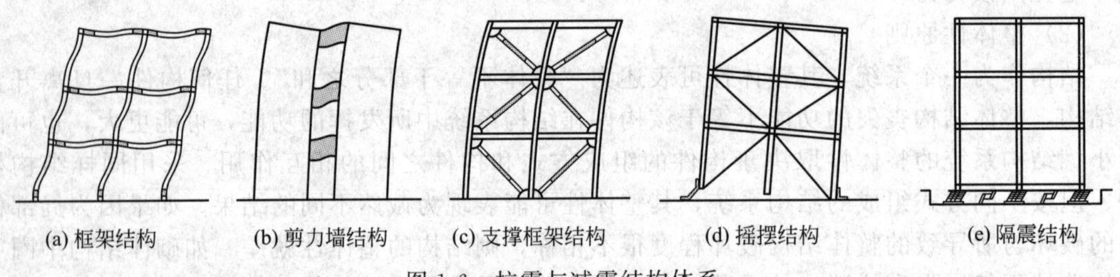

图 1-6 抗震与减震结构体系

（5）“强连接、弱构件”原则

结构系统的整体性依赖于结构构件之间连接的可靠性，应保证构件连接不先于构件破坏。

上述结构设计的原则可统称为结构的“鲁棒性”（Robustness）。

1.2.5 结构分析方法

结构分析时，应根据结构的类型、材料性能和受力特点以及所需确定的结构性能状态目标选择下列分析方法，具体包括：①线弹性分析方法；②弹塑性分析方法；③塑性内力重分布分析方法；④塑性极限分析方法；⑤试验分析方法。

其中，线弹性分析方法和弹塑性分析方法是满足力学平衡方程、变形协调（几何）条件和本构（物理）关系要求的理论方法，其差别是材料本构关系或构件单元受力-变形关系采用弹性本构还是弹塑性本构。塑性内力重分布分析方法是针对典型结构的弹塑性受力特点简化的弹塑性分析方法；塑性极限分析方法是依据结构分析的上限定理确定结构的极限承载力。对于受力复杂的结构或新型结构体系或结构构件，由于缺乏工程应用经验，通常需进行必要的试验研究，以检验相应设计计算方法的可靠性。此外，根据结构作用特点，有结构静力分析和结构动力分析。不同分析方法与作用特点如图 1-7 所示。

线弹性分析方法是假定结构的材料本构关系和构件力-变形关系均是线弹性的，当忽略结构和构件二阶效应影响时，荷载效应（内力和变形）与荷载大小成正比，是最基本和计算理论最为成熟的结构分析方法，是其他分析方法的基础和特例。一般来说，结构在正常使用状态下，采用线弹性分析理论得到的结构内力和变形与实际情况的误差很小。但当结构达到承载力极限状态时，由于结构中不同构件的屈服存在先后次序，结构材料也有不同程度的塑性，特别是钢筋混凝土结构，在正常使用状态下是带裂缝工作的，而且构件的刚度大小与其受力大小相关，因此采用线弹性分析理论的计算结果有时会与实际结构的内力存在差别，但根据结构分析的“下限定理”，按线弹性分析方法计算得到的内力（或应力）满足构件承载能力要求（或允许应力要求），则设计结果是偏于安全的。因此，线弹性分析理论是目前应用最普遍的计算理论。但线弹性分析方法用于承载能力极限状态的变形计算，结果误差很大。

结构分析
- 静力分析
  - 线弹性静力分析
  - 塑性静力分析
  - 弹塑性静力分析
- 动力分析
  - 线弹性动力分析
  - 弹塑性动力分析

图 1-7 结构分析理论

弹塑性分析方法考虑了材料和构件的弹塑性性能，可较准确计算或详尽分析结构从开始受力直至破坏全过程的内力、变形和塑性发展。该方法目前是一种较为先进的结构分析方法，适用于任意形式和受力复杂的结构分析，主要用于重要、复杂结构工程和罕遇地震作用下的结构分析。弹塑性分析方法分为静力弹塑性分析和动力弹塑性分析两大类，通常借助计算分析软件。

塑性分析方法考虑了材料和构件的塑性性能，其分析结果更符合结构在极限状态时的受力状况，通常用于确定结构的极限承载力或相应弹塑性性能状态目标的结构承载能力和变形需求。目前实用的方法包括考虑塑性内力重分布分析方法和塑性极限分析方法。

塑性内力重分布分析方法，是用线弹性分析方法获得结构内力后，按照塑性内力重分布的规律，确定结构控制截面的内力。塑性内力重分布分析方法主要有极限平衡法、塑性铰法、变刚度法、弯矩调幅法等。其中弯矩调幅法计算简单，为多数国家的设计规范所采用。按考虑塑性内力重分布分析方法设计的结构和构件，由于塑性铰的出现，构件的变形和抗弯能力较小部位的裂缝宽度均较大，应进行构件变形和裂缝宽度验算，以满足正常使用极限状态的要求或采取有效的构造措施。同时，由于裂缝宽度较大等原因，对于直接承受动力荷载的结构，以及要求不出现裂缝或处于严重侵蚀环境等情况下的结构，不应采用考虑塑性内力重分布的分析方法。

塑性极限分析方法是基于材料或构件截面的刚塑性或弹塑性假设，以结构达到最大承载力时的状态为整个结构的承载力极限状态，应用上限解、下限解和解答唯一性等塑性理论的基本定理，计算结构承载能力极限状态时的内力或极限荷载。由于不考虑弹塑性发展过程而使计算分析大为简化，既可以使结构分析更接近实际内力状态，也可以充分发挥结构的承载潜力，使结构设计更经济合理。需注意的是，塑性理论分析得到的结果对应结构的承载能力极限状态，结构材料的承载潜力得到完全利用，因此实际运用时应注意其适用条件，且应满足正常使用极限状态的要求。对可预测结构破坏机制的情况，结构的极限承载力可根据预定的结构塑性屈服机制，采用塑性极限分析法的上限解法（如机动法、极限平衡法）进行分析。对难于预测结构破坏机制的情况，结构的极限承载力可采用静力或动力弹塑性分析方法确定。对于承受均布荷载的周边支承的双向矩形板，可采用塑性铰线法（上限解法）或条带法（下限解法）等塑性极限分析方法进行。

结构的非线性包括材料非线性和几何非线性。材料非线性是指材料、截面或构件的非线性本构关系，如应力-应变关系、弯矩-曲率关系、荷载-位移关系等。几何非线性是指考虑结构的受力与结构变形有关，称为二阶效应。一般情况，考虑材料非线性的情况较多，几何非线性仅在结构变形对结构受力的影响不可忽略时考虑，如高层、高耸结构分析和长柱分析时，就必须考虑竖向荷载作用下结构侧移引起的附加内力。结构非线性分析与结构实际受力过程更为接近，但比线弹性和塑性分析方法要复杂得多。此外，根据荷载和作用特点，还可分为“结构静力分析”和“结构动力分析”，而非线性动力分析更为复杂，一般用于重要的大型工程结构或受力复杂结构的分析。目前，相关结构非线性分析软件已十分成熟。

结构分析方法依据所采用的数学方法可以分为解析解和数值解两种。解析解又称为理论解，适用于比较简单的计算模型。由于实际工程结构并非像结构力学所介绍的计算模型那样理想化，除少数简单情况外，解析解几乎很难得到实际应用。数值解的方法很多，常用的有：有限单元法、有限差分法、离散单元法等，一般需要借助计算机程序进行计算，故也称为程序分析方法，其中有限单元法的适用范围最广，可以计算各种复杂的结构型式和边界条件。目前已有许多成熟的结构设计和分析软件，如国内的 SATWE、TAT、PKPM，国外的主要用于弹性分析的 SAP2000、ETABS、MIDAS 等软件和主要用于非线性分析的 ANSYS、MARC、ABAQUS、LS-DYNA 等软件。由于使用者一般对结构分析程序的编制所采用的结构计算模型并不了解，而且其计算过程也不可见，因此应对程序分析结果进行必要的概念判别和校核。对于不熟悉的结构型式和重要工程结构，应采用两个以上的程序进行计算，并比较计算结构，以保证分析结果的可靠。

试验分析方法适用于形状和受力状态复杂，又无恰当的实用简化分析方法或计算分析模型，或无实用经验的新型结构体系。实际上，结构试验分析方法是工程结构分析最可靠的方法，目前所采用的简化分析方法一般都是经过试验验证的。结构试验方法是用能反映实际结构受力性能的材料或其他材料，包括弹性材料制作成结构的整体或其部分模型，测定模型在荷载作用下的内力（或应力）分布、变形或裂缝等效应。结构试验应经过专门的设计，对试件的形状、尺寸和数量，材料的品种和性能指标，边界条件，加载方式，数值和加载制度，量测项目和测点布置等作出仔细的规划，以确保试验的有效性和准确性。

对于大体积混凝土结构、超常混凝土结构等，混凝土的收缩、徐变以及温度变化等间接作用在结构中产生的效应，特别是裂缝问题比较突出，可能危及结构安全性或正常使用时，宜进行间接作用效应分析，并采取相应的构造措施和施工措施。对于允许出现裂缝的钢筋混凝土结构构件，应考虑裂缝的开展使构件刚度降低的影响，以减少作用效应计算的失真。混凝土结构进行间接作用效应分析，可采用弹塑性分析方法，也可考虑混凝土徐变及混凝土开裂引起的应力松弛和重分布，对构件刚度进行折减，按弹性方法进行近似分析。

1.3 本课程的主要内容和特点

1.3.1 本课程的基本内容

本课程是“混凝土结构设计原理”的后续课程，是土木工程专业主修建筑工程方向学生的主干专业课程。前一课程的内容为各类混凝土构件的基本理论和设计方法。本课程针对由各类基本构件组成的不同建筑结构体系，阐述混凝土结构设计的基本理论和设计方法，主要内容如下。

（1）混凝土梁板结构，主要介绍钢筋混凝土整体式单向板肋梁楼盖、双向板肋梁楼盖、井式楼盖、无梁楼盖、装配式楼盖，以及楼梯等结构布置的原则和设计计算方法，给出了整体式肋梁楼盖和楼梯的设计实例。

（2）装配式单层厂房（排架结构），介绍了一般厂房设计的基本方法和步骤，主要包括单层厂房结构的组成及其布置，主要构件的选型，排架结构内力分析方法，内力组合以及排架柱、牛腿和柱下独立基础的受力性能及其设计方法，常用节点的连接构造及其预埋件设计方法等，并给出了一个装配式单层厂房排架结构的设计实例。

(3) 混凝土框架结构，介绍了混凝土框架结构的承重方案、结构布置、梁柱截面尺寸估算、计算简图确定、荷载计算和结构内力分析方法、内力组合、梁柱构件的配筋计算和构造要求以及柱下条形基础的设计等内容，并给出了钢筋混凝土框架结构的设计实例。

1.3.2 本课程的特点和学习要求

本课程具有很强的工程背景，学习建筑结构设计基本理论和方法的目的是为了更好地进行混凝土结构设计。

1.3.2.1 本课程的特点

(1) 实践性和经验性。本课程有较强的实践性，有利于学生工程实践能力的培养。一方面应通过课堂学习、习题和作业来掌握混凝土结构设计的基本理论和方法，通过课程设计和毕业设计等实践性教学环节，学习工程结构计算、设计说明书的整理和编写、施工图纸的绘制等基本技能，逐步熟悉和正确运用这些知识来进行结构设计和解决工程中的技术问题；另一方面，应通过到现场参观，了解实际工程的结构布置、配筋构造、施工技术等，积累感性认识，增加工程设计经验，加强对基础理论知识的理解，培养学生综合运用理论知识解决实际工程问题的能力。

(2) 专业性和综合性。结构设计是一项专业性和综合性很强的工作，有利于学生设计工作能力的培养。在形成结构方案、构件选型、材料选用、确定结构计算简图和分析方法以及配筋构造和施工方案等过程中，除应遵循安全适用和经济合理的设计原则外，尚应综合考虑各方面的因素。同一工程设计有多种方案和设计数据，不同的设计人员会有不同的选择，因此设计的结构不是唯一的。设计时应综合考虑使用功能、材料供应、施工条件、造价等各项指标的可行性，通过对各种方案的分析比较，选择最佳的设计方案。

(3) 重复性和创造性。结构设计是一项按照规范和固定步骤进行的重复性工作，同时也是一项依照规范和标准进行创造性的工作，有利于学生创新精神的培养。结构设计时须按照我国现行《混凝土结构设计规范》以及其他相关规范和标准进行设计；由于混凝土结构是一门发展很快的学科，其设计理论及方法在不断更新，结构设计工作者可在有足够的理论根据及实践经验等基础上，充分发挥主动性和创造性，采取先进的结构设计理论和技术。

(4) 宏观把握和细节构造并重。结构方案和布置以及构造措施在结构设计中应给予足够的重视。结构设计由结构方案和布置、结构计算、构造措施三部分组成。其中，结构方案和布置的确定是结构设计是否合理的关键；混凝土结构设计固然离不开计算，但现行的实用计算方法一般只考虑了结构的荷载效应，其他因素影响，如混凝土收缩、徐变、温度影响及地基不均匀沉降等难以用计算来考虑。《混凝土结构设计规范》根据长期的工程实践经验，总结出了一些考虑这些影响的构造措施，同时计算中的某些条件须有相应的构造措施来保证，所以在设计时应检查各项构造措施是否得到满足。

1.3.2.2 学习本课程的基本要求

(1) 注意本课程与相关先修课程之间的关系。正确运用已有的力学知识、结构设计知识、混凝土结构的基本原理等方面的相关知识，解决实际工程问题。

(2) 掌握常用结构体系的受力特点、传力路线、适用范围、计算方法等，重点掌握结构的计算和设计方法，如结构计算模型的建立、荷载确定、内力计算、内力组合和构件设计等。

（3）学习应用现行国家、地方的相关规范与标准。现行规范和标准是工程设计应遵守的“法律”，混凝土结构设计是依据规范与标准而进行的创造性的工作，因此要做好设计，就必须熟悉规范和标准。

（4）培养综合分析问题的能力。结构设计是一项综合性工作，需要考虑与建筑、装饰、水、暖、电、设备及施工等专业的沟通和协调，需要从结构的安全性、适用性、耐久性、经济性以及可实施性等方面综合考虑。在学习过程中要学会综合分析问题和解决问题的能力。

（5）注意手工计算、手工绘图与结构设计软件和计算机辅助设计之间的关系。为了深入了解混凝土结构的设计原理，锻炼自己的设计能力，必须有良好的理论和技术基础，包括手工计算和手工绘图能力。随着计算机技术和软件工程技术的发展，混凝土结构设计中的结构分析、结构设计和绘图等技术工作均可由计算机来辅助完成，因此必须逐步掌握一种结构设计和分析软件以及相应的计算机绘图技术。掌握计算机设计和绘图能力的前提是必须有扎实的基本计算能力和设计能力。

（6）重视和逐步掌握各种构造要求。在结构设计过程中要考虑到各种作用、材料性能和施工的变异性以及其他不可预测的因素，设计计算结果并不是完全可靠的，有时可能与实际相差较大，甚至有些作用效应至今尚无法定量计算。因此，虽然设计计算是必需的，也是结构设计的重要依据，但仅仅依靠设计计算尚无法达到预期的设计目标，还必须重视结构的构造要求，从某种意义上讲，结构的构造要求有时甚至比设计计算更为重要。

作为一名土木工程专业的大学生，应在熟练、扎实掌握建筑结构的基本概念和基本理论的基础上，通过反复的设计训练和实践，不断培养分析问题、解决问题的能力和创新意识，才可能在未来成为一名优秀的结构工程师。

思考题及习题

1-1　建筑结构的功能是什么？由哪几部分组成？是如何进行分类的？

1-2　水平承重结构和竖向承重结构的主要作用是什么？

1-3　简要论述工程结构的设计过程和要求。

1-4　建筑工程设计可分为几个阶段？各阶段主要任务是什么？

1-5　简述结构设计的基本内容。

1-6　结构设计的原则有哪些？请列出具体内容。

1-7　混凝土结构分析时应遵循哪些基本原则？混凝土结构的分析方法主要有哪些？说明这些方法的适用范围。

1-8　请查阅有关文献资料，列举一个建筑与结构配合成功的工程案例。

1-9　常用的结构体系有哪些？分析不同结构体系的荷载传递路径。

1-10　如何确定结构计算简图？说明计算简图与实际结构的边界条件和构造的关系。试通过一实例说明结构计算简图的确定方法。

1-11　列举出你了解的结构分析和设计软件。

1-12　钢筋混凝土梁在即将开裂时，测得混凝土的极限拉应变为 $\varepsilon_{ctu}=1.3\times10^{-4}$，试估算此时的纵向受拉钢筋的应力，并与其屈服强度相比较。纵向受拉筋的弹性模量 $E_s=2.0\times10^5\mathrm{N/mm^2}$，屈服强度 $f_y=335\mathrm{N/mm^2}$。

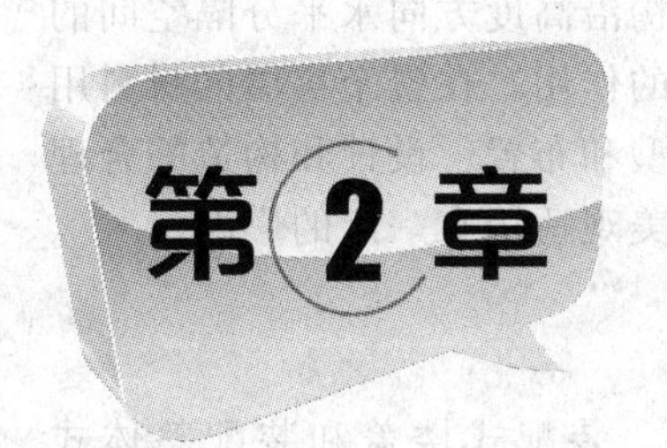

混凝土梁板结构

2.1 概述

梁板结构是房屋建筑中常见的水平承重结构体系，在工程中应用广泛，如楼（屋）盖、阳台、雨篷、楼梯、基础底板、扶壁挡土墙、桥梁中的桥面、水池的顶板和底板等，如图 2-1 所示。

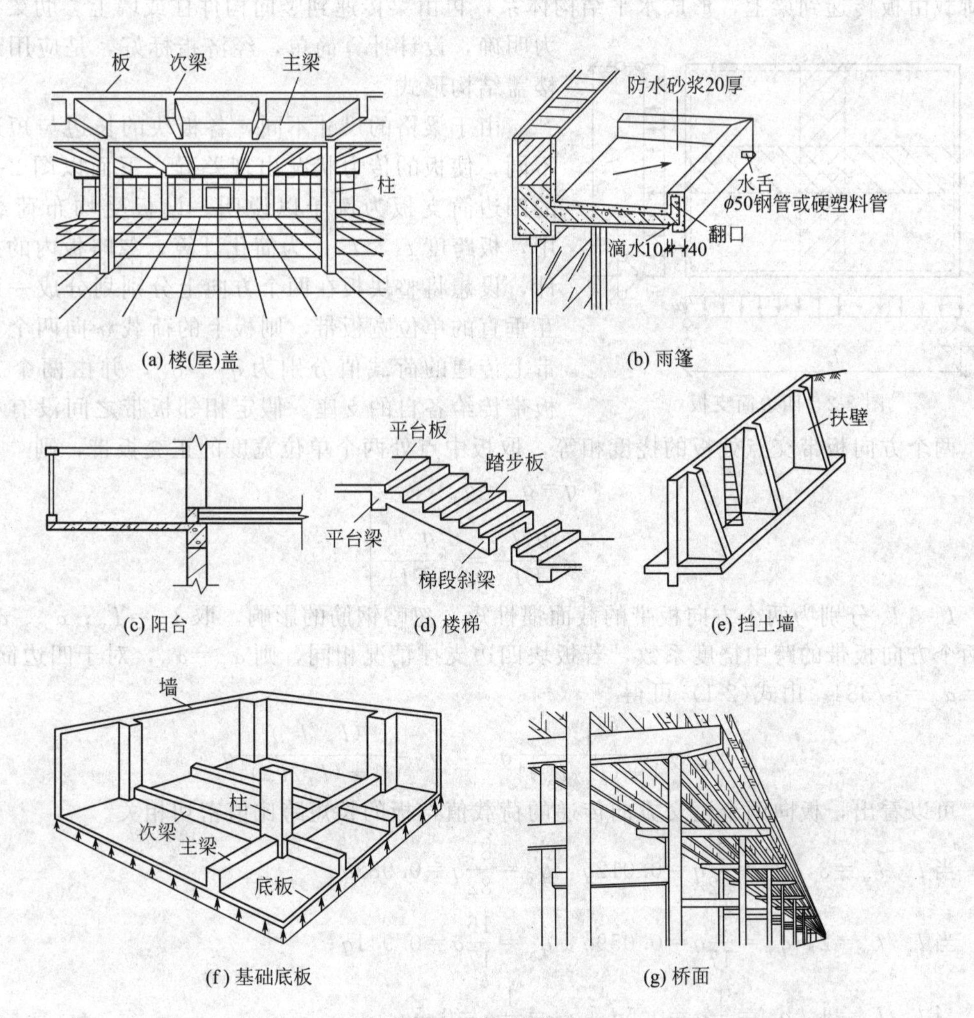

(a) 楼(屋)盖 (b) 雨篷

(c) 阳台 (d) 楼梯 (e) 挡土墙

(f) 基础底板 (g) 桥面

图 2-1 梁板结构

楼（屋）盖是房屋建筑结构中重要的组成部分，是建筑结构沿高度方向水平分隔空间的承重构件，承受并传递荷载，同时对整座建筑物起着水平支撑的作用，在整个房屋的材料用量和造价方面占有相当大的比例。因此，楼（屋）盖的结构选型和布置、设计和构造的合理性，对整个建筑结构的安全使用和经济合理至关重要，也对其美观适用有一定的影响。

2.1.1 楼盖结构类型

根据施工方法，钢筋混凝土楼盖可分为现浇整体式楼盖、装配式楼盖和装配整体式楼盖。

2.1.1.1 现浇整体式楼盖

钢筋混凝土现浇整体式楼盖是所有组成构件全部现浇成为一个整体，具有整体性好、抗震性强、防水性好，对不规则平面和开洞等特殊情况适应性好等优点。其缺点是现场工作量大，需要大量模板，工期长。现浇混凝土楼盖在地震区和高层建筑中应用较多。

现浇钢筋混凝土整体楼盖根据结构布置形式可分为两大类：肋梁楼盖和无梁楼盖。

（1）肋梁楼盖

肋梁楼盖由板和梁组成，梁将板划分成一个个矩形板块，板的四边支承在梁或墙上。楼面荷载由板传递到梁上，形成水平结构体系，再由梁传递到竖向构件柱或墙上。肋梁楼盖受力明确，设计计算简单，经济指标好，是应用最多的楼盖结构形式。

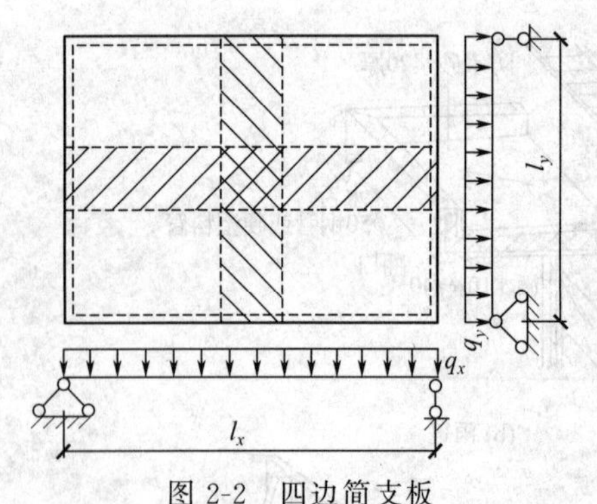

图 2-2 四边简支板

由于梁格的尺寸不同，各板块的长边与短边比值不同，使板的传力状况出现差异。下面以图 2-2 所示的四边简支板为例予以说明。设板受均布荷载 q 作用，板跨度 $l_x > l_y$。为简化计算，忽略板内的扭矩不计，设想将整块板在两个方向上分别划分成一系列相互垂直的单位宽板带，则板上的荷载 q 向两个方向板带上传递的荷载值分别为 q_x、q_y，并由两个方向的板带传给各自的支座。假定相邻板带之间没有相互影响，两个方向板带交点处板的挠度相等，取板中点处两个单位宽度的正交板带，则

$$\left.\begin{aligned} q &= q_x + q_y \\ \alpha_x \frac{q_x l_x^4}{EI_x} &= \alpha_y \frac{q_y l_y^4}{EI_y} \end{aligned}\right\} \tag{2-1}$$

I_x、I_y 分别为两个方向板带的截面惯性矩，忽略钢筋的影响，取 $I_x = I_y$；α_x、α_y 分别是两个方向板带的跨中挠度系数，若板块四边支撑情况相同，则 $\alpha_x = \alpha_y$，对于四边简支板，$\alpha_x = \alpha_y = 5/384$。由式(2-1) 可得

$$q_x = \frac{1}{1+(l_x/l_y)^4} q \qquad q_y = \frac{(l_x/l_y)^4}{1+(l_x/l_y)^4} q \tag{2-2}$$

可以看出，板向两个正交方向传递的荷载值与板的长短跨比值密切相关。

当 $l_x/l_y = 3$，$q_x = \frac{1}{82} q = 0.012q$，$q_y = \frac{81}{82} q = 0.988q$；

当 $l_x/l_y = 2$，$q_x = \frac{1}{17} q = 0.059q$，$q_y = \frac{16}{17} q = 0.941q$；

当 $l_x/l_y = 1$，$q_x = \frac{1}{2} q = 0.5q$，$q_y = \frac{1}{2} q = 0.5q$。

可见，荷载是沿最短路径传递。当板的长短跨比值大于等于3时，传递给长跨方向的荷载小于等于总荷载的1.2%左右，完全可以略去不计。这种四边支承板，荷载几乎全部向短跨方向传递，类似于仅在短跨支承的板，仅沿短跨方向受弯变形，为单向受力，称为单向板。当板的长短跨比值小于等于2时，传递给长跨方向的荷载为总荷载的5.9%～50%，传递给短跨方向的荷载为总荷载的50%～94%。因此，板面上荷载沿两个方向传递的荷载均不应忽略，沿长短跨方向受弯变形，板为双向受力，称为双向板。

我国《混凝土结构设计规范》规定，两对边支承的板应按单向板计算。四边支承的板，当长边与短边长度之比不大于2.0时，应按双向板计算，沿两个方向配置受力钢筋；当长边与短边长度之比不小于3.0时，宜按沿短边方向受力的单向板计算，沿短边配置受力钢筋，并应沿长边方向布置构造钢筋；当长边与短边长度之比大于2.0，但小于3.0时，宜按双向板计算，如按单向板计算，则需注意增加沿长跨方向配置的构造钢筋。

在肋梁楼盖设计中，对于单向板通常沿板跨中将板面均布荷载传给板两长边的支承梁或墙，而忽略传给板两短边的支承梁或墙，如图2-3(a)所示；对于双向板一般近似按图2-3(b)所示的45°线划分，将板面均布荷载传给邻近的周边支承梁。

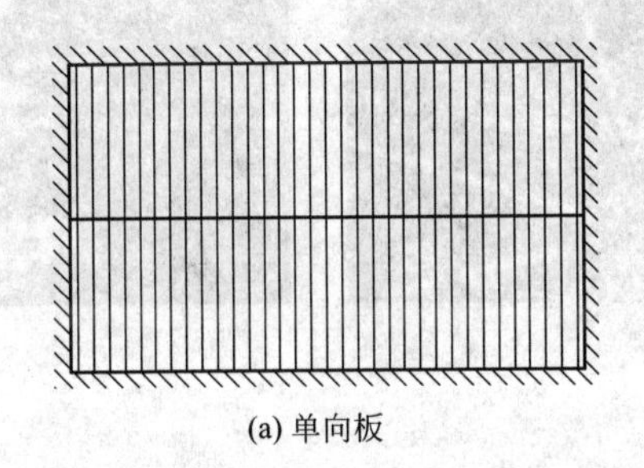

(a) 单向板

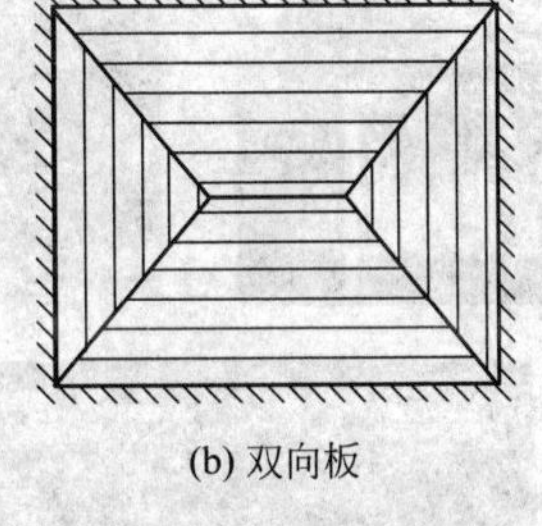

(b) 双向板

图2-3 板面均布荷载传递

据矩形板块的受力和支承情况，肋梁楼盖通常可分为单向板肋梁楼盖、双向板肋梁楼盖、密肋楼盖和井式楼盖，如图2-4所示。

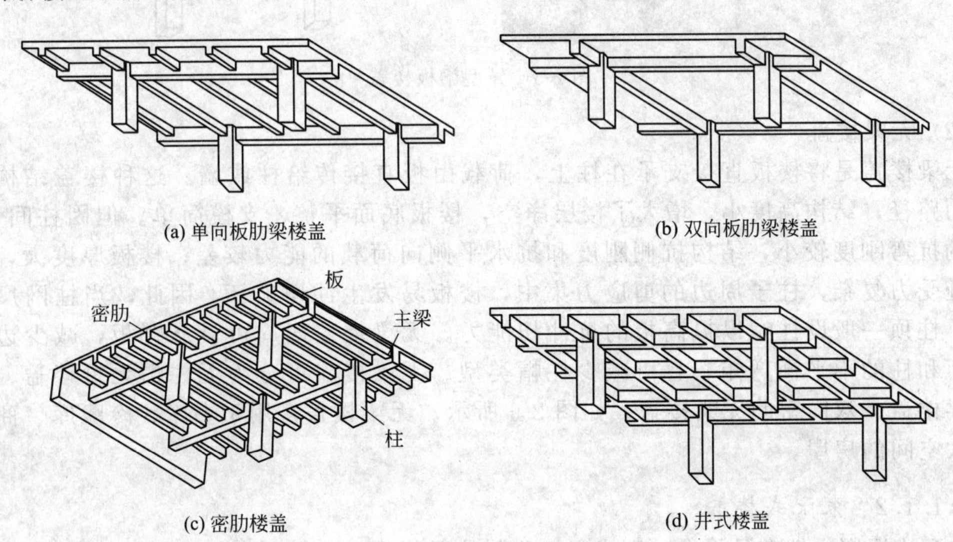

(a) 单向板肋梁楼盖　(b) 双向板肋梁楼盖

(c) 密肋楼盖　(d) 井式楼盖

图2-4 肋梁楼盖结构

① 单向板和双向板肋梁楼盖。楼盖由板、次梁和主梁组成，楼盖平面中一般沿纵横两个方向布置有次梁或主梁，梁分隔的板块为单向板或双向板，板的周边支承在梁或墙上，如

图 2-4(a)、(b) 所示。

② 密肋楼盖。当肋梁楼盖的梁（肋）间距较小（其肋间距为 0.5～1m）时，这种楼盖称为密肋楼盖，如图 2-4(c) 所示。密肋楼盖也可分为单向密肋楼盖和双向密肋楼盖两种。密肋楼盖梁高较小，楼板厚度可以做得很薄，一般可做成 30～50mm，因而可增大楼层净空或降低楼层层高，降低楼板重量，有较好的经济性。在密肋之间，可以放置填充物，如加气混凝土块或其他块材，使楼盖下表面平整。

③ 井式楼盖。井式楼盖中两个方向的梁截面相同，无主、次梁之分，梁间距比密肋楼盖的肋间距要大得多，且梁的网格基本接近正方形，即板块为双向板，如图 2-4(d) 所示。两个方向的梁可将板面荷载直接传递给周边的墙或柱，跨越空间较大，中部一般不设柱，当跨越空间很大时也可设柱。

除上述楼盖结构形式外，为适应建筑形式和功能要求，近年也出现了板块为非矩形、梁为非常规梁的异型梁板楼盖，如图 2-5 所示。

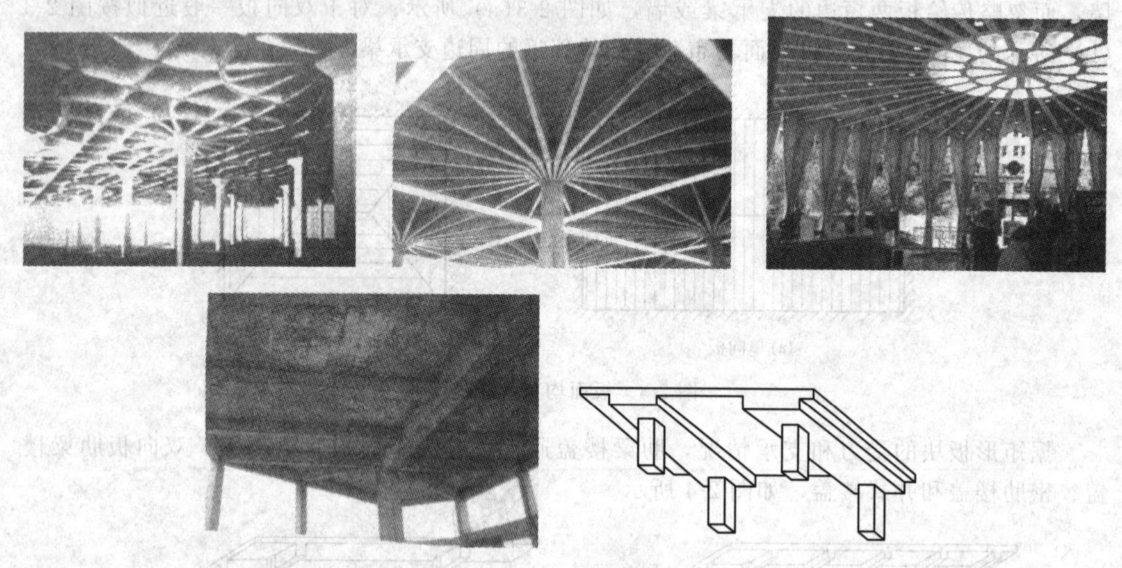

图 2-5 异型梁板楼盖

(2) 无梁楼盖

无梁楼盖是将楼板直接支承在柱上，荷载由板直接传给柱或墙。这种楼盖结构缩短了传力路径，结构高度小，增大了楼层净空，楼板底面平整，支模简单。但因柱间无梁，楼盖的抗弯刚度较小，结构抗侧刚度和抗水平侧向荷载的能力较差；楼板厚度大，板柱节点处受力复杂，柱子周边的剪应力集中，楼板易发生冲切破坏。因此，当柱网尺寸较大时，柱顶一般设柱帽以提高板的抗冲切能力。无梁楼盖四周可设悬臂板，减少边跨跨中弯矩和柱的不平衡弯矩，且可减少柱帽类型。无梁楼盖可分为无柱帽无梁楼盖、有柱帽无梁楼盖、双向密肋无梁楼盖，如图 2-6 所示。无梁楼盖多用于书库、冷藏库、商店等要求大空间的房屋。

2.1.1.2 装配式楼盖

装配式混凝土楼盖是将在工厂或现场预制的混凝土板（梁），通过可靠的连接方式装配而成的结构构件，具有工业化程度高，构件质量好，尺寸误差小，现场作业量小，保护环境等优势。在非抗震区和多层建筑中得到广泛应用。但这种楼盖整体性差，抗震性差，防水性差，施工时有吊装要求。在高层建筑和抗震要求高的建筑中应加强其整体性。

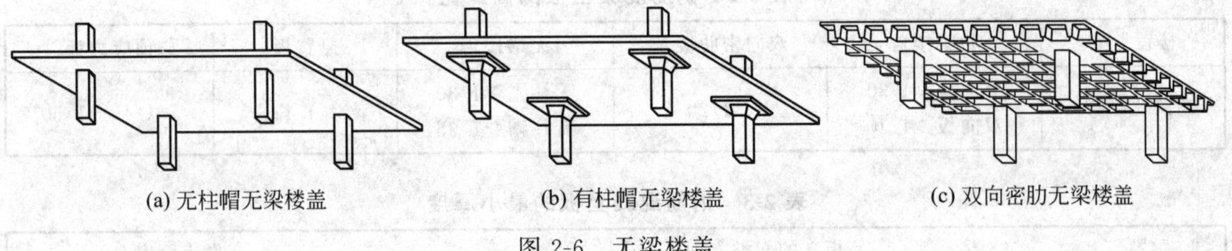

(a) 无柱帽无梁楼盖　(b) 有柱帽无梁楼盖　(c) 双向密肋无梁楼盖

图 2-6　无梁楼盖

装配式混凝土楼盖主要有铺板式、密肋式和无梁式。其中铺板式是目前工业与民用建筑最常用的形式，即将预制板两端支承在墙上或梁上，其预制构件主要是预制板和预制梁。

2.1.1.3　装配整体式楼盖

装配整体式混凝土楼盖是由预制混凝土板（梁）通过可靠的连接方式进行连接，并与现场后浇混凝土、水泥基灌浆料形成整体的装配式混凝土楼盖。它兼有现浇楼盖和装配式楼盖的优点，整体性、抗震性介于二者之间，适用于荷载较大的多层工业厂房、高层民用建筑和有较高抗震设防要求的建筑。

近年来，压型钢板-混凝土组合楼盖、钢梁-混凝土组合楼盖、网架-混凝土组合楼盖等组合式楼盖在工程中也有较多应用，如图 2-7 所示。能提高楼盖刚度和抗裂性的无粘结预应力混凝土楼盖在工程中也应用较多。

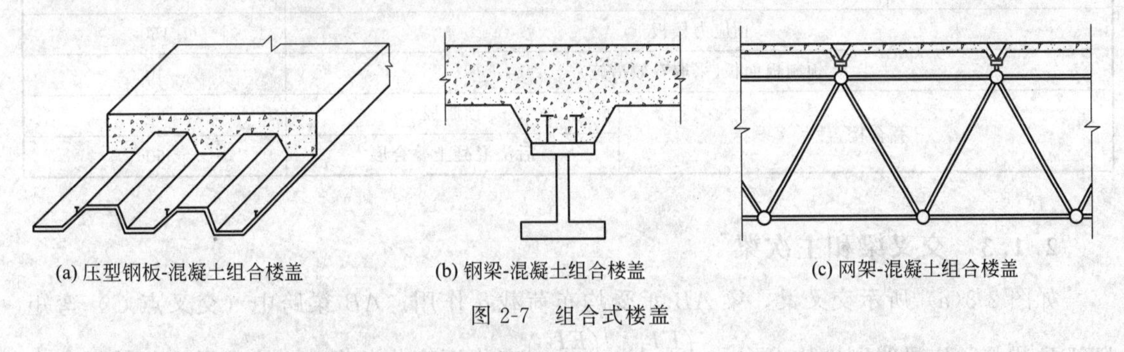

(a) 压型钢板-混凝土组合楼盖　(b) 钢梁-混凝土组合楼盖　(c) 网架-混凝土组合楼盖

图 2-7　组合式楼盖

设计中一般根据房屋的功能、平面形状和尺寸、荷载大小、抗震设防烈度以及经济技术指标等因素综合考虑，选择最佳的楼盖结构形式。

2.1.2　梁、板截面尺寸

楼盖梁、板截面尺寸应满足承载力、刚度及舒适度等要求。在初步设计阶段，梁、板截面尺寸可根据工程经验确定的高跨比拟定，并满足最小高度要求。梁的高跨比、高宽比见表 2-1。板的厚度与跨度之比（高跨比）见表 2-2，板的最小厚度见表 2-3。

表 2-1　钢筋混凝土梁的高跨比、宽高比

梁的类别	高跨比(h/l)	宽高比(b/h)	备注
单跨简支梁	1/12～1/8	1/3～1/2	梁的最小高度： 主梁 $h \geqslant l/15$ 次梁 $h \geqslant l/25$ 并以 50mm 为模数
多跨连续次梁	1/18～1/12	1/3～1/2	
多跨连续主梁	1/14～1/8	1/3～1/2	
井式梁	1/20～1/15	1/4～1/3	
悬臂梁	1/8～1/6	1/3～1/2	

表 2-2　钢筋混凝土板的高跨比

楼盖类型	肋梁楼盖	双向密肋楼盖	无梁楼盖	悬臂板	预应力板
高跨比(h/l)	单向板≥1/30 双向板≥1/40	≥1/20	无柱帽≥1/30 有柱帽≥1/35	≥1/12	≥1/45～1/50

表 2-3　钢筋混凝土板的最小厚度

板的类别			最小厚度/mm
现浇板	单向板	屋面板	60
		民用建筑楼板	60
		工业建筑楼板	70
		行车道下的楼板	80
	双向板		80
	密肋楼盖	面板	50
		肋高	250
	悬臂板(根部)	悬臂长度不大于 500mm	60
		悬臂长度 1200mm	100
	无梁楼盖		150
	现浇空心楼盖		200
预应力楼板			150
预制板面板(采取有效措施)			40
叠合楼盖		预制板	60
		后浇混凝土叠合层	60

2.1.3　交叉梁和主次梁

如图 2-8(a) 所示交叉梁，梁 AB 承受均布荷载 q 作用。AB 梁跨中（交叉点 C）弯矩随 DE 梁与 AB 梁线刚度比 $i_1/i_2=\left(\dfrac{EI_1}{L_1}\right)\Big/\left(\dfrac{EI_2}{L_2}\right)$ 变化而变化，表 2-4 给出了变化结果。由表中结果可知，当 DE 梁与 AB 梁线刚度比 $i_1/i_2\geqslant16$ 时，AB 梁跨中弯矩与 AB 梁跨中为刚性链杆支座（$i_1/i_2=\infty$）时的差值小于 6%。为简化计算，对 AB 梁而言，可忽略 DE 梁 C 点的竖向位移，将 DE 梁视为 AB 梁中间的不动铰支座，AB 梁看作两跨连续梁计算；AB 梁中间支座的反力即 DE 梁跨中作用的集中荷载。这样大大简化了交叉梁的分析。

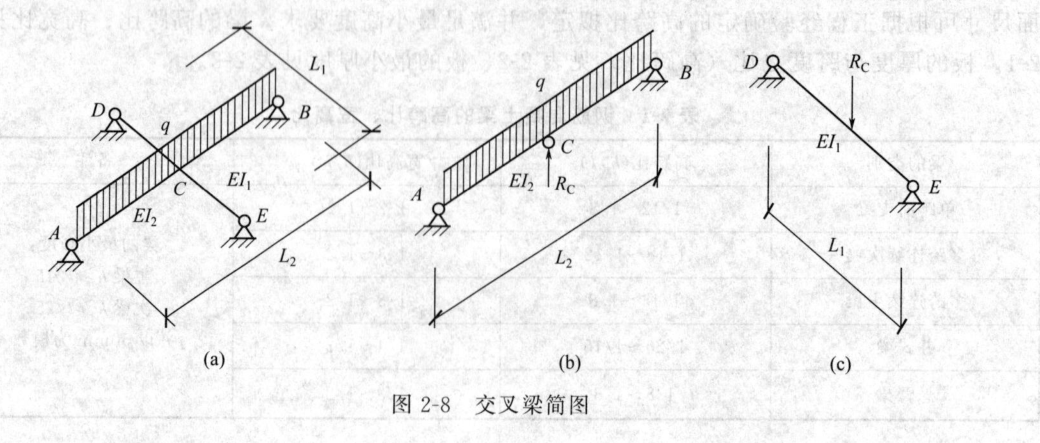

图 2-8　交叉梁简图

表 2-4　**AB 梁跨中 C 点处的弯矩系数**（C 点弯矩＝表中系数×qL_2^2）

i_1/i_2	1	2	4	8	16	32	∞
$L_2/L_1=1$	−0.156	−0.208	−0.250	−0.278	−0.294	−0.303	−0.3125
$L_2/L_1=2$	−0.250	−0.278	−0.294	−0.303	−0.308	−0.310	−0.3125

因为 DE 梁作为 AB 梁的中间支座，承担着由 AB 梁传来的荷载，工程上一般将 DE 梁称为主梁，AB 梁称为次梁。若取梁的跨度为竖向支承点之间的距离，则次梁 AB 的线刚度 $i_{次梁}=\dfrac{EI_2}{L_2/2}=2i_2$，则 $i_{主梁}/i_{次梁}\geqslant 8$ 时，可将图 2-8(a) 所示交叉梁简化为主梁和次梁分别进行计算。这样简化计算忽略了主梁的变形，而主梁的竖向变形将使次梁按两跨连续梁计算的中间支座负弯矩变小，跨中正弯矩变大。因此，次梁按两跨连续梁计算时，跨中弯矩偏小，尽管这一误差不是很大，但应该知道次梁跨中存在偏于不安全的误差，在配筋设计时应给予一定的弥补。如果考虑塑性内力重分布影响，通常这一误差影响是可以在内力重分布过程中得到调整的。

2.1.4　混凝土现浇整体式楼盖分析方法

现浇整体式楼盖通常是由梁、板所组成的超静定结构，其内力可按弹性理论及塑性理论进行分析。按塑性理论分析的内力结果比较符合实际，因此也比较经济，但一般情况下结构的裂缝较宽，变形较大。

楼盖结构按弹性理论和塑性理论进行分析时，可根据计算精度要求，采用精细分析方法和简化分析方法。精细分析方法包括弹性理论方法、塑性理论方法以及线性和非线性有限元分析方法。简化分析方法是在一定假定基础上建立的近似方法，可以分为以下两种。

(1) 不考虑梁、板的相互作用。假定支承梁的竖向变形很小，可以忽略不计，将梁看作板的刚性链杆支座，将梁、板分开计算。此法根据作用于板上的荷载，按单向板或双向板计算板的内力，然后按照假定的荷载传递方式，将板上的荷载传到支承梁上，然后计算支承梁的内力。包括基于弹性理论的连续梁、板法（用于计算单向板肋梁楼盖），查表法和多跨连续双向板法（用于计算双向板肋梁楼盖），基于弹性分析的弯矩调幅法和基于板破坏模式（假定支承梁未破坏）的塑性极限分析方法。这种方法常用于计算支承梁刚度远大于板刚度的肋梁楼盖，计算结果满足工程设计的精度要求。

(2) 考虑梁板相互作用。此法根据作用于楼盖上的荷载，将楼盖作为整体计算梁和板的内力。包括基于弹性理论的直接设计法、等效框架法和拟梁法等，以及基于塑性理论和梁-板组合破坏模式（支承梁可能破坏）的塑性极限分析方法。这种方法是一种合理的楼盖结构分析方法，适用于一般楼盖结构分析，通常用于计算无梁楼盖以及支承梁刚度相对较小的肋梁楼盖结构的内力。

2.2　单向板肋梁楼盖

2.2.1　结构布置

(1) 单向板肋梁楼盖结构平面布置原则

现浇整体式肋梁楼盖的板区格平面长边与短边尺寸之比至少要大于 2，通常不小于 3，板上荷载主要沿短向传递给次梁，次梁传递给主梁，主梁传给柱或墙。次梁、主梁和柱或墙分别是板、次梁和主梁的支座。柱网间距决定了主梁的跨度，主梁间距决定次梁的跨度，次梁间距是板的跨度。现浇整体单向板肋梁楼盖结构平面布置包括柱网布置，主梁、次梁布置。

柱网、梁格的布置应满足房屋使用要求，做到结构受力合理、节约材料和降低造价的要求。应尽量避免集中荷载直接作用于板上，如板上有较大设备荷载、隔墙时，宜在其相应位置设置支承梁。当楼面开有较大洞口（大于 800mm）时，也宜在洞口四周布置边梁。尽量避免将梁，特别是主梁搁置在门、窗过梁上。

（2）板、梁的跨度

板、梁的跨度应尽量在经济合理的范围内取值，因为若板、梁的跨度较大，楼盖的造价增大；而若板、梁跨度较小，则梁、柱数量增加，造价也会增大。根据设计工程经验，单向板的跨度常取 1.5～3m，荷载较大时宜取较小值；次梁的跨度常取 4～6m；主梁的跨度常取 5～8m。在无特殊要求的前提下，柱网应布置成正方形或长方形，梁格布置力求规则整齐，梁尽可能连续贯通，梁板应尽量布置成等跨度的，以使板的厚度和梁的截面尺寸尽可能统一，便于内力计算和施工。

（3）结构平面布置方案

单向板肋梁楼盖常见的结构平面布置方案有以下三种。

① 主梁横向布置。主梁沿房屋横向布置，次梁沿房屋纵向布置，板的四边支承于次梁、主梁或砌体墙上，如图 2-9(a) 所示。这种房屋主梁与柱构成横向框架体系，增强了房屋的横向侧移刚度，各榀横向框架间由次梁相连，房屋的整体性能较好。由于主梁与外纵墙垂直，外纵墙可开设较大的窗洞，有利于室内采光。

② 主梁纵向布置。主梁沿房屋纵向布置，次梁沿房屋横向布置，如图 2-9(b)、(c) 所示。这种结构布置方案适用于横向柱距大于纵向柱距较多的情况，这样可以减少主梁的截面

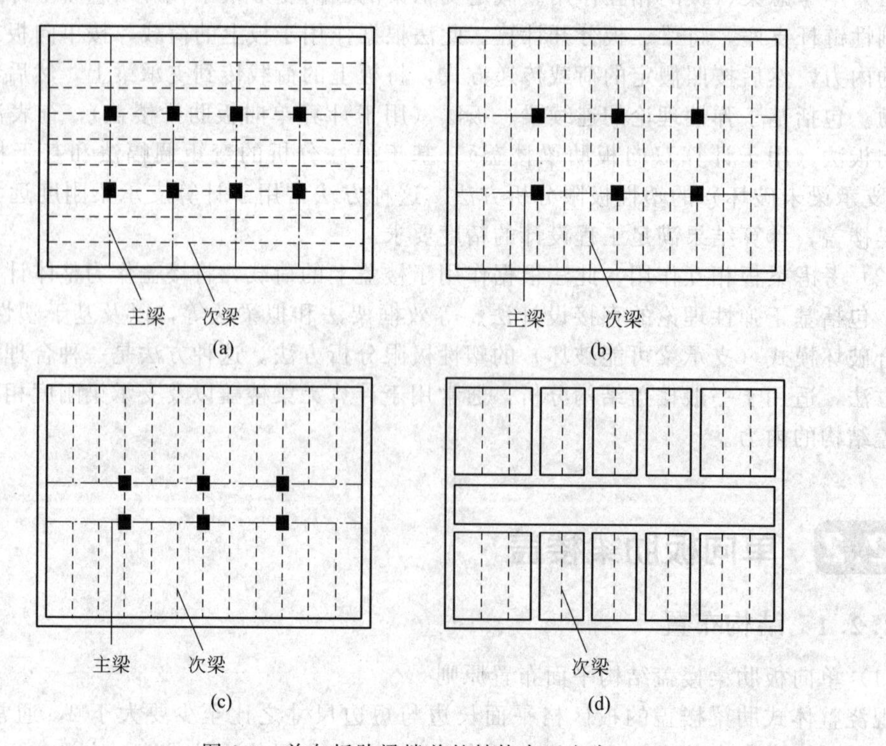

图 2-9 单向板肋梁楼盖的结构布置方案

高度，增加室内净高。与前一种方案相比，房屋的横向侧移刚度较弱。

③ 只布置次梁。不设主梁，只布置次梁，如图 2-9(d) 所示。这种方案适用于房屋中间有走廊、纵墙间距较小的混合结构房屋。

2.2.2　计算简图

(1) 计算假定

在现浇单向板肋梁楼盖中，荷载传递的路线是：荷载→板→次梁→主梁→柱或墙。因此，板的支座是次梁，次梁的支座是主梁，主梁的支座是柱或墙。为简化计算，通常做如下假定：

① 当支承构件的线刚度较大时，可将其看作支座，支座可以自由转动，但忽略其竖向位移；

② 在确定板传给次梁的荷载、以及次梁传给主梁的荷载时，分别忽略板、次梁的连续性，按简支构件计算竖向反力；

③ 不考虑板薄膜效应对板内力的影响，即忽略板带之间的相互作用；

④ 跨数超过五跨的连续板、梁，当各跨荷载相同，且跨度相差不超过10%时，可按五跨的等跨连续板、梁计算，所有中间跨的内力均取与第三跨相同；当连续板、梁的跨度小于等于五跨时，应按实际跨数计算。

(2) 荷载计算

作用在楼盖上的荷载有永久荷载（恒荷载）和可变荷载（活荷载）。永久荷载包括结构自重、构造层自重、永久性设备自重等。活荷载包括使用时的人群、家具、办公设备等的重力。

永久荷载标准值可按选用的构件单位自重计算。民用建筑楼（屋）面上的均布活荷载和部分工业建筑的楼面均布活荷载可由《建筑结构荷载规范》查得。工业建筑楼面在生产使用中由设备、运输工具等引起的局部荷载和集中荷载，均按实际情况考虑，也可用等效均布活荷载代替。

对于承受均布荷载的单向板肋梁楼盖，其板和次梁上均承受均布荷载（包括自重），主梁则承受由次梁传来的集中荷载和主梁自重。主梁自重是均布荷载，但与次梁传来的集中荷载相比，其影响较小，因此，也将主梁自重作为集中荷载考虑，其作用点位置及个数与次梁传来的集中荷载相同。在均布荷载作用下板、次梁、主梁在确定荷载时所考虑的负载面积如图 2-10(a) 所示。

必须注意，对于民用建筑的楼盖，作用在楼面上的活荷载，不可能以标准值的大小同时布满在所有的楼面上，因此，在设计梁、柱或墙和基础时，应根据房屋功能、类别以及梁的负载面积，对楼面活荷载标准值应乘以折减系数，折减系数值在 0.5～1.0 之间，具体可查阅《建筑结构荷载规范》。

确定荷载基本组合设计值时，永久荷载的分项系数应按下述取值：当其效应对结构不利时，取 1.3，可变荷载的分项系数一般取 1.5。[1]

(3) 计算简图

---

[1] 《建筑结构可靠性设计统一标准》于 2019 年 4 月 1 日执行将活荷载分项系数调整至 1.5，恒荷载分项系数调整为 1.3，不分可变荷载控制和永久荷载控制，但《混凝土结构设计规范》等其他规范暂未调整相关计算，本书计算仍按原计算方法，即当其效应对结构不利时，由可变荷载效应控制的组合取 1.2；由永久荷载效应控制的组合取 1.35；对结构有利时，一般取 1.0。可变荷载的分项系数取 1.4，当楼面活荷载标准值大于 $4kN/m^2$ 时，取 1.3。

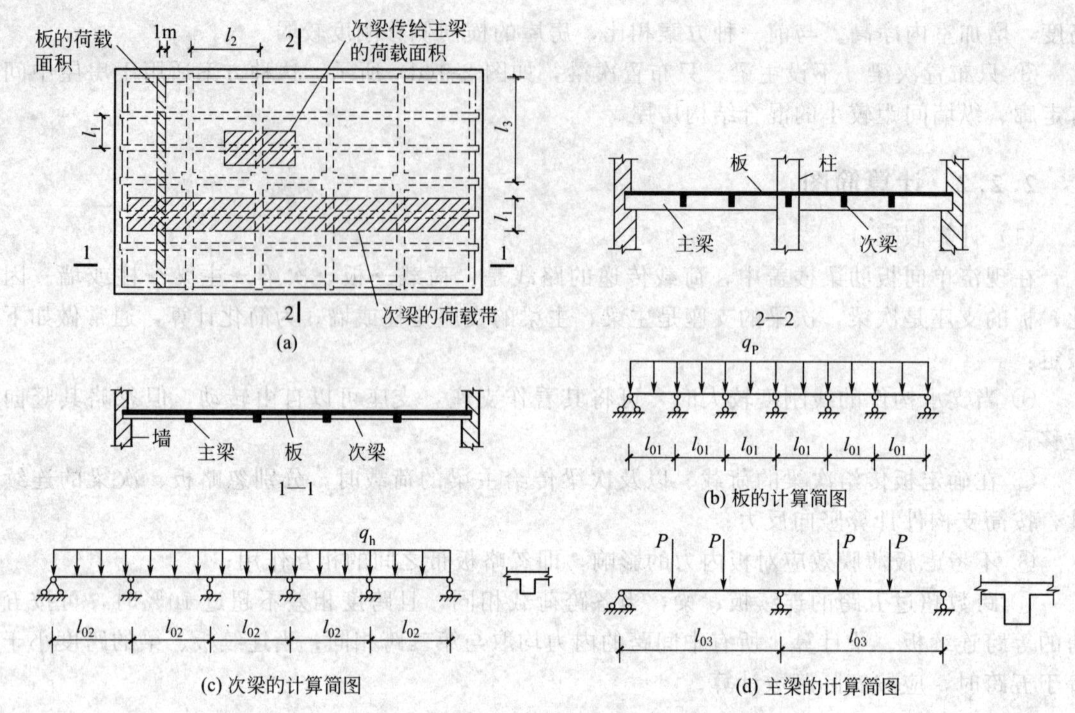

图 2-10 现浇单向板肋梁楼盖的计算简图

若板、梁端部支承在砌体墙上，则端部一般按简支考虑。

① 板。在计算中，取 1m 宽的板带作为计算单元，如图 2-10(a) 所示，故板截面宽度 $b=1000$mm，为支承在次梁或砌体墙上的多跨板，简化计算时，次梁或砌体墙是板的不动铰支座，故多跨板的计算简图就是一般结构力学中的连续梁（$b=1000$mm），如图 2-10(b) 所示。

② 次梁。次梁支承在主梁或砌体墙上，当主梁线刚度与次梁线刚度之比 $i_{主梁}/i_{次梁}\geqslant 8$ 时，可认为主梁是次梁的不动铰支座，次梁可按连续梁分析，如图 2-10(c) 所示；当不满足这个条件时，应取交叉梁系进行分析。

③ 主梁。主梁的负载面积如图 2-10(a) 所示，当梁柱节点两侧梁的线刚度之和与节点上下柱的线刚度之和的比值大于 5 时，柱端对主梁的转动约束和竖向位移可忽略不计，可将柱看作主梁的不动铰支座，主梁可按支承在柱或砌体墙上连续梁分析，如图 2-10(d) 所示；当梁柱节点上梁、柱线刚度之和的比值小于 3 时，则应考虑柱对主梁的转动约束作用，这时应按框架结构对主梁进行分析。

(4) 计算跨度

在现浇肋梁楼盖中，梁、板的计算跨度 l_0 是两相邻支座反力的合力作用线之间的距离，与构件的支承长度、刚度、材料和支座反力分布等有关。理论上，计算跨度 l_0 是两端支座转动点之间的距离。实际计算时，可按表 2-5 取较小值。当按塑性理论计算时，考虑到塑性铰位于支座边，计算跨度取净跨 l_n。

表 2-5 梁、板的计算跨度 l_0

计算方法	支承条件			计算跨度
按弹性理论计算	单跨	两端支承在墙上	h, a, l_n, a	$l_0=l_n+a$ 且 $l_0\leqslant l_n+h$(板) $l_0\leqslant 1.05l_n$(梁)

续表

计算方法	支承条件			计算跨度
按弹性理论计算	单跨		一端支承在墙上，一端与支承构件整浇	$l_0=l_n+a/2$ 且 $l_0\leqslant l_n+h/2$(板) $l_0\leqslant 1.025l_n$(梁)
	单跨		两端与支承构件整浇	$l_0=l_c=l_n+b$
	多跨	边跨	两端与支承构件整浇	$l_0=l_c=l_n+b$
	多跨	边跨	一端支承在墙上，一端与支承构件整浇	$l_0=l_n+a/2+b/2$ 且 $l_0\leqslant l_n+h/2+b/2$(板) $l_0\leqslant 1.025l_n+b/2$(梁)
	多跨	中间跨		$l_0=l_c=l_n+b$ 且 $l_0\leqslant 1.1l_n$(板) $l_0\leqslant 1.05l_n$(梁)
按塑性理论计算	两端支承在墙上			$l_0=l_n+a$ 且 $l_0\leqslant l_n+h$(板) $l_0\leqslant 1.05l_n$(梁)
	一端支承在墙上，一端与支承构件整浇			$l_0=l_n+a/2$ 且 $l_0\leqslant l_n+h/2$(板) $l_0\leqslant 1.025l_n$(梁)
	两端与支承构件整浇			$l_0=l_n$

注：l_c为支座中心线间的距离；l_0为板（梁）的计算跨度；l_n为板（梁）的净跨度；h 为板的厚度；a 为板（梁）在墙体上的支承长度；b 为板（梁）的中间支座宽度。

(5) 折算荷载

在上述将单向板和次梁简化为连续梁的计算简图中，支座均简化为不动的铰支座，板、梁在支座上可自由转动。实际上，在现浇混凝土单向板肋梁楼盖中，板与次梁整浇、次梁与主梁整浇，次梁对板、主梁对次梁均有弹性约束作用，即支座的抗扭刚度对板、次梁的内力会有影响。为考虑计算简图与实际结构不同的影响，实用中采用折算荷载方法近似处理。

对于多跨连续梁，在恒荷载作用下，支座处连续梁的转角 θ 很小，特别是等跨及各跨荷载相等时，$\theta\approx 0$，如图 2-11(a) 所示。在这种情况下，支座抗扭刚度对结构内力的影响很小。在活荷载不利布置下，支座处连续梁的转角 θ 较大，但由于实际中支座对连续梁的弹性约束，使梁在支座处的真实转角 θ' 小于按不动铰支座时的转角 θ，如图 2-11(b) 所示，其结果是实际的跨中弯矩较小，而实际的支座负弯矩绝对值较大。

折算荷载方法是通过适当增加恒荷载，相应减少活荷载的办法，使计算简图的内力与实际情况接近。根据理论分析和实践经验，并考虑次梁对板的约束作用较主梁对次梁的约束作

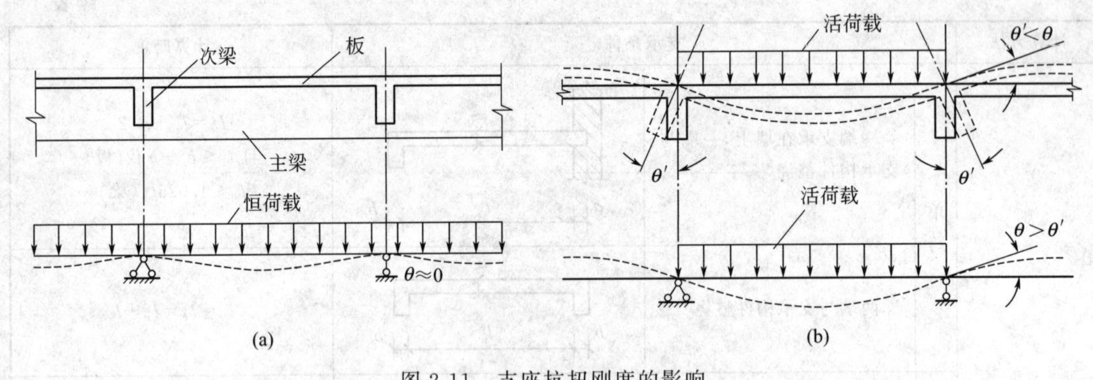

图 2-11 支座抗扭刚度的影响

用大的特点，对板和次梁的折算荷载取值如下：

连续板　　折算恒荷载 $g'=g+\frac{1}{2}q$　　折算活荷载 $q'=\frac{1}{2}q$

连续次梁　　折算恒荷载 $g'=g+\frac{1}{4}q$　　折算活荷载 $q'=\frac{3}{4}q$

当板、次梁搁置在砌体或钢结构上时，荷载不做调整，按实际荷载计算。由于主梁的重要性高于板和次梁，且其抗弯刚度通常比柱大，故对主梁一般不作调整。

2.2.3 按弹性理论方法计算结构内力

2.2.3.1 活荷载的不利布置

在连续梁、板上的荷载包括恒荷载和活荷载。恒荷载的量值和作用位置基本不变；而活荷载的量值和位置是随机变化的，因而在梁、板中产生的内力也是变化的。要获得梁、板控制截面的内力绝对值最大值，即最不利内力，必须研究其活荷载的布置形式，即活荷载的最不利布置。

如图 2-12 所示五跨连续梁，分别是在恒荷载和活荷载单独作用在 1～5 跨时的弯矩和剪力图。由图可见，截面上的最不利内力与活荷载的位置密切相关，具有以下规律。

(1) 求某跨跨内最大正弯矩时，除恒荷载作用外，应将活荷载布置在该跨，并隔跨布置活荷载。如图 2-13(a) 所示，当求 1、3、5 跨跨内的最大正弯矩时，应将活荷载布置在 1、3、5 跨；如图 2-13(b) 所示，当求 2、4 跨跨内的最大正弯矩时，应将活荷载布置在 2、4 跨。

(2) 求某跨跨内最小弯矩（或负弯矩绝对值最大值）时，除恒荷载作用外，应在该跨不布置活荷载，在相邻两跨布置活荷载，然后再隔跨布置活荷载。如图 2-13(b) 所示，当求 1、3、5 跨跨内最小弯矩（或负弯矩绝对值最大值）时，应将活荷载布置在 2、4 跨；如图 2-13(a) 所示，当求 2、4 跨跨内最小弯矩（或负弯矩绝对值最大值）时，应将活荷载布置在 1、3、5 跨。

(3) 求某支座截面最大负弯矩时，除恒荷载作用外，应在该支座的左、右相邻两跨布置活荷载，然后隔跨布置活荷载。如图 2-13(c)～(f) 所示，分别是求支座 B、C、D、E 的最大负弯矩的荷载不利布置情况。

(4) 求某支座左、右截面最大剪力时，除恒荷载作用外，活荷载布置与求该支座最大负弯矩时的布置相同。当求端支座最大剪力时，应在端跨布置活荷载，然后隔跨布置活荷载。如图 2-13(a) 所示，当求支座 A 的最大负剪力时，应将活荷载布置在 1、3、5 跨。

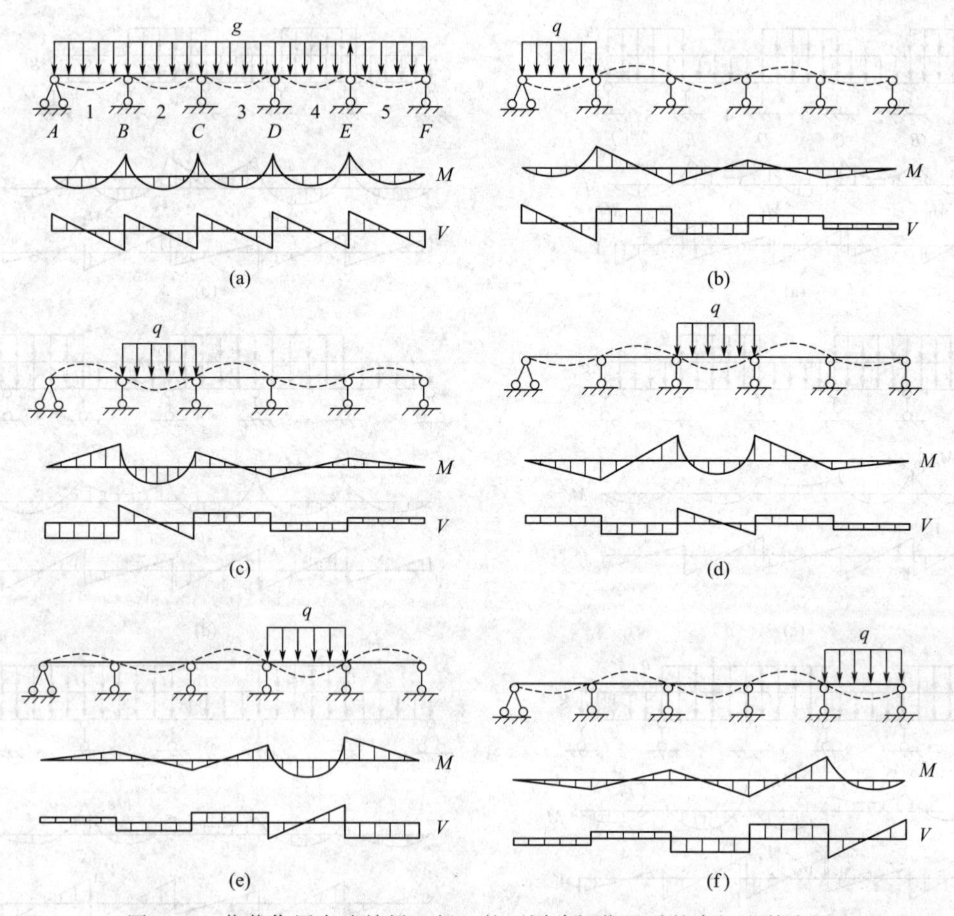

图 2-12　荷载作用在连续梁（板）的不同跨间位置时的弯矩和剪力图

2.2.3.2　内力计算

按弹性理论计算连续梁的内力时可采用结构力学的一般方法进行分析。对于 2～5 跨的等跨、等截面的连续梁，可按附录 1 计算相应荷载作用的弯矩、剪力。

计算跨内截面弯矩时，采用各自的计算跨度；而计算支座截面弯矩时，采用相邻两跨计算跨度的平均值。

2.2.3.3　内力包络图

将恒荷载在各截面产生的内力与各相应截面最不利活荷载布置时所产生的内力叠加，可得各截面可能出现的最不利内力，并将这些内力图全部画在一起，称为内力叠合图，这些图的外包线所形成的图形，即各截面的最大内力的连线，称为内力包络图，它完整给出了连续梁各截面可能出现的内力的上、下限，是连续梁截面承载力设计的依据。如弯矩包络图是计算和布置梁内纵筋的依据，即抵抗弯矩图应包住弯矩包络图；剪力包络图是计算和布置腹筋的依据，即抵抗剪力图应包住剪力包络图。

连续梁的弯矩包络图，一般需考虑四种荷载组合，即产生跨内最大正、负弯矩和支座左、右截面产生最大负弯矩的荷载组合。剪力包络图一般只需考虑两种情况，即支座左、右截面产生最大剪力的组合。五跨连续梁在均布荷载作用下的各不利荷载布置（见图 2-13）时的内力图和包络图如图 2-14 所示。

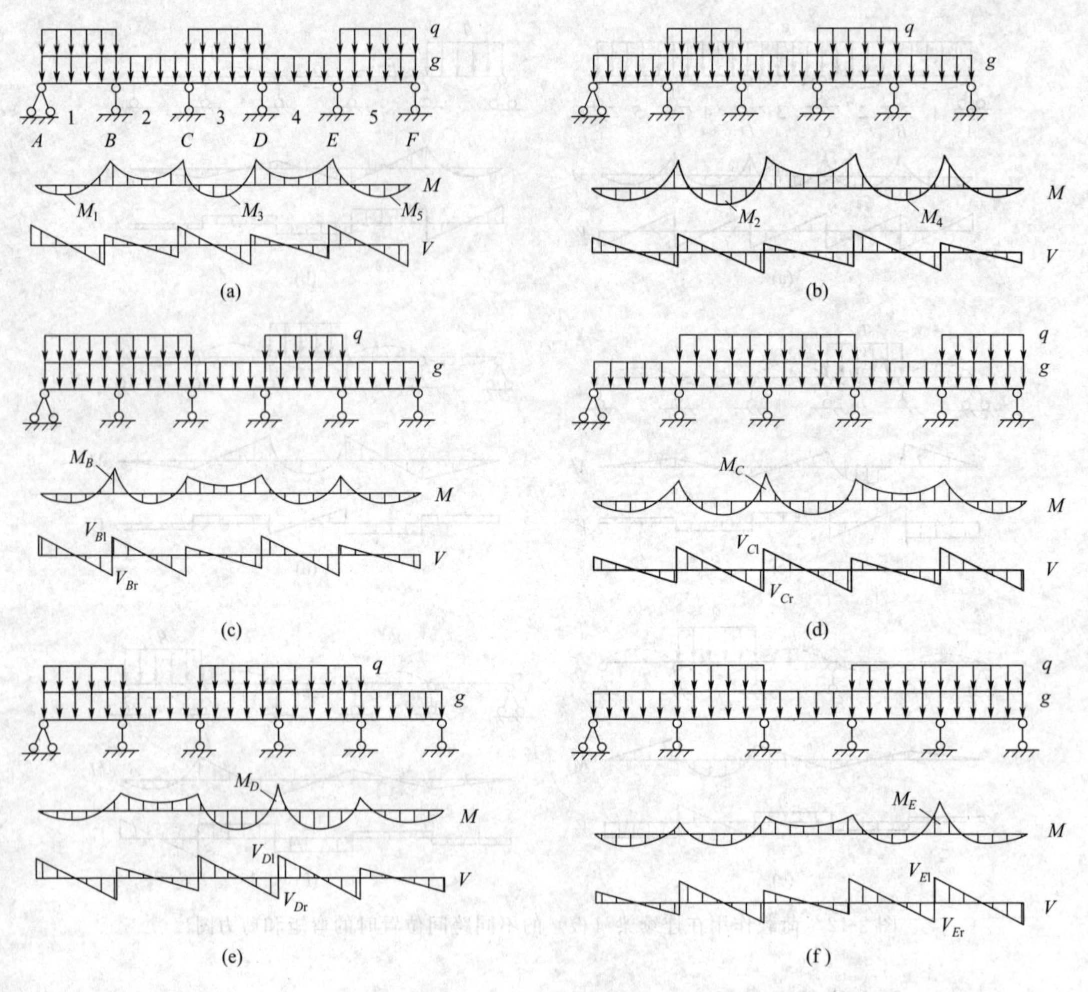

图 2-13 连续梁（板）的最不利荷载布置工况

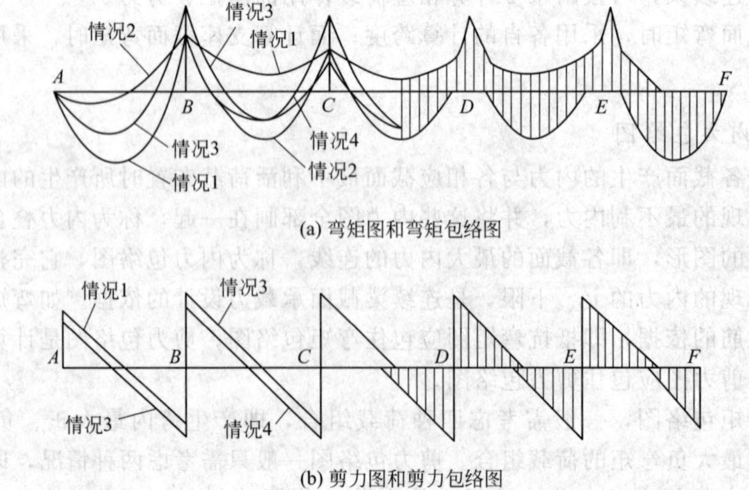

(a) 弯矩图和弯矩包络图

(b) 剪力图和剪力包络图

图 2-14 五跨连续梁（板）在均布荷载作用下的内力图及包络图

2.2.3.4 控制截面及其内力

受力钢筋计算时，对梁跨内分别取包络图中正弯矩和负弯矩（绝对值）最大值进行配筋计算，弯矩最大值所在截面即为控制截面。对于以现浇混凝土梁或柱为支座的支座截面，其截面高度明显增加，虽然支座处内力值比支座边缘处大，如图 2-15(a) 所示，但控制截面实际上是支座边缘处的截面，而非支座截面。尽管按偏大的内力计算值进行支座截面的配筋计算是偏于安全的，但会导致支座配筋过于密集，对抗震结构来说并不一定合理，可能是导致“强柱弱梁”无法实现的原因之一。因此按支座边缘截面的弯矩和剪力设计值进行支座截面的配筋计算，更为经济和合理。

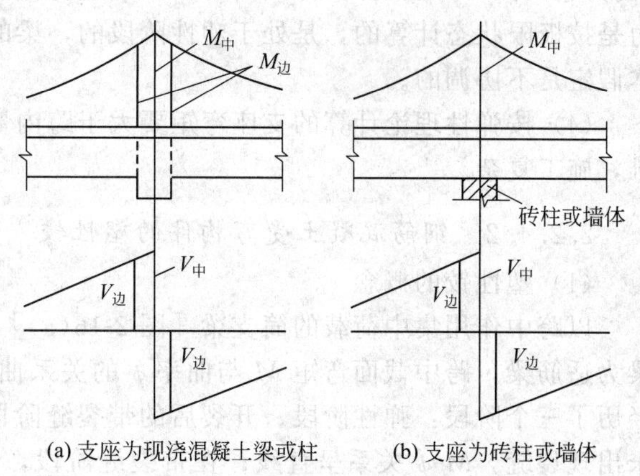

图 2-15 连续梁控制截面的内力取值

支座边缘处的弯矩设计值 M 和剪力设计值 V 可按下式计算

$$M=M_c-\frac{b}{2}V_0 \tag{2-3}$$

均布荷载时

$$V=V_c-\frac{b}{2}(g+q) \tag{2-4}$$

集中荷载时

$$V=V_c \tag{2-5}$$

式中 M_c、V_c——支座中心处的弯矩和剪力设计值；

V_0——按单跨简支梁计算的支座中心处的剪力设计值；

b——支座宽度；

g、q——作用在梁上均布恒荷载、活荷载设计值。

对于连续梁（板）支座为砖柱或墙体时，如图 2-15(b) 所示，支座截面设计配筋计算时，弯矩取支座中心线处截面的弯矩设计值，剪力取支座边缘截面的剪力设计值。

2.2.4 按塑性理论的分析方法计算结构内力

2.2.4.1 单向板肋梁楼盖按弹性理论分析方法存在的问题

混凝土连续梁（板）按弹性理论方法设计时，存在的主要问题有以下几个方面。

(1) 不能准确反映结构的实际受力问题。按弹性理论计算连续梁内力时，假定整个连续梁是等刚度的，并在受力过程中保持不变，截面的内力与荷载呈线性关系，各截面间的内力分布规律是不变的。事实上，混凝土连续梁是超静定结构，在其整个受力过程中，即使某一控制截面达到其内力设计值，只要整个结构还是几何不变体系，仍能继续承受荷载；随着荷载增加，控制截面明显进入塑性阶段，其截面刚度比初始刚度显著降低，而其他部位的刚度也随所承受弯矩有相应降低，各截面的抗弯刚度比随着荷载增加在不断变化，其内力分布与荷载呈非线性关系，即各截面间的内力分布规律是变化的，这种情况称为内力重分布或塑性内力重分布。

(2) 不能充分发挥材料的强度。按弹性理论设计时，只要任一截面的内力达到其内力设计值时，就认为整个结构达到其承载能力，由于连续梁跨中和支座各截面的最大内力不是同时出现的，当某跨中截面按最大内力配置的钢筋得到充分利用时，其支座钢筋并没有充分利用，造成浪费。

(3) 存在结构分析与截面设计之间的不协调。对于混凝土超静定结构，按弹性理论分析时，是在假定整个梁刚度不变的前提下，根据不同荷载分布情况得到各截面的最不利内力值(内力包络图)，是在弹性范围内的，据此进行截面配筋是可以保证安全的。但构件截面承载力是按极限状态计算的，是处于塑性阶段的，梁的刚度随着荷载的变化而变化。这二者的基本假定是不协调的。

(4) 按弹性理论计算的支座弯矩要大于跨内弯矩，使得支座钢筋配置过密，造成布置困难，施工复杂。

2.2.4.2 钢筋混凝土受弯构件的塑性铰

(1) 塑性铰的概念

以跨中作用集中荷载的简支梁［图 2-16(a)］为例，来说明塑性铰的形成和概念。若该梁为适筋梁，跨中截面弯矩 M 与曲率 ϕ 的关系曲线如图 2-16(c) 所示，钢筋混凝土梁受弯经历了三个阶段：弹性阶段、开裂后的带裂缝阶段和钢筋屈服后的破坏阶段。在弹性阶段，未出现裂缝，M-ϕ 关系呈直线；在带裂缝阶段，随着裂缝的出现，M-ϕ 关系渐呈曲线；在破坏阶段，当受拉钢筋屈服后，M-ϕ 关系曲线的斜率急剧减小，即在截面弯矩 M 增加很少的情况下，截面曲率 ϕ 快速增加，形成截面受弯“屈服”的现象。梁跨中塑性变形较集中的区域犹如一个能转动的“铰”，称之为塑性铰，如图 2-16(e) 所示。塑性铰区为梁弯矩图上 $M>M_y$ 的部分，位于梁跨中最大弯矩（$M=M_u$）截面两侧 $l_p/2$ 范围内，相应的长度 l_p 称为塑性铰长度，是跨中附近超过屈服弯矩区域的长度，如图 2-16(b) 所示。

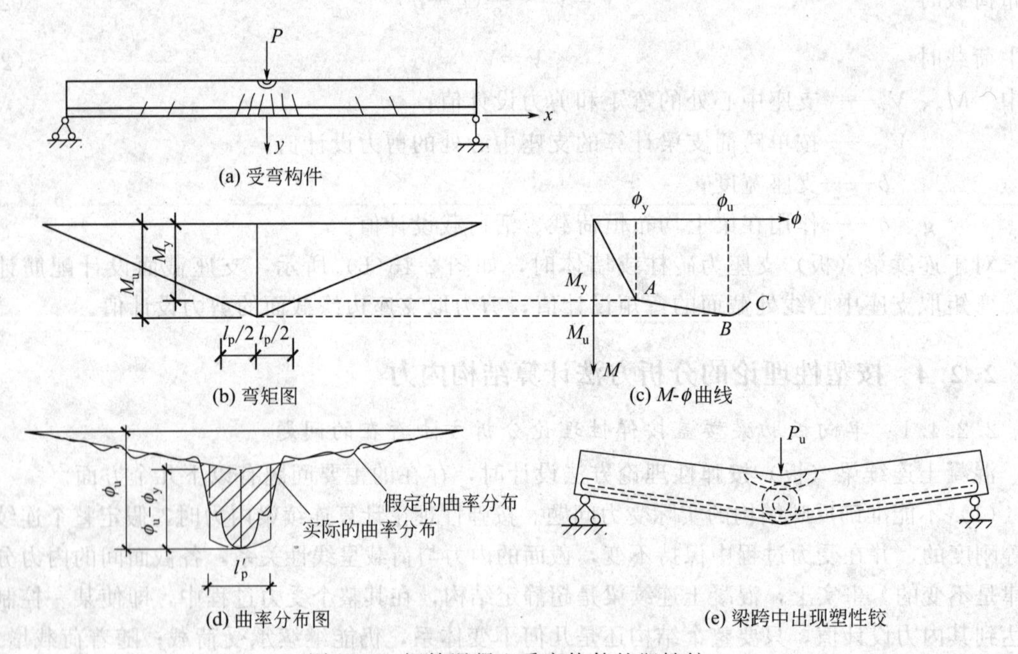

图 2-16 钢筋混凝土受弯构件的塑性铰

图 2-16(d) 中实线为实际的曲率分布，虚线为计算时假定的曲率分布，将曲率分为弹性部分和塑性部分（图中阴影部分）。塑性铰的转角 θ 可根据跨中截面达到极限曲率时，跨中附近超过屈服弯矩区域内的曲率（$\phi-\phi_y$）积分，即图 2-16(d) 中实线围成的阴影面积

$$\theta=\int_0^{L_p}(\phi-\phi_y)\mathrm{d}x$$

为简化计算，可近似取一名义塑性铰转动区域长度 l'_p，在该长度范围内认为均达到极限曲

率 ϕ_u，因此，上式可表示为

$$\theta=(\phi_u-\phi_y)l'_p \tag{2-6}$$

上式为图 2-16(d) 中虚线围成的矩形部分的面积。

(2) 塑性铰的转动能力

从受拉钢筋屈服开始，直至受压区混凝土压坏为止，这一过程的塑性转动为塑性铰的转动能力，即极限转角 θ_u，此时塑性铰等效长度用 $\bar{l}_p$ 表示，则

$$\theta_u=(\phi_u-\phi_y)\bar{l}_p \tag{2-7}$$

根据试验研究，塑性铰的等效长度 $\bar{l}_p$ 在 1.0～1.5 倍截面高度范围。因此，塑性铰的转动能力 θ_u 主要取决于 ϕ_y 和 ϕ_u，即配筋率、受拉钢筋的延伸率和混凝土的极限压缩变形。受拉钢筋的强度越低，塑性变形能力越好，塑性铰转动能力越大；受拉钢筋配筋率越低，塑性铰转动能力越大；混凝土的受压变形能力（与混凝土的强度等级、箍筋用量、受压区纵筋等有关）越好，塑性铰转动能力越大。

一般情况，受拉钢筋采用 HPB300、HRB335、HRB400、HRB500 级钢筋及相应的细晶粒钢筋，在常用混凝土强度等级以及配箍率等条件下，受拉纵筋配筋率对塑性铰转动能力具有决定性作用。

受拉纵筋配筋率 ρ 直接影响受压区高度 x。对单筋矩形截面受弯构件，截面相对受压区高度 ξ 为

$$\xi=\frac{x}{h_0}=\frac{A_s f_y}{\alpha_1 f_c b h_0}=\rho\frac{f_y}{\alpha_1 f_c} \tag{2-8}$$

即 ξ 值直接与塑性铰转动能力有关。当 $\xi>\xi_b$ 时，为超筋梁，钢筋不会屈服，受压区混凝土先压坏，转动主要由受压区混凝土的非弹性变形引起，转动量很小，截面突然破坏，可认为并未形成塑性铰；当 $\xi<\xi_b$ 时，为适筋梁，塑性铰形成的起因是受拉钢筋的屈服，ξ 值越小，塑性铰的转动能力越大。

(3) 塑性铰的特点

钢筋混凝土受弯构件的塑性铰与理想铰的主要区别如下：

① 塑性铰的塑性变形区域具有一定长度，而理想铰集中于一点；

② 塑性铰的转动能力受到钢筋种类、配筋率和混凝土极限压应变等的限制，与理想铰相比，可转动的转角值较小；

③ 理想铰不能承受任何弯矩，塑性铰则能承受一定的弯矩（$M_y\leqslant M\leqslant M_u$），为简化考虑，认为塑性铰承担的弯矩为定值，且取其等于截面的屈服弯矩；

④ 对于单筋受弯构件，塑性铰是单向铰，只能沿弯矩作用方向作有限的转动，而理想铰则是双向铰，能沿两个方向作无限转动。

2.2.4.3 连续梁的塑性内力重分布

(1) 应力重分布与内力重分布

应力重分布是指由于材料非线性导致截面上应力沿截面高度分布不再服从线弹性分布规律，与截面弹性应力分布不一致的现象，在静定和超静定混凝土结构中都存在。内力重分布则是指由于结构材料的非弹性性质，使各截面内力之间的关系不再服从线弹性分布规律。对静定结构而言，内力分布与结构刚度无关，故不存在内力重分布现象；对超静定结构而言，内力分布不仅与荷载有关，还与计算简图及各部分的抗弯刚度比值有关，当计算简图或抗弯刚度的比值发生变化，内力分布也随之变化，因而，只有超静定结构才存在内力重分布现象。

（2）超静定结构的塑性内力重分布

在混凝土超静定结构中，裂缝、混凝土徐变以及结构支座沉降等均会引起结构的内力重分布，但这些因素引起的内力重分布一般较小，对结构设计影响不大。明显的内力重分布主要是由于塑性铰的出现而引起的，故称为塑性内力重分布。

以图 2-17 所示承受集中荷载的两跨连续梁为例，说明塑性内力重分布的过程。假定该梁为等截面的适筋梁，截面出现塑性铰后具有较大的转动能力，梁中配有足够的抗剪箍筋，保证梁截面达极限弯矩之前不发生斜截面剪切破坏。梁各截面的开裂弯矩相同，均为 M_{cr}，取梁各截面的屈服弯矩为极限弯矩，均为 M_u。

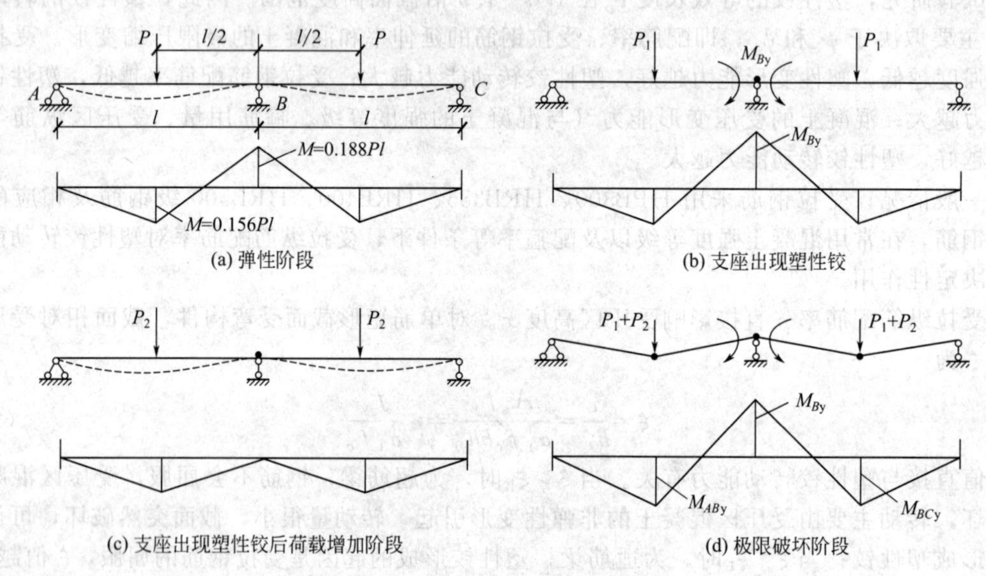

图 2-17　两跨连续梁内力变化过程

加载初期，结构基本处于弹性阶段，弯矩如图 2-17(a) 所示，支座和跨中截面的 M-P 关系分别如图 2-18 中直线 1、2 所示。

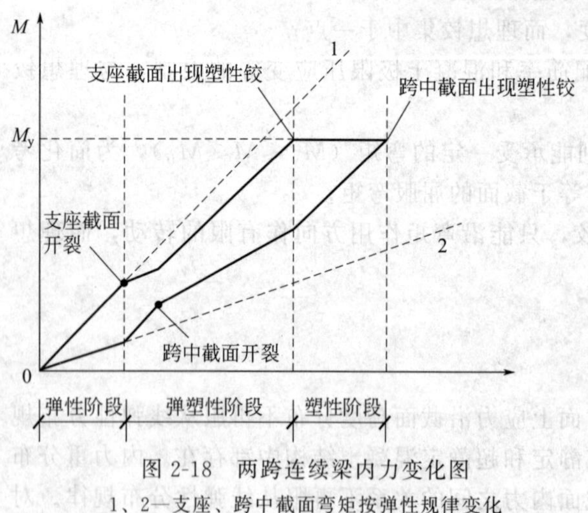

图 2-18　两跨连续梁内力变化图

1、2—支座、跨中截面弯矩按弹性规律变化

随着荷载增加，中间支座处梁截面受拉区混凝土首先开裂，其弯矩为 M_{cr}，而跨中截面尚处于弹性阶段，其弯矩 $M < M_{cr}$。由于中间支座处梁截面刚度降低，使该处梁截面的弯矩增长率低于弹性分析结果，中间支座截面的 M-P 关系如图 2-18 所示低于直线 1 变化。而跨中截面弯矩的增长率则大于弹性分析结果，跨中截面的 M-P 关系如图 2-18 所示高于直线 2 变化。这时梁中已发生了内力重分布。随着荷载继续增加，梁跨中受拉区混凝土也出现裂缝，跨中截面弯矩为 M_{cr}，结构又一次发生内力重分布，继续加载直至支座截面即将出现塑性铰。这一阶段为“弹塑性阶段”，其 M-P 关系如图 2-18 所示。

继续加载至中间支座处梁截面受拉纵筋屈服，该截面首先出现塑性铰，其截面弯矩达到 M_u，相应的外荷载为 P_1，弯矩图如图 2-17(b) 所示，一次超静定的两跨连续梁变为多跨静定梁，如图 2-17(c) 所示。此后继续加载，直至梁跨中截面刚刚出现塑性铰，其截面弯矩也达到 M_u，设其荷载增值为 P_2。此过程中，中间支座处梁截面的弯矩保持 M_u 不变，如图 2-18 所示水平线，由荷载增值 P_2 引起的弯矩，分别由 AB 和 BC 两个简支梁承担，中间支座处的塑性铰发生转动，跨中截面的弯矩也达到 M_u。此时结构已成为机构，梁的最终承载力为 P_1+P_2，其最终弯矩图如图 2-17(d) 所示。

上述分析可以得到以下结论。

① 超静定结构达到承载力极限状态的标志不是一个截面达到屈服，而是出现足够多的塑性铰，使结构形成破坏机构，可充分利用结构实际潜在的承载能力，使结构设计更合理、经济。

② 内力重分布发生在两个阶段：第一阶段是裂缝出现至塑性铰形成之前，主要是由于裂缝形成和发展，使构件刚度变化而引起内力重分布，这一阶段的内力重分布较小，在结构设计中可不考虑；第二阶段是出现第一个塑性铰后至结构变为机构之前，是由于塑性铰转动而引起的内力重分布，这一阶段的内力重分布现象显著，称为“塑性内力重分布”，结构设计中需要考虑。

③ 结构在塑性铰出现前按弹性理论计算的内力分布规律与塑性铰出现后按塑性内力重分布计算的内力分布规律是不同的。考虑塑性内力重分布，可使内力重分布更符合实际内力分布规律。

④ 超静定结构按塑性理论计算的极限承载力大于按弹性理论计算的极限承载力，因此按弹性理论计算的内力进行设计是偏于安全的。

⑤ 钢筋混凝土梁的塑性内力重分布在一定程度上可由设计者来控制。设计者根据内力重分布规律，可适当调低支座截面的设计弯矩，减少支座钢筋的密集程度，改善施工条件。

2.2.4.4 影响塑性内力重分布的因素

在超静定结构中，为了保证在加载过程中结构能按预期顺序依次出现足够多塑性铰，最终形成几何可变体系而整体破坏，从而保证充分的内力重分布，要求塑性铰有足够的转动能力，不发生因斜截面承载力不足而引起的破坏，不影响结构的正常使用要求，这需要进行恰当的设计。

(1) 塑性铰的转动能力

塑性铰的转动能力主要取决于纵向钢筋的配筋率、钢筋的延伸率和混凝土的极限压应变。截面的极限曲率 $\phi_u=\varepsilon_u/x$，配筋率越低，受压区高度 x 越小，故 ϕ_u 越大，塑性铰的转动能力越大；混凝土的极限压应变 ε_u 越大，ϕ_u 越大，塑性铰转动能力也越大；普通热轧钢筋具有明显的屈服台阶，延伸率越大，塑性铰转动能力也越大。

(2) 斜截面承载能力

在破坏机构形成而导致整体破坏前，若出现因斜截面承载力不足而引起的破坏，将阻碍内力重分布进行。国内外的试验研究表明，支座出现塑性铰后，连续梁的受剪承载力比不出现塑性铰的梁低。这主要是由于支座两侧出现斜裂缝后，纵筋与混凝土之间的黏结有明显破坏，有的甚至出现沿纵筋的劈裂裂缝，剪跨比越小，这种现象越明显；随着荷载增加，梁上反弯点两侧原处于受压工作状态的钢筋，将会变为受拉状态，这种因纵筋和混凝土之间黏结破坏所导致的应力重分布，使纵筋出现了拉力增量，而此拉力增量只能依靠增加梁截面剪压区混凝土的压力来维持平衡，这样势必会降低梁的受剪承载力。因此为了保证连续梁内力重分布的充分发展，结构构件必须有足够的受剪承载力。

(3) 正常使用条件

如果塑性铰转动幅度过大，塑性铰附近截面的裂缝就可能开展过宽，结构挠度过大，不能满足正常使用要求。因此，在考虑塑性内力重分布时，应对塑性铰的允许转动量给予控制，也就是要控制塑性内力重分布的幅度。一般要求在正常使用阶段不应出现塑性铰。

塑性内力重分布的幅度是指截面弹性弯矩与该截面塑性铰所能负担弯矩的差值，简称为调整值，调整值越大，塑性铰的转动值越大。

2.2.4.5 考虑塑性内力重分布的适用范围

考虑塑性内力重分布的计算方法是以形成塑性铰为前提的，因此下列情况不宜采用：

① 在使用阶段不允许出现裂缝或对裂缝控制较严的混凝土结构；

② 处于严重侵蚀环境中的混凝土结构，如三 a、三 b 类环境情况下的结构；

③ 直接承受动力和重复荷载的混凝土结构；

④ 要求有较高承载力储备的混凝土结构；

⑤ 配置延性较差的受力钢筋的混凝土结构。

2.2.4.6 连续梁考虑塑性内力重分布的内力计算方法——弯矩调幅法

在大量试验研究基础上，国内外学者曾提出过多种超静定混凝土结构考虑塑性内力重分布的计算方法，如极限平衡法、塑性铰法、变刚度法、强迫转动法、弯矩调幅法、非线性全过程分析方法等。其中弯矩调幅法更为实用、方便，被许多国家的设计规范所采用。

(1) 弯矩调幅法的概念和定义

弯矩调幅法是将按弹性理论计算得到的弯矩分布进行适当的调整作为考虑塑性内力重分布后的设计弯矩。通常是对支座弯矩进行调整，常用弯矩调幅系数 β 表示

$$\beta=\frac{M_e-M_a}{M_e}=1-\frac{M_a}{M_e}$$

$$M_a=(1-\beta)M_e \tag{2-9}$$

式中 M_e——按弹性理论计算的弯矩值；

M_a——调幅后的弯矩值。

(2) 一般规定

根据试验研究和实践经验，应用弯矩调幅法进行结构承载力计算时，应遵循下列规定。

① 受力钢筋宜采用伸长率不小于 10％的 HPB300，伸长率不小于 7.5％的 HRB335、HRB400、HRBF400、HRB500、HRBF500 级热轧钢筋；混凝土强度等级宜在 C20～C45 范围内选用。

② 为保证构件出现塑性铰的位置有足够的转动能力并限制裂缝宽度和结构变形，钢筋混凝土梁支座或节点边缘的负弯矩调幅幅度不宜大于 25％，弯矩调幅后的梁端截面相对受压区高度 ξ 不应超过 0.35，且不宜小于 0.10；钢筋混凝土板的负弯矩调幅幅度不宜大于 20％。此外，配置受压钢筋可提高截面塑性转动能力，因此在计算截面 ξ 时，可考虑受压钢筋的作用。

③ 调整后的结构内力必须满足静力平衡条件。如图 2-19 所示，连续梁、板各跨中截面弯矩不宜调整，其弯矩设计值可取考虑荷载最不利布置，并按弹性方法计算的结构弯矩设计值和按式(2-10) 计算的弯矩设计值的较大者

$$M\geqslant 1.02M_0-\frac{1}{2}(M^l+M^r) \tag{2-10}$$

式中 M_0——按简支梁计算的跨中弯矩设计值；

M^l、M^r——连续梁左、右支座截面弯矩调幅后的设计值。

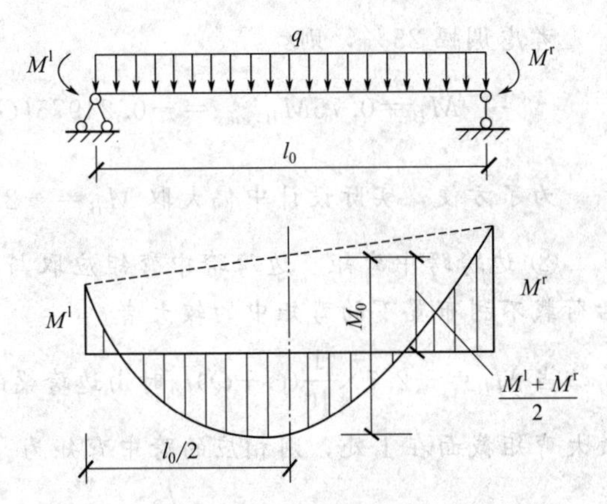

图 2-19 连续梁任意跨内外力的平衡条件

调幅后，支座和跨中截面的弯矩设计值不宜小于 $M_0/3$；如果是承受均布荷载的梁，则可表示为 $M \geqslant \frac{1}{24}(g+q)l_0^2$。

④ 各控制截面的剪力设计值按荷载最不利布置和调幅后的支座弯矩由静力平衡条件计算确定。为了防止结构在实现塑性内力充分重分布前发生剪切破坏，应在可能产生塑性铰的区段适当增加箍筋数量，即按现行《混凝土结构设计规范》斜截面受剪承载力计算所需的箍筋数量增大20%。增大的区段为：当为集中荷载时，取支座边至最近一个集中荷载之间的区段；当为均布荷载时，取距支座边为 $1.05h_0$ 的区段，此处 h_0 为梁截面的有效高度。

此外，为了减少构件发生斜拉破坏的可能性，配置的受剪箍筋配筋率的下限值应满足

$$\rho_{sv}=\frac{A_{sv}}{bs}\geqslant 0.36\frac{f_t}{f_{yv}} \tag{2-11}$$

⑤ 按弯矩调幅法设计的结构，必须满足正常使用阶段的变形和裂缝宽度要求，在使用阶段不出现塑性铰。

(3) 弯矩调幅法的计算方法和步骤

① 按弹性方法确定弹性梁的内力，得到结构内力包络图；

② 将支座弯矩按调幅系数 β 下调，梁的 β 不大于25%，板的 β 不大于20%；

③ 按调幅后的支座弯矩计算跨中弯矩，并校核调幅后的支座弯矩和跨中弯矩是否满足要求，以控制调幅程度；

④ 按最不利荷载布置和调幅后的支座弯矩，由平衡条件计算控制截面的剪力设计值；

⑤ 按调幅后的内力设计值进行截面设计。

【例 2-1】 已知某等跨等截面两跨连续次梁，梁的计算跨度为 l_0，承受集中恒荷载设计值 G 和集中活荷载设计值 Q，计算简图如图 2-20 所示。用弯矩调幅法计算各控制截面的内力。

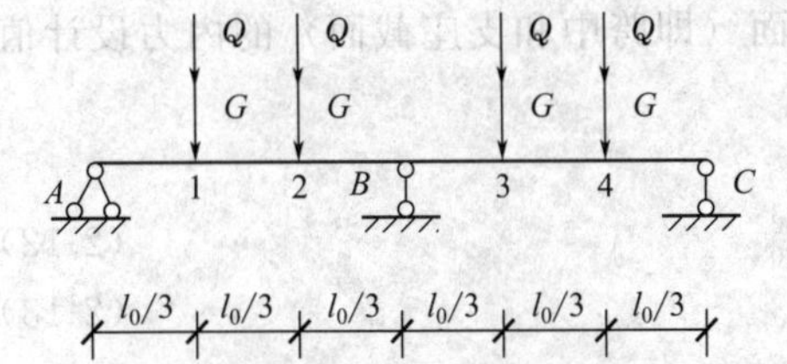

图 2-20 等跨等截面两跨连续次梁计算简图

解 考虑主梁对次梁的支座约束作用，对恒荷载和活荷载进行折算。

设 $Q/G=3$，则 $G=\frac{1}{4}(G+Q)$，$Q=\frac{3}{4}(G+Q)$

折算恒荷载 $G'=G+\frac{1}{4}Q=\frac{7}{16}(G+Q)$

折算活荷载 $Q'=\frac{3}{4}Q=\frac{9}{16}(G+Q)$

① 支座 B 弯矩。使该支座产生最大负弯矩的活荷载应同时布置在 AB、BC 跨，按弹性理论，由附录1可得

$$M_{B,\max}=-(0.333G'l_0+0.333Q'l_0)=-0.333(G+Q)l_0$$

考虑调幅 25%，则

$$M_B=0.75M_{B,\max}=-0.24975(G+Q)l_0=-2.7\times\frac{1}{10.811}(G+Q)l_0$$

为了方便，实际设计中偏大取 $M_B=-2.7\times\frac{1}{10}(G+Q)l_0$

② 边跨跨中弯矩。边跨跨中弯矩应取与调幅后的 M_B 对应的弯矩和按弹性理论计算得活荷载不利布置下的弯矩中的较大者。

当 $M_B=-2.7\times\frac{1}{10}(G+Q)l_0$ 时由边跨梁的静力平衡条件得边支座的反力为 $0.73(G+Q)$，最大弯矩截面在 1 处，则相应的跨中弯矩为

$$M_1=0.73(G+Q)\times\frac{l_0}{3}=0.24333(G+Q)l_0=3.0\times\frac{1}{12.328}(G+Q)l_0$$

使边跨跨中产生最大弯矩的活荷载应只布置在 AB 跨，按弹性理论计算时，由附表 1 可得

$$M_{1,\max}=(0.222G'l_0+0.278Q'l_0)=0.25350(G+Q)l_0=3.0\times\frac{1}{11.834}(G+Q)l_0$$

由计算结果可见，按弹性理论计算的活荷载最不利布置下的跨中弯矩值较大，实际设计时取

$$M_1=3.0\times\frac{1}{11}(G+Q)l_0$$

③ 边支座的剪力。与上述弯矩相应的荷载布置，分别符合支座剪力的不利荷载布置。

与 M_B 对应的支座剪力：$V_A=0.73(G+Q)=2\times0.365(G+Q)$

$V_B=1.27(G+Q)=2\times0.635(G+Q)$

与 M_1 对应的支座剪力：$V_A=(0.667G'+0.833Q')=0.76037(G+Q)=2\times0.38019(G+Q)$

$V_B=(1.333G'+1.167Q')=1.2396(G+Q)=2\times0.61987(G+Q)$

为了实用方便，偏安全的取

$V_A=2\times0.42(G+Q)$，$V_B=2\times0.65(G+Q)$

(4) 用弯矩调幅法计算等跨连续梁、板控制截面内力的实用方法

总结上述弯矩调幅法的计算结果，并考虑到设计方便，对承受均布荷载和间距相同、大小相等的集中荷载的等跨连续梁、单向板，其控制截面（即跨中和支座截面）的内力设计值可直接按下列公式计算。

① 承受均布荷载时

弯矩设计值 $$M=\alpha_m(g+q)l_0^2 \tag{2-12}$$

剪力设计值 $$V=\alpha_v(g+q)l_n \tag{2-13}$$

② 承受间距相同、大小相等的集中荷载

弯矩设计值 $$M=\eta\alpha_m(G+Q)l_0 \tag{2-14}$$

剪力设计值 $$V=n\alpha_v(G+Q) \tag{2-15}$$

式中 α_m——连续梁、板考虑塑性内力重分布的弯矩计算系数，按表 2-6 选用；

α_v——连续梁、板考虑塑性内力重分布的剪力计算系数，按表 2-7 选用；

g、q——作用在梁、板上的均布永久荷载设计值和活荷载设计值；

G、Q——作用在梁、板上的一个集中永久荷载设计值和活荷载设计值；

l_0、l_n——计算跨度和净跨度，按表 2-5 选用；

η——集中荷载修正系数，按表 2-8 选用；

n——跨内集中荷载的个数。

表 2-6　连续梁和连续单向板考虑塑性内力重分布的弯矩计算系数 α_m

端支座支承情况		截面位置					
		端支座	边跨跨中	离端第二支座	离端第二跨跨中	中间支座	中间跨跨中
		A	Ⅰ	B	Ⅱ	C	Ⅲ
梁、板搁置在墙上		0	1/11	−1/10 (两跨连续) −1/11 (三跨及以上连续)	1/16	−1/14	1/16
板	与梁整浇连接	−1/16	1/14				
梁	与梁整浇连接	−1/24	1/14				
梁与柱整浇连接		−1/16	1/14				

表 2-7　连续梁和连续单向板考虑塑性内力重分布的剪力计算系数 α_v

荷载情况	支承情况	截面位置				
		端支座	离端第二支座		中间支座	
		内侧	外侧	内侧	外侧	内侧
均布荷载	搁置在墙上	0.45	0.60	0.55	0.55	0.55
	与梁或柱整浇连接	0.50	0.55			
集中荷载	搁置在墙上	0.42	0.65	0.60	0.55	0.55
	与梁或柱整浇连接	0.50	0.60			

表 2-8　集中荷载修正系数 η

集中荷载情况	截面位置					
	A	Ⅰ	B	Ⅱ	C	Ⅲ
当在跨中中点处作用一个集中荷载	1.5	2.2	1.5	2.5	1.6	2.7
当在跨中三分点处作用两个集中荷载	2.7	3.0	2.7	3.0	2.9	3.0
当在跨中四分点处作用三个集中荷载	3.8	4.1	3.8	4.5	4.0	4.8

对于不等跨的连续梁，只能按弯矩调幅法的步骤进行，无更简便实用的方法。

对于不等跨的连续单向板，计算从较大跨度板开始，在下列范围内选定跨中的弯矩设计值

边跨
$$\frac{(g+q)l_0^2}{14} \leqslant M \leqslant \frac{(g+q)l_0^2}{11} \tag{2-16}$$

中间跨
$$\frac{(g+q)l_0^2}{20} \leqslant M \leqslant \frac{(g+q)l_0^2}{16} \tag{2-17}$$

然后按照所选定的跨中设计值，由静力平衡条件，来确定较大跨度的两端支座弯矩设计值，再以此支座弯矩设计值为已知值，重复上述步骤确定邻跨的跨中和相邻支座的弯矩设计值。

应当指出：① 表 2-6 中弯矩系数和表 2-7 中剪力系数，适用于均布活荷载与均布恒荷载的比值为 $q/g>0.3$ 的等跨连续梁、板；也适用于相邻两跨跨度相差小于 10% 的不等跨连续

梁、板，但在计算跨中弯矩和支座剪力时，应取本跨的跨度值，计算支座弯矩时，应取相邻两跨的较大跨度值。

② 次梁对板、主梁对次梁的转动约束作用，以及活荷载的不利布置等因素，在按弯矩调幅法分析结构时均已考虑。按式(2-10)、式(2-12) 计算跨中、支座弯矩时，对计算跨而言，均布置有活荷载，即 $g'+q'=g+q$。因此计算时不需要再考虑折算荷载，直接取用全部实际荷载。

③ 表 2-6、表 2-7 中的内力系数是按均布荷载或间距相同、大小相等的集中荷载作用下考虑塑性内力重分布以后的内力包络图给出的，所以对于承受上述荷载的等跨或跨度相差不超过 10% 的连续梁、板，不需再进行荷载的最不利组合，一般也不需要绘出内力包络图。

在现浇钢筋混凝土肋梁楼盖中，板和次梁通常按塑性理论分析内力，而主梁则按弹性理论分析内力。

2.2.5 单向板肋梁楼盖截面设计及构造要求

2.2.5.1 单向板

(1) 设计要点

板的混凝土用量占整个楼盖的 50% 以上，在满足承载力极限状态要求、正常使用极限状态要求、施工条件和经济的前提下，应尽量将板设计得薄一些，板厚可参见表 2-2、表 2-3 的要求，即简支单向板 $h/l \geqslant 1/35$，连续单向板 $h/l \geqslant 1/30$。板的跨度一般为 2～3m。板的经济配筋率一般为 0.4%～0.8%。

板在荷载作用下，支座处由于负弯矩的作用而使板上皮开裂，跨中则由于正弯矩的作用而使板下皮开裂，这就使板的实际压力轴线变为拱形，如图 2-21 所示，从而对支座（即次梁）产生水平推力。当板四周与梁整体现浇，且梁具有足够的刚度，则板中拱作用产生的推力有可靠的支承，此时拱作用对板的承载力来说是有利，计算时可考虑这一有利影响，适当对板的计算弯矩值乘以折减系数。根据相关现行规范规定，四边与梁整体现浇连接的板区格，中间跨的跨中截面及中间支座截面处的弯矩折减系数为 0.8；其余部分不折减。这些规定适用于按弹性理论及按塑性理论计算的弯矩。

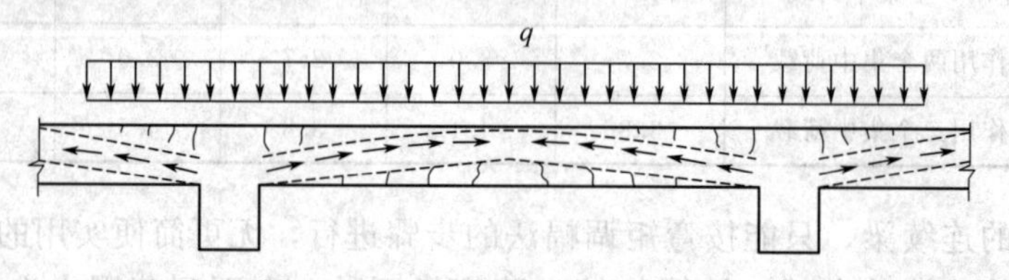

图 2-21 四边有梁时板的拱作用

板一般按单筋矩形截面进行设计。板所受的剪力很小（$V<0.7f_t bh_0$），一般不需进行抗剪承载力计算，也不必配置腹筋，按不配置腹筋的一般板类受弯构件进行斜截面受剪承载力验算即可。

板的支承长度应满足其受力钢筋在支座内的锚固要求，且一般不小于板厚，现浇板在砌体墙上的支承长度不宜小于 120mm。

(2) 配筋构造

① 受力钢筋。板的受力钢筋一般采用 HPB300、HRB335、HRB400 和 HRBF400 级钢筋，常用直径为 6mm、8mm、10mm、12mm，当板厚较大时，可选用直径 14～18mm 的钢筋。对于承受支座负弯矩的上部受力钢筋，为了便于施工架立，宜采用较大直径的钢筋，一般不宜小于 8mm。

板的受力钢筋的间距一般为70～200mm，当板厚 $h \leqslant 150$mm 时，不宜大于200mm，当板厚 $h > 150$mm 时，不宜大于 $1.5h$，且不宜大于250mm。

连续板中受力钢筋的配置，可采用弯起式或分离式，如图2-22所示。

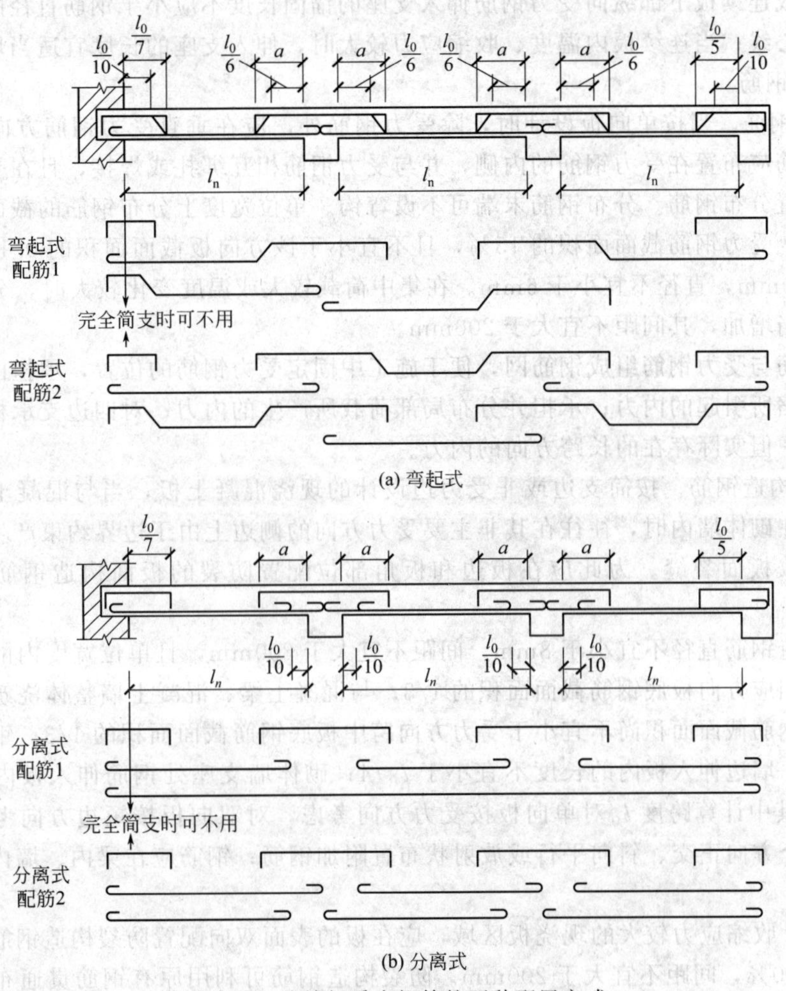

图2-22　连续板受力钢筋的两种配置方式

弯起式配筋可先按跨中正弯矩确定钢筋的直径和间距，然后在距支座边 $l_0/6$ 处将1/3～2/3（一般取1/2）的跨中钢筋弯起，弯起角度一般为30°（当板厚 $h > 120$mm 时，可采用45°），并伸入支座作为负弯矩钢筋使用，如果不满足要求，可另外配置直钢筋。其余伸入支座的跨中正弯矩钢筋，其截面面积不得少于跨中钢筋截面面积的1/3，且间距不得大于400mm。采用弯起式钢筋时，应注意相邻两跨跨中及中间支座钢筋直径和间距的相互协调，间距变化应有规律，钢筋直径不宜过多。弯起式配筋锚固好、整体性好、节约钢材，但施工复杂，目前已很少采用。

分离式配筋是将跨中正弯矩钢筋和支座负弯矩钢筋分别配置，跨中正弯矩钢筋满足锚固要求。分离式钢筋锚固差，用钢量大，但由于施工方便，已成为工程中主要采用的配筋方式。

为了保证锚固可靠，板的钢筋一般采用半圆弯钩，但对于上部负弯矩钢筋，为保证施工时不改变有效高度和位置，通常做成直钩支撑在模板上，直钩部分的长度为板厚减去保护层厚度，当负弯矩钢筋较长时，有时在中间设置钢筋支撑防止其下垂。

连续板受力钢筋的弯起和截断，一般可不按照弯矩包络图确定，可根据试验和工程经验确定。支座负弯矩钢筋伸入跨内的长度 a 取值如下，当 $q/g \leqslant 3$ 时，$a=l_0/4$；当 $q/g>3$ 时，$a=l_0/3$，其中 g、q 分别是作用在板上的永久荷载设计值和活荷载设计值；l_0是计算跨度。简支板或连续板下部纵向受力钢筋伸入支座的锚固长度不应小于钢筋直径的5倍，且宜伸过支座中心线；当连续板内温度、收缩应力较大时，伸入支座的长度宜适当增加。

② 构造钢筋。

a. 分布钢筋。当按单向板设计时，除受力钢筋外，应在垂直受力钢筋方向布置分布钢筋，分布钢筋应布置在受力钢筋的内侧，并与受力钢筋相互绑扎或焊接，且在受力钢筋的弯折处也应布置分布钢筋。分布钢筋末端可不设弯钩。单位宽度上分布钢筋的截面面积不宜小于单位宽度上受力钢筋截面面积的15%，且不宜小于该方向板截面面积的0.15%；其间距不宜大于250mm，直径不宜小于6mm。在集中荷载较大或温度变化较大时，分布钢筋的截面面积应适当增加，其间距不宜大于200mm。

分布钢筋与受力钢筋组成钢筋网，便于施工中固定受力钢筋的位置，承担由于温度变化和混凝土收缩所引起的内力；承担并分布局部荷载所产生的内力；对四边支承板，可承担在计算中未考虑但实际存在的长跨方向的内力。

b. 板面构造钢筋。按简支边或非受力边设计的现浇混凝土板，当与混凝土梁、墙整体浇筑或嵌固在砌体墙内时，往往在其非主要受力方向的侧边上由于边界约束产生一定的负弯矩，从而导致板面裂缝。为此应在板边和板角部位配置防裂的板面构造钢筋，如图2-23所示。

板面构造钢筋直径不宜小于8mm，间距不宜大于200mm，且单位宽度内的配筋面积不宜小于跨中相应方向板底钢筋截面面积的1/3；与混凝土梁、混凝土墙整体浇筑单向板的非受力方向，钢筋截面面积尚不宜小于受力方向跨中板底钢筋截面面积的1/3；钢筋从混凝土梁边、柱边、墙边伸入板内的长度不宜小于 $l_0/4$；砌体墙支座处钢筋伸入板内的长度不宜小于 $l_0/7$，其中计算跨度 l_0对单向板按受力方向考虑，对双向板按短边方向考虑；在板角部，宜沿两个方向正交、斜向平行或放射状布置附加钢筋；钢筋应在梁内、墙内或柱内可靠锚固。

在温度、收缩应力较大的现浇板区域，应在板的表面双向配置防裂构造钢筋。配筋率均不宜小于0.10%，间距不宜大于200mm。防裂构造钢筋可利用原有钢筋贯通布置，也可另行设置钢筋并与原有钢筋按受拉钢筋的要求搭接或在周边构件中锚固。

2.2.5.2 次梁

(1) 设计要点

次梁承担自重、直接作用在次梁上的荷载和板传来的荷载。对于多跨连续板，可忽略板的连续性，即次梁两侧板跨上的荷载各有一半传给次梁。次梁通常按塑性内力重分布方法计算内力，调幅截面的相对受压区高度应满足 $0.1 \leqslant \xi < 0.35$。

次梁跨度、截面尺寸的选择按受弯构件的相关规定进行。次梁在砖墙上的支承长度不应小于240mm，并应满足墙体局部受压承载力要求。当次梁与板整浇时，板可作为次梁的翼缘，跨中截面在正弯矩作用下按T形截面计算配筋，而跨中和支座截面在负弯矩作用下按矩形截面计算配筋。T形截面的翼缘计算宽度 b_f'可参见现行《混凝土结构设计规范》或《混凝土结构设计原理》(李哲等)。

次梁应按受弯构件斜截面受剪承载力确定其箍筋和弯起钢筋的数量，当荷载、跨度较小时，一般可只配箍筋，否则，宜在支座附近设置弯起钢筋，以减少箍筋用量。

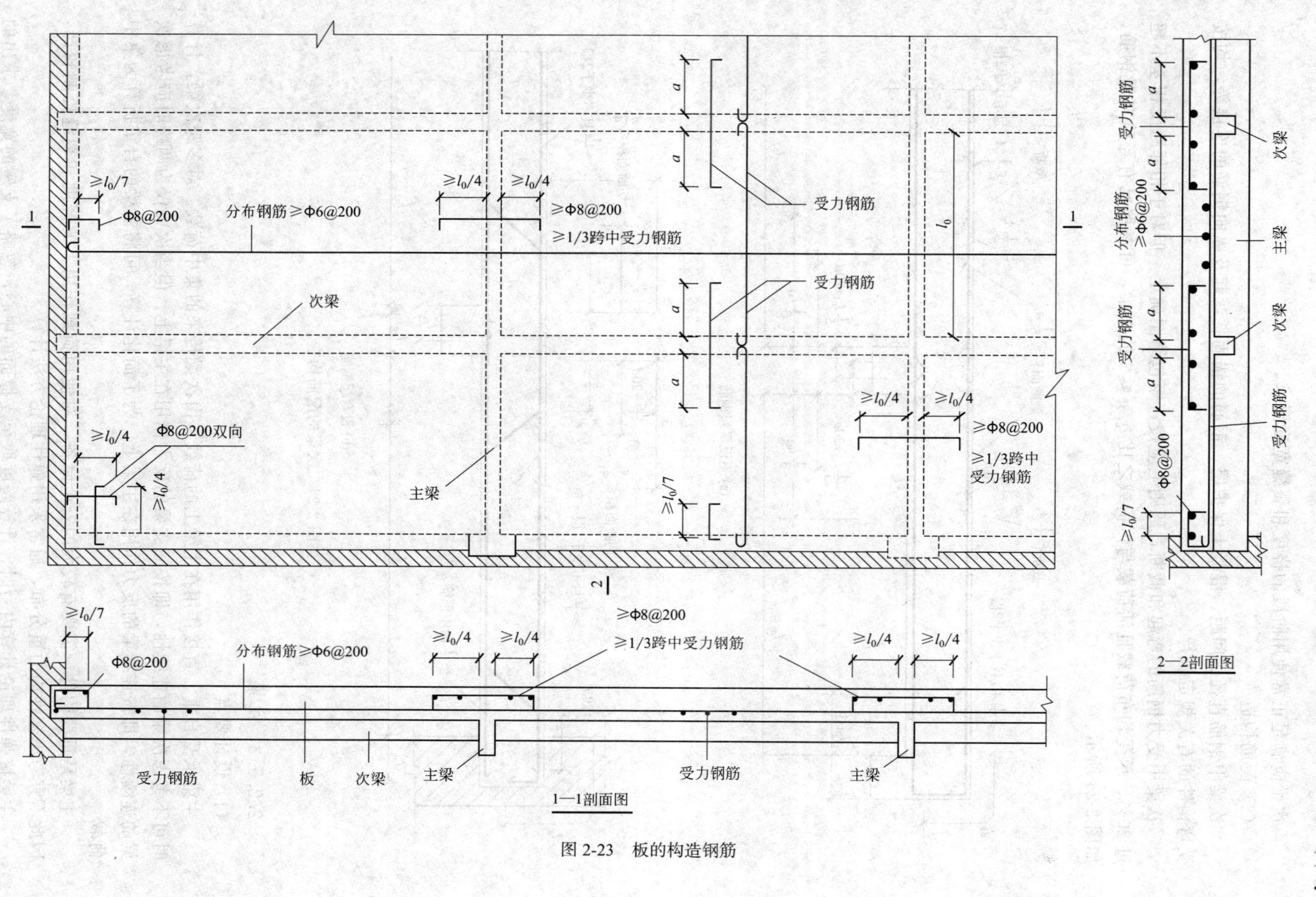

Φ8@200
分布钢筋≥Φ6@200
≥Φ8@200
≥1/3跨中受力钢筋
受力钢筋
次梁
Φ8@200双向
主梁
≥1/3跨中
受力钢筋
板
1—1剖面图
2—2剖面图

图 2-23　板的构造钢筋

次梁应满足正常使用阶段的挠度和裂缝宽度要求。

（2）配筋构造

次梁中钢筋直径、间距、混凝土保护层、钢筋的锚固、弯起及纵向钢筋的连接等，均按受弯构件的有关规定执行。

次梁中受力钢筋的弯起和截断，原则上应按弯矩包络图确定。但对于相邻跨度相差不超过20%、承受均布荷载且活荷载与恒荷载之比 $q/g \leqslant 3$ 的次梁，可参照已有经验布置钢筋，如图2-24所示。

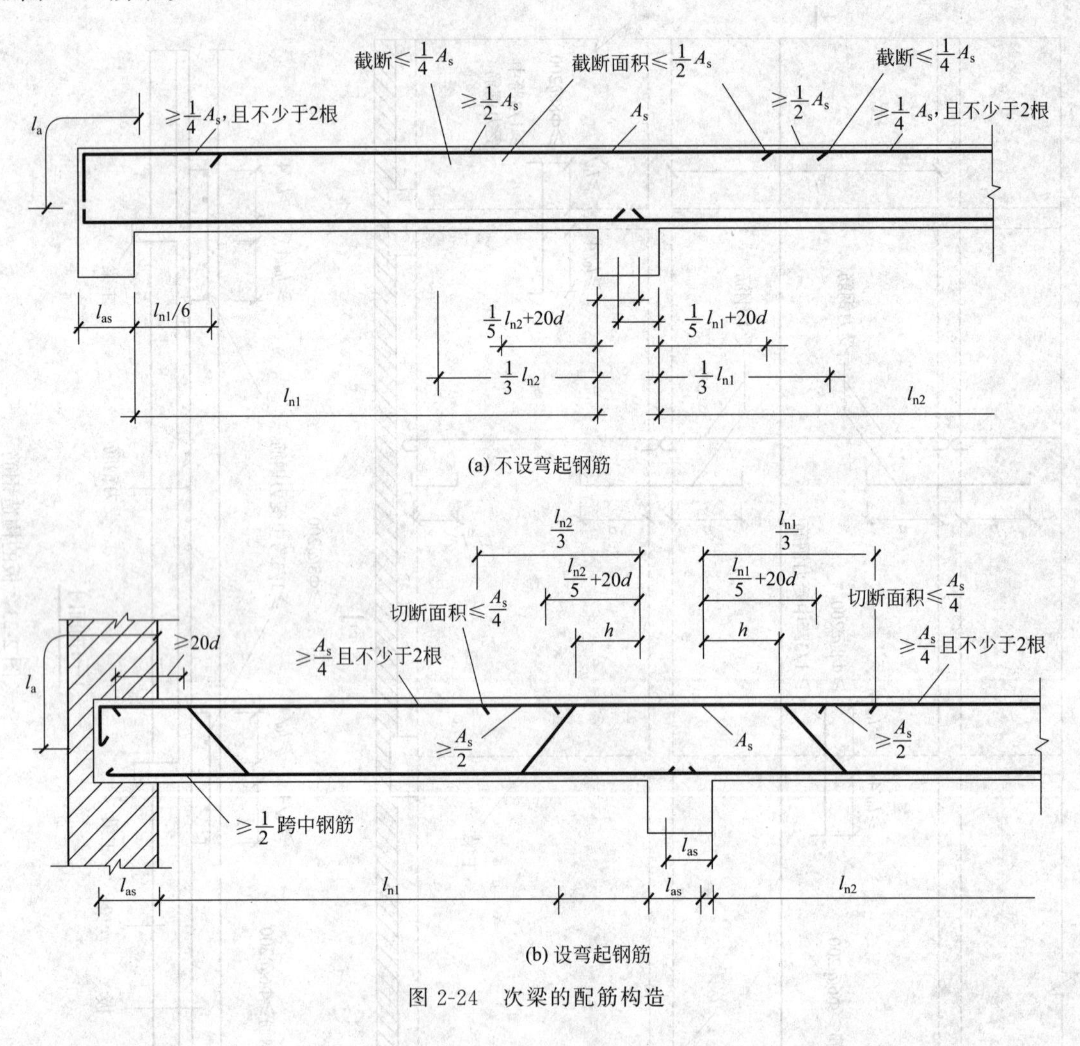

图2-24 次梁的配筋构造

2.2.5.3 主梁

（1）设计要点

主梁承受自重、直接作用在主梁上的荷载、由次梁传来的集中荷载。对多跨次梁，计算时可不考虑次梁的连续性，即按简支梁的反力作用在主梁上。但当次梁仅为两跨时应考虑次梁的连续性，即按连续梁的反力作用在主梁上。为了简化计算，可将主梁的自重折算为集中荷载。

主梁是重要构件，需要有较大的安全储备，对使用荷载作用下的挠度和裂缝控制较严，因此不宜考虑塑性内力重分布，通常采用弹性理论方法计算。

主梁按弹性理论计算内力时，计算跨度取至支撑面的中心，忽略了支座的宽度，求出的支座负弯矩和支座剪力是支撑中心处的值，在配筋计算时应取支座边缘的弯矩和剪力。

主梁跨度、截面尺寸的选择按受弯构件的相关规定进行。主梁在砌体墙上的支承长度不应小于370mm，应设置梁垫，并应满足墙体局部受压承载力要求。当主梁与板整浇时，板可作为主梁的翼缘，跨中截面在正弯矩作用下按T形截面计算配筋，而跨中和支座截面在负弯矩作用下按矩形截面计算配筋。T形截面的翼缘计算宽度 b_f' 可参见现行《混凝土结构设计规范》或《混凝土结构设计原理》（李哲等）。

在主梁支座处，主、次梁承受负弯矩的钢筋相互交叉，由于次梁截面高度小，为保证次梁支座截面的有效高度和纵向受力筋的位置，主梁的纵向钢筋必须放在次梁纵筋的下面，故主梁支座截面的有效高度 h_0 应有所降低，如图2-25所示。当主梁支座承受负弯矩的钢筋为单排时，$h_0=h-(55\sim65)$mm；当为双排时，$h_0=h-(80\sim90)$mm。

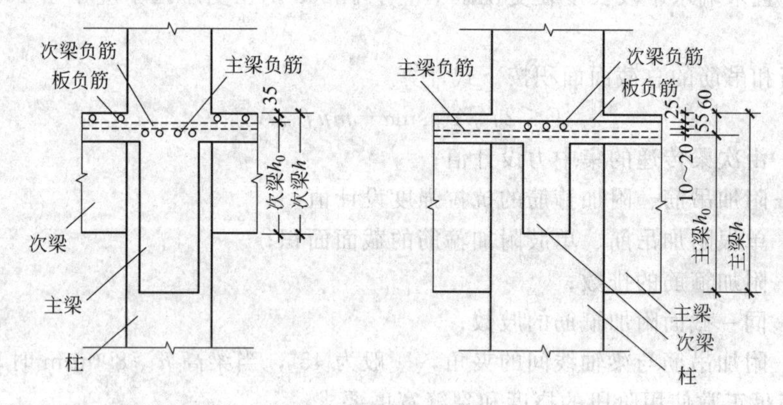

图2-25　主梁支座处主、次梁相交时的配筋构造及主梁支座截面的有效高度

(2) 配筋构造

同次梁一样，主梁中钢筋直径、间距、锚固、弯起及纵向钢筋的连接等，均按受弯构件的有关规定执行。

主梁中纵向受力钢筋的弯起和截断，应按弯矩包络图确定，并使其弯矩抵抗图（承载力图）覆盖弯矩包络图。

主梁主要承受集中荷载，剪力图呈矩形。如果在斜截面抗剪计算中，要利用弯起钢筋抵抗部分剪力，则应考虑跨中有足够的钢筋可供弯起，以使抗剪承载力图完全覆盖剪力包络图。若跨中可供弯起的钢筋不多，则应在支座专门设置抗剪的鸭筋，如图2-26所示。

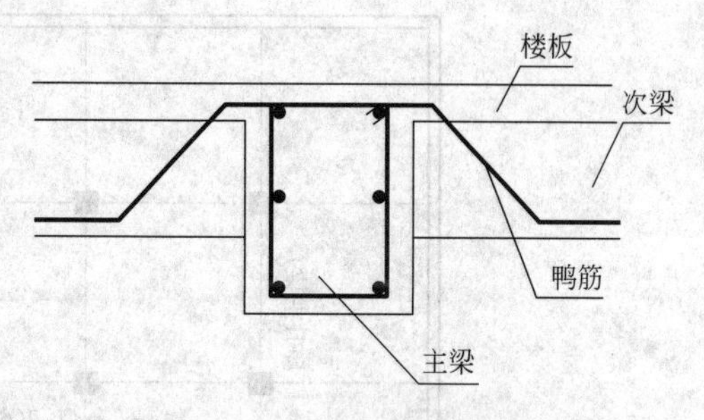

图2-26　抗剪的鸭筋设置

在主、次梁相交处，主梁在其高度范围内受到次梁传来的集中荷载的作用，将产生垂直于梁轴线的局部应力，由该局部应力所产生的主拉应力在梁腹部可能引起斜裂缝。为了防止斜裂缝出现而引起的局部破坏，应在主、次梁相交处的主梁内设置附加横向钢筋，如图2-27所示。附加横向钢筋应布置在长度为 $s=2h_1+3b$ 的范围内，其中 h_1 是主梁与次梁的高度差，b 是次梁腹板宽度。在设计中，不允许用布置在集中荷载影响区内的受剪箍筋代替附加横向钢筋。当 b 过大时，宜适当减小 s，当 h_1 过小，或主、次梁均承担由上部墙、柱传来的竖向荷载时，宜适当增大 s。

附加横向钢筋包括箍筋和吊筋，且宜优先采用附加箍筋，当采用吊筋时，其弯起端应伸

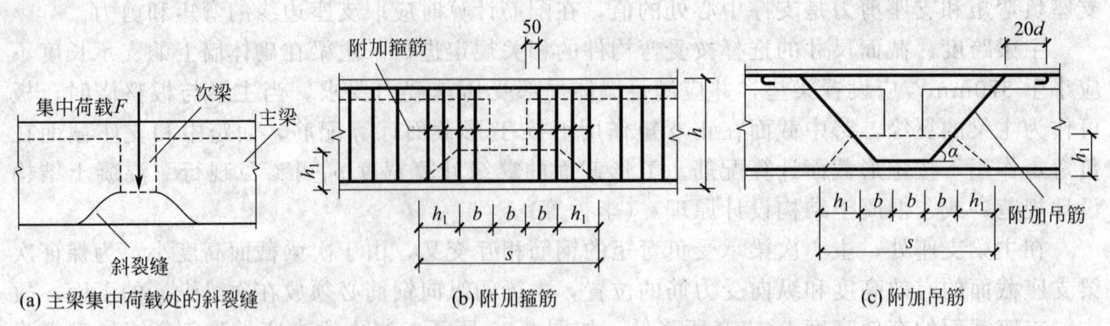

(a) 主梁集中荷载处的斜裂缝 (b) 附加箍筋 (c) 附加吊筋

图 2-27 主梁腹部局部破坏及附加横向钢筋布置

至梁上边缘，且末端水平段长度在受拉区不应小于 $20d$，在受压区不应小于 $10d$，d 为吊筋的直径。

附加箍筋和吊筋的总截面面积按下式计算

$$F \leqslant 2f_y A_{sb}\sin\alpha + mnf_{yv}A_{sv1} \tag{2-18}$$

式中 F——由次梁传递的集中力设计值；

f_y、f_{yv}——附加吊筋、附加箍筋的抗拉强度设计值；

A_{sb}、A_{sv1}——单根附加吊筋、单肢附加箍筋的截面面积；

m——附加箍筋的排数；

n——同一截面附加箍筋的肢数；

α——附加吊筋与梁轴线间的夹角，一般为 45°，当梁高 $h>800$mm 时，为 60°。

主梁应满足正常使用阶段的挠度和裂缝宽度要求。

2.2.6 现浇单向板肋梁楼盖设计实例

某工业厂房仓库的二层楼盖平面示意图如图 2-28 所示，楼面标高为＋4.8m，采用现浇钢筋混凝土楼盖，四周墙体为承重砖墙，厚度为 370mm，钢筋混凝土柱截面尺寸取为 400mm×400mm。该厂房仓库楼盖所处环境干燥，无侵蚀性静水淹没，环境类别为一类，结构安全等级为二级。楼面面层采用 20mm 厚水泥砂浆抹面，楼面底层的梁板采用 15mm

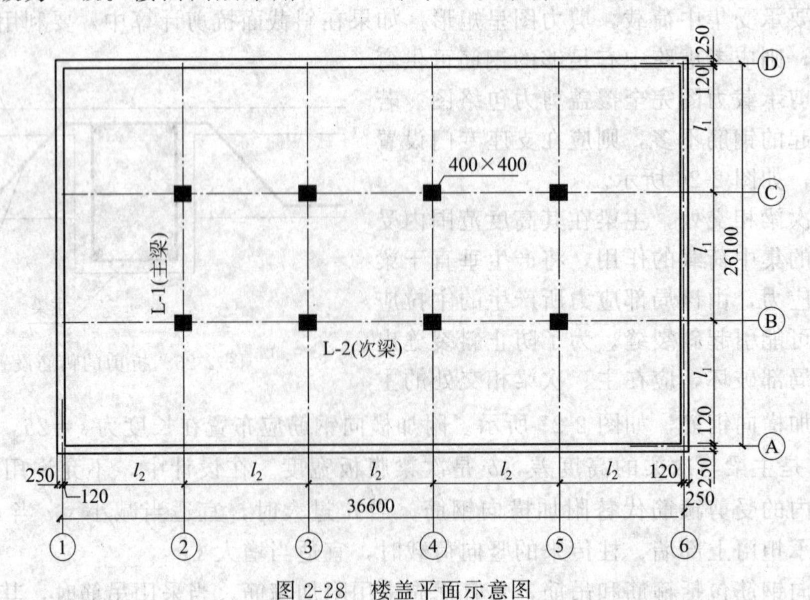

图 2-28 楼盖平面示意图

混合砂浆抹灰。楼面活荷载标准值为 $q_k=4.5\text{kN/m}^2$。设计此楼盖。

2.2.6.1 楼盖结构平面布置

如图 2-29 所示，主梁横向布置，次梁纵向布置。这种布置使横向侧移刚度大，房屋的整体性较好，有利于采光。

主梁的跨度为 8.7m，次梁的边跨为 7.5m、中跨为 7.2m，板的跨度为 2.9m。板的长跨 l_{02} 与短跨 l_{01} 之比 $l_{02}/l_{01}=7200/2900=2.48$，即 $2<l_{02}/l_{01}<3$，可以按沿短跨方向的单向板设计，但应适当增加沿长跨方向的分布钢筋，以承担长跨方向的弯矩。

根据**《混凝土结构设计》第 9.1.2 条（码 2-1）**，按板跨厚比条件要求板的厚度 $h_{板}\geqslant l/30=2900/30=96.7\text{mm}$，对工业建筑的单向楼板，要求 $h_{板}\geqslant 70\text{mm}$，所以板厚取 $h_{板}=100\text{mm}$。

码 2-1

次梁截面高度 $h_{次梁}=(1/18\sim1/12)l_{次梁}=(1/18\sim1/12)\times7500=417\sim625\text{mm}$，取 $h_{次梁}=600\text{mm}$，截面宽 $b_{次梁}=(1/3\sim1/2)h_{次梁}=(1/3\sim1/2)\times600=200\sim300\text{mm}$，取 $b_{次梁}=250\text{mm}$。

主梁截面高度 $h_{主梁}=(1/15\sim1/8)l_{主梁}=(1/15\sim1/8)\times8700=580\sim1088\text{mm}$，取 $h_{主梁}=900\text{mm}$，截面宽度 $b_{主梁}=(1/3\sim1/2)h_{主梁}=(1/3\sim1/2)\times900=300\sim450\text{mm}$，取 $b_{主梁}=400\text{mm}$。

材料：梁板采用 C30 混凝土；梁内纵向受力钢筋采用 HRB400，其余采用 HPB300。

楼盖结构的平面布置图如图 2-29 所示。

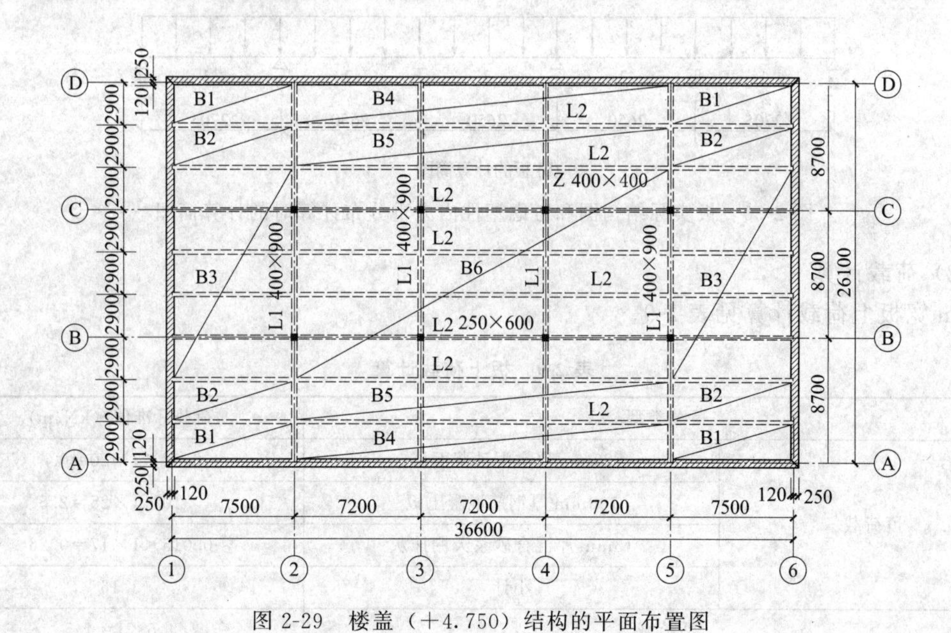

图 2-29 楼盖（+4.750）结构的平面布置图

2.2.6.2 板的设计——按考虑塑性内力重分布的方法计算

（1）计算简图

板厚 $h=100\text{mm}$，是以次梁为支座的连续板。忽略次梁的竖向位移，且次梁可以自由转动；不考虑薄膜效应对板内力的有利影响；连续板的跨数为 9 跨，超过 5 跨，且各跨荷载相同，可按 5 跨连续板计算。

取 1m 板宽作为计算单元。板的实际结构见图 2-30(a)，则按塑性内力重分布设计时，

对于边跨，净跨

$$l_{n1}=2900-120-250/2=2655\text{mm}$$

计算跨度

$$l_{01}=\{l_{n1}+h/2,l_{n1}+a/2\}_{\min}=\{2655+100/2,2655+120/2\}_{\min}=2705\text{mm}$$

对于中跨，净跨

$$l_{n2}=2900-250=2650\text{mm}$$

计算跨度

$$l_{02}=l_{n2}=2650\text{mm}$$

边跨与中跨的计算跨度相差（2705－2650)/2650＝2.1%＜10%，可按等跨连续板计算。板的计算简图见图 2-30(b)。

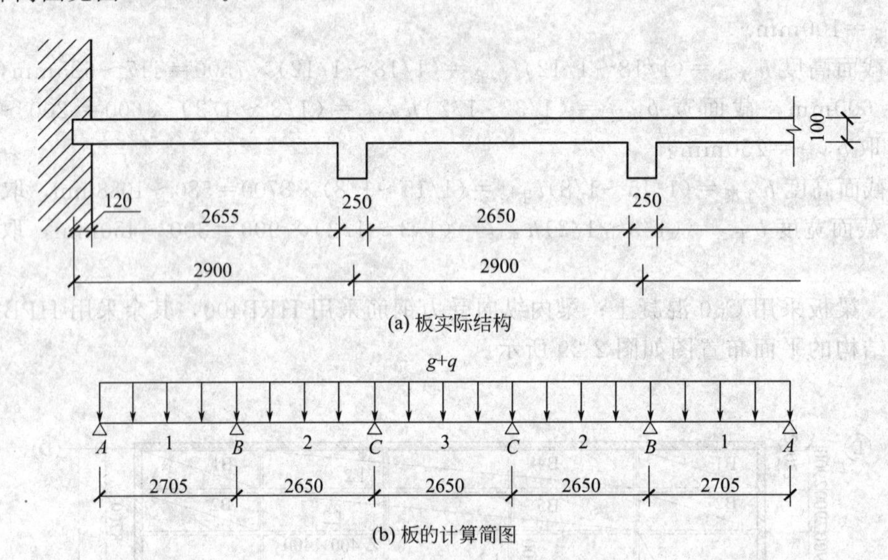

图 2-30　板实际结构图和考虑塑性内力重分布计算时的计算简图

(2) 荷载计算

1m 宽板上荷载计算见表 2-9。

表 2-9　板上荷载计算

荷载类型		荷载标准值/(kN/m)
恒荷载	20mm 厚水泥砂浆面层	0.02×1×20＝0.4
	100mm 厚钢筋混凝土板	0.10×1×25＝2.5
	15mm 厚混合砂浆天棚抹灰	0.015×1×17＝0.26
	小计	3.16
活荷载		4.5×1＝4.5

因为是工业建筑楼盖且楼面活荷载标准值大于 4kN/m^2，所以活荷载分项系数取 1.3。

由永久荷载控制的效应组合

$$g+q=1.35g_k+1.3\times0.7q_k=1.35\times3.16+1.3\times0.7\times4.5=8.36\text{kN/m}$$

由可变荷载控制的效应组合

$$g+q=1.2g_k+1.3q_k=1.2\times3.16+1.3\times4.5=9.64\text{kN/m}$$

所以，荷载组合效应设计值 $g+q=9.64\text{kN/m}$。

(3) 内力计算

等跨连续板上作用的活荷载与恒荷载的比值 $q/g=5.85/3.79=1.54>0.3$，按塑性内力重分布方法，承受均布荷载的等跨连续单向板，其各跨跨中及支座截面的弯矩设计值 $M=a_{m}(g+q)l_{0}^{2}$，各支座截面的剪力设计值 $M=a_{v}(g+q)l_{n}$。由资料可查得：板的弯矩系数 a_{m}、剪力系数 a_{v}，板的弯矩、剪力设计值计算过程见表 2-10、表 2-11。

表 2-10　板的弯矩设计值的计算

截面位置	1 边跨跨中	B 离端第二支座	2、3 中间跨跨中	C 中间支座
弯矩系数 a_{m}	1/11	−1/11	1/16	−1/14
计算跨度 l_{0}/m	2.705	2.705	2.65	2.65
M/(kN·m)	6.41	−6.41	4.23	−4.83

表 2-11　板的剪力设计值的计算

截面位置	A 边支座	B(左)离端第二支座	B(右)离端第二支座	C(左、右)中间支座
剪力系数 a_{v}	0.45	0.60	0.55	0.55
净跨度 l_{n}	2.655	2.655	2.65	2.65
V/kN	11.52	15.36	14.05	14.05

(4) 正截面受弯承载力计算

板的混凝土为 C30，钢筋为 HPB300，板厚 100mm。查资料得 $\alpha_{1}=1.0$，$f_{c}=14.3\text{N/mm}^{2}$，$f_{t}=1.43\text{N/mm}^{2}$，$f_{y}=270\text{N/mm}^{2}$，$h_{0}=100-20=80\text{mm}$，$b=1000\text{mm}$。对②～⑤轴线间的中间板带，四周与次梁整体连接，考虑薄膜效应对板内力的有利作用，其跨内 2、3 截面和支座 C 截面的弯矩设计值可折减 20%。板配筋计算过程见表 2-12。

表 2-12　板的配筋计算

截面位置	1 边跨跨中	B 第一内支座	2、3 中间跨跨中		C 中间支座	
	①～⑥轴间	①～⑥轴间	①～②轴间 ⑤～⑥轴间	②～⑤轴间	①～②轴间 ⑤～⑥轴间	②～⑤轴间
弯矩设计值/(kN·m)	6.41	−6.41	4.23	3.38	−4.83	−3.86
$\alpha_{s}=M/\alpha_{1}f_{c}bh_{0}^{2}$	0.07	0.07	0.05	0.04	−0.05	−0.04
$\xi=1-\sqrt{1-2\alpha_{s}}$	0.07	0.07<0.35	0.05	0.04	0.05<0.35	0.04<0.35
计算配筋/mm² $A_{s}=\xi bh_{0}\alpha_{1}f_{c}/f_{y}$	308	423	201	159	423	423
实际配筋/mm²	Φ10@200	Φ10@180	Φ8@200	Φ8@200	Φ10@180	Φ10@180
	$A_{s}=393$	$A_{s}=436$	$A_{s}=252$	$A_{s}=252$	$A_{s}=436$	$A_{s}=436$
配筋率 ρ 验算	0.49%	0.55%	0.32%	0.32%	0.55%	0.55%

结果表明，所有支座截面的 ξ 均小于 0.35，但大于 0.1，配筋时取 $\xi=0.1$，以满足塑性内力重分布的条件。根据计算所得钢筋截面面积查资料选用钢筋。一般情况下，各截面钢筋直径不小于 8mm，钢筋直径不宜多于两种，板厚小于 150mm 时，钢筋间距不宜大于 200mm。各截面选配钢筋的配筋率均大于板的最小配筋率 $\rho_{min}=0.45f_{t}/f_{y}=0.45\times1.43/270=0.24\%>0.15\%$。

码 2-2

根据《混凝土结构设计规范》第 6.3.3 条(码 2-2)规定，对不配置箍筋和弯起钢筋的一般板类受弯构件

$$\beta_h=\left(\frac{800}{h_0}\right)^{1/4}=\left(\frac{800}{800}\right)^{1/4}=1$$

$$0.7\beta_h f_t b h_0=0.7\times1\times1.43\times1000\times80=80.08\text{kN}>V_{max}=15.36\text{kN}$$

满足斜截面受剪承载力要求。

码 2-3

(5) 板的正常使用极限状态的裂缝和挠度验算

恒荷载标准值：$g_k=3.16\text{kN/m}$

活荷载标准值：$q_k=4.5\text{kN/m}$

根据《建筑结构荷载规范》3.2.10 条(码 2-3)和附录 D 的规定，荷载准永久组合值：$g_k+0.85q_k=6.99\text{kN/m}$。

① 荷载标准组合值、荷载准永久组合值作用下板的内力计算。板在荷载准永久组合值作用下的弯矩计算过程如表 2-13 所示。弯矩系数 a_m 由附录 1 查得。

表 2-13 板在荷载标准值作用下的弯矩计算

截面位置	1 边跨跨中	B 离端第二支座	2 中间跨跨中	3	C 中间支座
弯矩系数 a_m	0.078	−0.105	0.033	0.046	−0.079
计算跨度 l_0	2.83	2.87	2.9	2.9	2.9
$M_q=\alpha_m(g_k+0.85q_k)l_0^2$ /(kN·m)	4.37	−6.05	1.94	2.70	−4.64

码 2-4

② 板的裂缝宽度验算。根据《混凝土结构设计规范》3.5.2 条(码 2-4)规定，板所处的环境类别为一类。对于受弯构件，按荷载准永久组合并考虑长期作用影响的最大裂缝宽度可按下列公式计算

$$w_{max}=1.9\psi\frac{\sigma_{sk}}{E_s}\left(1.9c_s+0.08\frac{d_{eq}}{\rho_{te}}\right)$$

根据《混凝土结构设计规范》7.1.2 条(码 2-4)，$\sigma_{sk}=\dfrac{M_k}{0.87h_0A_s}$，$A_{te}=0.5bh+(b_f-b)h_f$，$\rho_{te}=\dfrac{A_s}{A_{te}}$，$d_{eq}=\dfrac{\sum n_i d_i^2}{\sum n_i\nu_i d_i}$，$\nu_i=0.7$，$\psi=1.1-0.65\dfrac{f_{tk}}{\rho_{te}\sigma_s}$（$\psi<0.2$ 时，$\psi=0.2$，$\psi>1.0$ 时，$\psi=1.0$），板的保护层厚度 $c_s=20$，$E_s=2.1\times10^5\text{N/mm}^2$，$f_{tk}=2.01\text{N/mm}^2$。板的裂缝宽度验算过程见表 2-14。

表 2-14 板的裂缝宽度验算

截面位置	1 边跨跨中	B 第一内支座	2 中间跨跨中	3 中间跨跨中	C 中间支座
M_q/(kN·m)	4.37	−6.05	1.97	2.7	−4.64
A_s/mm²	393	436	252	252	436
d_{eq}/mm	14.29	14.29	11.43	11.43	14.29
$A_{te}=0.5bh$/mm²	50000	50000	50000	50000	50000

续表

截面位置	1 边跨跨中	B 第一内支座	2 中间跨跨中	3 中间跨跨中	C 中间支座
$\rho_{te}=\frac{A_s}{A_{te}}$	0.0079	0.0087	0.0050	0.0050	0.0087
$\sigma_{sk}/(N/mm^2)$	159.76	−199.37	112.32	153.94	−152.91
ψ	0.282	0.445	−0.063	0.251	0.245
$1.9c_s+0.08\frac{d_{eq}}{\rho_{te}}$	152.29	152.32	129.43	129.44	152.29
w_{max}/mm	0.06	0.122	0.026	0.045	0.052

根据《混凝土结构设计规范》第3.4.5条(码2-5)规定，板的最大裂缝宽度限值为0.3mm，由表2-14的计算结果可知，板的裂缝宽度满足正常使用要求。

码 2-5

③ 板的挠度验算。根据《混凝土结构设计规范》(GB 50010—2010) 7.2.1、7.2.2、7.2.3、7.2.5条(码2-6)规定，考虑荷载长期作用影响的荷载准永久组合下的刚度按下列公式进行

码 2-6

$$B=\frac{B_s}{\theta}$$

其中，$\theta=2.0-0.4\frac{\rho'}{\rho}=2.0(\rho'=0)$，$B_s=\frac{E_sA_sh_0^2}{1.15\psi+0.2+\frac{6\alpha_E\rho}{1+3.5\gamma_f'}}$，$E_s=2.1\times10^5$ N/mm^2，$\sigma_{sk}=\frac{M_k}{0.87h_0A_s}$，$\rho_{te}=\frac{A_s}{A_{te}}$，$A_{te}=0.5bh+(b_f-b)h_f$，$\psi=1.1-0.65\frac{f_{tk}}{\rho_{te}\sigma_{sk}}$（$\psi<0.2$时；$\psi=0.2$，$\psi>1.0$时，$\psi=1.0$），$\alpha_E=\frac{E_s}{E_c}=\frac{2.1\times10^5}{3.0\times10^4}=7.0$。

板的各截面刚度计算过程如表2-15所示。

表 2-15 板的各截面刚度计算

截面位置	1边跨跨中	B第一内支座	2中间跨跨中	3中间跨跨中	C中间支座
$M_q/(kN\cdot m)$	4.37	−6.05	1.97	2.7	−4.64
A_s/mm^2	393	436	252	252	436
$\rho=A_s/bh$	0.49%	0.55%	0.32%	0.32%	0.55%
$A_{te}=0.5bh/mm^2$	50000	50000	50000	50000	50000
$\rho_{te}=\frac{A_s}{A_{te}}$	0.00786	0.00872	0.00504	0.00504	0.00872
$\sigma_{sk}=\frac{M_k}{0.87h_0A_s}/(N/mm^2)$	159.76	−199.37	112.32	153.94	−152.91
ψ	0.282	0.445	−0.063	0.251	0.246
$B_s/(N\cdot mm^2)$	7.23×10^{11}	6.23×10^{11}	6.02×10^{11}	5.45×10^{11}	8.24×10^{11}
$B/(N\cdot mm^2)$	3.61×10^{11}	3.12×10^{11}	3.012×10^{11}	2.73×10^{11}	4.12×10^{11}

从表2-15可以看出，该等截面连续板的支座截面弯曲刚度不大于跨中截面弯曲刚度的2倍，也不小于跨中截面弯曲刚度的1/2，因此可按跨中最大弯矩截面的截面弯曲刚度计算该

连续板的挠度。该连续板的最大挠度发生在边跨跨内，按照结构力学的方法计算得

$$f=\frac{0.08M_{q1}l_0^2+0.003ql_0^4-0.024M_{qB}l_0^2}{B}$$

$$=\frac{0.08\times4.37\times10^6\times2830^2+0.003\times6.99\times2830^4-0.024\times6.05\times10^6\times2830^2}{3.61\times10^{11}}$$

$$=8.26\text{mm}$$

码 2-7

根据《混凝土结构设计规范》3.4.3条（码 2-7）规定，挠度的最大限值为

$$l_0/200=2830/200=14.15\text{mm}$$

能满足挠度要求。

（6）板配筋

钢筋的锚固长度不应小于 $5d=5\times10=50$mm，并应伸过支座中心线，取 100mm；支座负弯矩钢筋从支座边缘向跨内的延伸长度应大于 $l_0/4=2705/4=676$mm，选用 700mm。

分布钢筋选用Φ8@250（单位宽度上的钢筋面积为 201mm^2），其面积占该方向板截面面积的百分比为 201/(100×1000)=0.2%>0.15%，占单位宽度上受力钢筋的百分比为 201/393=51%>15%，满足要求。

嵌入墙体的板面构造钢筋选用Φ8@200，从墙边伸向跨内的长度不小于 $l_0/7=2705/7=386$mm，选用 400mm。对于板角，双向配置Φ8@200，伸出墙边的长度为 700mm。

板的配筋图见图 2-31。

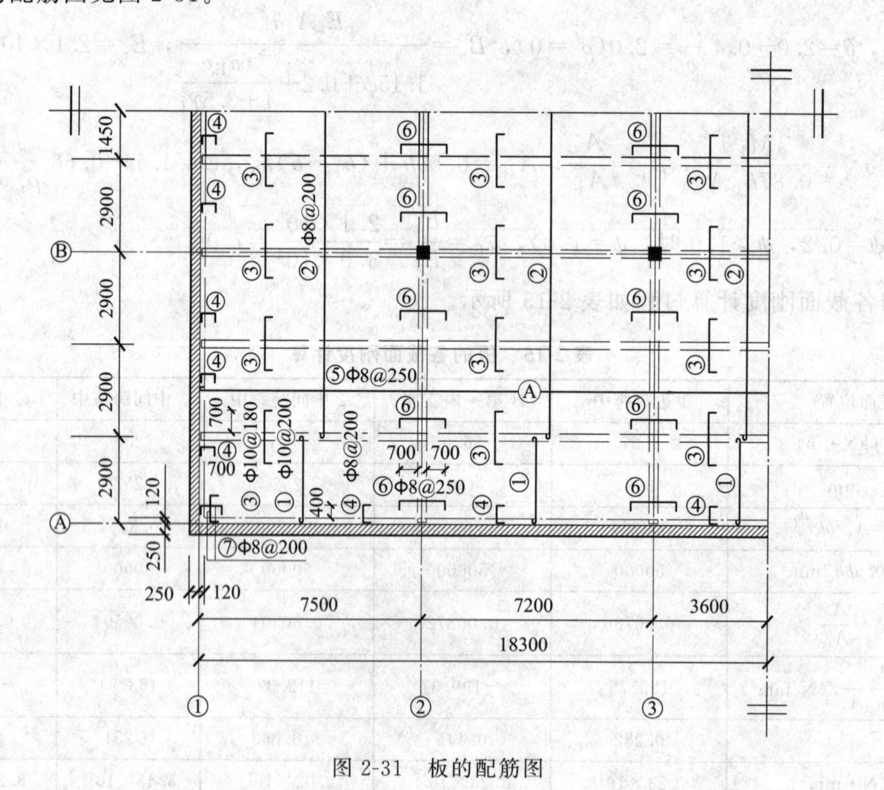

图 2-31　板的配筋图

2.2.6.3　次梁设计——按考虑塑性内力重分布设计

（1）计算简图

次梁的计算模型为连续梁，主梁为次梁的支座。主、次梁的混凝土采用 C30，弹性模量

$E_c=3.0\times10^4\text{N/mm}^2$。主梁的线刚度 $i_{主梁}=3\times10^4\times400\times900^3/12/8700=8.4\times10^4\text{kN}\cdot\text{m}$，次梁的线刚度 $i_{次梁}=3\times10^4\times250\times600^3/12/7500=1.8\times10^4\text{kN}\cdot\text{m}$，主次梁线刚度之比 $i_{主梁}/i_{次梁}=8.4\times10^4/1.8\times10^4=4.7$，可忽略主梁的竖向变形。在确定板传给次梁的荷载时，可忽略板的连续性，按简支构件计算支座竖向反力。

次梁的实际结构见图 2-32(a)。按考虑塑性内力重分布计算次梁时，其边跨一端支承在砖墙上 240mm，另一端与主梁整体连接，净跨

$$l_{n1}=7500-120-400/2=7180$$

计算跨度

$$l_{01}=\{1.025l_n, l_n+a/2\}_{min}=\{1.025\times7180, 7180+240/2\}_{min}=7300\text{mm}$$

中间跨两端与主梁整浇连接，净跨度 $l_{n2}=7200-400=6800$，计算跨度 $l_{02}=l_{n2}=6800$。边跨与中间跨的计算跨度相差 $(7300-6800)/6800=7.4\%<10\%$，次梁的计算简图可简化为如图 2-32(b) 所示的五跨等跨的连续梁。

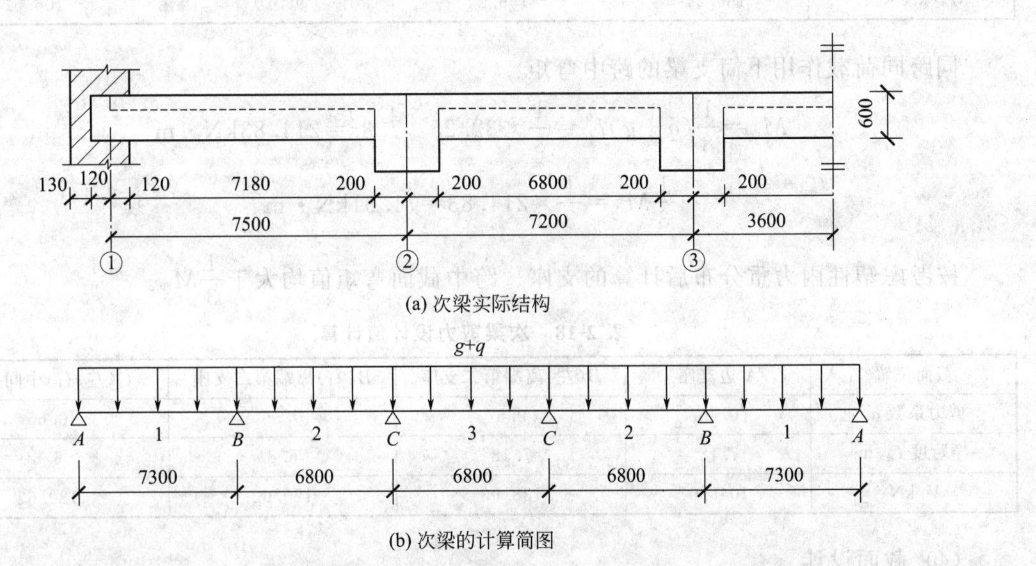

图 2-32 次梁实际结构图和考虑塑性内力重分布计算时的计算简图

(2) 荷载计算

次梁上荷载计算见表 2-16。

表 2-16 次梁上荷载计算

荷载类型		荷载标准值/(kN/m)
恒荷载	板传来的荷载	3.16×2.9=9.16
	次梁自重	0.25×(0.6−0.1)×25=3.13
	次梁粉刷	[2×0.015×(0.6−0.1)+0.25×0.015]×17=0.32
	小计	12.61
活荷载		4.5×2.9=13.05

由永久荷载控制的效应组合

$$g+q=1.35g_k+1.3\times0.7q_k=1.35\times12.61+1.3\times0.7\times13.05=28.90\text{kN/m}$$

由可变荷载控制的效应组合

$$g+q=1.2g_k+1.3q_k=1.2\times12.61+1.3\times13.05=32.10\text{kN/m}$$

所以，荷载组合效应设计值 $g+q=32.10\text{kN/m}$。

(3) 内力计算

等跨连续梁上作用的活荷载与恒荷载的比值 $q/g=1.2\times12.61/(1.3\times13.05)=0.89>0.3$，考虑塑性内力重分布方法，承受均布荷载的等跨连续梁，其各跨跨中及支座截面的弯矩设计值 $M=\alpha_m(g+q)l_0^2$，剪力设计值 $F_Q=\alpha_v(g+q)l_n$。由表 2-6、表 2-7 可查得次梁的弯矩计算系数 α_m、剪力计算系数 α_v。次梁的弯矩设计值、剪力设计值计算过程见表 2-17、表 2-18。

表 2-17　次梁弯矩设计值计算

截面位置	1 边跨跨中	B 离端第二支座	2、3 中间跨跨中	C 中间支座
弯矩系数 α_m	1/11	−1/11	1/16	−1/14
计算跨度 l_0/m	7.3	7.3	6.8	6.8
M/(kN·m)	156.24	−156.24	93.20	−106.52

同跨同荷载作用下简支梁的跨中弯矩

$$M_0=\frac{1}{8}(q+g)l_0^2=\frac{1}{8}\times32.25\times7.3^2=214.83\text{kN}\cdot\text{m}$$

$$\frac{1}{3}M_0=\frac{1}{3}\times214.83=71.61\text{kN}\cdot\text{m}$$

按考虑塑性内力重分布后计算的支座、跨中截面弯矩值均大于 $\frac{1}{3}M_0$。

表 2-18　次梁剪力设计值计算

截面位置	A 边支座	B(左)离端第二支座	B(右)离端第二支座	C(左、右)中间支座
剪力系数 α_v	0.45	0.6	0.55	0.55
净跨度 l_n/m	7.18	7.18	6.8	6.8
V/kN	104.20	138.93	120.62	120.62

(4) 截面设计

① 正截面抗弯承载力计算

码 2-8

对现浇楼盖，考虑到板作为翼缘对次梁刚度和承载力的影响，次梁跨中截面按 T 形截面计算，其翼缘宽度按《混凝土结构设计规范》5.2.4 条(码 2-8) 规定计算。$h'_f/h_0=100/565=0.18>0.1$ 取下面二项的较小值：边跨 $b'_f=l_0/3=7300/3=2433\text{mm}$ 或中跨 $b'_f=l_0/3=6800/3=2267\text{mm}$；$b'_f=b+S_n=250+2655=2905\text{mm}$。故取 $b'_f=2433\text{mm}$。

支座截面按矩形截面计算。

码 2-9

次梁的混凝土为 C30，钢筋为 HRB400，箍筋采用 HPB300。查**《混凝土结构设计规范》6.2.6 条、4.1.4 条、4.2.3 条**(码 2-9) 规定取 $\alpha_1=1.0$，$f_c=14.3\text{N/mm}^2$，$f_t=1.43\text{N/mm}^2$，$f_y=360\text{N/mm}^2$，$f_{yv}=270\text{N/mm}^2$，$h_0=600-35=565\text{mm}$，$b=250\text{mm}$。

判别跨中截面属于哪一类截面：

$\alpha_1f_cb'_fh'_f(h_0-h'_f/2)=1.0\times14.3\times2433\times100\times(565-100/2)=1791.78\text{kN}\cdot\text{m}>156.24\text{kN}\cdot\text{m}$，故属于第一类 T 形截面。

正截面承载力计算过程如表 2-19 所示。

表 2-19　次梁正截面受弯承载力计算

截面		1 边跨跨中	B 离端第二支座	2,3 中间跨跨中	C 中间支座
弯矩设计值/(kN·m)		156.24	−156.24	93.20	−106.52
b/mm		2433	250	2267	250
$\alpha_s=\dfrac{M}{\alpha_1 f_c bh_0^2}$		0.014	−0.137	0.009	−0.093
$\xi=1-\sqrt{1-2\alpha_s}$		0.014	0.1<0.148<0.35	0.009	0.098<0.1
选配钢筋	计算配筋 $A_s=\xi bh_0\alpha_1 f_c/f_y$	774	829	460	561
	实际配筋/mm²	4Φ16	2Φ16+2Φ18	3Φ16	2Φ16+1Φ18
		804	911	603	657
配筋率 $\rho=A_s/bh_0$		0.57%	0.65%	0.42%	0.47%

根据计算所得钢筋面积，查附表选用钢筋见表 2-19。支座截面的 $0.1<\xi<0.35$，满足塑性内力重分布的原则。

受弯构件的最小配筋率为 $0.45f_t/f_y=0.45\times1.27/360=0.159\%$ 和 0.2% 中的较大值。从表中可以看出，次梁的截面配筋满足最小配筋率的要求。

② 斜截面受剪承载力计算。复核截面尺寸。

根据《混凝土结构设计规范》6.3.1 条（码 2-10），$h_w=h_0-h'_f=565-80=485$mm，且 $h_w/b=485/250=1.94<4$，故截面尺寸按下式计算：

码 2-10

$0.25\beta_c f_c bh_0=0.25\times1\times14.3\times250\times565=504.97\text{kN}>V_{max}=138.931\text{kN}$

故截面尺寸满足要求。

箍筋采用 HPB300，$f_{yv}=270\text{N/mm}^2$。根据《混凝土结构设计规范》9.3.3 条（码 2-11），选用箍筋直径为 8mm，最大箍筋间距为 350mm。为避免梁因出现斜截面受剪破坏而影响其内力重分布，将箍筋计算面积增大 20%。因梁高大于 300mm，故全梁配置构造箍筋。

码 2-11

$V_c=0.7f_t bh_0=0.7\times1.43\times250\times565=141.39\text{kN}>138.95\text{kN}$，按构造配箍筋，选用 2Φ8@300。

次梁腹板高度 $h_w=600-100=500\text{mm}>450\text{mm}$，需要在梁两侧设置纵向构造钢筋，每侧纵向构造钢筋的截面面积不小于腹板面积的 0.1%，且其间距不大于 200mm。故每侧配置 2Φ16，则 $402/(250\times500)=0.32\%>0.1\%$，满足要求。

（5）次梁的正常使用极限状态的裂缝和挠度验算

恒荷载标准值 $g_k=12.74$kN/m，活荷载标准值 $q_k=13.05$kN/m，根据《建筑结构荷载规范》3.2.10 条（码 2-3）和附录 D 的规定，荷载准永久组合值：$g_k+0.85q_k=23.83$kN/m。

① 荷载准永久组合值作用下次梁的内力计算。次梁在荷载准永久组合值作用下的弯矩计算过程如表 2-20 所示。弯矩系数 a_m 由附录 1 查得。

表 2-20 次梁在荷载准永久组合值作用下的弯矩计算

截面位置	1 边跨跨中	B 离端第二支座	2 中间跨跨中	3	C 中间支座
弯矩系数 a_m	0.078	−0.105	0.033	0.046	−0.079
计算跨度 l_0/m	7.5	7.35	7.2	7.2	7.2
$M_q=\alpha_m(g_k+0.85q_k)l_0^2$ /(kN·m)	104.55	−135.17	40.77	56.83	−97.59

② 次梁裂缝宽度验算。根据《混凝土结构设计规范》3.5.2 条（码 2-4）规定，次梁所处的环境类别为一类。对于受弯构件，按荷载准永久组合并考虑长期作用影响的最大裂缝宽度可按下列公式计算

$$w_{max}=1.9\psi\frac{\sigma_{sk}}{E_s}\left(1.9c_s+0.08\frac{d_{eq}}{\rho_{te}}\right)$$

根据《混凝土结构设计规范》第 7.1.2 条（码 2-4），$\sigma_{sk}=\dfrac{M_q}{0.87h_0A_s}$，$A_{te}=0.5bh+(b_f-b)h_f$，$\rho_{te}=\dfrac{A_s}{A_{te}}$，$d_{eq}=\dfrac{\sum n_id_i^2}{\sum n_i\nu_id_i}$，$\nu_i=1.0$，$E_s=2.1\times10^5\,N/mm^2$，$f_{tk}=2.01N/mm^2$，$\psi=1.1-0.65\dfrac{f_{tk}}{\rho_{te}\sigma_s}$（$\psi<0.2$ 时，$\psi=0.2$，$\psi>1.0$ 时，$\psi=1.0$），次梁的保护层厚度 $c_s=35$mm。次梁的裂缝宽度验算过程见表 2-21。

表 2-21 次梁的裂缝宽度验算

截面位置	1 边跨跨中	B 离端第二支座	2 中间跨跨中	3 中间跨跨中	C 中间支座
M_q/(kN·m)	104.55	−135.17	40.77	56.83	−97.59
A_s/mm²	804	911	603	603	657
d_{eq}/mm	16	17.06	16	16	16.72
$A_{te}=0.5bh$/mm²	75000	75000	75000	75000	75000
$\rho_{te}=\dfrac{A_s}{A_{te}}$	0.011	0.012	0.008	0.008	0.009
σ_{sk}/(N/mm²)	185.00	−211.09	96.19	134.08	−211.32
ψ	0.441	0.590	−0.258	0.126	0.482
$1.9c_s+0.08\dfrac{d_{eq}}{\rho_{te}}$	185.90	178.85	194.5	194.5	200.26
w_{max}/mm	0.137	−0.202	0.034	0.047	−0.184

根据《混凝土结构设计规范》3.4.5 条（码 2-5）规定，梁的最大裂缝宽度限值为 0.3mm，由表 2-21 的计算结果可知，次梁的裂缝宽度满足正常使用要求。

③ 次梁的挠度验算。根据《混凝土结构设计规范》第 7.2.1、7.2.2、7.2.3、7.2.5 条（码 2-6）规定，考虑荷载长期作用影响的荷载准永久组合下次梁的刚度按以下公式

$$B=\frac{B_s}{\theta}$$

其中，$\theta=2.0-0.4\dfrac{\rho'}{\rho}=2.0(\rho'=0)$，$B_s=\dfrac{E_sA_sh_0^2}{1.15\psi+0.2+\dfrac{6\alpha_E\rho}{1+3.5\gamma_f'}}$，$E_s=2.1\times10^5\,N/mm^2$，

$\sigma_{sk}=\frac{M_k}{0.87h_0A_s}$，$\rho_{te}=\frac{A_s}{A_{te}}$，$A_{te}=0.5bh+(b_f-b)h_f$，$\psi=1.1-0.65\frac{f_{tk}}{\rho_{te}\sigma_{sk}}$（$\psi<0.2$ 时，$\psi=0.2$，$\psi>1.0$ 时，$\psi=1.0$），$\alpha_E=\frac{E_s}{E_c}=\frac{2.1\times10^5}{3.0\times10^4}=7.0$。

次梁的各截面刚度计算过程如表 2-22 所示。

表 2-22　次梁各截面刚度计算

截面位置	1 边跨跨中	B 第一内支座	2 中间跨跨中	3 中间跨跨中	C 中间支座
M_q/(kN·m)	104.55	−135.17	40.77	56.83	−97.59
A_s/mm²	804	911	603	603	657
$\rho=A_s/bh$	0.54%	0.61%	0.40%	0.40%	0.44%
$A_{te}=0.5bh$/mm²	75000	75000	75000	75000	75000
$\rho_{te}=\frac{A_s}{A_{te}}$	0.011	0.012	0.008	0.008	0.009
$\sigma_{sk}=\frac{M_k}{0.87h_0A_s}$/(N/mm²)	185.00	−211.09	96.19	134.08	−211.32
ψ	0.441	0.590	−0.258	0.126	0.482
B_s/(N·mm²)	5.77×10^{13}	5.38×10^{13}	6.76×10^{13}	6.76×10^{13}	4.69×10^{13}
B/(N·mm²)	2.89×10^{13}	2.69×10^{13}	3.38×10^{13}	3.38×10^{13}	2.35×10^{13}

从表 2-22 可以看出，该等截面连续梁的支座截面弯曲刚度不大于跨中截面弯曲刚度的 2 倍，也不小于跨中截面弯曲刚度的 1/2，因此可按跨中最大弯矩截面的截面弯曲刚度计算该连续梁的挠度。该连续梁的最大挠度发生在边跨跨内，按照结构力学的方法计算得

$$f=\frac{0.08M_{q1}l_0^2+0.003ql_0^4-0.024M_{qB}l_0^2}{B}$$

$$=\frac{0.08\times104.55\times10^6\times7500^2+0.003\times23.83\times7500^4-0.024\times135.17\times10^6\times7500^2}{2.89\times10^{13}}$$

$$=17.79\text{mm}$$

根据《混凝土结构设计规范》第 3.4.3 条（码 2-7）规定，次梁挠度的最大限值为：$l_0/250=7500/250=30$mm 能满足挠度要求。

（6）次梁的钢筋截断和锚固

对于边支座 1：下部纵向钢筋的锚固从支座边缘伸入支座的锚固长度不小于 $5d=5\times16=80$mm，选用 200mm；上部钢筋从支座边缘伸入支座内部的长度不小于 $l_a=\xi_a\alpha\frac{f_y}{f_t}d=1\times0.14\times\frac{360}{1.43}\times16=564$mm，选用 600mm。

对于 B 支座，$V_B>0.7f_tbh_0=0.7\times1.43\times400\times810=324.32$kN，$B$ 支座左侧钢筋的实际截断点到充分利用点的距离应大于等于 $1.2l_a+1.7h_0=1.2\xi_a\alpha\frac{f_y}{f_t}d+h_0=1.2\times0.77\times0.14\times\frac{360}{1.43}\times25+810\text{mm}=1624$mm，选用 1700mm。

B 支座右侧钢筋的实际截断点到充分利用点的距离应大于等于 $1.2l_a+1.7h_0=1.2\xi_a\alpha\frac{f_y}{f_t}d+1.7h_0=1.2\times0.77\times0.14\times\frac{360}{1.43}\times25+1.7\times810=2191\text{mm}$，选用 2300mm。

次梁的配筋见图 2-33。

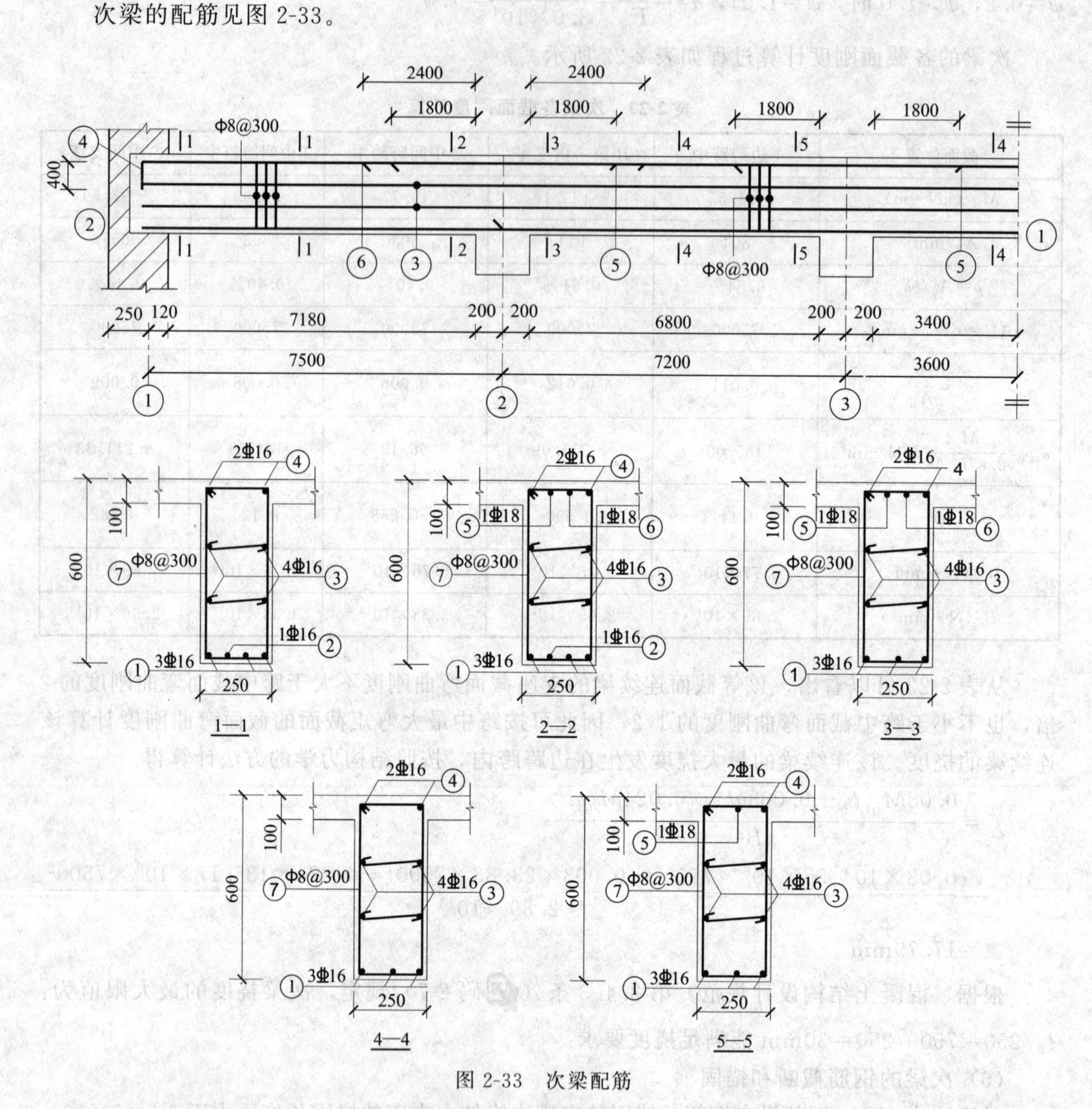

图 2-33　次梁配筋

2.2.6.4　主梁设计

主梁是楼盖的重要构件，要求有较大的强度储备，且不宜有较大的挠度，因此主梁内力按弹性理论设计。

(1) 计算简图

主梁的实际结构如图 2-34(a) 所示。主梁端部支承在墙上的支承长度 $a=370\text{mm}$，中间支承在 400mm×400mm 的混凝土柱上，柱的计算高度 $H=4.8+0.5+0.5=5.8\text{m}$。主梁的截面尺寸 $b\times h=400\text{mm}\times900\text{mm}$。

主梁的线刚度　$i_{主梁}=3\times10^4\times400\times900^3/12/8700=8.4\times10^4\text{kN}\cdot\text{m}$

柱的线刚度　$i_{柱}=3\times10^4\times400^4/12/5800=1.1\times10^4\text{kN}\cdot\text{m}$

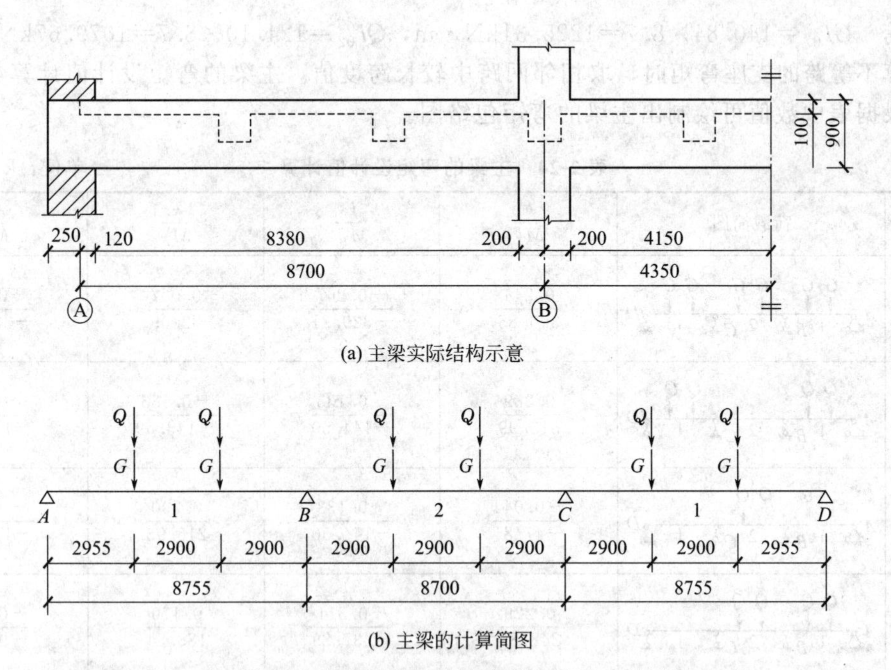

(a) 主梁实际结构示意

(b) 主梁的计算简图

图 2-34　主梁的实际结构图和按弹性理论方法的计算简图

主梁与柱的线刚度比 $i_{主梁}/i_{柱}=8.4\times10^4/1.1\times10^4=7.64>5$，可忽略柱对主梁的约束作用，主梁可按连续梁计算。主梁边跨净跨长 $l_{n1}=8700-120-400/2=8380$mm，中跨净跨长 $l_{n2}=8700-400=8300$mm。主梁计算跨度

边跨　$l_{01}=l_{n1}+a/2+b/2=8380+370/2+400/2=8755$mm

$l_{01}=1.025l_{n1}+b/2=1.025\times8380+400/2=8790$mm

故取最小值，$l_{01}=8755$mm。

中跨：$l_{02}=l_{n2}+b=8300+400=8700$mm。

计算简图见图 2-34(b)。

(2) 荷载计算

为简化计算，将主梁的自重等效为集中荷载。荷载组合效应设计值按可变荷载控制的效应组合计算，主梁上荷载设计值计算见表 2-23。

表 2-23　主梁上荷载设计值计算

荷载类型		荷载设计值/kN
恒荷载	次梁传来的荷载	$1.2\times12.61\times(7.5+7.2)/2=111.22$
	主梁自重	$1.2\times(0.9-0.1)\times0.4\times25\times2.9=27.84$
	主梁粉刷	$1.2\times[2\times0.015\times(0.9-0.1)+0.4\times0.015]\times17\times2.9=1.78$
	小计 G	140.84
活荷载 Q		$1.3\times13.05\times7.315=124.10$

(3) 内力设计值计算及包络图绘制

因主梁的计算跨度相差 $(8755-8700)/8700=0.6\%\leqslant10\%$，可按等跨连续梁计算。

① 弯矩设计值。弯矩 $M=k_1Gl_0+k_2Ql_0$，式中 k_1 和 k_2 由附录 1 查得，附录 1 不能查到的按结构力学的方法计算。

边跨　$Gl_{01}=140.84\times8.755=1233.05$kN·m，$Ql_{01}=124.10\times8.755=1086.50$kN·m

中跨　$Gl_{02}=140.84\times8.7=1225.31\text{kN}\cdot\text{m}$，$Ql_{02}=124.10\times8.7=1079.67\text{kN}\cdot\text{m}$

计算不等跨的支座弯矩时，取相邻两跨中较长跨度值。主梁的弯矩设计值计算如表 2-24 所示。根据表中数值可绘制出主梁的弯矩包络图。

表 2-24　主梁的弯矩设计值计算　　单位：kN・m

项次	荷载简图	$\frac{k}{M_1}$	$\frac{k}{M_B}$	$\frac{k}{M_2}$	$\frac{k}{M_C}$
① 恒荷载	G G　G G　G G A 1 B 2 C 1 D	$\frac{0.244}{300.85}$	$\frac{-0.267}{-329.21}$	$\frac{0.067}{82.09}$	$\frac{-0.267}{-329.21}$
② 活荷载	Q Q　Q Q A 1 B 2 C 1 D	$\frac{0.289}{313.99}$	$\frac{-0.133}{-144.50}$	$\frac{-0.133}{-143.59}$	$\frac{-0.133}{-144.50}$
③ 活荷载	Q Q A 1 B 2 C 1 D	$\frac{-0.044}{-47.81}$	$\frac{-0.133}{-144.50}$	$\frac{0.200}{215.93}$	$\frac{-0.133}{-144.50}$
④ 活荷载	Q Q　Q Q A 1 B 2 C 1 D	$\frac{0.229}{248.80}$	$\frac{-0.311}{-337.89}$	$\frac{0.170}{183.54}$	$\frac{-0.089}{-96.69}$
⑤ 活荷载	Q Q A 1 B 2 C 1 D	$\frac{0.274}{297.69}$	$\frac{-0.178}{-193.39}$	$\frac{-0.104}{-112.28}$	$\frac{0.044}{47.81}$
内力组合	①＋②	614.84	−473.71	−61.50	−473.71
	①＋③	253.04	−473.71	298.02	−473.71
	①＋④	549.65	−667.10	265.63	−425.69
	①＋⑤	598.54	−522.60	−30.19	−281.4
最不利内力	$M_{\min}$组合项次	①＋③	①＋④	①＋②	①＋④
	$M_{\min}/(\text{kN}\cdot\text{m})$	253.04	−667.10	−61.50	−667.10
	$M_{\max}$组合项次	①＋②	①＋⑤	①＋③	①＋⑤
	$M_{\max}/(\text{kN}\cdot\text{m})$	614.84	−281.40	298.02	−279.64

注：附表中查不到的系数，根据结构力学的叠加法计算可得。

② 剪力设计值。剪力 $V=k_3G+k_4Q$，式中系数 k_3、k_4 由附录 1 查得。不同截面的剪力值计算过程如表 2-25 所示。

表 2-25　主梁的剪力值计算　　单位：kN

项次	荷载简图	$\frac{k}{V_A}$	$\frac{k}{V_B^l}$	$\frac{k}{V_B^r}$	$\frac{k}{V_C^l}$	$\frac{k}{V_C^r}$	$\frac{k}{V_D}$
① 恒荷载	G G　G G　G G A 1 B 2 C 1 D	$\frac{0.733}{103.24}$	$\frac{-1.267}{-178.44}$	$\frac{1.000}{140.84}$	$\frac{-1.000}{-140.84}$	$\frac{1.267}{178.44}$	$\frac{-0.733}{-103.24}$
② 活荷载	Q Q　Q Q A 1 B 2 C 1 D	$\frac{0.866}{107.47}$	$\frac{-1.134}{-140.73}$	$\frac{0}{0}$	$\frac{0}{0}$	$\frac{1.134}{140.73}$	$\frac{-0.866}{-107.47}$
③ 活荷载	Q Q A 1 B 2 C 1 D	$\frac{-0.133}{-16.51}$	$\frac{-0.133}{-16.51}$	$\frac{1.000}{124.1}$	$\frac{-1.000}{-124.1}$	$\frac{0.133}{16.51}$	$\frac{0.133}{16.51}$

续表

项次	荷载简图	$\frac{k}{V_A}$	$\frac{k}{V_B^l}$	$\frac{k}{V_B^r}$	$\frac{k}{V_C^l}$	$\frac{k}{V_C^r}$	$\frac{k}{V_D}$
④ 活荷载	Q Q Q Q A 1 B 2 C 1 D	$\frac{0.689}{85.50}$	$\frac{-1.311}{-162.70}$	$\frac{1.222}{151.65}$	$\frac{-0.778}{-96.55}$	$\frac{0.089}{11.04}$	$\frac{0.089}{11.04}$
⑤ 活荷载	Q Q A 1 B 2 C 1 D	$\frac{0.822}{102.01}$	$\frac{-1.178}{-146.19}$	$\frac{0.222}{27.55}$	$\frac{0.222}{27.55}$	$\frac{-0.044}{-5.46}$	$\frac{-0.044}{-5.46}$
内力组合	①+②	210.71	−319.17	140.84	−140.84	319.17	−210.71
	①+③	86.73	−194.95	264.94	−264.94	194.95	−86.73
	①+④	188.74	−341.14	292.49	−237.39	189.48	−92.2
	①+⑤	205.25	−324.63	168.39	−113.29	172.98	−108.7
最不利内力组合	组合项次	①+②	①+③	①+④	①+⑤	①+②	①+③
	V_{max}/kN	210.71	−194.95	292.49	−113.29	319.17	−86.73
	组合项次	①+③	①+④	①+②	①+③	①+②	①+②
	V_{min}/kN	86.73	−341.14	140.84	−264.94	170.9	112.1

③ 弯矩、剪力包络图绘制。荷载组合①+②时，出现第一、三跨跨内最大弯矩和第二跨跨内最小弯矩，荷载组合①+④时支座矩最大负弯矩，荷载组合①+③时，出现边跨跨内弯矩最小与中间跨跨中弯矩最大。主梁的弯矩包络图见图 2-35(a)。

荷载组合①+②时，A 支座剪力最大，根据荷载的特点绘制剪力图。荷载组合①+④时，V_B 最大，同理可绘制出剪力图。主梁的剪力包络图见图 2-35(b)。

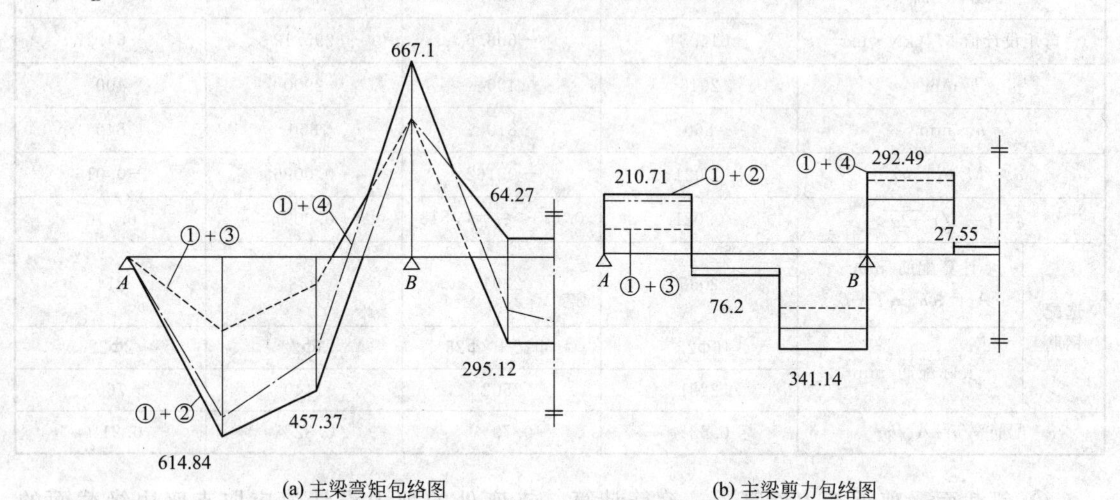

图 2-35　主梁弯矩包络图和剪力包络图

(4) 承载力计算

主梁混凝土采用C30，钢筋采用 HRB400，箍筋采用 HPB300。查《混凝土结构设计规范》6.2.6 条、4.1.4 条、4.2.3 条（码 2-9）规定取 $\alpha_1=1.0$，$f_c=14.3\text{N/mm}^2$，$f_t=1.43\text{N/mm}^2$，$f_y=360\text{N/mm}^2$，$f_{yv}=270\text{N/mm}^2$，$b=400\text{mm}$，跨中截面 $h_0=900-40=860\text{mm}$，支座截面因存在板、次梁、主梁上部钢筋的交叉重叠，截面有效高度应为主梁高

度减去板的保护层厚度、板上部钢筋直径、次梁上部钢筋直径、主梁纵向钢筋半径（单排配筋）或者主梁纵向钢筋直径的1.5倍（双排配筋），通常取 $h_0=h-(50\sim60)$mm（单排配筋）或 $h_0=h-(80\sim90)$mm（双排配筋），因此支座截面 $h_0=900-90=810$mm。

① 正截面受弯承载力计算——纵筋的计算。对现浇楼盖，考虑到板作为翼缘对主梁刚度和承载力的影响，主梁跨中截面按T形截面计算，因为 $h'_f/h_0=100/860=0.12>0.1$，故翼缘取下面两项的较小值：

边跨 $b'_f=l_0/3=8755/3=2918$mm，$b'_f=b+S_n=400+7200-400=7200$mm，故取 $b'_f=2918$mm。

中跨 $b'_f=l_0/3=8700/3=2900$mm，$b'_f=b+S_n=400+7200-400=7200$mm，故取 $b'_f=2900$mm。

支座截面按矩形截面计算。

B 支座处的弯矩设计值应取支座边缘截面的弯矩设计值

$$M_B=M_{max}-V_0\frac{b}{2}=667.1-292.49\times\frac{0.4}{2}=608.60\text{kN}\cdot\text{m}$$

判别跨中截面属于哪一类T形截面：$\alpha_1 f_c b'_f h'_f(h_0-h'_f/2)=1.0\times14.3\times2900\times100\times(860-100/2)=3359.07\text{kN}\cdot\text{m}>614.84\text{kN}\cdot\text{m}$，属于第一类T形截面。

码 2-12

正截面受弯承载力的计算过程见表2-26。根据《**混凝土结构设计规范**》**8.5.1条**（**码 2-12**）规定，受弯构件的纵向受力钢筋的最小配筋率为0.2%和 $0.45f_t/f_y=0.45\times1.43/360=0.179\%$ 二者中的最大值，表2-26中的各截面的配筋满足最小配筋率的要求。

表2-26 主梁正截面受弯承载力及配筋计算 ξ_b

截面		1	B	2	
弯矩设计值 $M/(\text{kN}\cdot\text{m})$		614.84	−608.6	295.12	−64.27
b/mm		2918	400	2900	400
h_0/mm		860	810	860	840
$\alpha_s=M/\alpha_1 f_c bh_0^2$		0.021	−0.162	0.0096	−0.016
$\xi=1-\sqrt{1-2\alpha_s}$		0.021	$0.178<\xi_b=0.518$	0.0097	0.016
选配钢筋	计算配筋/mm² $A_s=\xi bh_0\alpha_1 f_c/f_y$	2055	2291	958	214
	实际配筋/mm²	6Φ22	4Φ22+2Φ25	3Φ22	2Φ22
		2281	2502	1140	760
配筋率 $\rho=A_s/bh$		0.63%	0.70%	0.32%	0.21%

② 斜截面受剪承载力计算——箍筋计算。支座处的剪力设计值应取支座边缘截面的剪力设计值，对于集中荷载，支座边缘截面剪力设计值等于支座中心处的剪力设计值，即 $V=V_c$。

码 2-13

验算截面尺寸：根据《**混凝土结构设计规范**》**6.3.1、6.3.2、6.3.3、6.3.4、9.2.9条**（**码 2-13**）规定，验算截面尺寸、配置箍筋。$h_w=h_0-h'_f=810-100=710$mm，且 $h_w/b=710/400=1.775<4$，截面尺寸按 $V\leqslant0.25\beta_c f_c bh_0$ 验算，其中 $\beta_c=1$。该梁中箍筋最大间距为300mm。

$$0.25\beta_c f_c bh_0 = 0.25\times1\times14.3\times400\times810 = 1158.3\text{kN} > V_{max} = 341.141\text{kN}$$

斜截面尺寸满足要求。

$V_c = 0.7f_t bh_0 = 0.7\times1.43\times400\times810 = 324.32\text{kN}$，除了 B 支座左侧截面外，其余各截面剪力均小于 V_c。按构造选用双肢箍 Φ8@200。则

$$V_{cs} = 0.7f_t bh_0 + f_{yv}\frac{A_{sv}}{s}h_0 = 324.32 + 270\times\frac{100.6}{200}\times810 = 434.33\text{kN} > 341.14\text{kN}$$

满足斜截面承载力要求。

$$\rho_{sv} = \frac{A_{sv}}{bs} = \frac{100.6}{400\times200} = 0.126\% > 0.24\frac{f_t}{f_{yv}} = 0.24\times\frac{1.43}{270} = 0.127\%$$

满足最小配箍率要求。

③ 两侧附加横向钢筋的计算。由次梁传递给主梁的全部集中荷载设计值为

$$F = 264.94\text{kN}\ (\text{不包括主梁自重部分})$$

也可用附加箍筋来承受集中荷载，则附加箍筋布置的长度

$$s = 2h_1 + 3b = 2\times(900-600) + 3\times250 = 1350\text{mm}$$

选用箍筋为双肢，间距为 150mm，则在长度 s 内可布置附加箍筋的排数 $m = 1350/150 + 1 = 10$，次梁两侧各布置 5 排，则需要的单肢箍筋的截面面积为

$$A_{sv1} \geqslant \frac{F}{mnf_{yv}} = \frac{264940}{10\times2\times270} = 49\text{mm}^2$$

选用 Φ8（$A_s = 50.3\text{mm}^2$）。

$mnf_{yv}A_{sv1} = 10\times2\times270\times50.3 = 271.62\text{kN} > 164.94\text{kN}$，满足要求，仅加密箍筋即可。

因主梁的腹板高度 $h_w = 900 - 100 = 800\text{mm} > 450\text{mm}$，需要在梁两侧设置纵向构造钢筋，每侧纵向构造钢筋的截面面积不小于腹板面积的 0.1%，且其间距不大于 200mm。故每侧配置 3Φ16，则 $603/(400\times800) = 0.19\% > 0.1\%$，满足要求。主梁配筋图见图 2-36。

（5）主梁正截面抗弯承载力图（材料图）、纵筋的截断

主梁正截面抗弯承载力图（材料图）、纵筋的截断见图 2-36。

对于简支端 A，$V_A < 0.7f_t bh_0 = 0.7\times1.43\times400\times810 = 324.32\text{kN}$，下部纵向受力钢筋从支座边缘算起伸入支座内的锚固长度不小于 $5d = 5\times22 = 110\text{mm}$，选用 300mm；上部应设不少于 2 根的构造钢筋，其面积不小于 $2281/4 = 570\text{mm}^2$，选用 2Φ22（760mm^2），从支座边缘伸入支座的锚固长度不小于

$l_a = \xi_a\alpha\frac{f_y}{f_t}d = 0.77\times0.14\times\frac{360}{1.43}\times22 = 597\text{mm}$，选用 600mm。

对于 B 支座，$V_B > 0.7f_t bh_0 = 0.7\times1.43\times400\times810 = 324.32\text{kN}$，$B$ 支座左侧钢筋的实际截断点到充分利用点的距离应大于等于 $1.2l_a + 1.7h_0 = 1.2\xi_a\alpha\frac{f_y}{f_t}d + 1.7h_0 = 1.2\times0.77\times0.14\times\frac{360}{1.43}\times25 + 1.7\times810 = 2191\text{mm}$，选用 2200mm。

B 支座右侧钢筋的实际截断点到充分利用点的距离应大于等于 $1.2l_a + 1.7h_0 = 1.2\xi_a\alpha\frac{f_y}{f_t}d + 1.7h_0 = 1.2\times0.77\times0.14\times\frac{360}{1.43}\times25 + 1.7\times810 = 2191\text{mm}$，

选用 2200mm。

主梁的正常使用极限状态的裂缝和挠度验算同次梁，计算过程省略。

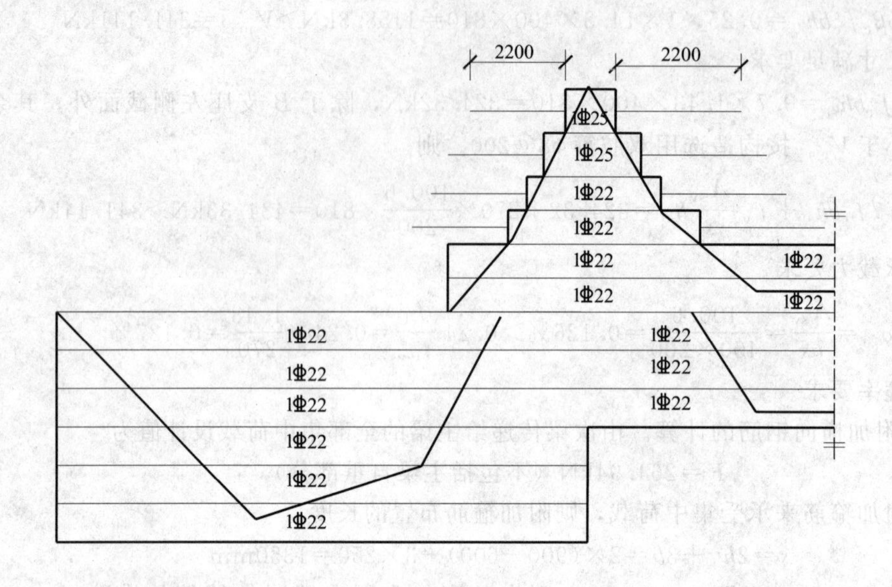

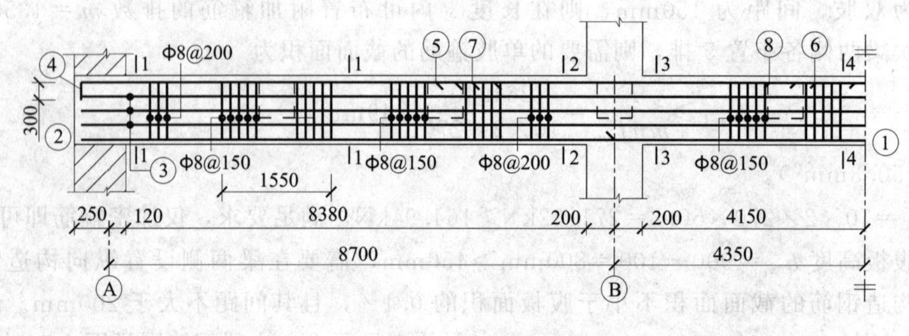

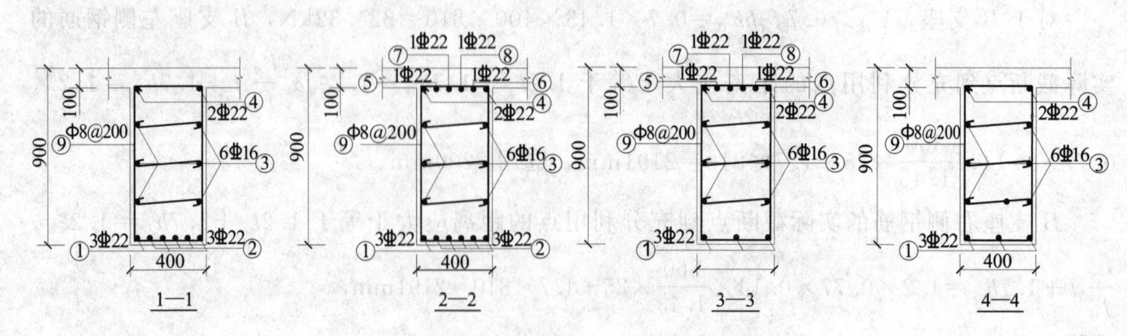

图 2-36 主梁抗弯承载力及配筋图

2.3 双向板肋梁楼盖

2.3.1 双向板肋梁楼盖的特点

现浇整体式双向板肋梁楼盖的板区格平面长边与短边尺寸之比小于3，通常小于2，板上荷载沿两个方向传递给支承结构，板在两个方向均产生较大的弯矩，必须沿板的两个方向布置钢筋。

双向板的支承形式可以是四边支承、三边支承、两相邻边支承；板面上的荷载可以是均布荷载、线性分布荷载或局部荷载；板的平面形状可以是矩形、圆形、三角形或其他形状。在楼盖设计中，最常见的是均布荷载作用下的四边支承矩形双向板。

双向板肋梁楼盖常用于工业建筑楼盖、公共建筑门厅以及横墙较多的民用建筑。根据实践经验，当楼面荷载较大，建筑平面接近正方形（跨度小于5m）时，一般采用双向板楼盖较为经济。

分析四边简支的双向板在均布荷载作用下的变形和受力。假定双向板在两个方向（以l_x表示短跨方向的跨度，以l_y表示长跨方向的跨度）分别由两组相互平行的交叉板带组成，如图2-37(a)所示，显然各板带的竖向变形和弯曲程度是有差别的，中间板带（S_{x1}和S_{y1}板带）的竖向变形和弯曲程度大，靠近支座的板带（S_{x2}和S_{y2}板带）竖向变形和弯曲程度小。由于板块的变形是连续的，因此板带在两个方向的弯曲变形差将导致板单元除承受弯矩外，还承受扭矩，靠近角部的板单元扭矩较大，如图2-37(b)所示。角部在扭矩作用下将产生向上的翘曲变形，如图2-38(a)所示，当这种翘曲变形受到支座限制时，会导致角部产生斜向负弯矩而引起角部板面开裂和破坏，如图2-38(b)所示。板中最大弯矩是在短向跨中板带S_{x1}的跨中，而靠近支座附近的短向板带S_{x2}，因弯曲程度逐渐减小，跨中最大弯矩也逐渐减小，短向跨中最大弯矩的变化如图2-39(a)所示。同理，长向板带跨中最大弯矩变化如图2-39(b)所示，但最大弯矩值小于短向板带。

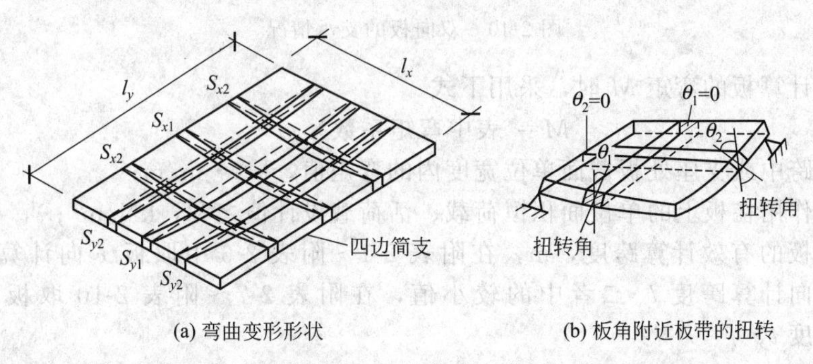

(a) 弯曲变形形状　　(b) 板角附近板带的扭转

图2-37　四边简支双向板

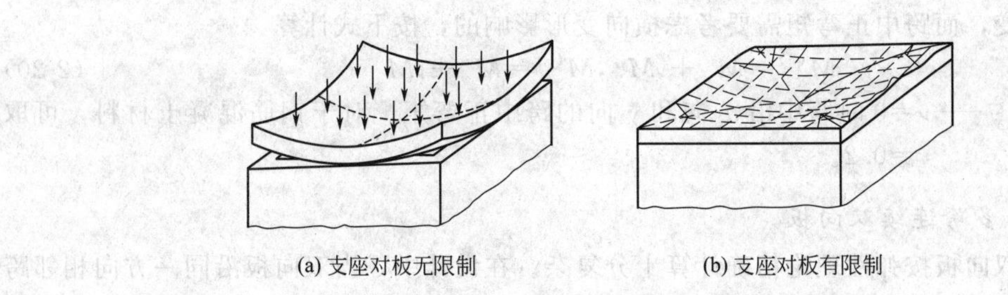

(a) 支座对板无限制　　(b) 支座对板有限制

图2-38　四边简支双向板支座的变形

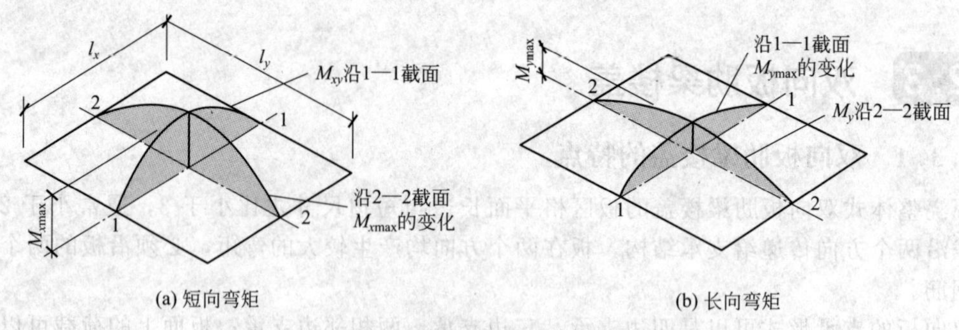

图 2-39 均布荷载作用下四边简支双向板的弯矩

2.3.2 双向板按弹性理论计算

2.3.2.1 单跨双向板

双向板的板厚 h 一般远小于板的平面尺寸，其计算是按弹性理论中的薄板弯曲理论进行，当板挠度不超过 $h/5$，其计算可按弹性薄板小挠度理论计算。但这种计算过于繁琐，为了工程应用方便，将常见荷载和支承条件的双向板按弹性理论计算结果制成弹性内力、挠度计算表格，供查用。附录 2 中列出了均布荷载作用下，几种常见支承形式的单跨双向矩形板的最大弯矩系数和最大挠度系数（泊松比 $\nu=0$），双向板的常用支承情况如图 2-40 所示。

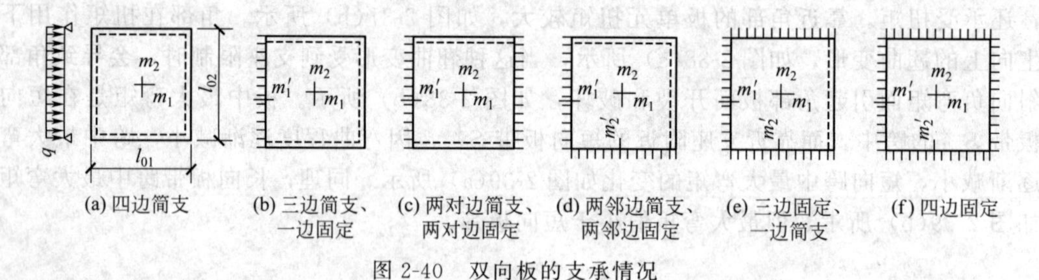

图 2-40 双向板的支承情况

按附录 2 计算板的弯矩 M 时，采用下式

$$M= \text{表中弯矩系数} \times pl^2 \tag{2-19}$$

式中 M——跨中或支座处板截面单位宽度内的弯矩值，kN·m/m；

p——作用在板上的单位面积恒荷载、活荷载设计值之和，kN/m²；

l——板的有效计算跨度，m，在附表 2-1～附表 2-6 中取板 x 向计算跨度 l_x 和 y 向计算跨度 l_y 二者中的较小值，在附表 2-7～附表 2-10 取板 x 向计算跨度 l_x。

附表 2-1～附表 2-6 中的系数是按泊松比 $\nu=0$ 计算的，当 $\nu\neq0$ 时，挠度系数和支座处的弯矩系数不变，而跨中正弯矩需要考虑横向变形影响的，按下式计算

$$M_x^{(\nu)}=M_x+\nu M_y, M_y^{(\nu)}=M_y+\nu M_x \tag{2-20}$$

式中 M_x、M_y——$\nu=0$ 时跨中沿 x 向和 y 向的跨中正弯矩。对于钢筋混凝土材料，可取 $\nu=0.2$。

2.3.2.2 多跨连续双向板

多跨连续双向板按弹性理论精确计算十分复杂。在设计中，当双向板沿同一方向相邻跨度的比值 $l_{min}/l_{max}\geqslant0.75$，且支承梁的抗弯刚度很大，不产生竖向位移且不受扭时，可采

用下述近似方法，将其转化为单跨双向板计算。

（1）板跨中最大弯矩

计算连续双向板跨中最大弯矩时，需要考虑活荷载q的最不利布置。即计算某区格板的跨中最大正弯矩时，应在本区格及其前后左右每相隔一区格布置活荷载，形成棋盘式的活荷载布置，如图2-41(a)所示。此时活荷载作用的各区格板内均产生跨中最大弯矩。为了利用单跨双向板的计算表格，可将棋盘式荷载简图［图2-41(b)］分解为满布各跨的荷载$g+q/2$和隔跨交替布置的荷载$\pm q/2$两部分，如图2-41(c)、(d)所示。

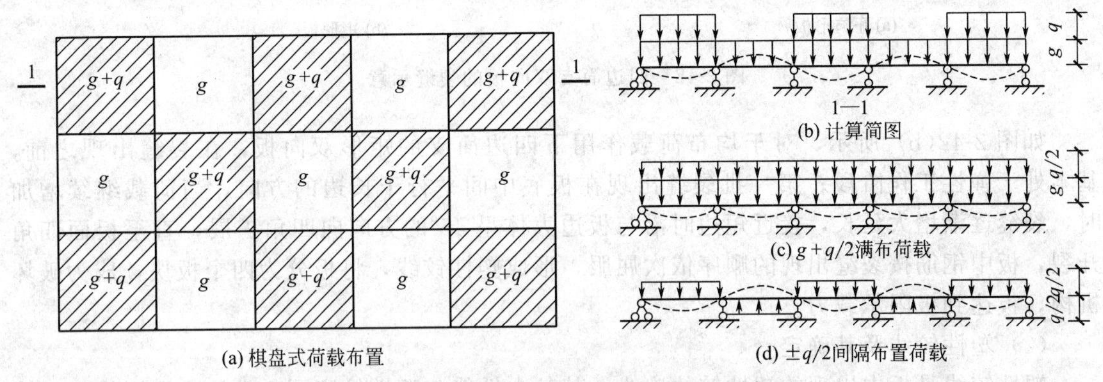

图2-41　双向板跨中最大弯矩最不利荷载布置

当各区格板满布荷载$g+q/2$时，板中间支座两边结构对称，且荷载对称或接近对称，支座不转动或转动很小，可近似假定板中间支座均是固定支承。此时，中间区格板可视为四边固定的双向板计算。对于边区格板和角区格板，边支座按实际情况考虑。

当各区格板间隔布置荷载$\pm q/2$时，板中间支座两边结构对称，荷载反对称，支座两侧的转角方向相同、大小相等，无弯矩产生，可认为板中间支座是简支支承。此时，中间区格板可按四边简支的双向板计算，边区格板和角区格板的边支座按实际情况考虑。

将各区格板在上述分解的两种荷载作用下的跨中弯矩分别按单跨双向板计算，然后叠加，即可求出各区格板的跨中最大弯矩。

（2）支座最大负弯矩

求支座最大负弯矩时，可近似地在各区格按满布活荷载$g+q$计算。此时，所有中间支座都为固定支承，边支座按实际情况考虑，对每一区格板均可按单跨双向板计算各支座的负弯矩。当相邻区格板在同一支座上求出的负弯矩不相等时，可偏于安全地取较大值。

2.3.3　双向板按塑性理论计算

按塑性理论计算是考虑了材料的塑性变形并产生内力重分布，双向板按塑性理论的计算方法较多，常用的有塑性铰线分析法和板带法。

2.3.3.1　塑性铰线分析法

（1）单跨双向板的破坏特征

如图2-42(a)所示，均布荷载作用下四边简支的正方形板，在裂缝出现之前，基本处于弹性工作阶段；当荷载增加到一定数值时，第一批裂缝出现在板底中间部分；随着荷载继续增加，裂缝宽度增大，并沿着对角线的方向向四角扩展，直至跨中钢筋屈服，形成塑性铰；荷载进一步增加，板内产生内力重分布，板底裂缝继续增大延伸，直至板面的四角附近出现垂直于对角线方向而大体呈圆形的裂缝，与裂缝相交的钢筋陆续屈服，形成与裂缝图形类似的塑性铰线，将板分为四个板块，成为破坏机构，板达到极限承载力。

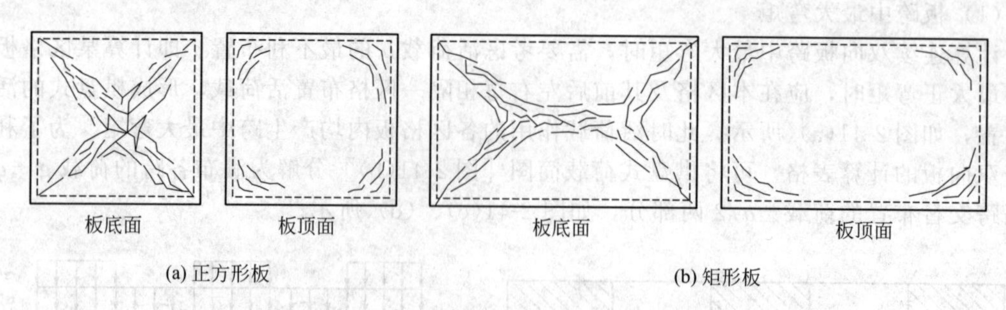

图 2-42 四边简支双向板的裂缝示意

如图 2-42(b) 所示，对于均布荷载作用下四边简支的矩形双向板，在裂缝出现之前，基本处于弹性工作阶段；第一批裂缝出现在板底中间平行于长边的方向，当荷载继续增加时，裂缝逐渐增大延长，接近短边时沿与板边大体呈 45°的方向向四角扩展，直至板面四角开裂，板中钢筋按裂缝出现的顺序依次屈服，形成塑性铰线，将板分为四个板块，成为破坏机构，板达到极限承载力。

(2) 塑性铰线及其确定

塑性铰线是板中出现的塑性铰的连线，其基本性能与塑性铰相同，常称为屈服线。板跨中正弯矩引起的塑性铰线称为"正塑性铰线"，板支座负弯矩引起的塑性铰线称为"负塑性铰线"。当板中出现足够的塑性铰线后，板成为机构，达到极限承载力状态，此时板所承受的荷载为板的极限荷载。

板中塑性铰线的位置和分布形式与很多因素有关，如板的平面形状、周边支承条件，荷载类型、纵横向跨中及支座截面配筋情况等。通常根据下述规律确定塑性铰线。

① 塑性铰线发生在弯矩最大处。例如双向板短跨跨中最大正弯矩的位置，可作为塑性铰线的起点，产生正塑性铰线；固定边产生负塑性铰线。

② 塑性铰线是直线，将整个板块划分为若干个小板块。塑性铰线之间的小板块处于弹性阶段，变形很小，可忽略不计，将小板块可视为刚性板，整个板的变形都集中在塑性铰线上。

③ 各板块产生竖向位移时，必绕一旋转轴产生转动；板的支承边一定是旋转轴；如果板支承在柱上，旋转轴一定通过该柱；两相邻板块间的塑性铰线必经过其旋转轴的交点。

④ 塑性铰线是由钢筋屈服产生的，沿塑性铰线上的弯矩为常数，它等于相应配筋板的极限弯矩值，塑性铰线上的扭矩和剪力很小，可忽略不计。

⑤ 集中荷载作用下形成的塑性铰线由荷载作用点呈放射状向外。

⑥ 整块板达到极限状态时，其破坏机构的形式可能不止一个，在所有可能的破坏机构中，必有一个是最危险的，其极限荷载最小。

一些常见双向板的塑性铰线分布及位置如图 2-43 所示。

(3) 塑性铰线分析法

结构处于极限状态时应同时满足极限条件（即结构任一截面的内力不超过该截面的承载能力）、机动条件（结构应是几何可变体系）、平衡条件（结构的整体和任一部分都处于平衡状态）。在结构极限分析时，如果上述三个条件同时满足即可得到结构的真实极限荷载。但对于复杂结构，同时满足三个条件的真实极限解答一般难以直接求解，故工程常采用近似解法。如果仅满足极限条件和平衡条件，得到的解答大于真实解，称为上限解法，通常也称为

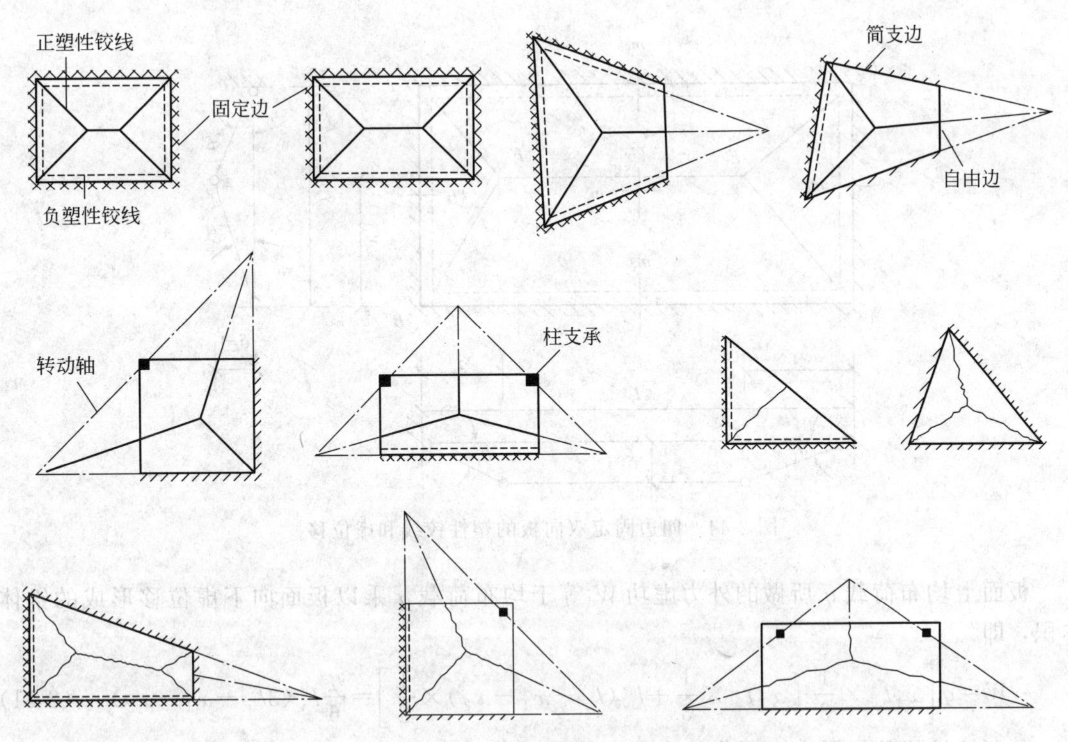

图 2-43 常见双向板的塑性铰线分布及位置

塑性铰线分析法或屈服线分析法，具体求解可根据虚功原理（机动法）或平衡条件（静力平衡法）。如果仅满足极限条件和平衡条件，得到的解答小于真实解，称为下限解法，实用上通常采用板带法。

当结构构件的截面尺寸、材料强度等已定，则截面的承载力已知，经过分析求出结构所能承受的极限荷载值，此为结构极限分析。当结构上所作用的荷载已知，根据荷载作用下结构的内力值，去确定结构构件的截面尺寸及材料强度等，则称极限设计。

① 双向板极限分析。下面以图 2-44 所示均布荷载作用下的四边固定双向板为例，讨论塑性极限承载力计算。设双向板沿短向和沿长向的单位板宽内的板底纵向配筋分别为 A_{sx} 和 A_{sy}，并全部伸入支座且锚固可靠，则塑性铰线上的屈服（极限）弯矩 m 在 x 和 y 方向的分量（单位板宽）分别为

短向配筋的屈服弯矩 $m_x = A_{sx} f_y \gamma_s h_{0x}$

长向配筋的屈服弯矩 $m_y = A_{sy} f_y \gamma_s h_{0y}$

式中 $\gamma_s h_{0x}$、$\gamma_s h_{0y}$——板在 x 和 y 方向板底受拉钢筋的内力臂。

两个方向的钢筋交叉，由于短跨受力大，应将短跨方向的受力钢筋放在长跨方向受力钢筋的下面，一般 h_{0x} 比 h_{0y} 稍大点。对于板，受力钢筋的配筋率一般不是很大，故计算时可近似取 $\gamma_s = 0.9 \sim 0.95$。

短跨和长跨方向支座的单位板宽极限弯矩分别记为 m'_x、m''_x 和 m'_y、m''_y。假定塑性铰线形成的破坏机构如图 2-44 所示，用待定的几何参数 x_1、x_2、y 表示塑性铰线位置。设跨中塑性铰线 EF 位置产生竖向虚位移 $\delta = 1$，则图中所示塑性铰线相应的虚转角为

$$\theta_1 = \frac{1}{x_1},\ \theta'_1 = \frac{1}{x_2},\ \theta_2 = \frac{1}{y},\ \theta'_2 = \frac{1}{l_y - y}$$

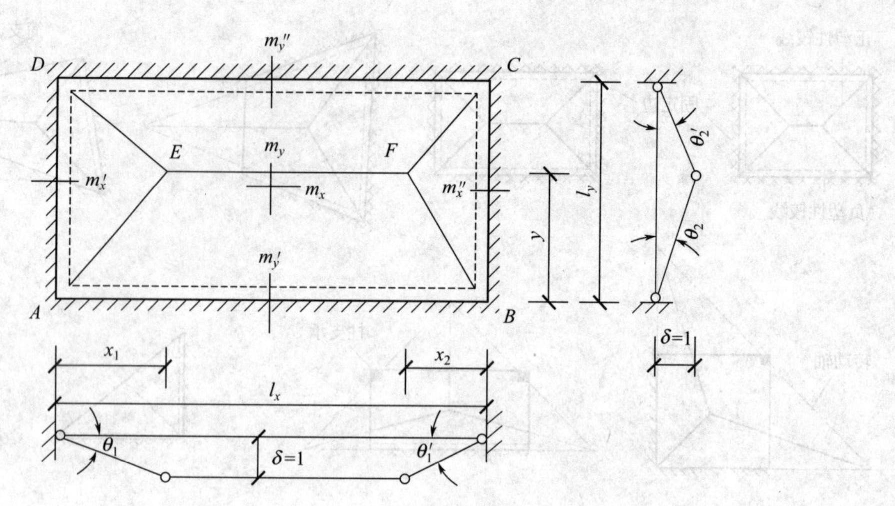

图 2-44　四边固定双向板的塑性铰线和虚位移

板面上均布荷载 q 所做的外力虚功 W 等于均布荷载 q 乘以板面向下虚位移形成的锥体体积，即

$$W=q\left[x_1 l_y\times\frac{1}{3}+x_2 l_y\times\frac{1}{3}+l_y(l_x-x_1-x_2)\times\frac{1}{2}\right]=\frac{q}{6}l_y(3l_x-x_1-x_2)\quad(2\text{-}21)$$

各塑性铰线的极限弯矩所作的内力虚功等于沿各塑性铰线上的极限弯矩乘以相邻板块的相对转角，即

跨中塑性铰线 EF

$$U_1=m_y(l_x-x_1-x_2)(\theta_2+\theta_2')=m_y(l_x-x_1-x_2)\left(\frac{1}{y}+\frac{1}{l_y-y}\right)$$

跨中斜向塑性铰线 AE、DE、BF、CF

$$U_2=m_x l_y\left(\frac{1}{x_1}+\frac{1}{x_2}\right)+m_y x_1\left(\frac{1}{y}+\frac{1}{l_y-y}\right)+m_y x_2\left(\frac{1}{y}+\frac{1}{l_y-y}\right)$$

长向支座塑性铰线 AB 和 CD　$U_3=m_y' l_x\theta_2+m_y'' l_x\theta_2'=l_x\left(\frac{m_y'}{y}+\frac{m_y''}{l_y-y}\right)$

短向支座塑性铰线 AD 和 CB　$U_4=m_x' l_y\theta_1+m_x'' l_y\theta_1'=l_y\left(\frac{m_x'}{x_1}+\frac{m_x''}{x_2}\right)$

所有塑性铰线的极限弯矩所作的内力虚功 $U=U_1+U_2+U_3+U_4$，即

$$U=m_y l_x\left(\frac{1}{y}+\frac{1}{l_y-y}\right)+m_x l_y\left(\frac{1}{x_1}+\frac{1}{x_2}\right)+l_x\left(\frac{m_y'}{y}+\frac{m_y''}{l_y-y}\right)+l_y\left(\frac{m_x'}{x_1}+\frac{m_x''}{x_2}\right)\quad(2\text{-}22)$$

根据虚功原理 $W=U$，则

$$q=\frac{6}{l_y(3l_x-x_1-x_2)}\left[m_y l_x\left(\frac{1}{y}+\frac{1}{l_y-y}\right)+m_x l_y\left(\frac{1}{x_1}+\frac{1}{x_2}\right)+l_x\left(\frac{m_y'}{y}+\frac{m_y''}{l_y-y}\right)+l_y\left(\frac{m_x'}{x_1}+\frac{m_x''}{x_2}\right)\right]$$

(2-23)

上式中，x_1、x_2、y 取不同的值，对应不同的破坏机构及相应的极限荷载值。

令
$$\frac{\partial q}{\partial x_1}=0,\quad \frac{\partial q}{\partial x_2}=0,\quad \frac{\partial q}{\partial y}=0 \tag{2-24}$$

即可解出最危险的破坏机构及最小的极限荷载值。计算分析表明，虽然 x_1、x_2、y 与板边长比 $n=l_x/l_y$、跨中两个方向屈服弯矩比 $\alpha=m_x/m_y$、跨中与支座极限弯矩比 $\beta'_x=m'_x/m_x$、$\beta''_x=m''_x/m_x$、$\beta'_y=m'_y/m_y$、$\beta''_y=m''_y/m_y$ 有关，但一般情况下，板同方向支座的负弯矩钢筋布置相同，各支座负弯矩钢筋与相应跨中正弯矩钢筋比例相同，则 $\beta=\beta'_x=\beta''_x=\beta'_y=\beta''_y$、$y=l_y/2$，且极限弯矩与 $x_1=x_2=l_y/2$ 时的计算结果相差很小，则可得四边固定双向板按塑性铰线法计算极限荷载的基本公式

$$q=\frac{24m_y}{l_y^2(3n-1)}(\alpha+n+\alpha\beta+n\beta) \tag{2-25}$$

对于四边简支板，$\beta=0$，则

$$q=\frac{24m_y}{l_y^2(3n-1)}(\alpha+n) \tag{2-26}$$

四边简支板受荷后，角部有翘起趋势，角部板底会产生Y形正塑性铰线，如图2-45(a)所示，使板的极限荷载有所降低。如支座与板连接可靠阻止板角的翘起，则角部板面还会产生与支座边呈45°的斜向裂缝，如图2-45(b) 所示。为了控制这种裂缝的开展，并补偿由于板底Y形正塑性铰线引起的极限荷载的降低，可在简支矩形双向板的板角顶面配置足够的构造钢筋。这样就可在计算中不考虑上述不利影响。

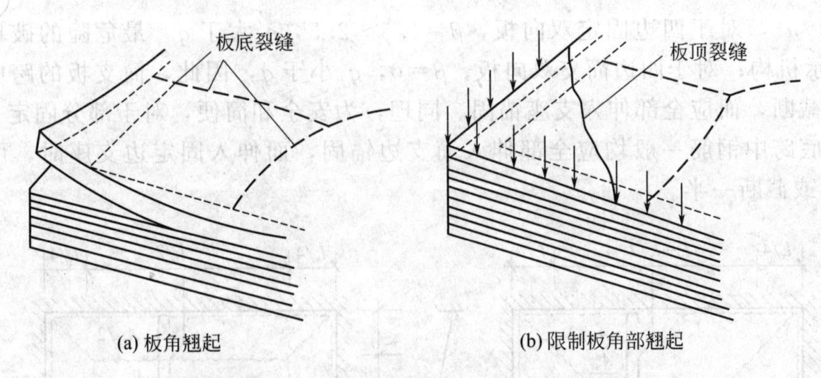

图 2-45　简支双向板板角塑性铰线和虚位移

对于其他四边支承双向板，如一边简支三边固定、两边简支两边固定等，可根据支承边提供的条件，按式(2-23) 和式(2-24) 计算极限荷载。

② 双向板设计。设计双向板时，通常是已知板面均布荷载设计值 q 和跨度 l_x 及 l_y，要求确定板中的设计弯矩和配筋。此时未知量有 m_x、m_y、m'_x、m''_x、m'_y、m''_y，可按下述方法计算。

a. 先设定两个方向跨中弯矩的比值以及各支座弯矩与相应跨中弯矩的比值。

两个方向跨中弯矩的比值 α 为

$$\alpha=\frac{m_x}{m_y}=\frac{1}{n^2} \tag{2-27}$$

式中　n——长边计算跨度 l_x 和短边计算跨度 l_y 的比值，即 $n=l_x/l_y$。

支座与跨中弯矩的比值 β 可取1.5～2.5，一般常取2.0。因此，$m_x=\alpha m_y$、$m'_x=\beta'_x m_x$、

$m''_x=\beta''_x m_x$、$m'_y=\beta'_y m_y$、$m''_y=\beta''_y m_y$

b. 将上述各量值代入式(2-23) 和式(2-26) 或式(2-25) 中可求得短跨跨中弯矩 m_y。

当采用分离式配筋，跨中弯矩全部伸入支座，且 $\beta=\beta'_x=\beta''_x=\beta'_y=\beta''_y$ 时，

$$m_y=\frac{ql_y^2}{24}\frac{(3n-1)}{(\alpha+n)(1+\beta)} \tag{2-28}$$

当采用弯起式配筋时，可将两个方向的跨中弯矩钢筋在距支座 $l_y/4$ 板带处弯起一半，则该板带内的跨中塑性铰线上的单位宽度极限弯矩分别为 $m_y/2$ 和 $m_x/2$，若 $\beta=\beta'_x=\beta''_x=\beta'_y=\beta''_y$ 时，则

$$q=\frac{24m_y}{l_y^2}\frac{\alpha\beta+n\beta+\left(n-\frac{1}{4}\right)+3\alpha/4}{3n-1} \tag{2-29}$$

若已知板面设计荷载 q，则可得短跨跨中弯矩

$$m_y=\frac{ql_y^2}{24}\frac{3n-1}{\alpha\beta+n\beta+\left(n-\frac{1}{4}\right)+3\alpha/4} \tag{2-30}$$

板底钢筋在距支座 $l_y/4$ 处弯起或截断一半时，可能出现图 2-46 所示的两种破坏机构。按上限定理，应取两种破坏机构计算所得荷载的较小值作为极限荷载。按图 2-46(a) 所示机构计算的荷载同式(2-29)，按图 2-46(b) 所示机构计算的荷载

$$q'=\frac{48m_y}{l_y^2}\frac{(\alpha+n)(1+2\beta)}{9n-2} \tag{2-31}$$

当 $\alpha=1/n^2$，对于四边固定双向板，$\beta=1.5\sim2.5$，q'大于 q，最危险的破坏机构是图 2-46(a) 所示机构；对于四边简支双向板，$\beta=0$，q'小于 q，因此，简支板的跨中板底钢筋不应弯起或截断，而应全部伸入支座锚固。同理，为安全和简便，对于部分固定、部分简支的情况，板底跨中钢筋一般均应全部伸入简支边锚固，而伸入固定边支座时，可在距支座 $l_y/4$ 处弯起或截断一半。

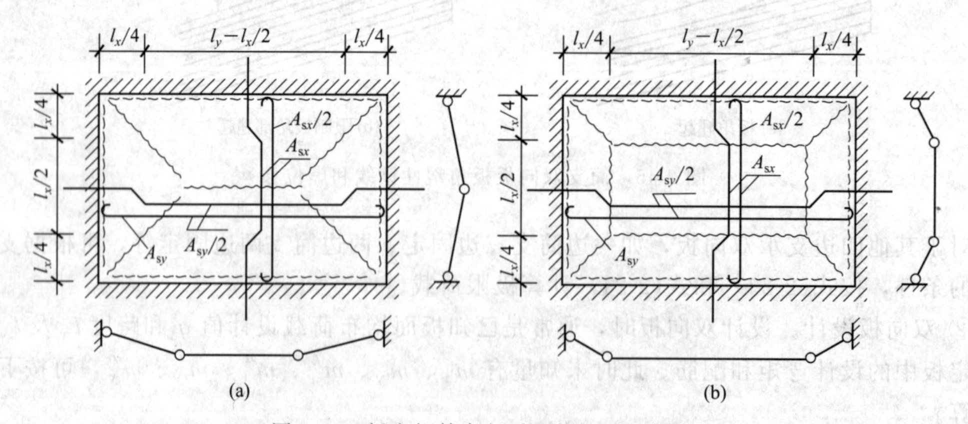

图 2-46　板底钢筋弯起时可能的破坏机构

支座负弯矩钢筋伸入板内一定长度后，由于受力上已不再需要，一般考虑在距支座 $l_y/4$ 处截断。截断后板面无钢筋，沿截断周边的极限弯矩为零，内部板块相当于四边简支板，可能的破坏机构如图 2-47 所示，为避免图示局部破坏机构使极限荷载降低，要求在 $\alpha=1/n^2$，$n=1\sim3$ 时，$\beta\leqslant2.5$。当 $\beta>2.5$ 时，支座负弯矩钢筋不应在距支座 $l_y/4$ 处截断。考虑到温度和收缩的影响，一般将支座负弯矩钢筋在距支座 $l_y/4$ 处截断一半，另一半钢筋贯穿配置。

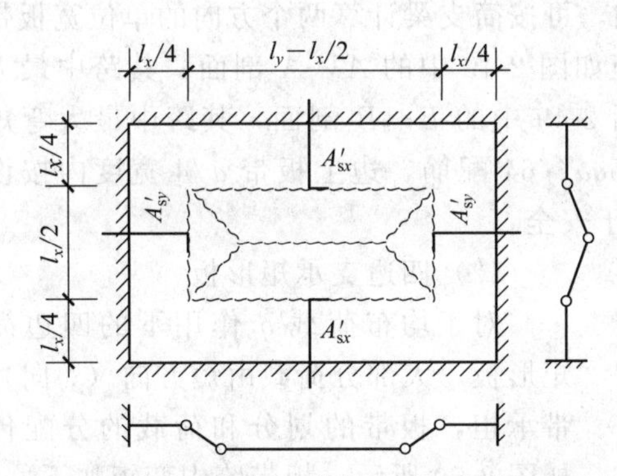

图 2-47　支座负弯矩钢筋截断时可能的破坏机构

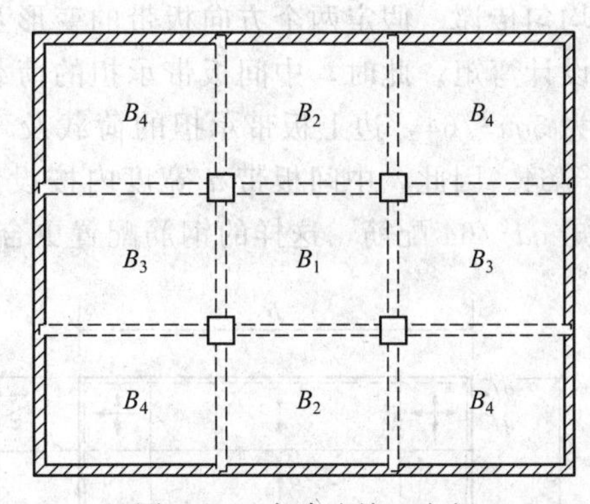

图 2-48　多跨连续双向板

c. 最后依次求出 m_x、m'_x、m''_x、m'_y、m''_y。

③ 多跨连续双向板设计。对于多跨连续双向板，内部区格板按四边固定单块板计算，边区格板和角区格板按实际支承情况的单块板计算。对于多跨连续双向板的边区格板，无论板最外侧是支承在砖墙上，还是支承在边梁（边梁刚度不大，可忽略边梁的扭转约束作用）上，设计中通常近似取该边缘支承为简支，即该支座塑性铰线弯矩为零。

在设计多跨连续双向板时，如图 2-48 所示，通常从最中间的区格板 B_1 开始。若已知作用于区格板 B_1 上的荷载设计值 q 和 B_1 的计算跨度，即可用上述方法计算出 B_1 的 m_x、m_y、m'_x、m''_x、m'_y、m''_y。然后计算出相邻区格板 B_2、B_3 的内力和配筋。在计算相邻区格板 B_2、B_3 时，与区格板 B_1 相邻的支座配筋是已知的。如此依次向外扩展，逐块计算，便可求出全部多跨连续双向板的配筋。

2.3.3.2　板带法

板带法是一种基于塑性理论下限定理的方法，能直接获得板内的设计弯矩，所得结果偏于安全。板带法根据荷载分配、传递路径的概念，合理将板面荷载分配给双向板的两个方向板带，每个板带按梁来计算，概念清楚、计算简单，能使工程师合理地将钢筋布置到最优位置，并在需要的位置设置钢筋加强带，特别适用于复杂形状的板块、开洞板及荷载复杂的情况。

（1）简支方板

以均布荷载作用下的四边简支方板为例说明板带法的概念。设板面上作用的均布荷载设计值为 q。根据双向板的荷载传递概念和荷载最短传递路径原则，将板划分为图 2-49 中的若干板带，并按图示荷载传递方向将荷载传至支承边，即中间区域的板块按两个方向均匀传递，靠近支座边 $a/4$ 范围内的板面荷载直接向邻近的支座传递，角部区域的板面荷载为双

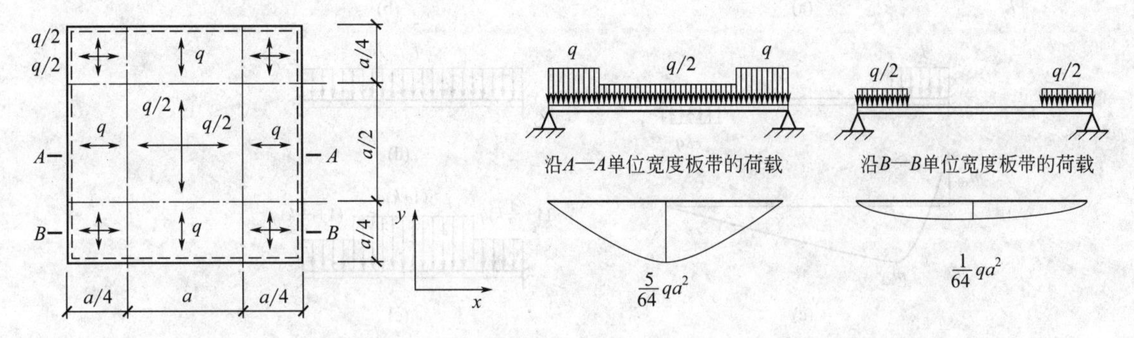

图 2-49　简支方板的板带划分、板面荷载分配传递及板带弯矩

向均匀传递。假定两个方向板带的变形互不影响，可按简支梁计算两个方向的单位宽板带内的设计弯矩。此时，中间板带承担的荷载及弯矩如图 2-49 中的 A—A 剖面，其跨中最大弯矩为 $5qa^2/64$，边上板带承担的荷载及弯矩如图 2-49 中的 B—B 剖面，其跨中最大弯矩为 $qa^2/64$。因此，中间板带 a 宽度内按设计弯矩 $5qa^2/64$ 配筋，边上板带 $a/4$ 宽度内按设计弯矩 $qa^2/64$ 配筋，这样的钢筋配置更合理且偏于安全。

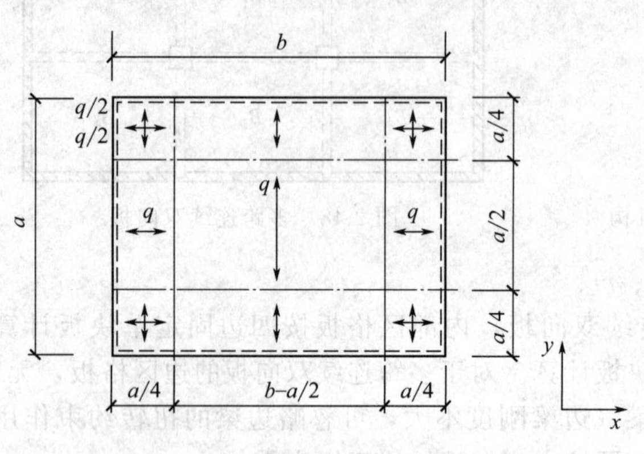

图 2-50 简支矩形板的荷载分配传递

(2) 四边支承矩形板

对于均布荷载 q 作用下的四边简支矩形板，大部分荷载由短方向（y 向）板带承担，板带的划分和荷载的分配传递如图 2-50 所示，板带跨中弯矩如下。

短向（y 向）中间板带：$m_y=qa^2/8$

短向（y 向）边缘板带：$m_y=qa^2/64$

长向（x 向）中间板带：$m_x=qa^2/32$

长向（x 向）边缘板带：$m_y=qa^2/64$

其他情况的四边支承板，可类似推导。

(3) 有自由边的矩形板

① 自由边在板的短跨方向。对于图 2-51 所示的均布荷载 q 作用下一短边自由、三边固定支承的矩形板，除左边固定边短方向（y 向）板带区域外，其他部分可认为荷载沿短向传递，如图 2-51(a) 所示。但右边自由边短向（y 向）板带的挠度变形大于板中区域短向（y 向）板带的挠度变形，即自由边板带实际传递的荷载大于板面均布荷载 q，其增大的荷载来自与其正交的长方向（x 向）板带。因此，可将自由边板带作为与其正交的长方向（x 向）板带的支座，这种具有支承性质的板带称为“加强板带”，其效果与梁相同，但高度等于板

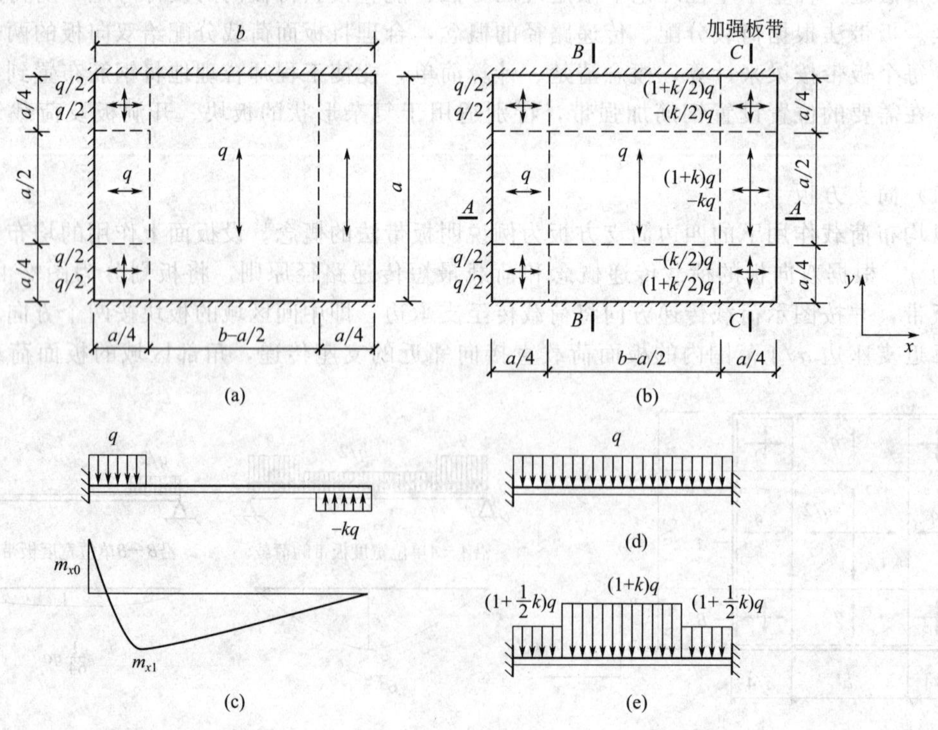

图 2-51 一短边自由、三边固定双向板的板带划分、板面荷载分配传递及板带弯矩

厚，配筋大于短向（y 向）中间板带。因此，用板带法分析时，可以按图 2-51(b) 所示进行荷载分配和传递，其中自由边板带中部荷载为长方向（x 向）传递的 $-kq$ 和短向（y 向）传递的 $(1+k)q$；自由边板带角部的荷载为长方向（x 向）传递的 $-kq/2$ 和短向（y 向）传递的 $(1+k/2)q$。

根据荷载分配图，长方向（x 向）中间板带 $A—A$ 的荷载如图 2-51(c) 所示，左端支座弯矩为

$$m_{x0}=-\frac{qa^2}{32}+\frac{kqa}{4}\left(b-\frac{a}{8}\right) \tag{2-32}$$

若已知支座弯矩 m_{x0}，则有

$$k=\frac{1+32m_{x0}/(qa^2)}{8(b/a)-1} \tag{2-33}$$

当 $b>a$ 时，自由边加强板带的相对刚度较大，加强板带可认为是长方向（x 向）中间板带的支承，支承点位置可取为自由边板带宽度的中间，可按一端固定、一端简支的梁来计算长向（x 向）中间板带的弯矩，简支端的支座反力为 kq。实际上，当 $b/a>2$ 时，k 值已很小，可取 $k=0$，即为单向荷载传递，如图 2-51(a) 所示。当板接近正方形时，加强板带的挠度变形将使支座弯矩增大，可近似取自由悬臂梁固端弯矩的一半。当 $b=a$ 时，按上式计算得 $k=0.214$。因此当 b/a 在 1～2 之间时，k 值近似在 0.214～0 之间线性插值。已知 k 值，则可求得跨中最大弯矩位置

$$x=(1-k)\frac{a}{4} \tag{2-34}$$

最大弯矩值为

$$m_{x1}=-\frac{kqa^2}{32}\left(8\frac{b}{a}-3+k\right) \tag{2-35}$$

x 向边缘板带的弯矩为同向中间板带的 1/2。

y 向中间板带 $B-B$ 荷载如图 2-51(d) 所示，支座弯矩为 $qa^2/12$，跨中弯矩为 $qa^2/24$。y 向右端自由边板带 $C-C$ 荷载如图 2-51(e) 所示，其支座和跨中弯矩可近似偏于安全地取 y 向中间板带弯矩的（$1+k$）倍。y 向左端固定边板带的弯矩可取 y 向中间板带弯矩的 1/8。

② 自由边在板的长跨方向。对于图 2-52 所示的均布荷载 q 作用下一长边自由、三边固定支承的矩形板，板面荷载将主要沿短跨方向（y 向）板带传递。根据加强板带概念，采用图 2-52(a) 所示荷载分配和传递。沿自由边的加强板带将起到边梁的作用，其宽度为 βa，考虑到加强板带中受拉钢筋配筋率的限制，一般尽可能取较小的 βa 值，通常取

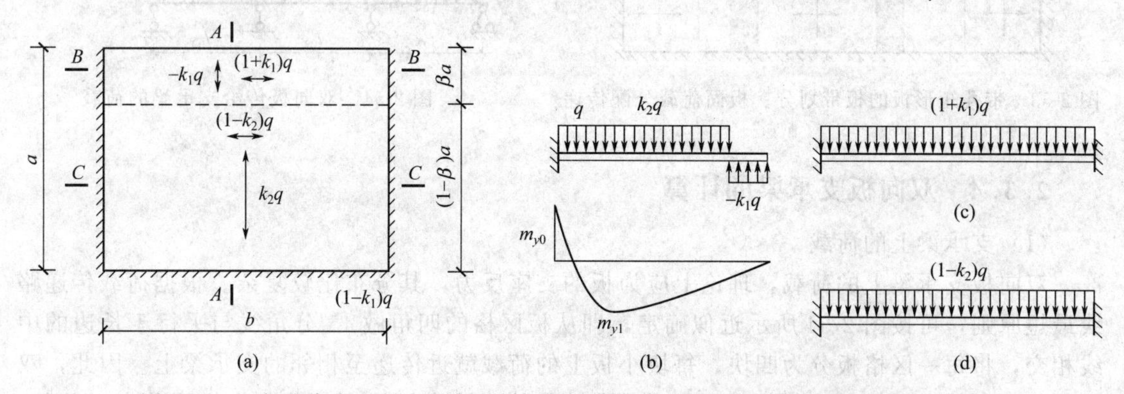

图 2-52　一长边自由、三边固定双向板的板带划分、板面荷载分配传递及板带弯矩

0.2a 左右或板厚的 2～4 倍。加强板带 y 向传递荷载为 $-k_1q$，长向（x 向）传递的荷载为（$1+k_1$）q。除加强板带外，其他区域的荷载可按短向（y 向）传递考虑，但由于长向（x 向）至少需要按构造进行配筋，为使设计更为经济，且利用加强板带后 x 向也具有一定的荷载传递，可考虑短向仅传递板面荷载的 k_2q，长向传递 $(1-k_2)q$，k_2 值可根据长向所需最小配筋率的要求选定

$$m_{y0}=-\frac{1}{2}k_2q(1-\beta)^2a^2-k_1q\beta\left(1-\frac{\beta}{2}\right)a^2 \tag{2-36}$$

由此可得

$$k_1=-\frac{k_2(1-\beta)^2+2m_{y0}/(qa^2)}{\beta(2-\beta)} \tag{2-37}$$

固端弯矩 m_{y0} 仍可取自由悬臂梁固端弯矩的一半，近似取固定边到加强板带中线的距离为悬臂梁长度，则

$$m_{y0}=-\frac{1}{4}k_2q(1-0.5\beta)^2a^2 \tag{2-38}$$

根据上述两式即可求得 k_1。

长向自由边板带 $B-B$ 的荷载如图 2-52(c) 所示，长向其他区域板带 $C-C$ 的荷载如图 2-52(d) 所示。支座跨中弯矩可按相应的梁计算。

③ 带孔板。对于图 2-53 所示的带孔板，在孔洞边缘可利用加强板带形成类似支承梁，将荷载传递给支座。加强板带的宽度可由最大配筋率的限制条件决定。可根据“加强板带”及荷载分配传递原理计算各板带的弯矩。需要指出的是，即使有孔洞，板的整体受力和荷载传递也与无孔板类似。

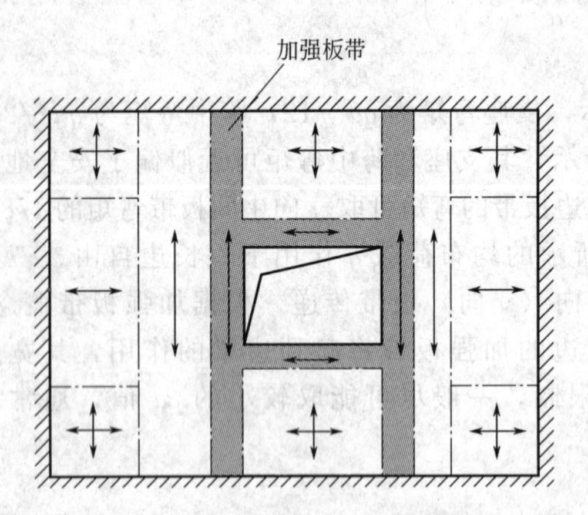

图 2-53 带孔矩形板的板带划分、板面荷载分配传递

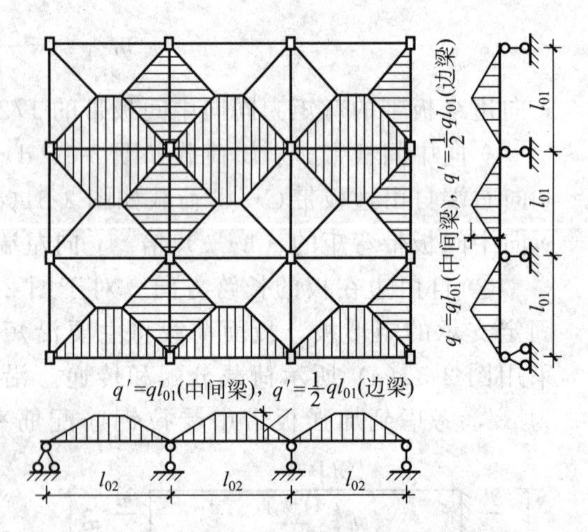

图 2-54 双向板传给支承梁的荷载

2.3.4 双向板支承梁的计算

（1）支承梁上的荷载

双向板支承梁上的荷载，理论上应为板的支座反力，其分布比较复杂。根据荷载传递路线最短原则，可按图 2-54 所示近似确定，即从板区格的四角做 45°分角线与平行于长边的中线相交，将每一区格板分为四块，每块小板上的荷载就近传递至相邻的支承梁上。因此，双向板传给短跨支承梁上的荷载为三角形分布，传给长跨支承梁上的荷载为梯形分布。此外，

还应考虑梁自重和直接作用在梁上的荷载。

（2）按弹性理论计算

支承梁的内力可按弹性理论或考虑塑性内力重分布的调幅法计算。

对于等跨或跨度相差不超过10%的连续支承梁，可先将梁上的三角形或梯形分布荷载化为等效均布荷载，再利用均布荷载下等跨连续梁的计算表格计算梁的内力。

根据支座处弯矩相等的条件，给出三角形分布荷载和梯形分布荷载化为等效均布荷载的计算公式，如图2-55所示。

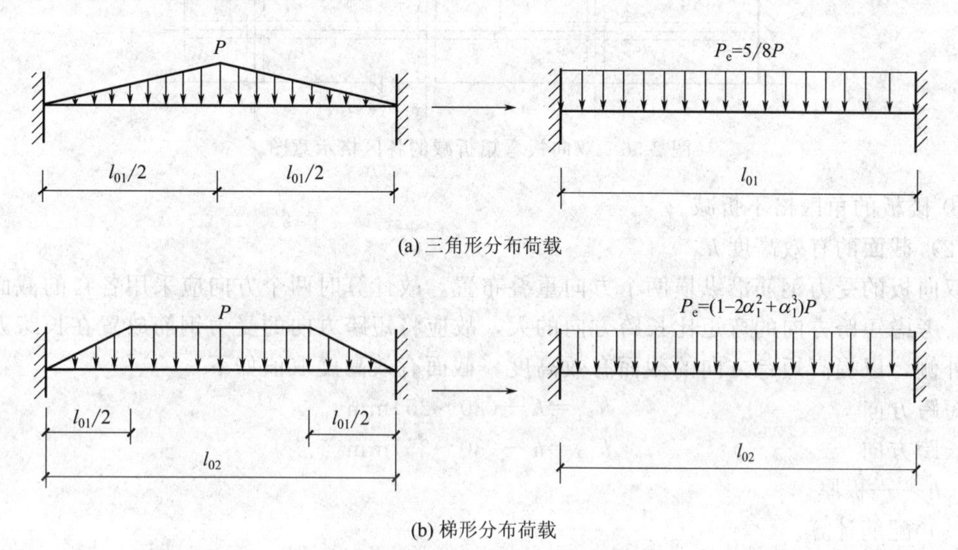

图2-55　分布荷载转化为等效均布荷载［$\alpha_1=l_{01}/(2l_{02})$］

在考虑活荷载最不利布置情况的前提下，按上述等效均布荷载求出支座弯矩后，再按每跨的实际荷载分布（三角形或梯形分布），根据平衡条件计算跨中弯矩和支座剪力。

（3）考虑塑性内力重分布的调幅法

考虑塑性内力重分布计算支承梁的内力时，可在弹性理论求得支座弯矩的基础上，按调幅法确定支座弯矩（调幅不超过25%），再按实际荷载分布计算跨中弯矩。

2.3.5　双向板肋梁楼盖截面设计及构造要求

双向板肋梁楼盖中梁的配筋和构造，与单向板肋梁楼盖中梁的配筋和构造相同。下面仅说明双向板的配筋计算及构造要求。

2.3.5.1　双向板截面设计

（1）截面弯矩设计值

对于周边与梁整体连接的双向板，由于支座约束，导致周边支承梁对板产生水平推力，在板内有起拱作用，从而导致板内的弯矩有所降低。如图2-56所示，周边支承梁对板这一有利影响，可通过将截面的弯矩设计值乘以下列折减系数予以考虑。

① 对于连续板的中间区格，其跨中弯矩及中间支座截面弯矩的折减系数为0.8。

② 对于边区格，其跨中弯矩及自楼板边缘算起的第二支座截面弯矩，当$l_b/l<1.5$时，折减系数为0.8；当$1.5\leqslant l_b/l\leqslant 2.0$时，折减系数为0.9；当$l_b/l>2.0$时，不折减。其中，$l_b$为沿楼板边缘方向的计算跨度；$l$为垂直于楼板边缘方向的计算跨度。$l_b/l$越小，内拱作用越大，弯矩折减得越多。

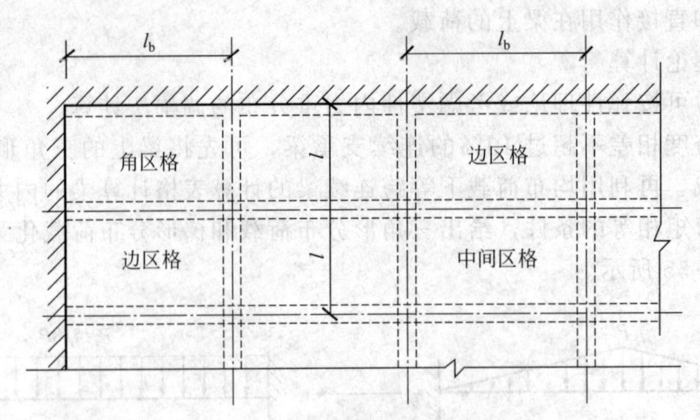

图 2-56 双向板弯矩折减的各区格示意图

③ 楼板的角区格不折减。

(2) 截面的有效高度 h_0

双向板的受力钢筋沿纵横两个方向重叠布置，故计算时两个方向应采用各自的截面有效高度。考虑短跨方向的弯矩比长跨方向的大，故应将短跨方向的受力钢筋放置在长跨方向钢筋的外侧，以提高短跨方向的截面有效高度。截面有效高度取值如下

短跨方向 $h_{01}=h-(20\sim25)\text{mm}$

长跨方向 $h_{02}=h-(30\sim35)\text{mm}$

式中 h——板厚。

(3) 配筋计算。

由单位宽度的截面弯矩设计值 M，按下式计算受拉钢筋的截面面积

$$A_s=\frac{M}{\gamma_s h_0 f_y}$$

式中 γ_s——内力臂系数，可近似取 0.9～0.95。

2.3.5.2 双向板的构造

(1) 板厚

双向板的板厚通常在 80～160mm 范围内，不宜小于 80mm，跨度较大且荷载较大时，板厚也可取 200mm 以上。由于双向板的挠度一般不另作验算，为了满足其刚度要求，板厚 h 与短跨跨长 l_{02} 的比值，简支板 $h/l_{02}\geqslant1/40$；连续板 $h/l_{02}\geqslant1/50$。

(2) 钢筋配置

双向板的受力钢筋沿板区格平面纵横两个方向配置，配筋方式与单向板类似，有弯起式和分离式两种，如图 2-57 所示。

采用分离式配筋的多跨板，板底钢筋宜全部伸入支座。负钢筋伸入跨内延伸的长度应根据负弯矩图确定，并满足锚固长度，一般可取该方向计算跨度的 1/4。工程中多采用分离式配筋方式。

采用弯起式配筋时，对于简支双向板，考虑支座的实际约束情况，两方向的正弯矩钢筋均应弯起 1/3；对固定支座的双向板和连续双向板，两方向的板底钢筋均可弯起 1/3～1/2 作为支座负钢筋，不足时需另加板顶直钢筋。由于在边缘板带内钢筋数量减少，故角部应布置双向的附加钢筋。

受力钢筋的直径、间距和切断点、弯起点的位置，以及沿墙边、墙角处的构造钢筋，均与单向板楼盖的有关规定相同。

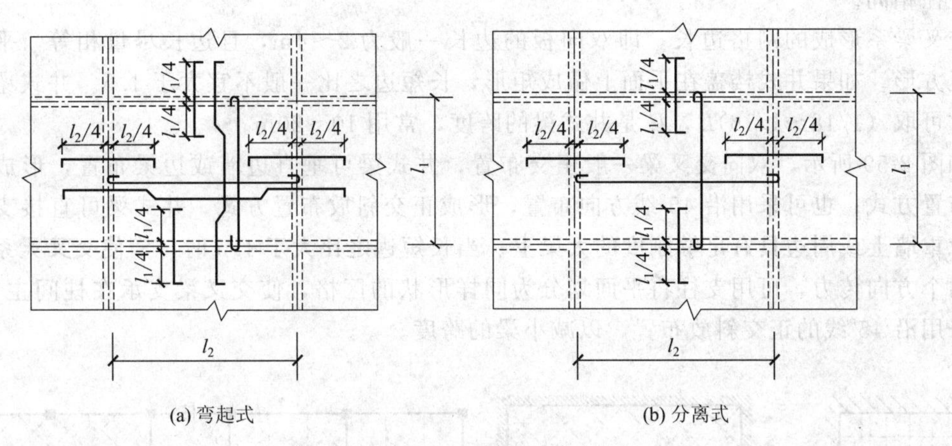

(a) 弯起式　　(b) 分离式

图 2-57　双向板的配筋方式

当按弹性理论计算时，其跨内正弯矩不仅沿板长变化，且沿板宽向两边逐渐减小，中间板带部分的正弯矩最大，靠近支承边的边板带部分正弯矩较小。进行板底配筋时，将板在两个方向分为如图 2-58 所示三个板带，两边板带的跨度为短跨跨度 l_y 的 1/4，中间板带的板底配筋按最大正弯矩求得，单位板宽的配筋均匀配置，边板带则减少一半，但每米宽度内的配筋不得少于四根。对于支座边板顶负钢筋，则沿全支座宽度均匀布置，即按最大支座负弯矩求得，不得在边板带内减少。

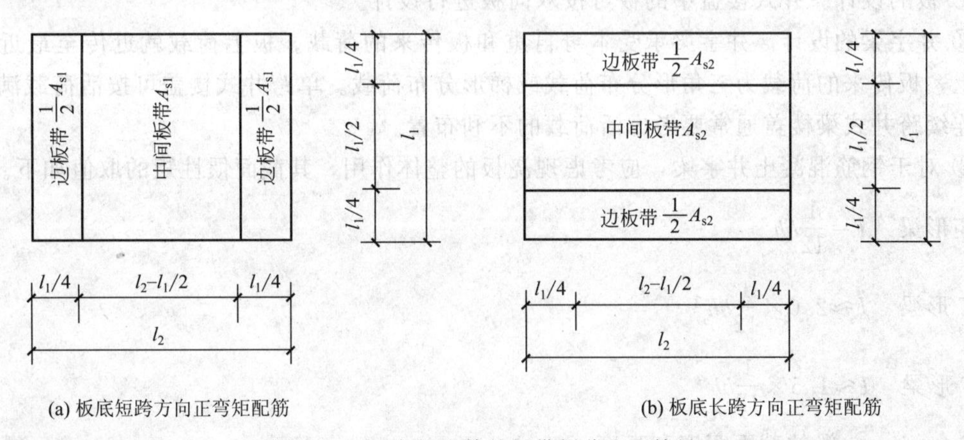

(a) 板底短跨方向正弯矩配筋　　(b) 板底长跨方向正弯矩配筋

图 2-58　双向板配筋的板带划分和配筋量

按塑性理论计算时，其配筋应符合内力计算的假定。按塑性铰线方法计算时，跨中钢筋的配置或沿全板均匀布置，或划分成中间及边缘板带后分别按计算值的 100% 和 50% 均匀布置。跨中钢筋的全部或一半伸入支座下部，支座上的负钢筋按计算值沿全支座均匀布置。按板带法计算时，在各板带范围内分别配置所需要的钢筋。

2.4　井式楼盖和密肋楼盖

2.4.1　井式楼盖

(1) 井式楼盖的形式和尺寸

井式楼盖是由双向板和交叉梁系共同组成的楼盖，交叉梁系不分主次梁，互为支承，其高度往往相同。

交叉梁系形成的网格边长，即双向板的边长一般为 2～4m，且边长尽量相等，平面上宜为正方形。如果井式楼盖在平面上做成矩形，长短边之比一般不宜大于 1.5。井式梁的梁高通常可取 $(1/18\sim1/16)L$，L 是井式梁的跨度，常用 10～20m。

如图 2-59 所示，双向交叉梁一般正交布置，井式梁可垂直边墙或边梁布置，形成正交正放布置方式；也可采用沿 45°线方向布置，形成正交斜放布置方式。井式梁可直接支承在周边承重墙上或周边具有足够刚度的大梁上。当长短边之比大于 1.5 时，为使交叉梁系较好地沿两个方向传力，可用支柱将平面划分为同样形状的区格，使交叉梁支承在柱间主梁上，或者采用沿 45°线的正交斜放布置，以减小梁的跨度。

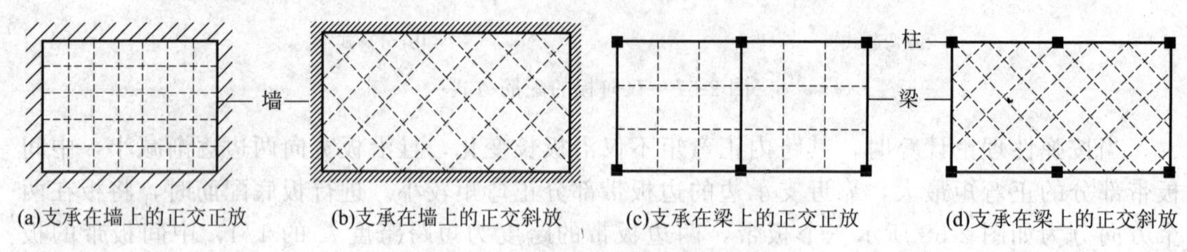

图 2-59　井式楼盖的平面布置

(2) 井式楼盖设计要点

① 板的设计。井式楼盖中的板可按双向板进行设计。

② 井字梁的设计。井字梁承受本身自重和板传来的荷载。板上荷载就近传至最近的井字梁上，板传来的荷载为三角形分布荷载或梯形分布荷载。单跨井式楼盖可按活荷载满布考虑，连续跨井式梁楼盖通常要考虑活荷载的不利布置。

③ 对于钢筋混凝土井字梁，应考虑现浇板的整体作用，其截面惯性矩的取值如下。

矩形梁　$I=\frac{1}{12}bh^3$

T 形梁　$I\approx2.0\times\frac{1}{12}bh^3$

Γ 形梁　$I\approx1.5\times\frac{1}{12}bh^3$

式中　b、h——梁的截面宽度和高度。

当梁截面为下小上大的梯形时，可近似取梁宽 $b=(b_1+b_2)/2$ 按矩形梁计算，b_1、b_2 分别为梁截面的上、下宽度；当翼缘板厚 h_f 小于梁高 h 较多，即 $h_f/h\leqslant0.1$ 时，按矩形截面梁计算。

(3) 井式楼盖计算

井字梁是双向受力的高次超静定结构，其内力和变形计算十分复杂，通常需要进行专门计算，对于一些常用情况，设计时可查用相关计算手册。

当井式楼盖的区格数少于 5×5 格时，井字梁可按交叉梁计算，荷载作用在交叉梁系的各节点，忽略交叉点的扭矩和剪力影响；板简支于梁上，忽略板的连续性对梁的内力与变形的影响；梁内力与变形可近似按节点竖向变形相等的原则进行计算。单跨周边简支、不考虑扭矩影响的井字梁，最大弯矩系数 α_m、最大剪力系数 α_v、最大挠度系数 α_f 见表 2-27。

表 2-27 单跨周边简支井字梁的最大弯矩系数 α_m、最大剪力系数 α_v、最大挠度系数 α_f

简图	b/a	0.6		0.8		1.0		1.2		1.4	
	梁	α_m	α_v	α_m	α_v	α_m	α_v	α_m	α_v	α_m	α_v
3×a, 3×b 网格	A	0.82	1.07	0.66	0.91	0.5	0.75	0.37	0.62	0.27	0.52
	B	0.18	0.43	0.34	0.59	0.5	0.75	0.63	0.88	0.73	0.98
	α_f	0.17		0.31		0.44		0.60		0.70	
4×a, 3×b 网格	A_1	0.82	1.07	0.75	1.00	0.66	0.91	0.55	0.80	0.46	0.71
	A_2	1.09	1.34	1.02	1.27	0.91	1.16	0.78	1.03	0.64	0.89
	B	0.14	0.39	0.24	0.49	0.43	0.64	0.67	0.81	0.90	0.97
	α_f	1.05		0.98		0.87		0.74		0.62	
4×a, 4×b 网格	A_1	1.41	1.33	1.11	1.12	0.83	0.92	0.59	0.75	0.42	0.62
	A_2	1.97	1.73	1.58	1.46	1.17	1.17	0.84	0.94	0.60	0.77
	B_1	0.26	0.51	0.54	0.71	0.83	0.92	1.06	1.08	1.24	1.21
	B_2	0.36	0.60	0.77	0.89	1.17	1.17	1.51	1.41	1.74	1.57
	α_f	0.67		1.29		1.90		2.41		2.78	
5×a, 3×b 网格	A_1	0.79	1.07	0.72	0.97	0.66	0.91	0.60	0.85	0.54	0.79
	A_2	1.09	1.34	1.07	1.32	1.02	1.27	0.95	1.20	0.86	1.11
	B	0.13	0.39	0.21	0.46	0.32	0.57	0.50	0.70	0.74	0.85
	α_f	1.04		1.03		0.98		0.91		0.82	
5×a, 5×b 网格	A_1	1.80	1.50	1.42	1.26	1.06	1.03	0.76	0.84	0.55	0.70
	A_2	2.85	2.16	2.29	1.82	1.72	1.47	1.25	1.18	0.89	0.96
	B_1	0.36	0.58	0.70	0.80	1.06	1.03	1.36	1.22	1.59	1.37
	B_2	0.57	0.76	1.15	1.12	1.72	1.47	2.19	1.76	2.54	1.97
	α_f	7.51		6.06		4.58		3.36		2.44	

跨中最大弯矩 $$M_{Ai}=2\alpha_m qab^2 \quad (2\text{-}39)$$

$$M_{Bi}=2\alpha_m qba^2 \quad (2\text{-}40)$$

梁端剪力 $$V_A \text{ 或 } V_B=2\alpha_v qba \quad (2\text{-}41)$$

梁的最大挠度 $$f_{max}=2\alpha_f qa^4 b/EI \quad (2\text{-}42)$$

式中 a、b——A、B 梁的中心间距。

q——楼盖单位面积上的总荷载（包括梁自重折算为面荷载），在计算中近似假定集中作用在梁的交点处，即 $p=qab$。为减小误差，计算最大剪力时一律增加一项梁端节点荷载（$0.25qab$）。

当井式楼盖的区格数多于 5×5 格时，不宜忽略梁交叉点的扭矩，可近似按拟板法计算，即按截面抗弯刚度等价（按弹性分析截面惯性矩等价）的原则，将井字梁及其板面比拟为等厚度的板来计算内力。

2.4.2 密肋楼盖

(1) 密肋楼盖的形式

在井式楼盖中，若网格的间距小于1.5m，因肋梁排列很密而成为密肋楼盖，肋间的楼板较薄。密肋楼盖在施工时，用如图2-60(a)、(b)所示模壳在板底形成规则的“挖空”部分，没有挖空的部分在两个方向形成高度相同的肋（梁）。密肋楼盖分单向密肋楼盖［图2-60(c)］和双向密肋楼盖［图2-60(d)、(e)、(f)、(g)］两种。双向密肋楼盖受力较单向密肋楼盖合理，且视觉效果好，可代替吊顶。与一般楼板体系对比，密肋楼盖省去了肋间的混凝土，可节约混凝土30%～50%，降低楼盖结构重量，楼板造价降低1/3左右，加之采用塑料模壳或玻璃钢模壳，极大地方便了施工，近年来得到广泛应用。

工程中为了保证结构构件满足冲切验算，柱顶可设置柱帽［图2-60(f)］，或柱顶附近部分范围内的板不挖空而保持为实心区［图2-60(e)］，或在柱网轴线上保留一定宽度的实心板带而形成与密肋板等厚的“暗梁”［图2-60(g)］，使荷载从板传递到柱的路线更加明确。

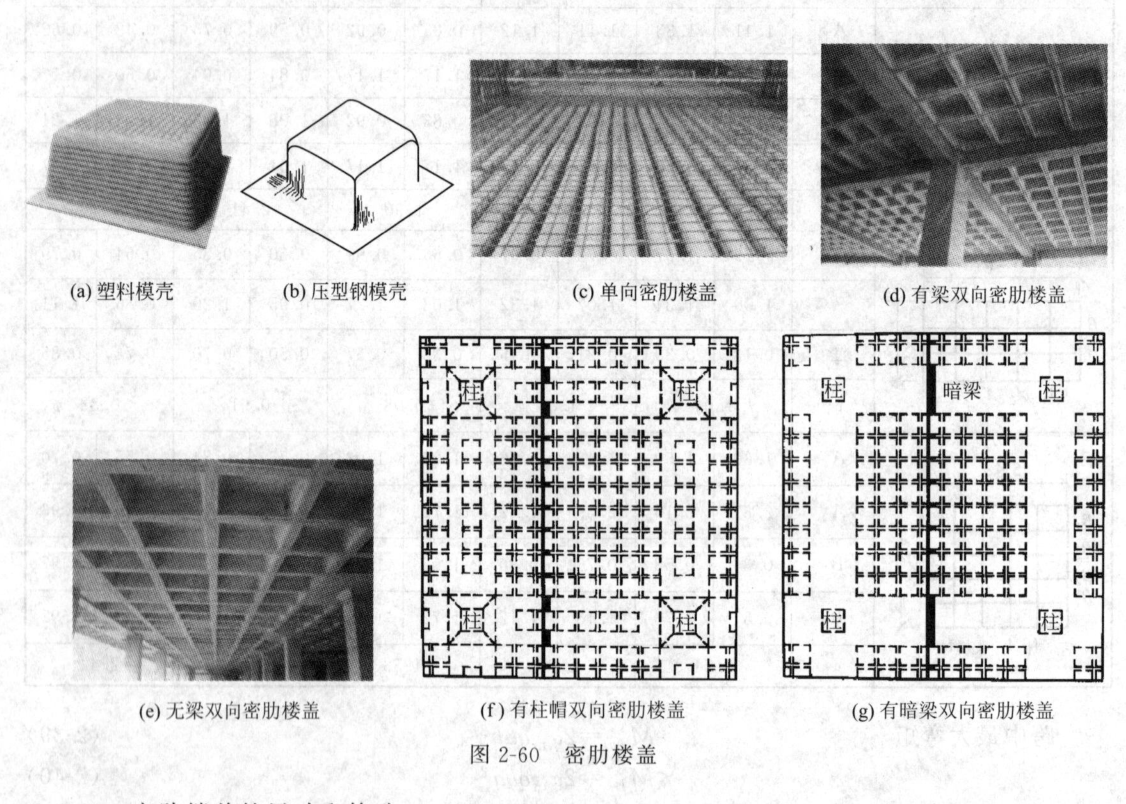

(a) 塑料模壳　(b) 压型钢模壳　(c) 单向密肋楼盖　(d) 有梁双向密肋楼盖

(e) 无梁双向密肋楼盖　(f) 有柱帽双向密肋楼盖　(g) 有暗梁双向密肋楼盖

图2-60　密肋楼盖

(2) 密肋楼盖的尺寸和构造

密肋楼盖的肋梁间距不大于1.5m，密肋的网格尺寸及肋的尺寸由模壳决定，肋高一般为190～350mm，肋宽为120～160mm。考虑到在使用中楼板面上可能存在集中荷载，为了防止冲切破坏，楼板不宜做得过薄，因此要求楼板厚度不小于50mm，一般为60～120mm。

密肋楼盖中板的跨度很小，其配筋一般不需计算，按构造配置即可。

密肋楼盖中肋的纵向受力钢筋一般用1根或2根（当肋宽大于100mm而弯矩较大时，可用3根）。纵筋直径一般为Φ10～Φ18，保护层可用15～20mm，钢筋延伸长度可采用平板的规定。肋中箍筋常按构造配置，直径Φ4～Φ6，间距250～400mm。对配置负弯矩钢筋的区段（包括实心区在内）应配置封闭的箍筋，在正弯矩区段，可采用开口箍筋。密肋楼盖的配筋构造如图 2-61 所示。

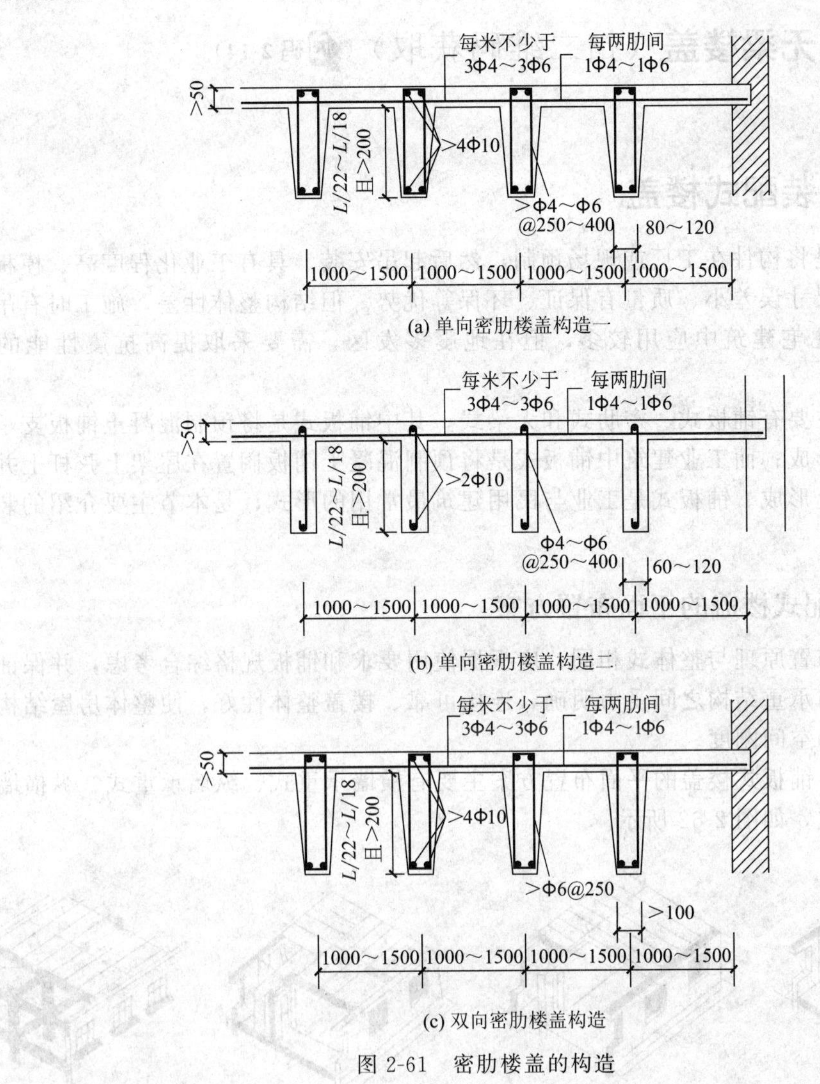

图 2-61 密肋楼盖的构造

(3) 密肋楼盖设计要点

单跨密肋楼盖，活荷载按满布考虑；多跨连续密肋楼盖，通常要考虑活荷载的不利布置。

对无梁密肋楼盖，可认为其近似于平板，可采用无梁楼盖的计算方法（经验系数法和等代框架法）进行计算。如果密肋楼盖柱上板带的抗弯刚度超出板带的10%以上，可以近似按两者刚度比例变化，相应增加柱上板带的弯矩分配比例，减少跨中板带的弯矩分配比例。柱上板带和跨中板带的弯矩，按肋间距的大小分配到各个肋，据此确定肋的截面配筋。正弯矩作用时，肋按 T 形截面计算，肋宽取为肋顶与肋底宽度的平均值；如果翼缘的高度不大于肋高的 1/10 时，可忽略翼缘的作用，按矩形截面计算。负弯矩作用时，肋按矩形截面计算，肋宽取为肋底的宽度。

对柱网轴线上有梁的密肋楼盖，可以按肋梁楼盖进行计算，并假定密肋板完全支承在通过柱网轴线的梁上；也可以按无梁楼盖计算，将梁视作柱上板带的组成部分，根据梁与板抗弯刚度比值计算内力。

对柱端附近的实心板区，应验算其抗冲切承载力。

码 2-14

2.5 无梁楼盖（扫二维码获取）（码 2-14）

2.6 装配式楼盖

装配式楼盖是将构件在工厂或现场预制，然后起吊安装。具有工业化程度高、模板重复利用率高、构件尺寸误差小、质量有保证、环保等优势。但结构整体性差，施工时有吊装条件要求。在多层住宅建筑中应用较多，但在地震多发区，需要采取提高抗震性能的加强措施。

装配式楼盖主要有铺板式、密肋式和无梁式。其中铺板式是将预制混凝土铺板支承在承重墙或楼面梁上形成；而工业建筑中铺板式是将预制混凝土铺板搁置在屋架上弦杆上并与其焊接或搁置在梁上形成。铺板式是工业与民用建筑最常用的形式，是本节主要介绍的装配式楼盖形式。

2.6.1 装配式楼盖的平面布置方案

装配式楼盖布置原理与整体式相同，应根据使用要求和铺板规格综合考虑，并保证预制件之间、预制件与承重结构之间受力明确、连接可靠、楼盖整体性好，使整体房屋结构具有良好的工作性能和空间刚度。

按承重情况，铺板式楼盖的平面布置方案主要有横墙承重式、纵墙承重式、纵横墙承重式和内框架承重式，如图 2-62 所示。

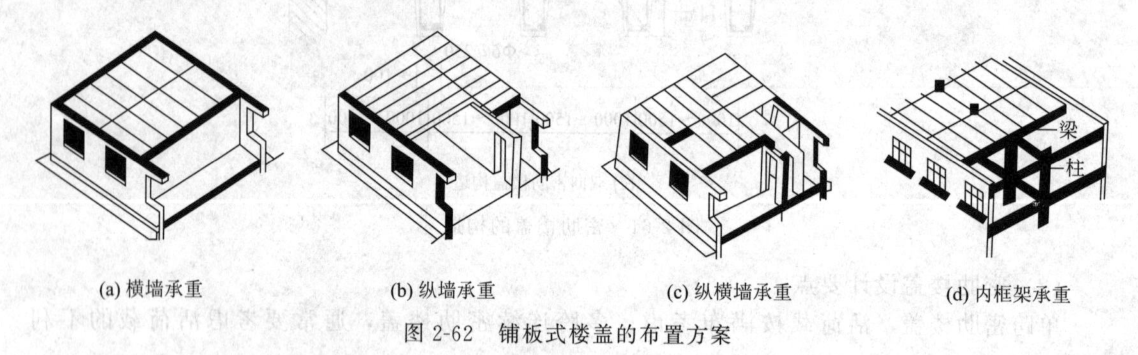

图 2-62 铺板式楼盖的布置方案

2.6.2 预制混凝土铺板

(1) 预制混凝土铺板的形式

装配式楼盖中的预制混凝土铺板，按钢筋的应力情况可分为预应力铺板和非预应力铺板；按板截面形状可分实心板、空心板、槽形板和 T 形板等，如图 2-63 所示。

① 实心板。混凝土实心板上下表面平整，制作简单，但材料用量大、自重大、刚度小，常用于荷载和跨度均较小的构件，如走道板、管沟盖板、楼梯平台板等。实心板的常用跨度 l=1.8～2.4m，预应力实心板跨度可达 2.7m，板宽 500～1000mm，板厚取板跨的 1/30～1/20，一般取 50～100mm。

② 空心板。随着预制板跨度的增加，为减轻自重，常在实心板上开洞形成空心板。空心板表面平整，自重比实心板小，截面高度比实心板大，刚度比实心板大，隔声、隔热效果

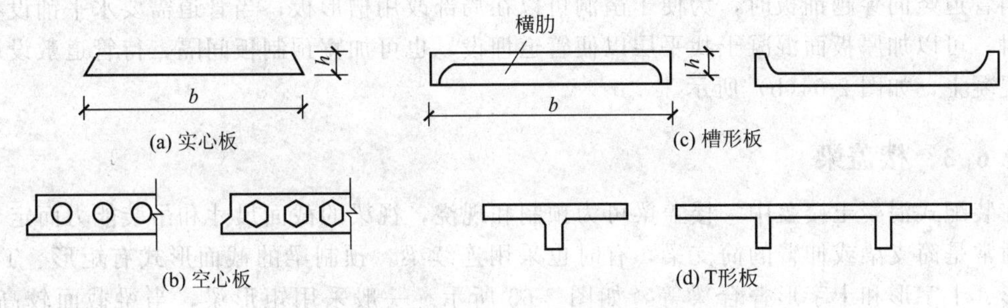

图 2-63　常用预制铺板式截面形状

好，但不能在楼板任意开洞。空心板在装配式楼盖中应用比较广泛。

空心板的空洞形状有圆形、方形和椭圆形等，其中圆孔因受力性能良好、制作简单而应用较多。

混凝土空心板的跨长 l=2.4～4.8m，板厚取板跨的 1/25～1/20；预应力混凝土空心板的跨长 l=3.0～7.2m，板厚取板跨的 1/35～1/30。常用的板厚为 110mm、120mm、180mm、240mm，板截面宽度 600mm、900mm、1200mm。

③ 槽形板。为进一步节省混凝土用量，改善空心板开洞受限的缺点，形成槽形板。槽形板由面板、横肋、纵肋组成，可分为正槽板（肋向下）和倒槽板（肋向上），如图 2-63(c)。正槽板充分利用板面混凝土抗压，形式合理，但不能形成平整的天棚；倒槽板受力性能差，能提供平整天棚。槽形板较空心板轻，但隔声、隔热性能差，常用于工业建筑中。

混凝土槽形板多采用预应力，跨长 l=1.5～6.0m，常用板宽度为 600mm、900mm、1500mm，纵肋高度一般为 120mm、180mm、240mm，肋的截面宽度为 50～80mm，面板厚度为 25～30mm。

④ T 形板。T 形板的受力性能好，能跨越较大的空间，但整体刚度不如其他预制板。T 形板有单 T 形板和双 T 形板两种，如图 2-63(d) 所示，双 T 形板比单 T 形板有较好的整体刚度，但自重较大，对吊装能力要求较高。T 形板的常用跨长 l=6.0～12.0m，板宽度为 1500～2100mm，肋截面高度为 300～500mm。

此外，预制混凝土铺板还有夹心板、箱形板等形式，在选用时应以楼盖平面布置形式和施工吊装能力来确定，从经济角度看应尽量寻找跨度较小的板，从施工方便角度看预制板型号不宜过多。

(2) 预制铺板的布置

布置铺板时，板件之间并非严格密闭关系，允许存在 10～20mm 的空隙；铺板与墙之间，不允许沿板长方向深入墙体，板墙间距小于 120mm 时应采用沿墙挑砖的处理办法，间距更大时可采用现浇板带处理办法，如图 2-64(a) 所示。

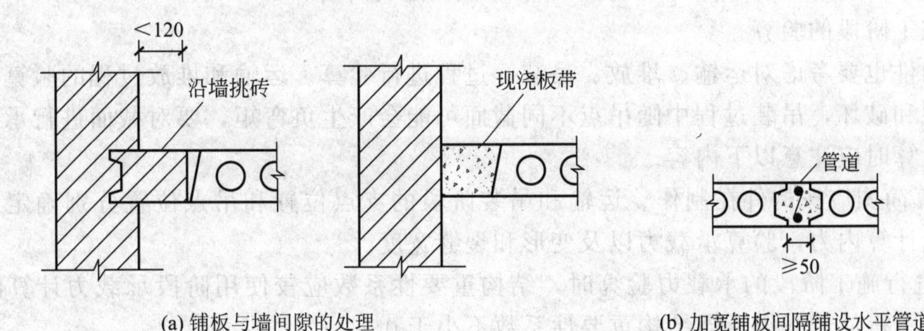

图 2-64　预制铺板与墙、水平管道的处理措施

当管道竖向穿越铺板时，为便于凿洞可以在局部改用槽形板；当管道需要水平铺设在铺板内时，可以加厚板面混凝土找平层以便管道埋设，也可加宽预制板间隔，待管道敷设后再灌以混凝土，如图 2-64(b) 所示。

2.6.3 楼盖梁

在装配式混凝土楼盖中，楼盖梁可为预制和现浇，视梁的截面尺寸和吊装能力而定。预制梁通常是简支梁或伸臂的简支梁，有时也采用连续梁。预制梁的截面形式有矩形、T 形、花篮形、十字形和十字形叠合梁等，如图 2-65 所示。一般采用矩形梁，当梁截面较高时，为满足建筑净空要求，可选用十字形或花篮形梁。有时为了加强楼盖的整体性，预制梁也可采用叠合梁。梁的高跨比一般为 1/14～1/8。

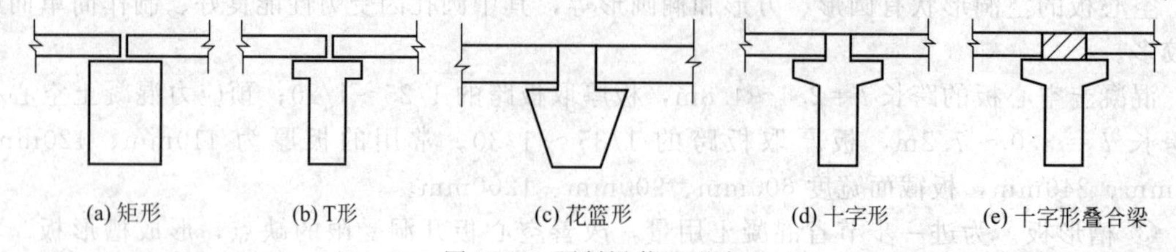

图 2-65 预制梁截面形式

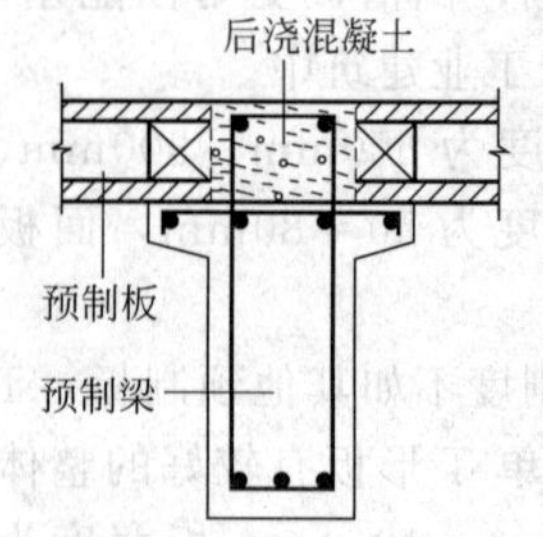

图 2-66 T 形预制叠合梁

以 T 形预制构件叠合梁为例，如图 2-66 所示。将预制梁截面设计成 T 形，并留出箍筋，现场施工时，将预制梁吊装就位，下部设置可靠支承，然后在预制梁两侧安装并固定模板，吊装预制板并搁置在预制梁两侧的模板上，再浇筑叠合层混凝土，形成叠合整体结构。

2.6.4 装配式构件计算要点

装配式构件的计算应充分考虑生产、运输、施工、使用等各个环节的受力、变形和裂缝状态。预制构件在制作、运输和吊装阶段的受力状态与使用阶段不同，需进行施工阶段的验算。

(1) 使用阶段的验算

预制构件与现浇整体式构件一样，需要按照一般计算原理，进行使用阶段承载能力极限状态的计算和正常使用条件下的变形和裂缝宽度验算。在预制混凝土楼盖结构中，预制构件一般按照简支梁进行计算。预制构件截面较为复杂时需要对截面进行简化，如正（倒）槽形板受弯，可以折算为 T 形（倒 T 形）截面进行计算，而空心板可以按照孔面积和惯性矩等效原理折算为工字形截面，计算时仍按照 T 形截面进行计算。

(2) 施工阶段的验算

预制构件也要考虑对运输、堆放、吊装等过程进行验算。运输和堆放过程的验算主要是为防止开裂和破坏，吊装过程中随吊点不同截面可能会产生负弯矩，要对截面进行承载力验算。具体验算时应注意以下内容。

① 计算简图应按构件在制作、运输和吊装阶段的支点位置和吊点位置分别确定，并取最不利情况计算内力，验算承载力以及变形和裂缝宽度。

② 在进行施工阶段的承载力验算时，结构重要性系数应较使用阶段承载力计算降低一级使用，但不得低于三级，即结构重要性系数不小于 0.9。

③ 在构件的运输和吊装阶段，荷载为构件自重，其自重除应乘以永久荷载分项系数外，

考虑该阶段的动力作用，尚应乘以动力系数：对脱模、翻转、吊装、运输时可取1.5，临时固定时可取1.2。

④ 对于预制楼板、挑檐板、雨篷板和预制小梁等构件，应考虑在最不利位置处作用1.0kN的施工集中荷载（人和施工小工具的自重）。当验算挑檐、雨篷的承载力时，应沿板宽每隔1.0m取一个集中荷载；在验算挑檐、雨篷的倾覆时，应沿板宽每隔2.5～3.0m取一个集中荷载。

（3）吊环设计

预制构件吊装过程中的吊环安全性很重要，需要对其进行强度验算。

当吊钩直径小于等于14mm时，吊环宜采用HPB300钢筋制作；当吊钩直径大于14mm时，吊环应采用Q235钢棒制作。严禁使用冷加工钢筋，以防脆断。吊环埋入混凝土的深度不应小于$30d$（d为吊环钢筋或钢棒的直径），并应焊接或绑扎在构件的钢筋骨架上。

在构件的自重标准值G_k（不考虑动力系数）作用下，假定每个构件设置n个吊环，每个吊环按2个截面计算，吊环钢筋的允许拉应力值为$[\sigma_s]$，则吊环钢筋的截面面积A_s可按下式计算

$$A_s=\frac{G_k}{2n[\sigma_s]} \tag{2-43}$$

当在一个构件上设有4个吊环时，上式中的n取3。吊环钢筋的允许拉应力值$[\sigma_s]$取值：当采用HPB300钢筋时，不应大于$65N/mm^2$；当采用Q235钢棒时，不应大于$50N/mm^2$。其中$65N/mm^2$是将HPB300级钢筋的抗拉强度设计值乘以折减系数而得到的。折减系数中考虑的因素有：构件自重荷载分项系数取1.2，吸附作用引起的超载系数取1.2，钢筋弯折后的应力集中对强度的折减系数取1.4，动力系数取1.5，钢丝绳角度对吊环承载力的影响系数取1.4，则折减系数为$1/(1.2\times1.2\times1.4\times1.5\times1.4)=0.236$，$[\sigma_s]=270\times0.236\approx63.75N/mm^2$。

2.6.5 装配式楼盖的设计构造要求

（1）一般规定

装配式楼盖构件的选择应遵循少规格，多组合的原则；节点和接缝应受力明确、构造可靠，并应满足承载力、延性和耐久性等要求；连接部位宜设置在结构受力较小的部位，并满足使用功能、模数、标准化、加工制作、施工安装精度、运输、堆放及质量控制要求。

预制构件的混凝土强度等级不宜低于C30；预应力混凝土预制构件的混凝土强度等级不宜低于C40，且不应低于C30，现浇混凝土的强度等级不应低于C25。钢筋的选用应符合现行国家标准《混凝土结构设计规范》的规定。

为保证楼板的整体性及传递水平力的要求，预制板内的纵向受力钢筋在板端宜伸入支座，并应符合现浇楼板下部纵向钢筋的构造要求。在预制板侧面，即单向板长边支座，为了施工方便，可不伸出构造钢筋，但应采用附加钢筋的方式，保证楼面的整体性及连续性。普通钢筋采用套筒灌浆连接和浆锚搭接连接时，钢筋应采用热轧带肋钢筋，钢筋焊接网应符合现行行业标准《钢筋焊接网混凝土结构技术规程》（JGJ 114—2003）的规定。

（2）连接构造

为保证楼盖整体性，增加楼盖承受竖向荷载、传递水平荷载的性能，必须处理好装配式楼盖的连接构造。装配式楼盖的连接构造包括板与板之间、板与墙（梁）之间以及梁与墙的连接。

① 预制板与预制板的连接。板的实际成品宽度比板的标志宽度小10mm，所以铺板后

预制板之间在下部留有大约 20mm 的空隙，上部板缝要比下部稍大些，约为 30mm。为避免出现顺板缝方向的裂缝，一般采用不低于 C30 的细石混凝土两次灌缝，如图 2-67(a) 所示。当楼面对开裂和楼盖整体性要求较高，或者楼面有振动荷载作用，或房屋有抗震要求时，预制板缝内应设置构造筋，或将圈梁钢筋伸入端缝整体浇注混凝土，并宜设钢筋混凝土现浇层，现浇层内应双向配置钢筋网，如图 2-67(b) 所示。

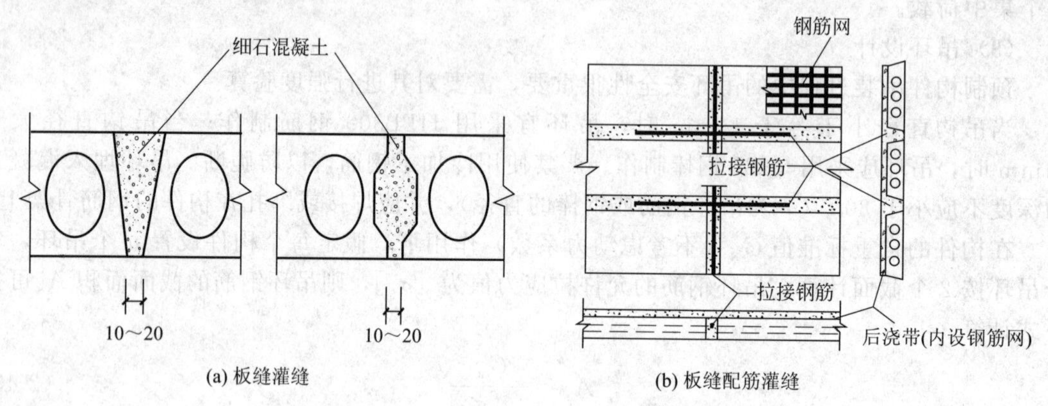

图 2-67 预制板与预制板的连接构造

② 板与非支承墙的连接。由于板与非承重墙的连接可以用来保证横墙的稳定性，同时传递水平荷载，保证铺板和非承重墙的整体性，一般采用细石混凝土灌浆，如图 2-68 所示。

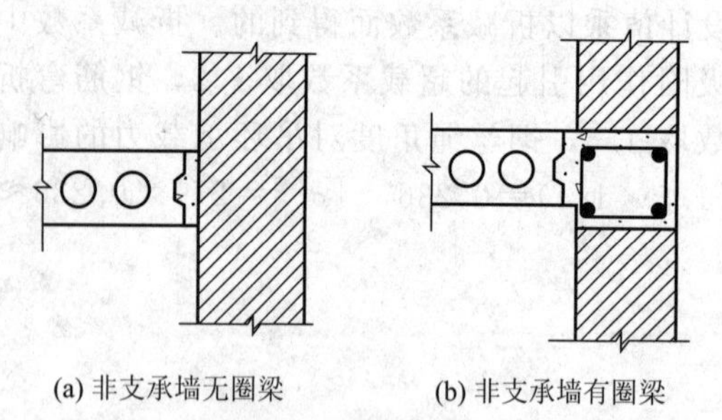

图 2-68 预制板与非支承墙的连接构造

当预制铺板跨度大于 4.8m 时，一般在预制板跨中加设锚拉筋或将圈梁设置在楼层平面外，如图 2-69 所示。

③ 板与支承墙或支承梁的连接。预制板搁置在墙、梁上时，支承处应铺设 10～20mm 厚的水泥砂浆。板支承在砖墙上的支承长度应大于 100mm；板在混凝土梁上的支承长度应不小于 80mm；板在钢梁上的支承长度应不小于 60mm，如图 2-70 所示。

④ 梁与墙的连接构造。梁在砌体墙上的支承长度，应考虑梁内受力纵筋在支承处的锚固要求和支承处砌体局部受压承载力的要求。当砌体局部受压承载力不足时，应按规范规定设置梁下垫块。预制梁的支承处应坐浆 10～20mm，必要时应在梁端设拉结钢筋。预制梁在墙上的支承长度应不小于 180mm。

2.6.6 装配整体式楼盖的设计

(1) 装配整体式楼盖布置及计算

装配整体式结构的楼盖宜采用叠合楼盖。叠合板应按现行国家标准《混凝土结构设计规范》进行设计，并应符合下列规定：

① 叠合板的预制板厚度不宜小于 60mm，后浇混凝土叠合层厚度不应小于 60mm；

② 当叠合板的预制板采用空心板时，板端空腔应封堵；

③ 跨度大于 3m 的叠合板，宜采用桁架钢筋混凝土叠合板，见图 2-71；

④ 跨度大于 6m 的叠合板，宜采用预应力混凝土预制板；

⑤ 板厚大于 180mm 的叠合板，宜采用混凝土空心板。

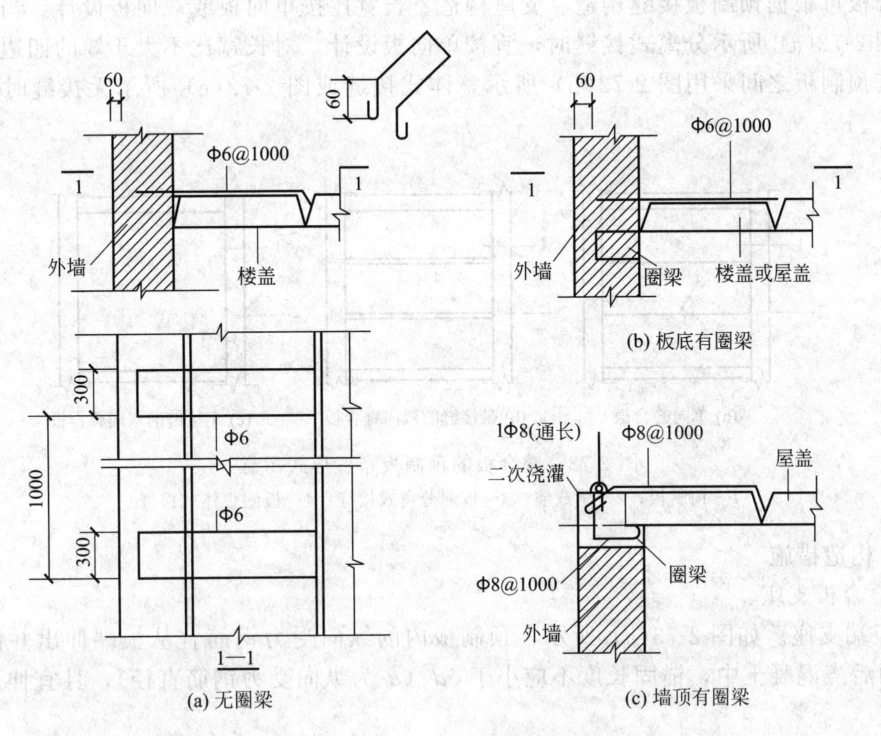

图 2-69 预制板与非支承墙的锚拉

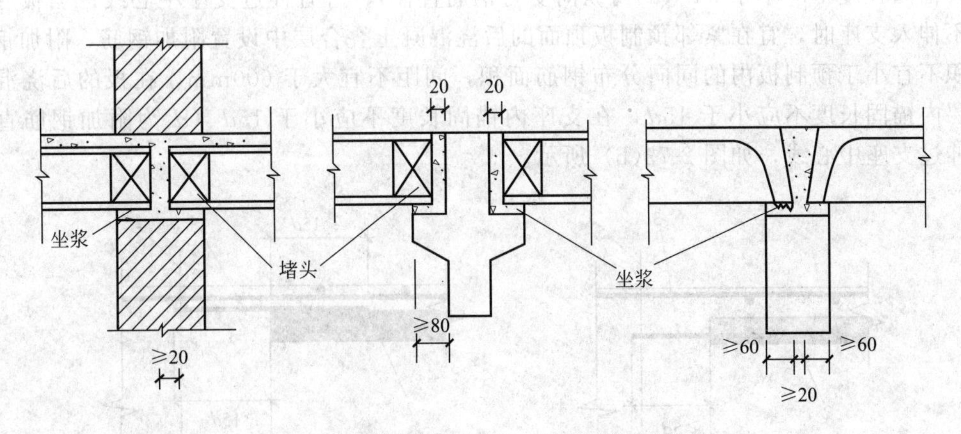

图 2-70 预制板与支承墙、支承梁之间的连接

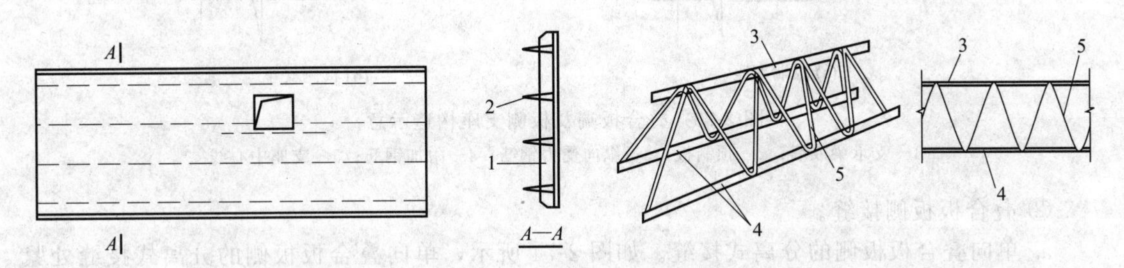

图 2-71 叠合板的预制板设置桁架钢筋构造示意

1—预制板；2—桁架钢筋；3—上弦钢筋；4—下弦钢筋；5—格构钢筋

叠合板可根据预制板接缝构造、支座构造、长宽比按单向板或双向板设计。当预制板之间采用图 2-72(a) 所示分离式接缝时，宜按单向板设计。对长宽比不大于 3 的四边支承叠合板，当其预制板之间采用图 2-72(b) 所示整体式接缝或图 2-72(c) 所示无接缝时，可按双向板设计。

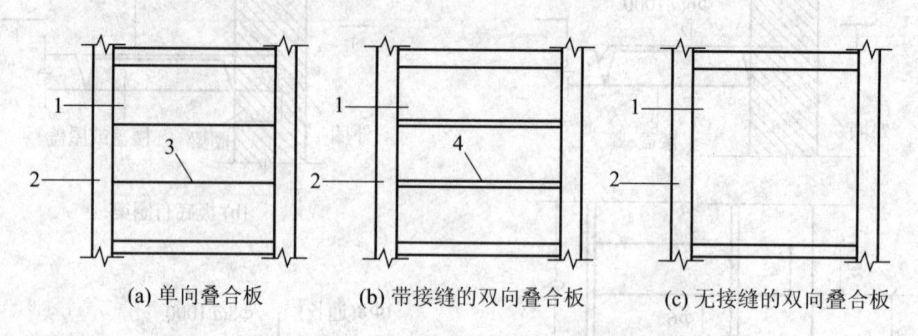

图 2-72 叠合板的预制板布置形式示意

1—预制板；2—梁或墙；3—板侧分离式接缝；4—板侧整体式接缝

（2）构造措施

① 叠合板支座。

a. 板端支座。如图 2-73(a) 所示，预制板内的纵向受力钢筋宜从板端伸出并锚入支承梁或墙的后浇混凝土中，锚固长度不应小于 5d（d 为纵向受力钢筋直径），且宜伸过支座中心线。

b. 单向叠合板的板侧支座。当预制板内的板底分布钢筋伸入支承梁或墙的后浇混凝土中时，锚固长度不应小于 5d（d 为纵向受力钢筋直径），且宜伸过支座中心线；当板底分布钢筋不伸入支座时，宜在紧邻预制板顶面的后浇混凝土叠合层中设置附加钢筋，附加钢筋截面面积不宜小于预制板内的同向分布钢筋面积，间距不宜大于 600mm，在板的后浇混凝土叠合层内锚固长度不应小于 15d，在支座内锚固长度不应小于 15d（d 为附加钢筋直径），且宜伸过支座中心线，如图 2-73(b) 所示。

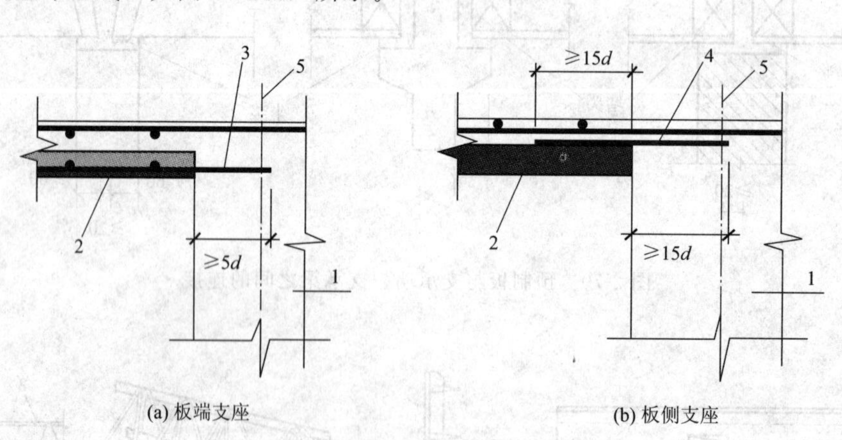

图 2-73 叠合板端及板侧支座构造示意

1—支承梁或墙；2—预制板；3—纵向受力钢筋；4—附加钢筋；5—支座中心线

② 叠合板板侧接缝。

a. 单向叠合板板侧的分离式接缝。如图 2-74 所示，单向叠合板板侧的分离式接缝处紧邻预制板顶面宜设置垂直于板缝的附加钢筋，附加钢筋伸入两侧后浇混凝土叠合层的锚固长度不应小于 15d（d 为附加钢筋直径）；附加钢筋截面面积不宜小于预制板中该方向钢筋面积，钢筋直径不宜小于6mm、间距不宜大于250mm。

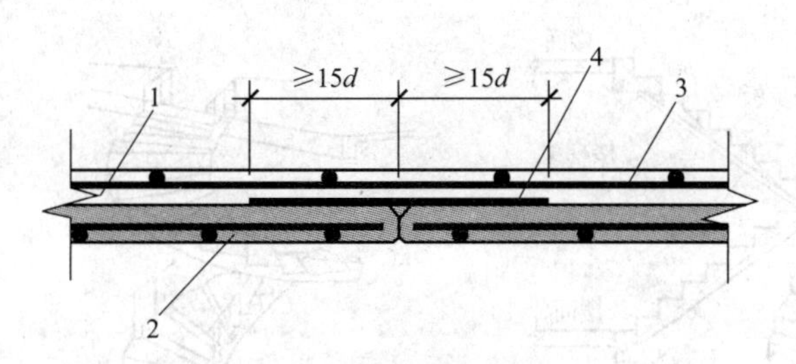

图2-74　单向叠合板板侧分离式拼缝构造示意
1—后浇混凝土叠合层；2—预制板；
3—后浇层内钢筋；4—附加钢筋

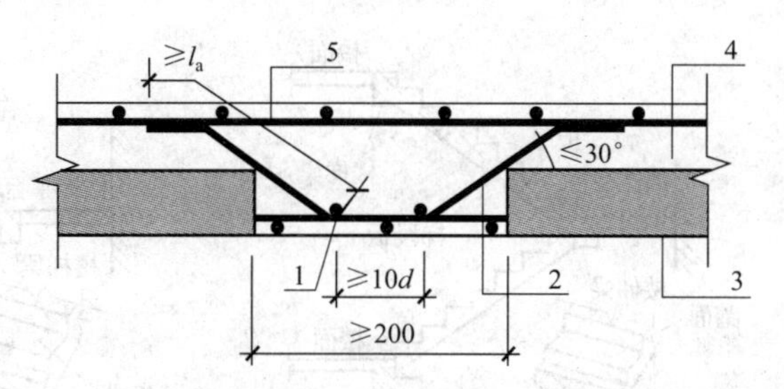

图2-75　双向叠合板板侧整体式接缝构造示意
1—通长构造钢筋；2—纵向受力钢筋；3—预制板；
4—后浇混凝土叠合层；5—后浇层内钢筋

b. 双向叠合板板侧的整体式接缝。双向叠合板板侧的整体式接缝宜设置在叠合板的次要受力方向上，且宜避开最大弯矩截面。接缝可采用后浇带形式，后浇带宽度不宜小于200mm，后浇带两侧板底纵向受力钢筋可在后浇带中焊接、搭接、弯折锚固。如图2-75所示，当后浇带两侧板底纵向受力钢筋在后浇带中弯折锚固时，叠合板厚度不应小于10d，且不应小于120mm（d为弯折钢筋直径的较大值）；接缝处预制板侧伸出的纵向受力钢筋应在后浇混凝土叠合层内锚固，且锚固长度不应小于l_a；两侧钢筋在接缝处重叠的长度不应小于10d，钢筋弯折角度不应大于30°，弯折处沿接缝方向应配置不少于2根通长构造钢筋，且直径不应小于该方向预制板内钢筋直径。

③ 桁架钢筋混凝土叠合板。桁架钢筋应沿主要受力方向布置；桁架钢筋距板边不应大于300mm，间距不宜大于600mm；桁架钢筋弦杆钢筋直径不宜小于8mm，腹杆钢筋直径不应小于4mm；桁架钢筋弦杆混凝土保护层厚度不应小于15mm。

④ 抗剪构造钢筋。当未设置桁架钢筋时，若单向叠合板跨度大于4.0m时，距支座1/4跨范围内；双向叠合板短向跨度大于4.0m时，距四边支座1/4短跨范围内；悬挑叠合板，悬挑板的上部纵向受力钢筋在相邻叠合板的后浇混凝土锚固范围内，应在叠合板的预制板与后浇混凝土叠合层之间设置抗剪构造钢筋。

抗剪构造钢筋宜采用马凳形状，间距不宜大于400mm，钢筋直径d不应小于6mm；马凳钢筋宜伸到叠合板上、下部纵向钢筋处，预埋在预制板内的总长度不应小于15d，水平段长度不应小于50mm。

⑤ 阳台板、空调板。宜采用叠合构件或预制构件。预制构件应与主体结构可靠连接；叠合构件的负弯矩钢筋应在相邻叠合板的后浇混凝土中可靠锚固，当叠合构件中预制板底钢筋为构造配筋时，钢筋宜从板端伸出并锚入后浇混凝土中，锚固长度不应小于5d（d为纵向受力钢筋直径），且宜伸过中心线；当板底为计算要求配筋时，钢筋应满足受拉钢筋的锚固要求。

2.7 楼梯

2.7.1　楼梯的结构形式

楼梯是多层和高层建筑的竖直交通部分，其平面布置、踏步尺寸等由建筑设计决定。楼梯的结构设计包括确定楼梯的结构型式、楼梯结构布置、荷载计算、各构件内力分析和截面设计以及构造措施。最常见的楼梯结构形式是板式楼梯和梁式楼梯，除此外还有悬挑式和螺旋式楼梯等，如图 2-76 所示。

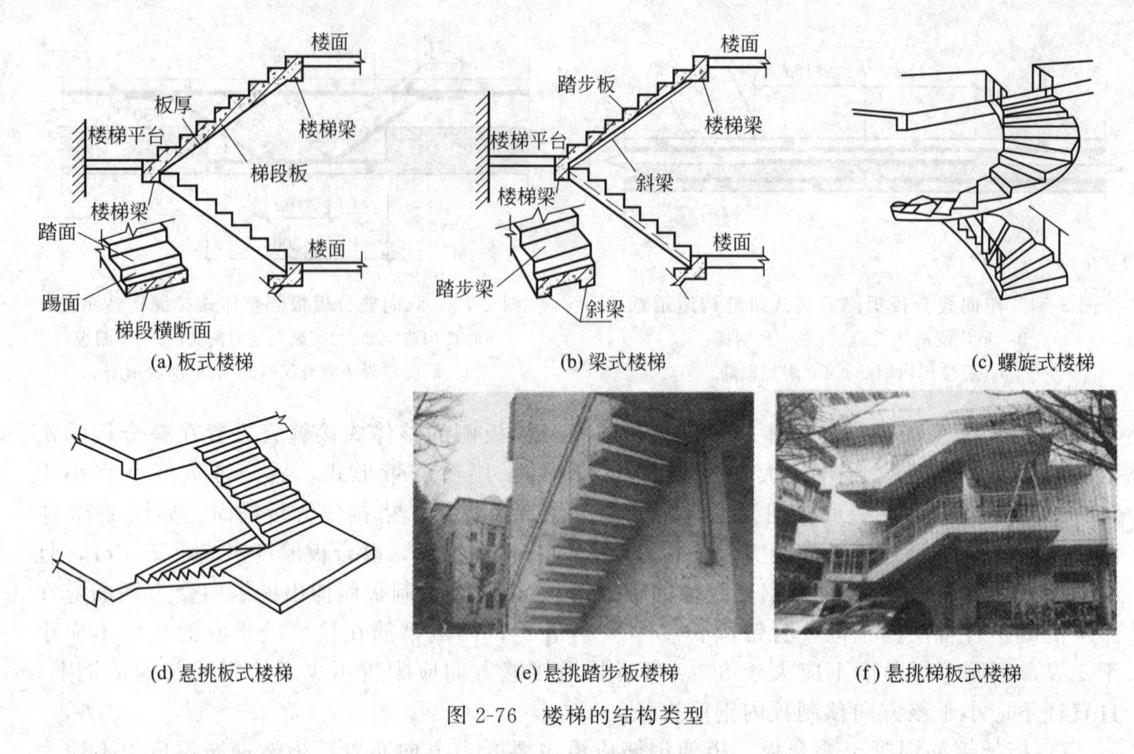

图 2-76 楼梯的结构类型

钢筋混凝土楼梯按施工方法的不同可分为现浇式楼梯和预制装配式楼梯。现浇式楼梯布置灵活，抗震性能好，容易满足建筑使用要求，实际中使用较多。《建筑抗震设计规范》规定，框架结构中的楼、电梯间及局部出屋顶的电梯机房、楼梯间、水箱间等，应采用框架承重，不应采用砌体墙承重。抗震设计时，框架结构的楼梯间布置应尽量减小其造成的结构平面不规则，宜采用现浇钢筋混凝土楼梯，楼梯结构应有足够的抗倒塌能力，宜采取措施减小楼梯对主体结构的影响，当钢筋混凝土楼梯与主体结构整体连接时，应考虑楼梯对地震作用及其效应的影响，并应对楼梯构件进行抗震承载力验算。楼梯间采用砌体填充墙时，应设置间距不大于层高且不大于 4m 的钢筋混凝土构造柱，并应采用钢丝网砂浆面层加强。

板式楼梯由梯段板、平台板和平台梁组成，有时还包括梯柱。如图 2-77 所示。梯段板是斜放的齿形板，支撑在平台梁和楼层梁上，底层下端一般支撑在地垄梁上。板式楼梯下表面平整，外观较轻巧，便于施工支模。在梯段跨度不大（即梯段水平投影长度不超过 4m）时常采用。当梯段跨度较大时，梯段板较厚，混凝土和钢材用量较多，经济性较差。

梁式楼梯是由踏步板、梯段斜梁（也称梯梁）、平台板和平台梁组成。踏步板两端支撑在梯梁上（双梁式楼梯），梯梁支撑在平台梁和楼层梁上，底层下端一般支撑在地垄梁上。当楼梯宽度较小时，可将斜梁设在楼梯宽度的中间，即为单梁式楼梯，如图 2-78 所示。当梯段上荷载或梯段跨度较大（即梯段水平投影长度超过 3m）时，梁式楼梯比板式楼梯的钢筋和混凝土用量少，自重轻，较经济。但梁式楼梯施工支模较复杂。

折板悬挑式楼梯具有悬挑的梯段和平台，支座仅设在上下楼层处，当建筑中不宜设置平台梁和平台板的支承时，可予采用。螺旋式楼梯用于建筑上有特殊要求的地方，一般多在不便设置平台的场合，或者在有特殊建筑造型时采用。这两种楼梯属空间受力体系，内力计算比较复杂，造价较高，施工也较麻烦，适用于一些居住和公共建筑。

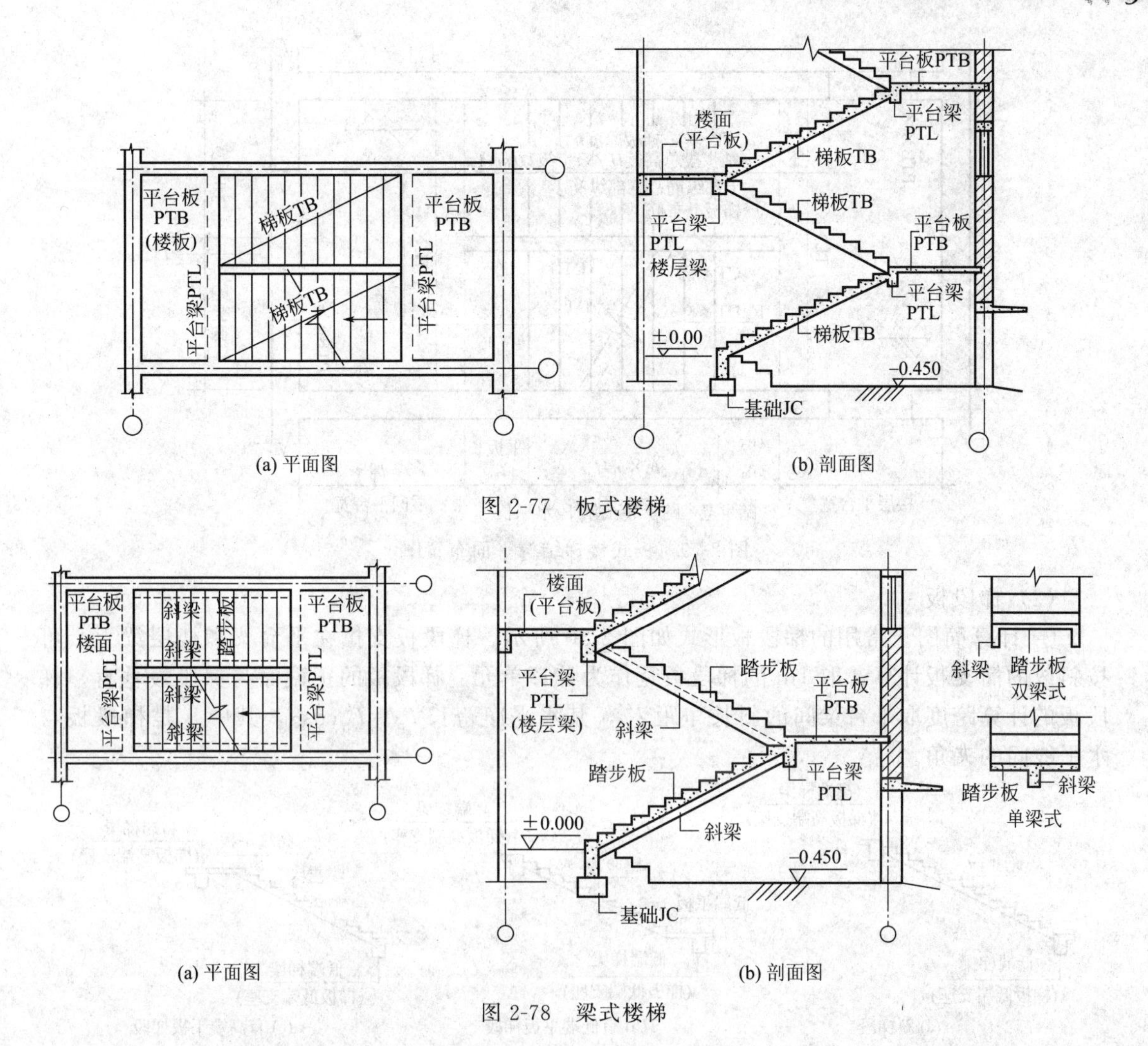

图 2-77　板式楼梯

图 2-78　梁式楼梯

2.7.2　板式楼梯

(1) 结构平面布置

板式楼梯由梯段板、平台板和平台梁组成。选用材料原则与结构材料相同。

板式楼梯的梯段板厚度 $h=L/30\sim L/25$，其中 L 是梯段板的水平投影长度，常用的厚度为 100～150mm；对于折线形梯段板的水平板，其厚度应与梯段板相同，不能与平台板或者楼面板相同。

平台板厚按跨高比要求确定，板厚 $h\geqslant L/30$，并满足最小板厚度要求，其中 L 是平台板的跨度。

平台梁的截面尺寸初估与梁相同，平台梁截面高度 $h=L/14\sim L/8$，截面宽度 $b=h/3\sim h/2$，并满足梁最小截面尺寸要求，其中 L 是平台梁的跨度。板式楼梯的结构平面布置如图 2-79 所示，应标注梯板类型代号与序号××，梯板厚度 h，踏步段总高度 H_i/踏步级数 $(m+1)$，梯板上部纵筋、下部纵筋、分布筋，平台板编号，梯梁编号，梯柱编号等。其中梯板类型代号有 AT（普通梯板）、BT（有低端平板的梯板）、CT（有高端平板的梯板）、DT（有高、低端平板的梯板）、ET（有中位平板的梯板）、FT（楼层平台、两跑踏步段、层间平台组成，无梯梁）、GT（由两跑踏步段和层间平台板组成、无层间梯梁、有楼层梯梁）等，如图 2-80 所示。

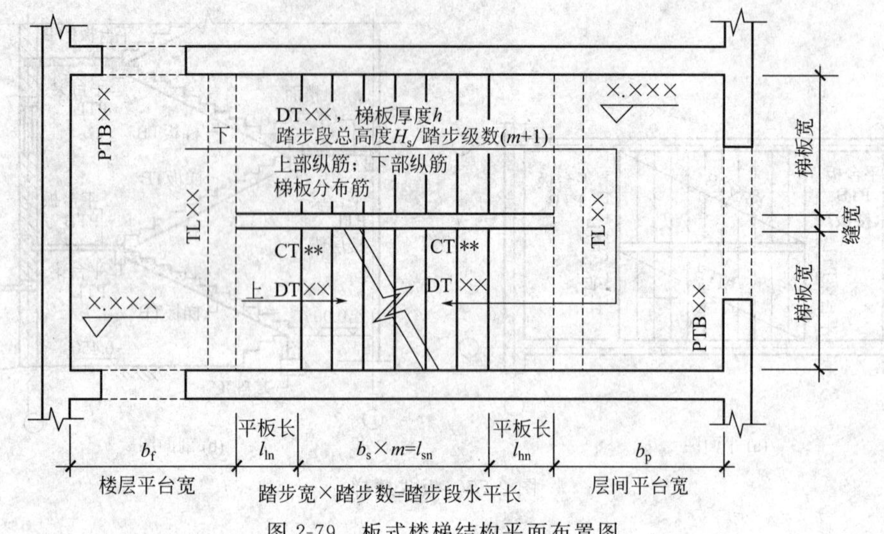

图 2-79 板式楼梯结构平面布置图

(2) 梯段板

① 计算简图。常用的梯段板形式如图 2-80 所示，梯段板支撑在平台梁和楼层梁上，可按斜放的简支板计算，取 1m 的梯段板宽作为计算单元。梯段板的正截面与梯段板垂直。梯段板的计算跨度取平台梁间的斜长净距 l'_n，其水平净跨长 $l_n = l'_n \cos\alpha$，其中 α 是梯段板与水平线间的夹角。

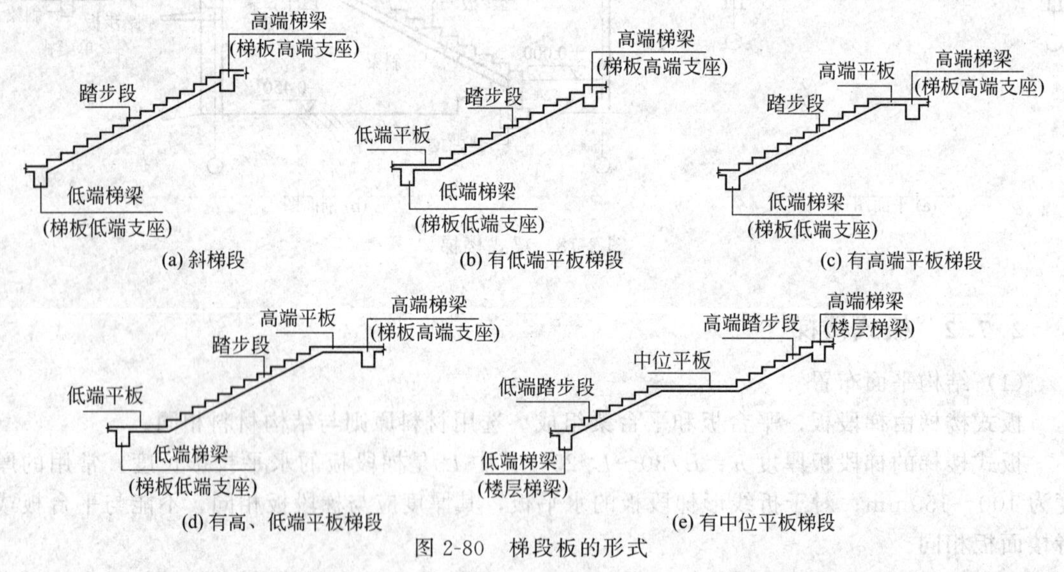

图 2-80 梯段板的形式

板式楼梯的荷载传递如图 2-81(a) 所示。梯段板上的荷载有恒荷载和活荷载。恒荷载包括踏步重、梯段板重、面层重和板底抹灰重。活荷载标准值按《建筑结构荷载规范》的规定取用。注意，楼梯的活荷载是按水平投影面计算的，因此应计算梯段板单位水平长度上的恒荷载，以便于组合。若梯段板单位水平长度上的竖向均布荷载为 p，则梯段板沿斜板方向单位长度上的竖向均布荷载 $p' = p\cos\alpha$。

按照《建筑结构荷载规范》规定的荷载组合作为荷载设计值。[1]

---

[1] 《建筑结构可靠性设计统一标准》于 2019 年 4 月 1 日将活荷载分项系数调至 1.5，恒荷载分项系数调为 1.3，在本书编写完成后，特此说明。

梯段板的计算简图如图 2-81(b) 所示。

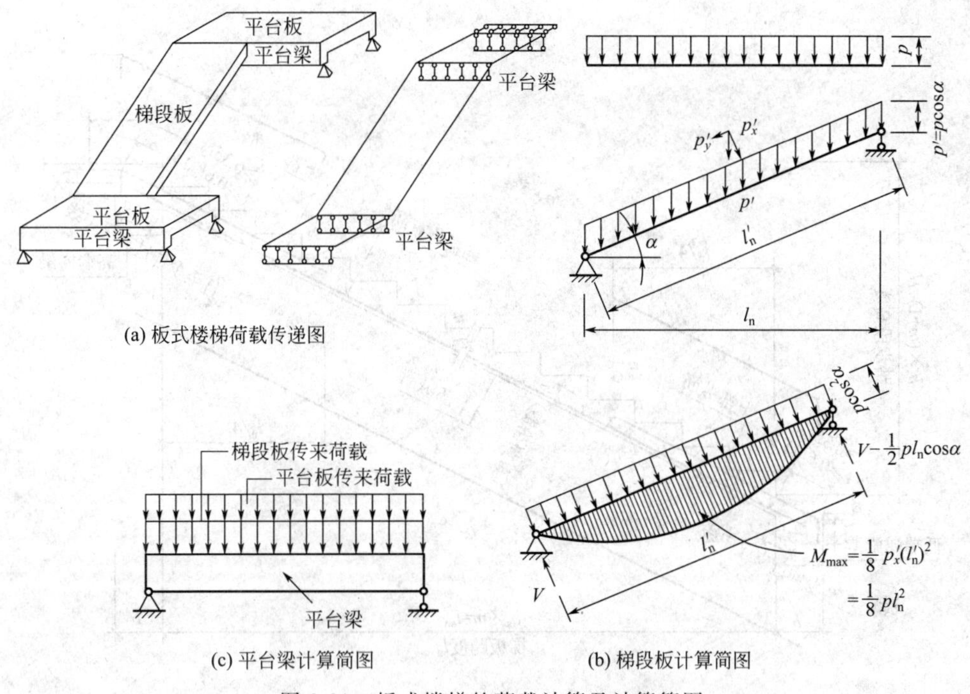

图 2-81　板式楼梯的荷载计算及计算简图

② 内力计算。考虑梯段板与平台梁、板整浇，平台对斜梯段板的转动变形有一定的约束作用，取梯段板跨中最大正弯矩 $M_{\max}=pl_{n}^{2}/10$，支座最大剪力 $V_{\max}=pl_{n}\cos\alpha/2$。

对于折线形梯段板（即有平板的斜板），可看成两端简支的折线形板，注意斜板和平板段的荷载可能有所区别，如图 2-82 所示。

③ 配筋及构造。梯段板截面承载力计算时，按一般板类受弯构件，其截面高度 h 应垂直于梯段板跨度方向，取齿形的最薄处。

为避免梯段板在支座处产生过大的裂缝，应在板面配置一定数量的钢筋，一般取Φ8@200，长度为 $l_{n}/4$。梯段板内分布钢筋可采用Φ6 或Φ8，每级踏步不少于一根，放置在受力钢筋的内侧。折线形梯段板上折角处的下部受拉钢筋应断开，并应满足各自的锚固长度。板式楼梯梯段板的配筋构造如图 2-83 所示。图中上部纵筋锚固长度 $0.35l_{ab}$用于设计按铰接情况，$0.6l_{ab}$用于设计考虑充分发挥钢筋抗拉强度的情况，上部纵筋需伸至支座对边再向下弯，上部纵筋有条件时可深入平台板内锚固，从支座内边缘算起总锚固长度不小于 l_{a}。

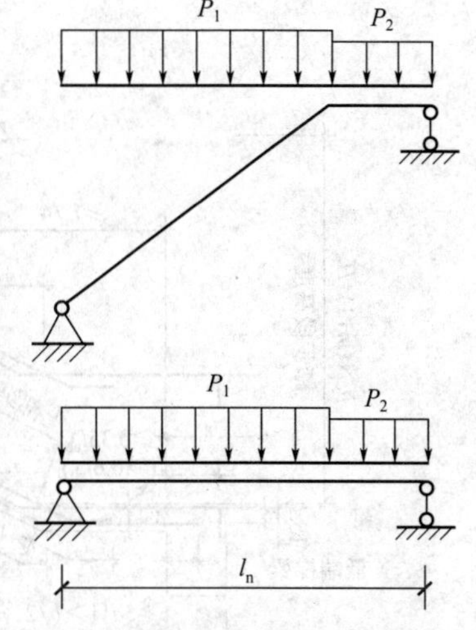

图 2-82　折线形梯板的计算简图

(3) 平台板设计

平台板一般设计成单向板，一端与平台梁整浇，另一端可能支撑在承重墙上，也可能与过梁整浇。取 1m 宽板带按普通板进行计算。

平台板上的荷载包括恒荷载和活荷载。恒荷载包括平台板自重，面层重和板底抹灰重。

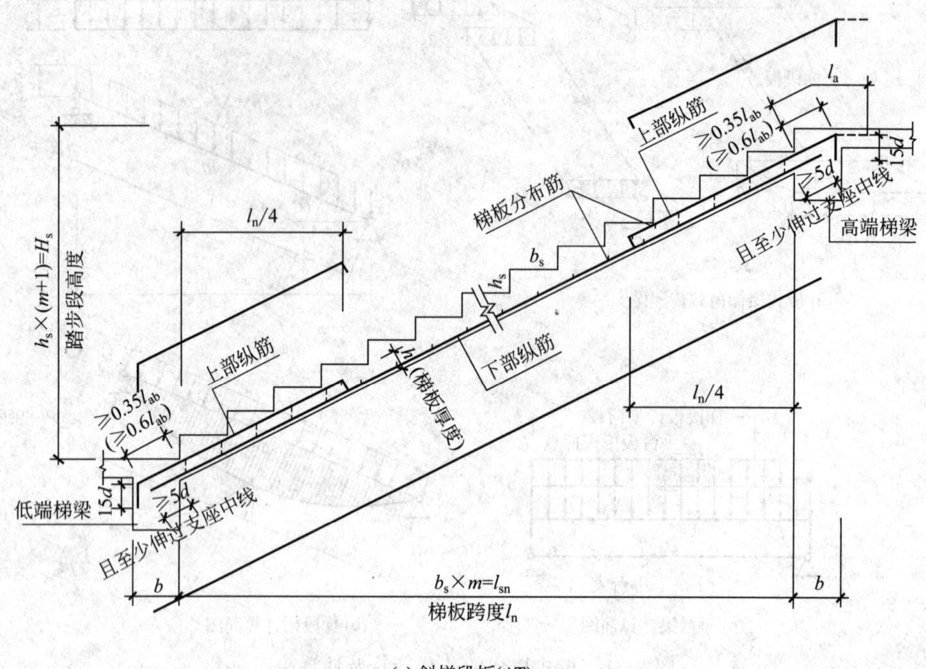

(a) 斜梯段板(AT)

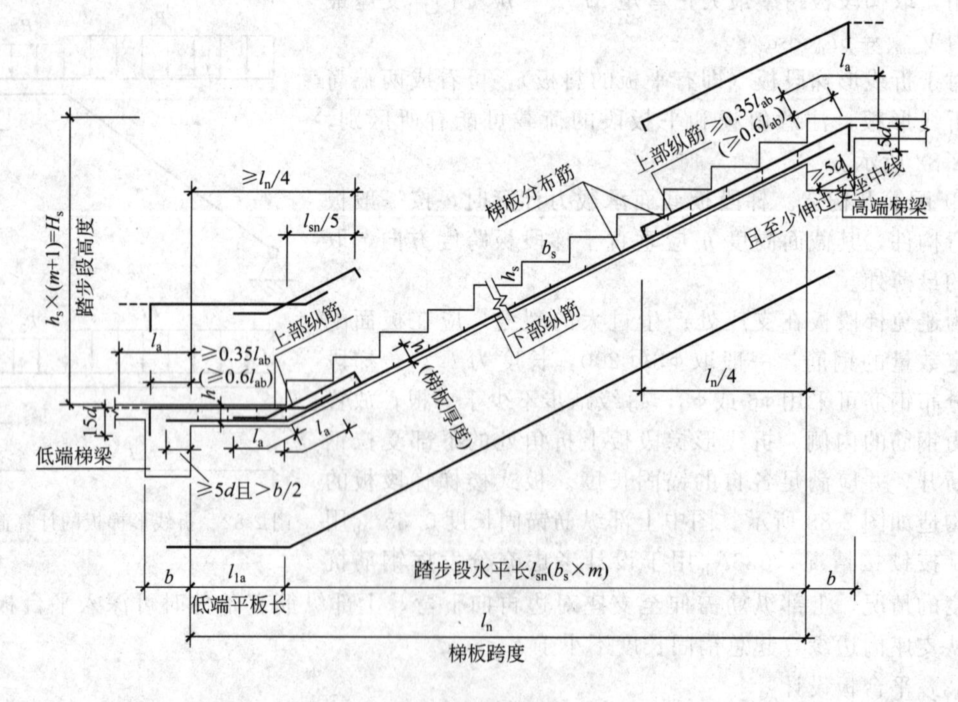

(b) 有低端平板的梯段板(BT)

图 2-83

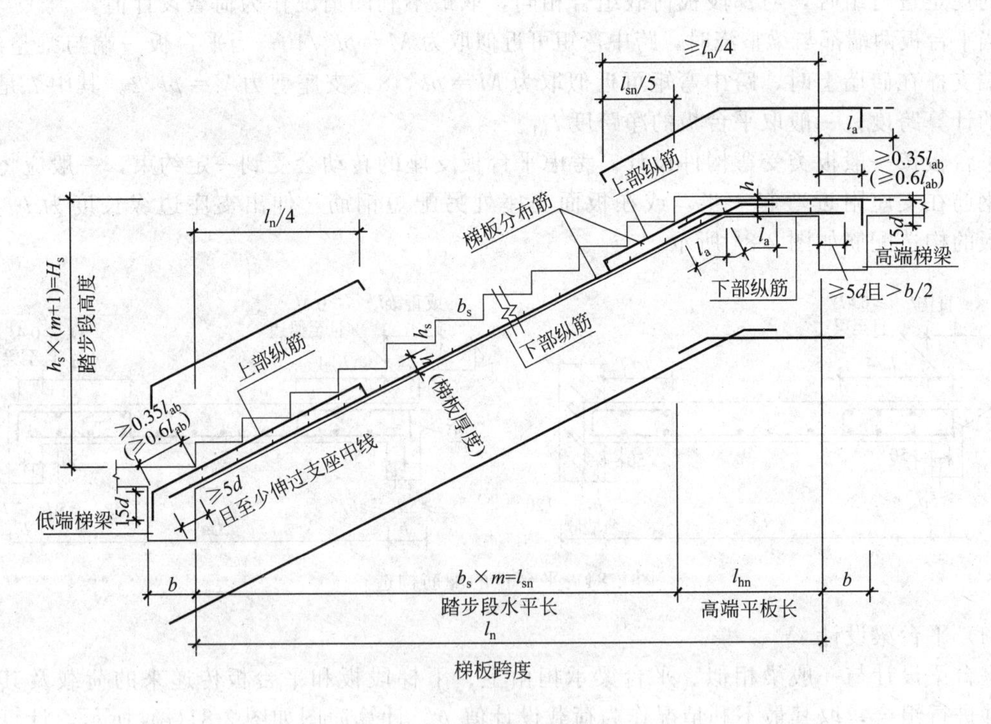

(c) 有高端平板的梯段板(CT)

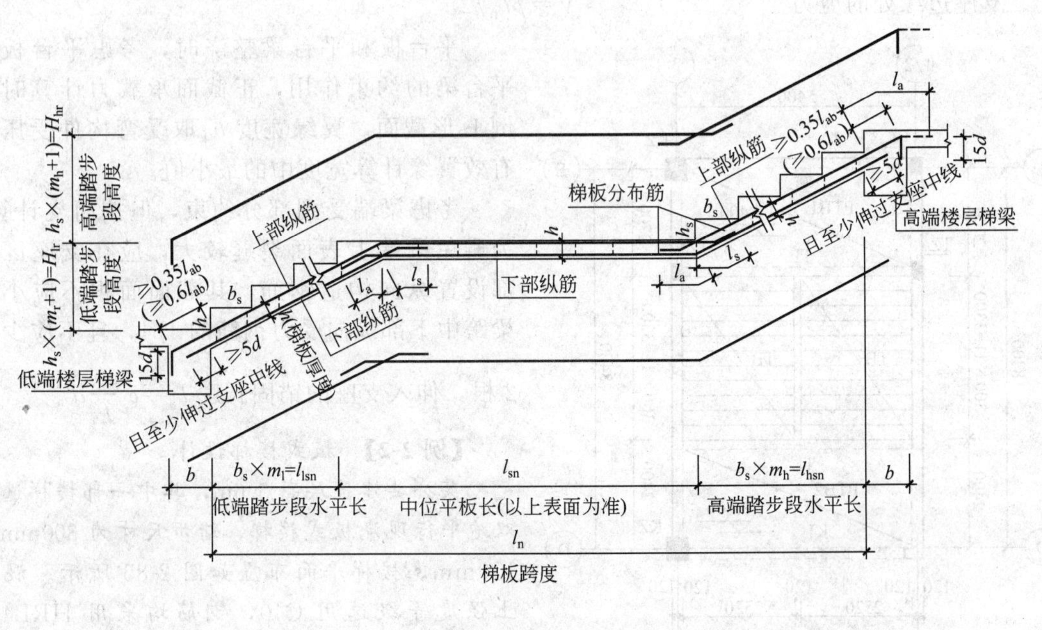

(d) 有中位平板梯段板(ET)

图 2-83　梯段板的配筋构造

活荷载标准值按《建筑结构荷载规范》的规定取用。恒荷载和活荷载按《建筑结构荷载规范》的规定进行组合，与梯段板荷载组合相同，取最不利的情况作为荷载设计值。

当平台板两端都与梁整浇时，跨中弯矩可近似取为 $M=pl_0^2/10$；当平台板一端与梁整浇，另一端支撑在砖墙上时，跨中弯矩可近似取为 $M=pl_0^2/8$。支座剪力 $V=pl/2$。其中 l 是平台板的计算跨度，一般取平台板的净跨度 l_{n1}。

平台板按一般板类受弯构件设计。考虑平台板支座的转动会受到一定约束，一般应将板下部钢筋在支座附近弯起一半，或在板面支座处另配短钢筋，伸出支座边缘长度为 $l_n/4$。平台板的构造配筋如图 2-84 所示。

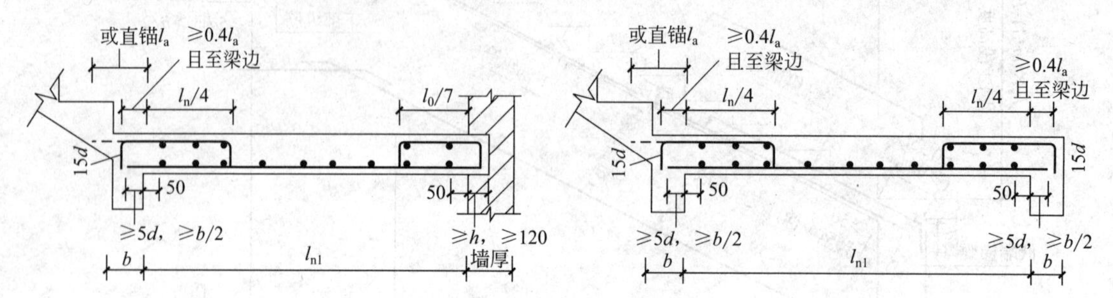

图 2-84 平台板的配筋构造

(4) 平台梁设计

平台梁设计与一般梁相似。平台梁承担由上、下梯段板和平台板传递来的荷载及其自重，并进行组合，取其最不利情况作为荷载设计值 p。计算简图如图 2-81(c) 所示，计算跨度 l_0 取 l_n+a 和 $1.05l_n$中的最小值。内力计算时可不考虑斜板之间的空隙，荷载按全跨满布考虑，按简支梁计算。

跨中弯矩 $M=pl_0^2/8$

支座边缘处的剪力 $V=pl_n/2$

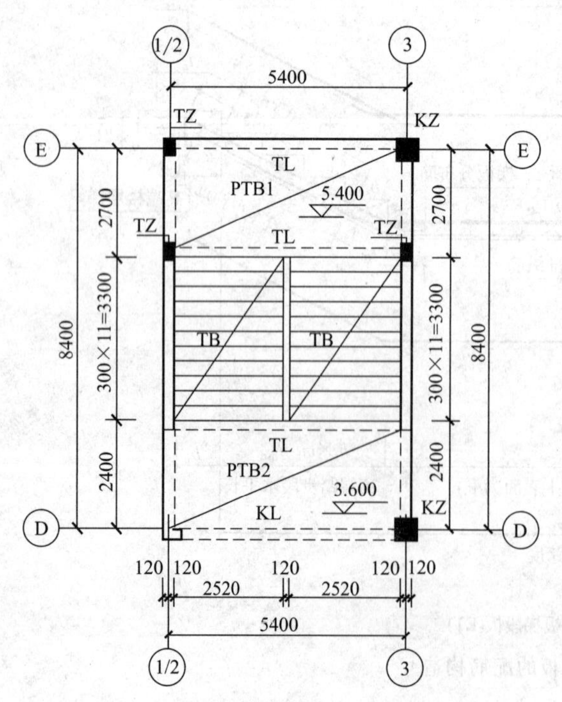

图 2-85 现浇板式楼梯结构平面布置图

平台板和平台梁整浇时，考虑平台板对平台梁的约束作用，正截面承载力计算时按倒 L 形截面。翼缘宽度 b'_f 取受弯构件受压区有效翼缘计算宽度中的最小值。

考虑梁端受到部分约束，但按简支计算，为避免梁端上表面裂缝较大，应在支座区上部设置纵向构造钢筋，其截面面积不应小于梁跨中下部纵向受力钢筋的 1/4，且不应少于 2 根，伸入支座的锚固长度 $l_a=\alpha\dfrac{f_y}{f_t}d$。

【例 2-2】 板式楼梯设计

某公共建筑层高 3.6m，其中一部楼梯选用双跑平行现浇板式楼梯，踏步尺寸为 300mm×150mm。楼梯平面布置如图 2-85 所示。混凝土强度等级选用 C40，钢筋均采用 HRB400 级。环境类别为一类。楼梯上均布活荷载标准值 $q_k=3.5\text{kN/m}^2$，踏步面层为 30mm 厚水磨石面层，底面为 20mm 厚纸筋灰粉刷。

解　(1) 梯段板设计

① 初拟梯段板厚度。梯段板按斜放的简支板设计，板倾斜角的正切

$$\tan\alpha=150/300=0.5$$

则

$$\cos\alpha=0.894$$

取1m的梯段板宽作为计算单元。

由图2-85可得，斜板的水平投影净长 $l_{1n}=3300\text{mm}$；斜板的斜向净长

$$l'_{1n}=\frac{l_{1n}}{\cos\alpha}=\frac{3300}{0.894}=3691\text{mm}$$

斜板厚度

$$t_1=\left(\frac{1}{30}\sim\frac{1}{25}\right)l'_{1n}=\left(\frac{1}{30}\sim\frac{1}{25}\right)\times3691=123\sim148\text{mm}，取\ t_1=130\text{mm}$$

② 荷载计算。梯段板荷载计算列于表2-28。

表2-28　梯段板荷载计算表　　单位：kN/m

荷载种类		荷载标准值
恒荷载	踏步自重	$\gamma_1 bd/(2b)=25\times0.3\times0.15/(2\times0.3)=1.88$
	斜板自重	$\gamma_1 t_1/\cos\alpha=25\times0.13/0.894=3.64$
	30厚水磨石面层	$\gamma_2 c_1(b+d)/b=22\times0.03\times(0.3+0.15)/0.3=0.99$
	板底20厚纸筋灰粉刷	$\gamma_3 c_2/\cos\alpha=17\times0.02/0.894=0.38$
	恒荷载合计 g_k	6.88
活荷载 q_k		3.5

注：γ_1、γ_2、γ_3为材料容重；b、d分别为三角形踏步的宽和高；c_1、c_2分别为楼梯踏步面层、板底粉刷的厚度；α为楼梯斜板的倾角；t_1为斜板的厚度。

永久荷载效应控制的组合

$$p_1=1.35\times6.88+1.4\times0.7\times3.5=12.72\text{kN/m}$$

可变荷载效应控制的组合

$$p_2=1.2\times6.88+1.4\times3.5=13.16\text{kN/m}$$

所以选择可变荷载效应控制的组合计算，取 $p=13.16\text{kN/m}$。

③ 内力计算。斜板的计算简图可用跨度为 l_{1n} 的水平梁代替，如图2-86所示。

斜板的内力一般只需计算跨中最大弯矩即可，考虑斜板端部均与梁整浇，对板有约束作用，所以跨中弯矩为

$$M=\frac{pl_{1n}^2}{10}=\frac{13.16\times3.3^2}{10}=14.33\text{kN}\cdot\text{m}$$

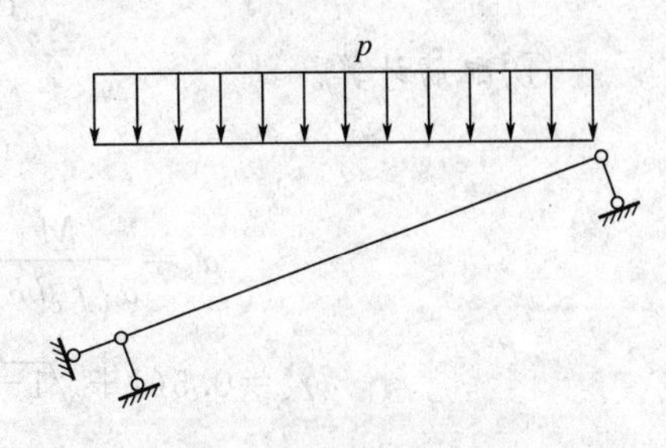

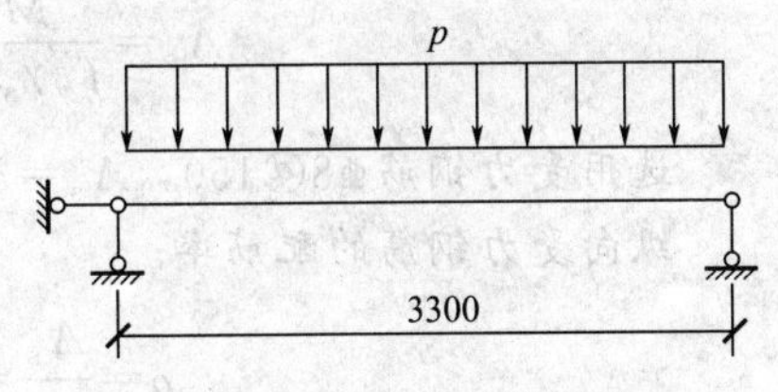

图2-86　梯段板计算简图

④ 配筋计算。

$$h_0=t_1-20=130-20=110\text{mm}$$

$$\alpha_s=\frac{M}{\alpha_1 f_c bh_0^2}=\frac{14.33\times10^6}{1.0\times19.1\times1000\times110^2}=0.062$$

$$\gamma_s=0.5(1+\sqrt{1-2\alpha_s})=0.5\times(1+\sqrt{1-2\times0.062})=0.968$$

$$A_s=\frac{M}{f_y\gamma_s h_0}=\frac{14.33\times10^6}{360\times0.968\times110}=374\text{mm}^2$$

选用受力钢筋Φ8@100，$A_s=503\text{mm}^2$，分布钢筋

⌀6@200。

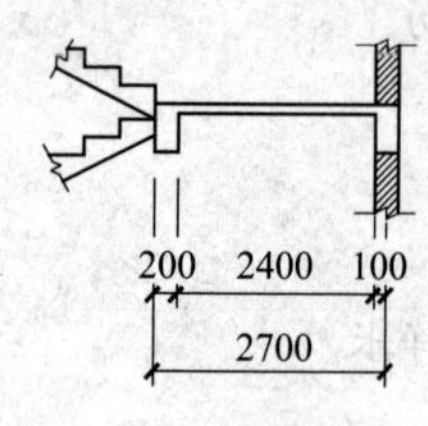

最小配筋率 $\rho_{\min}=45\frac{f_t}{f_y}=45\times\frac{1.71}{360}\%=0.21\%>0.20\%$，纵向受力钢筋的配筋率 $\rho=\frac{A_s}{bh_0}=\frac{503}{1000\times110}=0.46\%>0.21\%$，满足最小配筋率要求。

（2）平台板设计

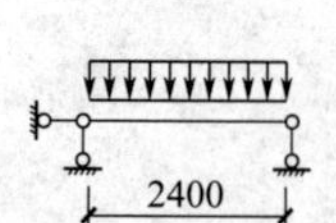

图 2-87 平台板计算简图

① 计算简图。平台板按短跨方向简支的单向板计算，取 1m 宽板作为计算单元。平台梁的截面尺寸取 $b\times h=200\text{mm}\times400\text{mm}$。平台板的计算简图如图 2-87 所示。由于平台板两端与梁整浇，计算跨度取净跨 $l_{2n}=2400\text{mm}$，平台板厚度取 $t_2=80\text{mm}$。

② 荷载计算。平台板的荷载计算列于表 2-29。

表 2-29 平台板荷载计算表 单位：kN/m

荷载种类		荷载标准值
恒荷载	平台板自重	25×0.08×1=2.00
	30 厚水磨石面层	22×0.03×1=0.66
	板底 20 厚纸筋灰粉刷	17×0.02×1=0.34
	恒荷载合计 g	3.00
活荷载 q		3.50

永久荷载效应控制的组合

$$p_1=1.35\times3.00+1.4\times0.7\times3.5=7.48\text{kN/m}$$

可变荷载效应控制的组合

$$p_2=1.2\times3.00+1.4\times3.5=8.50\text{kN/m}$$

故选择可变荷载效应控制的组合，取 $p=8.50\text{kN/m}$。

③ 内力计算。考虑平台板两端的嵌固作用，跨中最大弯矩取

$$M=\frac{pl_{2n}^2}{10}=\frac{8.50\times2.4^2}{10}=4.90\text{kN}\cdot\text{m}$$

④ 配筋计算。

$$h_0=80-20=60\text{mm}$$

$$\alpha_s=\frac{M}{\alpha_1 f_c bh_0^2}=\frac{4.90\times10^6}{1.0\times19.1\times1000\times60^2}=0.071$$

$$\gamma_s=0.5(1+\sqrt{1-2\alpha_s})=0.5(1+\sqrt{1-2\times0.071})=0.963$$

$$A_s=\frac{M}{f_y\gamma_s h_0}=\frac{4.90\times10^6}{360\times0.963\times60}=236\text{mm}^2$$

选用受力钢筋⌀8@150，$A_s=335\text{mm}^2$；分布钢筋⌀6@200。

纵向受力钢筋的配筋率

$$\rho=\frac{A_s}{bh_0}=\frac{335}{1000\times60}=0.56\%>0.21\%$$

满足最小配筋率要求。

(3) 平台梁设计

① 计算简图。平台梁端搁置在梯柱（TZ）上，净跨 $l_{3n}=5400-240=5160\text{mm}$，计算跨度 l_3 取 $l_{3n}+a$ 和 $1.05l_{3n}$ 中的最小值，即 $l_3=5400\text{mm}$，平台梁计算简图如图 2-88 所示，平台梁的截面尺寸为 $b\times h=200\text{mm}\times400\text{mm}$。

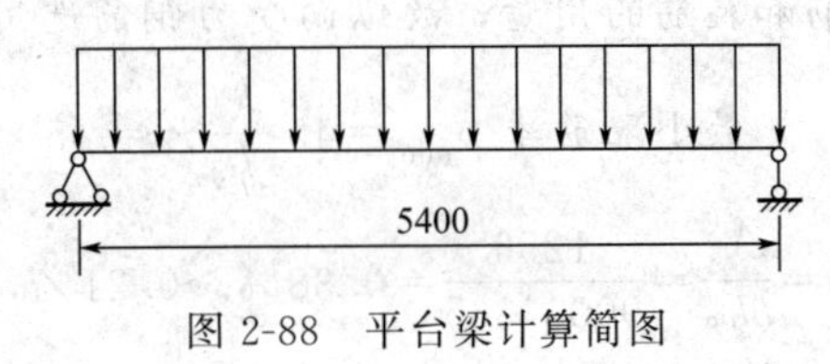

图 2-88　平台梁计算简图

② 荷载计算。平台梁荷载计算见表 2-30。

表 2-30　平台梁荷载计算表　　单位：kN/m

荷载种类		荷载标准值
恒荷载	由斜板传来的恒荷载	6.88×3.3/2=11.35
	由平台板传来的恒荷载	3.00×2.4/2=3.60
	平台梁自重	25×1×0.4×0.2=2
	平台梁底部和侧面的粉刷	17×1×0.02×[0.20+2×(0.4−0.08)]=0.29
	恒荷载合计 g	17.24
活荷载 q		3.5×1×(3.3/2+2.4/2+0.2)=10.68

永久荷载效应控制的组合

$$p_1=1.35\times17.24+1.4\times0.7\times10.68=33.74\text{kN/m}$$

可变荷载效应控制的组合

$$p_2=1.2\times17.24+1.4\times10.68=35.64\text{kN/m}$$

所以选可变荷载效应控制的组合计算，即取 $p=35.64\text{kN/m}$。

③ 内力计算。

最大弯矩　$$M=\frac{pl_3^2}{8}=\frac{35.64\times5.4^2}{8}=129.91\text{kN}\cdot\text{m}$$

最大剪力　$$V=\frac{pl_3}{2}=\frac{35.64\times5.4}{2}=96.23\text{kN}$$

④ 配筋计算。

a. 正截面受弯承载力计算。考虑平台板和平台梁整浇，截面按倒 L 形截面计算。截面有效高度 $h_0=h-60=400-35=365\text{mm}$，因 $h'_f/h_0=80/365=0.22\geqslant0.1$，翼缘宽度 b'_f 取 $l_3/6=5400/6=900\text{mm}$ 和 $b+s_n/2=200+2400/2=1400\text{mm}$ 中的较小值，所以 $b'_f=900\text{mm}$。

$\alpha_1f_cb'_fh'_f(h_0-h'_f/2)=1.0\times19.1\times900\times80\times(365-80/2)=446.94\text{kN}\cdot\text{m}>129.91\text{kN}\cdot\text{m}$ 属于第一类 T 形截面，按宽度为 b'_f 的矩形截面计算，即

$$\alpha_s=\frac{M}{\alpha_1f_cb'_fh_0^2}=\frac{129.91\times10^6}{1.0\times19.1\times900\times365^2}=0.057$$

$$\gamma_s=0.5\times(1+\sqrt{1-2\alpha_s})=0.5\times(1+\sqrt{1-2\times0.057})=0.971$$

$$A_s=\frac{M}{f_y\gamma_sh_0}=\frac{129.91\times10^6}{360\times0.971\times365}=1018\text{mm}^2$$

考虑平台梁两边受力不均匀，会使平台梁受扭，所以在平台梁内宜适当增加纵向受力钢筋和箍筋的用量，故纵向受力钢筋选用 4Φ20，$A_s=1256\text{mm}^2$。

最小配筋率 $\rho_{\min}=45\dfrac{f_t}{f_y}\%=45\times\dfrac{1.71}{360}\%=0.21\%>0.20\%$，纵向受力钢筋的配筋率 $\rho=\dfrac{A_s}{bh_0}=\dfrac{1256}{900\times365}=0.38\%>0.21\%$，满足最小配筋率要求。

b. 斜截面受剪承载力计算。$0.25\beta_c f_c bh_0=0.25\times0.8\times19.1\times200\times365=278.86\text{kN}>96.23\text{kN}$

满足斜截面受剪尺寸要求。

$$V_c=\alpha_{cv}f_t bh_0=0.7\times1.71\times200\times365=87.381\text{kN}<V=96.23\text{kN}$$

需要配置箍筋，考虑平台梁可能受扭，箍筋用量增加 20%，即

$$\frac{A_{sv}}{s}=1.2\frac{V-V_c}{f_{yv}h_0}=1.2\times\frac{(96.23-87.38)\times10^3}{270\times365}=0.108$$

选用 Φ8@200 双肢箍筋，$A_{sv}/s=101/200=0.505>0.108$。

配箍率 $\rho_{sv}=A_{sv}/(sb)=101/(200\times200)=0.25\%>0.28f_t/f_{yv}=0.28\times1.71/360=0.13\%$ 满足最小配箍率要求。

楼梯配筋图如图 2-89 所示。

2.7.3 梁式楼梯

如图 2-90 所示，梁式楼梯由踏步板、梯段斜梁、平台梁、平台板组成。当梯段较长时，采用梁式楼梯较为经济，但施工复杂，外观笨重。梁式楼梯的斜梁一般设在踏步板两侧，称为双梁式楼梯。当梯段宽度较小时，可将斜梁设在踏步板的中间，即为单梁式楼梯。踏步板厚度一般取 30～50mm；平台板厚按跨高比要求确定，板厚 $h\geq L/30$，并满足最小板厚度要求，其中 L 是平台板的跨度；斜梁、平台梁的截面尺寸初估与梁相同，它们的截面高度 $h=L/14\sim L/8$，截面宽度 $b=h/3\sim h/2$，并满足梁最小截面尺寸要求，其中 L 是斜梁、平台梁的跨度。

(1) 踏步板

踏步板由斜板和三角形踏步组成。踏步几何尺寸由建筑设计确定，斜板厚度 t 一般取 30～50mm。踏步板两端支撑在斜梁上，按两端简支的单向板计算，一般取一个踏步作为计算单元。踏步板的计算简图如图 2-91(a) 所示，踏步板的计算跨度 $l=l_n+a$，其中 a 是踏步板的支撑宽度，与斜梁截面宽度相同。踏步板的截面为梯形，如图 2-91(b) 所示。为简化计算，板的折算高度 h 近似按梯形截面的平均高度采用，即 $h=c/2+t/\cos\alpha$，其中 c 为踏步高度，t 为板厚。因此踏步板就可以按高为 h，宽为 a 的矩形截面板计算，如图 2-91(c) 所示。应当指出，这种受弯假定，同实际受力情况不一致，但配筋结果偏于安全。

踏步板承受的荷载有恒荷载和活荷载。恒荷载包括踏步板自重、踏步面层重和板底抹灰重。活荷载标准值按《建筑结构荷载规范》的规定取用，并取最不利组合计算。

每一踏步一般需配置不少于 2Φ8 的受力钢筋，沿斜向布置的分布筋直径不小于 Φ8，间距不大于 250mm。踏步板的配筋构造见图 2-91(d)。

(2) 斜梁

斜梁两端支承在平台梁上，一般按斜放的简支梁计算，其计算简图如图 2-92 所示。踏步板可能位于斜梁截面高度的上部（明步式），也可能位于其下部（暗步式）。斜梁承受踏步

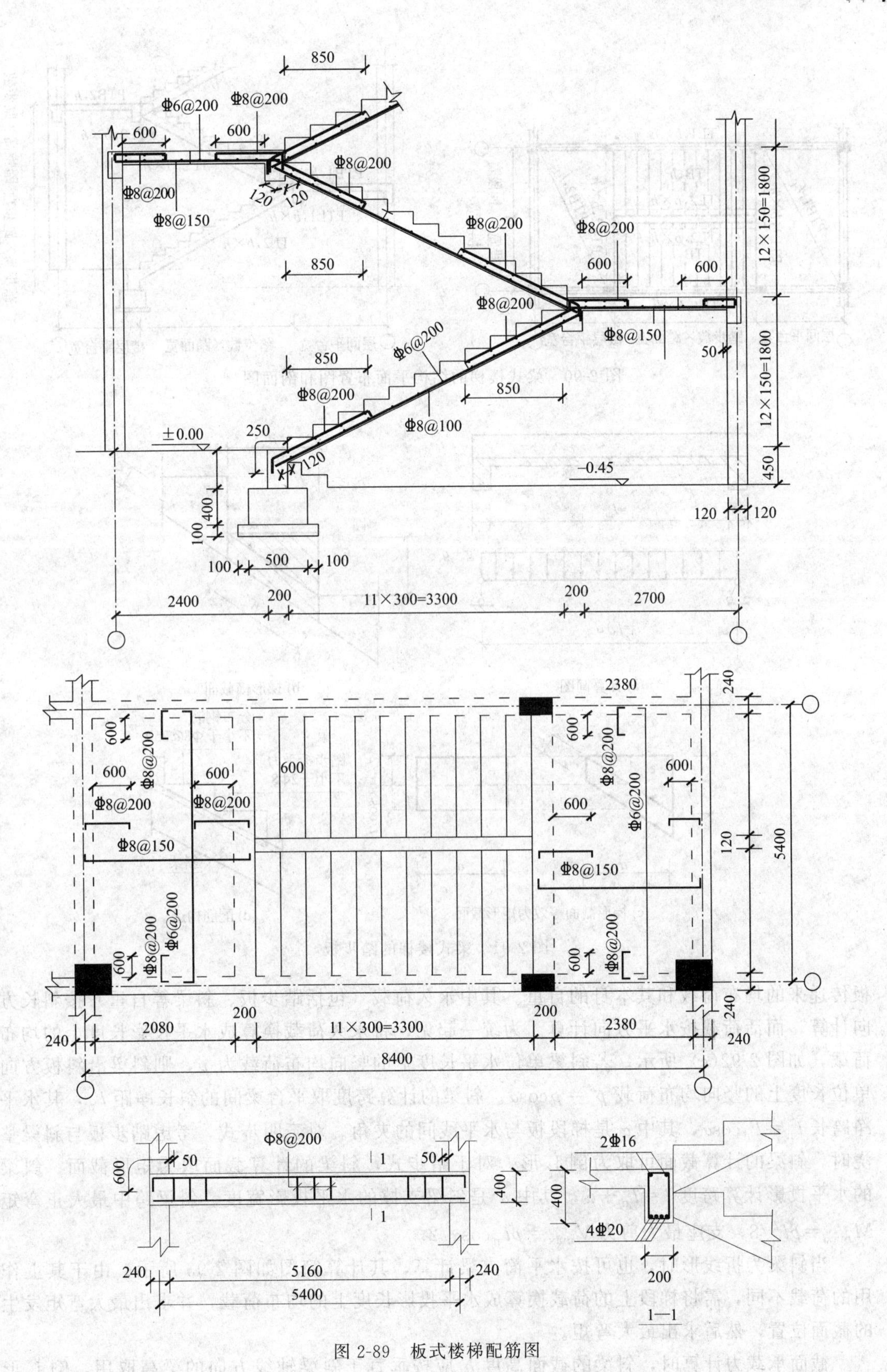

图 2-89　板式楼梯配筋图

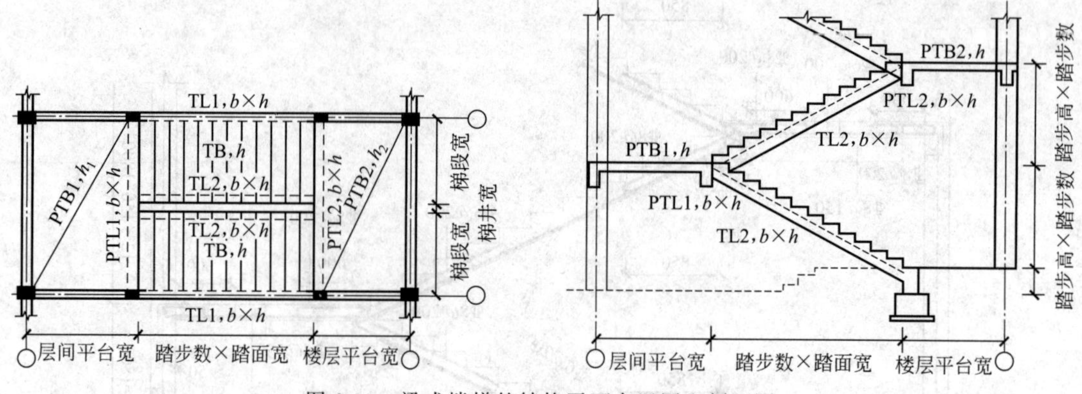

图 2-90　梁式楼梯的结构平面布置图和剖面图

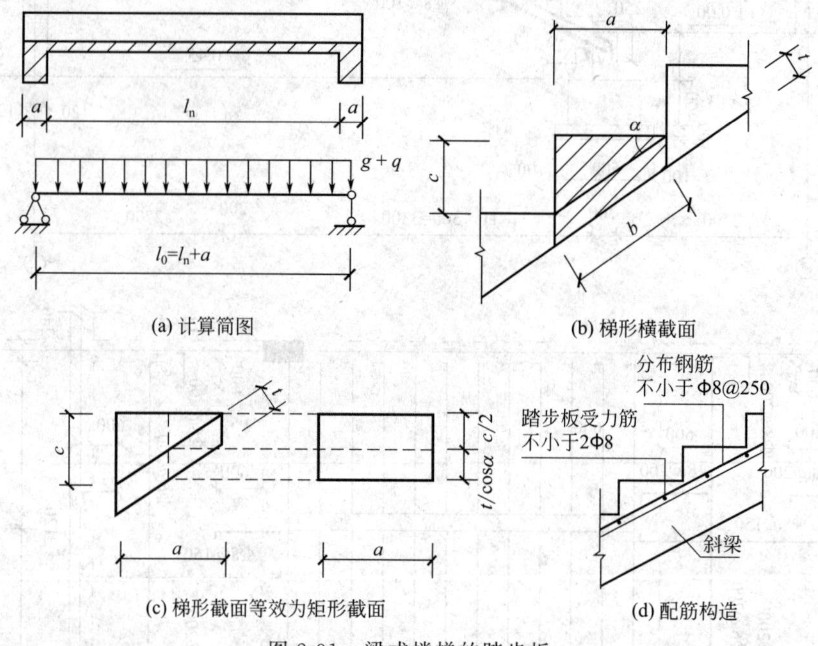

图 2-91　梁式楼梯的踏步板

板传递来的均布荷载和其本身的自重。其中永久荷载（包括踏步板、斜梁等自重）按斜长方向计算，而活荷载按水平方向计算。为统一起见，将永久荷载换算成水平投影长度上的均布荷载，如图 2-92(c) 所示。若斜梁单位水平长度上的竖向均布荷载为 p，则斜梁沿斜板方向单位长度上的竖向均布荷载 $p'=p\cos\alpha$。斜梁的计算跨度取平台梁间的斜长净距 l'_n，其水平净跨长 $l_n=l'_n\cos\alpha$，其中 α 是梯段板与水平线间的夹角。对于明步式，考虑踏步板与斜梁整浇时，斜梁的计算截面可取为倒 L 形。对于暗步式，斜梁的计算截面取为矩形截面。斜梁的水平投影计算跨度 $l=l_n+a$，其中 a 是斜梁支撑的水平投影宽度。斜梁跨中最大正弯矩 $M_{max}=pl^2/8$，支座最大剪力 $V_{max}=pl_n\cos\alpha/2$。

当斜梁为折线形时，也可按水平简支梁计算，其计算简图如图 2-93 所示。由于其上作用的荷载不同，需将梯段上的荷载换算成水平投影长度上的均布荷载，并求出最大弯矩发生的截面位置，然后求出最大弯矩。

截面承载力计算时，斜梁的截面高度 h 应按垂直于斜梁轴线方向的梁高取用，倒 L 形

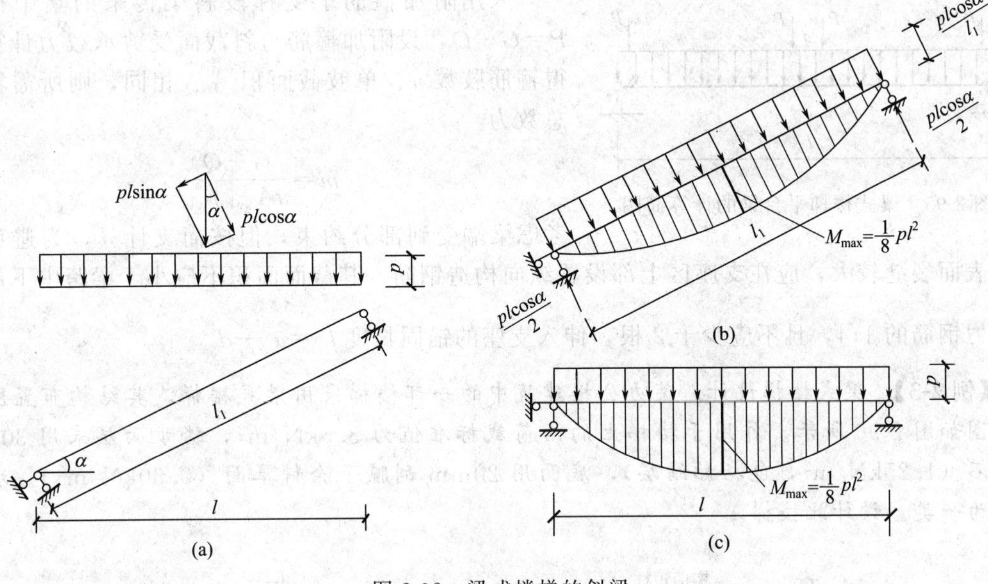

图 2-92　梁式楼梯的斜梁

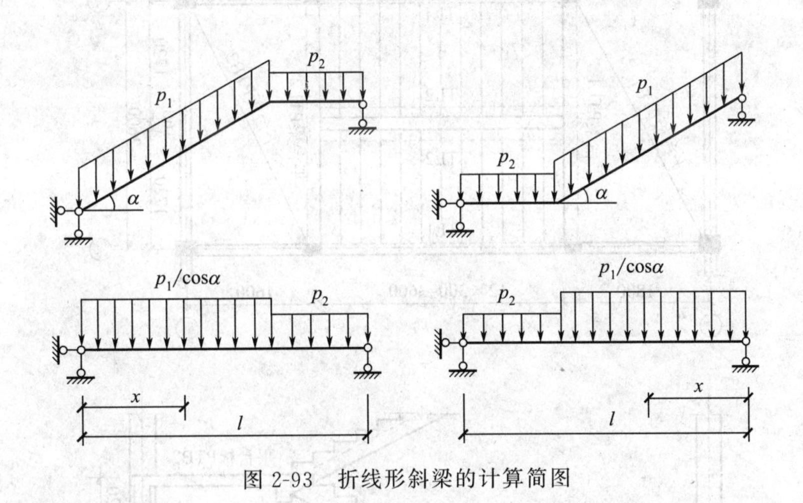

图 2-93　折线形斜梁的计算简图

截面的翼缘宽度 b'_f 取 $l_n/6$ 和 $b+S_n/2$ 中的较小值。斜梁的构造配筋如图 2-94 所示。

（3）平台板和平台梁

梁式楼梯平台板的设计及构造与板式楼梯相同。

平台梁设计与一般梁相似。平台梁支承在楼梯间两侧的横墙或梯柱上，承担由斜梁传递的集中荷载 P、平台板传递来的均布荷载和其本身自重 q。按简支梁计算，计算跨度 l 取 l_n+a 和 $1.05l_n$ 中的较小值。计算简图如图 2-95 所示。

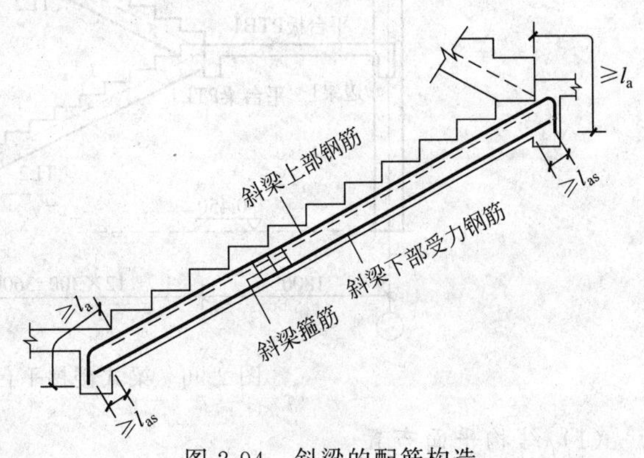

图 2-94　斜梁的配筋构造

考虑平台板对平台梁的约束作用，正截面承载力计算时按倒 L 形截面。翼缘宽度 b'_f 按受弯构件受压区有效翼缘计算宽度的最小值选用。

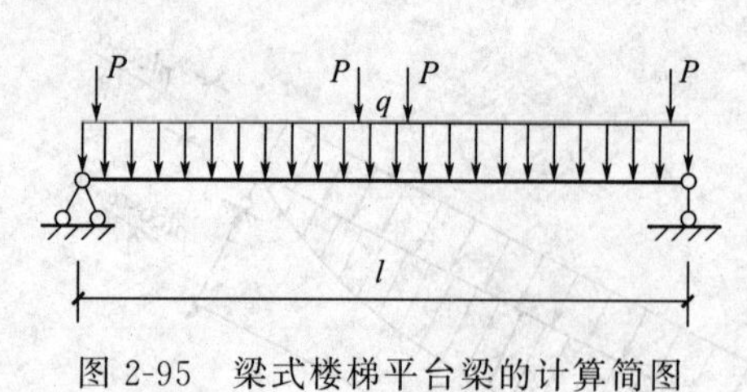

图 2-95　梁式楼梯平台梁的计算简图

采用附加箍筋承受梯段斜梁传来的集中荷载 $P=G+Q$，设附加箍筋与斜截面受剪承载力计算所得箍筋肢数 n、单肢截面积 A_{sv1} 相同，则所需箍筋总数为

$$m=\frac{G+Q}{nA_{sv1}f_{yv}}$$

考虑梁端受到部分约束，但按简支计算，为避免梁端上表面裂缝较大，应在支座区上部设置纵向构造钢筋，其截面面积不应小于梁跨中下部纵向受力钢筋的1/4，且不应少于2根，伸入支座的锚固长度 $l_a=\alpha\dfrac{f_y}{f_t}d$。

【例 2-3】 梁式楼梯设计。某办公楼建筑中的一部楼梯采用梁式楼梯，其结构布置图及剖面图如图 2-96 所示。作用于楼梯上的活荷载标准值为 3.5kN/m²，踏步面层采用 30mm 大理石（1.25kN/m²，包括黏结层），底面用 20mm 刮腻子涂料罩面（0.30kN/m²）。环境类别为一类。设计此楼梯。

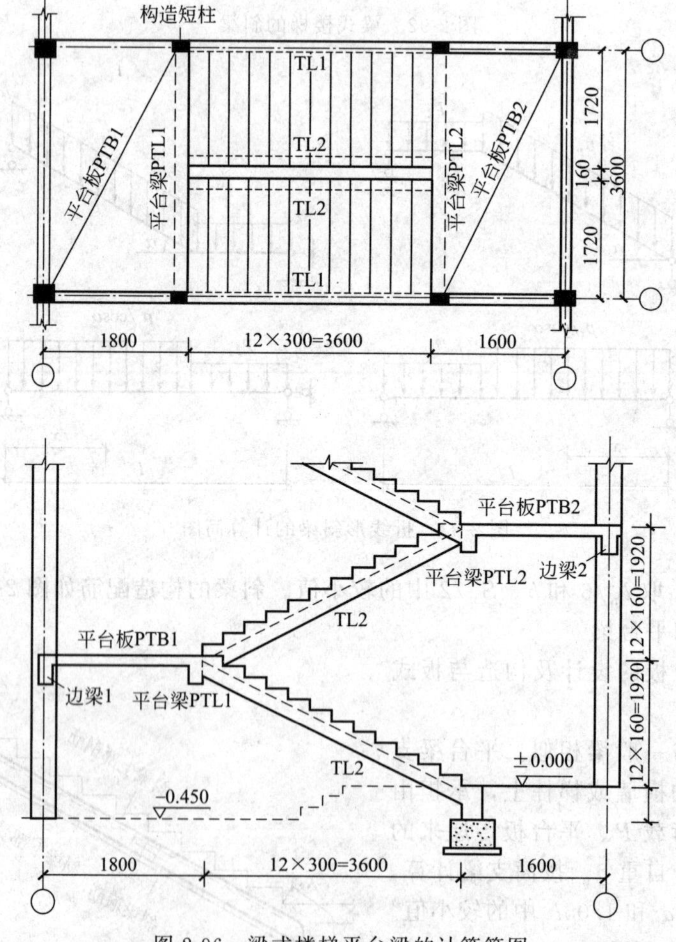

图 2-96　梁式楼梯平台梁的计算简图

(1) 结构平面布置

材料选择：混凝土强度等级采用 C30，楼梯斜梁及平台梁中的受力纵筋采用 HRB400 级，其他构件的受力钢筋和构造钢筋均采用 HRB335 级。

初估尺寸：踏步板厚度 $h=40\text{mm}$；斜梁 TL1 截面尺寸 $b\times h=240\text{mm}\times400\text{mm}$，斜梁 TL2 截面尺寸 $b\times h=150\text{mm}\times300\text{mm}$，平台板厚 $h=70\text{mm}$，平台梁截面尺寸 $b\times h=200\text{mm}\times400\text{mm}$。采用明步式楼梯。

（2）踏步板设计

① 计算简图。踏步板板厚 $h=40\text{mm}$，板倾斜角的正切 $\tan\alpha=160/300=0.53$，$\cos\alpha=0.884$。

取一个踏步作为计算单元，按支承在斜梁上的简支梁计算，计算简图见图 2-97(a)。斜梁 TL1、TL2 截面尺寸 240mm×400mm、150mm×300mm，踏步板的计算跨度 $l_0=l_n+b=1.72-0.15-0.24/2+(0.15+0.24)/2=1.645\text{m}$，截面折算高度 $h=b/2+t/\cos\alpha=160/2+40/0.884=125\text{mm}$。踏步板的构造示意见图 2-97(b)。

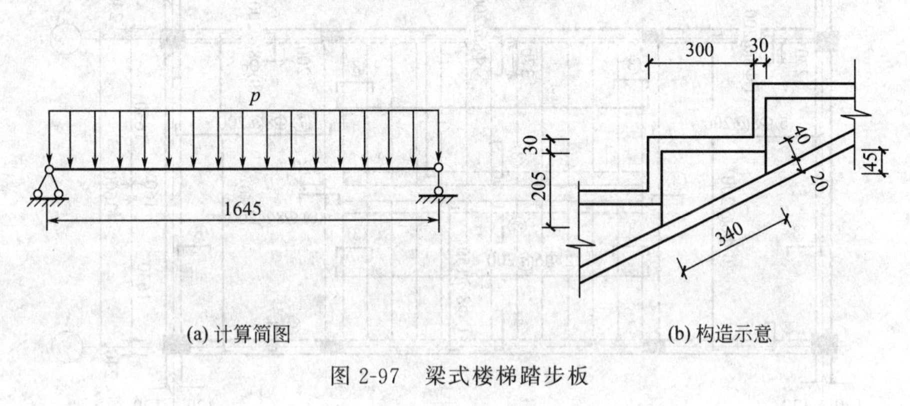

(a) 计算简图　(b) 构造示意

图 2-97　梁式楼梯踏步板

② 荷载计算。踏步板荷载计算见表 2-31。

表 2-31　踏步板荷载计算　单位：kN/m

荷载种类		荷载标准值
恒荷载	踏步板自重	[(0.205+0.045)/2]×0.3×25=0.94
	30厚大理石面层	(0.3+0.16)×1.25=0.58
	底面刮腻子涂料罩面	0.34×0.3=0.10
	小计	1.62
活荷载		3.5×0.3=1.05

永久荷载效应控制的组合

$$p_1=1.35\times1.62+1.4\times0.7\times1.05=3.22\text{kN/m}$$

可变荷载效应控制的组合

$$p_2=1.2\times1.62+1.4\times1.05=3.41\text{kN/m}$$

所以选可变荷载效应控制的组合计算，即取 $p=3.41\text{kN/m}$。

③ 内力计算。跨中截面弯矩为

$$M=\frac{pl_0^2}{8}=\frac{1}{8}\times3.41\times1.645^2=1.15\text{kN}\cdot\text{m}$$

④ 截面设计。踏步板截面按等效矩形截面 $b\times h=300\text{mm}\times125\text{mm}$，有效高度 $h_0=h-a=125-20=105\text{mm}$，$f_c=14.3\text{N/mm}^2$，$f_y=300\text{N/mm}^2$，则

$$\alpha_s=\frac{M}{\alpha_1 f_c b'_f h_0^2}=\frac{1.15\times10^6}{1.0\times14.3\times300\times105^2}=0.024$$

$$\xi=1-\sqrt{1-2\alpha_s}=1-\sqrt{1-2\times0.024}=0.024<\xi_b=0.550$$

$$\gamma_s=0.5\times(1+\sqrt{1-2\alpha_s})=0.5\times(1+\sqrt{1-2\times0.024})=0.998$$

$$A_s=\frac{M}{f_y\gamma_s h_0}=\frac{1.15\times10^6}{300\times0.998\times105}=37\text{mm}^2$$

选配每踏步 2Φ8（$A_s=101\text{mm}^2$，即Φ8@150），分布钢筋取Φ6@200。

$45\frac{f_t}{f_y}\%=45\times\frac{1.43}{300}\%=0.21\%>0.20\%$，所以最小配筋率 $\rho_{min}=0.21\%$，配筋见图 2-98。

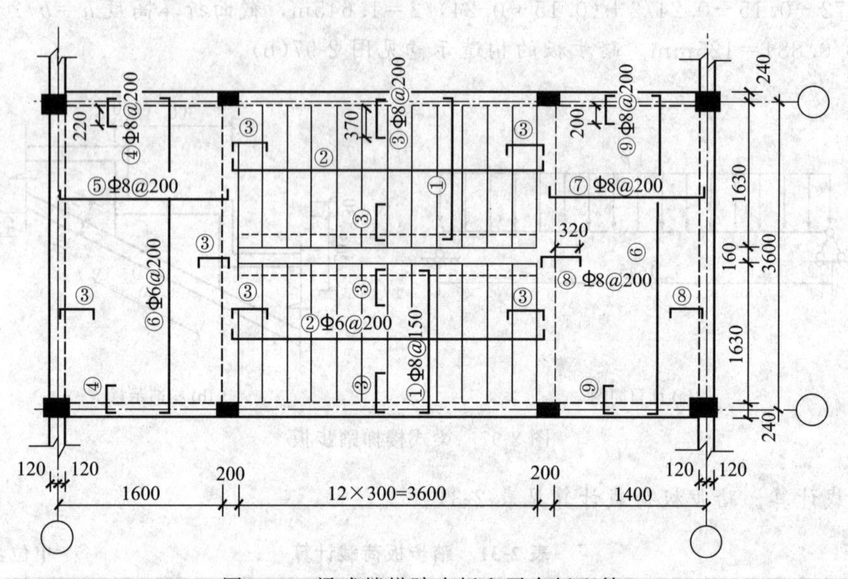

图 2-98　梁式楼梯踏步板和平台板配筋

（3）斜梁设计

斜梁按两端支承在平台梁上的简支斜梁计算。斜梁 TL1 的截面尺寸为 $b\times h=240\text{mm}\times400\text{mm}$，水平投影计算跨度 $l_0=l_n=3.6\text{m}$。

① 荷载计算。斜梁 TL1 荷载计算见表 2-32。

表 2-32　斜梁 TL1 荷载计算　　单位：kN/m

荷载种类	荷载设计值
踏步板传来的荷载	(3.41×1.48/2)/0.3＝8.41
斜梁自重	1.2×(0.4－0.04)×0.24×25×0.34/0.3＝2.94
斜梁砂浆抹灰重	[1.2×(0.4－0.04)×2×0.02×0.34/0.3]×17＝0.033
小计	11.38

② 内力计算。斜梁跨中截面弯矩及支座截面剪力分别为

$$M=\frac{pl_0^2}{8}=\frac{1}{8}\times11.38\times3.6^2=18.44\text{kN}\cdot\text{m}$$

$$V=\frac{pl_0\cos\alpha}{2}=\frac{1}{2}\times11.38\times3.6\times\frac{0.3}{0.34}=18.07\text{kN}$$

③ 截面设计。正截面受弯承载力计算。对于梁式楼梯，正截面计算时，斜梁截面按倒 L 形计算，翼缘高度 $h'_f=40\text{mm}$，斜梁的有效高度 $h_0=h-b'_f=400-40=360\text{mm}$，翼缘宽

度 b'_f 取 $l_0/6=3600/6=600\text{mm}$ 和 $b+s_n/2=240+1480/2=980\text{mm}$ 中的较小值，所以 $b'_f=600\text{mm}$。

$\alpha_1 f_c b'_f h'_f(h_0-h'_f/2)=1.0\times14.3\times600\times40\times(360-40/2)=116.69\text{kN}\cdot\text{m}>M=18.92\text{kN}\cdot\text{m}$

属于第一类T形截面，按宽度为 b'_f 的矩形截面计算，即

$$\alpha_s=\frac{M}{\alpha_1 f_c b'_f h_0^2}=\frac{18.92\times10^6}{1.0\times14.3\times600\times360^2}=0.017$$

$$\xi=1-\sqrt{1-2\alpha_s}=1-\sqrt{1-2\times0.017}=0.017<\xi_b=0.518$$

$$\gamma_s=0.5\times(1+\sqrt{1-2\alpha_s})=0.5\times(1+\sqrt{1-2\times0.024})=0.988$$

$$A_s=\frac{M}{f_y\gamma_s h_0}=\frac{18.92\times10^6}{360\times0.991\times360}=147.76\text{mm}^2$$

纵向受力钢筋选用2Φ14，$A_s=308\text{mm}^2$。

$45\dfrac{f_t}{f_y}\%=45\times\dfrac{1.43}{360}\%=0.18\%<0.20\%$，所以最小配筋率 $\rho_{\min}=0.20\%$，纵向受力钢筋的配筋率 $\rho=\dfrac{A_s}{bh_0}=\dfrac{308}{240\times360}=0.36\%>0.20\%$，满足最小配筋率要求。

斜截面受剪承载力计算

$$0.25\beta_c f_c bh_0=0.25\times0.8\times14.3\times240\times360=247.10\text{kN}>V=18.55\text{kN}$$

满足斜截面受剪尺寸要求。

$$V_c=\alpha_{cv} f_t bh_0=0.7\times1.43\times240\times360=86.49\text{kN}>V=18.55\text{kN}$$

只需要按构造配置箍筋，选用双肢Φ8@200。

对于斜梁TL2：$b\times h=150\text{mm}\times300\text{mm}$，进行上述同样的计算，具体计算过程略，受力纵筋选配2Φ14（$A_s=308\text{mm}^2$），箍筋选用双肢Φ8@200。

斜梁TL1、TL2配筋见图2-99。

(4) 平台板设计

平台板厚 $h=70\text{mm}$，取1m宽板带计算。平台板按两端简支在平台梁或边梁上的单向板计算，板上作用有均布荷载。平台板与两边梁整浇，考虑梁对板的约束作用。

① PTB1设计。平台梁截面尺寸为 $b\times h=200\text{mm}\times400\text{mm}$，边梁截面尺寸为 $b\times h=240\text{mm}\times400\text{mm}$，PTB1的计算跨度 $l_0=1800-200-240/2=1480\text{mm}$。

a. 荷载计算。平台板的荷载计算列于表2-33。

表2-33　平台板荷载计算　　单位：kN/m

荷载种类		荷载标准值
恒荷载	平台板自重	25×0.07×1=1.75
	30mm厚大理石面层重	1.25×1=1.25
	底面刮腻子涂料罩面	0.3×1=0.30
	恒荷载合计 g	3.30
活荷载 q		3.50×1=3.50

永久荷载效应控制的组合

$$p_1=1.35\times3.30+1.4\times0.7\times3.5=7.89\text{kN/m}$$

可变荷载效应控制的组合

$$p_2=1.2\times3.30+1.4\times3.5=8.86\text{kN/m}$$

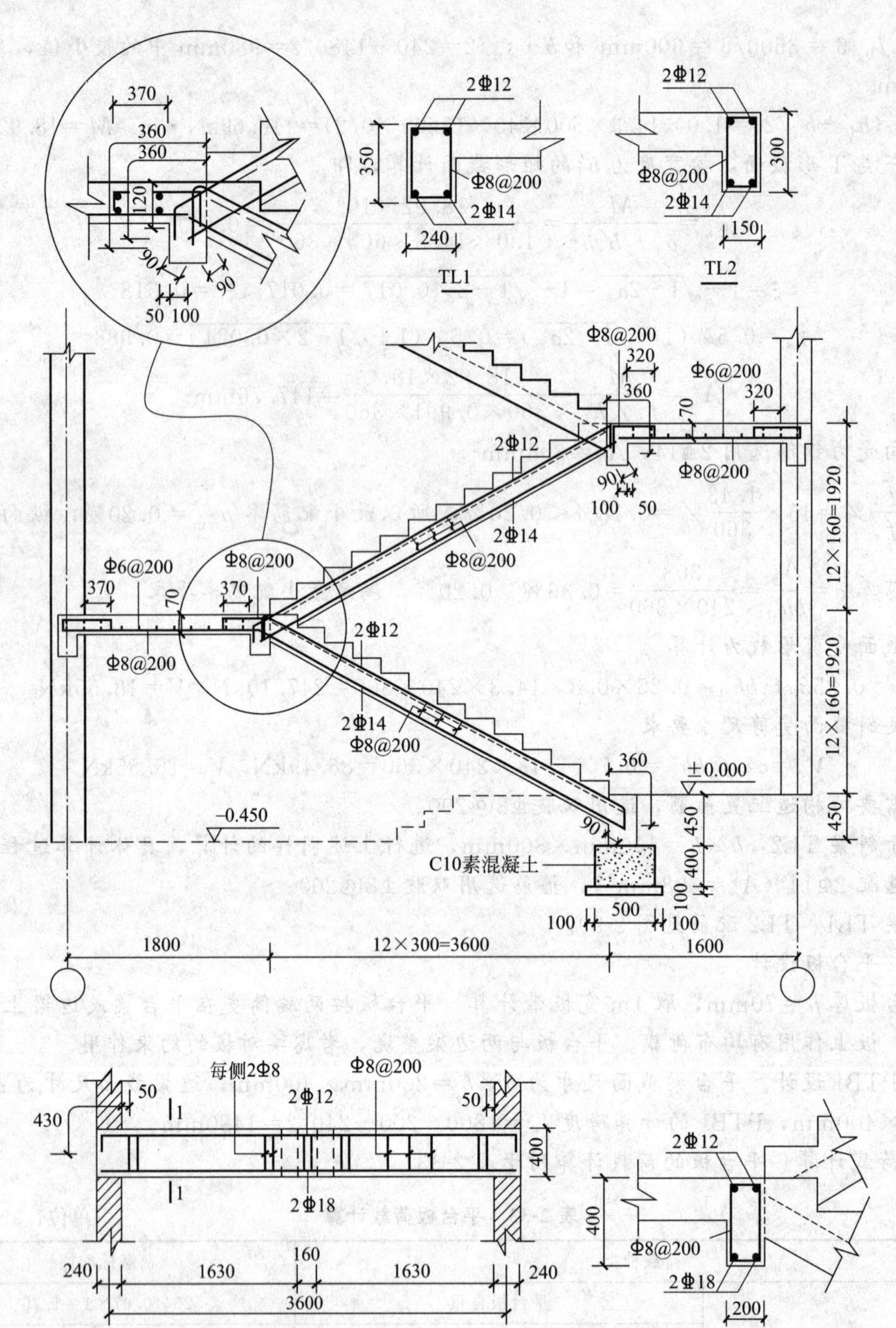

图 2-99 梁式楼梯斜梁和平台梁配筋

故选择可变荷载效应控制的组合，取 $p=8.86\text{kN/m}$。

b. 内力计算。考虑平台板两边梁的约束作用，平台板跨中弯矩

$$M=\frac{pl_0^2}{10}=\frac{8.86\times1.48^2}{10}=1.94\text{kN}\cdot\text{m}$$

c. 配筋计算。

$$h_0=70-20=50\text{mm}$$

$$\alpha_s=\frac{M}{\alpha_1 f_c b h_0^2}=\frac{1.94\times10^6}{1.0\times14.3\times1000\times50^2}=0.054$$

$$\xi=1-\sqrt{1-2\alpha_s}=1-\sqrt{1-2\times0.054}=0.056<\xi_b=0.550$$

$$\gamma_s=0.5(1+\sqrt{1-2\alpha_s})=0.5(1+\sqrt{1-2\times0.054})=0.972$$

$$A_s=\frac{M}{f_y\gamma_s h_0}=\frac{1.94\times10^6}{300\times0.972\times50}=133\text{mm}^2$$

选用受力钢筋Φ8@200，$A_s=252\text{mm}^2$；分布钢筋Φ6@200。

纵向受力钢筋的配筋率

$$\rho=\frac{A_s}{bh_0}=\frac{252}{1000\times50}=0.50\%>0.20\%$$

满足最小配筋率要求。

② PTB2 设计。PTB2 的设计过程与 PTB1 相同，具体计算过程略，选用受力钢筋Φ8@200，$A_s=252\text{mm}^2$；分布钢筋Φ6@200。PTB1、PTB2 配筋见图 2-98。

(5) 平台梁设计（以 PTL1 为例）

平台梁支承在梯柱上，承受斜梁传递的集中荷载和平台板传递的均布荷载，按简支梁计算。

PTL1 设计。PTL1 计算简图如图 2-100 所示，计算跨度取

$1.05l_n=1.05\times[3.6-2\times(0.24-0.15)]=3.6\text{m}$

$l_n+b=3.6-2\times(0.24-0.15)+0.24=3.66\text{m}$

二者中的较小值，即 $l_0=3.6\text{m}$。平台梁的截面尺寸为 $b\times h=200\text{mm}\times400\text{mm}$。

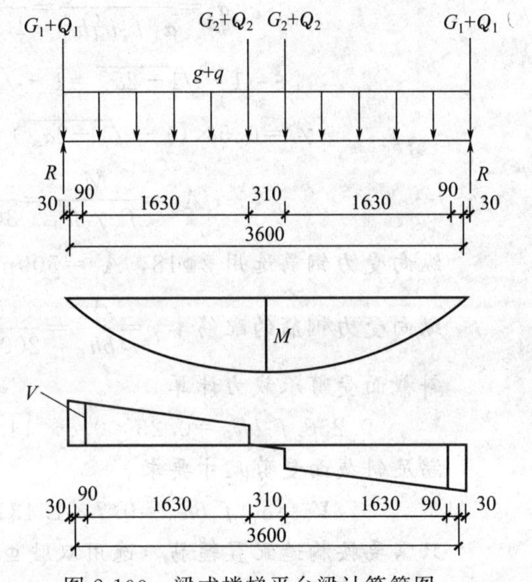

图 2-100　梁式楼梯平台梁计算简图

a. 荷载计算。PTL1 的荷载计算列于表 2-34。

表 2-34　平台梁 PTL1 荷载计算

荷载种类		荷载设计值
均布荷载/(kN/m)	平台板传递的	$8.86\times[(1.8-0.2-0.24/2)/2+0.2/2]=7.44$
	平台梁自重	$1.2\times0.2\times(0.4-0.07)\times25=1.98$
	平台梁抹灰重	$1.2\times2\times(0.4-0.07)\times0.02\times17=0.27$
	小计	$g+q=9.69$
集中荷载/kN	TL1 传递的	$G_1+Q_1=11.68\times3.6/2=21.02$
	TL2 传递的	$G_2+Q_2=9.98\times3.6/2=17.96$

b. 内力计算。平台梁的支座反力

$$R=\frac{1}{2}\times9.69\times3.66+21.02+17.96=56.71\text{kN}$$

跨中截面弯矩

$$M=(56.71-21.02)\times\left(\frac{3.6}{2}+0.03\right)-\frac{1}{2}\times9.69\times\left(\frac{3.6}{2}+0.03\right)^2-\frac{1}{2}\times17.96\times0.31$$

$$=46.30\text{kN}\cdot\text{m}$$

支座附近斜梁内侧剪力

$$V=9.69\times\left(\frac{3.6}{2}-0.09\right)+17.96=34.53\text{kN}$$

c. 截面设计。正截面受弯承载力计算。

截面按倒 L 形计算，$b=200\text{mm}$，$h=400\text{mm}$，$h_0=400-40=360\text{mm}$，$h'_f=70\text{mm}$，b'_f取$l_0/6=3600/6=600\text{mm}$和$b+s_n/2=200+1580/2=990\text{mm}$中的较小值，即$b'_f=600\text{mm}$。

$\alpha_1 f_c b'_f h'_f(h_0-h'_f/2)=1.0\times14.3\times600\times70\times(360-70/2)=195.2\text{kN}\cdot\text{m}>M=46.3\text{kN}\cdot\text{m}$

属于第一类 T 形截面，按宽度为b'_f的矩形截面计算，即

$$\alpha_s=\frac{M}{\alpha_1 f_c b'_f h_0^2}=\frac{46.3\times10^6}{1.0\times14.3\times600\times360^2}=0.042$$

$$\xi=1-\sqrt{1-2\alpha_s}=1-\sqrt{1-2\times0.042}=0.043<\xi_b=0.518$$

$$\gamma_s=0.5\times(1+\sqrt{1-2\alpha_s})=0.5\times(1+\sqrt{1-2\times0.024})=0.979$$

$$A_s=\frac{M}{f_y\gamma_s h_0}=\frac{46.3\times10^6}{360\times0.979\times360}=365\text{mm}^2$$

纵向受力钢筋选用 2Φ18，$A_s=509\text{mm}^2$。

纵向受力钢筋的配筋率$\rho=\frac{A_s}{bh_0}=\frac{509}{200\times360}=0.71\%>0.20\%$，满足最小配筋率要求。

斜截面受剪承载力计算

$$0.25\beta_c f_c bh_0=0.25\times0.8\times14.3\times200\times360=205.92\text{kN}>V=34.99\text{kN}$$

满足斜截面受剪尺寸要求。

$$V_c=\alpha_{cv}f_t bh_0=0.7\times1.43\times200\times360=72.07\text{kN}>V=34.99\text{kN}$$

只需要按构造配置箍筋，选用双肢Φ8@200。

d. 附加钢筋计算。采用附加箍筋承受斜梁传来的集中力。选附加箍筋为双肢Φ8，则所需箍筋总数为

$$m=\frac{G_2+Q_2}{nA_{sv1}f_{yv}}=\frac{17.96\times10^3}{2\times50.3\times300}=0.6$$

所以在平台梁内斜梁两侧各配置两道双肢Φ8 箍筋。

对于 PTL2，进行上述同样的计算，具体计算过程略，配筋与 PTL1 相同。

PTL1、PTL2 配筋见图 2-99。

码 2-15

2.7.4 悬挑楼梯（扫二维码获取）（码 2-15）

码 2-16

2.7.5 螺旋楼梯（扫二维码获取）（码 2-16）

2.7.6 装配式楼梯

预制装配式钢筋混凝土楼梯按构件尺寸可分为小型构件装配式、大中型构件装配式；按梯段的支承方式不同又可分为梁承式、墙承式、悬挑式三种。

(1) 梁承式装配式楼梯

预制装配梁承式钢筋混凝土楼梯的主要承重构件为梁，结构受力比较合理，预制部件可分为梯段、平台梁、平台板。根据预制梯段的不同，可分为图 2-101 所示的板式楼梯和图 2-102 所示的梁式楼梯。

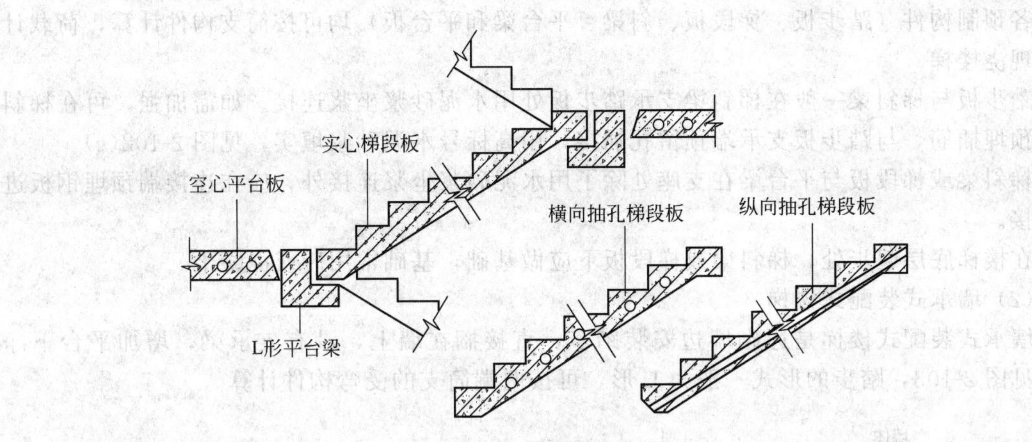

图 2-101 预制板式楼梯

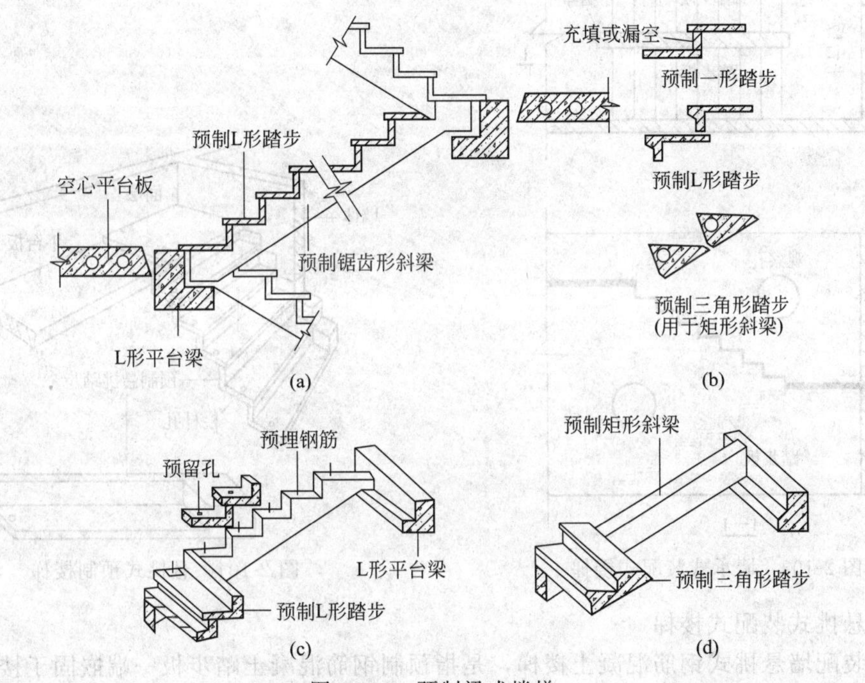

图 2-102 预制梁式楼梯

板式楼梯的梯段一般为整块或数块带踏步条板，其上下端直接支承在平台梁上。由于没有梯斜梁，梯段底面平整，结构厚度小，使平台梁位置相应抬高，增大了平台下净空高度，其有效断面厚度可按 $l/30 \sim l/20$ 估算。为了减轻梯段板自重，也可做成空心构件，有横向抽孔和纵向抽孔两种方式。横向抽孔较纵向抽孔合理易行，较为常用。

梁式梯段由梯斜梁和踏步板组成，见图 2-102(a)。一般在踏步板两端各设梯斜梁，踏步板支承在梯斜梁上，踏步板可做成一字形、L 形和三角形等，见图 2-102(b)。用于搁置一字形、L 形断面踏步板的梯斜梁为锯齿形变断面构件，见图 2-102(c)，用于搁置三角形断面踏步板的梯斜梁为等断面构件，见图 2-102(d)。

平台梁一般做成 L 形断面，主要是为了便于支承梯斜梁或梯段板，平衡梯段水平分力，并减少平台梁所占结构空间。其构造高度按 $l/12$ 估算（l 为平台梁跨度）。

平台板可根据需要采用钢筋混凝土空心板、槽板或平板。

各预制构件（踏步板、梯段板、斜梁、平台梁和平台板）均可按简支构件计算，荷载计算同现浇楼梯。

踏步板与梯斜梁一般在梯斜梁支承踏步板处用水泥砂浆坐浆连接。如需加强，可在梯斜梁上预埋插筋，与踏步板支承端预留孔插接，用高标号水泥砂浆填实，见图 2-102(c)。

梯斜梁或梯段板与平台梁在支座处除了用水泥砂浆坐浆连接外，应在连接端预埋钢板进行焊接。

在楼梯底层起步处，梯斜梁或梯段板下应做基础，基础常用砖或混凝土。

（2）墙承式装配式楼梯

墙承式装配式楼梯是边砌墙边安装踏步，直接搁在墙上，没有支承梁，增加平台下净高，见图 2-103，踏步的形式一般为 L 形，可按两端简支的受弯构件计算。

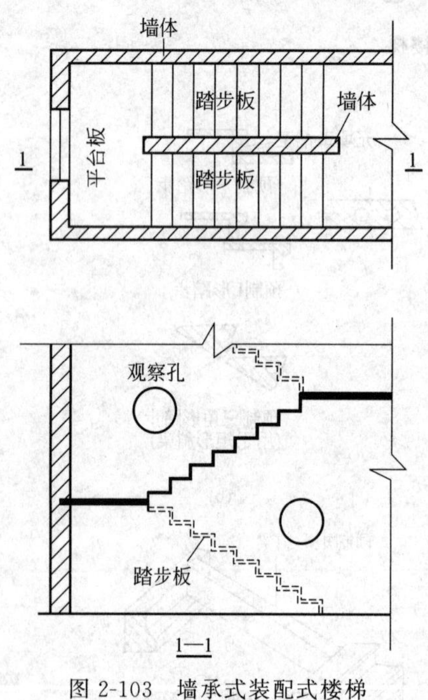

图 2-103 墙承式装配式楼梯

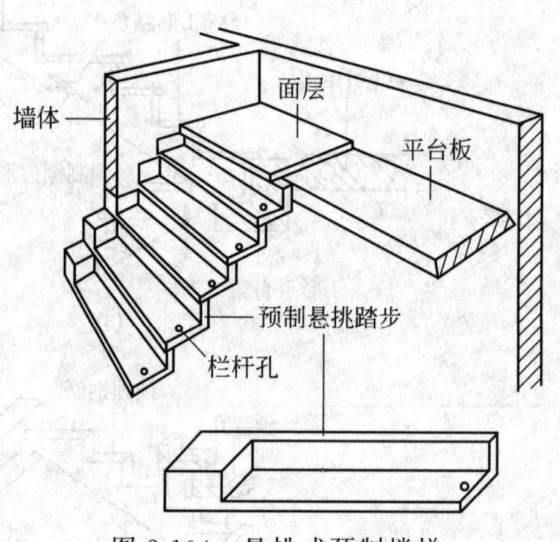

图 2-104 悬挑式预制楼梯

（3）悬挑式装配式楼梯

预制装配墙悬挑式钢筋混凝土楼梯，是指预制钢筋混凝土踏步板一端嵌固于楼梯间侧墙上，另一端凌空悬挑的楼梯形式，见图 2-104。臂长通常为 1200～1500mm，不宜大于 1800mm，踏步板一般采用 L 形带肋断面形式，其入墙嵌固端一般做成矩形断面，嵌入深度 240mm，用于嵌固踏步板的墙体厚度不应小于 240mm。悬挑装配式楼梯随墙砌筑安装踏步板，施工比较麻烦。不宜用于有抗震设防要求的地区。

悬挑式踏步板按一端固定，一端自由的悬臂构件计算，还要进行踏步板的抗倾覆验算。

思考题及习题

2-1 混凝土楼盖结构有哪几种类型？说明它们各自的受力特点和适用范围。

2-2 梁、板截面尺寸在初步设计阶段如何确定？

2-3 肋梁楼盖荷载传递的原则是什么？如何确定是交叉梁关系还是主次梁关系？

2-4 何谓单向板？何谓双向板？作用于板上的荷载是怎样传递的？我国的《混凝土结构设计规范》对单向板和双向板是如何规定的？

2-5 单向板肋梁楼盖结构平面布置方案有哪些？各有什么特点？板、次梁和主梁的常用跨度是多少？

2-6 单向板肋梁楼盖结构中，板、次梁和主梁的计算简图是如何确定的？计算宽度如何确定？按弹性理论方法计算和按塑性内力重分布方法计算时，单向板、次梁的计算跨度有何不同？

2-7 计算单向连续板和连续次梁时，为什么要用折算荷载？连续次梁和连续板的折算荷载如何取值？

2-8 为什么要考虑活荷载的不利布置？说明确定截面最不利内力时的活荷载布置原则。如何绘制连续梁的内力包络图？

2-9 什么是钢筋混凝土受弯构件的塑性铰？它是如何形成的？塑性铰和理想铰有什么不同？塑性铰的转动能力由哪些因素控制？

2-10 什么是钢筋混凝土超静定结构的塑性内力重分布？塑性铰的转动能力和塑性内力重分布有什么关系？

2-11 什么是弯矩调幅法？采用弯矩调幅法应遵循哪些原则？试简要说明“调幅法”的计算步骤。

2-12 弯矩调幅系数为什么不宜超过25%？弯矩调幅后，梁、板各跨的弯矩要满足什么条件？为什么？

2-13 连续单向板的配筋方式有哪几种？钢筋的弯起和截断有什么要求？板中有哪些构造钢筋？它们的作用是什么？

2-14 如何利用单区格双向板的弹性弯矩系数计算连续双向板？该方法的适用条件是什么？

2-15 什么是塑性铰线？塑性铰线的分布与哪些因素有关？塑性铰线的绘制应遵循哪些原则？塑性铰线法的基本假定是什么？塑性铰线和转动轴有些什么规律？确定图2-105中各板的塑性铰线。

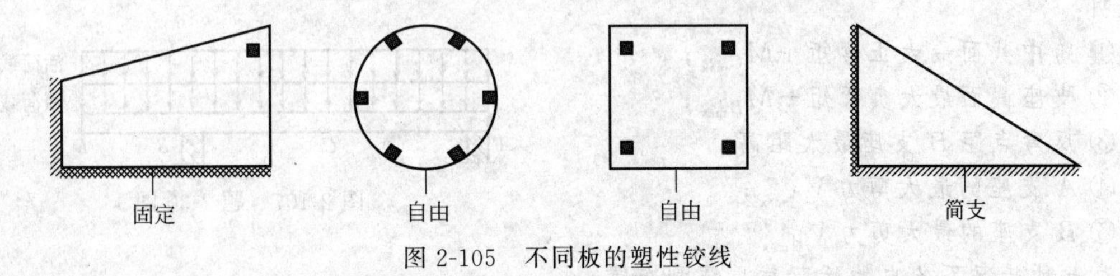

图2-105 不同板的塑性铰线

2-16 双向板的配筋构造有什么要求？

2-17 无梁楼盖受力和变形有什么特点？常用的无梁楼盖的简化计算方法有哪些？柱帽有什么作用？无梁楼盖的板厚是如何确定的？

2-18 密肋楼盖和井字梁楼盖的设计要点有哪些？

2-19 如何保证装配式楼盖结构的整体性？装配式楼盖的板与板、板与墙、板与梁等是如何连接的？

2-20 为什么在计算主梁的支座截面配筋时，应取支座边缘处的弯矩？为什么在主次梁相交处，在主梁中需设置吊筋或附加箍筋？

2-21 在塑性铰区段，应将斜截面受剪承载力所需箍筋截面面积增加20%，且$\rho_{sv}>$

$0.3f_t/f_{yv}$，为什么？

2-22　对周边与梁整体连接的单向板的中间跨，在计算弯矩时，可将其计算求得的弯矩值折减，为什么？

2-23　常用的现浇楼梯有哪几种？它们的优缺点和适用范围如何？

2-24　板式楼梯和梁式楼梯的计算简图如何？其踏步板配筋有何不同？

2-25　混凝土梁板结构设计的一般步骤是什么？

2-26　装配式楼梯有哪些优缺点？

2-27　楼梯的主要设计计算步骤和内容有哪些？

2-28　梯段板和平台板中的受力钢筋是如何锚固的？锚固长度从什么位置开始计算？

2-29　试说明图 2-106 中各板应按单向板还是双向板计算？

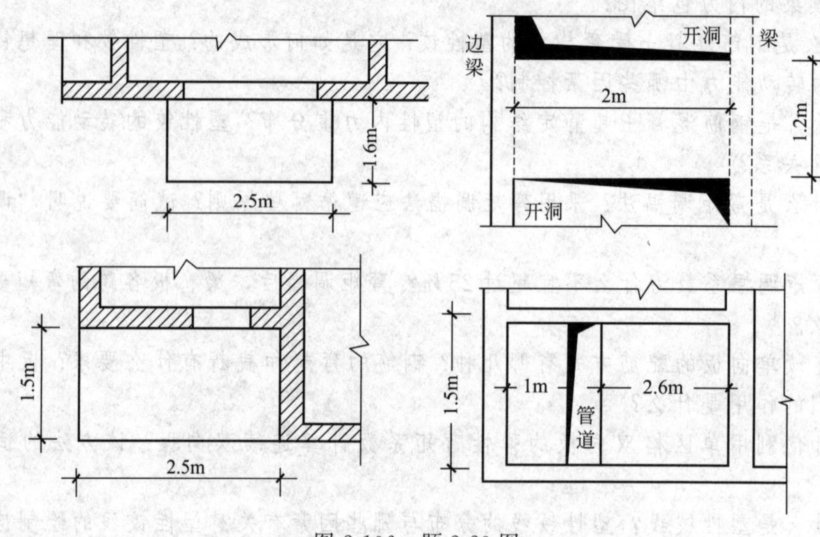

图 2-106　题 2-29 图

2-30　图 2-107 所示为一钢筋混凝土伸臂梁，恒荷载 g 及活荷载 q 均为均布荷载，试分别说明：

① 跨中截面最大正弯矩 $+M_{C_{\max}}$；

② 支座截面最大负弯矩 $-M_{B_{\max}}$；

③ 反弯点距 B 支座最大距离；

④ A 支座的最大剪力 $V_{A_{\max}}$；

⑤ B 支座的最大剪力 $V_{B_{\max}}$。

这五种情况下各自的活荷载最不利布置。

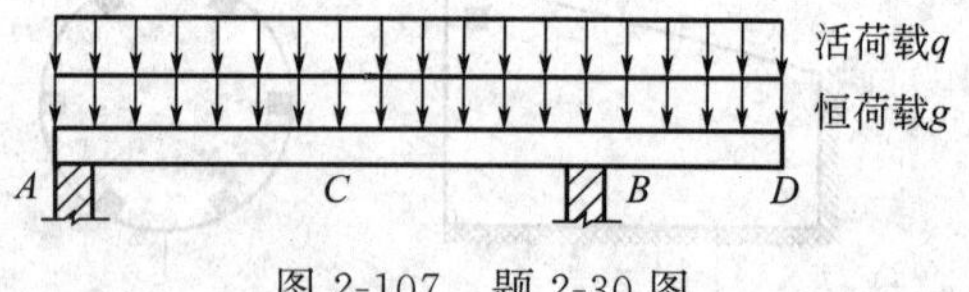

图 2-107　题 2-30 图

2-31　如图 2-108 所示的梁板结构的平面尺寸，外围为墙支承或者柱支承，内部为柱支承。试将该梁板结构分别布置成单向板肋梁楼盖、双向板肋梁楼盖、无梁楼盖、井字梁楼盖和双向密肋楼盖。

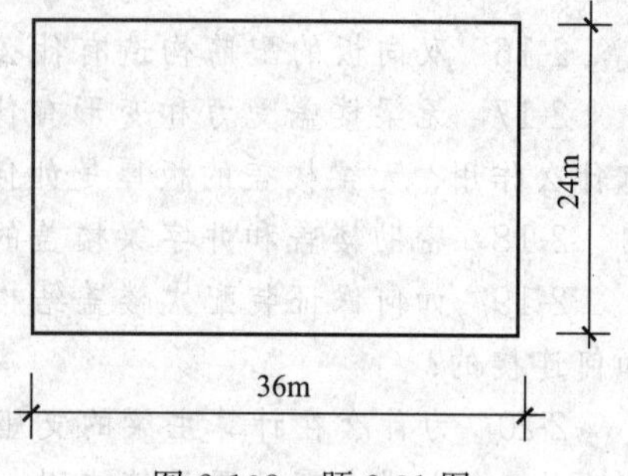

图 2-108　题 2-31 图

2-32　如图 2-109 所示的两跨连续梁，梁上作用有均布永久荷载设计值为 $g=15\text{kN/m}$（包括梁自重），均布活荷载设计值 $q=30\text{kN/m}$，试求：

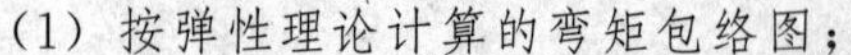

(1) 按弹性理论计算的弯矩包络图；

(2) 按塑性理论计算的弯矩包络图（中间支座的弯矩调幅系数为 15%）。

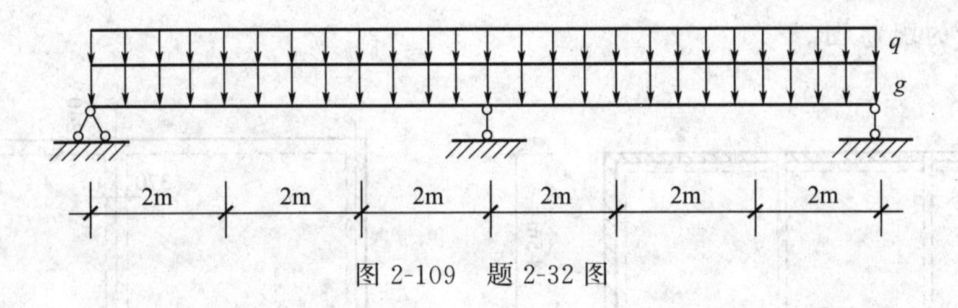

图 2-109 题 2-32 图

2-33 如图 2-110 所示的两跨连续梁，梁上作用有永久荷载设计值为 $G=45\text{kN}$（包括梁自重），集中活荷载设计值 Q。已知梁的截面尺寸为 250mm×600mm，混凝土强度等级为 C30，该梁跨中和支座截面均配置了 4Φ20 的 HRB400 级钢筋，不考虑梁中受压区钢筋的影响。试求：

① 按弹性理论计算梁所能承受的集中活荷载 Q 的设计值；

② 按考虑塑性内力重分布计算梁所能承受的集中活荷载 Q 的设计值。

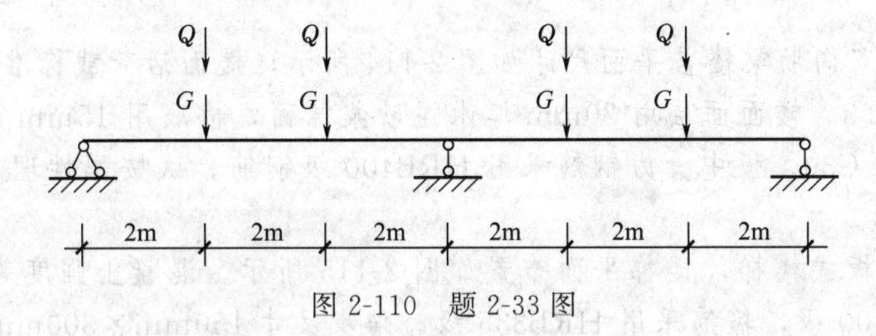

图 2-110 题 2-33 图

2-34 如图 2-111 所示的两端固定梁，截面尺寸为 250mm×500mm，混凝土强度等级为 C30，该梁支座截面配置了 3Φ20 的 HRB400 级钢筋，跨中截面配置了 3Φ18 的 HRB400 级钢筋，假定该梁斜截面不发生破坏，试计算：

① 按弹性理论计算梁所能承受的均布荷载 q 的设计值；

② 按考虑塑性内力重分布计算梁所能承受的均布荷载 q 的设计值。

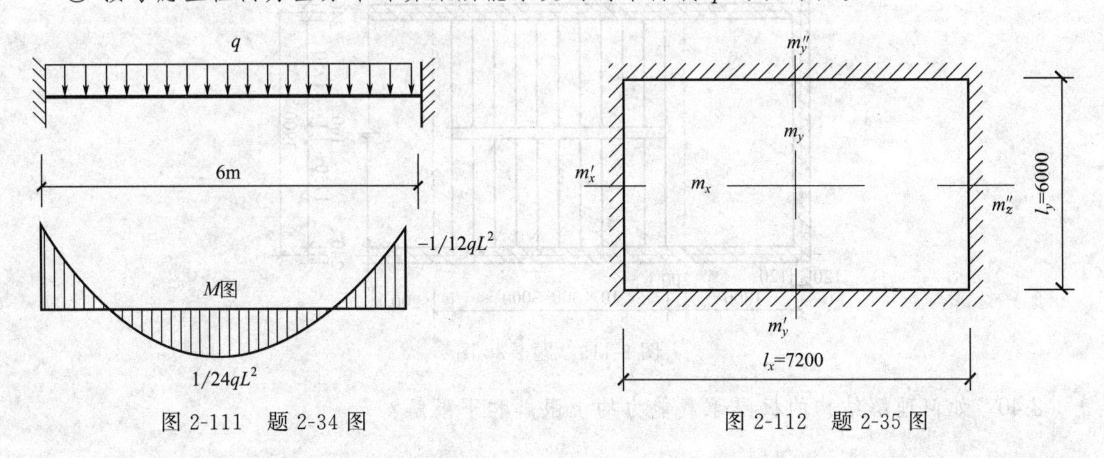

图 2-111 题 2-34 图　　图 2-112 题 2-35 图

2-35 四边固定双向板如图 2-112 所示，承受均布荷载。跨中截面和支座截面单位长度能承担的弯矩设计值分别为 $m_x=3.46\text{kN}\cdot\text{m/m}$，$m'_x=m''_x=7.42\text{kN}\cdot\text{m/m}$，$m_y=5.15\text{kN}\cdot\text{m/m}$，$m'_y=m''_y=11.34\text{kN}\cdot\text{m/m}$。试求四边固定双向板能够承受的均布荷载设计值。

2-36 如图 2-113 所示的现浇双向板肋梁楼盖，板厚 100mm，梁的截面尺寸为 250mm×550mm，四周砖砌体的厚度为 240mm，梁在墙上的支承长度为 240mm，板在砌体上的支承长度为 120mm。混凝土强度等级为 C30，钢筋采用 HRB400 级钢筋。楼面做法：20mm 厚水泥砂浆面层，15m 厚混合砂浆顶棚抹灰。楼面活荷载标准值为 4.5kN/m^2。试设计该双向板，并画出板的配筋图。

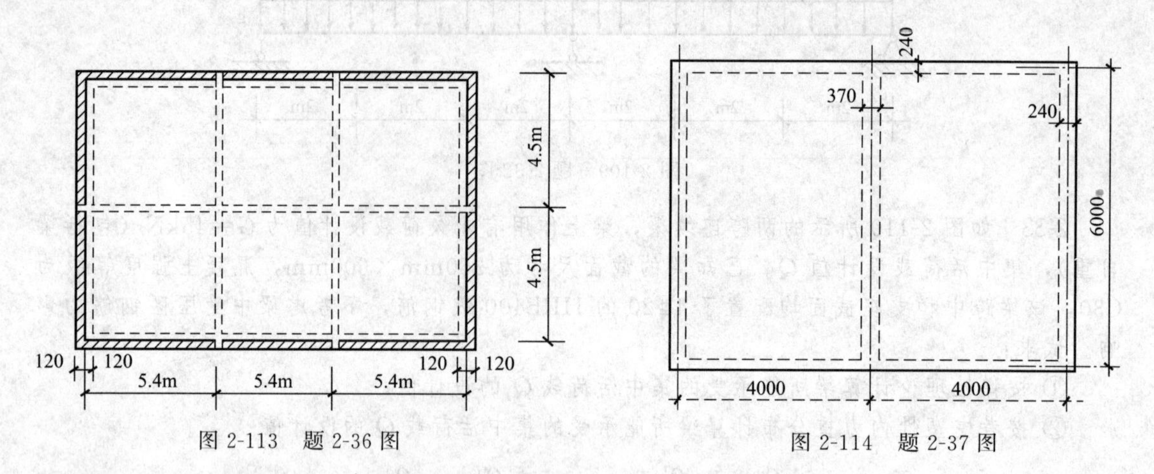

图 2-113　题 2-36 图　　　　图 2-114　题 2-37 图

2-37　已知某双向肋梁楼盖平面尺寸如图 2-114 所示，楼面活荷载标准值 $q_k=5\text{kN/m}^2$，荷载分项数 $\gamma_q=1.3$。楼面面层用 20mm 厚水泥砂浆抹面，板底用 15mm 厚混合砂浆粉刷。混凝土强度等级为 C30。板中受力钢筋采用 HRB400 级钢筋。试按弹性理论方法设计该板，并画出配筋示意图。

2-38　某现浇板式楼梯，楼梯平面布置如图 2-115 所示。混凝土强度等级采用 C30，受力钢筋采用 HRB400 级，箍筋采用 HRB335 级。踏步尺寸 150mm×300mm，楼梯踏步做法为结构层上用 30mm 厚水泥砂浆找平层，上铺 20mm 厚花岗石，底面用 20mm 厚混合砂浆抹面。楼梯上均布活荷载标准值 $q=3.5\text{kN/m}^2$。试设计该楼梯。

2-39　条件同习题 2-38，踏步为 12 步，采用梁式楼梯。试设计该楼梯。

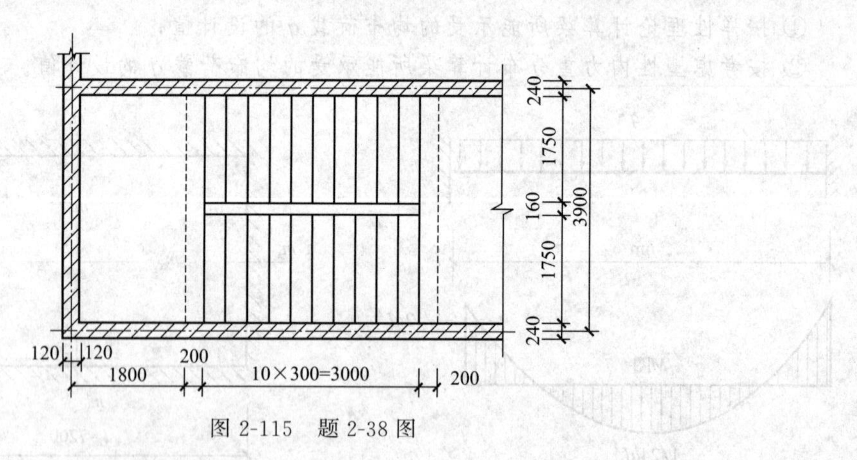

图 2-115　题 2-38 图

2-40　如何理解结构的板限承载能力的上限解和下限解？

第3章 单层厂房结构

3.1 概述

在建筑工程中，单层厂房是各类厂房中最基本的一种形式。对于冶金、机械、纺织、化工等工业厂房，由于一些机器设备和产品较重，且轮廓尺寸较大而难以上楼，一般较普遍地采用单层厂房。

采用单层厂房的优点是便于设计标准化、能提高构配件生产工厂化和施工机械化的程度，同时可以缩短设计和施工期限，保证施工质量。

在进行厂房设计中，平面布置力求简单，在满足工艺要求和条件许可的情况下，应尽可能地把一些生产性质相接近，且各自独立的单跨厂房合并成一个多跨厂房。

采用多跨厂房的优点：由于横向的跨数增加，提高了厂房横向的整体刚度，从而可以减小柱子的截面尺寸。根据调查，一般单层双跨厂房结构的重量约比单层单跨厂房轻20%，而三跨又比双跨轻10%～15%。此外，采用多跨厂房可以减少围护结构的墙体、工程管线、道路的长度，还可以提高建筑面积和公共设施的利用率。

单层厂房的主体布置，应尽量统一和简单化。在平行跨之间，应尽量避免存在高度差，同时，应尽量避免采用相互垂直的跨，以免造成构造上的复杂性。

单层厂房的纵向柱距，通常采用6m及6m的倍数，从现代化生产发展趋势来看，扩大柱距对增加车间有效面积、提高设备和工艺布置的灵活性等都是有利的。目前常用的是12m的柱距，采用12m柱距的优点是，可以利用现有设备做成6m屋面板且设有托架的支承系统，同时又可直接采用12m屋面板和托架的支承系统。

单层厂房的横向跨度在18m及以下时，其跨度尺寸应采用3m的倍数；在18m以上时，宜采用6m的倍数。

单层厂房承重结构随其所用材料的不同，可以分为混合结构、钢筋混凝土结构和钢结构。对于无吊车或吊车起重量不超过5t、跨度小于15m、柱顶标高不超过8m的小型厂房，可以采用混合结构（砖柱、各种类型的屋架）。对于吊车起重量超过150t、跨度大于36m的大型厂房，或有特殊工艺要求的厂房（如设有5t以上锻锤的车间或高温车间等），则应采用钢屋架、钢筋混凝土柱或采用全钢结构。对上述两种情况以外的大部分厂房，均可采用钢筋混凝土结构。近几年来，由于我国钢材在市场上供应较为充足，跨度为24m及以上的厂房，亦有采用钢屋架的。

钢筋混凝土单层工业厂房有两种基本类型：排架结构与刚架结构。

排架结构是由屋架（或屋面梁）、柱和基础组成。通常，排架柱与屋架或屋面梁为铰接，而与其下基础为刚接。按照厂房的生产工艺和使用要求不同，排架结构可设计为单跨或多跨、等高或不等高等多种形式，如图 3-1(a)、(b)、(c) 和 (d) 所示。此类结构能承担较大的荷载，在冶金和机械工业厂房中应用广泛，其跨度可达 30m，高度 20～30m，吊车吨位可达 150t 及以上。

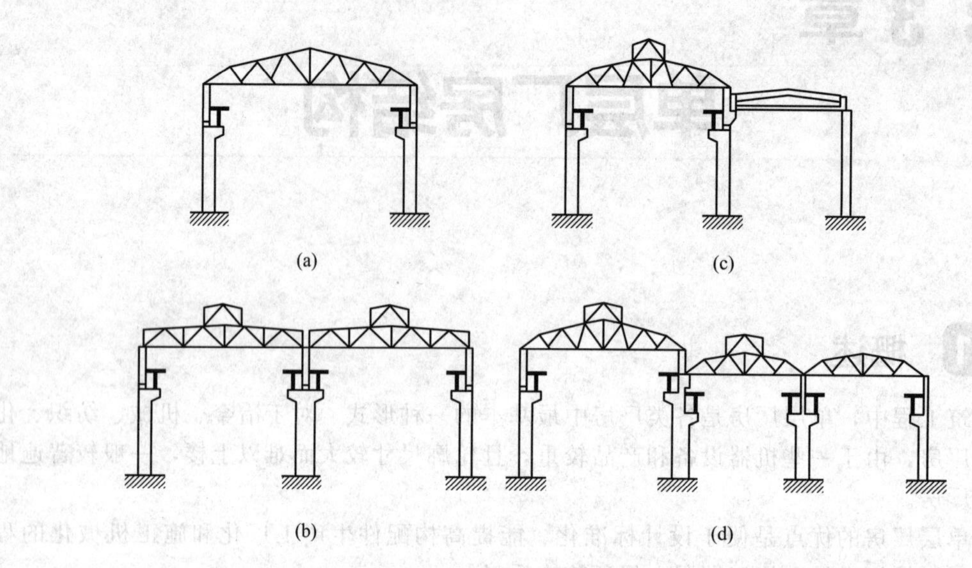

图 3-1 排架结构的形式

刚架结构通常由钢筋混凝土的横梁、柱和基础组成。刚架柱与横梁为刚接，与基础常为铰接。刚架结构按横梁形式的不同，分为折线形门式刚架，如图 3-2(a)、(b) 所示，以及拱形门式刚架，如图 3-2(c) 所示。因梁、柱整体结合，故在荷载作用下，刚架的转折处将产生较大的弯矩，容易开裂；另外，柱顶在横梁推力的作用下，将产生相对位移，使厂房的跨度发生变化，故此类结构的刚度较差，仅适用于屋盖较轻的厂房或吊车吨位不超过 10t，跨度不超过 10m 的轻型厂房或仓库等。

本章主要介绍单层装配式钢筋混凝土排架结构厂房。

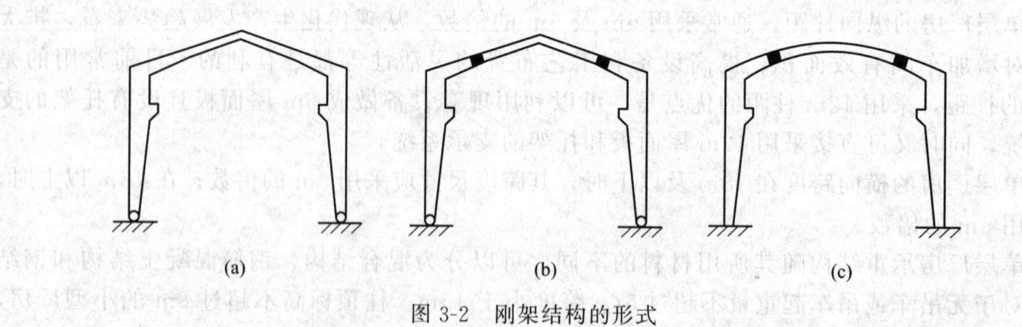

图 3-2 刚架结构的形式

3.2 结构组成及荷载传递

3.2.1 结构组成

单层厂房的结构通常是由下列结构构件所组成并连成一个整体的，如图 3-3 所示。

(1) 屋盖结构。屋盖结构包括有檩体系屋盖结构和无檩体系屋盖结构两种。有檩体系屋

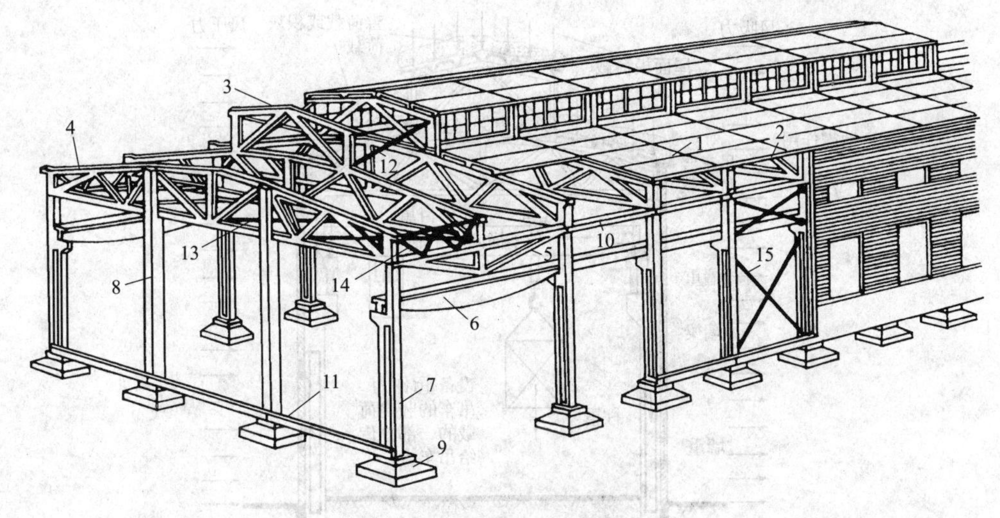

图 3-3 厂房结构布置

1—屋面板；2—天沟板；3—天窗架；4—屋架；5—托架；6—吊车梁；7—排架柱；8—抗风柱；
9—基础；10—连系梁；11—基础梁；12—天窗架垂直支撑；13—屋架下弦横向水平支撑；
14—屋架端部垂直支撑；15—柱间支撑

盖结构，由小型屋面板（或其他瓦材）、檩条、屋架和屋盖支撑体系所组成。这种结构体系由于其构造和施工都比较复杂，其刚度和整体性较差，因此，目前较少采用。无檩体系屋盖结构，由大型屋面板、屋架（或屋面梁）和屋盖支撑体系所组成，有时还设有天窗架及托架等，其作用主要是围护和承重（承受屋盖结构的自重、屋面活荷载、雪荷载和其他荷载，并将这些荷载传给排架柱），以及采光和通风等。

(2) 横向平面排架。由横梁（屋面梁或屋架）和横向柱列（包括基础）组成，它是厂房的基本承重结构。厂房结构承受的竖向荷载（结构自重、屋面活载、雪荷载和吊车竖向荷载等）及横向水平荷载（风荷载和吊车横向制动力、地震作用）主要通过它将荷载传至基础和地基，如图 3-4 所示。

(3) 纵向平面排架。由纵向柱列（包括基础）、连系梁、吊车梁和柱间支撑等组成，其作用是保证厂房结构的纵向稳定性和刚度，并承受作用在山墙和天窗端壁并通过屋盖结构传来的纵向风荷载、吊车纵向水平荷载（图 3-5）、纵向地震作用以及温度应力等。

(4) 吊车梁。承受吊车荷载（包括吊车梁自重、吊车桥架重、吊车运载重物时所产生的垂直轮压以及启动或制动时所产生的纵向及横向水平力等），并把它传给柱子。

(5) 支撑结构构件。单层厂房的支撑包括屋盖支撑和柱间支撑两种，其作用是加强厂房结构的空间刚度，保证结构构件在安装和使用时的稳定和安全，同时可把山墙荷载、吊车纵向水平荷载等的作用传递到排架上。

(6) 基础。承受柱子和基础梁传来的荷载，并将它们传至地基。

(7) 围护结构（包括墙体）。围护结构包括纵墙和横墙（山墙）及由连系梁、抗风柱（有时还有抗风梁或抗风桁架）和基础梁等组成的墙架。这些构件所承受的荷载，主要是墙体和构件的自重以及作用在墙面上的风荷载。

由于技术进步和我国钢产量的大幅度增加，目前我国大多数单层厂房都已经采用钢屋盖，所以本章将不再讲述混凝土屋盖的内容。

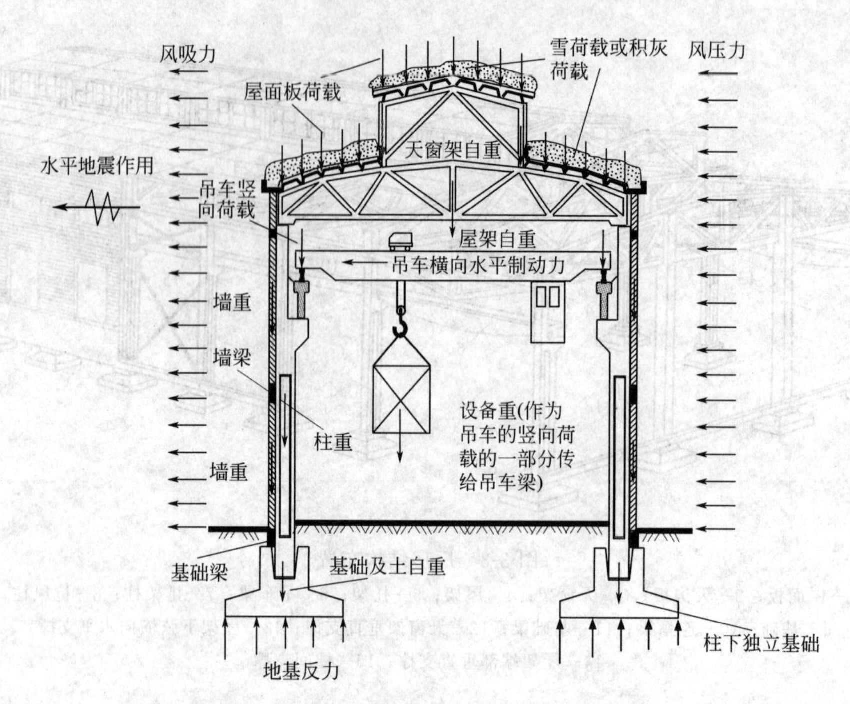

图 3-4 单层厂房的横向排架及其荷载示意图

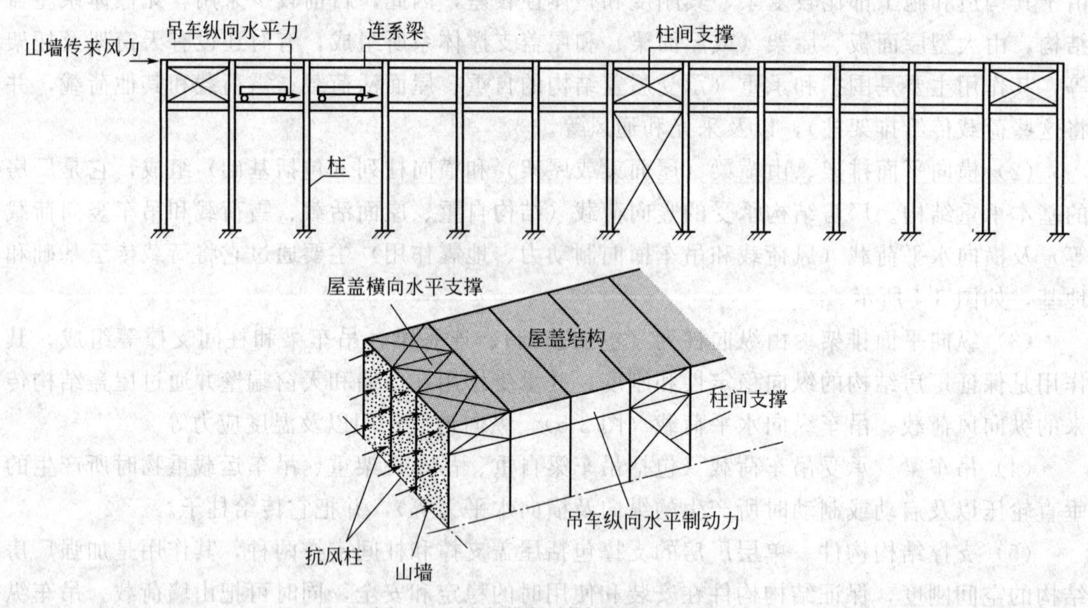

图 3-5 纵向排架及其荷载示意图

3.2.2 荷载传递

图 3-6 给出了单层厂房结构的荷载传递路线，由该图可知，单层厂房结构承担的竖向荷载和水平荷载，大多传递给排架柱，再由柱传至基础。由此，屋架（屋面板）、柱、基础是单层厂房的主要承重构件。在有吊车的厂房中，吊车梁也是主要承重构件，设计时应予以重视。

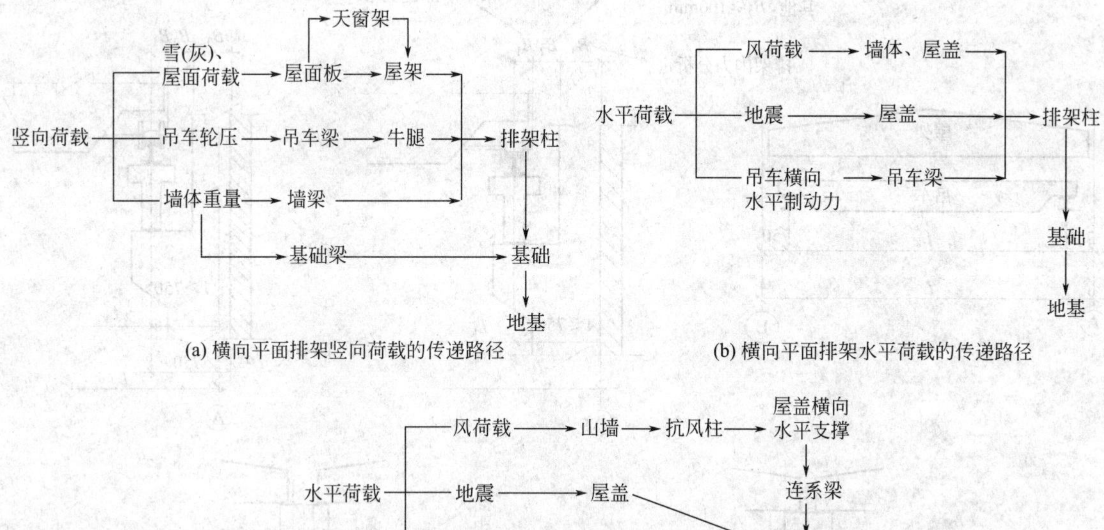

(a) 横向平面排架竖向荷载的传递路径

(b) 横向平面排架水平荷载的传递路径

(c) 纵向平面排架所受的水平荷载传递路径

图 3-6　单层厂房结构的荷载传递路线示意图

3.3 结构布置

3.3.1 厂房关键尺寸

厂房关键尺寸包括确定纵向定位轴线［图 3-7(a)］、横向定位轴线［图 3-7(b)］和厂房的高度［图 3-7(c)］。

厂房承重柱（或承重墙）的纵向和横向定位轴线，在平面上排列所形成的网格，称为柱网（图 3-8）。柱网布置就是确定纵向定位轴线之间（跨度）和横向定位轴线之间（柱距）的尺寸。确定柱网尺寸，既是确定柱的位置，同时也是确定屋面板、屋架和吊车梁等构件的跨度并涉及厂房结构构件的布置。柱网布置恰当与否，将直接影响厂房结构的经济合理性和先进性，对生产使用也有密切关系。

柱网布置的一般原则应为：符合生产和使用要求；建筑平面和结构方案经济合理；在厂房结构形式和施工方法上具有先进性和合理性；符合《厂房建筑模数协调标准》的有关规定；适应生产发展和技术革新的要求。

厂房跨度在 18m 及以下时，跨度应采用 3m 的倍数；在 18m 以上时，应采用 6m 的倍数。厂房柱距应采用 6m 或 6m 的倍数，如图 3-8。当工艺布置和技术经济有明显的优越性时，亦可采用 21m、27m、33m 的跨度和 9m 或其他柱距。

目前，从经济指标、材料消耗、施工条件等方面来衡量，一般的，特别是高度较低的厂房，采用 6m 柱距比 12m 柱距优越。但从现代化工业发展趋势来看，扩大柱距，对增加车

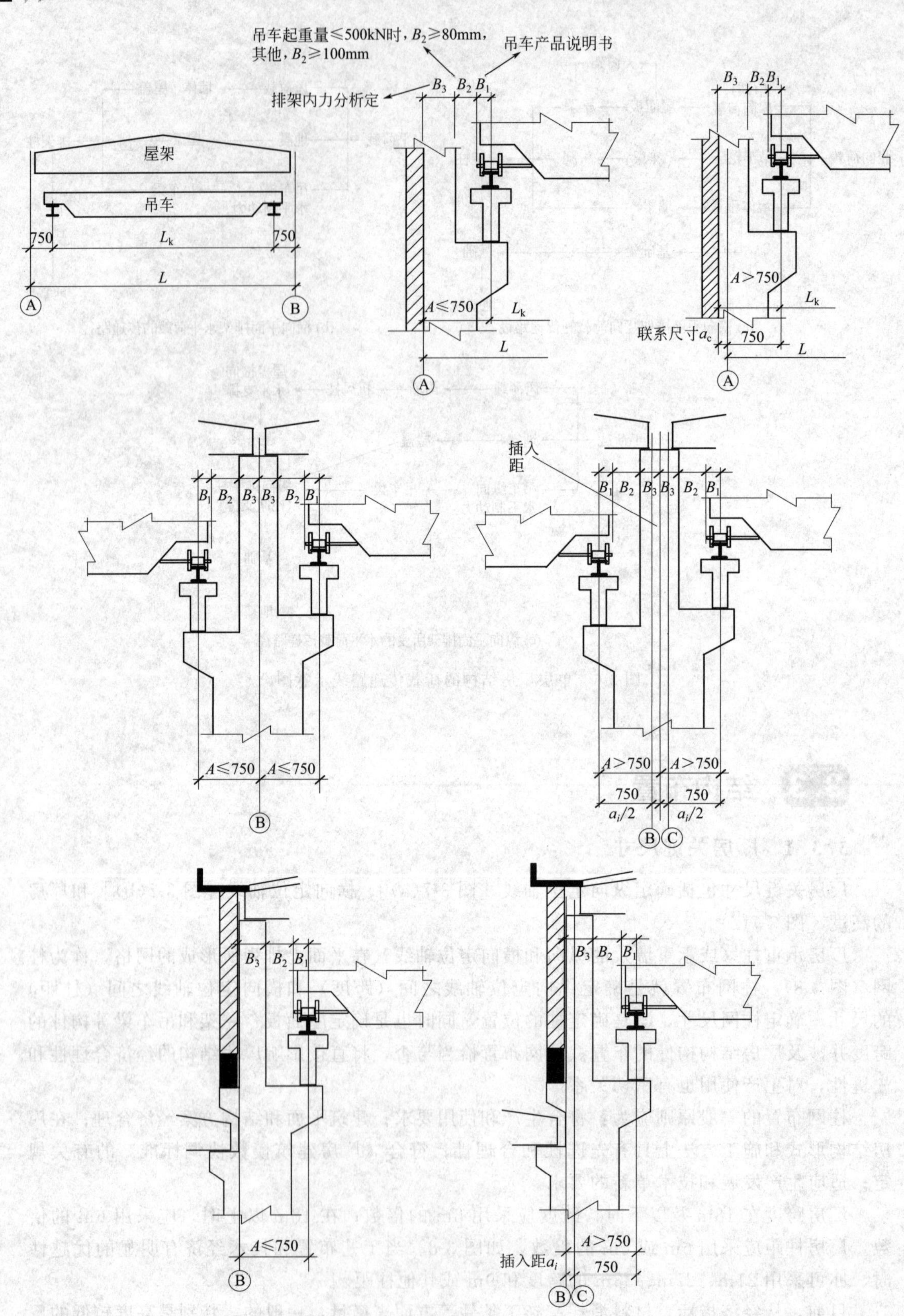

(a) 纵向定位轴线 (柱距方向的轴线，用Ⓐ、Ⓑ、Ⓒ…表示)

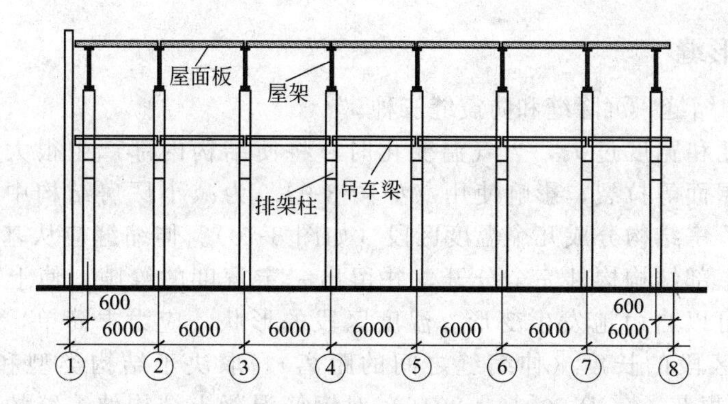

(b) 横向定位轴线（跨度方向的轴线，用①、②、③…表示）

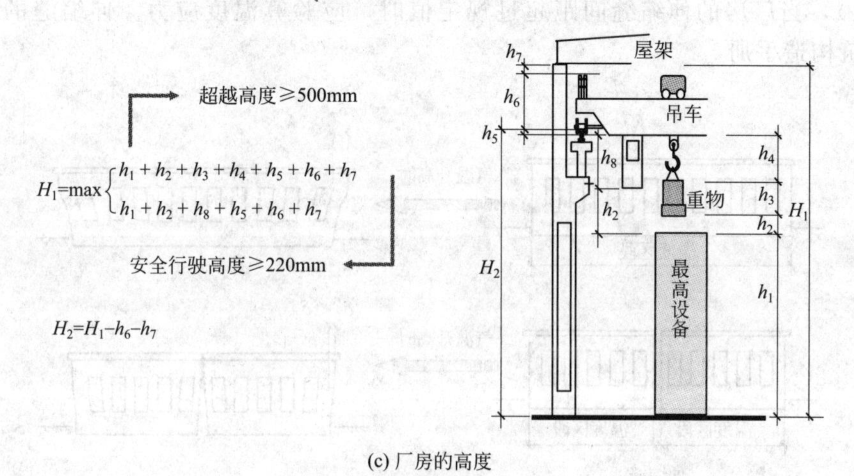

(c) 厂房的高度

图 3-7 厂房的关键尺寸

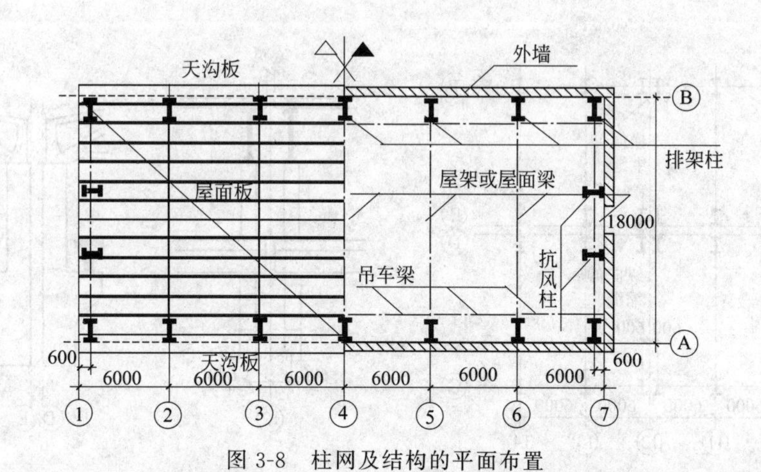

图 3-8 柱网及结构的平面布置

间有效面积、提高设备布置和工艺布置的灵活性、机械化施工中减少结构构件的数量和加快施工进度等，都是有利的。当然，由于构件尺寸增大，也给制作、运输和吊装带来不便。12m 柱距是 6m 柱距的扩大模数，在大小车间相结合时，两者可配合使用。此外，12m 柱距可以利用现有设备做成 6m 屋面板系统（有托架梁）；当条件具备时又可直接采用 12m 屋面板（无托架梁）。所以，在选择 12m 柱距和 9m 柱距时，应优先采用前者。

厂房的高度还应考虑统一的模数。

3.3.2 变形缝

变形缝包括伸缩缝、沉降缝和防震缝三种。

如果厂房长度和宽度过大，当气温变化时，将使结构内部产生很大的温度应力，严重的可将墙面、屋面等拉裂，影响使用（如图 3-9）。为减小厂房结构中的温度应力，可设置伸缩缝，将厂房结构分成几个温度区段（如图 3-10）。伸缩缝应从基础顶面开始，将两个温度区段的上部结构构件完全分开，并留出一定宽度的缝隙，使上部结构在气温变化时，水平方向可以自由地发生变形。温度区段的形状，应力求简单，并应使伸缩缝的数量最少。温度区段的长度（伸缩缝之间的距离），取决于结构类型和温度变化情况。《混凝土结构设计规范》（GB 50010—2010）对钢筋混凝土结构伸缩缝的最大间距作了规定（表 3-1），当厂房的伸缩缝间距超过规定值时，应验算温度应力。伸缩缝的具体做法见有关建筑构造手册。

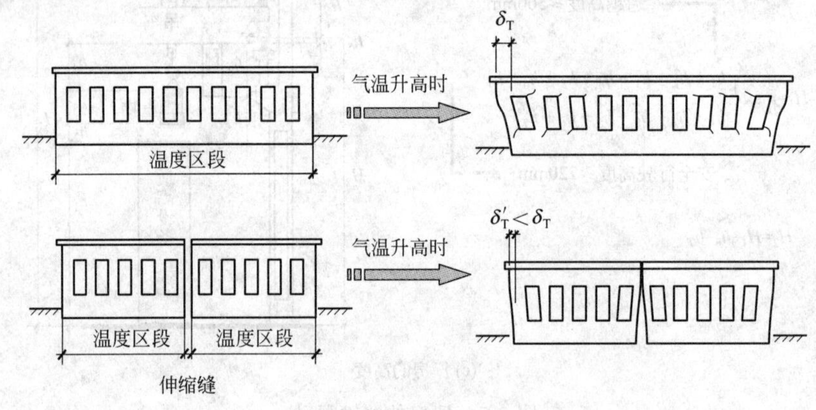

图 3-9　屋面变形

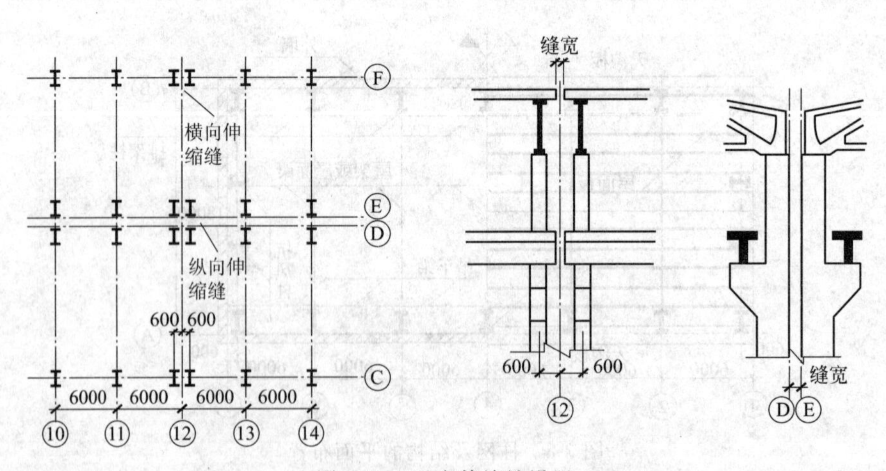

图 3-10　温度伸缩缝设置

现浇式在一般单层厂房中可不做沉降缝，只有在特殊情况下才考虑设置，如厂房相邻两部分高度相差很大（如 10m 以上）、两跨间吊车起重量相差悬殊、地基承载力或下卧层土质有较大差别、厂房各部分的施工时间先后相差很长、土壤压缩程度不同等情况。沉降缝应将建筑物从屋顶到基础全部分开，以使在缝两边发生不同沉降时不至损坏整个建筑物。沉降缝可兼作伸缩缝。

表 3-1 钢筋混凝土伸缩缝最大间距 单位：m

结构类别		室内或土中	露天
排架结构	装配式	100	70
框架结构	装配式	75	50
	现浇式	55	35
剪力墙结构	装配式	65	40
	现浇式	45	30
挡土墙、地下室墙壁等结构	装配式	40	30
	现浇式	30	20

注：1. 装配整体式结构的伸缩缝间距，可根据结构的具体情况取表中装配式结构与现浇式结构之间的数值。

2. 框架-剪力墙结构或框架-核心筒结构房屋的伸缩间距，可根据结构的具体情况取表中的框架结构与剪力墙结构之间的数值。

3. 当屋面无保温或隔热措施时，框架结构、剪力墙结构的伸缩缝间距宜按表中露天栏的数值取用。

4. 现浇挑梁、雨罩等外露结构的局部伸缩缝间距不宜大于 12m。

防震缝是为了减轻厂房地震灾害而采取的有效措施之一。当厂房平、立面布置复杂或结构高度或刚度相差很大，以及在厂房侧边建生活间、变电所、炉子间等附属建筑时，应设置防震缝将相邻部分分开。地震区的厂房，其伸缩缝和沉降缝均应符合防震缝的要求。

3.3.3 支撑的布置

在装配式钢筋混凝土单层厂房结构中，支撑虽非主要的构件，但却是连系主要结构构件以构成整体的重要组成部分。实践证明，如果支撑布置不当，不仅会影响厂房的正常使用，甚至可能引起工程事故，所以应予以足够的重视。

下面主要讲述各类支撑的作用和布置原则，至于具体布置方法及与其他构件的连接构造，可参阅有关标准图集。

3.3.3.1 *屋盖支撑*

屋盖支撑包括设置在屋面梁（屋架）间的垂直支撑、水平系杆以及设置在上、下弦平面内的横向支撑和通常设置在下弦水平面内的纵向水平支撑。

（1）屋面梁（屋架）间的垂直支撑及水平系杆

垂直支撑和下弦水平系杆是用以保证屋架的整体稳定（抗倾覆）以及防止在吊车工作时（或有其他振动）屋架下弦的侧向颤动。上弦水平系杆则用以保证屋架上弦或屋面梁受压翼缘的侧向稳定（防止局部失稳）。

当屋面梁（或屋架）的跨度 $l>18$m 时，应在第一或第二柱间设置端部垂直支撑并在下弦设置通长水平系杆；当 $l\leqslant 18$m，且无天窗时，可不设垂直支撑和水平系杆，仅对梁支座进行抗倾覆验算即可。当为梯形屋架时，除按上述要求处理外，必须在伸缩缝区段两端第一或第二柱间内，在屋架支座处设置端部垂直支撑，如图 3-11 所示。

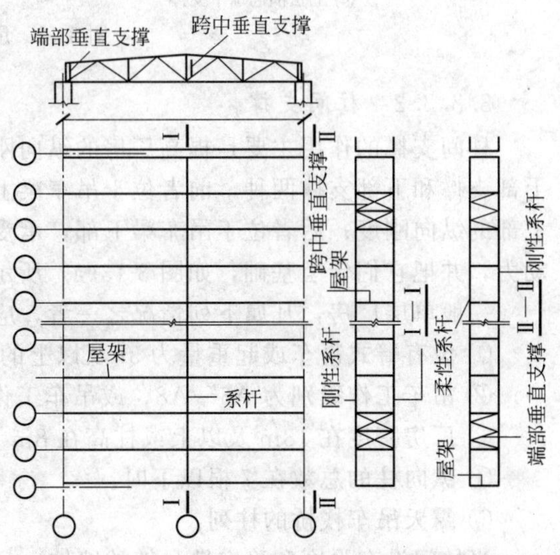

图 3-11 屋架垂直支撑及水平系杆

（2）屋面梁（屋架）间的横向支撑

上弦横向支撑的作用是：构成刚性框架，增强屋盖整体刚度，保证屋架上弦或屋面梁上翼缘的侧向稳定，同时将抗风柱传来的风力传递到（纵向）排架柱顶。

当屋面采用大型屋面板并与屋面梁或屋架有三点焊接，并且屋面板纵肋间的空隙用C20细石混凝土灌实，能保证屋盖平面的稳定并能传递山墙风力时，则认为可起上弦横向支撑的作用，这时不必再设置上弦横向支撑。凡屋面为有檩体系，或山墙风力传至屋架上弦而大型屋面板的连接又不符合上述要求时，则应在屋架上弦平面的伸缩缝区段内两端各设一道上弦横向支撑，当天窗通过伸缩缝时，应在伸缩缝处天窗缺口下设置上弦横向支撑。

下弦横向水平支撑的作用是：保证将屋架下弦受到的水平力传至（纵向）排架柱顶。故当屋架下弦设有悬挂吊车或有其他水平力，或抗风柱与屋架下弦连接，抗风柱风力传至下弦时，则应设置下弦横向水平支撑。

（3）屋面梁（屋架）间的纵向水平支撑

下弦纵向水平支撑是为了提高厂房刚度，保证横向水平力的纵向分布，增强排架的空间工作性能而设置的。设计时应根据厂房跨度、跨数和高度，屋盖承重结构方案，吊车吨位及工作制等因素考虑在下弦平面端节点中设置。如厂房还设有横向支撑时，则纵向支撑应尽可能同横向支撑形成封闭支撑体系，如图 3-12(a)；当设有托架时，必须设置纵向水平支撑，如图 3-12(b)；如果只在部分柱间设有托架，则必须在设有托架的柱间和两端相邻的一个柱间设置纵向水平支撑，以承受屋架传来的横向风力。

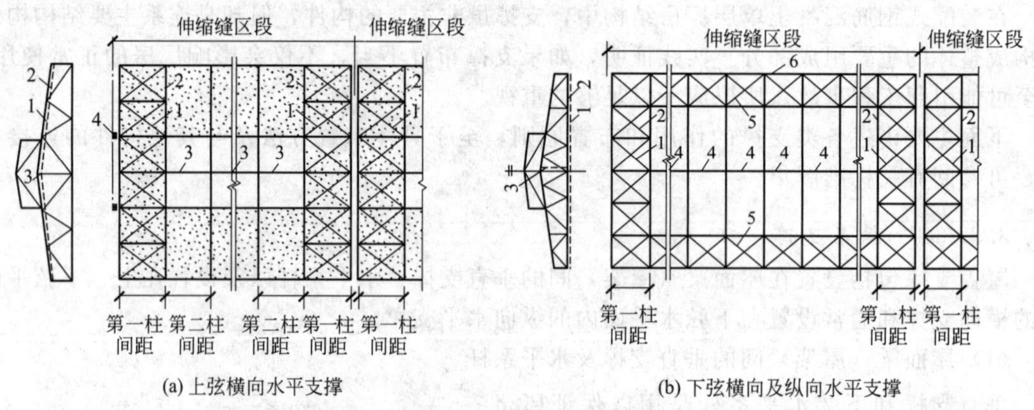

(a) 上弦横向水平支撑　　(b) 下弦横向及纵向水平支撑

图 3-12　屋面梁的支撑

3.3.3.2　柱间支撑

柱间支撑的作用主要是提高厂房的纵向刚度和稳定性。对于有吊车的厂房，柱间支撑分上部支撑和下部支撑两种，前者位于吊车梁上部，用以承受作用在山墙上的风力并保证厂房上部的纵向刚度；后者位于吊车梁下部，承受上部支撑传来的力和吊车梁传来的吊车纵向制动力，并把它们传至基础，如图 3-13(a) 所示。

一般单层厂房，凡属下列情况之一者，应设置柱间支撑。

① 设有臂式吊车或起重量为 3t 及以上的悬挂式吊车时。

② 吊车工作级别为 A6～A8，或吊车工作级别为 A1～A5 且起重量为 10t 及以上时。

③ 厂房跨度在 18m 及以上或柱高在 8m 以上时。

④ 纵向柱的总数在 7 根以下时。

⑤ 露天吊车栈桥的柱列。

当柱间设有强度和稳定性足够的墙体，且其与柱连接紧密能起整体作用，同时吊车起重

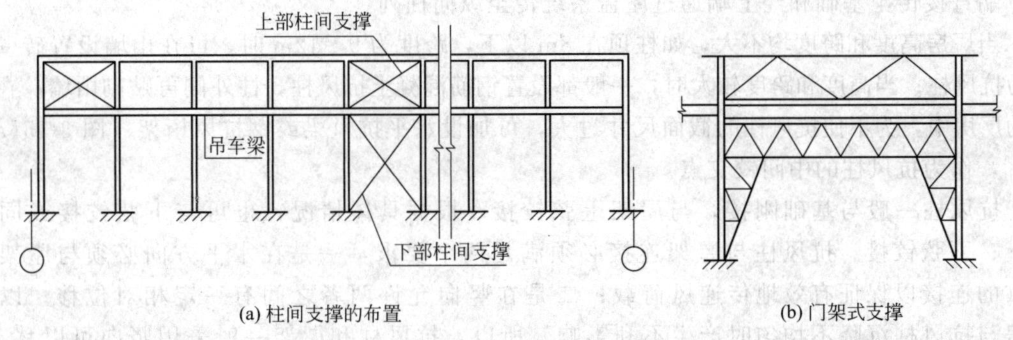

(a) 柱间支撑的布置　(b) 门架式支撑

图 3-13　柱间支撑

量较小（≤5t）时，可不设柱间支撑。

当柱顶纵向水平力没有简捷途径传递时，柱间支撑杆件应与吊车梁分离，则必须设置一道通长的纵向受压水平系杆（如柱间支撑宜用交叉形式），以免受吊车梁竖向变形的影响。

柱间支撑宜采用交叉形式，交叉倾角通常在35°～55°之间，当柱间因交通、设备布置或柱距较大而不宜或不能采用交叉式支撑时，可采用图 3-13(b) 所示的门架式支撑。

柱间支撑一般采用钢结构，杆件应进行强度和稳定性验算。

柱间支撑应设在伸缩缝区段的中央或临近中央的柱间［图 3-14(a)］，这样在温度变化或混凝土收缩时，有利于厂房自由变形，而不至发生较大的温度或收缩应力，因此不应设置在一端［图 3-14(b)］或两端［图 3-14(c)］，由于图 3-14(a) 布置方式在纵向水平力作用下，传力的路程较短，且在温度变化时，厂房向两端的伸缩变形较小；图 3-14(b) 布置方式传力路线及伸缩变形都增加一倍；图 3-14(c) 布置方式在温度发生变化时，结构不易发生伸缩变形；图 3-14(b) 和图 3-14(c) 都会使结构产生较大的温度应力。

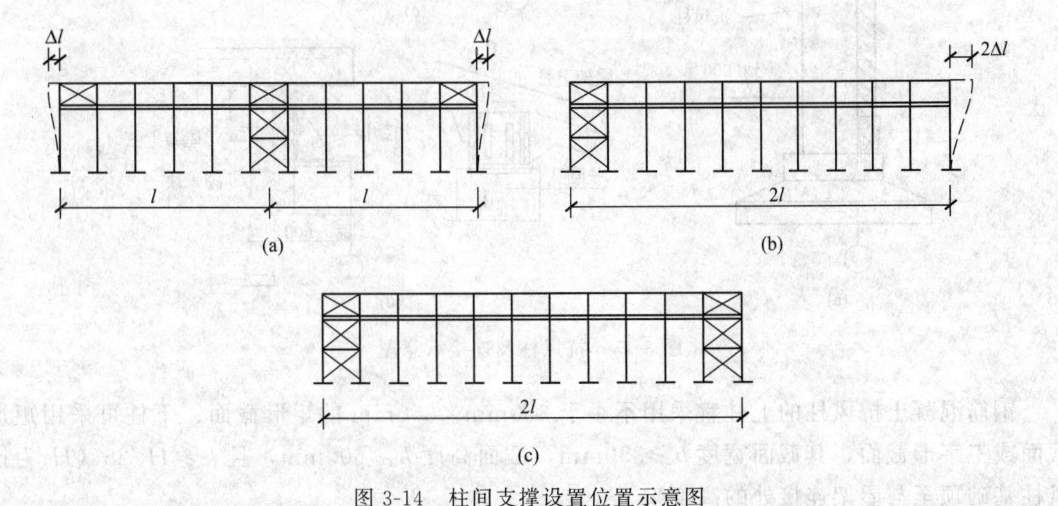

图 3-14　柱间支撑设置位置示意图

3.3.4　围护结构的布置

3.3.4.1　抗风柱

单层厂房的端墙（山墙），受风面积较大，一般需要设置抗风柱将山墙分成几个区格，使墙面受到的风荷载一部分（靠近纵向柱列的区格）直接传至纵向柱列，另一部分则经抗风柱下端直接传至基础和经上端通过屋盖系统传至纵向柱列。

当厂房高度和跨度均不大，如柱顶在8m以下，跨度为9~12m时，可在山墙设置砖壁柱作为抗风柱；当高度和跨度较大时，一般都设置钢筋混凝土抗风柱，柱外侧再贴砌山墙。在很高的厂房中，为不使抗风柱的截面尺寸过大，可加设水平抗风梁或钢抗风桁架［图3-15(a)、(b)］，作为抗风柱的中间铰支点。

抗风柱一般与基础刚接，与屋架上弦铰接，根据具体情况，也可与下弦铰接或同时与上、下弦铰接。抗风柱与屋架连接必须满足两个要求：一是在水平方向必须与屋架有可靠的连接以保证有效地传递风荷载；二是在竖向允许两者之间有一定相对位移，以防厂房与抗风柱沉降不均匀时产生不利影响。所以，抗风柱和屋架一般采用竖向可以移动，水平向又有较大刚度的弹簧板连接［图3-15(c)］；如厂房沉降较大时，则宜采用螺栓连接［图3-15(d)］。

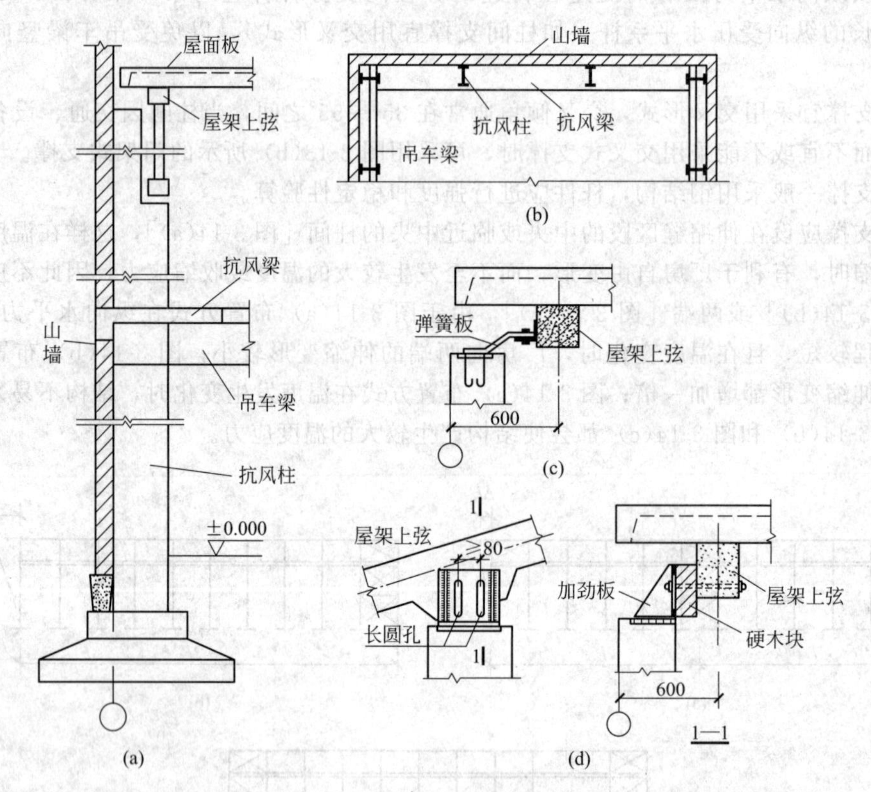

图3-15 抗风柱及连接示意图

钢筋混凝土抗风柱的上柱宜采用不小于350mm×350mm的矩形截面；下柱可采用矩形截面或工字形截面，其截面宽度$b\geqslant350$mm，截面高度$h\geqslant600$mm，且$h\geqslant H/25$（H为抗风柱基础顶至与屋架连接处的高度）。

3.3.4.2 圈梁、连系梁及基础梁

单层厂房采用砌体围护墙时，一般需设置圈梁、连系梁和基础梁。

(1) 圈梁

圈梁为非承重的现浇钢筋混凝土构件，在墙体的同一水平面上连续设置，构成封闭状，并与柱中伸出的预埋拉筋连接。圈梁的作用是将厂房的墙体和柱等箍束在一起，增强厂房结构的整体刚度，防止因地基不均匀沉降或较大振动作用等对厂房产生的不利影响。圈梁的设置与墙体高度、设备有无振动及地基情况等有关。一般情况下，单层厂房可按下列原则设置圈梁：无吊车的砖砌围护墙厂房，当檐口标高为5～8m时，应在檐口标高处设置圈梁一道；当檐口标高大于8m时，应增加设置数量。设有吊车或较大振动设备的单层厂房，除在檐口或窗顶标高处设置圈梁外，尚应增加设置数量。

圈梁的截面宽度宜与墙厚相同，当墙厚大于240mm时，其宽度不宜小于2/3墙厚。圈梁的截面高度不应小于120mm。圈梁中的纵向钢筋不应少于4Φ10，绑扎接头的搭接长度按受拉钢筋考虑，箍筋间距不应大于300mm。圈梁兼作过梁时，过梁部分的钢筋按计算另行增配。

（2）连系梁

连系梁一般为预制钢筋混凝土构件，两端支承在柱牛腿上，用预埋件或螺栓与牛腿连接。连系梁的作用是承受其上墙重及窗重，并传给排架柱，同时起到连系纵向柱列，增强厂房纵向刚度的作用。

（3）基础梁

在单层厂房中，一般用基础梁来支承围护墙，并将围护墙的重力传给基础［图3-16(a)］。基础梁通常为预制钢筋混凝土简支梁，两端直接支承在基础顶部［图3-16(b)］；如果基础埋深较大，可将基础梁支承在基础顶部的混凝土垫块上［图3-16(c)］。施工时，基础梁支承处应坐浆。基础梁的顶面一般位于室内地坪以下50mm处；基础梁的底面以下应预留100mm的空隙，以保证基础梁可随基础一起沉降。

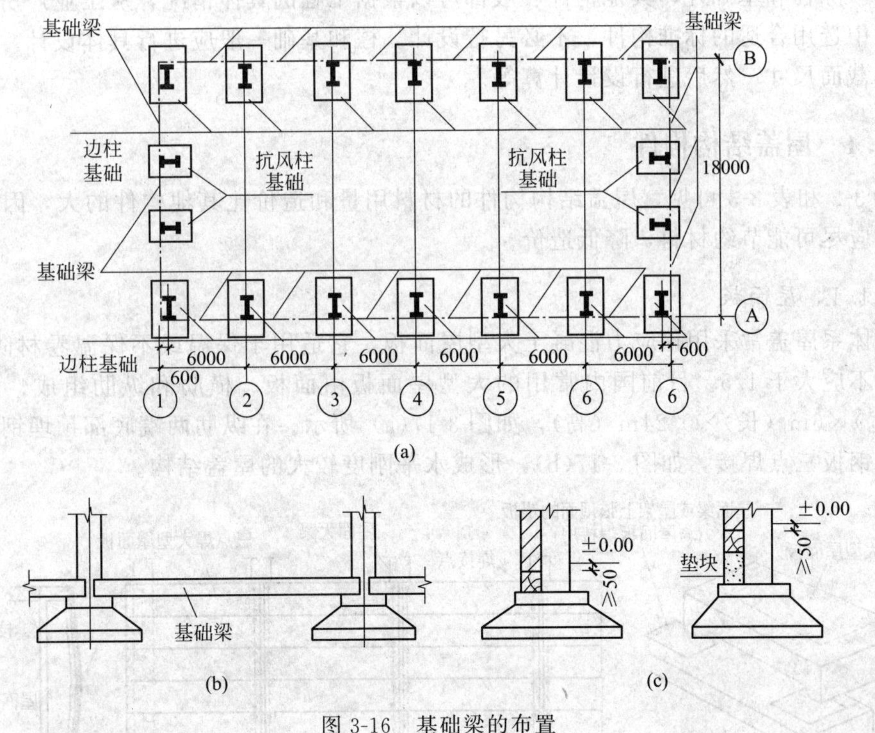

图3-16 基础梁的布置

当基础梁上围护墙较高，如15m以上，墙体不能满足承载力要求，或基础梁不能承担其上墙重时，可设置连系梁；当厂房的围护墙不高，柱基础埋深较小，且地基较好时，可不设置基础梁，采用墙下条形基础。

3.4 构件选型与截面尺寸确定

根据对一般中型厂房（跨度为24m，吊车起重量为15t）所作的统计，厂房主要构件的材料用量和各部分造价占土建总造价的百分比分别见表3-2和表3-3。因此，构件选型应考虑厂房刚度、生产使用和建筑的工业化要求等，结合具体施工条件、材料供应和技术经济指标综合分析后确定。

表 3-2　中型钢筋混凝土单层厂房结构各主要构件材料用量

材料	每平方米建筑面积构件材料用量	每种构件材料用量占总用量的百分比/%				
		屋面板	屋架	吊车梁	柱	基础
混凝土	0.13～0.18m²	30～40	8～12	10～15	15～20	25～35
钢材	18～20kg	25～30	20～30	20～32	18～25	8～12

表 3-3　厂房各部分造价占土建造价的百分比

项目	屋盖	柱、梁	基础	墙	地面	门窗	其他
百分率/%	30～50	10～20	5～10	10～18	4～7	5～11	3～5

单层厂房结构的主要构件有屋盖结构构件、支撑、吊车梁、墙体、连系梁、基础梁、柱和基础等。除柱和基础外，其他构件一般都可以根据工程的具体情况，从工业厂房结构构件标准图集中选用合适的标准构件，不必另行设计。柱和基础一般应进行具体设计，须先选型并确定其截面尺寸，然后进行设计计算等。

3.4.1 屋盖结构构件

由表3-2和表3-3可见，屋盖结构构件的材料用量和造价比其他构件的大，因此选择屋盖构件时应尽可能节约材料，降低造价。

3.4.1.1　*屋面板*

无檩体系屋盖常采用预应力混凝土大型屋面板，它适用于保温或不保温卷材防水屋面，屋面坡度不应大于1/5。目前国内常用的大型屋面板由面板、横肋和纵肋组成，其尺寸为1.5m（宽）×6m（长）×0.24m（高），如图3-17(a)所示。在纵肋两端底部预埋钢板与屋架上弦预埋钢板三点焊接，如图3-17(b)，形成水平刚度较大的屋盖结构。

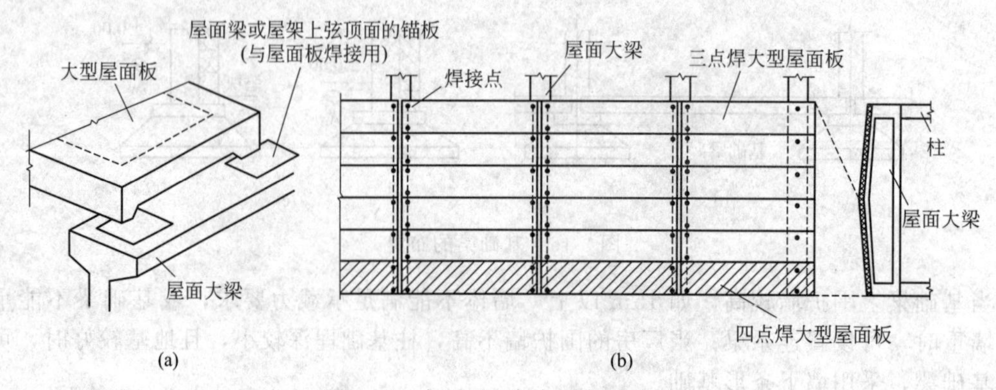

图 3-17　大型屋面板与屋架的连接

无檩体系屋盖可采用预应力F形屋面板，用于自防水非卷材屋面［图 3-18(a)］，以及预应力自防水保温屋面板［图 3-18(b)］、钢筋加气混凝土板［图 3-18(c)］等。有檩体系屋盖常采用预应力混凝土槽瓦［图 3-18(d)］、波形大瓦［图 3-18(e)］等小型屋面板。

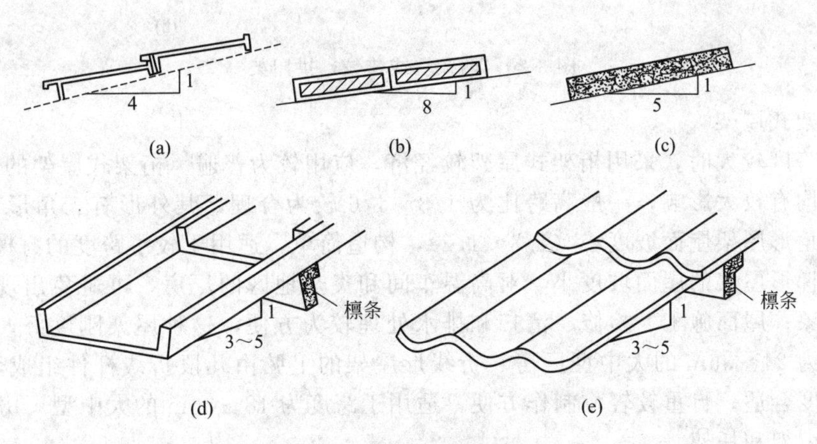

图 3-18　各种形式的屋面板

3.4.1.2　檩条

檩条搁在屋架或屋面板上，起着支承小型屋面板并将屋面荷载传给屋架的作用。它与屋架间用预埋钢板焊接，并与屋盖支撑一起保证屋盖结构的刚度和稳定性。目前应用较多的是钢筋混凝土或预应力混凝土Γ形截面檩条，跨度一般为 4m 或 6m。檩条在屋架上弦有斜放和正放两种，如图 3-19 所示。斜放时，檩条为双向受弯构件［图 3-19(a)］；正放时，屋架上弦要做水平支拖［图 3-19(b)］，檩条为单向受弯构件。

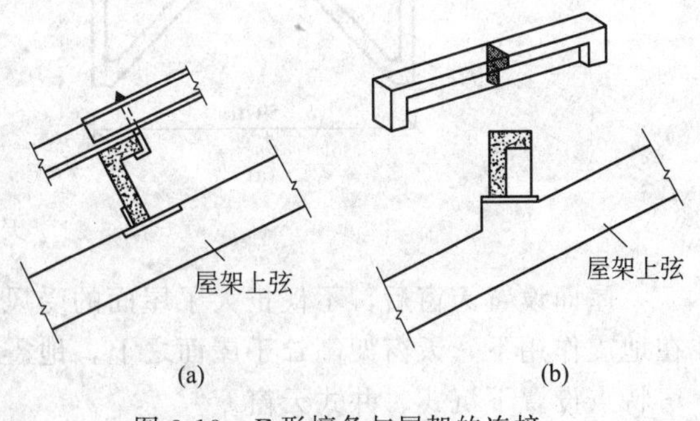

图 3-19　Γ形檩条与屋架的连接

3.4.1.3　屋面梁和屋架

屋面梁和屋架是屋盖结构的主要承重构件，除直接承受屋面荷载外，还作为横向排架结构的水平横梁传递水平力。有时还承受悬挂吊车、管道等荷载，并与屋盖支撑、屋面板、檩条等一起形成整体空间结构，保证屋盖水平和竖直方向的刚度和稳定。屋面梁和屋架的种类较多，按其形成可分为屋面梁、两铰（或三铰）拱屋架和桁架式屋架三大类。

(1) 屋面梁

屋面梁的外形有单坡和双坡两种。双坡梁一般为工形变截面预应力混凝土薄腹梁，具有高度小、重心低、侧向刚度好、便于制作和安装等优点，但其自重较大，适用于跨度不大于 18m、有较大振动或有腐蚀性介质的中、小型厂房。目前常用的有 12m、15m、18m 跨度的工形变截面双坡预应力混凝土薄腹梁。

(2) 两铰（或三铰）拱屋架

两铰拱的支座节点为铰接，顶节点为刚接，如图 3-20(a) 所示；三铰拱的支座节点和顶节点均为铰接，如图 3-20(b) 所示。两铰（或三铰）拱屋架比屋面梁轻，构造也简单，适用于跨度为 9～15m 的中小型厂房，不宜用于重型和振动较大的厂房。

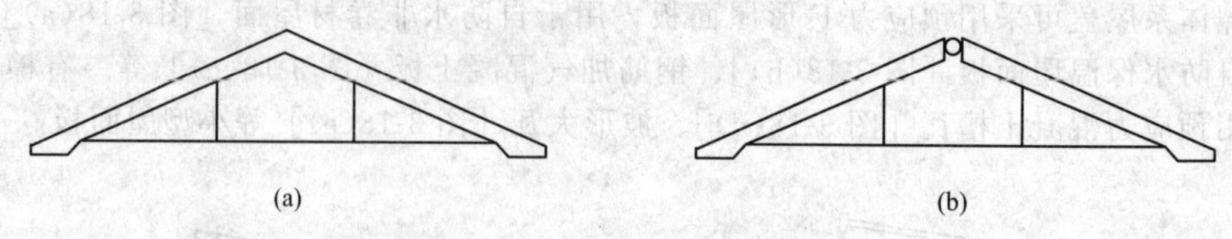

图 3-20 两铰（或三铰）拱屋架

（3）桁架式屋架

当厂房跨度较大时，采用桁架式屋架较经济，应用较为普遍。桁架式屋架的矢高和外形对屋架受力均有较大影响，一般高跨比为 1/8～1/6 较为合理，其外形有三角形、梯形、折线形等。三角形屋架屋面坡度小（1/3～1/2），构造简单，适用于较小跨度的有檩体系的中、小型厂房。梯形屋架的屋面坡度小，对高温车间和炎热地区的厂房，可避免出现屋面沥青、油膏流淌现象；屋面施工、检修、清扫和排水处理较为方便，这种屋架刚度好，构造简单，适用于跨度为 24～36m 的大中型厂房。折线形屋架的上弦由几段折线杆件组成，外形较合理，屋面坡度合适，自重较轻，制作方便，适用于跨度为 18～36m 的大中型厂房。

（4）天窗架和托架

天窗架与屋架上弦连接处用钢板焊接，其作用是便于采光和通风，同时承受屋面板传来的竖向荷载和作用在天窗上的水平荷载，并将它们传给屋架。目前常用的钢筋混凝土天窗架形式如图 3-21 所示，跨度一般为 6m 或 9m。

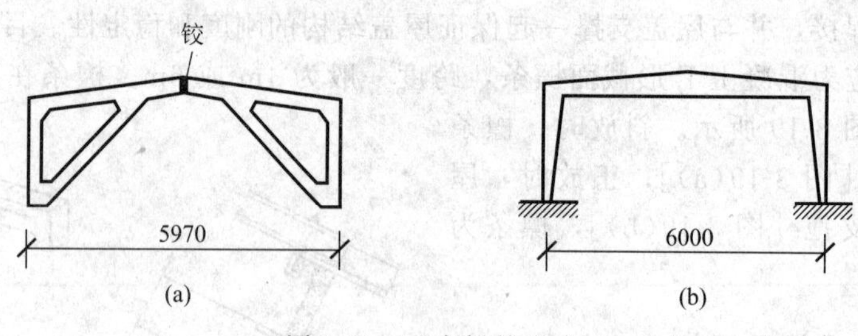

图 3-21 天窗架的形式

屋面设置天窗后，不仅扩大了屋面的受风面积，而且削弱了屋盖结构的整体刚度，尤其在地震作用下，天窗架高耸于屋面之上，地震反应较大，因此应尽量避免设置天窗或根据厂房特点设置下沉式、井式天窗。

托架是当柱距大于屋架间距时，用以支承屋架的构件。如当厂房局部柱距为 12m 而屋架间距仍用 6m 时，需在柱顶设置托架，以支承中间屋架。托架一般为 12m 跨度的预应力混凝土三角形或折线形结构，如图 3-22 所示。

3.4.2 吊车梁

吊车梁除直接承受吊车起重、运行和制动时产生的各种移动荷载外，还具有将厂房的纵向荷载传递至纵向柱列、加强厂房纵向刚度等作用。

吊车梁一般根据吊车的起重量、工作级别、台数、厂房跨度和柱距等因素选用。目前常用的吊车梁类型有钢筋混凝土等截面实腹式吊车梁［图 3-23(a)］、预应力混凝土等截面和变截面吊车梁［图 3-23(b)、(c)］、钢筋混凝土和钢组合式吊车梁等［图 3-23(d)］。钢筋混凝土 T 形等截面吊车梁，施工制作简单，但自重大，比较费材料，适用于吊车起重量不大的情况；预应力混凝土工形截面吊车梁，其受力性能和技术经济指标均优于钢筋混凝土吊车梁，且施工、运输、堆放都比较方便，宜优先采用；预应力混凝土变截面吊车梁（鱼腹式），

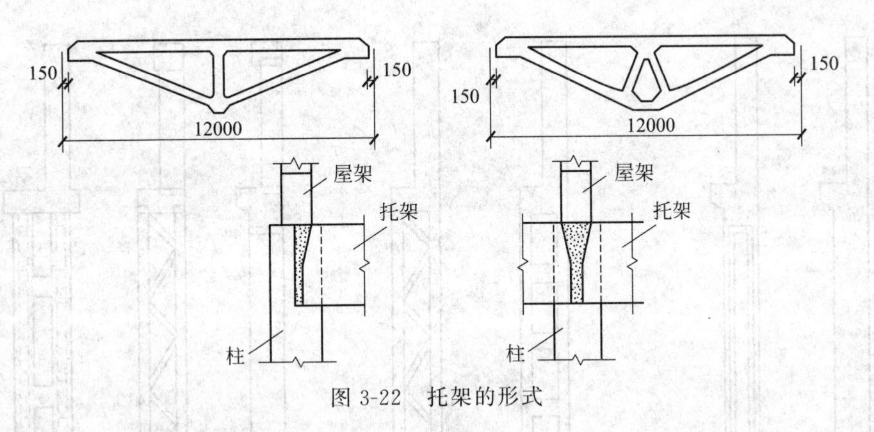

图 3-22 托架的形式

因其外形比较接近于弯矩包络图，故材料分布较理想，同时由于支座附近区段的受拉边为倾斜边，受力纵向钢筋承担的竖向分力可抵消截面上的部分剪力，从而可使腹板厚度减小，降低箍筋用量，经济效果较好，但其构造和制作较复杂，运输、堆放也不方便，适用于吊车起重量和纵向柱列柱距均较大的情况；组合式吊车梁的上弦为钢筋混凝土矩形或T形截面连续梁，下弦和腹杆采用型钢（受压腹杆也可采用钢筋混凝土制作），其特点是自重轻，但刚度小，用钢量大，节点构造复杂，一般适用于吊车起重量较小、工作级别为A1～A5的吊车。

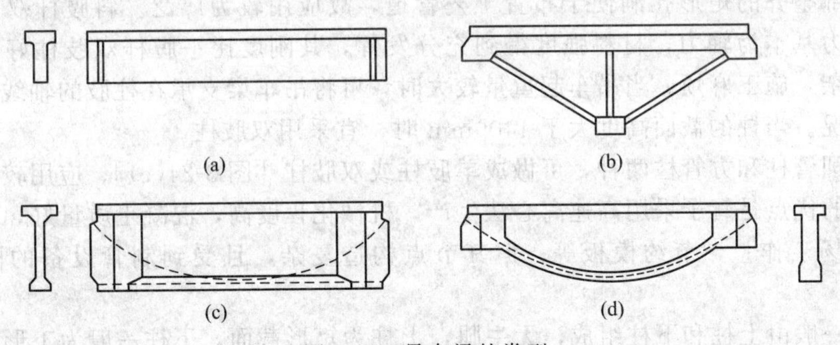

图 3-23 吊车梁的类型

3.4.3 柱

(1) 柱的形式

单层厂房中的柱主要有排架柱和抗风柱两类。

钢筋混凝土排架柱一般由上柱、下柱和牛腿组成。上柱一般为矩形截面或环形截面；下柱的截面形式较多，根据其截面形式可分为矩形截面柱、工形截面柱、双肢柱和管柱等几类，如图3-24所示。

矩形截面柱［图3-24(a)］的缺点是自重大，费材料，经济指标较差，但由于其构造简单，施工方便，在小型厂房中有时仍被采用。其截面尺寸不宜过大，截面高度一般在700mm以内。

工形截面柱［图3-24(a)］的截面形式合理，能比较充分地发挥截面上混凝土的承载作用，而且整体性好，施工方便。当柱截面高度为600～1400mm时被广泛采用。工形截面柱在上柱和牛腿附近的高度内，由于受力较大以及构造需要，仍应做成矩形截面，柱底插入基础杯口高度内的一段也宜做成矩形截面。

双肢柱的下柱由肢杆、肩梁和腹杆组成，也包括平腹杆双肢柱和斜腹杆双肢柱等［图

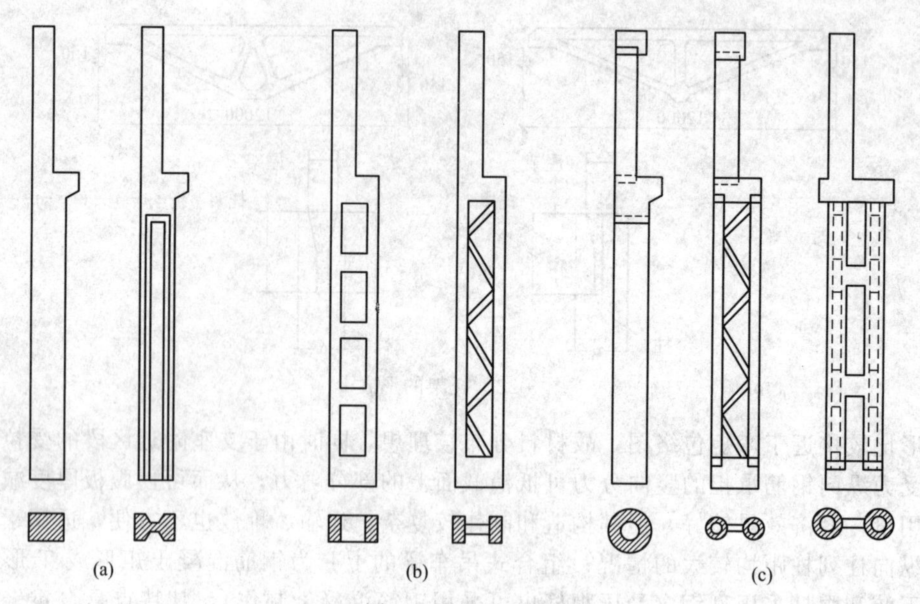

图 3-24　柱的形式

3-24(b)]。平腹杆双肢柱由两个柱肢和若干横向腹杆组成，构造比较简单，制作方便，受力合理，且腹部整齐的矩形孔洞便于布置工艺管道，故应用较为广泛。斜腹杆双肢柱呈桁架式，杆件内力基本为轴力，材料强度得到充分发挥，其刚度比平腹杆双肢柱好，但其节点多，构造复杂，施工麻烦。当吊车起重量较大时，可将吊车梁支承在柱肢的轴线上，改善肩梁的受力情况。当柱的截面高度大于 1400mm 时，宜采用双肢柱。

管柱有圆管柱和方管柱两种，可做成单肢柱或双肢柱［图 3-24(c)］。应用较多的是双肢管柱，管柱的优点是管子采用高速离心法生产，机械化程度高，混凝土质量好，自重轻，可减少施工现场工作量，节约模板等；但其节点构造复杂，且受到制管设备的限制，应用较少。

抗风柱一般由上柱和下柱组成，无牛腿，上柱为矩形截面，下柱一般为工形截面。

各种截面柱的材料用量比较及应用范围见表 3-4。

表 3-4　各种截面柱的材料用量及应用范围

截面形式		矩形	工形	双肢柱	管柱	
材料用量比较	混凝土	100%	60%～70%	55%～65%	40%～60%	
	钢材	100%	60%～70%	70%～80%	70%～80%	
一般应用范围/mm		$h\leqslant700$ 或现浇柱	$h=600\sim1400$	小型 $h=500\sim800$ 大型 $h\geqslant1400$	$h=600$ 左右（单肢柱）	$h=600\sim1400$（双肢管柱）

注：表中 h 为柱的截面高度，其量纲为“mm”。

(2) 柱的截面尺寸

柱的截面尺寸除应满足承载力的要求外，还应保证具有足够的刚度，以免厂房变形过大，造成吊车轮与轨道过早磨损，影响吊车的正常运行，或导致墙体和屋盖产生裂缝，影响厂房的正常使用。由于影响厂房刚度的因素较多，目前主要是根据工程经验和实测资料来控制柱的截面尺寸。表 3-5 给出了柱距 6m 的单跨和多跨厂房最小柱截面尺寸的限制。对于一般单层厂房，如柱截面尺寸能满足表 3-5 的限值，则厂房的横向刚度可得到保证，其变形能满足要求。

表 3-5 6m 柱距单层厂房矩形、工形截面柱截面尺寸限值

柱的类型	b 或 b_f	h		
		$Q\leqslant 10t$	$10t<Q<30t$	$30t\leqslant Q\leqslant 50t$
有吊车厂房下柱	$\geqslant\frac{H_1}{22}$	$\geqslant\frac{H_1}{14}$	$\geqslant\frac{H_1}{12}$	$\geqslant\frac{H_1}{10}$
露天吊车柱	$\geqslant\frac{H_1}{25}$	$\geqslant\frac{H_1}{10}$	$\geqslant\frac{H_1}{8}$	$\geqslant\frac{H_1}{7}$
单跨无吊车厂房柱	$\geqslant\frac{H_1}{30}$	$\geqslant\frac{H_1}{25}(0.06H)$		
多跨无吊车厂房柱	$\geqslant\frac{H_1}{30}$	$\geqslant\frac{H_1}{20}$		
仅承受风荷载与自重的山墙抗风柱	$\geqslant\frac{H_1}{40}$	$\geqslant\frac{H_1}{25}$		
同时承受由连系梁传来山墙重的山墙抗风柱	$\geqslant\frac{H_1}{30}$	$\geqslant\frac{H_1}{25}$		

注：H_1为下柱高度（算至基础顶面）；H 为全高（算至基础顶面）；H_u为上柱高；Q 为吊车起重量。

柱的截面尺寸除了考虑吊车起重量和柱的类型两个因素外，还应考虑厂房跨数和高度、柱的形式、围护结构的材料和构造、施工和吊装等。

对于工形截面柱，其截面高度和宽度确定后，可参考表 3-6 确定腹板和翼缘尺寸。

表 3-6 工形截面柱腹板、翼缘尺寸参考表

截面宽度	b_f/mm	300～400	400	500	500
截面高度	h/mm	500～700	700～1000	1000～2500	1500～2500
腹板厚度 b/mm $b/h'\geqslant 1/14\sim 1/10$		60	80～100	100～120	120～150
翼板厚度 h_f/mm		80～100	100～150	150～200	200～250

根据工程设计经验，当厂房柱距为 6m，一般桥式软钩吊车起重量为 5～150t 时，柱的形式和截面尺寸可参考表 3-7 和表 3-8 确定。

表 3-7 吊车工作级别为 A4、A5 时柱截面形式和尺寸参考表

吊车起重量/t	轨顶高度/m	6m 柱矩(边柱)		6m 柱矩(中柱)	
		上柱/mm	下柱/mm	上柱/mm	下柱/mm
≤5	6～8	□400×400	Ⅰ400×600×100	□400×400	Ⅰ400×600×100
10	8	□400×400	Ⅰ400×700×100	□400×600	Ⅰ400×800×150
	10	□400×400	Ⅰ400×800×150	□400×600	Ⅰ400×800×150
15～20	8	□400×400	Ⅰ400×800×150	□400×600	Ⅰ400×800×150
	10	□400×400	Ⅰ400×900×150	□400×600	Ⅰ400×1000×150
	12	□500×400	Ⅰ500×1000×200	□500×600	Ⅰ500×1200×200
30	8	□400×400	Ⅰ400×1000×150	□400×600	Ⅰ400×1000×150
	10	□400×500	Ⅰ400×1000×150	□500×600	Ⅰ500×1200×150
	12	□500×500	Ⅰ500×1000×200	□500×600	Ⅰ500×1200×200
	14	□600×500	Ⅰ600×1200×200	□600×600	Ⅰ600×1200×200
50	10	□500×500	Ⅰ500×1200×200	□500×700	双 500×1600×300
	12	□500×600	Ⅰ600×1400×200	□500×700	双 500×1600×300
	14	□600×600	Ⅰ600×1400×200	□600×700	双 600×1800×300

表 3-8　吊车工作级别为 A6、A7 时柱截面形式和尺寸参考表

吊车起重量/t	轨顶高度/m	6m 柱矩(边柱)		6m 柱矩(中柱)	
		上柱/mm	下柱/mm	上柱/mm	下柱/mm
≤5	6～8	□400×400	I 400×600×100	□400×500	I 400×800×150
10	8	□400×400	I 400×800×150	□400×600	I 400×800×150
	10	□400×400	I 400×800×150	□400×600	I 400×800×150
15～20	8	□400×400	I 400×800×150	□400×600	I 400×1000×150
	10	□500×500	I 500×1000×200	□500×600	I 500×1000×200
	12	□500×500	I 500×1000×200	□500×600	I 500×1000×220
30	10	□500×500	I 500×1000×200	□500×600	I 500×1200×200
	12	□500×600	I 500×1200×200	□500×600	I 500×1400×200
	14	□600×500	I 600×1400×200	□600×600	I 600×1400×200
50	10	□500×500	I 500×1200×200	□500×700	双 500×1600×300
	12	□500×600	I 500×1400×200	□500×700	双 500×1600×300
	14	□600×600	双 600×1600×300	□600×700	双 600×1800×300
75	12	双 600×1000×250	双 600×1800×300	双 600×1000×300	双 600×2200×350
	14	双 600×1000×250	双 600×1800×300	双 600×1000×300	双 600×2200×350
	16	双 700×1000×250	双 700×2000×350	双 700×1000×300	双 700×2200×350
100	12	双 600×1000×250	双 600×1800×300	双 600×1000×300	双 600×2400×350
	14	双 600×1000×250	双 600×2000×350	双 600×1000×300	双 600×2400×350
	16	双 700×1000×300	双 700×2200×400	双 700×1000×300	双 700×2400×350

注：截面形式采用下述符号：□为矩形截面 $b\times h$（宽度×高度）；I 为工形截面 $b_f\times h\times h_f$（h_f为翼缘厚度），双为双肢柱 $b\times h\times h_f$（h_f为肢杆厚度）。

3.4.4　基础

单层厂房的柱下基础一般采用独立基础（也称扩展基础）。对装配式钢筋混凝土单层厂房排架结构，常用的独立基础形式主要为杯形基础、高杯基础和桩基础等。如图 3-25 所示。

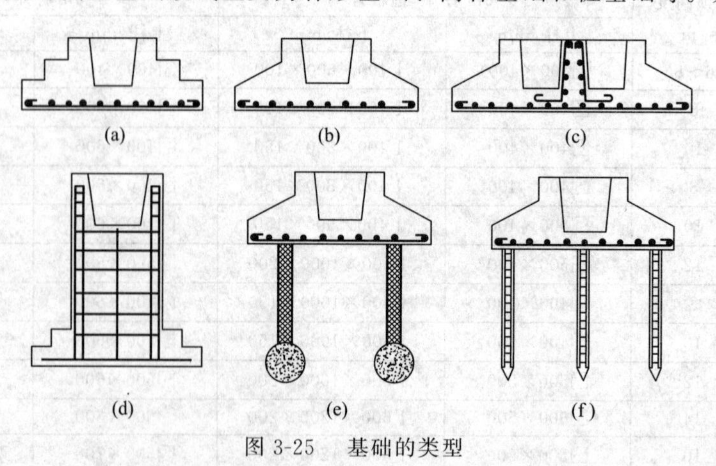

图 3-25　基础的类型

杯形基础有阶梯形和锥形两种［图 3-25(a)、(b)］，因与排架柱连接的部分做成杯口，故习称杯形基础。这种基础外形简单，施工方便，适用于地基土质较均匀、地基承载力较大

而上部结构荷载不是很大的厂房，是目前应用较普遍的一种基础形式。对厂房伸缩缝处设置的双柱，其柱下基础需做成双杯形基础（也称联合基础），如图 3-25(c) 所示。

当柱基础由于地质条件限制，或是附近有较深的设备基础或有地坑需深埋时，为了不使预制排架柱过长，可做成带短柱的扩展基础。这种基础由杯口、短柱和底板组成，因杯口位置较高，故称为高杯口基础［图 3-25(d)］。当上部结构荷载较大，地基表层土软弱而坚硬土层较深，或厂房对地基变形限制较严时，可采用爆扩桩基础［图 3-25(e)］或桩基础［图 3-25(f)］。

除上述基础外，实际工程中也有无筋倒圆台基础、壳体基础等柱下独立基础，有时也采用钢筋混凝土条形基础等。

3.5 横向排架结构内力分析

3.5.1 排架计算简图

3.5.1.1 计算单元

作用在厂房排架上的各种荷载，如结构自重、雪荷载、风荷载等（吊车荷载除外）沿厂房纵向都是均匀分布的，横向排架的间距一般都是相等的。在不考虑排架间的空间作用的情况下，每一中间的横向排架所承担的荷载及受力情况是完全相同的。计算时，可通过任意两相邻排架的中线，截取一部分厂房，如将图 3-26 中阴影部分作为计算单元。

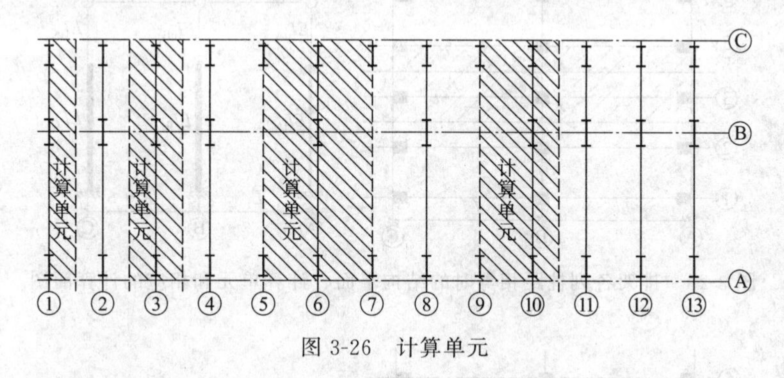

图 3-26 计算单元

3.5.1.2 基本假定

为了简化计算，根据构造与实践经验，对钢筋混凝土横向平面排架结构（图 3-27）通常作如下假定。

（1）柱下端固接于基础顶面。柱插入基础杯口一定的深度，并用细石混凝土和基础紧密地浇捣成一体（对二次浇捣的细石混凝土应注意养护，不使其开裂），且地基变形是受控制的，基础的转动一般较小，因此假定通常是符合实际的，但有些情况，例如地基土质较差、变形较大或有比较大的荷载（如大面积堆料）等，则应考虑基础位移和转动对排架内力的影响。

（2）柱顶端与屋架或横梁为铰接。由于屋架或横梁在柱顶，采用预埋钢板焊接或预埋螺栓连接，在构造上只能起传递垂直压力和水平剪力的作用，故计算时按铰接考虑。

（3）横梁为没有轴向变形的刚性杆件。横梁受力后长度变化很小，可以忽略不计，视两端柱顶处的水平位移相等。对于组合式屋架或两铰、三铰拱屋架应考虑其轴向变形对排架内力的影响。

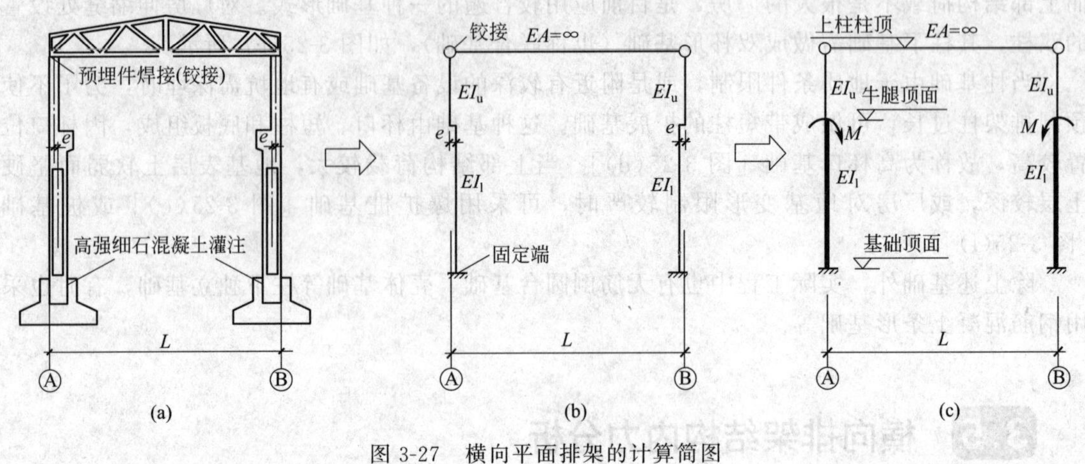

图 3-27　横向平面排架的计算简图

（4）排架之间相互无联系。不考虑排架之间的影响而按平面排架来考虑。当单层厂房因生产工艺要求各柱列可能相等时，其排架柱列相等时的结构平面、计算单元和相应的计算简图如图 3-28 所示；各柱列可能不等时，其排架柱列不相等时的结构平面、计算单元和相应的计算简图如图 3-29 所示。

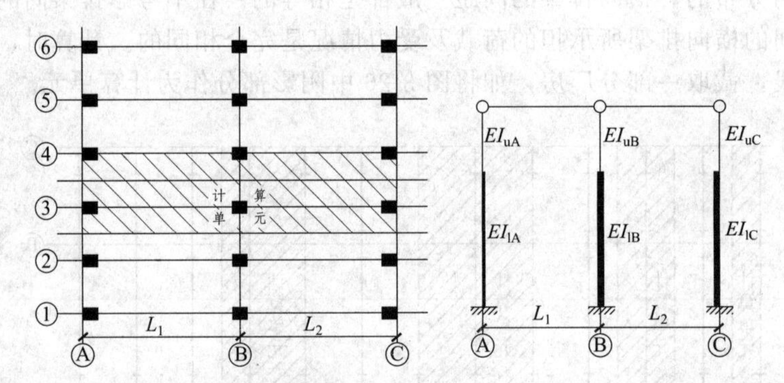

图 3-28　排架各列柱距相等时的结构平面、计算单元和相应的计算简图

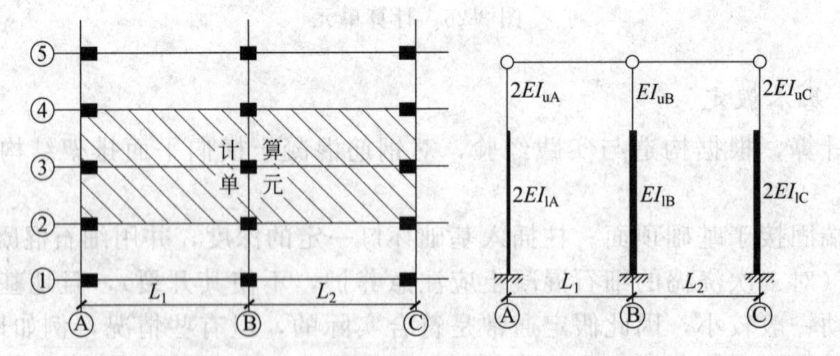

图 3-29　排架各列柱距不相等时的结构平面、计算单元和相应的计算简图

3.5.2　排架荷载计算

作用于厂房横向排架上的荷载有恒荷载和活荷载两类。恒荷载一般包括屋盖自重 G_1、上柱自重 G_2、下柱自重 G_3、吊车梁与轨道连接件等的自重 G_4 以及由支承在柱牛腿上的连系梁传来的围护结构等自重。活荷载一般包括屋面活荷载 Q_1、吊车竖向荷载 $D_{\max}$、吊车横

向水平荷载 T_{max}、横向的均布风荷载 q 及作用于排架柱顶的集中风荷载 F_w 等。

3.5.2.1 恒荷载

恒荷载包括屋盖、吊车梁和柱的自重以及轨道连接件、围护结构自重等，其值可根据构件的设计尺寸和材料的重力密度进行计算；对于标准构件，可从标准图集上查出。各类常用材料自重的标准值可查《建筑结构荷载规范》。

(1) 屋盖自重

屋盖自重为计算单元范围内的屋面构造层、屋面板、天窗架、屋架或屋面梁、屋盖支撑等的自重。屋盖自重以集中力 G_1 的形式作用于柱顶。G_1 的作用线通过屋架上、下弦中心线的交点，一般距厂房纵向定位轴线 150mm，如图 3-30(a) 所示。G_1 对上柱截面几何中心存在偏心距 e_1，力矩为 $M_1=G_1e_1$，e_1 对下柱截面几何中心又增加一个偏心距 e_0，对下柱截面中心线又有附加力矩为 M_2。如图 3-30(c) 所示。

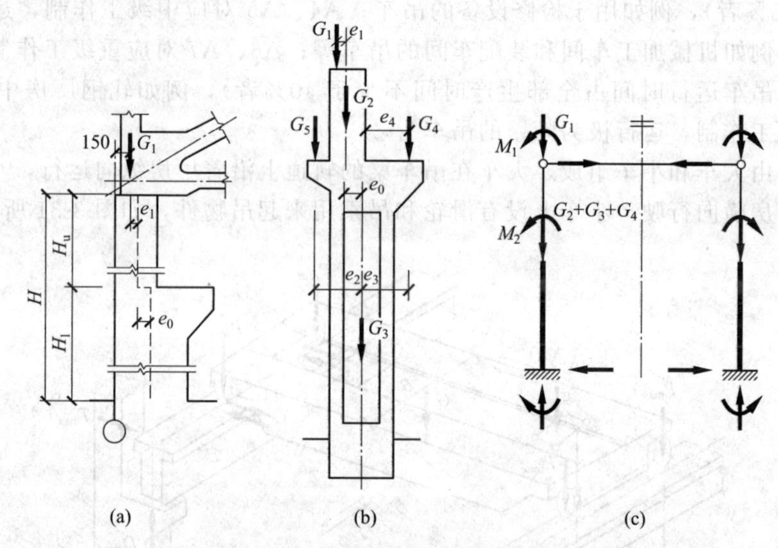

图 3-30 恒荷载作用位置及相应的计算简图

(2) 柱自重

上、下柱的自重 G_2、G_3（下柱包括牛腿）分别按各自的截面尺寸和高度计算。G_2 作用于上柱底部截面中心线处，G_3 作用于下柱底部，且与下柱截面中心线重合，如图 3-30(b) 所示。

(3) 吊车梁与轨道连接件等的自重

吊车梁与轨道连接件等的自重 G_4，沿吊车梁的中线作用于牛腿顶面，对下柱截面中心线有偏心距 e_3、在牛腿顶面处有力矩 M_2，如图 3-30(c) 所示。

(4) 悬墙自重

当设有连系梁支承围护墙体时，计算单元范围内的悬墙重力荷载以集中力的形式通过连系梁传给支承连系梁的柱牛腿面，偏心距为 e_2。

3.5.2.2 屋面活荷载

屋面活荷载包括雪荷载、积灰荷载和施工荷载等，其标准值可从《建筑结构荷载规范》中查得。考虑到不可能在屋面积雪很深时进行屋面施工，故规定雪荷载与施工荷载不同时考虑，设计时取两者中的较大值。当有积灰荷载时，应与雪荷载或施工荷载中的较大者同时考虑。

屋面水平投影面上的雪荷载标准值 s_k（kN/m^2）可按式(3-1) 计算

$$s_k=\mu_r s_0 \tag{3-1}$$

式中 s_k——雪荷载标准值，kN/m^2。

s_0——基本雪压，kN/m^2，系以当地一般空旷平坦地面上统计所得的 50 年一遇的最大积雪的自重确定。可从《建筑结构荷载规范》中查出全国各地的基本雪压值。对山区，应乘以系数 1.2。

μ_r——屋面积雪分布系数，可根据各类屋面的形状从《建筑结构荷载规范》中查出。

3.5.2.3 吊车荷载

按吊车在使用期内要求的总工作循环次数和吊车荷载达到其额定值的频繁程度，将吊车划分为 A1～A8，共 8 个工作级别。吊车的工作级别与过去采用的吊车工作制的对应关系为：A1～A3 对应轻级工作制，在生产过程中不经常使用的吊车（吊车运行时间占全部生产时间不超过 15%者），例如用于检修设备的吊车；A4、A5 对应中级工作制，运行中等频繁程度的吊车，例如机械加工车间和装配车间的吊车等；A6、A7 对应重级工作制，运行较为频繁的吊车（吊车运行时间占全部生产时间不少于 40%者），例如轧钢厂房中的吊车；A8 对应于超重级工作制，运行极为频繁的吊车。

桥式吊车由大车和小车组成，大车在吊车梁的轨道上沿着厂房纵向运行，小车在大车的轨道上沿着厂房横向行驶，小车上设有滑轮和吊索用来起吊物件，如图 3-31 所示。

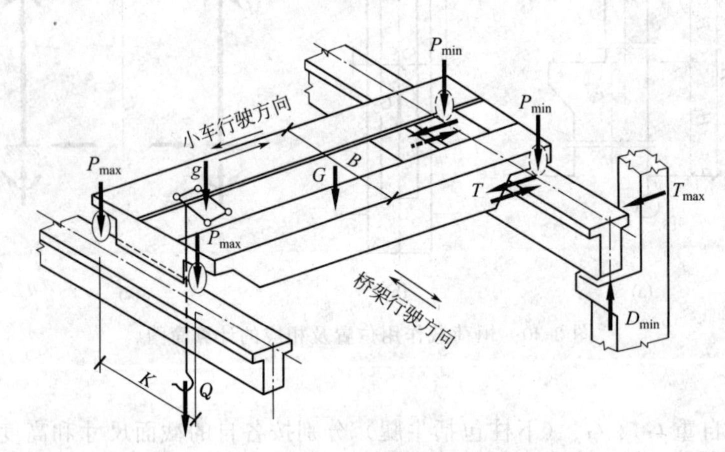

图 3-31 吊车荷载示意

吊车作用于排架上的荷载有竖向荷载和水平荷载两种。

(1) 吊车竖向荷载

吊车竖向荷载是指吊车（大车和小车）重量与所吊重量经吊车梁传给柱的竖向压力。如图 3-31 所示，当吊车起重量达到额定最大值 G_{max}，而小车同时驶到大车桥一端的极限位置时，作用在该柱列吊车梁轨道上的压力达到最大值，称为最大轮压 $P_{max,k}$；此时作用在对面柱列轨道上的轮压则为最小轮压 $P_{min,k}$，$P_{max,k}$ 与 $P_{min,k}$ 同时发生。$P_{max,k}$ 与 $P_{min,k}$ 的标准值，吊车的规格（吊车类型、起重量、跨度及工作级别）见附表 3-1。对常用的四轮吊车，$P_{min,k}$ 也可按式(3-2) 计算

$$P_{min,k}=\frac{G_{1,k}+G_{2,k}+G_{3,k}}{2}-P_{max,k} \tag{3-2}$$

式中 $G_{1,k}$、$G_{2,k}$——分别为大车、小车的自重标准值，以“kN”计，等于各自的质量 m_1、m_2（以“t”计）与重力加速度 g 的乘积，$G_{1,k}=m_1g$、$G_{2,k}=m_2g$；

$G_{3,k}$——与吊车额定起吊质量 Q 对应的重力标准值，以"kN"计，等于以"t"计的额定起吊质量 Q 与重力加速度的乘积 $G_{3,k}=Qg$。

当 $P_{max,k}$ 与 $P_{min,k}$ 确定后，即可根据吊车梁（按简支梁考虑）的支座反力影响线及吊车轮子的最不利位置得到吊车梁的支座反力影响线，如图 3-32(a) 所示。

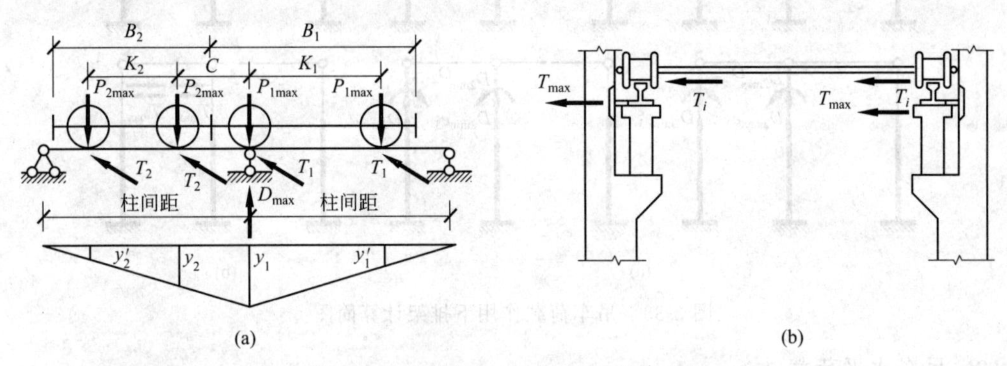

图 3-32　简支吊车梁的支座反力影响线

计算两台吊车由吊车梁传给柱子的最大吊车竖向荷载的设计值 $D_{max,k}$ 与最小吊车竖向荷载设计值 $D_{min,k}$，即

$$D_{max,k}=\beta P_{max,k}\sum y_i \tag{3-3}$$

$$D_{min,k}=\beta P_{min,k}\sum y_i=D_{max,k}\frac{P_{min,k}}{P_{max,k}} \tag{3-4}$$

式中　$P_{max,k}$、$P_{min,k}$——吊车的最大及最小轮压；

$\sum y_i$——吊车最不利布置时，各轮子下影响线竖向坐标值之和，可根据吊车的宽度 B 和轮距 K 确定；

β——多台吊车的荷载折减系数，按表 3-9 取值。

表 3-9　多台吊车的荷载折减系数

参与组合的吊车台数	吊车的工作级别	
	A1～A5	A6～A8
2	0.90	0.95
3	0.85	0.90
4	0.80	0.80

吊车最大轮压的设计值 $P_{max}=\gamma_Q P_{max,k}$，吊车最小轮压设计值 $P_{min}=\gamma_Q P_{min,k}$，故作用在排架上的吊车竖向荷载设计值 $D_{max}=\gamma_Q D_{max,k}$，$D_{min}=\gamma_Q D_{min,k}$，这里的 γ_Q 是吊车荷载的荷载分项系数，$\gamma_Q=1.4$。

吊车竖向荷载 D_{max}、D_{min} 分别作用在同一跨两侧排架柱的牛腿顶面，作用点位置与吊车梁和轨道自重 G_4 相同，距下柱截面中心线的偏心距为 e_3 或 e_3'，在牛腿顶面产生的偏心力矩分别为 $D_{max}e_3$ 和 $D_{min}e_3'$。对两跨等高排架，考虑每跨分别作用有吊车，且 D_{max}、D_{min} 分别作用在同一跨两侧的排架柱上的两种可能，则吊车荷载作用下的计算简图如图 3-33 所示。

当车间内有多台吊车共同工作时，考虑同时达到最不利荷载位置的概率很小，《建筑结构荷载规范》规定：计算排架考虑多台吊车竖向荷载时，对一层吊车的单跨厂房的每个排架，参与组合的吊车台数不宜多于 2 台；对一层吊车的多跨厂房的每个排架，不宜多于 4 台。

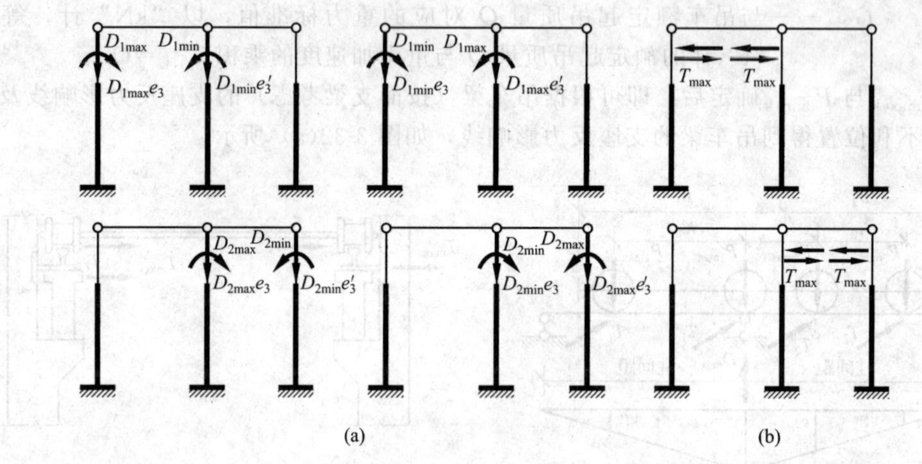

图 3-33 吊车荷载作用下排架计算简图

(2) 吊车水平荷载

吊车水平荷载分为横向水平荷载和纵向水平荷载两种。

① 吊车横向水平荷载。吊车横向水平荷载主要是指小车水平刹车或启动时产生的惯性力，其方向与轨道垂直，可由正、反两个方向作用在吊车梁的顶面与柱的连接处，如图 3-33 所示。

吊车总的横向水平荷载的标准值，可按下式取值

$$T_t=\alpha(Q+Q_1) \tag{3-5}$$

式中 Q——吊车的额定起重量，kN；

Q_1——小车重量，kN；

α——横向水平荷载系数（或称小车制动力系数），《建筑结构荷载规范》规定，对软钩吊车：当额定起重量 $Q\leqslant10t$ 时，$\alpha=0.12$，当额定起重量 $15t\leqslant Q\leqslant50t$ 时，$\alpha=0.10$，当额定起重量 $Q\geqslant75t$ 时，$\alpha=0.06$。

考虑吊车轮压作用在轨道上的竖向压力很大，所产生的摩擦力足以传递小车制动时产生的制动力，故吊车横向水平荷载应该按两侧柱的侧移刚度大小分配。为了简化计算，《建筑结构荷载规范》规定：吊车横向水平荷载应等分于桥架的两端，分别由轨道上的车轮平均传至轨道，其方向与轨道垂直。对于常用的四轮吊车，大车每一轮子传递给吊车梁的横向水平制动力 T 为

$$T=\frac{1}{4}\alpha(Q+Q_1) \tag{3-6}$$

当吊车上面每个轮子的 T 值确定后，可用计算吊车竖向荷载的办法，计算吊车的最大横向水平荷载设计值 T_{max}

$$T_{max}=\sum T_i y_i \tag{3-7}$$

式中 T_i——同一侧第 i 个大轮子的横向水平制动力，kN。

吊车横向水平荷载以集中力的形式作用在吊车梁顶面标高处，考虑正反两个方向的刹车情况，其作用方向既可向左、也可向右。对于两跨排架结构，其计算简图如图 3-33 所示。

② 吊车纵向水平荷载。吊车的纵向水平荷载是指大车刹车或启动时所产生的惯性力，作用于刹车轮与轨道的接触点上，方向与轨道方向一致，由厂房的纵向排架承担，吊车纵向水平荷载设计值，应按作用在一边轨道上所有刹车轮的最大轮压力之和的 10%计算，即

$$T_0=nP_{max}/10 \tag{3-8}$$

式中 n——作用在一边轨道上的最大刹车轮数之和，对于一般四轮吊车，$n=1$。

吊车纵向水平荷载作用于刹车轮与轨道的接触点，其方向与轨道方向一致。当厂房纵向有柱间支撑时，吊车纵向水平荷载全部由柱间支撑承受；当厂房纵向无柱间支撑时，吊车纵向水平荷载全部由同一伸缩缝区段内的所有柱承担，并按各柱的纵向抗侧刚度分配。《建筑结构荷载规范》规定，无论单跨或多跨厂房，在计算纵向水平荷载时，一侧的整个纵向排架，参与组合的吊车台数不应多于2台。

(3) 吊车的动力系数

当计算吊车梁及其连接的强度时，《建筑结构荷载规范》规定吊车竖向荷载应乘以动力系数。对悬挂吊车（包括电动葫芦）及工作级别为A1～A5的软钩吊车，动力系数可取1.05；对工作级别为A6～A8的软钩吊车、硬钩吊车和其他特种吊车，动力系数可取1.1。

(4) 吊车荷载的组合值、频遇值及准永久值系数

这些系数可按表3-10中的规定采用。厂房排架设计时，在荷载准永久组合中不考虑吊车荷载。但在吊车梁按正常使用极限状态设计时，可采用吊车荷载的准永久值。

表3-10 吊车荷载的组合值、频遇值及准永久值系数

吊车工作级别		组合值系数 ψ_c	频遇值系数 ψ_f	准永久值系数 ψ_q
软钩吊车	工作级别A1～A3	0.7	0.6	0.5
	工作级别A4、A5	0.7	0.7	0.6
	工作级别A6、A7	0.7	0.7	0.7
硬钩吊车及工作级别A8的软钩吊车		0.95	0.95	0.95

3.5.2.4 风荷载

作用在排架上的风荷载，是由计算单元部分的墙身和屋面传来的，其作用方向垂直于建筑物的表面，分压力和吸力两种。风荷载的标准值 w_k 可按式(3-9)计算

$$w_k=\beta_z\mu_z\mu_s w_0 \tag{3-9}$$

式中 w_0——基本风压，kN/m^2，指风荷载的基准压力，一般按当地空旷平坦地面上10m高度处10min平均的风速观测数据，经概率统计得出50年一遇最大值确定的风速，再考虑相应的空气密度，按贝努利公式确定的风压，基本风压应按《建筑结构荷载规范》中给出的50年一遇的风压值采用，但不得小于$0.3kN/m^2$，当城市或建设地点的基本风压值没有给出时，可按当地年最大风速资料，根据基本风压的定义，通过统计分析确定，分析时应考虑样本数量的影响，当地没有风速资料时，可根据附近地区规定的基本风压或长期资料，通过气象和地形条件的对比分析确定，也可按《建筑结构荷载规范》中的全国基本风压分布图近似确定；

β_z——高度 z 处的风振系数；

μ_s——风荷载体型系数（附表4-2），取决于建筑物的体型，由风洞试验确定，可从《建筑结构荷载规范》中有关表格查出；

μ_z——风压高度变化系数（附表4-1），是指某类地表上空某高度处的风压与基本风压的比值，该系数取决于地面粗糙度，《建筑结构荷载规范》将地面粗糙度分为A、B、C、D四类，即：

① A类指近海面和海岛、海岸、湖岸及沙漠地区，

② B类指田野、乡村、丛林、丘陵以及房屋比较稀疏的乡镇，

③ C类指有密集建筑群的城市市区，

④ D类指有密集建筑群且房屋较高的城市市区。

一般来讲，离地面越高，风压值越大，μ_z即为建筑物不同高度处的风压与基本风压（10m标高处）的比值。对于平坦或稍有起伏的地形，风压高度变化系数应根据地面粗糙度类别按《建筑结构荷载规范》确定；对于山区的建筑物，风压高度变化系数可按平坦地面的粗糙度类别，还应考虑地形条件，按《建筑结构荷载规范》的规定进行修正。

风荷载实际是以均布荷载的形式作用于屋面及外墙上的，如图3-34所示。在计算排架时，柱顶以上的均布风荷载通过屋架，考虑以集中荷载F_w的形式作用于柱顶。F_w值为屋面风荷载合力的水平分力和屋架高度范围内墙体迎风面和背风面荷载的总和。

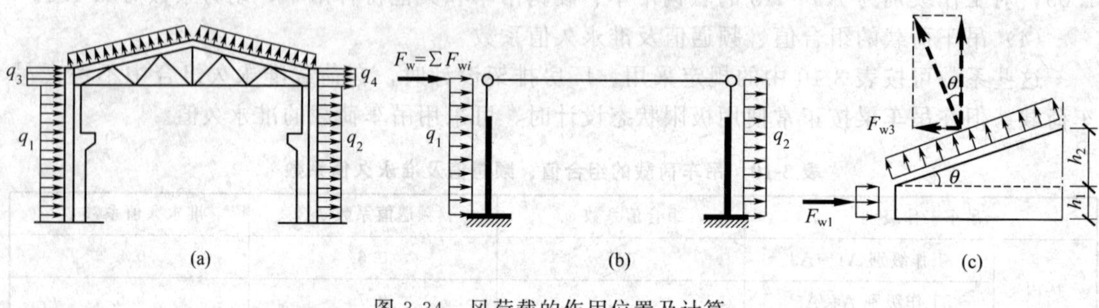

图3-34 风荷载的作用位置及计算

$$F_w=F_{w12}+F_{w34}=[(\mu_{s1}+\mu_{s2})h_1+(\mu_{s3}\pm\mu_{s4})h_4]\mu_z w_0 B \tag{3-10}$$

式中 B——计算单元宽度。

对于柱顶以下外墙面上的风荷载，以均布荷载的形式通过外墙作用于排架边柱，按沿边柱高度均布风荷载考虑，其风压高度变化系数可按柱顶标高处取值，在平面排架计算时，迎风面和背风面的荷载设计值q_1和q_2应按下式计算

$$q_1=w_{k1}B=\mu_{s1}\mu_z w_0 B \tag{3-11}$$

$$q_2=w_{k2}B=\mu_{s2}\mu_z w_0 B \tag{3-12}$$

由于风的方向是变化的，故排架结构内力分析时，应考虑左吹风和右吹风两种情况。

【例3-1】 某厂房排架各部分尺寸如图3-35所示，屋面坡度为1∶10，排架的间距为6m，基本风压为$w_0=0.04\text{kN/m}^2$。求作用在排架上的风荷载设计值F_w。

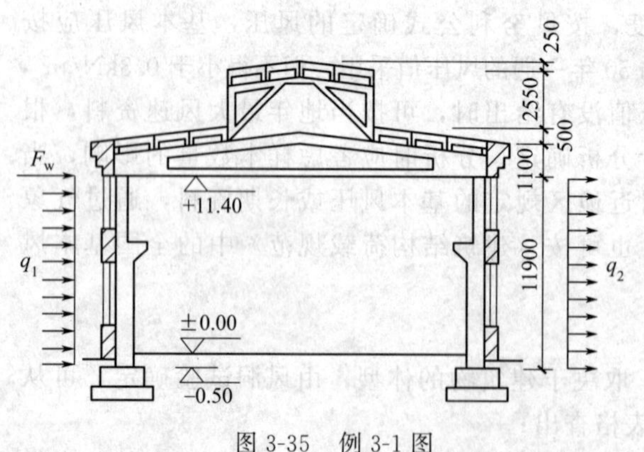

图3-35 例3-1图

解 由《建筑结构荷载规范》查得，风压高度变化系数μ_z，按B类地面粗糙度取：

对柱顶（标高11.4m处），$\mu_z=1.04$；

对屋顶（标高12.5m处），$\mu_z=1.07$；

标高13.0m处，$\mu_z=1.08$；

标高15.5m处，$\mu_z=1.16$。

风荷载体型系数，由《建筑结构荷载规范》查得，均布风荷载标准值：

迎风面 $w_1=\beta_z\mu_{s1}\mu_z w_0=1.0\times0.8\times1.04\times0.4=0.333\text{kN/m}^2$

背风面 $w_2=\beta_z\mu_{s2}\mu_z w_0=1.0\times0.5\times1.04\times0.4=0.208\text{kN/m}^2$

作用在厂房排架边柱上的均布风荷载设计值：

迎风面 $q_1=\gamma_Q w_1 B=1.4\times0.333\times6=2.80\text{kN/m}$

背风面 $q_2=\gamma_Q w_2 B=1.4\times0.208\times6=1.75\text{kN/m}$

作用于柱顶标高以上集中风荷载的设计值：

$$F_w=\gamma_Q[(\mu_{s1}+\mu_{s2})\mu_z h_1+(\mu_{s3}+\mu_{s4})\mu_z h_2+(\mu_{s5}+\mu_{s6})\mu_z h_3+(\mu_{s7}+\mu_{s8})\mu_z h_4]\times w_0 B$$
$$=1.4\times[(0.8+0.5)\times1.07\times1.1+(-0.2+0.6)\times1.08\times0.5+(0.6+0.6)\times 1.16\times2.55+(-0.7+0.7)\times1.16\times0.25]\times0.4\times6.0=17.8\text{kN}$$

3.5.3 排架内力计算

单层工业厂房的横向排架可分为两种类型：等高排架和不等高排架。如果排架各柱顶标高相同，或者柱顶标高不同，但由倾斜横梁贯通连接，当排架发生水平位移时，其柱顶的位移相同，如图 3-36 所示，这类排架称为等高排架；若柱顶位移不相等，则称为不等高排架。排架内力分析就是求排架结构在各种荷载作用下柱各截面的弯矩、剪力和轴力，只要求得排架柱顶剪力，问题就变为静定悬臂柱的内力计算，对于等高排架一般运用剪力分配法求解。

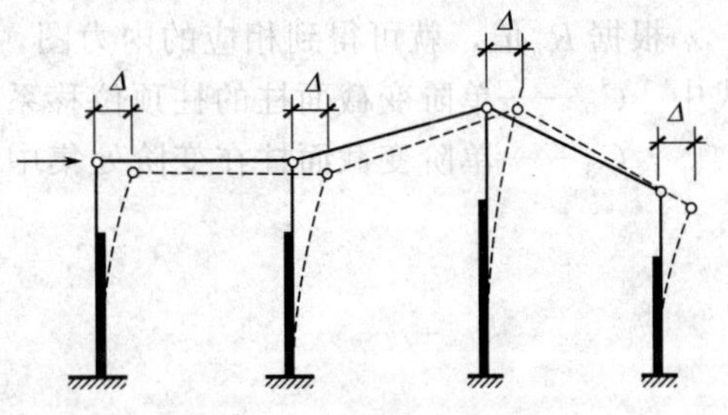

图 3-36 等高排架的形式

(1) 顶端不动铰下端固定端单阶变截面柱在任意荷载下的内力计算方法

单阶一次超静定为柱顶不动铰支座、下端固定的单阶变截面柱［图 3-37(a)］，该结构为一次超静定，在荷载作用下可采用力法求解。

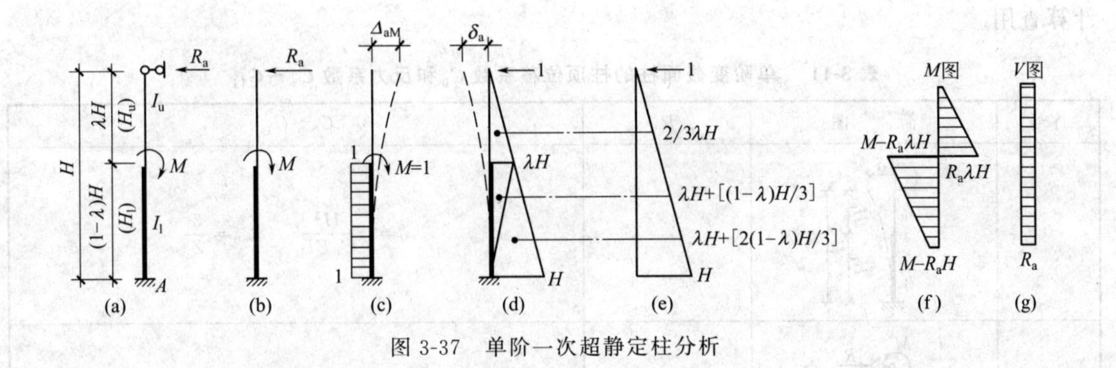

图 3-37 单阶一次超静定柱分析

如在变截面柱的下柱顶作用有一集中力偶 M，设柱顶反力为 R_a，取基本体系如图 3-37(b) 所示，则力法方程为

$$R_a\delta_a-M\Delta_{aM}=0 \tag{3-13}$$

由式(3-13) 可得

$$R_a=\frac{\Delta_{aM}}{\delta_a}M \tag{3-14}$$

式中 R_a——柱顶不动铰支座处的反力；

δ_a——柱顶作用有水平方向的单位力时，柱顶的水平侧移；

Δ_{aM}——柱上作用有 $M=1$ 时，柱顶的水平侧移。

δ_a由图 3-37(d)、(e) 用图乘法求得。若上下柱高度 H_u、H_l与全柱高 H 的关系分别为 $H_u=\lambda H$，$H_l=(1-\lambda)H$；上、下柱截面惯性矩 I_u、I_l的关系为 $I_u=nI_l$，则 δ_a可表达为

$$\delta_a=\frac{H^3}{3EI_l}\left[1+\lambda^3\left(1-\frac{1}{n}\right)\right]=\frac{H^3}{C_0EI_l} \tag{3-15}$$

Δ_{aM}由图 3-37(c)、(d) 用图乘法求得

$$\Delta_{aM}=(1-\lambda^2)\frac{H^2}{2EI_l} \tag{3-16}$$

将式(3-16)、式(3-15) 代入式(3-14)，即可求得

$$R_a=\frac{\Delta_{aM}}{\delta_a}M=\frac{3}{2}\times\frac{1-\lambda^2}{1+\lambda^3\left(\frac{1}{n}-1\right)}\times\frac{M}{H}=C_3\frac{M}{H} \tag{3-17}$$

根据 R_a 值，就可得到相应的内力图，如图 3-37(f)、(g) 所示。

式中 C_0——单阶变截面柱的柱顶位移系数，按式(3-18) 计算；

C_3——单阶变截面柱在变阶处集中力偶作用下的柱顶反力系数，按式(3-19) 计算。

$$C_0=\frac{3}{1+\lambda^3\left(\frac{1}{n}-1\right)} \tag{3-18}$$

$$C_3=\frac{3}{2}\frac{1-\lambda^2}{1+\lambda^3\left(\frac{1}{n}-1\right)} \tag{3-19}$$

按照上述方法，可得到单阶变截面柱在各种荷载作用下的柱顶反力系数。表 3-11 列出了单阶变截面柱的柱顶位移系数 C_0及在各种荷载作用下的柱顶反力系数 $C_1\sim C_{11}$，供设计计算查用。

表 3-11 单阶变截面柱的柱顶位移系数 C_0和反力系数 $C_1\sim C_{11}$

序号	简图	R	$C_0\sim C_{11}$
0	1, δ, I_u, H_u, H, H_l, I_l		$\delta=\frac{H^3}{C_0EI_l}$ $C_0=\frac{3}{Z}$
1	M, R	$\frac{M}{H}C_1$	$C_1=\frac{3}{2}\times\frac{1-\lambda^2\left(\frac{1}{n}-1\right)}{Z}$
2	aH_u, M	$\frac{M}{H}C_2$	$C_2=\frac{3}{2}\times\frac{1+\lambda^2\left(\frac{1-a^2}{n}-1\right)}{Z}$
3	R, M	$\frac{M}{H}C_3$	$C_3=\frac{3}{2}\times\frac{1-\lambda^2}{Z}$

续表

序号	简图	R	$C_0 \sim C_{11}$
4	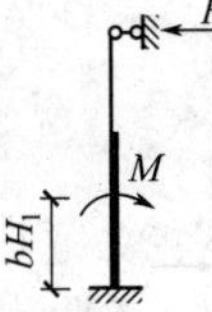	$\frac{M}{H}C_4$	$C_4=\frac{3}{2}\times\frac{2b(1-\lambda)-b^2(1-\lambda)^2}{Z}$
5	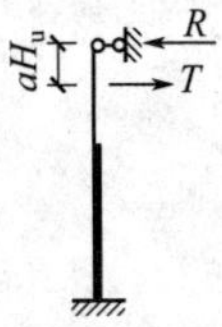	TC_5	$C_5=\frac{2-3a\lambda+\lambda^3\left[\frac{(2+a)(1-a)^2}{n}-(2-3a)\right]}{2Z}$
6	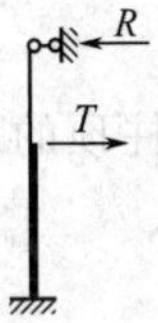	TC_6	$C_6=\frac{1-0.5\lambda(3-\lambda^2)}{Z}$
7	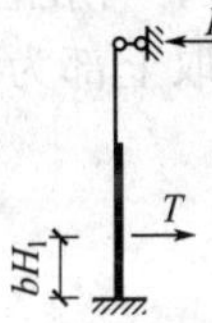	TC_7	$C_7=\frac{b^2(1-\lambda)^2[3-b(1-\lambda)]}{2Z}$
8	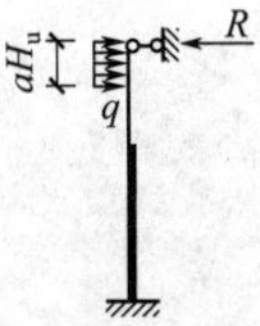	qHC_8	$C_8=\frac{\frac{a^4}{n}\lambda^4-\left(\frac{1}{n}-1\right)(6a-8)a\lambda^4-a\lambda(6a\lambda-8)}{8Z}$
9	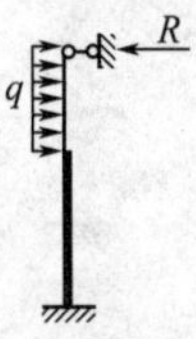	qHC_9	$C_9=\frac{8\lambda-6\lambda^2+\lambda^4\left(\frac{3}{n}-2\right)}{8Z}$
10	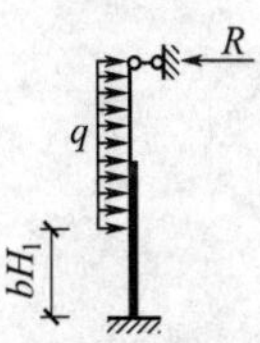	qHC_{10}	$C_{10}=\frac{3-b^3(1-\lambda)^3[4-b(1-\lambda)+3\lambda^4\left(\frac{1}{n}-1\right)}{8Z}$
11	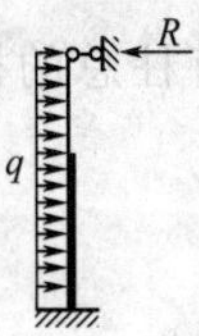	qHC_{11}	$C_{11}=\frac{3\left[1+3\lambda^4\left(\frac{1}{n}-1\right)\right]}{8Z}$

注：表中 $\lambda=H_u/H$，$1-\lambda=H_l/H$，$n=I_u/I_l$，$Z=1+\lambda^3\left(\frac{1}{n}-1\right)$。

(2) 柱顶作用水平集中力时的剪力分配

当柱顶作用水平集中力 F 时，如图 3-38 所示，设有 n 根柱，任一柱 i 分担的柱顶剪力 V_i 可由力的平衡条件和变形条件求得。

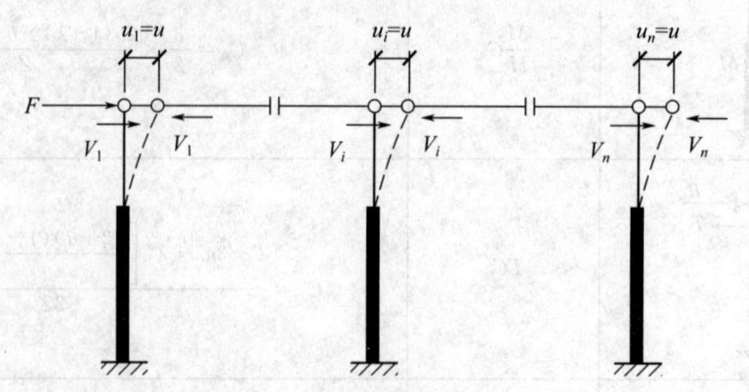

图 3-38　等高排架内力计算简图

根据横梁刚度为无限大，受力后不产生轴向变形的假定，那么各柱顶的水平位移值应是相等的，即

$$\Delta_1=\Delta_2=\cdots=\Delta_n=\Delta \tag{3-20}$$

在考虑平衡条件时为了使各柱顶的剪力与相应的柱顶位移相联系，可在柱顶上部切开，在各柱的切口处的内力为一对相应的剪力（铰处无弯矩），在图 3-38 取上部为隔离体由平衡条件得

$$F=V_1+V_2+\cdots+V_j+\cdots+V_n=\sum_{i=1}^{n}V_i \tag{3-21}$$

按抗剪刚度的定义，各柱顶的位移为

$$V_i=\frac{\Delta_i}{\delta_i} \tag{3-22}$$

将式(3-22) 代入式(3-21)，可得

$$\sum_{1}^{n}V_i=\sum_{i=1}^{n}\frac{1}{\delta_i}\Delta_i \tag{3-23}$$

因为各柱顶水平位移 Δ 相等，得

$$\sum_{1}^{n}V_i=\Delta\sum_{i=1}^{n}\frac{1}{\delta_i}$$

而 $\sum_{1}^{n}V_i=F$，则 $\Delta=\dfrac{1}{\sum_{i=1}^{n}\dfrac{1}{\delta_i}}F$，可得

$$V_i=\frac{\dfrac{1}{\delta_i}}{\sum_{i=1}^{n}\dfrac{1}{\delta_i}}F=\eta_i F \tag{3-24}$$

式中　η_i——i 柱的剪力分配系数，等于该柱本身的抗剪刚度与所有柱总的抗剪刚度之比，可按下式计算

$$\eta_i=\frac{\dfrac{1}{\delta_i}}{\sum_{i=1}^{n}\dfrac{1}{\delta_i}} \tag{3-25}$$

（3）任意荷载作用下的剪力分配

为了能利用上述的剪力分配系数，对任意荷载就必须把计算过程分为两个步骤：如图3-39(a) 所示，先在排架柱顶附加不动铰支座以阻止水平侧移，求出其支座反力 R；如图3-39(b) 所示，然后撤除附加不动铰支座且加反向作用的 R 于排架柱顶，如图 3-39(c) 所示，以恢复到原受力状态。叠加上述两步骤中的内力，即为排架的实际内力，如图 3-39(d)。

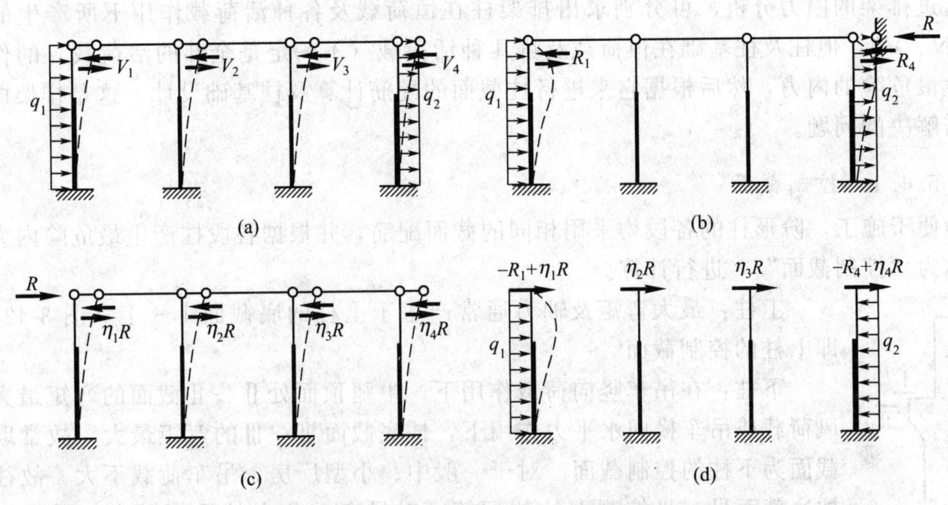

图 3-39 任意荷载作用下等高排架的内力分析

各种荷载作用下的不动铰支座反力 R 可从有关经验表格中查得。

（4）不等高排架内力计算

不等高排架的内力一般用力法分析。如图 3-40 所示为两跨不等高排架，在排架的柱顶作用一水平集中力 F，则计算方法如下。

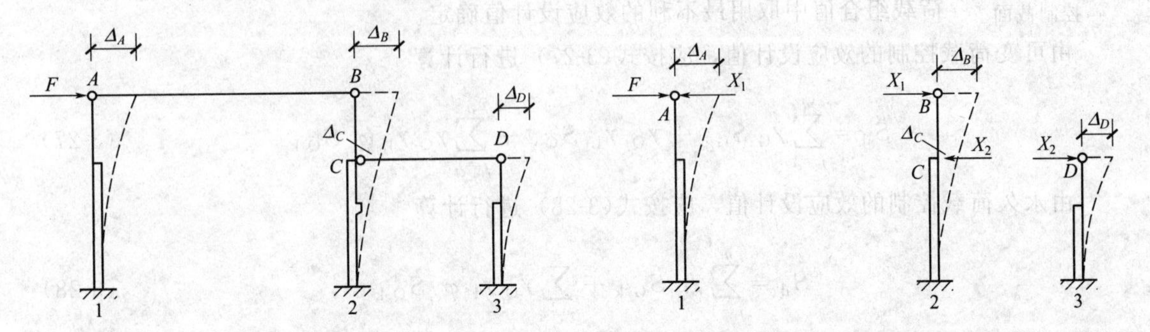

图 3-40 两跨不等高排架在外荷载作用下的变形　　图 3-41 两跨不等高排架按力法计算时的结构基本体系

假定横梁刚度 $EA=\infty$，切断横梁以未知力 X_1、X_2 代替作用，则其结构基本体系如图 3-41 所示。按力法列出其基本方程为

$$\begin{aligned}\delta_{11}X_1+\delta_{12}X_2+\Delta_{1P}=0\\ \delta_{21}X_1+\delta_{22}X_2+\Delta_{2P}=0\end{aligned} \tag{3-26}$$

式中 δ_{11}——基本体系在 $X_1=1$ 作用下，在 X_1 作用点沿 X_1 的方向所产生的位移；

δ_{22}——基本体系在 $X_2=1$ 作用下，在 X_2 作用点沿 X_2 的方向所产生的位移；

δ_{12}——基本体系在 $X_2=1$ 作用下，在 X_1 作用点沿 X_1 的方向所产生的位移（$\delta_{12}=\delta_{21}$）；

Δ_{1P}、Δ_{2P}——基本结构体系在外荷载作用下，在 X_1（或 X_2）作用点，沿 X_1（或 X_2）的方向所产生的位移。

上述位移δ、Δ的下角标，第一个表示位移的方向，第二个表示位移的原因，位移δ和Δ通过图乘或查表的方法得到。

解力法方程式(3-26)，可以求得X_1、X_2，从而可以做出各柱相应截面的内力图。

3.5.4 内力组合

通过排架的内力分析，可分别求出排架柱在恒荷载及各种活荷载作用下所产生的内力(M、N、V)，但柱及柱基础在恒荷载及哪几种活荷载（不一定是全部的活荷载）的作用下才产生最危险的内力，然后根据它来进行柱截面的配筋计算及柱基础设计，这是排架内力组合所需解决的问题。

3.5.4.1 控制截面

为便于施工，阶形柱的各段均采用相同的截面配筋，并根据各段柱产生最危险内力的截面（称为“控制截面”）进行计算。

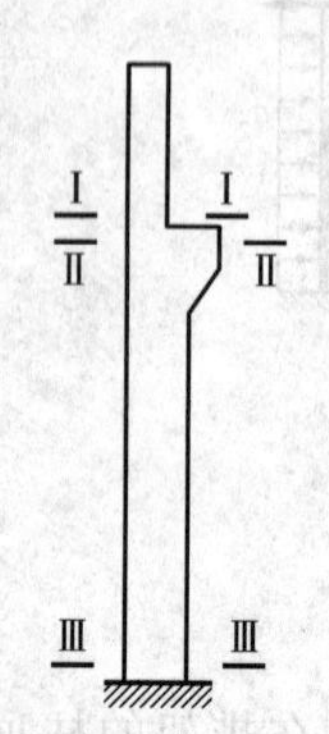

图 3-42 单阶排架柱的控制截面

上柱：最大弯矩及轴力通常产生于上柱的底截面Ⅰ—Ⅰ（图 3-42)，此即上柱的控制截面。

下柱：在吊车竖向荷载作用下，牛腿顶面处Ⅱ—Ⅱ截面的弯矩最大；在风荷载或吊车横向水平力作用下，柱底截面Ⅲ—Ⅲ的弯矩最大，故常取此两截面为下柱的控制截面。对于一般中、小型厂房，吊车荷载不大，故往往是柱底截面Ⅲ—Ⅲ控制下柱的配筋；对吊车吨位大的重型厂房，则有可能是Ⅱ—Ⅱ截面起控制作用。下柱底截面Ⅲ—Ⅲ的内力值也是设计柱基的依据，故必须对其进行内力组合。

3.5.4.2 荷载组合

《建筑结构荷载规范》中规定：荷载基本组合的效应设计值S_d应从下列荷载组合值中取用最不利的效应设计值确定。

由可变荷载控制的效应设计值，应按式(3-27) 进行计算

$$S_d=\sum_{j=1}^{m}\gamma_{G_j}S_{G_{jk}}+\gamma_{Q_1}\gamma_{L_1}S_{Q_{1k}}+\sum_{i=2}^{n}\gamma_{Q_i}\gamma_{L_i}\varphi_{c_i}S_{Q_ik} \tag{3-27}$$

由永久荷载控制的效应设计值，应按式(3-28) 进行计算

$$S_d=\sum_{j=1}^{m}\gamma_{G_j}S_{G_jk}+\sum_{i=1}^{n}\gamma_{Q_i}\gamma_{L_i}\varphi_{c_i}S_{Q_ik} \tag{3-28}$$

式中 γ_{G_j}——第j个永久荷载的分项系数；当其效应对结构不利时，对由可变荷载效应控制的组合应取 1.2，对由永久荷载效应控制的组合取 1.35，当永久荷载对结构有利时的组合，不应大于 1.0；

γ_{Q_i}——第i个可变荷载的分项系数，其中γ_{Q_1}为可变荷载Q_1的分项系数，一般情况下应取 1.4，对标准值大于 $4kN/m^2$的工业房屋楼面结构的活荷载，应取 1.3；

γ_{L_i}——第i个可变荷载考虑设计使用年限的调整系数，其中γ_{L_1}为主导可变荷载Q_1考虑设计使用年限的调整系数，应按《建筑结构荷载规范》中的规定采用；

S_{G_jk}——按第j个永久荷载标准值G_{jk}计算的荷载效应值；

S_{Q_ik}——按第i个可变荷载标准值Q_{ik}计算的荷载效应值，其中S_{Q_1k}为诸可变荷载效应中起控制作用者；

φ_{c_i}——第 i 个可变荷载 Q_i 的组合值系数；

m——参与组合的永久荷载数；

n——参与组合的可变荷载数。

在对排架柱进行裂缝宽度验算时，需进行荷载准永久组合，其效应设计值 S_d 为

$$S_d=\sum_{j=1}^{m}S_{G_jk}+\sum_{i=1}^{n}\varphi_{qi}S_{Q_ik} \tag{3-29}$$

常用的几种荷载效应组合分为：

① 恒荷载+0.9（屋面活荷载+吊车荷载+风荷载）；

② 恒荷载+0.9（吊车荷载+风荷载）；

③ 恒荷载+0.9（屋面活荷载+风荷载）；

④ 1.2永久荷载效应+1.4屋面荷载效应；

⑤ 1.2永久荷载效应+1.4吊车荷载效应；

⑥ 1.2永久荷载效应+1.4风荷载效应；

⑦ 1.2永久荷载效应+0.9×(1.4吊车荷载效应+1.4风荷载效应+1.4屋面荷载效应)；

⑧ 1.2永久荷载效应+0.9×(1.4吊车荷载效应+1.4风荷载效应)；

⑨ 1.2永久荷载效应+0.9×(1.4风荷载效应+1.4屋面荷载效应)；

⑩ 1.2永久荷载效应+0.9×(1.4风荷载效应+1.4屋面荷载效应)；

⑪ 1.2永久荷载效应+0.9×(1.4吊车荷载效应+1.4屋面荷载效应)；

⑫ 1.35永久荷载效应+0.7×(1.4吊车竖向荷载效应+1.4屋面活荷载效应)。

3.5.4.3 内力组合

单层排架柱是偏心受压构件，其截面内力有 $\pm M$、N、$\pm V$，因有异号弯矩，且为便于施工，柱截面常用对称配筋，即 $A_s=A'_s$。

根据对称配筋构件，当 N 一定时，无论大、小偏压，M 越大，钢筋用量也越大。当 M 一定时，对小偏压构件，N 越大，钢筋用量也越大；对大偏压构件，N 越大，钢筋用量反而减小。因此，在未能确定柱截面是大偏压还是小偏压之前，一般应进行下列四种内力组合：

① $+M_{max}$ 及相应的 N、V；

② $-M_{max}$ 及相应的 N、V；

③ N_{max} 及相应的 $+M_{max}$ 或 $-M_{max}$、V；

④ N_{min} 及相应的 $+M_{max}$ 或 $-M_{max}$、V。

对于①、②、③的组合主要考虑构件可能出现大偏心受压破坏的情况；④的组合是考虑可能出现小偏心受压破坏的情况，从而使柱子能够避免任何一种形式的破坏。

组合时以某一种内力为目标进行组合，例如，组合最大正弯矩时，其目的是为了求出某截面可能产生的最大弯矩值，所以使该截面产生正弯矩的活荷载项，只要实际上是可能发生的，都要参与组合，然后将所选项的 N 值分别相加。内力组合时，需要注意的事项如下。

① 恒荷载是始终存在的，故无论何种组合均应参加。

② 在吊车竖向荷载中，对单跨厂房，应在 D_{max} 与 D_{min} 中取一个，对多跨厂房，因一般按不多于4台吊车考虑，故只能在不同跨各取一项。

③ 吊车的最大横向水平荷载 T_{max} 同时作用于其左、右两边的柱上时其方向可左可右，不论单跨还是多跨厂房，因为只考虑两台吊车，故组合时只能选择向左或向右。

④ 同一跨内的 D_{max} 与 T_{max} 不一定同时发生，但组合时不能仅选用 T_{max}，而不选 D_{max} 或 D_{min}，因为 T_{max} 不能脱离吊车竖向荷载 D_{max} 或 D_{min} 而独立存在。

⑤ 左、右向风不可能同时发生。

⑥ 在组合 $N_{\max}$ 或 $N_{\min}$ 时，应使相应的 $\pm M$ 也尽可能大些，这样更为不利。

⑦ 在组合 $+M_{\max}$ 与 $-M_{\max}$ 时应注意，有时 $\pm M$ 虽不为最大，但其相应的 N 却比 $+M_{\max}$ 时的 N 大得多（小偏压时）或小得多（大偏压时），则有可能更为不利，故在上述四种组合中，不一定包括了所有可能的最不利组合。

3.5.5 排架考虑厂房空间作用时的计算

3.5.5.1 *单层厂房空间作用的概念*

用一平面排架来代替整个排架结构进行结构的内力分析，对图 3-43(a) 所示情况是适应的。因为各排架所产生的位移皆相等，排架之间无相互制约作用。但是对图 3-43(b)、(c) 和 (d) 中的三种情况，排架之间有相互制约作用，各排架的柱顶位移互不相同。此时，用平面排架来计算就显得保守。

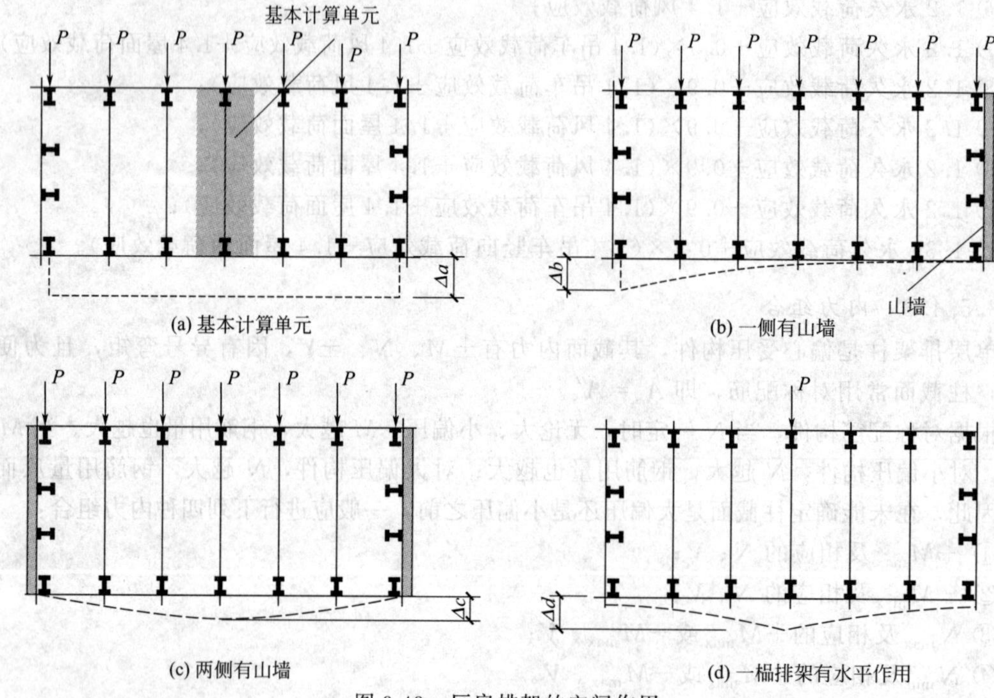

图 3-43 厂房排架的空间作用

当单层厂房各榀排架之间的刚度不同，或各榀排架所受的荷载不同时，它们各自在荷载作用下的位移就会受到其他排架的制约。这种排架之间相互制约的作用称为单层厂房结构的空间作用。

3.5.5.2 *单层厂房结构空间作用分配系数*

如图 3-44 所示的排架结构在水平荷载 P 的作用下，由于纵向构件的连接作用，各排架所产生的水平位移不相同，相互牵制。排架 C 所受的水平力为 P_1，另一部分荷载 P_2 由其他排架承受，这里 $P=P_1+P_2$。

当排架 C 按平面排架计算时，力 P 完全由这一榀排架单独承担，将产生柱顶平面位移 Δ。考虑空间作用后的顶端位移是 Δ_1，空间位移与平面位移的比值定义为排架（厂房）的空间工作系数 μ，则

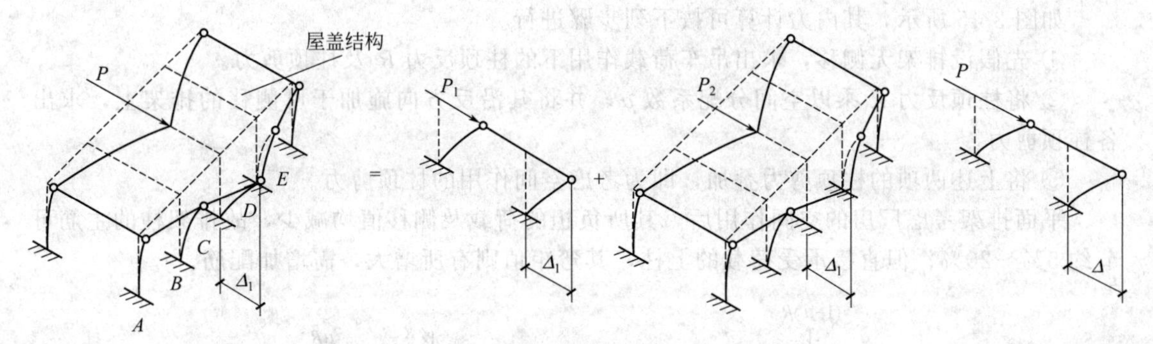

图 3-44　水平荷载下的厂房水平位移

$$\mu=\frac{\Delta_1}{\Delta} \tag{3-30}$$

式中　μ——厂房空间作用分配系数；

Δ_1——考虑厂房空间工作时的柱顶空间位移；

Δ——不考虑空间工作时的柱顶位移。

根据实测及理论分析，μ 值的大小主要与下列因素有关。

① 屋盖刚度。屋盖刚度大时，沿纵向分布的荷载能力强，空间作用好，μ 值小。因此，无檩屋盖的 μ 值小于有檩屋盖。

② 厂房两端有无山墙。山墙的横向刚度很大，能分担大部分的水平荷载。两端有山墙的厂房的 μ 值远远小于无山墙的 μ 值。

③ 厂房长度。厂房的长度大，水平荷载可由较多的横向排架分担，则 μ 值小，空间作用大。

④ 荷载形式。局部荷载作用下，厂房的空间作用好；当厂房承担均匀分布的荷载时（如风荷载），因各排架直接承受的荷载基本相同，仅靠两端的山墙分担荷载，其空间作用小；若两端无山墙，在均布荷载作用下，近似于平面排架受力，无空间作用。

目前在单层厂房计算中，仅在分析吊车荷载内力时才考虑厂房的空间作用。在下列条件下不考虑空间作用：厂房一端有山墙或两端无山墙，且厂房长度小于 36m；天窗架跨度大于厂房跨度的 1/2，或天窗布置使厂房屋盖沿纵向不连续；厂房柱距大于 12m；屋架下弦为柔性拉杆。此外，对于有大吨位吊车的厂房，例如，对于无檩屋盖体系，当吊车额定起重量大于 75t 时；对有檩屋盖体系，当吊车额定起重量大于 30t 时，为了慎重起见，也不宜考虑空间工作。单层厂房空间作用分配系数可从表 3-12 中直接查得。

表 3-12　单层厂房空间作用分配系数 μ

<table>
<tr><td colspan="2" rowspan="2">厂房情况</td><td rowspan="2">吊车吨位/t</td><td colspan="4">厂房长度/m</td></tr>
<tr><td colspan="2">≤60</td><td colspan="2">＞60</td></tr>
<tr><td rowspan="2">有檩屋盖</td><td>两端无山墙及一端有山墙</td><td>≤30</td><td colspan="2">0.9</td><td colspan="2">0.85</td></tr>
<tr><td>两端有山墙</td><td>≤30</td><td colspan="4">0.85</td></tr>
<tr><td rowspan="4">无檩屋盖</td><td rowspan="3">两端无山墙及一端有山墙</td><td rowspan="3">≤75</td><td colspan="4">厂房跨度/m</td></tr>
<tr><td>12～27</td><td>＞27</td><td>12～27</td><td>＞27</td></tr>
<tr><td>0.9</td><td>0.85</td><td>0.85</td><td>0.8</td></tr>
<tr><td>两端有山墙</td><td>≤75</td><td colspan="4">0.8</td></tr>
</table>

注：1. 厂房山墙应为实心砖墙，如有开洞，洞口对山墙水平截面面积的削弱不应超过 50%，否则应视为无山墙情况。

2. 当厂房设有伸缩缝时，厂房长度应按一个伸缩缝区段的长度计，且伸缩缝处应视为无山墙。

如图 3-45 所示，其内力计算可按下列步骤进行。

① 先假设排架无侧移，求出吊车荷载作用下的柱顶反力 R 及柱顶剪力。

② 将柱顶反力 R 乘以空间分配系数 μ，并将其沿反方向施加于可侧移的排架上，求出各柱顶剪力。

③ 将上述两项的柱顶剪力叠加，即为考虑空间作用的柱顶剪力。

平面排架考虑厂房的空间作用后，其所负担的荷载及侧移值均减少，故排架柱的主筋可节约 5%～20%；但直接承受荷载的上柱，其弯矩值则有所增大，需增加配筋。

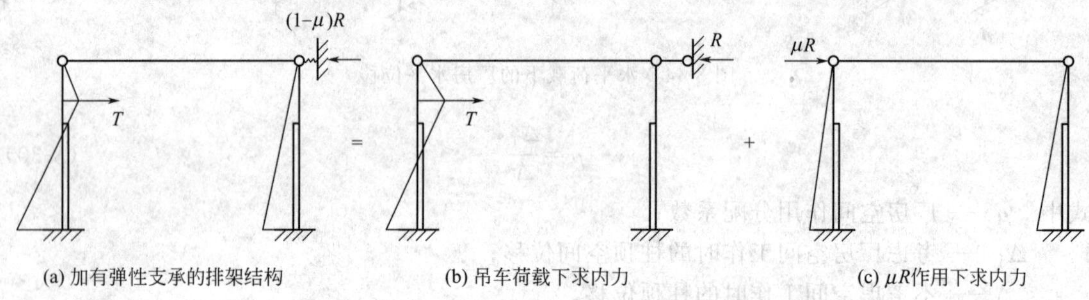

(a) 加有弹性支承的排架结构　　(b) 吊车荷载下求内力　　(c) μR作用下求内力

图 3-45　厂房排架考虑空间作用的计算

3.6 柱的设计

单层厂房中的柱主要有排架柱和抗风柱两类，其设计内容包括确定柱截面尺寸、内力分析、配筋计算、牛腿设计、吊装验算等。本节主要介绍排架柱的配筋计算、牛腿设计和吊装验算等内容。

3.6.1 截面设计

根据排架计算求得的控制截面的最不利内力组合 M、N 和 V，按偏心受压构件进行截面配筋计算。由于柱截面在排架方向有正反方向相近的弯矩，且为了避免施工中主筋易放错的情况，一般采用对称配筋。具有刚性屋盖的单层厂房柱和露天栈桥柱的计算长度 l_0 可按表 3-13 取用。

表 3-13　采用刚性屋盖的单层工业厂房和露天吊车栈桥柱的计算长度 l_0

柱的类型		排架方向	垂直排架方向	
			有柱间支撑	无柱间支撑
无吊车厂房柱	单跨	$1.5H$	$1.0H$	$1.2H$
	两跨及多跨	$1.25H$	$1.0H$	$1.2H$
有吊车厂房柱	上柱	$2.0H_u$	$1.25H_u$	$1.5H_u$
	下柱	$1.0H_l$	$0.8H_l$	$1.0H_l$
露天吊车和栈桥柱		$2.0H_l$	$1.0H_l$	—

注：1. H 为从基础顶面算起的柱子全高；H_l为基础顶面至装配式吊车梁底面或现浇式吊车梁顶面的柱子下部高度；H_u为装配式吊车梁底面或现浇式吊车梁顶面的柱子的上部高度。

2. 表中有吊车房屋排架柱的计算长度，当计算中不考虑吊车荷载时，可按无吊车房屋柱的计算长度采用，但上柱的计算长度仍按有吊车房屋采用。

3. 表中有吊车房屋排架柱的上柱在排架方向的计算长度，仅适用于 $H_u/H_l \geqslant 0.3$ 的情况；当 $H_u/H_l < 0.3$ 时，计算长度宜采用 $2.5H_u$。

3.6.2 吊装运输阶段的验算

单层厂房施工时，往往采用预制柱，现场吊装装配，故柱经历运输、吊装工作阶段。

预制柱的吊装可以采用平吊，也可以采用翻身吊，其柱子的吊点一般均设在牛腿的下边缘处，起吊方法及计算简图如图 3-46 所示。吊装验算应满足承载力和裂缝宽度的要求。

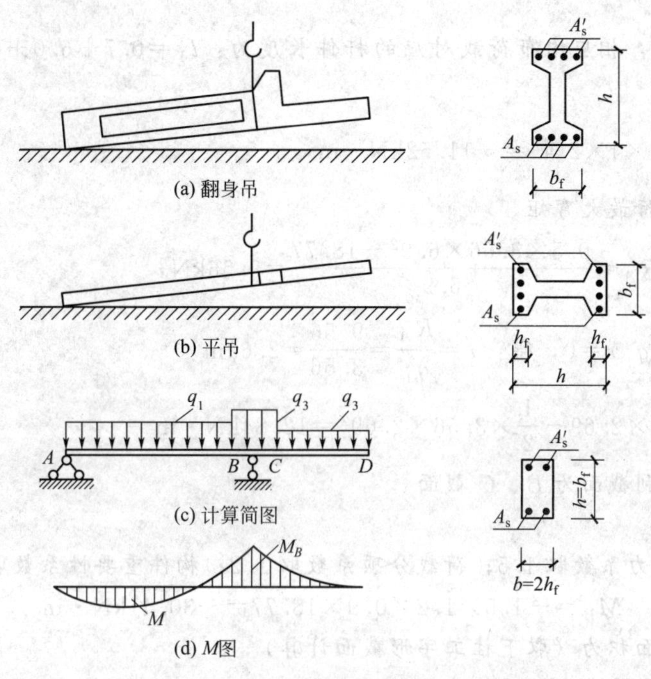

图 3-46 柱的吊装验算

一般应尽量采用平吊，以便于施工。但当采用平吊需较多地增加柱中的配筋量时，则应考虑采用翻身吊。当采用翻身吊时，其截面的受力方向与使用阶段的受力方向一致，因而其承载力和裂缝宽度不会发生问题。

当采用平吊时，截面受力方向是柱子的平面外方向，对工字形截面柱的腹板作用可以忽略不计，并可简化为宽度为 $2h_f$、高度为 b_f 的矩形截面梁进行验算，此时其纵向受力钢筋只考虑将上下翼缘最外边的一排作为 A_s 及 A_s' 的计算值。在验算时，考虑起吊时的动力作用，其自重须乘以动力系数 1.5，但根据构件的受力情况，可适当增减。此外，考虑施工荷载是临时性的，因此，结构构件的重要性系数应降一级取用。

在平吊时构件裂缝宽度的验算，《混凝土结构设计规范》对钢筋混凝土构件未作专门的规定，一般应按可允许出现裂缝的控制等级进行吊装验算。

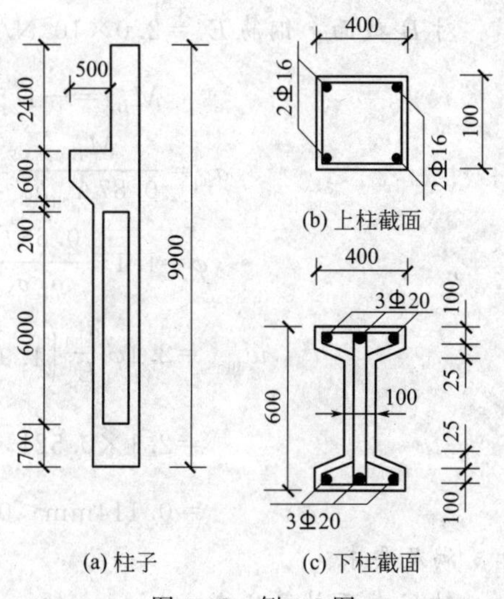

图 3-47 例 3-2 图

【例 3-2】 已知某厂房排架边柱，柱的各部分尺寸和截面配筋如图 3-47 所示，混凝土强度等级为 C30，若采用一点起吊，进行吊装验算。

解 (1) 荷载计算

上柱矩形截面面积：0.16m^2；下柱矩形截面面

积：0.24m²；下柱工字形截面面积：0.1275m²。上柱线荷载：$q_3=0.16\times25=4\text{kN/m}$。

下柱平均线荷载：$q_1=\dfrac{0.24\times(0.7+0.2)+0.1275\times6.0}{6.9}\times25=3.56\text{kN/m}$

牛腿部分线荷载：$q_2=\left[0.24+\dfrac{0.4\times(0.3\times0.3)+0.5\times0.3\times0.3}{0.60}\right]\times25=8.25\text{kN/m}$

(2) 弯矩计算

如图 3-46 所示，相应均布荷载对应的杆件长度为：$l_1=0.7+6.0+0.2=6.9\text{m}$；$l_2=0.6\text{m}$；$l_3=2.4\text{m}$。

则：$M_c=-\dfrac{1}{2}\times4\times2.4^2=-11.52\text{kN}\cdot\text{m}$

下面计算 AB 跨最大弯矩。

A 支座反力：$R_A=\dfrac{0.5\times3.56\times6.9^2-18.77}{6.9}=9.56\text{kN}$

根据 $V=R_A-q_1x=0$，得：$x=\dfrac{R_A}{q_1}=\dfrac{9.56}{3.56}=2.69\text{m}$

则 $M_{AB}=9.56\times2.69-\dfrac{1}{2}\times3.56\times2.69^2=12.84\text{kN}\cdot\text{m}$

最后得出最不利截面为 B、C 截面。

(3) 配筋验算

对 B 截面：动力系数取 1.5；荷载分项系数取 1.2；构件重要性系数取 0.9。

$$M_B=-1.5\times1.2\times0.9\times18.77=-30.41\text{kN}\cdot\text{m}$$

受拉钢筋截面面积为（取下柱工字形截面计算）

$$\alpha_s=\frac{M}{\alpha_1 f_c bh_0^2}=\frac{30.41\times10^6}{1.0\times14.3\times200\times365^2}=0.08$$

查得，$\gamma_s=0.958$，则 $A_s=\dfrac{M}{f_y\gamma_s h_0}=\dfrac{30.41\times10^6}{300\times0.958\times365}=297\text{mm}^2$

下柱原配钢筋面积为 2Φ20 钢筋，$A_s=628\text{mm}^2$，$628\text{mm}^2>297\text{mm}^2$，安全。

(4) 裂缝宽度验算

对 B 截面，钢筋 $E_s=2.0\times10^5\text{N/mm}^2$，则有：$\rho_{te}=\dfrac{A_s}{0.5bh}=\dfrac{628}{0.5\times400\times200}=0.016$

$$M_{Bq}=-1.5\times18.77=-28.16\text{kN}\cdot\text{m}$$

$$\sigma_{sq}=\frac{M_{Bq}}{0.87A_{sq}h_0}=\frac{28.16\times10^6}{0.87\times628\times365}=141\text{N/mm}^2$$

$$\varphi=1.1-\frac{0.65f_{tk}}{\rho_{te}\sigma_{sq}}=1.1-\frac{0.65\times2.01}{0.016\times141}=0.521$$

$$w_{max}=2.1\varphi\frac{\sigma_{sq}}{E_s}\left(1.9c+0.08\frac{d_{eq}}{\rho_{te}}\right)$$

$$=2.1\times0.521\times\frac{141}{2.0\times10^5}\times\left(1.9\times25+0.08\times\frac{20}{0.016}\right)$$

$$=0.114\text{mm}<0.3\text{mm}$$

满足要求。

对 C 截面计算从略。

3.6.3　牛腿设计

单层厂房排架柱一般都带有短悬臂梁，称为牛腿，用以支承吊车梁、屋架及连系梁等，在柱身不同标高处设有预埋件，以便和上述构件及各种支撑进行连接，如图 3-48 所示。牛腿按照其承受的竖向力作用点至牛腿根部的水平距离 a 与牛腿有效高度 h_0 之比，分为长牛腿和短牛腿。当 $a/h_0>1.0$ 时，称为长牛腿［图 3-48(a)］；当 $a/h_0\leqslant1.0$ 时，称为短牛腿［图 3-48(b)］。长牛腿的受力性能与悬臂梁相近，故可按悬臂梁进行设计。牛腿与其上的吊车梁及屋架要进行有效的连接，通常通过预埋件之间的连接来实现。下面介绍短牛腿（简称牛腿）的设计和预埋件的设计。

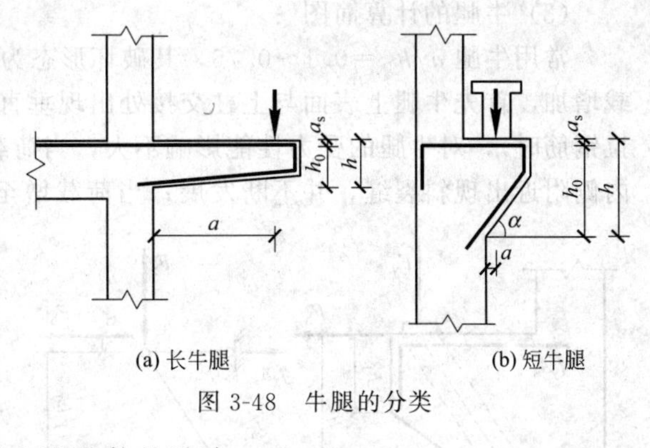

图 3-48　牛腿的分类

(1) 牛腿的应力状态

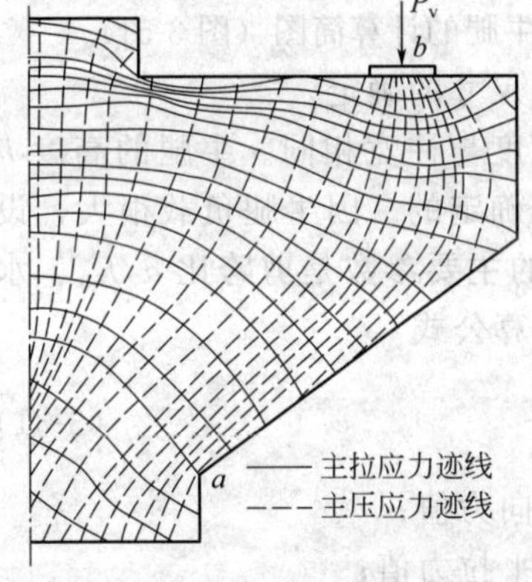

图 3-49　牛腿光弹试验结果示意图

牛腿的受力性能与一般的悬臂梁不同，属变截面深梁。如图 3-49 所示的是一环氧树脂牛腿模型（$a/h_0=0.5$）的光弹试验结果。

对牛腿进行加载试验表明，在混凝土开裂前，牛腿的应力状态处于弹性阶段；其主拉应力迹线集中分布在牛腿顶部一个较窄的区域内，而主压应力迹线则密集分布于竖向力作用点到牛腿根部之间的范围内；在牛腿和上柱相交处具有应力集中现象。

(2) 牛腿的破坏形态

试验表明，在吊车的竖向和水平荷载作用下，随 a/h_0 值的变化，牛腿呈现出下列几种破坏形态，如图 3-50 所示。

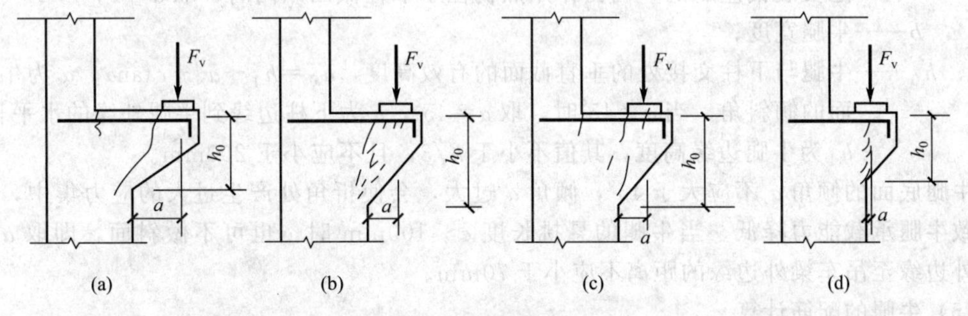

图 3-50　牛腿的破坏形态

剪切破坏：当 $a/h_0<1.0$ 时（即牛腿的截面尺寸较小），或牛腿中箍筋配置过少时，可能发生剪切破坏，如图 3-50(a) 所示。

斜压破坏：当 $a/h_0=0.1\sim0.75$ 时，竖向力作用点与牛腿根部之间的主压应力超过混凝土的抗压强度时，将发生斜向受压破坏，如图 3-50(b) 所示。

弯压破坏：当 $a/h_0<1.0$ 或牛腿顶部的纵向受力钢筋配置不能满足要求时，可能发生

弯压破坏，如图 3-50(c) 所示。

局部受压破坏：当牛腿的宽度过小或支承垫板尺寸较小，且在竖向力作用下，混凝土强度不足时，可能发生局部受压破坏，如图 3-50(d) 所示。

(3) 牛腿的计算简图

常用牛腿 $a/h_0=0.1\sim0.75$，其破坏形态为斜压破坏。试验验证的破坏特征是：随着荷载增加，首先牛腿上表面与上柱交接处出现垂直裂缝，但它始终开展很小（当配有足够的受拉钢筋时），对牛腿的受力性能影响不大，当荷载增至40%～60%的极限荷载时，在加载板内侧附近出现斜裂缝，并不断发展；当荷载增至70%～80%的极限荷载时，在前面裂缝的外侧附近出现大量短小斜裂缝；随荷载继续增加，当这些短小斜裂缝相互贯通时，混凝土剥落崩出，表明斜压主压应力已达 f_c，牛腿即破坏。

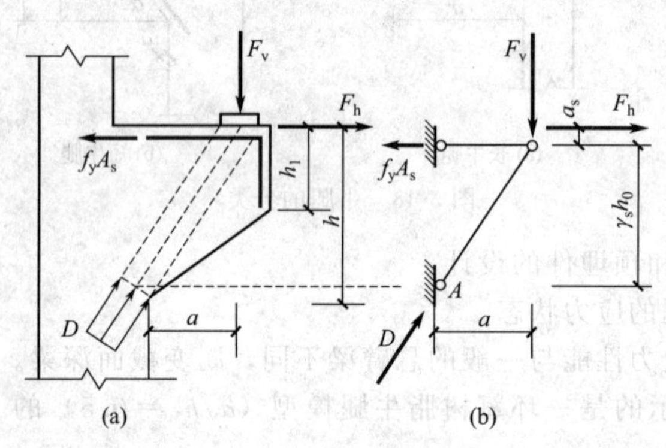

图 3-51 牛腿的计算简图

根据上述破坏形态，$a/h_0=0.1\sim0.75$ 的牛腿可简化成如图 3-51(a) 所示的一个以纵向钢筋为拉杆，混凝土斜撑为压杆的三角桁架，这即为牛腿的计算简图（图 3-51）。

(4) 牛腿尺寸的确定

牛腿的宽度与柱宽相同。牛腿的高度 h 是按抗裂要求确定的。因牛腿负载很大，设计时应使其在使用荷载下不出现裂缝。影响牛腿斜裂缝出现的主要参数是剪跨比 a/h_0、水平荷载 F_{hk} 与竖向荷载 F_{vk}。根据试验回归分析，可得以下计算公式

$$F_{vk}\leqslant\beta\left(1-0.5\frac{F_{hk}}{F_{vk}}\right)\frac{f_{tk}bh_0}{0.5+a/h_0} \tag{3-31}$$

式中 F_{vk}——作用于牛腿顶部按荷载效应标准组合计算的竖向力值；

F_{hk}——作用于牛腿顶部按荷载效应标准组合计算的水平拉力值；

β——裂缝控制系数，对支承吊车梁的牛腿，取0.65，对其他牛腿，取0.80；

a——竖向力的作用点至下柱边缘的水平距离，此时应考虑安装偏差20mm，当考虑安装偏差后的竖向力作用点仍位于下柱截面以内时，取 $a=0$；

b——牛腿宽度；

h_0——牛腿与下柱交接处的垂直截面的有效高度，$h_0=h_1-a_s+c\tan\alpha$，α 为牛腿底面的倾斜角，当 $\alpha>45°$时，取 $\alpha=45°$，c 为下柱边缘到牛腿外缘的水平长度，h_1 为牛腿边缘高度，其值不小于 $h/3$，且不应小于200mm。

牛腿底面的倾角 α 不应大于45°，倾角 α 过大，会使折角处产生过大的应力集中，这都会导致牛腿承载能力降低。当牛腿的悬挑长度 $c\leqslant100$mm 时，也可不做斜面，即取 $\alpha=0$。牛腿外边缘至吊车梁外边缘的距离不应小于70mm。

(5) 牛腿的配筋计算

牛腿的纵向受力钢筋由承受竖向力所需的受拉钢筋和承受水平拉力所需的水平锚筋组成，根据图 3-51(b) 所示的桁架模型，按平衡条件近似计算，钢筋的总面积 A_s，应按下式计算

$$A_s=\frac{F_v a}{0.85f_y h_0}+1.2\frac{F_h}{f_y} \tag{3-32}$$

式中 A_s——水平拉杆所需的纵向受拉钢筋截面面积；

F_v——作用在牛腿顶部的竖向力设计值；

F_h——作用在牛腿顶部的水平拉力设计值；

a——竖向力作用点至下柱边缘的水平距离，当$a<0.3h_0$时，取$a=0.3h_0$。

(6) 牛腿局部受压承载力

为了防止牛腿面加载垫板下的混凝土局部受压破坏，垫板下的局部压应力应满足

$$\sigma_c=\frac{F_{vk}}{A_l} \tag{3-33}$$

式中　A_l——局部受压面积。

(7) 牛腿的构造要求

承受竖向力所需的纵向受力钢筋的配筋率不应小于0.20%及$0.45f_t/f_y$，也不宜大于0.60%；其数量不宜少于4根，直径不宜小于12mm。纵向受拉钢筋的一端伸入柱内，并应具有足够的锚固长度l_a，其水平段长度不小于$0.4l_{ab}$（l_{ab}为受拉钢筋的基本锚固长度），在柱内的垂直长度，除满足锚固长度l_a外，尚不应小于$15d$，不大于$22d$；另一端沿牛腿外缘弯折，并伸入下柱150mm，如图3-52所示。纵向受拉钢筋是拉杆，不得下弯兼作弯起钢筋。

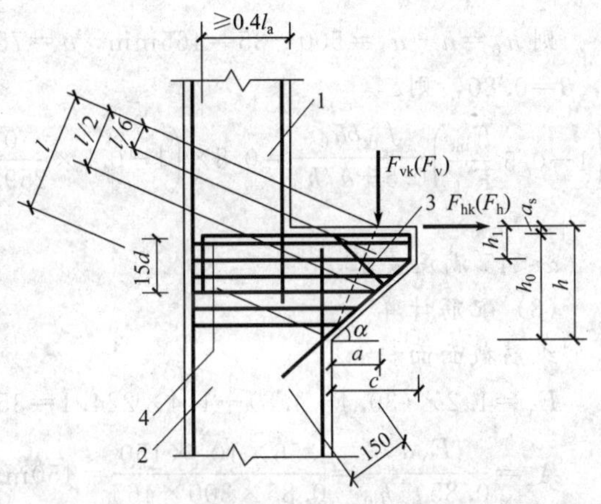

图3-52　牛腿配筋构造（尺寸单位为mm）

1—上柱；2—下柱；3—弯起钢筋；4—水平箍筋

牛腿内应按构造要求设置水平箍筋及弯起钢筋，如图3-52所示，它能起到抑制裂缝的作用。水平箍筋应采用直径为6～12mm的钢筋，且在牛腿高度范围内均匀布置，间距100～150mm。但在任何情况下，在上部$2h_0/3$范围内的水平箍筋的总截面面积不宜小于承受竖向力的受拉钢筋截面面积的1/2。

当牛腿的剪跨比a/h_0不小于0.3时，宜设置弯起钢筋。弯起钢筋宜用变形钢筋，并应配置在牛腿上部$l/6$～$l/2$之间主拉力较集中的区域，l为该连线的长度（如图3-52），以保证充分发挥其作用。弯起钢筋的截面面积不宜小于承受竖向力的受拉钢筋截面面积的1/2，数量不应少于2根，直径不宜小于12mm。弯起钢筋沿牛腿外边缘向下伸入下柱内的长度和伸入上柱的锚固长度要求与牛腿的纵向受力钢筋相同。

【例3-3】 某单层厂房，上柱截面尺寸为400mm×400mm，下柱截面尺寸为400mm×600mm，如图3-53所示，厂房跨度18m，牛腿上吊车梁承受两台10t中级工作制吊车，其最大轮压$P_{max}=109$kN，混凝土强度等级C30，纵筋、弯起钢筋及箍筋均采用HRB335级，确定牛腿尺寸及配筋。

解　(1) 荷载计算

两台吊车的反力影响线如图3-53(b)所示，则

$$D_{k,max}=\varphi_c P_{max}\sum y_i=0.9\times109\times(1+0.325+0.817+0.142)=224.1\text{kN}$$

由标准图集查得：吊车梁自重30.4kN；轨道自重4.8kN。

则：$F_{vk}=224.1+30.4+4.8=259.3$kN

(2) 截面尺寸验算

牛腿外形尺寸：$h_1=250$mm；$h=500$mm；$C=400$mm。

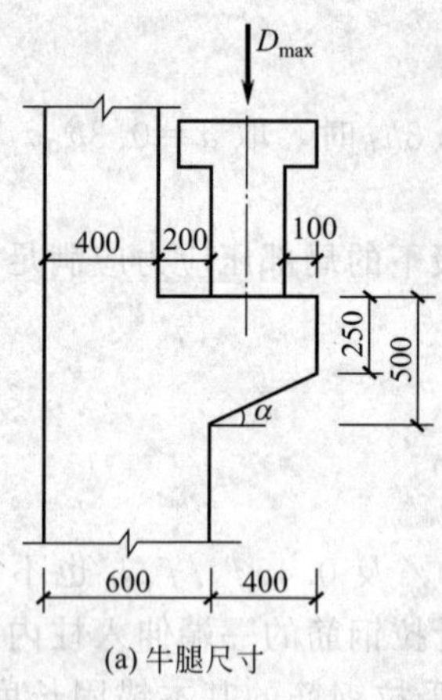

(a) 牛腿尺寸

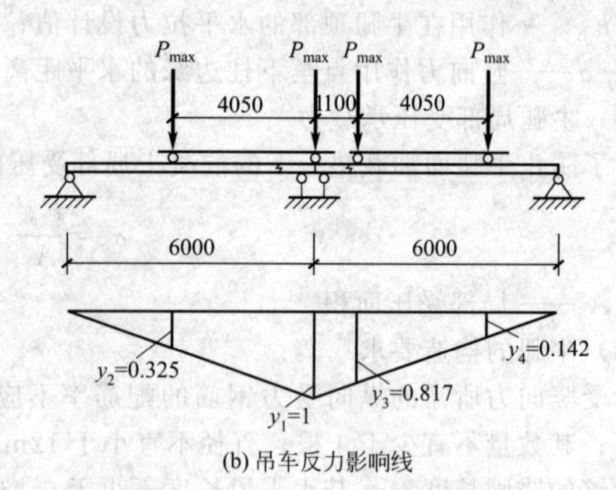

(b) 吊车反力影响线

图 3-53 牛腿尺寸、吊车反力影响线

则 $h_0=h-a_s=500-35=465\text{mm}$，$a=750-600=150\text{mm}$，$f_{tk}=2.01\text{N/mm}^2$，$F_{hk}=0$，$\beta=0.80$，则

$$\beta\left(1-0.5\frac{F_{hk}}{F_{vk}}\right)\frac{f_{tk}bh_0}{0.5+a/h_0}=0.8\times\left(1-0.5\times\frac{0}{259.3}\right)\times\frac{2.01\times400\times465}{0.5+\dfrac{150}{465}}=363.6\text{kN}>259.3\text{kN}$$

$\alpha<45°$满足要求。

(3) 配筋计算

纵筋截面面积

$F_v=1.2\times(30.4+4.8)+1.4\times224.1=356\text{kN}$

$$A_s=\frac{F_v a}{0.85f_y h_0}=\frac{356\times10^3\times150}{0.85\times300\times465}=450\text{mm}^2$$

同时 $A_s=\rho_{min}bh=\dfrac{0.2}{100}\times400\times500=400\text{mm}^2$

选用 4Φ20 ($A_s=452\text{mm}^2$)。

箍筋选用双肢Φ8@100mm (2Φ8，$A_{sv}=101\text{mm}^2$)，在上部 $2h_0/3$ 处实配箍筋截面面积为

$$A_{sv}=\frac{101}{100}\times\frac{2}{3}\times465=313\text{mm}^2>\frac{1}{2}A_s=\frac{1}{2}\times450=225\text{mm}^2\text{，符合要求。}$$

$\dfrac{a}{h_0}=\dfrac{150}{465}=0.32>0.3$，需要设置弯起钢筋，其截面面积为

$$A_{sb}=\frac{1}{2}A_s=0.5\times450=225\text{mm}^2\text{ 及 }A_{sb}=0.001bh=0.001\times400\times500=200\text{mm}^2$$

选用 2Φ12 ($A_{sb}=226\text{mm}^2$)。

3.7 柱下独立基础设计

基础是一个重要的结构构件，作用于厂房上的全部荷载最后都要通过它传递到地基土中。在基础设计中，不仅要保证基础有足够的承载力，而且要保证地基的变形，使基础的沉降不能过大，以免引起上部结构的开裂甚至破坏。

柱下独立基础（扩展基础）根据其受力性能可分为轴心受压基础和偏心受压基础两类。在基础的型式和埋置深度确定后，基础的设计内容还包括确定基础的底面尺寸和基础高度，并进行基础底板的配筋计算等；另外，对一些重要的建筑物或土质较为复杂的地基，尚应进行变形或稳定性验算。

3.7.1　基础底面尺寸的确定

基础的底面尺寸应按地基的承载能力和变形条件来确定，当符合《地基基础设计规范》（GB 50007—2011）且不做地基变形验算的规定时，可只按地基的承载能力计算，而不必验算其变形。同时规定，当计算地基承载力时，应取荷载效应的标准值；当计算基础承载力时，应取用荷载效应的设计值。

3.7.1.1　轴心受压基础

如图 3-54 所示为轴心受压基础的计算图形。

假定基础底面处的压应力标准值 p_k 为均匀分布，那么设计时应满足下式要求

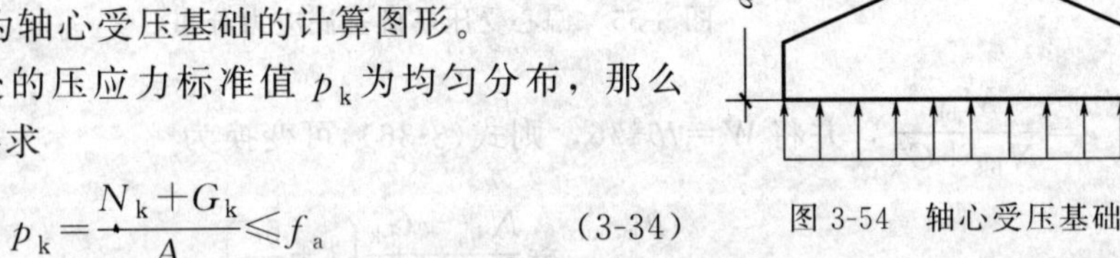

图 3-54　轴心受压基础

$$p_k=\frac{N_k+G_k}{A}\leqslant f_a \tag{3-34}$$

式中　p_k——相应于荷载效应标准组合时，基础底面处的平均压力值；

N_k——相应于荷载效应标准组合时，上部结构传到基础顶部的竖向力值；

G_k——基础自重值和基础上的土重；

A——基础底面面积，$A=bl$，b 为基础的长边边长，l 为基础的短边边长；

f_a——修正后的地基承载力特征值。

设 γ_m 为考虑基础自重标准值和基础上的土重后的平均重度，近似取 $\gamma_m=20\text{kN/m}^3$；d 为基础的埋置深度，按 $G_k=Ad$ 计算，那么由式(3-34) 可导出

$$A=\frac{N_k}{f_a-\gamma_m d} \tag{3-35}$$

当基础底面为正方形时，$a=l$；当基础底面为长宽较接近的矩形时，则可设定一个边长求另一边长。

3.7.1.2　偏心受压基础

如图 3-55 所示为偏心受压基础的计算图形。假定在上部荷载作用下基础底面压应力按线性（非均匀）分布。

基础底面两边缘的最大和最小应力为

$$\left.\begin{matrix}p_{k,\max}\\p_{k,\min}\end{matrix}\right\}=\frac{N_{bk}+G_k}{bl}\pm\frac{M_{bk}}{W} \tag{3-36}$$

式中　$p_{k,\max}$、$p_{k,\min}$——分别为相应于荷载效应标准组合时，基础底面边缘的最大、最小压力值；

M_{bk}——作用于基础底面的力矩标准组合值，$M_{bk}=M_k+N_{wk}e_w$；

N_{bk}——由柱和基础梁传至基础底面的轴向力标准值，$N_{bk}=N_b+N_{wk}$；

N_{wk}——基础梁传来的竖向力标准值；

e_w——基础梁中心线至基础底面形心的距离；

W——基础底面的抵抗矩。

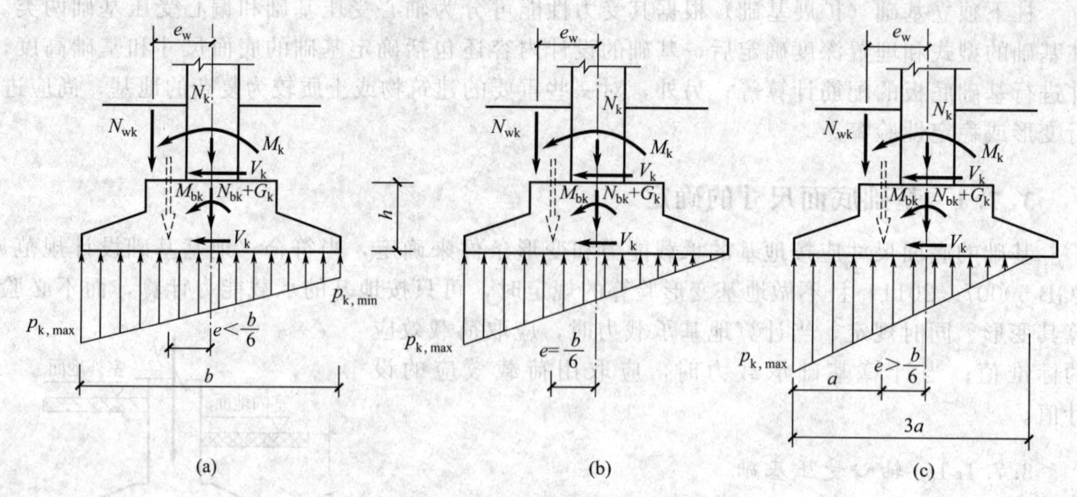

图 3-55　偏心受压基础基底应力分布

令 $e=\dfrac{M_{bk}}{N_{bk}+G_k}$，并将 $W=lb^2/6$，则式(3-36) 可变换为

$$\left.\begin{matrix}p_{k,max}\\p_{k,min}\end{matrix}\right\}=\frac{N_{bk}+G_k}{bl}\left(1\pm\frac{6e}{b}\right) \tag{3-37}$$

式中　b——力矩作用方向的基础底面边长；

　　　l——垂直于力矩作用方向的基础底面边长。

由式(3-37) 可知，随 e 值变化，基底应力分布将相应变化。

当 $e<b/6$ 时，基础底面全部受压，$p_{k,min}>0$，这时地基反力图形为梯形；当 $e=b/6$ 时，基础底面亦全部受压，$p_{k,min}=0$，地基反力为三角形；当 $e>b/6$ 时，$p_{k,min}<0$，基础底面面积的一部分将受拉力，但由于基础与地基的接触面不可能受拉，这说明底边需进行内力调整，基础受压面积不是 bl 而是 $3al$，如图 3-55(c) 所示，此时，根据基础底面上的荷载与地基总反力相等的条件，计算地基底面的最大反力为

$$p_{k,max}=\frac{2(N_{bk}+G_k)}{3al} \tag{3-38}$$

式中　a——基底压合力作用点（或 N_{bk} 作用点）至基础底面最大压力边缘的距离，$a=\dfrac{b}{2}-e$。

为了满足地基承载力要求，设计时应该保证基底压应力符合下列条件。

(1) 平均压应力标准组合值 p_k 不超过地基承载力特征值 f_a，即

$$p_k=\frac{p_{k,max}+p_{k,min}}{2}\leqslant f_a \tag{3-39}$$

(2) 最大压应力标准组合值不超过 $1.2f_a$，即

$$p_{k,max}\leqslant 1.2f_a \tag{3-40}$$

(3) 对有吊车厂房，必须保证基底全部受压，即应满足

$$p_{k,min}\geqslant 0 \text{ 或 } e\leqslant\frac{b}{6} \tag{3-41}$$

(4) 对无吊车厂房，当与风荷载组合时，可允许 $b/4$ 长的基础底面与土脱离，即

$$e\leqslant\frac{b}{4} \tag{3-42}$$

设计时，一般先假定基础底面面积 A，然后验算上述四个条件，直至满足为止。

偏心受压基础底面尺寸确定，一般采用试算法：先按轴心受压公式计算基础面积 A 然后考虑偏心影响，按（1.2～1.4)A 估算底面尺寸 bl，一般取 $b/l=1.5\sim2.0$。然后验算上述四个条件，直至满足为止。

3.7.2 基础高度的确定

基础高度是指与柱交接处基础顶面至基础底面的垂直距离。其值 h 是根据柱对基础的要求和柱对基础的冲切承载力要求决定的，对于阶梯形基础，还应验算变阶处的混凝土冲切承载力。

试验表明：基础在承受柱传来的荷载时，如果沿柱周边（或变阶处）的高度不够，将会发生如图 3-56 所示的受冲切时承载力不足的斜截面破坏。

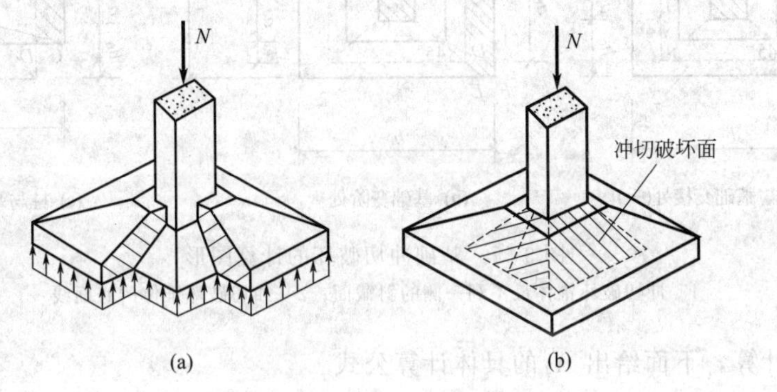

图 3-56 基础的冲切破坏

冲切破坏形态类似于斜拉破坏，所形成的锥形斜裂面与水平线大致呈 45°的倾角，是一种脆性破坏。为了防止冲切破坏，必须使冲切面以外的地基反力所产生的冲切力不超过冲切面处混凝土所能承受的冲切力，如图 3-57 所示，应符合下列规定

$$F_l\leqslant0.7\beta_{hp}f_ta_mh_0 \tag{3-43}$$

$$a_m=(a_t+a_b)/2 \tag{3-44}$$

$$F_l=p_jA_l \tag{3-45}$$

式中 β_{hp}——受冲切承载力截面高度影响系数：当 h 不大于 800mm 时，β_{hp} 取 1.0，当 h 大于或等于 2000mm 时，β_{hp} 取 0.9，其间按线性内插法取用；

f_t——混凝土轴心抗拉强度设计值；

h_0——基础冲切破坏锥体的有效高度；

a_m——冲切破坏锥体最不利一侧计算长度；

a_t——冲切破坏锥体最不利一侧斜截面的上边长，当计算柱与基础交接处的受冲切承载力时，取柱宽，当计算基础变阶处的受冲切承载力时，取上阶宽；

a_b——冲切破坏锥体最不利一侧斜截面在基础底面积范围内的下边长，当冲切破坏锥体的底面落在基础底面以内，如图 3-57(a)、(b) 所示，计算柱与基础交接处的受冲切承载力时，取柱宽加两倍的基础有效高度，当计算基础变阶处的受冲切承载力时，取上阶宽加两倍该处的基础有效高度，当冲切破坏锥体的底面在 l 方向落在基础底面以外，即 $a+2h_0\geqslant l$ 时，如图 3-57(c) 所示，$a_b=l$；

p_j——扣除基础自重及其以上土重后相应于荷载效应基本组合时的地基单位面积净反力，对偏心受压基础可取基础边缘处最大地基土单位面积净反力；

A_l——冲切验算时取用的部分基底面积，即图 3-57(a)、(b) 中的阴影面积 $ABCDEF$，或图 3-57(c) 中阴影面积 $ABCD$；

F_l——相应于荷载效应基本组合时作用在 A_l 上的地基土净反力设计值。

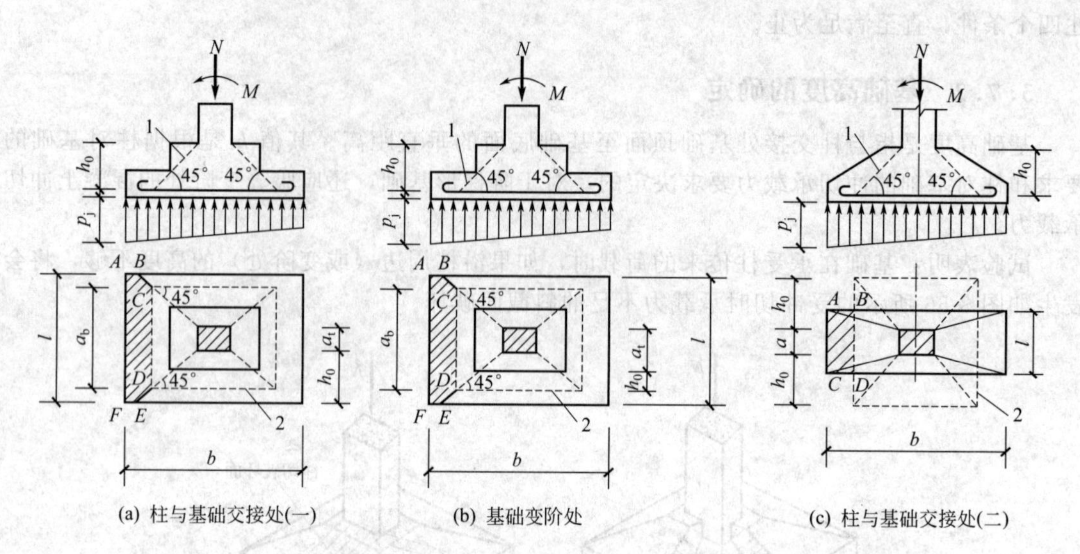

(a) 柱与基础交接处(一)　(b) 基础变阶处　(c) 柱与基础交接处(二)

图 3-57　基础冲切破坏的计算图形

1—冲切破坏锥体最不利一侧的斜截面；2—冲切破坏锥体的底面线

为了便于计算，下面给出 A_l 的具体计算公式

当 $l \geqslant a_t + 2h_0$ 时
$$A_l=\left(\frac{b}{2}-\frac{b_t}{2}-h_0\right)l-\left(\frac{l-a_b}{2}\right)^2 \tag{3-46}$$

当 $l < a_t + 2h_0$ 时
$$A_l=\left(\frac{b}{2}-\frac{b_t}{2}-h_0\right)l \tag{3-47}$$

当不满足式(3-43) 时，应增大基础高度，并重新进行计算。当基础底面落在从柱边或变阶处向外扩散的 45°线以内时，不必验算该处的基础高度。

3.7.3　基础底板配筋计算

柱下单独基础在上部结构传来的力和地基净反力作用下，将在两个方向发生弯曲变形，可按固结于柱底的悬臂板进行受弯承载力计算，如图 3-58 所示。计算截面一般取柱与基础交接处和基础变阶处的截面。为了简化计算，可将矩形基础底面沿图 3-57 所示的虚线划分为 4 个梯形受荷面积，分别计算各个面积的地基净反力对计算截面的弯矩，并取每一方向的弯矩较大值，计算该方向的板底钢筋用量。

对于轴心荷载作用下的基础，沿边长 b 方向截面Ⅰ—Ⅰ处的弯矩设计值 M_{I}，等于作用在梯形面积 $ABCD$ 上的地基总净反力与该面积形心到柱边截面的距离相乘之积，如图 3-57(b) 所示。

$$M_{\mathrm{I}}=\frac{1}{12}a^2\left[(2l+a')(p_{\mathrm{n,max}}+p_{\mathrm{n}})+(p_{\mathrm{n,max}}-p_{\mathrm{n}})\right] \tag{3-48}$$

同理，可得沿边长方向的截面Ⅱ—Ⅱ处的弯矩 M_{II}

$$M_{\mathrm{II}}=\frac{1}{48}(l-a')^2(2b+b')(p_{\mathrm{n,max}}+p_{\mathrm{n,min}}) \tag{3-49}$$

式中　M_{I}、M_{II}——任意截面Ⅰ—Ⅰ、Ⅱ—Ⅱ处相应于荷载效应基本组合时的弯矩设计值；

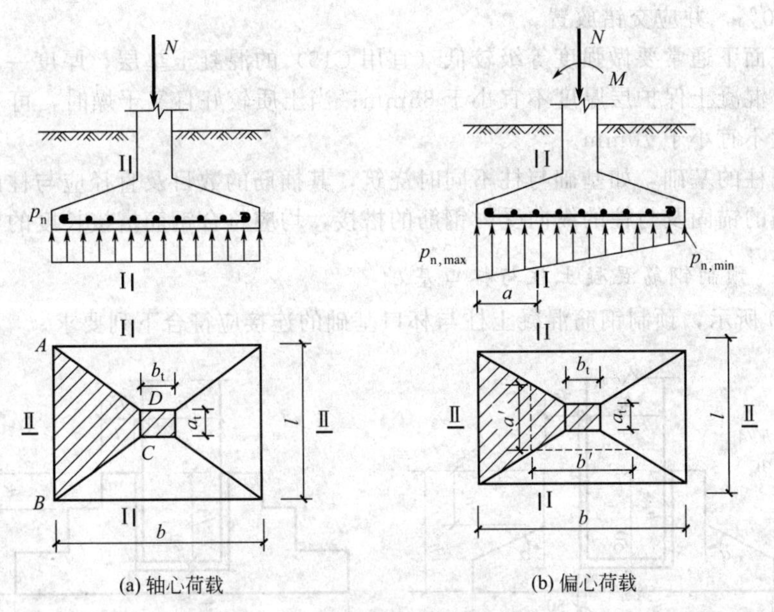

图 3-58 基础板底配筋的计算简图

a——任意截面Ⅰ—Ⅰ至基底边缘最大反力处的距离；

l、b——基础底面的边长；

$p_{n,max}$、$p_{n,min}$——相应于荷载效应基本组合时的基础底面边缘最大和最小地基反力设计值；

p_n——相应于荷载效应基本组合时在任意截面Ⅰ—Ⅰ处基础底面地基反力设计值。

截面Ⅰ—Ⅰ、Ⅱ—Ⅱ处受力钢筋截面面积 $A_{sⅠ}$、$A_{sⅡ}$ 可近似计算为

$$A_{sⅠ}=\frac{M_{Ⅰ}}{0.9f_y h_0} \tag{3-50}$$

$$A_{sⅡ}=\frac{M_{Ⅱ}}{0.9f_y(h_0-d)} \tag{3-51}$$

式中 h_0——Ⅰ—Ⅰ计算截面处的基础有效高度；

d——底板的受力钢筋直径。

当求得弯矩 $M_{Ⅰ}$ 和 $M_{Ⅱ}$ 设计值后，其相应的受力钢筋截面面积按式(3-50) 及式(3-51) 计算。

对于阶梯形基础，尚应计算变阶截面处的配筋，最终取其两者的较大值作为所需的配筋量。

3.7.4 基础的构造要求

3.7.4.1 构造要求

对轴心受压基础，基础底面的平面尺寸一般采用正方形。对偏心受压基础则应为矩形，其长边与弯矩作用方向平行，长、短边之比不应超过 3，一般在 1.5～2.0 之间。

锥形基础边缘高度一般不小于 200mm，阶梯形基础的每阶高度一般为 300～500mm。

基础的混凝土强度等级不宜低于 C20。底板受力钢筋的最小直径不宜小于 10mm，间距不宜大于 200mm，也不宜小于 100mm，当基础边长大于 2.5m 时，沿此方向的 50％钢筋长

度可以减短10%，并应交错放置。

在基础底面下通常要做强度等级较低（宜用C15）的混凝土垫层，厚度一般为100mm。当有垫层时，混凝土保护层厚度不宜小于35mm；当土质较好且又干燥时，可不做垫层，但其保护层厚度不宜小于70mm。

对于现浇柱的基础，如基础与柱不同时浇筑，其插筋的数目及直径应与柱内纵向受力钢筋相同。插筋的锚固及与柱的纵向受力钢筋的搭接，均应符合钢筋搭接长度的要求。

3.7.4.2 预制钢筋混凝土柱与杯口基础

如图3-59所示，预制钢筋混凝土柱与杯口基础的连接应符合下列要求。

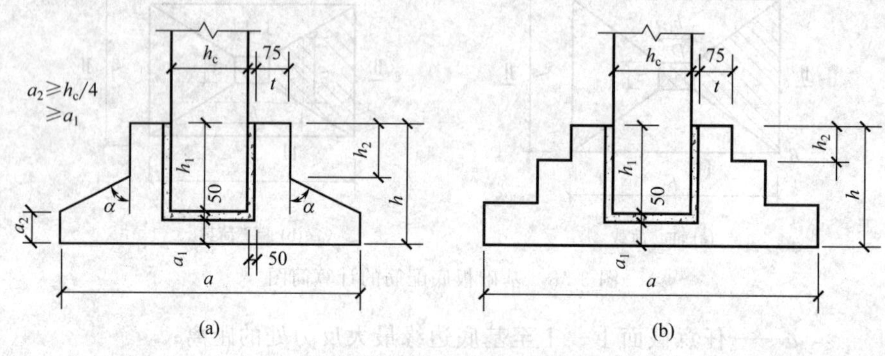

图3-59 基础构造要求

预制柱插入基础杯口内应有足够的深度，使柱可靠地嵌固在基础中；其插入深度h_1可按表3-14采用，并满足柱内受纵向钢筋锚固长度的要求，并应考虑吊装时柱的稳定性，即要求h_1不小于吊装时柱长的0.05倍。

表3-14 柱的插入深度h_1 单位：mm

矩形和工字形截面柱				双肢柱
$h_c<500$	$500\leqslant h_c<800$	$800\leqslant h_c<1000$	$h_c>1000$	$(1/3\sim2/3)h_c$；
$(1.0\sim1.2)h_c$	h_c	$0.9h_c$且$\geqslant800$	$0.8h_c$且$\geqslant1000$	$(1.5\sim1.8)b_c$

注：1. h_c为柱截面长边尺寸，b_c为柱截面短边尺寸。2. 柱轴心受压或小偏心受压时，h_1可适当减小；偏心距大于$2h$时，h_1应适当加大。

3.7.4.3 基础杯底厚度和杯壁厚度

为了防止安装预制柱时，杯底可能发生冲切破坏，基础的杯底应有足够的厚度a_1，其值见表3-15。同时，杯口内应铺垫50mm厚的水泥砂浆。基础的杯壁应有足够的抗弯强度，其厚度t可按表3-15选用。

表3-15 基础杯底厚度和杯壁厚度 单位：mm

柱截面高度	杯底厚度a_1	杯壁厚度t	柱截面高度	杯底厚度a_1	杯壁厚度t
$h_c<500$	$\geqslant150$	$150\sim200$	$1000\leqslant h_c\leqslant1500$	$\geqslant250$	$\geqslant350$
$500\leqslant h_c<800$	$\geqslant200$	$\geqslant200$	$1500\leqslant h_c\leqslant2000$	$\geqslant300$	$\geqslant400$
$800\leqslant h_c<1000$	$\geqslant200$	$\geqslant300$			

注：1. 双肢柱的a_1值可适当加大。2. 当有基础梁时，基础梁下的杯壁厚度应满足其支承宽度的要求。3. 柱插入杯口部分的表面应凿毛，柱与杯口之间的空隙，采用细石混凝土（比基础混凝土标号高一级）密实充填，其强度达到基础设计标号的70%以上时，方能进行上部吊装。

3.7.4.4 杯壁配筋

当柱为轴心受压或小偏心受压且 $t/h_2 \geqslant 0.65$，或为大偏心受压且 $t/h_2 \geqslant 0.75$ 时，杯壁内一般不配筋。当柱为轴心或小偏心受压，且 $0.5 \leqslant t/h_2 \leqslant 0.65$ 时，杯壁内可按表 3-16 进行构造配筋，如图 3-60 所示，其他情况下，应按计算配筋。

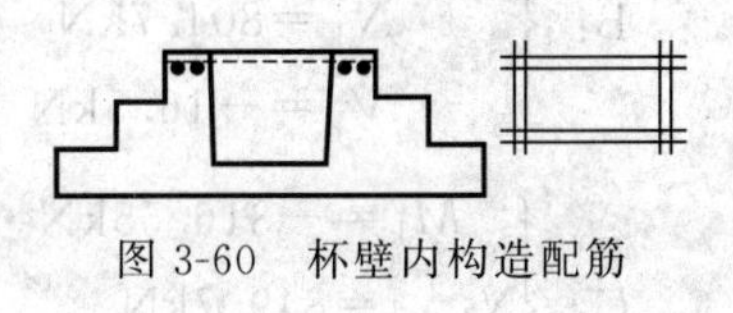

图 3-60 杯壁内构造配筋

表 3-16 杯壁构造配筋

柱截面长边尺寸/mm	$h_c<1000$	$1000 \leqslant h_c<1500$	$1500 \leqslant h_c<2000$
钢筋直径/mm	8～10	10～12	12～16

注：表中钢筋置于杯口顶部，每边两根。

【例 3-4】 某工业厂房柱（截面尺寸 400mm×700mm）其基础顶面的荷载由排架内力组合给出三种最不利形式。

$$A:\begin{cases} M_{kmax}=99.85kN \cdot m & M=124.8kN \cdot m \\ N_k=554.1kN & N=692.6kN \\ V_k=10.5kN & V=13.1kN \end{cases}$$

$$B:\begin{cases} -M_{kmax}=-303.71kN \cdot m & M=-379.64kN \cdot m \\ N_k=804.1kN & N=1005.9kN \\ V_k=-16.5kN & V=-20.6kN \end{cases}$$

$$C:\begin{cases} M_k=-301.55kN \cdot m & M=-376.9kN \cdot m \\ N_{kmax}=-849.7kN & N=1062.1kN \\ V_k=-15.0kN & V=-18.8kN \end{cases}$$

地基承载力特征值 $f_a=180kN/m^2$，C20 混凝土，试设计此杯口基础。

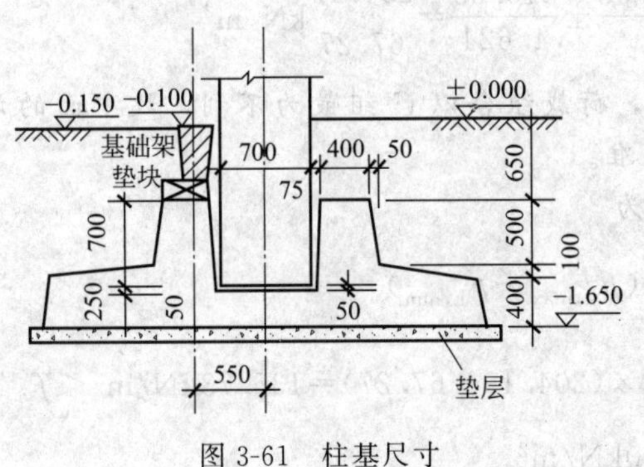

图 3-61 柱基尺寸

解 (1) 根据构造要求选定基础高度及确定基础埋深

由表 3-14 可知，柱的插入深度 $h_1=700mm$，由表 3-15 可知柱的杯底厚度 $a_1 \geqslant 200mm$，取 $a_1=250mm$，杯底上部铺设 50mm 水泥砂浆，故 $h=700+250+50=1000mm$。

初选 $h=1000mm$，选杯壁厚 400mm，高 500mm，见图 3-61。

基础埋深 d_1=基础顶面埋深+柱插入基础深度+柱底垫层厚度+杯底厚度，因室外基础顶面埋深为 500mm，室内外高差 150mm，故 $d_1=500+150+700+50+250=1650mm$

(2) 确定基础底面尺寸

上部结构传至基础底面的设计荷载为下列三种。

$$A:\begin{cases} M_{kmax}=110.35kN \cdot m & M=137.9kN \cdot m \\ N_k=554.1kN & N=692.6kN \\ V_k=10.5kN & V=13.1kN \end{cases}$$

$$\text{B:}\begin{cases}-M_{kmax}=-320.21\text{kN}\cdot\text{m} & M=-400.24\text{kN}\cdot\text{m}\\ N_k=804.7\text{kN} & N=1005.9\text{kN}\\ V_k=-16.5\text{kN} & V=-20.6\text{kN}\end{cases}$$

$$\text{C:}\begin{cases}M_k=-316.55\text{kN}\cdot\text{m} & M=-395.7\text{kN}\cdot\text{m}\\ N_{kmax}=849.7\text{kN} & N=1062.1\text{kN}\\ V_k=-15.0\text{kN} & V=-18.8\text{kN}\end{cases}$$

① 预估基础底面尺寸。按最大轴力确定底面尺寸，此时地基承载力特征值为 f_a，由轴心受压公式得

$$A\geqslant\frac{N_k}{f_a-\gamma d}$$

平均埋深 $d=(1500+1650)/2=1575\text{mm}$，$\gamma$ 取 20kN/m^3。故

$$A\geqslant\frac{N_k}{f_a-\gamma d}=\frac{849.7}{180-20\times1.575}=5.71\text{m}^2$$

按扩大 1.2～1.4 倍考虑偏压基础底面面积，取 1.4，则 $A=1.4\times5.71=7.52\text{m}^2$

选长边尺寸 $b=3.4\text{m}$，短边尺寸 $l=2.4\text{m}$，则 $A=3.4\times2.4=8.16\text{m}^2$，满足要求。

$$W=\frac{lb^2}{6}=\frac{1}{6}\times2.4\times3.4^2=4.624\text{m}^2$$

② 验算所选基底尺寸是否满足要求。对 A 组荷载组合

$$\begin{matrix}p_{k,max}\\p_{k,min}\end{matrix}=\frac{554.1+2.4\times3.4\times20\times1.58}{2.4\times3.4}\pm\frac{110.35}{4.624}=\begin{matrix}123.37\\75.64\end{matrix}\text{kN/m}^2$$

对 B 组荷载组合

$$\begin{matrix}p_{k,max}\\p_{k,min}\end{matrix}=\frac{804.7+2.4\times3.4\times20\times1.58}{2.4\times3.4}\pm\frac{320.21}{4.624}=\begin{matrix}199.46\\60.97\end{matrix}\text{kN/m}^2$$

对 C 组荷载组合

$$\begin{matrix}p_{k,max}\\p_{k,min}\end{matrix}=\frac{849.7+2.4\times3.4\times20\times1.58}{2.4\times3.4}\pm\frac{316.55}{4.624}=\begin{matrix}204.19\\67.27\end{matrix}\text{kN/m}^2$$

计算表明，荷载组合以 C 组最为不利，故下面的计算均以 C 组为准。

地基反力为

$$p_k=\frac{1}{2}(p_{k,max}+p_{k,min})$$

$$=\frac{1}{2}\times(204.19+67.27)=135.73\text{kN/m}^2<f_a$$

$$=180\text{kN/m}^2$$

$$p_{k,max}=204.19\text{kN/m}^2<1.2f_a=216\text{kN/m}^2$$

故所选基底尺寸满足要求。

(3) 基础抗冲切验算（图 3-62）

① 基底净反力设计值。

$$\begin{matrix}p_{k,max}\\p_{k,min}\end{matrix}=\frac{1062.1}{8.16}\pm\frac{395.7}{4.624}=\begin{matrix}215.73\\44.58\end{matrix}\text{kN/m}^2$$

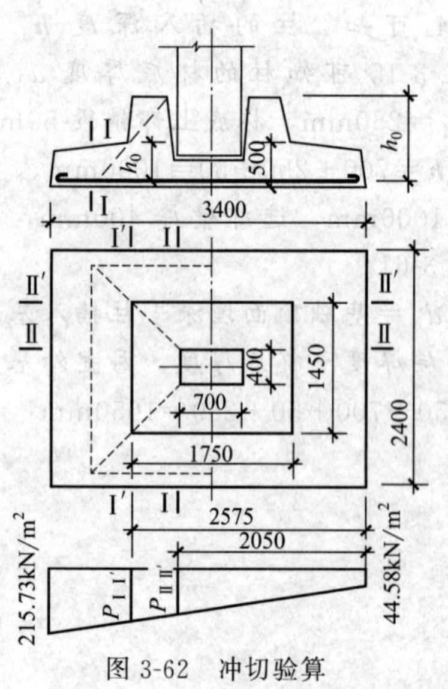

图 3-62　冲切验算

② 柱边冲切承载力验算。

由图3-62冲切验算可知：$h_0=1000-40=960\text{mm}$，$b_c+2h_0=400+2\times960=2320\text{mm}<l=2400\text{mm}$，故

$$F_l=p_sA=p_s(0.5b-0.5b_c-h_0)l-(0.5l-0.5l_c-h_0)^2$$
$$=215.73\times(0.5\times3.4-0.5\times0.7-0.96)\times2.4-(0.5\times2.4-0.5\times0.4-0.96)^2$$
$$=201.92\text{kN}$$

$$b_m=\frac{0.4+0.4+2\times0.96}{2}=1.36\text{m}$$

$0.7\beta_hf_tb_mh_0=0.7\times0.98\times1.1\times1.36\times960=985.2\text{kN}$

$F_l<0.7\beta_hf_tb_mh_0$，满足要求。

③ 变阶处冲切承载力验算（图3-62）

$h'_0=500-40=460\text{mm}$，$l'_c=1450\text{mm}$，$b'_c=1750\text{mm}$。

$l'_c+2h_0=1450+2\times460=2370\text{mm}<l=2400\text{mm}$

$$F_l=215.73\times\left(\frac{3.4}{2}-\frac{1.750}{2}-0.46\right)^2\times2.4-\left(\frac{2.4}{2}-\frac{1.45}{2}-0.46\right)^2=68.99\text{kN}$$

$$b_m=\frac{1.45+1.45+2\times0.46}{2}=1.91\text{m}$$

$0.7\beta_hf_tb_mh_0=0.7\times1.0\times1.1\times1.91\times460=676.52\text{kN}>F_l$，满足要求。

(4) 基底配筋计算

① 沿长边方向。$p_{\text{jmax}}=215.73\text{kN/m}^2$，$p_{\text{jmin}}=44.58\text{kN/m}^2$

a. 沿柱边截面。

$$p_{\text{jI}}=p_{\text{jmin}}+(p_{\text{jmax}}-p_{\text{jmin}})\times\frac{b_\text{I}}{b}=44.58+(215.73-44.58)\times\frac{2.05}{3.4}=147.77\text{kN/m}^2$$

$$M_\text{I}=\frac{1}{48}(P_{\text{jmax}}+p_{\text{jI}})(b-h)^2(2l+a)$$
$$=\frac{1}{48}\times(215.73+147.77)\times(3.4-0.7)^2\times(2\times2.4+0.4)$$
$$=287.07\text{kN}\cdot\text{m}$$

$$A_{\text{sI}}=\frac{M_\text{I}}{0.9h_0f_y}=\frac{287.07\times10^6}{0.9\times460\times270}=2568.17\text{mm}^2$$

b. 沿变阶处截面。

$$P_{\text{jI}}=44.58+(215.73-44.58)\times\frac{2.575}{3.4}=174.2\text{kN/m}^2$$

$$M_\text{I}=\frac{1}{48}\times(215.73+174.2)\times(3.4-1.75)^2\times(2\times2.4+1.45)=138.23\text{kN}\cdot\text{m}$$

$$A_{\text{sI}}=\frac{M_\text{I}}{0.9h_0f_y}=\frac{138.23\times10^6}{0.9\times460\times270}=1236.63\text{mm}^2$$

由a、b可知，取$A_{\text{sI}}=2568\text{mm}^2$。选Φ14/16@70，实配$2536\text{mm}^2$。

② 沿短边方向。

$$p_j=\frac{1}{2}(p_{jmax}+p_{jmin})=\frac{1}{2}\times(215.73+44.58)=130.2\text{kN/m}^2$$

a. 柱边截面。

$$M_{\text{II}}=\frac{1}{24}P_j(l-a)^2(2b+h)=\frac{1}{24}\times130.2\times(2.4-0.4)^2\times(2\times3.4+0.7)=162.8\text{kN}\cdot\text{m}$$

$$A_{s\text{II}}=\frac{M_{\text{I}}}{0.9f_y(h_0-d)}=\frac{162.8\times10^6}{0.9\times270\times(960-12)}=706.71\text{mm}^2$$

b. 变阶处截面。

$$M_{\text{II}}=\frac{1}{24}\times130.2\times(2.4-1.45)^2\times(2\times3.4+1.75)=41.86\text{kN}\cdot\text{m}$$

$$A_{s\text{II}}=\frac{M_{\text{I}}}{0.9f_y(h_0-d)}=\frac{41.86\times10^6}{0.9\times270\times(460-12)}=385\text{mm}^2$$

由 a、b 可知，取 $A_{s\text{II}}=706.71\text{mm}^2$，选用Φ10@110 实配 714mm^2。

设计完毕，施工图见图 3-63。

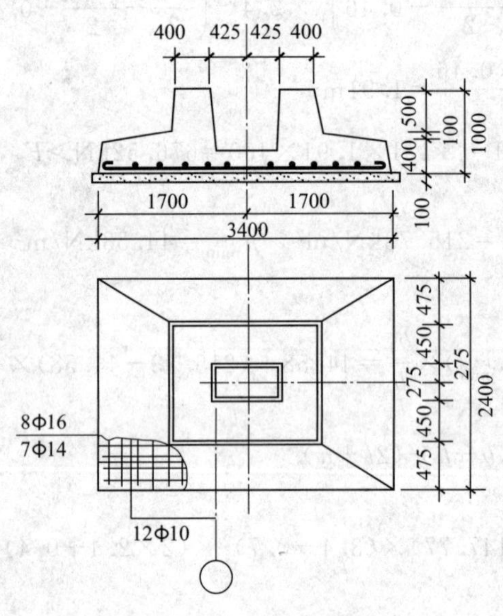

图 3-63 基础配筋图

3.8 钢筋混凝土屋架设计要点

钢筋混凝土屋架作为屋盖结构的主要构件，承受着单层厂房屋盖的全部荷载并把它们传给柱；同时，作为排架结构中的横梁（链杆），连接两侧排架柱使它们能在各种荷载下共同工作。

3.8.1 屋面梁和屋架

(1) 屋面梁和屋架的形式

屋面梁和屋架是单层厂房中的重要构件，起着支承屋面板或檩条并将屋面荷载传给排架柱的作用，其常见形式、经济指标、特点和适用条件见表3-17。除表中所列构件外，在纺织厂中一般采用锯齿形屋盖，常用钢筋混凝土三角刚架和钢筋混凝土窗框支承屋面板两种形式。

表 3-17 常用屋面梁、屋架

序号	构件名称	形式	跨度/m	特点及适用范围
1	预应力混凝土薄腹单坡屋面梁		6	①自重较大； ②适用于跨度不大，有较大振动或有腐蚀介质的厂房； ③屋面坡度 1/12～1/8
2	预应力混凝土薄腹双坡屋面梁		9	
3	钢筋混凝土两铰拱屋架		9 12 15	①钢筋混凝土上弦，角钢下弦、顶节点刚接，自重较轻，构造简单； ②适用于跨度不大的中、小型厂房； ③屋面坡度：卷材防水为 1/5，非卷材防水为 1/4
4	钢筋混凝土三铰拱屋架		9 12 15	顶节点铰接，其他与钢筋混凝土两铰拱屋架构件相同
5	预应力钢筋混凝土两铰拱屋架		9 12 15 18	预应力混凝土上弦，角钢下弦，其他与钢筋混凝土三铰拱屋架相同
6	钢筋混凝土组合式屋架		12 15 18	①钢筋混凝土上弦及受压腹杆，角钢下弦，自重较轻，刚度较差； ② 适用于中、小型厂房； ③ 屋面坡度为 1/4
7	钢筋混凝土菱形组合屋架		12 15	①自重较轻，构造简单； ②适用于中、小型厂房； ③屋面坡度为 1/15～1/7.5
8	钢筋混凝土三角形屋架		9 12 15	①自重较大； ②适用于跨度不大的中、小型厂房； ③屋面坡度 1/5～1/2.5
9	钢筋混凝土折线形屋架		15 18	①外形较合理，屋面坡度合适； ②适用于卷材防水屋面的中型厂房； ③屋面坡度 1/15～1/5
10	预应力混凝土折线形屋架		18 21 24 27 30	适用跨度较大的中、重型厂房，其他与钢筋混凝土折线形屋架构件相同
11	预应力混凝土三角形屋架		18 21 24	适用于非卷材防水的屋面、屋面坡度 1/4 的中型厂房，其他与钢筋混凝土折线形屋架相同
12	预应力混凝土梯形屋架		18 21 24 27 30	①自重较大，刚度较好； ②适用于卷材防水的重型厂房； ③屋面坡度 1/12～1/10

屋面梁和屋架形式的选择，应根据厂房的使用要求、跨度大小、吊车吨位和工作制级别、现场条件及当地使用经验等因素而定。根据国内工程经验，在此提出如下建议。

厂房跨度在15m及以下时，当吊车起重量小于10t，且无大的振动荷载时，可选钢筋混凝土屋架、三铰拱屋架；当吊车起重量>10t时，宜选用预应力混凝土工字形屋面梁或钢筋混凝土折线形屋架。

厂房跨度在18m及以上时，一般宜选用预应力混凝土折线形屋架，也可采用钢筋混凝土折线形屋架，折线形屋架各弦杆受力比较均匀，如图3-64所示；对于冶金厂房的热车间，宜选用预应力混凝土梯形屋架。

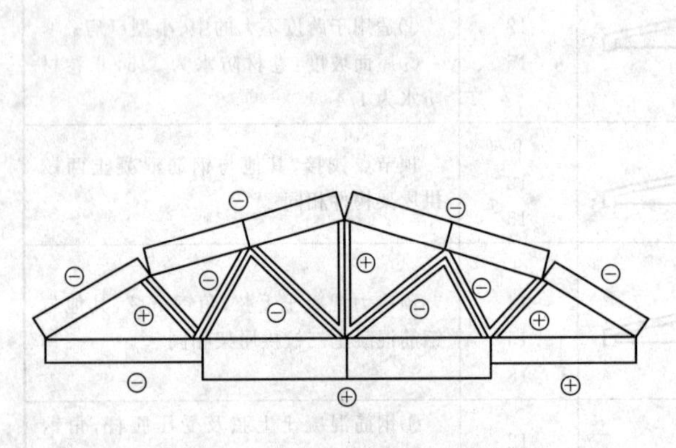

图3-64 折线形屋架的受力形式

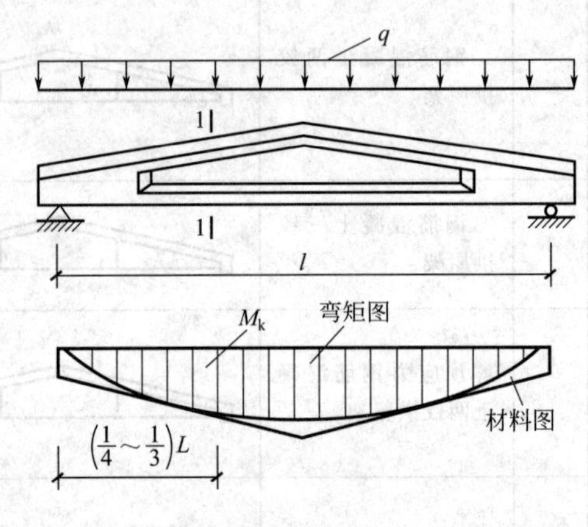

图3-65 屋面梁弯矩图与材料图

(2) 屋面梁设计特点

屋面梁可按简支梁计算其内力，并和普通钢筋混凝土及预应力混凝土梁一样进行配筋计算，但是由于其截面高度是变化的，在计算时有如下特点：双坡梁的截面高度越接近跨中，其值越大，亦即梁的跨中截面弯矩最大处，其截面也最高。这样，其最不利截面位置并不在弯矩最大截面，而位于弯矩图与构件的材料图最为接近的截面，如图3-65所示的1－1截面。一般为距支座(1/4～1/3)l处，设计时可近似取$l/3$(l为跨度)。

进行斜截面承载力验算时，控制截面的位置一般按以下原则确定：①梁的支座垫板内边缘处，因此处梁的剪力最大；②支座附近变截面处，因此处梁的腹板厚度大大减薄了；③箍筋间距或直径有变化的截面，因箍筋所能承担的剪力降低了；④受剪截面应符合$V \leqslant 0.2\beta_c f_c b h_0$，因为腹板厚度较薄。

3.8.2 屋架外形设计

屋架的外形应与厂房的使用要求、跨度大小以及屋面结构相适应，同时应尽可能接近简支梁的弯矩图形，使各杆件受力均匀。屋架的高跨比通常采用1/10～1/6(这时一般可不进行挠度验算)，屋架节间长度要有利于改善杆件受力条件，便于布置天窗架及支撑。上弦节间长度一般采用3m，个别可用1.5m或4.5m(设置9m天窗架时)。下弦节间长度一般采用4.5m和6m，个别可用3m。

3.8.3 荷载及组合

作用于屋架的荷载，其屋架自重可近似按(20～30)kN/m²估算(l为厂房跨度，以m

计)，跨度大时可取小的数值。屋面板灌缝的砂浆自重可取 100N/m²。当采用钢系杆时，屋盖支撑自重可近似取 50kN/m²，当采用钢筋混凝土杆系时可取 250kN/m² 时，风荷载一般不考虑。屋面活荷载及其他荷载按《建筑结构荷载规范》确定。

在求各杆最不利内力时，必须将屋架上的荷载进行组合，施工时根据构件的安装顺序，要考虑半跨荷载组合。如图 3-66 所示为屋架荷载组合。

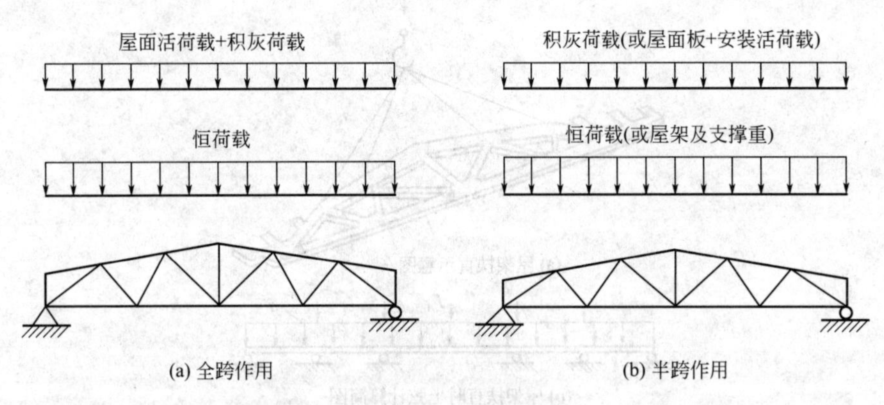

图 3-66　屋架荷载组合

3.8.4　内力分析

钢筋混凝土屋架由于节点的整体联结，严格地说，是一个多次超静定刚接桁架，计算复杂。实际计算时可简化成节点为铰接的桁架。计算简图如图 3-67 所示。

3.8.5　截面设计

屋架上弦杆同时受轴力和弯矩的作用，应选取内力最不利组合按偏心受压构件进行截面设计。在计算屋架平面内上弦跨中截面时，其相应的杆件计算长度取节间长度。上弦杆在平面外的承载力按偏心受压构件验算，其计算长度取值要求如下：在无天窗时取 3m；有天窗时，在天窗范围内，取横向支撑与屋架上弦连接点之间的距离，下弦杆按轴心受拉构件设计；对同一腹杆，在不同荷载组合下，可能受拉或受压，应按轴心受拉或轴心受压构件设计，计算长度可取 $0.8l$；但对梯形屋架端斜杆取 $1.0l$；在屋架平面外则取 $1.0l$（l 为中心线交点之间的距离）。

3.8.6　屋架吊装时扶直验算

屋架一般平卧制作，在吊装扶直阶段，假定其处于上弦杆离地，下弦杆着地的情况，其重量直接传到地面，考虑腹杆有 50% 的重量传给上弦杆相应的节点，这时整个屋架正处在绕下弦杆转起阶段，屋架上弦需验算其最为不利的出平面抗弯能力。屋架上弦吊装时扶直验算，可近似按多跨连续梁进行，如图 3-68

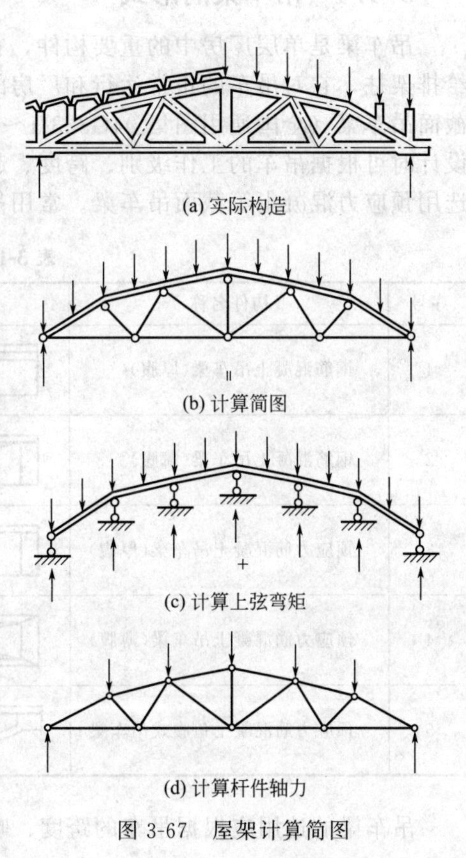

图 3-67　屋架计算简图

所示，计算跨度由实际吊点的距离决定；验算时考虑起吊时的振动，需乘动力系数 1.5。腹杆由于受自重的弯矩很小，通常不进行验算。钢筋混凝土屋架的钢筋宜选用强度较高的带肋钢筋；混凝土强度等级宜采用 C30～C40，预应力混凝土屋架宜采用 C40～C50。

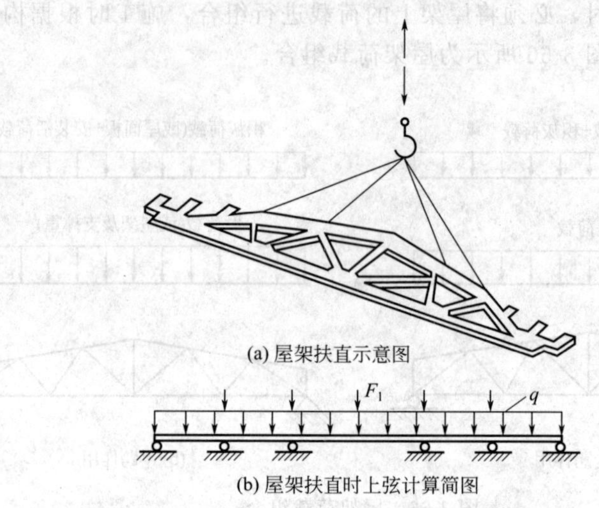

(a) 屋架扶直示意图

(b) 屋架扶直时上弦计算简图

图 3-68 屋架吊装扶直时的计算简图

3.9 吊车梁的设计要点

3.9.1 吊车梁的形式

吊车梁是单层厂房中的重要构件，它直接承受吊车传来的竖向和水平荷载，并将其传递给排架柱，它对吊车的正常运行和厂房的纵向刚度都有重要作用。吊车梁有：钢筋混凝土等截面吊车梁（全国通用图集 04G323-1～2）；预应力混凝土吊车梁（全国通用图集 04G426）。设计时可根据吊车的工作级别、跨度、起重量和台数从相应的标准图中选用，一般来说优先选用预应力混凝土等截面吊车梁。常用吊车梁类型见表 3-18。

表 3-18 常用吊车梁类型

序号	构件名称	形 式	跨度/m	特点及适用范围
1	钢筋混凝土吊车梁(厚腹)		6	轻级：3～50t 中级：3～30t 重级：5～20t
2	钢筋混凝土吊车梁(薄腹)			
3	预应力筋混凝土吊车梁(厚腹)		6	中级：5～75t 重级：5～50t
4	预应力筋混凝土吊车梁(薄腹)		6	中级：5～75t 重级：5～50t
5	预应力筋混凝土鱼腹式吊车梁		12	10～120t

吊车梁的选用应根据吊车的跨度、吨位、工作制以及材料供应、技术条件、工期等因素

综合考虑，灵活掌握。

(1) 对 6m 跨以及 4m 跨的吊车梁，轻、中级工作制起重量在 30t 以内，重级工作制起重量在 20t 以内，可采用钢筋混凝土吊车梁，也可采用预应力混凝土吊车梁；轻、中级工作制起重量大于 30t，重级工作制起重量大于 20t，应采用预应力混凝土吊车梁。

(2) 对 9m 跨的吊车梁，起重量为 10t 及以下，可采用普通钢筋混凝土吊车梁，也可采用预应力混凝土吊车梁；中、重级工作制起重量大于 10t，应采用预应力混凝土吊车梁或桁架式吊车梁。

(3) 对 12m 和 18m 跨的吊车梁，一般均应采用预应力混凝土吊车梁及桁架式吊车梁。吊车梁与柱子和轨道的一般连接细部，如图 3-69 所示。

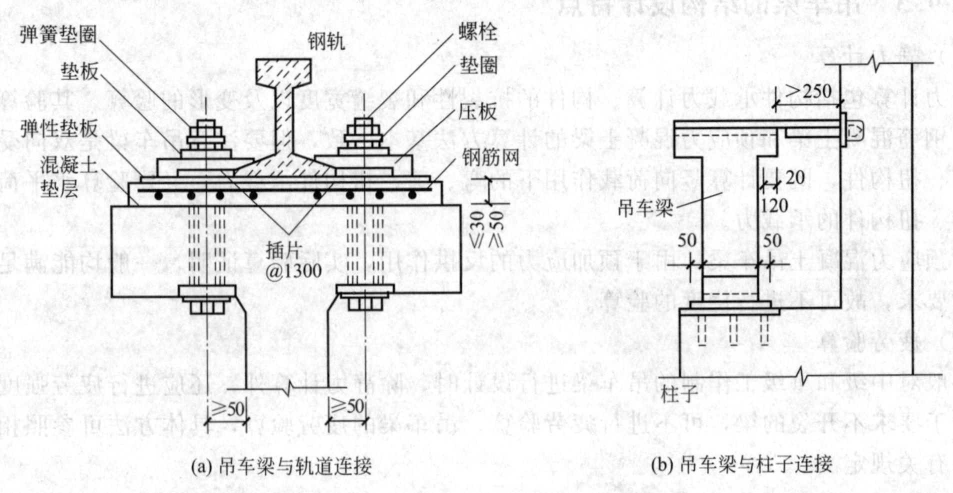

图 3-69　吊车梁连接构造

3.9.2　吊车梁的受力特点

吊车在操作、运行、启动、制动过程中，作用在吊车梁上的荷载与一般的均布荷载不同，主要特点如下。

(1) 吊车荷载是可移动的集中荷载

吊车承受的荷载是两组移动的集中荷载的横向水平荷载。计算时采用影响线方法求出计算截面上的最大内力，或做包络图。在两台吊车作用下，弯矩包络图一般呈“鸡心状”，这时可将绝对最大弯矩截面至支座一段近似地取为二次抛物线。支座和跨中截面间的剪力包络图形，可近似按直线采用，如图 3-70 所示。

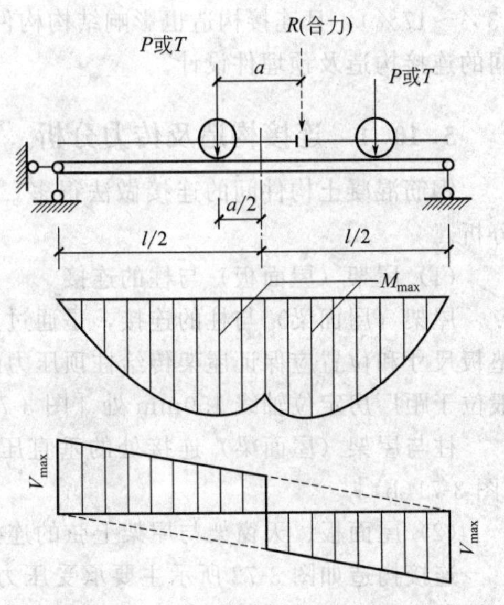

图 3-70　吊车梁的弯矩与剪力包络图

(2) 吊车荷载是重复荷载

根据实际调查，在 50 年的使用期内，对于特重级和重级工作制吊车，其荷载重复次数的总和可达 $(4\sim6)\times10^6$ 次；中级工作制吊车一般为 1×10^6 次。直接承受这种重复荷载时，吊车梁会因疲劳而产生裂缝，直至破坏，所以对特重级、重级和中级工作制吊车梁，除静力计算外，还要进行疲劳验算。

(3) 考虑吊车荷载的动力特性

吊车在起吊、下放重物时，在启动、制动（刹车）时的操作过程中，对吊车梁会产生冲击和振动。因此，在计算其连接部分的承载力以及验算梁的抗裂性时，都必须对吊车的竖向荷载乘以动力系数 μ 值。

(4) 考虑吊车荷载的偏心影响

由于横向水平荷载作用于轨道的顶部，不通过吊车梁截面的弯曲中心，因此吊车荷载偏心会使梁产生扭矩等。在进行吊车梁的结构设计时，要综合考虑以上的受力特点。

3.9.3 吊车梁的结构设计特点

(1) 静力计算

静力计算包括构件承载力计算、构件的抗裂性和裂缝宽度以及变形的验算。其验算方法与普通钢筋混凝土梁和预应力混凝土梁的计算方法基本一致，但要注意吊车梁是双向受弯的弯、剪、扭构件，既要计算竖向荷载作用下的弯、剪、扭构件承载力，又要验算水平荷载作用下弯、扭构件的承载力。

对预应力混凝土吊车梁，由于预加应力的反拱作用，实际验算证明，一般均能满足挠度限值的要求，故可不进行挠度的验算。

(2) 疲劳验算

一般对中级和重级工作制的吊车梁进行设计时，除静力计算外，还应进行疲劳强度的验算。对于要求不开裂的梁，可不进行疲劳验算。吊车梁的疲劳验算，具体方法可参照相关资料中的有关规定。

3.10 连接构造及预埋件设计

在装配式钢筋混凝土单层厂房中，各构件之间应有可靠的连接，以确保有效地传递内力，使厂房形成一个整体。同时，因连接所需预埋件的用钢量较大（约占结构用钢量的13%～17%），且连接构造也影响结构构件的受力性能，因此应重视单层厂房结构中各构件间的连接构造及预埋件设计。

3.10.1 连接构造及传力分析

钢筋混凝土构件间的连接做法很多，此处仅介绍主要构件间常用的节点构造及其传力分析。

(1) 屋架（屋面板）与柱的连接

屋架（屋面梁）与柱的连接，是通过连接垫板将柱顶和屋架端部的预埋件焊接在一起。垫板尺寸和位置应保证屋架传给柱顶压力的合力作用线正好通过屋架上、下弦杆的交点，一般位于距厂房定位轴线 150mm 处［图 3-71(a)］。

柱与屋架（屋面梁）连接处的垂直压力由支承钢板传递，水平剪力由锚筋和焊缝承受［图 3-71(b)］。

(2) 屋面板、天窗架与屋架上弦的连接

连接构造如图 3-72 所示主要承受压力和剪力，通过支承钢板传给屋架上弦；剪力主要由锚筋和焊缝承受。

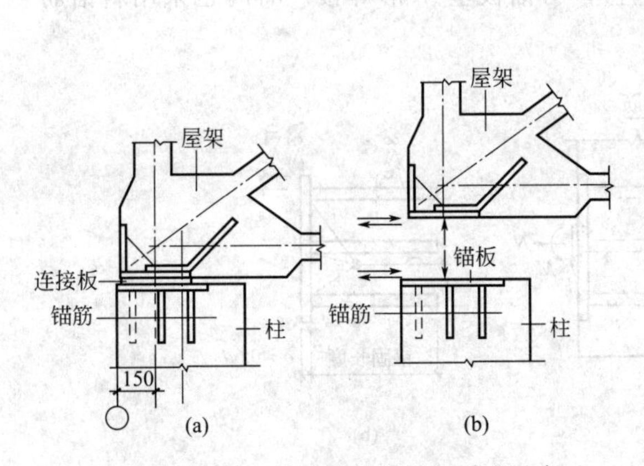

图 3-71 屋架与柱的连接构造及受力示意

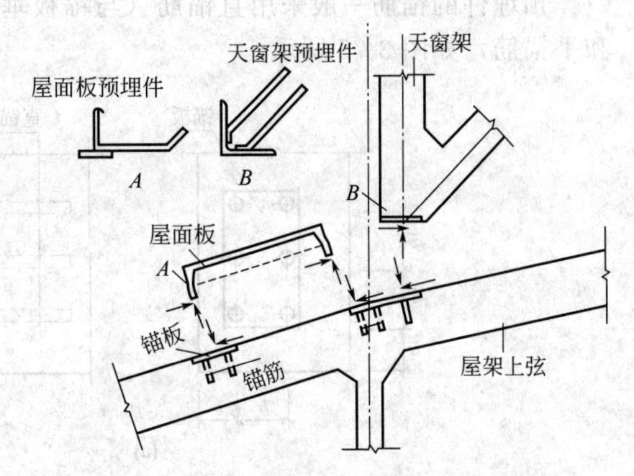

图 3-72 屋面板、天窗架与屋架上弦的连接构造及受力示意

(3) 吊车梁与柱的连接

吊车梁底面通过连接垫板与牛腿顶面预埋件在吊车梁顶面通过连接角钢（或钢板）与上柱侧面预埋件焊接。同时，采用 C20～C30 的混凝土将吊车梁与上柱之间的空隙灌实，以提高连接的刚度和整体性［图 3-73(a)］。梁底预埋件主要承受吊车竖向荷载和纵向水平制动力，梁顶与上柱的预埋件主要承受吊车横向水平荷载，如图 3-73(b) 所示。

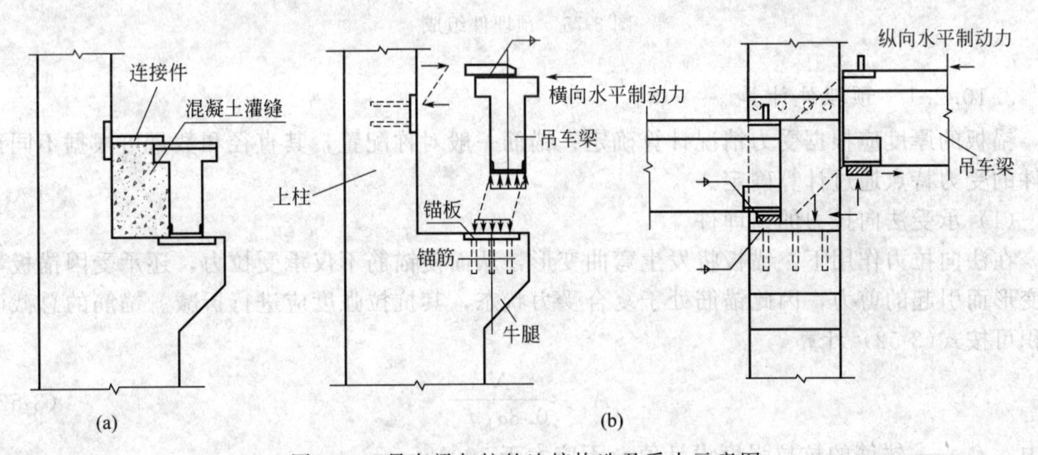

图 3-73 吊车梁与柱的连接构造及受力示意图

(4) 柱间支撑与柱的连接

柱间支撑一般由角钢制作，通过柱中预埋件与柱连接，如图 3-74 所示。预埋件主要承受拉力和剪力。

3.10.2 预埋件设计

预埋件由埋入混凝土中的锚筋和外露在混凝土构件表面的锚板两部分组成。按预埋件受力性质区分，有受剪预埋件、受拉预埋件和受拉、弯、剪预埋件等多种；锚筋经过计算确定的预埋件为构造预埋件。

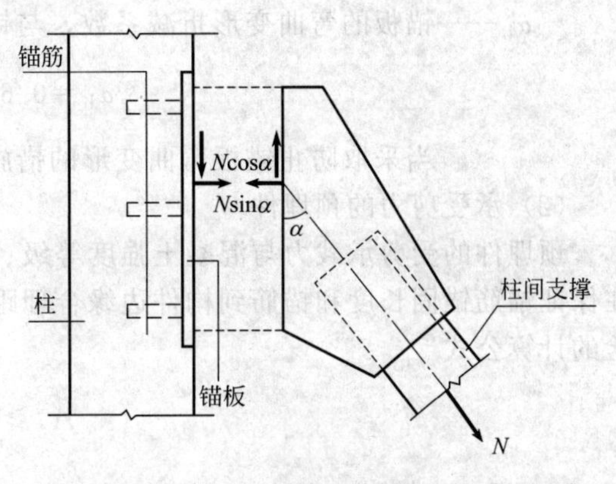

图 3-74 柱间支撑与柱的连接构造及受力示意

预埋件的锚筋一般采用直锚筋（与锚板垂直），与锚板呈 T 形焊接。有时也采用斜锚筋和平锚筋，如图 3-75 所示。

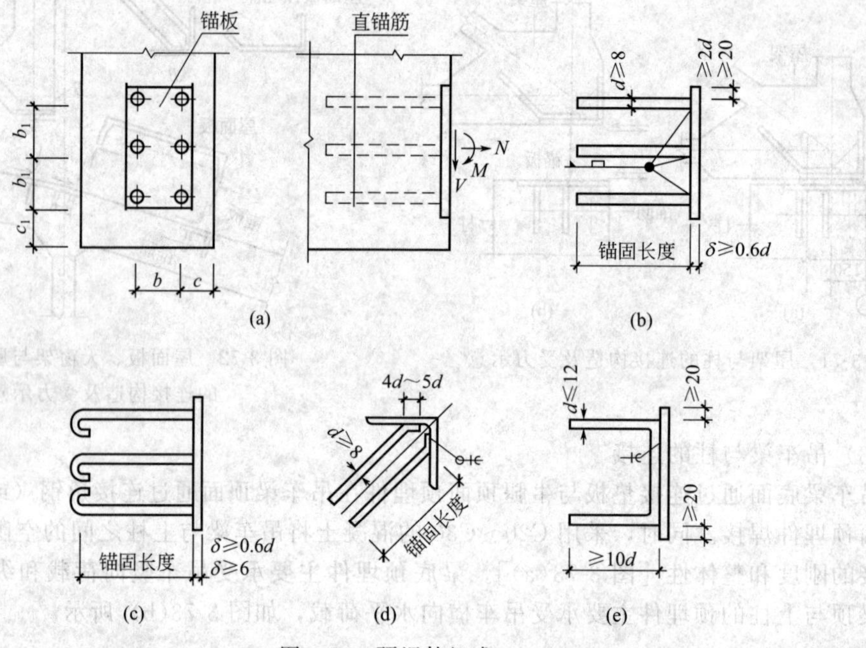

图 3-75 预埋件组成

3.10.2.1 预埋件计算

锚板的厚度应根据受力情况计算确定；锚筋一般对称配置，其直径和数量可根据不同预埋件的受力特点通过计算确定。

(1) 承受法向拉力的预埋件

在法向拉力作用下，锚板将发生弯曲变形，从而使锚筋不仅承受拉力，还承受因锚板弯曲变形而引起的剪力，因此锚筋处于复合受力状态，其抗拉强度应进行折减。锚筋的总截面面积可按式(3-52) 计算

$$A_s \geqslant \frac{N}{0.8\alpha_b f_y} \tag{3-52}$$

式中 f_y——锚筋的抗拉强度设计值，不应大于 300N/mm^2；

N——法向拉力设计值；

α_b——锚板的弯曲变形折减系数，与锚板厚度 t 和锚筋直径 d 有关，可取

$$\alpha_b = 0.6 + 0.25\frac{t}{d} \tag{3-53}$$

当采取防止锚板弯曲变形的措施时，可取 $\alpha_b = 1.0$。

(2) 承受剪力的预埋件

预埋件的受剪承载力与混凝土强度等级、锚筋抗拉强度、锚筋截面面积和直径等有关。在保证锚筋锚固长度和锚筋到构件边缘合理距离的前提下，根据试验结果提出了半理论半经验的计算公式

$$A_s \geqslant \frac{V}{\alpha_\tau \alpha_v f_y} \tag{3-54}$$

$$\alpha_v = (0.4 - 0.08d)\sqrt{f_c / f_y} \tag{3-55}$$

式中 V——法向拉力设计值；

f_y——锚筋的抗拉强度设计值，按现行《混凝土结构设计规范》规定采用，但不应大于 $300N/mm^2$；

α_τ——锚筋层数的影响系数，当锚筋按等间距配置时，二层取1.0，三层取0.9，四层取0.85；

α_v——锚筋的受剪承载力系数，反映了混凝土强度、锚筋直径 d、锚筋强度的影响，应公式(3-55) 计算，当 $\alpha_v>0.7$ 时，取 $\alpha_v=0.7$。

(3) 承受弯矩的预埋件

在弯矩作用下，预埋件各排锚筋的受力是不同的，如图3-76所示。试验表明，受压区合力点往往超过受压区边缘锚筋以外。为便于计算，取锚筋的拉力合力为 $0.5A_sf_y$，力臂取为 $\alpha_\tau z$，同时考虑锚板的变形引入修正系数 α_b，再引入安全储备系数0.8，则锚筋截面面积按下式计算

$$A_s\geqslant\frac{M}{0.4\alpha_\tau\alpha_bf_yz} \tag{3-56}$$

式中 M——弯矩设计值；

z——沿弯矩作用方向最外层锚筋中心线之间的距离。

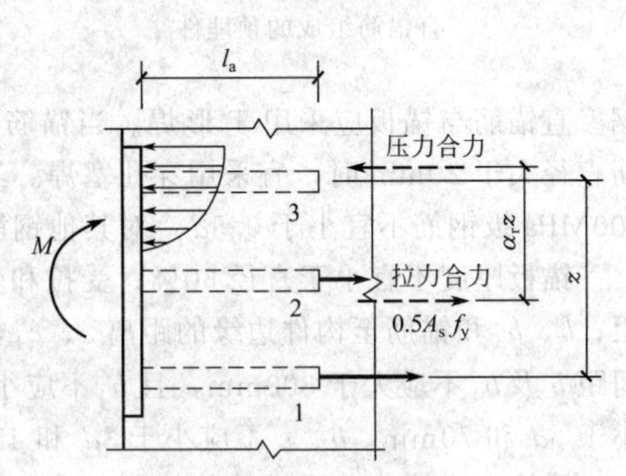

图3-76 弯矩作用下的预埋件

(4) 承受剪力、法向拉力和弯矩共同作用时的预埋件

试验表明，承受拉力和剪力以及拉力和弯矩作用的预埋件，锚筋的拉剪承载力和拉弯承载力均存在线性相关关系。承受剪力和弯矩的预埋件，当 $V/V_{u0}>0.7$ 时，剪弯承载力线性相关；而当 $V/V_{u0}\leqslant0.7$ 时，剪弯承载力不相关，其中 V_{u0} 为预埋件单独受剪时的承载力。因此，在剪力、法向拉力和弯矩共同作用下，锚筋的截面面积应按下列两个公式计算，并取其中的较大值

$$A_s\geqslant\frac{V}{\alpha_\tau\alpha_vf_y}+\frac{N}{0.8\alpha_bf_y}+\frac{M}{1.3\alpha_\tau\alpha_bf_yz} \tag{3-57}$$

$$A_s\geqslant\frac{N}{0.8\alpha_bf_y}+\frac{M}{0.4\alpha_\tau\alpha_bf_yz} \tag{3-58}$$

(5) 承受剪力、法向压力和弯矩共同作用时的预埋件

在剪力、法向压力和弯矩共同作用下，锚筋截面面积应按下列两个公式计算，并取其中的较大值

$$A_s\geqslant\frac{V-0.3N}{\alpha_\tau\alpha_vf_y}+\frac{M-0.4Nz}{1.3\alpha_\tau\alpha_bf_yz} \tag{3-59}$$

$$A_s\geqslant\frac{M-0.4Nz}{0.4\alpha_\tau\alpha_bf_yz} \tag{3-60}$$

当 $M<0.4Nz$ 时，取 $M=0.4Nz$，式中 N 为法向压力设计值，不应大于 $0.5f_cA$，此处，A 为锚板的面积。

由锚板和对称配置的弯折锚筋及直锚筋共同承受剪力的预埋件（图3-77)，其弯折锚筋的截面面积 A_{sb} 应按下列公式计算

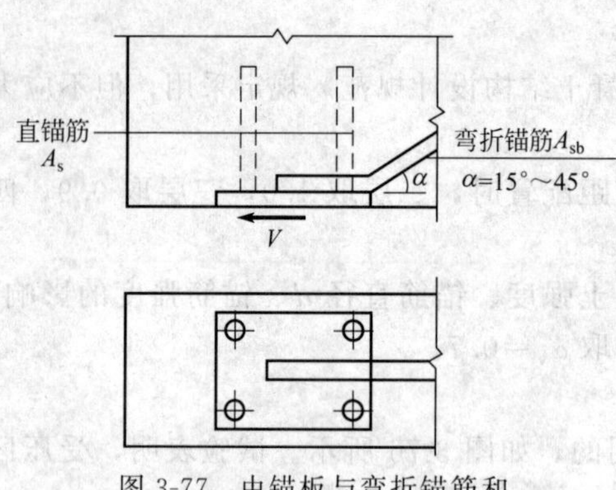

图 3-77 由锚板与弯折锚筋和直锚筋组成的预埋件

$$A_{sb} \geqslant 1.4\frac{V}{f_y} - 1.25\alpha_v A_s \tag{3-61}$$

当直锚筋按构造要求设置时，取 $A_s=0$。

3.10.2.2 构造要求

受力预埋件的锚筋应采用 HRB400 级或 HPB300 级钢筋，不应采用冷加工钢筋。预埋件的受力直锚筋不宜少于 4 根，且不宜多于 4 排；其直径不宜小于 8mm，且不宜大于 25mm。受剪预埋件的直锚筋可采用 2 根。预埋件的锚筋应位于构件的外层主筋内侧。

受力预埋件的锚板宜采用 Q235、Q345 级钢。直锚筋与锚板应采用 T 形焊。当锚筋直径不大于 20mm 时，宜采用压力埋弧焊；当锚筋直径大于 20mm 时，宜采用穿孔塞焊。当采用手工焊时，焊缝高度不宜小于 6mm，且对 300MPa 级钢筋不宜小于 $0.5d$，对其他钢筋不宜小于 $0.6d$，d 为锚筋的直径。

锚板厚度不宜小于直径 60%；受拉和受弯预埋件的锚板厚度宜大于 $b/8$，b 为锚筋的间距；b、b_1 和锚筋至构件边缘的距离 c、c_1，均不小于 $3d$ 和 45mm。对受剪预埋件其锚筋的间距 b 及 b_1 不应大于 300mm，且 b_1 不应小于 $6d$ 和 70mm；锚筋至构件边缘的距离 c_1 不应小于 $6d$ 和 70mm，b、c 不应小于 $3d$ 和 45mm［图 3-75(a)］。

受拉直锚筋和弯折锚筋的锚固长度不应小于受拉钢筋锚固长度。当锚筋采用 HPB300 级钢筋时，锚筋的末端应带 135°弯钩［图 3-75(c)］。当无法满足锚固长度的要求时，应采取其他有效的锚固措施。受剪和受压直锚筋的锚筋长度不应小于 $15d$，d 为锚筋的直径。

3.10.3 吊环设计

吊环应采用 HPB300 级钢筋制作，严禁使用冷加工钢筋，以防脆断。吊环埋入混凝土的深度不应小于 $30d$（d 为吊环钢筋的直径），并应焊接或绑扎在构件的钢筋骨架上。在构件的自重标准值 G_k（不考虑动力系数）作用下，假定每个构件设置吊环，每个吊环按 2 个截面计算。吊环钢筋的允许拉应力值为 $[\sigma_s]$，则吊环钢筋的截面面积 A_s 可按下式计算

$$A_s = \frac{G_n}{2n[\sigma_s]} \tag{3-62}$$

当在一个构件上设有 4 个吊环时，上式中的 n 取 3；吊环钢筋的允许拉应力值 $[\sigma_s]$ 取 65N/mm^2，此值是将 HPB300 级钢筋的抗拉强度设计值乘以折减系数而得到的。折减系数中考虑的因素有：构件自重荷载分项系数取 1.2，吸附作用引起的超载系数取 1.2，钢筋弯折后的应力集中对强度的折减系数取 1.4，动力系数取 1.5，钢丝绳角度对吊环承载力的影响系数取 1.4，则折减系数为 $1/(1.2\times1.2\times1.4\times1.5\times1.4)=0.236$，$[\sigma_s]=270\times0.236=63.77\text{N/mm}^2$。

3.11 单层厂房设计实例

3.11.1 工程概况

某工厂车间，根据工艺要求为双单跨单层钢筋混凝土厂房，跨度为 24m，长度 66m，轨顶标高不低于+9.000m，无天窗，每跨有工作制级别 A4 的 30/5t 及 15/5t 吊车各一台。厂

房平剖面图如图 3-78 所示。已知该厂房所在地区基本风压 $w_0=0.35\text{kN/m}^2$，基本雪压 $s_0=0.30\text{kN/m}^2$，地基承载力特征值 $f_a=220\text{kN/m}^2$（持力层为细砂），不要求抗震设防。试进行排架结构设计。

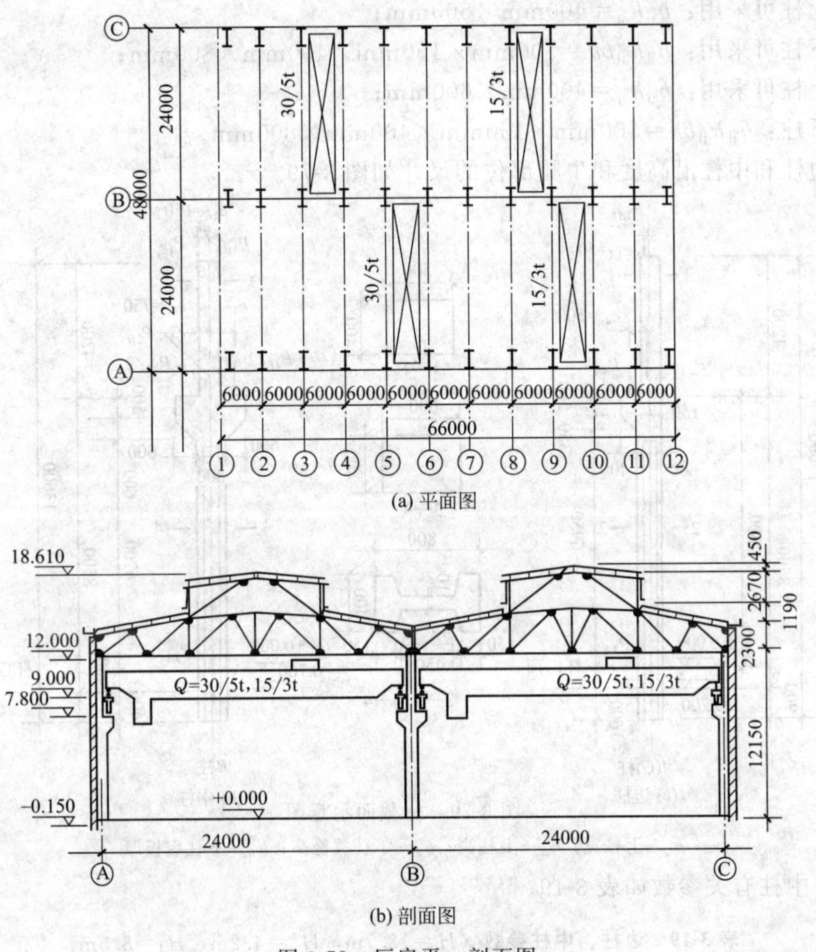

图 3-78　厂房平、剖面图

3.11.2　设计参考资料

经设计确定以下做法和相应荷载的标准值。

（1）屋面为六层油毡防水做法，下为 20mm 水泥砂浆找平层，80mm 加气混凝土保温层，6m 跨预应力混凝土大型屋面板。算得包括屋盖支撑（按 0.07kN/m^2计）在内的屋面恒荷载为 2.74kN/m^2。

（2）采用 24m 跨折线形预应力混凝土屋架，每榀重力荷载为 109.0kN；采用 9m 跨矩形纵向天窗，每榀天窗架每侧传给屋架的竖向荷载为 34.0kN。

（3）采用专业标准（ZQ1—62）规定的 30/5t 及 15/5t 吊车的基本参数和有关尺寸。

（4）采用 6m 跨等截面预应力混凝土吊车梁（截面高度为 1200mm），每根吊车梁的重力荷载为 45.5kN；吊车轨道连接重力荷载 0.81kN/m。

（5）围护墙采用 240mm 厚双面清水自承重墙，钢窗（按 0.45kN/m^2计），围护墙直接支承于基础梁；基础梁截面高度为 450mm。

（6）取室内外高差 150mm；于是基础顶面标高为−0.700m(0.45+0.15+0.1)。

3.11.3 选择柱截面尺寸，确定有关参数

经查相关资料得各柱截面尺寸。

边柱上柱可采用：$b_u h_u = 400\text{mm} \times 500\text{mm}$；

边柱下柱可采用：$b_{il} h_{il} bh = 100\text{mm} \times 150\text{mm} \times 400\text{mm} \times 800\text{mm}$；

中柱上柱可采用：$b_u h_u = 400\text{mm} \times 600\text{mm}$；

中柱下柱：$b_{il} h_{il} bh = 100\text{mm} \times 150\text{mm} \times 400\text{mm} \times 800\text{mm}$。

确定边柱和中柱沿高度和牛腿部位的尺寸如图 3-79。

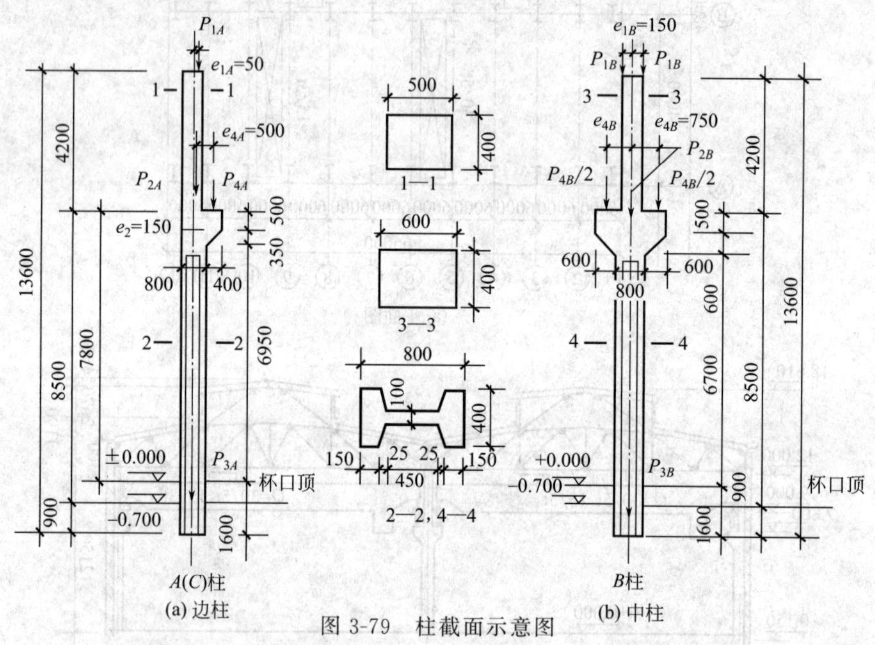

图 3-79 柱截面示意图

b_u—上柱宽；h_u—上柱高；b_{il}—下柱翼缘高；h_{il}—下柱腹板厚

边柱、中柱有关参数如表 3-19。

表 3-19 边柱、中柱参数（$H=12.7\text{m}$，$H_u=4.2\text{m}$，$H_l=8.5\text{m}$）

参　数	边柱（A、C）	中柱（B）
A_u/mm^2	2.0×10^5	2.4×10^5
I_u/mm^2	4.17×10^9	7.2×10^9
A_l/mm^2	1.775×10^5	1.775×10^5
I_l/mm^2	14.38×10^9	14.38×10^9
$\lambda=H_u/H$	$0.331>0.3$	$0.331>0.3$
$n=I_u/I_l$	0.290	0.501
$1/\delta_i$ ①/(N/mm)	$0.193E_c$	$0.0203E_c$
$\eta_i=(1/\delta_i)/(\sum 1/\delta_i)$	0.328	0.344
自重重力荷载/kN（包括牛腿）	上柱 $P_{2A}=P_{2C}=21.0$ 下柱 $P_{3A}=P_{3C}=43.81$	上柱 $P_{2B}=25.20$ 下柱 $P_{3B}=52.13$

① $i=a$，b，c。

3.11.4 荷载计算（有关符号及数据参见图 3-79，均为标准值）

（1）屋面恒荷载

$P_{1A}=P_{1C}=2.74\times6\times(12+0.77)+109.0/2+34=298.44\text{kN}$

$M_{1A}=M_{1C}=P_{1A}e_{1A}=298.44\times0.05=14.92\text{kN}\cdot\text{m}$

$M_{2A}=M_{2C}=P_{1A}e_{2}=298.44\times0.15=44.77\text{kN}\cdot\text{m}$

$P_{1B}=2.74\times6\times24+109.0+2\times34.0=571.56\text{kN}$

(2) 屋面活荷载（取 0.5kN/m^2，作用于一跨）

$P_{1A}=0.5\times6\times(12+0.77)=38.31\text{kN}$

$M_{1A}=P_{1A}e_{1A}=38.31\times0.05=1.92\text{kN}\cdot\text{m}$，$M_{2A}=P_{1A}e_{2}=38.31\times0.15=5.74\text{kN}\cdot\text{m}$

$P_{1B}=0.5\times6\times12=36.0\text{kN}$，$M_{1B}=P_{1B}e_{1B}=36.0\times0.15=5.40\text{kN}\cdot\text{m}$

(3) 柱自重重力荷载（表 3-19）

边柱：$P_{2A}=P_{2C}=21.0\text{kN}$，$M_{2A}=M_{2C}=P_{2A}e_{2}=21.0\times0.15=3.15\text{kN}\cdot\text{m}$

$P_{3A}=P_{3C}=43.81\text{kN}$

中柱：$P_{2B}=25.20\text{kN}$，$P_{3B}=52.13\text{kN}$

(4) 吊车梁及轨道连接重力荷载

$P_{4A}=P_{4C}=45.5+0.81\times6=50.36\text{kN}$

$M_{4A}=M_{4C}=P_{4A}e_{4A}=50.36\times0.50=25.18\text{kN}\cdot\text{m}$

$P_{4B}=(P_{4B}/2)\times2=50.36\times2=100.72\text{kN}$

(5) 吊车荷载

① 吊车主要参数如表 3-20。

表 3-20 吊车参数

吊车吨位	Q/kN	吊车宽 B/mm	轮距 K/mm	P_{max}/kN	P_{min}/kN	Q_1/kN
30/5t	300	6150	4800	290	70	118
	150	5550	4400	185	50	74

② 吊车竖向荷载（考虑每个排架两台吊车，如图 3-80）的标准值，作用位置示意见图 3-80。

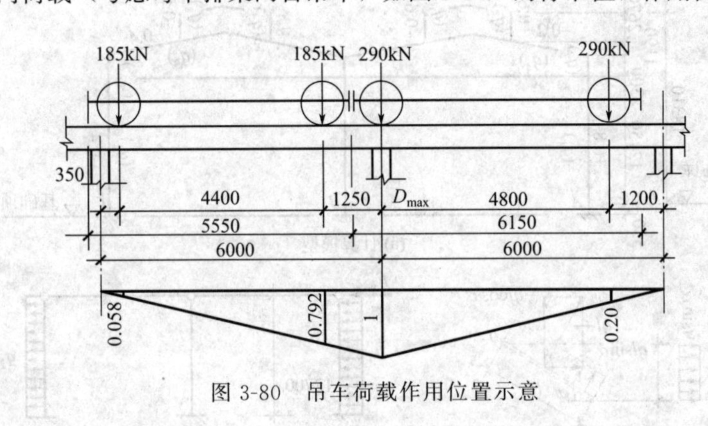

图 3-80 吊车荷载作用位置示意

$D_{max}=290\times(1+0.2)+185\times(0.792+0.058)=505.25\text{kN}$

$D_{min}=70\times(1+0.2)+50\times(0.792+0.058)=126.50\text{kN}$

③ 当两台吊车作用于第一跨时。

D_{max}在边柱：施加于 A 柱的 $N=505.25\text{kN}$，$M=505.25\times0.5=252.63\text{kN}\cdot\text{m}$

施加于 B 柱的 $N=126.50\text{kN}$，$M=126.50\times0.75=94.88\text{kN}\cdot\text{m}$

D_{min}在边柱：施加于 A 柱的 $N=126.50\text{kN}$，$M=125.50\times0.5=63.25\text{kN}\cdot\text{m}$

施加于 B 柱的 $N=505.25\text{kN}$，$M=505.25\times0.75=378.94\text{kN}\cdot\text{m}$

当两台吊车作用在第二跨时计算过程同上，计算过程略，计算简图如图 3-81(a)、(b)。

④ 吊车横向水平荷载（$\alpha=0.10$，图 3-80）的标准值。

30/5t 吊车一个轮子横向水平制动力 $T_{30}=\frac{0.1}{4}\times(300+118)=10.45\text{kN}$

15/3t 吊车一个轮子横向水平制动力 $T_{15}=\frac{0.1}{4}\times(150+74)=5.6\text{kN}$

a. 当一台 30/5t 和一台 15/3t 吊车同时作用时，$T_{\max}=10.45\times(1+0.2)+5.6\times(0.792+0.058)=17.30\text{kN}$

b. 当一台 30/5t 吊车作用时，$T_{\max}=10.45\times(1+0.2)=12.54\text{kN}$

当吊车在第二跨时计算过程同上，计算过程略，计算简图如图 3-81(c)、图 3-81(d)。

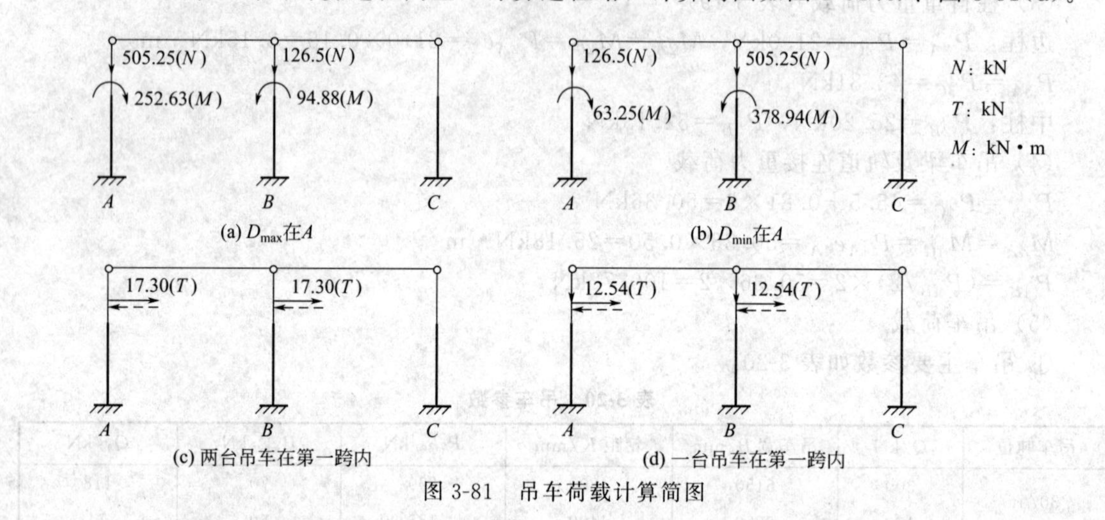

图 3-81 吊车荷载计算简图

(6) 风荷载（图 3-82）

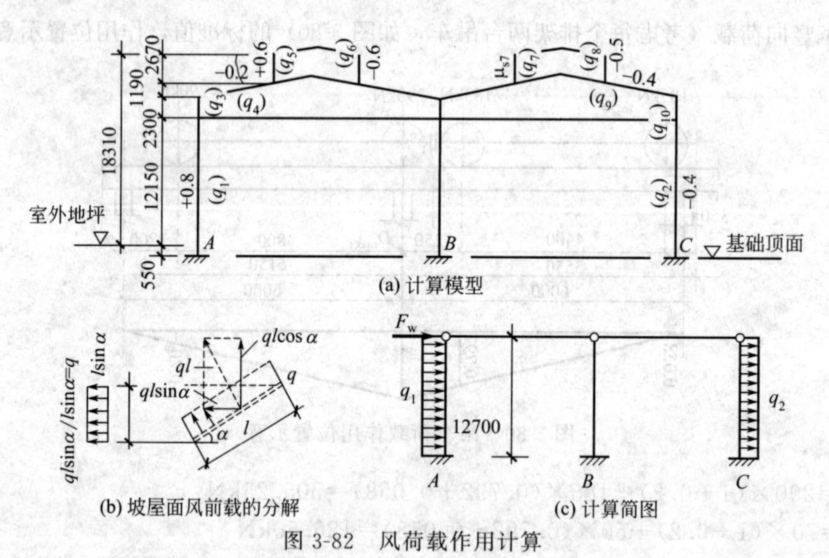

图 3-82 风荷载作用计算

① 计算 μ_z（按《建筑结构荷载规范》用插值法求）。柱顶处（按离地面高度计），$\mu_z=1.06$；天窗檐口处（柱顶以上各部分风荷载均可近似以天窗檐口离地面高度 18.31m 计），$\mu_z=1.21$。

② 计算 μ_s 和各部分 q_{ik}。由图 3-82(a) 知，取 $a=15000\text{mm}$，$h=3120\text{mm}$，$a>4h$，故取 $\mu_{s7}=+0.6$；其余 $\mu_{s1}\sim\mu_{s10}$ 见图 3-82(a)。

坡屋面风荷载理应垂直于屋面，如图 3-82(b)；但也可分解为两部分，平行于地面的风荷载和垂直于地面的风荷载。它们的作用长度分别为坡屋面的竖向投影和坡屋面的水平投影，风荷载体型系数 μ_s 不变。其中垂直于地面的风荷载不起作用，计算 F_w 时只需考虑平行地面的那部分风荷载。

$$q_{ik}=Dw_k=D\mu_s\mu_z w_0=6\times0.35\times\mu_s\mu_z=2.10\mu_s\mu_z$$

q_{ik} 值计算见表 3-21。

表 3-21 q_{ik} 值（标准值）计算

q	q_1	q_2	q_3	q_4	q_5	q_6	q_7	q_8	q_9	q_{10}
μ_z	1.06	1.06	1.21	1.21	1.21	1.21	1.21	1.21	1.21	1.21
μ_s	0.8	0.4	0.8	0.2	0.6	0.6	0.6	0.5	0.4	0.4
q_{ik}	1.78	0.89	2.03	0.51	1.52	1.52	1.52	1.27	1.02	1.02
作用长度/m			2.30	1.19	2.67	2.67	2.67	2.67	1.19	2.30
方向	→	→	→	←	→	→	→	→	→	→

③ 计算 q_1、q_2 和 F_w 的设计值。

$$q_1=\gamma_Q q_{1k}=1.4\times1.78=2.49\text{kN/m}^2$$

$$q_2=\gamma_Q q_{2k}=1.4\times0.89=1.25\text{kN/m}^2$$

$$\begin{aligned}F_w&=\gamma_Q\times[2.30\times(q_{3k}+q_{10k})+1.19\times(-q_{4k}+q_{9k})+2.67\times(q_{5k}+q_{6k}+q_{7k}+q_{8k})]\\&=1.4\times[2.30\times(2.03+1.02)+1.19\times(-0.51+1.02)+2.67\times(1.52+1.52+1.52+1.27)]\\&=32.43\text{kN}\end{aligned}$$

每榀排架在风荷载作用下的计算见图 3-82(c)。

(7) 荷载汇总表见表 3-22（均为标准值）

表 3-22 荷载汇总

荷载类型	简图	A(C)柱 N/kN	A(C)柱 M/(kN·m)	B柱 N/kN	B柱 M/(kN·m)
∑恒荷载	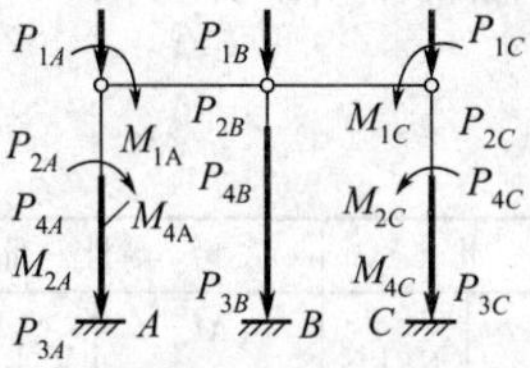	$P_{1A}=298.44$ $P_{2A}=21.0$① $P_{3A}=43.81$ $P_{2A}+P_{4A}=71.36$②	$M_{1A}=14.92$ $M_{2A}+M_{4A}=22.74$	$P_{1B}=571.56$ $P_{2B}=25.20$① $P_{3B}=52.13$ $P_{2B}+P_{4B}=125.92$②	0
屋面活荷载	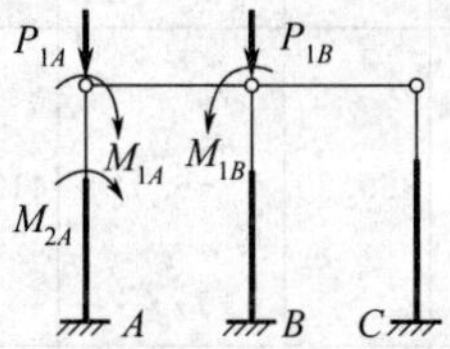	$P_{1A}=38.31$	$M_{1A}=1.92$ $M_{2A}=5.75$	$P_{1B}=36.0$	$M_{1B}=5.40$
吊车竖向荷载	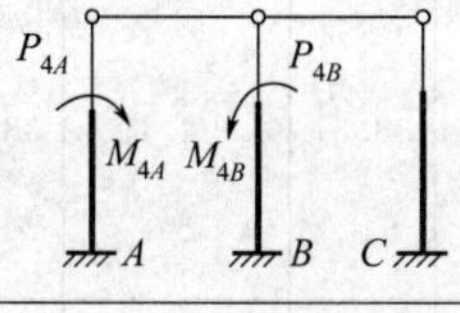	D_{max} 在 A： $P_{4A}=505.25$ D_{min} 在 A： $P_{4A}=126.50$	$M_{4A}=252.63$ $M_{4A}=63.25$	D_{max} 在 A： $P_{4B}=126.50$ D_{min} 在 A： $P_{4B}=505.25$	$M_{4B}=94.88$ $M_{4B}=378.94$
吊车横向水平荷载	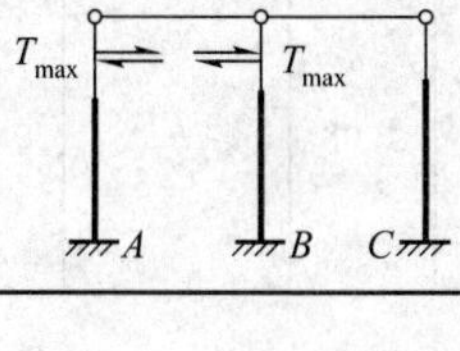	$T_{max}=17.30$kN(一台 30/5t,一台 15/3t) $T_{max}=12.54$kN(一台 30/5t)			

续表

荷载类型	简图	A(C)柱		B柱	
		N/kN	M/(kN·m)	N/kN	M/(kN·m)
风荷载	F_w q_1 q_2	$F_w=23.19\text{kN};q_1=1.78\text{kN/m};q_2=0.89\text{kN/m}$			

①作用于上柱下截面；②作用于下柱上截面。

3.11.5 排架内力计算

以吊车竖向荷载 D_{max} 在 A 柱为例，求出边柱 A 的内力，按下列步骤进行。

① 先在 A、B 柱顶部各附加一个不动铰支座，计算出柱顶反力 R_a、R_b。查表 3-11 算的柱顶反力系数 $C_{2a}=1.277$，$C_{2b}=1.289$，故

$$R_a=-\frac{M_{4A}}{H}C_{2a}=-\frac{252.63}{12.70}\times1.227=-24.41\text{kN}(\leftarrow)$$

$$R_b=-\frac{M_{4B}}{H}C_{2b}=-\frac{94.88}{12.70}\times1.289=9.63\text{kN}(\rightarrow)$$

② 撤出附加不动铰并将 (R_a+R_b) 以反方向作用于柱顶，分配给 A 柱顶的剪力为 $-\eta_a(R_a+R_b)=-0.328\times(-24.41+9.63)=+4.85\text{kN}(\rightarrow)$。

③ 叠加上两步的柱顶剪力 $V_a=-24.41+4.85=-19.56\text{kN}(\leftarrow)$，并以此求得 A 柱的内力图如表 3-23 所示，D_{max} 在 A 柱的 3a 栏。即 $M_{\text{I}-\text{I}}=-82.15\text{kN}\cdot\text{m}$，$M_{\text{II}-\text{II}}=+170.48\text{kN}\cdot\text{m}$，$M_{\text{III}-\text{III}}=+4.22\text{kN}\cdot\text{m}$；$N_{\text{I}-\text{I}}=0$，$N_{\text{II}-\text{II}}=N_{\text{III}-\text{III}}=505.25\text{kN}\cdot\text{m}$；$V_{\text{III}-\text{III}}=-19.56\text{kN}$。

在其他荷载作用下求边柱 A 内力的方法类似。将各分项荷载作用下算得的 A 柱内力汇总如表 3-23。

表 3-23 A 柱内力汇总

荷载类型		序号	简图	Ⅰ—Ⅰ		Ⅱ—Ⅱ		Ⅲ—Ⅲ		
				M/(kN·m)	N/kN	M/(kN·m)	N/kN	M/(kN·m)	V/kN	N/kN
恒荷载		1	14.92 7.23 15.51 0.14 6.04; 298.44 319.44 369.80 413.60	15.51	319.44	−7.23	369.80	−6.04	413.61	0.14
屋面活荷载	AB 跨有	2a	1.92 3.95 1.79 0.03 4.19; 38.31	1.79	38.31	−3.95	38.31	−4.19	38.31	−0.03
	BC 跨有	2b	1.35 0.32 4.08; 0	0	1.35	0	4.08	0	0.32	

续表

荷载类型			序号	简图	Ⅰ—Ⅰ		Ⅱ—Ⅱ		Ⅲ—Ⅲ		
					M /(kN·m)	N/kN	M /(kN·m)	N/kN	M /(kN·m)	V/kN	N/kN
吊车竖向荷载	AB 跨	D_{max} 在 A 柱	3a	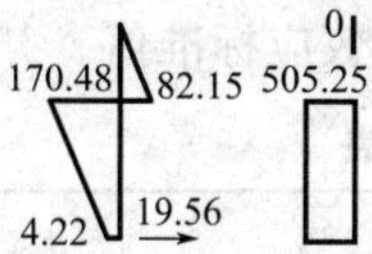	0	170.48	505.25	4.22	505.25	−19.56	
		D_{min} 在 A 柱	3b	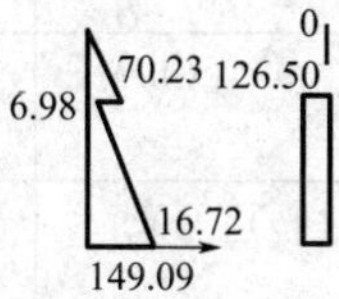	−70.23	0	−6.98	126.50	−149.09	126.50	−16.72
	BC 跨	D_{max} 在 B 柱	4a	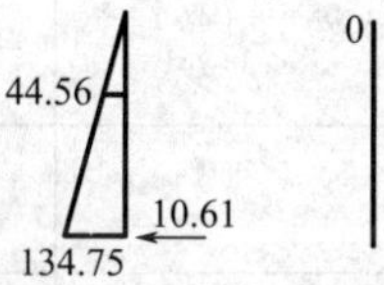	0	44.56	0	134.75	0	10.61	
		D_{min} 在 B 柱	4b	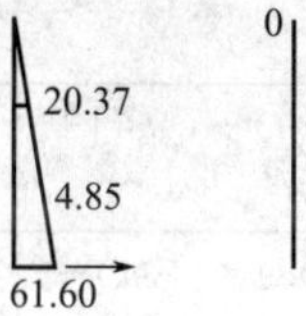	−20.37	0	−20.37	0	−61.60	0	−4.85
吊车横向水平荷载	一台30/5t 一台15/3t	作用在 AB 跨	5a	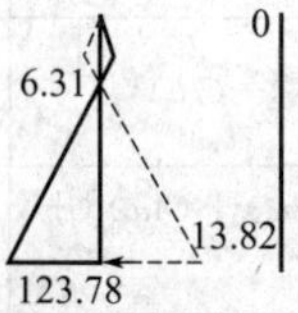	±6.31	0	±6.31	0	±123.78	0	±13.82
		作用在 BC 跨	5b	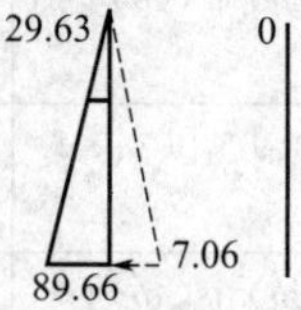	0	±29.63	0	±89.66	0	±7.06	
	一台30/5t	作用在 AB 跨	6a	(5)×$\frac{12.54}{17.30}$	±4.57	0	±4.57	0	±89.73	0	±10.02
		作用在 BC 跨	6b		±21.48	0	±21.48	0	±64.99	0	±5.12
风荷载	向右吹		7a	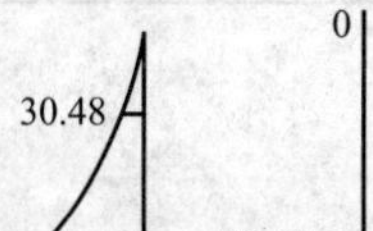	0	30.48	0	188.25	0	26.13	
	向左吹		7b	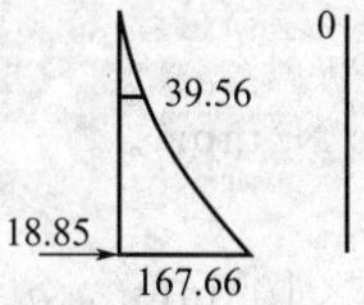	−39.56	0	−39.52	0	−167.66	0	−18.85

3.11.6 排架内力组合

以 A 柱内力组合为例，列表进行内力组合，见表 3-24。表中所列组合方式栏意义如下

A：1.2×恒荷载效应标准值＋0.9×1.4×(活＋吊车＋风)效应标准值；

B：1.2×恒荷载效应标准值＋0.9×1.4×(活＋风)效应标准值。

表 3-24 A 柱内力组合表

截面	组合目的	组合方式	被组合内力项序号(见表 3-23)	M /(kN·m)	V/kN	N/kN
Ⅰ—Ⅰ	$+M_{max}$相应 N	A	1.2×(1)＋0.9×1.4×{(2a)＋(2b)＋0.9×[(4a)＋(5b)＋(7a)]}	145.10	431.60	
	$-M_{max}$相应 N	B	1.2×(1)＋0.9×1.4×{0.8×[(3a)＋(4b)]＋0.9×[(5b)＋(7b)]}	－168.18	383.33	
	N_{max}相应 $\pm M_{max}$	A	1.2×(1)＋0.9×1.4×{(2a)＋0.8×[(3a)＋(4b)]＋0.9×(5b)＋(7b)}	－165.93	431.60	
	N_{min}相应 $\pm M_{max}$	B	同$-M_{max}$相应 N			
Ⅱ—Ⅱ	$+M_{max}$相应 N	A	1.2×(1)＋0.9×1.4×{(2b)＋0.8×[(3a)＋(4a)]＋0.9×(5b)＋(7a)}	281.79	953.05	
	$-M_{max}$相应 N	B	1.2×(1)＋0.9×1.4×{(2a)＋0.8×[(3b)＋(4b)]＋0.9×(5b)＋(7b)}	124.67	619.54	
	N_{max}相应 $\pm M_{max}$	A	1.2×(1)＋0.9×1.4×{(2a)＋(2b)＋0.9×[(3a)＋(5b)]＋(7a)}	253.38	1064.98	
	N_{min}相应 $\pm M_{max}$	B	1.2×(1)＋0.9×1.4×{0.9×[(4b)＋(5b)]＋(7b)}	－115.17	443.76	
Ⅲ—Ⅲ	$+M_{max}$相应 N	A	1.2×(1)＋0.9×1.4×{(2b)＋0.8×[(3a)＋(4a)]＋0.9×[(6a)＋(6b)]＋(7a)}	550.63	1005.62	41.65
	$-M_{max}$相应 N	A	1.2×(1)＋0.9×1.4×{(2a)＋0.8×[(3b)＋(4b)]＋0.9×[(6a)＋(6b)]＋(7b)}	－611.61	672.11	－62.54
	N_{max}相应 $\pm M_{max}$	A	1.2×(1)＋0.9×1.4×{(2a)＋(2b)＋0.9×[(3a)＋(5a)]＋(7a)}	374.96	1117.56	26.61
		A	1.2×(1)＋0.9×1.4×{(2a)＋0.8×[(3b)＋(4b)]＋0.9×[(6a)＋(6b)]＋(7b)}	－359.36	1117.56	26.61
	N_{min}相应 $\pm M_{max}$	A	1.2×(1)＋0.9×1.4×{(2b)＋0.9×[(4a)＋(5b)]＋(7a)}	489.57	496.33	53.53
		B	1.2×(1)＋0.9×1.4×{0.9×[(4b)＋(5b)]＋(7b)}	－390.02	496.33	－37.09

3.11.7 柱的配筋计算

(1) 材料

混凝土（C30）：$f_c=14.3\text{N/mm}^2$，$f_{tk}=2.01\text{N/mm}^2$，$f_t=1.43\text{N/mm}^2$；

钢筋（HRB335）：$f_y=f'_y=300\text{N/mm}^2$，$\xi_b=0.55$；

箍筋（HPB300）：$f_{yv}=270\text{N/mm}^2$，$E_s=2.0\times10^5\text{N/mm}^2$。

(2) 柱截面参数

上柱Ⅰ—Ⅰ截面：$b=400\text{mm}$，$h=500\text{mm}$，$A=2\times10^5\text{mm}^2$，$a_s=a'_s=45\text{mm}$，$h_0=$

500－45＝455mm。

下柱Ⅱ—Ⅱ、Ⅲ—Ⅲ截面：$b'_f=400$mm，$b=100$mm，$h'_f=162.5$m，$h=800$mm，$a_s=a'_s=45$mm；$A=bh+2(b'_f-b)h'_f=1.775\times10^5\text{mm}^2$，$h_0=800-45=755$mm。

Ⅰ—Ⅰ截面：$N_b=\alpha_1 f_c b\xi_b h_0=1.0\times14.3\times0.55\times400\times455=1431.43$kN

Ⅱ—Ⅱ、Ⅲ—Ⅲ截面：

$$N_b=\alpha_1 f_c b\xi_b h_0+\alpha_1 f_c(b'_f-b)h'_f$$
$$=1.0\times14.3\times[0.55\times100\times755+(400-100)\times162.5]=1290.93\text{N}$$

由内力组合结果（表3-24）看，各组轴力N均小于N_b，故控制截面都为大偏心受压情况，均可用N小、M大的内力组合组作为截面配筋计算的依据。

故Ⅰ—Ⅰ截面以$M=-168.18$kN·m，$N=383.33$kN计算配筋；Ⅲ—Ⅲ截面以$M=-611.61$kN·m，$N=672.11$kN计算配筋；Ⅱ—Ⅱ截面配筋同Ⅲ—Ⅲ截面。

柱截面配筋计算见表3-25。

表3-25　柱截面配筋计算

截面		Ⅰ—Ⅰ	Ⅱ—Ⅱ
内力	M_0/(kN·m)	168.18	611.61
	N/kN	383.33	672.11
e_a/mm		20	26.67
$\zeta_c=0.5f_cA/N$		7.46>1，取1.0	3.78>1取1.0
$l_0=2H_u$/mm；$l_0=H_l$/mm		8400	8500
$\eta_s=1+\frac{1}{1500(M_0/N+e_a)/h_0}\left(\frac{l_0}{h}\right)^2\zeta_c$		1.187	1.061
$M=\eta_s M_0$/(kN·m)		199.63	617.8
$e_0=M/N$/mm		520.79	919.19
$e_i=e_0+e_a$/mm		540.69	945.86
$x=\frac{N}{\alpha_1 f_c b}$，$x=\frac{N}{\alpha_1 f_c b'_f}$/mm		67.02<$2a'_s$	117.50 >$2a'_s$ <h'_f
$x\leqslant 2a'_s$时，$A_s=A'_s=\frac{N\left(e_i-\frac{h}{2}+a'_s\right)}{f'_y(h_0-a'_s)}$/mm²		1046.18	—
$x>2a'_s$，$x<h'_f$时，$A_s=A'_s=\frac{N\left(e_i+\frac{h}{2}-a'_s\right)-\alpha_1 f_c b'_f x(h_0-0.5x)}{f'_y(h_0-a'_s)}$/mm²			1907.85
$\rho_{min}A_c$（一侧纵向钢筋）		400.0	355.0
一侧被选受拉钢筋及其面积/mm²		1Φ20，2Φ22(1074.2)	4Φ22，2Φ20(2148)

上柱及下柱截面配筋见图3-83(a)。

3.11.8　牛腿设计计算

以图3-83所示柱为例。

$$F_{vk}=P_{4A(\text{吊车梁及轨道})}+P_{4A(D\max)}=50.36+505.25=555.61\text{kN}$$

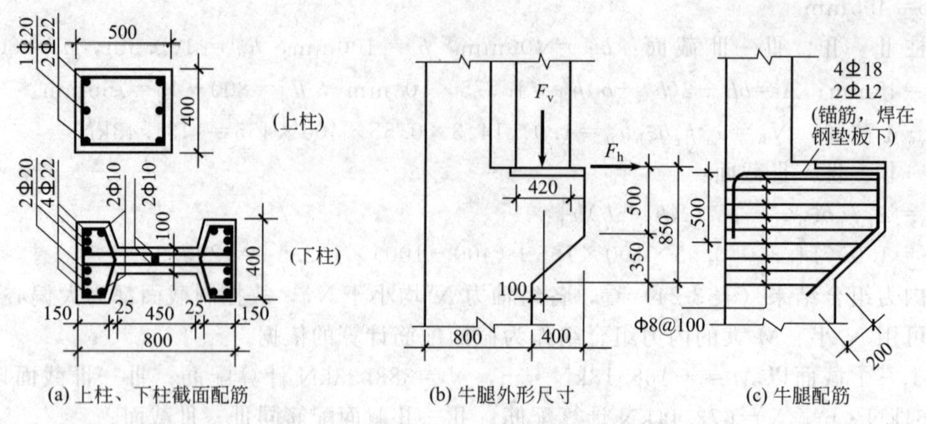

图 3-83 A 柱截面配筋和牛腿配筋

$F_v = 1.2 \times 50.36 + 1.4 \times 505.25 = 767.78\text{kN}$

$F_{hk} = T_{max} = 17.30\text{kN}$，$F_h = 1.4 \times 17.30 = 24.22\text{kN}$

牛腿截面及外形尺寸：$b = 400\text{mm}$，$h = 850\text{mm}$，$h_1 = 500 > h/3$，$c = 400\text{mm}$，$\alpha = \arctan\dfrac{350}{400} = 41.19° < 45°$，$a = 100 + 20 = 120\text{mm}$，$h_0 = h_1 - a_s + c\tan\alpha = 500 - 45 + 400 \times \tan 41.19° = 805\text{mm}$ 尺寸见图 3-83(b)。

按式(3-31) 验算，取 $\beta = 0.65$，则

$$\beta\left(1 - 0.5\frac{F_{hk}}{F_{vk}}\right) \times \frac{f_{tk}bh_0}{0.5 + (a/h_0)} = 0.65 \times \left(1 - 0.5 \times \frac{17.3}{555.61}\right) \times \frac{2.01 \times 400 \times 805}{0.5 + (120/805)}$$
$$= 638.06\text{kN} > 555.61\text{kN}$$

满足要求。

按式(3-32) 计算纵向受拉钢筋：由于 $a = 120\text{mm} < 0.3h_0$，取 $a = 0.3h_0 = 0.3 \times 805 = 241.5\text{mm}$。

$$A_s \geqslant \frac{F_v a}{0.85h_0 f_y} + 1.2\frac{F_h}{F_y} = \frac{767.78 \times 10^3 \times 241.5}{0.85 \times 805 \times 300} + 1.2 \times \frac{24.22 \times 10^3}{300} = 1000.15\text{mm}^2$$

选用 4Φ18（$A_s = 1017\text{mm}^2$），另选 2Φ12 作为锚筋焊在牛腿顶面与吊车梁连接的钢板下。

验算纵向配筋率 $\rho = 1017/(400 \times 850) = 0.3\% > 0.45\dfrac{f_t}{f_y} = 0.21\%$，满足要求。

按构造要求布置水平箍筋，取Φ8@100，上部（$2h_0/3 = \dfrac{2 \times 805}{3} = 536.67\text{mm}$）范围内水平箍筋总面积 $2 \times 50.3 \times \dfrac{536.67}{100} = 539.89\text{mm}^2 > A_s/2 = 1017/2 = 508.5\text{mm}^2$，可以。

因为 $a/h_0 = 120/805 = 0.149 < 0.3$，可不设弯筋，见图 3-83(c)。

3.11.9 柱的吊装验算

以 A 柱为例，如图 3-84 所示。

$q_1 = (1.775 \times 10^5/10^6) \times 25 = 4.44\text{kN/m}$，$q_2 = (2.0 \times 10^5/10^6) \times 25 = 5.0\text{kN/m}$

$q_3 = (0.85 \times 1.2 - 0.5 \times 0.4 \times 0.35) \times 0.4 \times 25/0.85 = 11.18\text{kN/m}$

按伸臂梁算得：$M_{Dq} = -44.10\text{kN} \cdot \text{m}$，$M_{Bq} = 65.99\text{kN} \cdot \text{m}$。

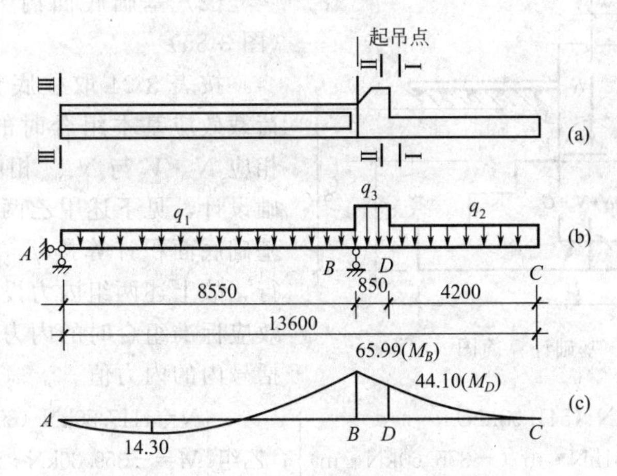

图 3-84 A 柱吊装验算计算简图

D 截面的裂缝宽度：

$$\sigma_{sq}=M_{Dq}/(\eta h_0 A_s)=M_{Dq}/(0.87h_0A_s)=1.5\times44.10\times10^6/(0.87\times455\times1074.2)$$
$$=155.57\text{N/mm}^2$$

$$\rho_{te}=1074.2/(0.5\times400\times500)=0.0107$$

$$\psi=1.1-0.65\times\frac{f_{tk}}{\rho_{te}\sigma_{sq}}=1.1-0.65\times\frac{2.01}{0.0107\times155.57}=0.32$$

$$w_{max}=\alpha_{cr}\psi\frac{\sigma_{sq}}{E_s}\left(1.9c_s+0.08\frac{d_{eq}}{\rho_{te}}\right)$$

$$=1.9\times0.32\times\frac{155.57}{2.0\times10^5}\times\left(1.9\times25+0.08\times\frac{20}{0.01}\right)=0.0981\text{mm}<0.3\text{mm}$$，满足要求。

B 截面的裂缝宽度：

$$\sigma_{sq}=M_{Bq}/(\eta h_0 A_s)=M_{Bq}/(0.87h_0A_s)=1.5\times65.99\times10^6/(0.87\times755\times2148)$$
$$=70.16\text{N/mm}^2$$

$$\rho_{te}=2148/(0.5\times100\times800+300\times162.5)=0.024$$

$$\psi=1.1-0.65\times\frac{f_{tk}}{\rho_{te}\sigma_{sq}}=1.1-0.65\times\frac{2.01}{0.024\times70.16}=0.32$$

$$w_{max}=\alpha_{cr}\psi\frac{\sigma_{sq}}{E_s}\left(1.9c_s+0.08\frac{d_{eq}}{\rho_{te}}\right)$$

$$=1.9\times0.32\times\frac{70.16}{2.0\times10^5}\times\left(1.9\times25+0.08\times\frac{20}{0.024}\right)=0.024\text{mm}<0.3\text{mm}$$，满足要求。

3.11.10 基础设计计算

以柱基础为例，如图 3-85 所示。

(1) 地基承载力特征值和基础材料

由于地基持力层为细砂，基础埋置深度处标高设为－1.900m，假定基础宽度小于 3m，《建筑地基基础设计规范》得到修正后的地基承载力特征值 $f_a=220\text{kN/m}^2$。

基础采用 C20 混凝土，$f_c=9.6\text{kN/m}^2$，$f_t=1.10\text{kN/m}^2$；钢筋采用 HPB300，$f_y=270\text{kN/m}^2$，钢筋的混凝土保护层厚 40mm；垫层采用混凝土 C15，厚 100mm。

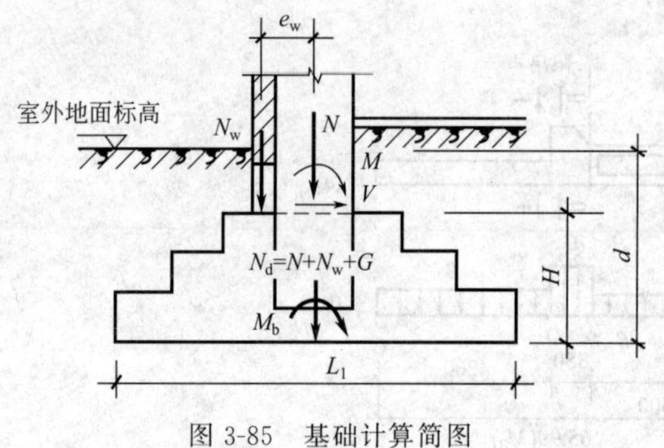

图 3-85　基础计算简图

（2）基础底面内力及基础底面积计算（图 3-85）

按表 3-24 取柱底Ⅲ—Ⅲ截面两组相应荷载效应基本组合时的内力设计值 $-M_{max}$ 相应 N、V 与 N_{max} 相应 $-M_{max}$、V 进行基础设计，见下述甲乙两组的内力值。但因为基础底面积计算按 $p_{k,max} \leqslant 1.2f_a$ 的要求进行，故上述两组内力设计值均改为相应荷载效应标准组合时的内力值，见下述甲乙两组括号内的内力值。

$$\text{甲组}\begin{Bmatrix} N=672.11\text{kN}\ (541.63\text{kN}) \\ M=-611.61\text{kN}\cdot\text{m}\ (-375.60\text{kN}\cdot\text{m}) \\ V=-62.54\text{kN}\ (-37.99\text{kN}) \end{Bmatrix};\ \text{乙组}\begin{Bmatrix} N=1117.56\text{kN}\ (895.15\text{kN}) \\ M=-.359.36\text{kN}\cdot\text{m}\ (-3217.17\text{kN}\cdot\text{m}) \\ V=-61.47\text{kN}\ (-41.23\text{kN}) \end{Bmatrix}$$

基础杯口以上墙体荷载标准值 $N_{wk}=295.0\text{kN}$，相应设计值为 $N_w=1.2\times295.0=354.0\text{kN}$，它直接加在基础顶面，对基础中心线的偏心矩为 $e_w=h/2+240/2=800/2+240/2=520\text{mm}=0.52\text{m}$。

假设基础高度 $H=1.2\text{m}$，基础底面尺寸（$L_1\times L_2$）按以下步骤估计。

① 基础顶面轴向力最大标准值 $N+N_{wk}=895.5+295=1190.15\text{kN}$；基础底面至地面高度为 1.9m，则基础底面以上总轴向力标准值为 $1190.15+1.90\times20.0\times A_0$（这里 20.0 为基础自重及其上土自重的平均中粒密度，A_0 为基础底面积）。

② 按轴心受压状态估计 A_0。

$1190.15+1.90\times20.0\times A_0 \leqslant fA_0$

$A_0=1190.15/(f-1.9\times20.0)=1190.15/(220-38)=6.54\text{m}^2$

③ 按［$(1.1\sim1.4)A_0$］估计偏心受压基础底面积 A，并求出基底截面抵抗矩和基底以上基础及上自重标准值 G_k：

$(1.1\sim1.4)\times6.54=7.19\sim9.16\text{m}^2$，取 $A=L_1\times L_2=3.80\times2.20=8.36\text{m}^2$，

$W=5.29\text{m}^3$，$G_k=24\times(3.80\times2.20\times1.20)+17\times[3.80\times2.20\times(1.90-1.20)]=240.76+99.48=340.24\text{kN}$。

④ 故按以上甲乙两组分别作用于基础底面的相应荷载效应标准值组合的内力值为：

$$\text{甲组}\begin{Bmatrix} N_{dk}=541.63+295.0+340.24=1176.87\text{kN} \\ M_{dk}=-375.60-37.99\times1.20-295.0\times0.52=-574.59\text{kN}\cdot\text{m} \end{Bmatrix}$$

$$\text{乙组}\begin{Bmatrix} N_{dk}=895.63+295.0+340.24=1530.87\text{kN} \\ M_{dk}=-217.17-41.23\times1.20-295.0\times0.52=-420.05\text{kN}\cdot\text{m} \end{Bmatrix}$$

⑤ 基础底面压力验算。

$$\text{甲组}\ p_{kmax(min)}=\frac{N_{dk}}{A}\pm\frac{|M_{dk}|}{W}=\frac{1176.87}{8.36}\pm\frac{574.59}{5.29}=\frac{249.42}{32.12}\text{kN/m}^2$$

$$\text{乙组}\ p_{kmax(min)}=\frac{N_{dk}}{A}\pm\frac{|M_{dk}|}{W}=\frac{1530.39}{8.36}\pm\frac{420.05}{5.29}=\frac{262.46}{103.66}\text{kN/m}^2$$

因 $1.2f_a=264\text{kN/m}^2>p_{kmax}$，$p_{kmin}>0$，$(p_{kmax}+p_{kmin})/2<f_a$，均满足，故上述假设的基础底面尺寸合理。

（3）基础其他尺寸确定和基础高度验算

按构造要求，假定基础尺寸如下：$H=1200\text{mm}$，分三阶，每阶高度 400mm；$H_{0\,\text{I}\,1}=1155\text{mm}$，$H_{0\,\text{II}\,1}=1155\text{mm}$；柱插入深度 $H_1=900\text{mm}$，杯底厚度 $a_1=250\text{mm}$，杯壁最小厚度 $t=400-25=375\text{mm}$，$H_2=400\text{mm}$，$t/H_2=375/400=0.94>0.75$ 故杯壁内可不配筋；柱截面 $b\times h=400\text{mm}\times800\text{mm}$。

以上述甲乙两组相应荷载效应基本组合求得的底面基底净反力验算高度：

$$\text{甲组}\begin{cases}N_d=672.11+354.0=1026.11\text{kN}\\M_d=-611.61-62.54\times1.20-354.0\times0.52=-870.74\text{kN}\cdot\text{m}\end{cases}$$

$e=M_d/N_d=870.74/1026.11=0.85\text{m}$。

基底底面 N_d 合力作用点至基础底面最大压力边缘的距离 $a=\dfrac{3.8}{2}-0.85=1.05\text{m}$。

因为 $N_d=0.5p_{\text{nmax}}\times3a\times L_2$

$p_{\text{nmax}}=\dfrac{2N_d}{3aL_2}=\dfrac{2\times1026.11}{3\times1.05\times2.2}=296.14\text{kN/m}^2$，按比例关系求得

$p_{\text{n}\,\text{I}\,3}=249.13\text{kN/m}^2$，$p_{\text{n}\,\text{I}\,2}=202.13\text{kN/m}^2$，$p_{\text{n}\,\text{I}\,1}=155.12\text{kN/m}^2$。

$$\text{乙组}\begin{cases}N_d=1117.56+354.0=1471.56\text{kN}\\M_d=-359.36-61.47\times1.20-354.0\times0.52=-617.20\text{kN}\cdot\text{m}\end{cases}$$

$$p_{\max(\min)}=\frac{N_d}{A}\pm\frac{|M_d|}{W}=\frac{1471.56}{8.36}\pm\frac{617.20}{5.29}=\begin{matrix}292.70\\59.34\end{matrix}\ \text{kN/m}^2$$

$(p_{\text{kmax}}+p_{\text{kmin}})/2=292.70+59.34=176.02\text{kN/m}^2$。

所以应以甲组基底净反力验算。

属于 $(b+2H_{0\,\text{I}\,1})>L_2>(b+H_{0\,\text{I}\,1})$ 情况，则

$$V_l=p_{\text{nmax}}\left[\left(\frac{L_1}{2}-\frac{h}{2}-H_{0\,\text{I}\,1}\right)L_2\right]=296.14\times\left[\left(\frac{3.80}{2}-\frac{0.80}{2}-1.155\right)\times2.2\right]=224.77\text{kN}$$

$V_u=0.7\beta_h f_t(b+H_{0\,\text{I}\,1})=0.7\times0.97\times1.1\times(400+1155)\times1155=1341.5\text{kN}\geqslant V_l$

其他各台阶高度验算均满足要求。

（4）基础底面配筋计算

根据甲乙两组基底净土反力进行计算，见表 3-26。

表 3-26　基础底面配筋

截　面	I1	I2	I3	I I
$P/(\text{kN/m}^2)$	$(p_{\text{nmax}}+p_{\text{nI1}})_{\text{甲}}=451.26$	$(p_{\text{nmax}}+p_{\text{nI2}})_{\text{甲}}=498.27$	$(p_{\text{nmax}}+p_{\text{nI3}})_{\text{甲}}=545.27$	$(p_{\text{nmax}}+p_{\text{nmin}})_{\text{乙}}=325.04$
C^2/m^2	$(L_1-h)^2=(3.8-0.8)^2=9.0$	$(L_1-h)^2=(3.8-1.8)^2=4.0$	$(L_1-h)^2=(3.8-2.8)^2=1.0$	$(L_2-b)^2=(2.2-0.40)^2=3.24$
E/m	$2L_2+b=2\times2.2+0.4=4.80$	$2L_2+1.30=2\times2.2+1.3=5.70$	$2L_2+b=2\times2.2+2.2=6.60$	$2L_2+h=2\times3.8+0.8=8.40$
$M=\frac{1}{48}PC^2E/\text{kN}$	406.13	236.68	74.97	199.61
A_s/mm^2	$A_{\text{sI1}}=\frac{406.13\times10^6}{0.9\times1155\times270}=1447\text{mm}^2$	$A_{\text{sI2}}=\frac{236.68\times10^6}{0.9\times755\times270}=1290\text{mm}^2$	$A_{\text{sI3}}=\frac{74.97\times10^6}{0.9\times355\times270}=869\text{mm}^2$	$A_{\text{sII}}=\frac{199.61\times10^6}{0.9\times1150\times270}=714\text{mm}^2$
实配受拉钢筋	Φ12@80($A_s=1414\text{m}^2$)			Φ10@100($A_s=785\text{m}^2$)

基底配筋情况如图 3-86。

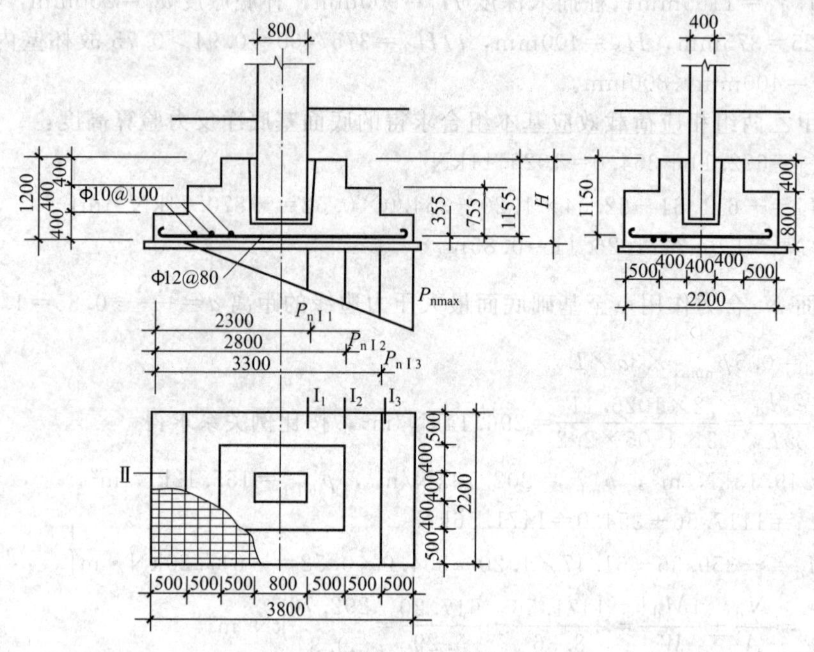

图 3-86 基础底面配筋示意

思考题及习题

3-1 单层钢筋混凝土排架结构厂房由哪些构件组成？

3-2 作用在单层厂房排架结构上的荷载有哪些？其荷载传递途径如何？

3-3 单层厂房的支撑体系包括哪些？其作用是什么？

3-4 什么是等高排架？

3-5 在确定排架结构计算单元和计算简图时作了哪些假定？

3-6 排架柱的控制截面如何确定？

3-7 如何用剪力分配法计算等高排架的内力？

3-8 排架柱进行最不利内力组合时，应进行哪几种内力组合？内力组合时需注意什么问题？

3-9 排架柱在吊装阶段的受力如何？为什么要对其进行吊装验算？其验算内容有哪些？

3-10 牛腿的主要破坏形态有哪些？

3-11 牛腿的截面尺寸如何确定？牛腿顶面的配筋构造有哪些？

3-12 屋架与山墙抗风柱的连接有何特点？

3-13 什么是厂房的整体空间作用？影响单层厂房空间作用的因素有哪些？

3-14 设计矩形截面单层厂房柱时，应着重考虑哪些问题？

3-15 柱下扩展基础的设计步骤和要点是什么？

3-16 吊车梁的受力特点是什么？

3-17 某双跨厂房排架结构，跨度为 18m，柱距 6m。厂房内设有 10t 和 30/5t 工作级别为 A4 的吊车各一台，吊车有关参数见表 3-27，试计算排架柱承受的吊车竖向荷载标准值 $D_{k,max}$、$D_{k,min}$ 和吊车横向水平荷载标准值 $T_{k,max}$。

表 3-27 吊车有关参数

起重量/t	跨度 L_k/m	最大宽度 B/m	大车轮距 K/m	轨道中心到吊车外缘的距离 B_1/mm	小车重量 Q_1/t	最大轮距 P_{max}/t	最小轮距 P_{min}/t
10t	22.5	5.55	4.40	230	3.8	12.5	4.7
30/5t	22.5	6.15	4.80	300	11.8	29.0	7.0

3-18 某乡镇单层工业厂房，外形尺寸如图3-87所示。柱距6m，基本风压 $w_0=0.35\text{kN/m}^2$，求作用在横向平面排架上的风荷载。

3-19 图3-88所示排架结构，各柱均为等截面，截面弯曲刚度如图所示，试求该排架在柱顶水平作用下各柱所承受的剪力，并绘制弯矩图。

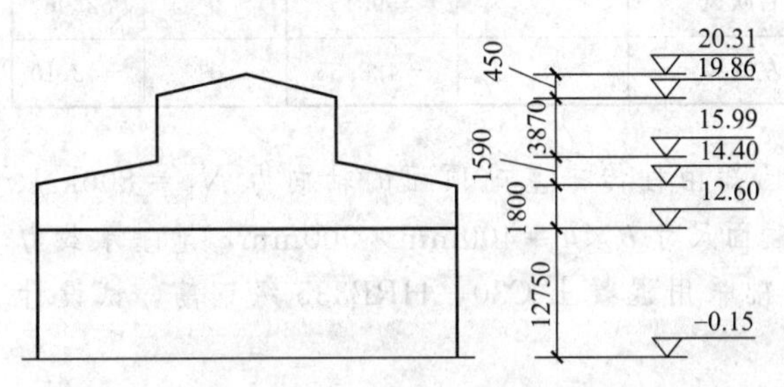

图3-87 题3-18图

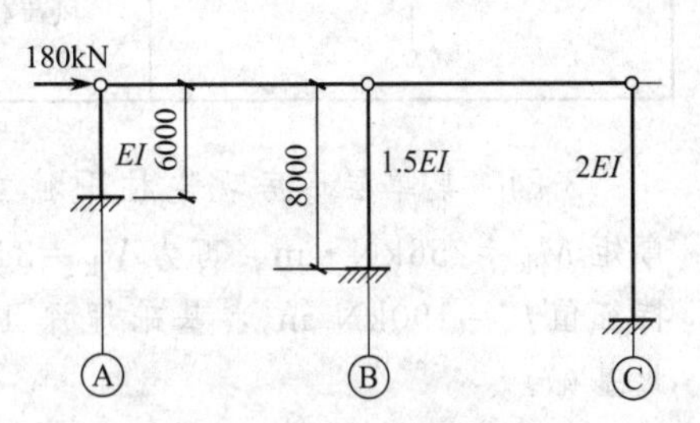

图3-88 题3-19图

3-20 如图3-89所示单跨排架结构，两柱截面尺寸相同，上柱 $I_u=25.0\times10^8\text{mm}^4$，下柱 $I_l=174.8\times10^8\text{mm}^4$，混凝土强度等级为C30，吊车竖向荷载在牛腿顶面处产生的力矩分别为 $M_1=379.94\text{kN}\cdot\text{m}$，$M_2=63.25\text{kN}\cdot\text{m}$。求排架柱的剪力并绘制弯矩图。

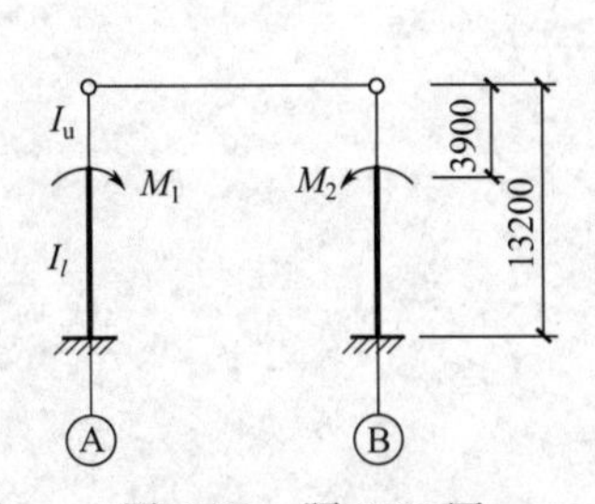

图3-89 题3-20图

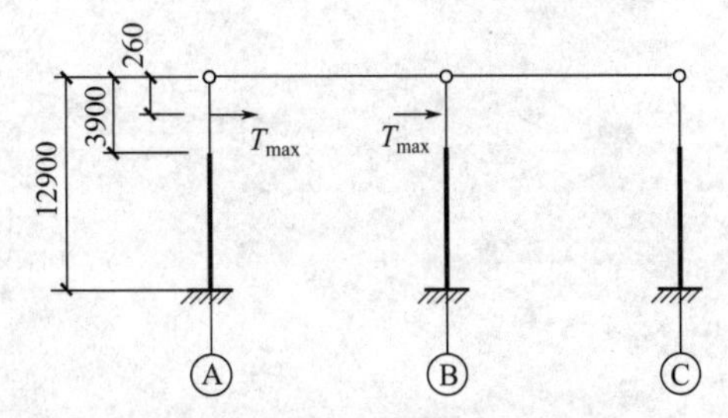

图3-90 题3-21图

3-21 如图3-90所示的两跨排架结构，作用吊车水平荷载 $T_{max}=17.90\text{kN}$。已知Ⓐ、Ⓒ轴上、下柱的截面惯性矩分别为 $21.30\times10^8\text{mm}^4$ 和 $195.38\times10^8\text{mm}^4$，Ⓑ轴上、下柱的截面惯性矩分别为 $72.00\times10^8\text{mm}^4$ 和 $256.34\times10^8\text{mm}^4$，三根柱的剪力分配系数分别为 $\eta_A=\eta_C=0.285$，$\eta_B=0.430$，空间作用分配系数 $\mu=0.9$。求各柱剪力，并与不考虑空间作用（$\mu=1.0$）的计算结果进行比较分析。

3-22 某厂房柱如图3-91所示，上柱截面为400mm×500mm，下柱截面为400mm×800mm，混凝土强度等级为C30。吊车梁端部宽度为420mm，吊车梁传至柱牛腿顶部的竖向力标准值为 $F_{vk}=580\text{kN}$，$F_v=800\text{kN}$，试进行牛腿的截面尺寸及配筋设计。

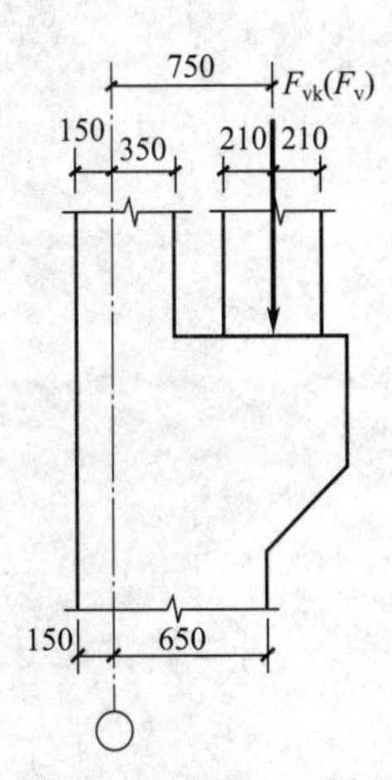

图3-91 题3-22图

3-23 某单跨厂房，在各种荷载标准值作用下A柱截面Ⅲ—Ⅲ截面内力如表3-28所示，有两台吊车，吊车工作级别为A5级，试对该截面进行内力组合。

表 3-28　A 柱Ⅲ—Ⅲ截面内力标准值

简图及正、负号规定	荷载类型		序号	$M/(\mathrm{kN\cdot m})$	N/kN	V/kN
Ⅰ/Ⅱ　Ⅰ/Ⅱ　Ⅲ　Ⅲ　M　V　N	永久荷载		①	29.32	346.45	6.02
	屋面可变荷载		②	8.7	54.00	1.84
	吊车竖向荷载	D_{max}在 A 柱	③	16.40	290.00	−3.74
		D_{min}在 B 柱	④	−42.90	52.80	−3.74
	吊车水平荷载		⑤、⑥	±110.35	0	±8.89
	风荷载	右吹风	⑦	459.45	0	52.96
		左吹风	8	−422.55	0	−42.10

3-24　某单层厂房现浇柱下独立基础，已知由柱传来基础顶面的轴向力 $N_k=800\mathrm{kN}$、弯矩 $M_k=256\mathrm{kN\cdot m}$、剪力 $V_k=34\mathrm{kN}$。柱截面尺寸 $b\times h=400\mathrm{mm}\times500\mathrm{mm}$，地基承载力特征值 $f_a=190\mathrm{kN/m^2}$，基础埋深 1.5m，基础采用混凝土 C30，HRB335 级钢筋，试设计此基础。

第4章 钢筋混凝土框架结构

4.1 概述

4.1.1 框架结构的组成

框架结构是由梁、柱构件通过节点连接而组成的承重结构体系。框架结构的梁、柱一般为刚性连接，有时也可以将部分节点做成铰节点或半铰节点。柱支座通常设计成固定支座，必要时也可设计成铰支座。有时由于屋面排水或其他方面的要求，将屋面梁和板做成斜梁和斜板。

框架结构体系的优点是建筑平面布置灵活，能获得大空间，特别适合用于办公楼、教学楼、图书馆、超市等公共性与商业性建筑，也可按需要做成小房间。框架结构房屋的墙体一般只起围护作用，通常采用轻质的墙体材料，结构自重轻，计算理论也比较成熟，在一定范围内造价比较低，所以应用范围比较广。

4.1.2 框架结构的分类

按照施工方法不同可以把框架结构划分为现浇整体式、装配式和装配整体式三种。在地震区，多采用梁、柱、板全现浇的方案；在非震区，有时可采用梁、柱、板预制的方案。

(1) 现浇整体式框架结构

梁、柱楼盖均为现浇钢筋混凝土的框架结构［如图 4-1(a)］，即为现浇整体式结构。这种框架一般逐层施工，每层柱与其上部的梁、板同时支模、绑扎钢筋，然后依次浇捣混凝土，自基础顶面逐层向上施工。板中的钢筋应伸入梁内锚固，梁内的钢筋应伸入柱内锚固。所以，现浇整体式框架的整体性好，抗震、抗风能力强，对工艺复杂、构件类型较多的建筑结构适应性较好，但其模板用量大，强度高，施工复杂，受气候条件限制，施工周期长。自从采用组合钢模板、泵送混凝土等新的施工方法后，现浇整体式框架的应用更为普遍。

(2) 装配式框架结构

梁、柱、楼板均在预制厂预制，通过运输工具运输到施工现场，然后在现场吊装，通过焊接拼装连接成整体的框架结构［如图 4-1(b)］，即为装配式框架结构。由于所有构件均为预制，可实现构件标准化、工厂化、机械化生产。因此，装配式框架施工速度快、受气候影响小、效率高。由于机械运输、吊装费用高，节点焊接接头耗钢量较大，装配式框架相应的造价较高。同时，由于结构的整体性差，抗震能力弱，故不宜在抗震区应用。

(3) 装配整体式框架结构

梁、柱、楼板均在预制厂预制，通过运输工具运输到施工现场，吊装就位后，焊接或绑扎节点区钢筋，浇注节点区的混凝土，形成框架节点，从而将梁、柱及楼板连接成整体的框架结构［图 4-1(c)］，即为装配整体式框架结构。这种结构兼有现浇整体式框架结构和装配式框架结构的优点，既具有良好的整体性和抗震性能，又可采用预制构件，便于工业化生产，机械化施工，减少现场浇筑混凝土的工作量，节省接头耗钢量。但节点区现浇混凝土施工较复杂。

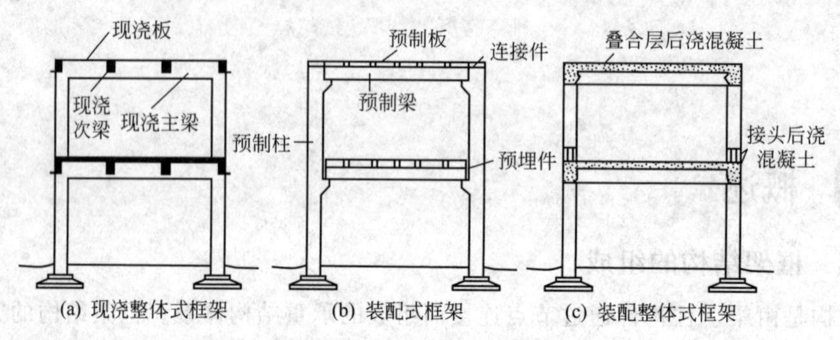

图 4-1 框架结构的类型

装配式和装配整体式框架接头位置的选择很重要。一方面，它直接影响整个结构在施工阶段和使用阶段的受力状态和受力性能；另一方面，它还决定预制构件的大小、形式和数量以及构件的生产、运输和吊装的难易程度。

4.1.3 框架结构的布置

4.1.3.1 柱网布置和层高

工业建筑柱网布置既要满足生产工艺、使用功能和建筑平面布置的要求，又要使结构受力合理、施工方便。柱网尺寸宜符合《建筑模数协调标准》(GB/T 50002—2013) 和《厂房建筑模数协调标准》(GB 50006—2010) 的规定，力求做到规则、整齐。

多数厂房柱距采用 6m，柱网形式主要取决于跨度，常见的有内廊式和等跨式两种。内廊式［图 4-2(a)］的边跨跨度常用 6m、6.6m、6.9m，中间跨为走廊，跨度常为 2.4m、2.7m、3.0m。内廊式柱网常用于对工艺环境有较高要求和防止工艺相互干扰的工业厂房，如电子、仪表和电气工业厂房。

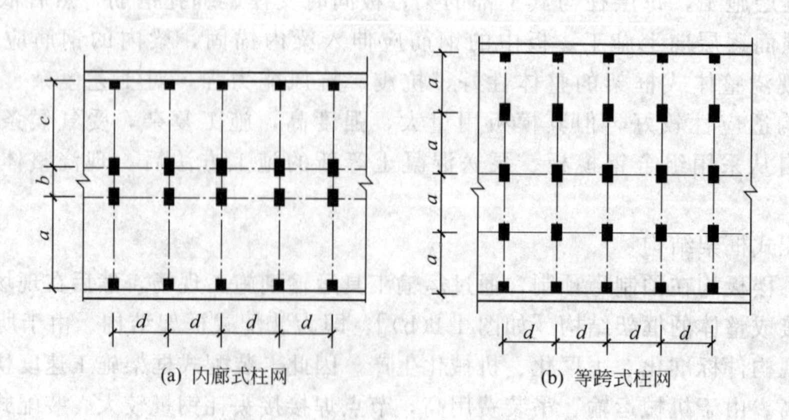

图 4-2 多层厂房柱网布置形式

等跨式柱网［图 4-2(b)］。主要用于工艺要求大空间、便于布置生产流水线的厂房，如机械加工厂、仓库等，常用跨度有 6m、7.5m、9m、12m 四种。随着预应力技术的发展，已可建造大柱网、灵活隔断的通用厂房。

工业厂房的层高根据工艺要求一般为 3.6～5.4m。

民用建筑柱网和层高根据建筑使用功能确定。目前，住宅、宾馆和办公楼柱网可划分为小柱网和大柱网两类。小柱网指一个开间为一个柱距［图 4-3(a)、图 4-3(b)］，柱距一般为 3.3m、3.6m、3.9m 等；大柱网指两个开间为一个柱距［图 4-3(c)］，柱距通常为 6.0m、6.6m、7.2m、7.8m 等。常用的跨度（房屋进深）有 4.8m、5.4m、6.0m、6.6m、7.2m 等。

宾馆建筑常采用三跨框架。有两种跨度布置方法：一种边跨大、中间小，可将卧室和卫生间一起设在边跨，中间跨仅做走廊用；另一种则是边跨小、中跨大，将两边客房的卫生间与走道合并设于中跨内，边跨仅做卧室，如北京长城饭店［图 4-3(b)］和广州东方宾馆［图 4-3(c)］。

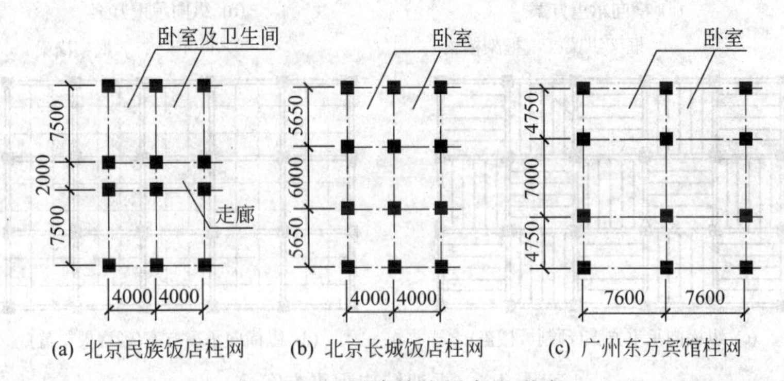

图 4-3 民用建筑柱网布置形式

办公楼常采用三跨内廊式、两跨不等跨或多跨等跨框架。采用不等跨时，大跨内宜布置一道纵梁，以承托走廊纵墙。

近年来，由于建筑体型的多样化，出现了一些非矩形的平面形状，这使得柱网布置更加复杂。

4.1.3.2 框架结构的承重方案

框架结构有横向框架承重、纵向框架承重和纵横向框架混合承重三种常用的承重方案。

(1) 横向框架承重方案

以框架的横梁作为楼盖的主梁，楼面荷载主要由横向框架承担，如图 4-4(a) 所示，这种结构方案称为横向框架承重方案。由于横向框架跨数往往较少，主梁沿横向布置有利于增强房屋的横向刚度。同时，主梁沿横向布置有利于建筑物的通风和采光。但由于主梁截面尺寸较大，当房屋需要大空间时，其净空较小，且不利于布置纵向管道。

(2) 纵向框架承重方案

以框架的纵梁作为楼盖的主梁，楼面荷载主要由纵向框架承担，如图 4-4(b) 所示，这种结构方案称为纵向框架承重方案。由于横梁截面尺寸较少，有利于设备管线的穿行，可获得较高的室内净空。但是，这类房屋的横向刚度较差，同时进深尺寸受到预制板长度的限制。

(3) 纵横向框架混合承重方案

纵横向框架混合承重方案是沿纵、横两个方向均布置有框架梁作为楼盖的主梁，楼面荷载由纵、横向框架共同承担，这种结构方案称为纵横向框架混合承重方案。当采用预制楼板时，其布置如图 4-4(c) 所示；当采用现浇楼板时，其布置如图 4-4(d) 所示。当楼面上作用有较大荷载时，或楼面有较大开洞，或当柱网布置为正方形或接近于正方形时，常采用这种承重方案。纵横向框架混合承重方案具有较好的整体工作性能，框架柱均为双向偏压构件，为空间受力体系，故又称为空间框架。

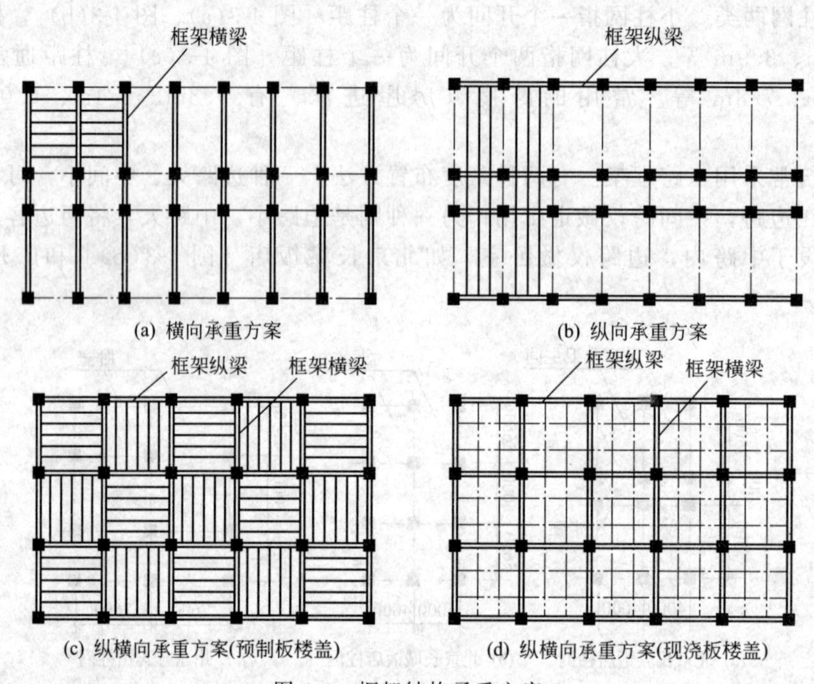

图 4-4 框架结构承重方案

4.1.3.3 变形缝

考虑沉降、温度变化和体型复杂对结构的不利影响，在框架的总体布置中，可用伸缩缝、沉降缝和防震缝等将结构分成若干独立的部分。框架结构房屋设缝后，给建筑、结构和设备的设计和施工带来一定困难，基础防水也不容易处理。因此，应尽量避免设缝，从总体布置或构造上采取相应措施来减少沉降、温度变化等的不利影响。

(1) 伸缩缝

由于温度变化对建筑物造成的危害在其底部数层和顶部数层较为明显，基础部分基本不受温度变化的影响，因此，当房屋长度超过规范规定的限值时，宜用伸缩缝将上部结构从顶部到基础顶面断开，分成独立的温度区段。钢筋混凝土结构伸缩缝的最大间距宜符合表 3-1 的规定。

(2) 沉降缝

当上部结构不同位置的竖向荷载差异较大，或同一建筑物不同部位的地基承载力差异较大时，应设沉降缝将其分成若干独立的结构单元，使各部分自由沉降。沉降缝应将建筑物从顶部到基础底面完全分开。

(3) 防震缝

当位于地震区的框架结构房屋体型复杂时，宜设防震缝。防震缝应有足够的宽度，以免地震作用下相邻建筑物发生碰撞。

房屋既需设伸缩缝又需设沉降缝时，沉降缝可兼做伸缩缝，两缝合并设置。对有抗震设防要求的房屋，其伸缩缝和沉降缝均应符合防震缝要求，应尽可能做到三缝合一。

4.2 框架结构的计算简图及荷载

在框架结构设计中，应首先确定构件截面尺寸及结构计算简图，然后进行荷载计算及结构内力和侧移分析。本节主要讲述构件截面尺寸和结构计算简图的确定以及荷载计算等内容。

4.2.1 梁、柱截面尺寸

框架梁、柱截面尺寸应根据承载力、刚度及延性等要求确定。初步设计时，通常由经验或估算先选定截面尺寸，之后进行承载力、变形等验算，检查所选尺寸是否合适。

(1) 框架梁的截面尺寸

框架梁的截面尺寸的确定方法与楼盖主梁类似，一般梁高 $h_b=(1/8\sim1/12)l_b$ (l_b为梁的跨度)，单跨取较大值，多跨取较小值；当采用预应力混凝土梁时，其截面高度可以乘以0.8倍的系数。梁的宽度取为 $b_b=(1/2\sim1/3)h_b$。在初步确定截面后，还可以按全部荷载的0.6～0.8倍作用在框架梁上，按简支梁受弯承载力和受剪承载力进行核算。

(2) 框架柱的截面尺寸

确定框架柱的截面尺寸时，不但要考虑承载力的要求，而且要考虑框架的侧移刚度和延性要求，一般可根据轴向压力，按规定的轴压比限值进行估算，再乘以适当的放大系数以考虑弯矩的影响。

确定框架柱的截面时，先根据公式(4-1) 估算首层柱的最大轴力

$$N\leqslant\gamma_G WSn\beta\varphi \tag{4-1}$$

式中 N——柱的轴力设计值。

γ_G——重力荷载分项系数，取1.25。

W——单位面积重量，按经验数值，取12～14kN/m²。

S——柱的负荷面积，m²。

n——柱设计截面以上楼层。

β——抗震等级为一、二时，角柱取用1.3，其余柱取1.0；非抗震设计时取1.0。

φ——考虑水平力影响的轴力增大系数，非抗震设计和抗震设防烈度为6度时，取1.0；抗震设防烈度为7度、8度、9度时，分别取1.05、1.1、1.2。

对有抗震设防要求的框架结构，为保证柱有足够的延性，需要限制柱的轴压比，要满足式(4-2)。

柱截面应满足允许轴压比限值，即

$$n_c=\frac{N}{Af_c}\leqslant[n_c] \tag{4-2}$$

式中 $[n_c]$——框架柱的允许轴压比，根据《建筑抗震设计规范》第6.3.6条或表4-1确定。

柱截面面积应满足式(4-3)

$$A\geqslant\frac{N}{[n_c]f_c} \tag{4-3}$$

式中 A——柱的全截面面积；

N——柱轴压力；

n_c——柱的计算轴压比。

表 4-1 柱轴压比限值

类别	抗震等级			
	一	二	三	四
框架结构	0.65	0.75	0.85	0.9

框架柱的截面宽度和高度，抗震等级为四级或不超过 2 层时不宜小于 300mm，抗震等级为一、二、三级且超过 2 层时不宜小于 400mm；圆柱截面直径，抗震等级为四级或不超过 2 层时不宜小于 350mm，抗震等级为一、二、三级且超过 2 层时不宜小于 450mm。柱截面高宽比不宜大于 3。为避免柱产生剪切破坏，柱净高与截面长边之比不宜小于 4，或柱的剪跨比不宜小于 2。

(3) 框架梁、柱的截面抗弯刚度

在进行框架结构的内力分析时，所有构件均采用弹性刚度。在计算框架梁截面惯性矩 I_{b0} 时应考虑楼板的影响。在工程设计中，通常采用简化方法计算，根据楼板参与工作的程度，先计算矩形截面梁的惯性矩 I_{b0}（图 4-5 中阴影部分），再乘以不同的放大系数。梁截面惯性矩按表 4-2 取值。柱截面惯性矩按其截面尺寸确定。将梁、柱的截面惯性矩乘以相应的混凝土模量，即可求得梁、柱的截面抗弯刚度。同时，考虑结构在正常使用阶段可能是带裂缝工作的，其刚度将降低，因此，对整个框架的各个构件引入一个统一的刚度折减系数，并以折减后的刚度作为该构件的抗弯刚度。在风荷载作用下，对现浇整体式框架，折减系数取 0.85；对装配式框架，折减系数取0.7～0.8。

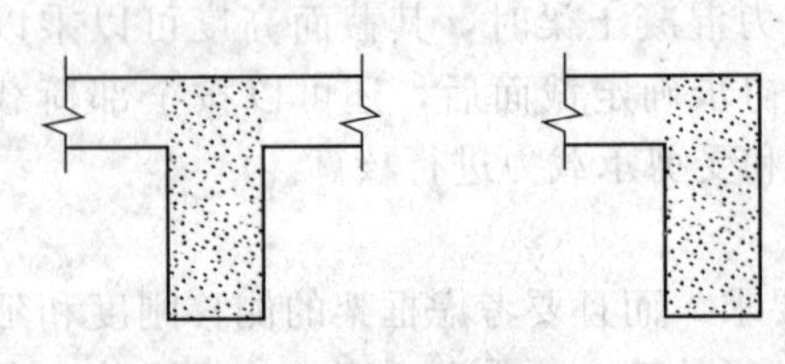

图 4-5 梁截面惯性矩

表 4-2 框架梁的截面惯性矩取值

框架类别	中框架梁	边框架梁
现浇整体式	$2I_{b0}$	$1.5I_{b0}$
装配式	I_{b0}	I_{b0}
装配整体式	$1.5I_{b0}$	$1.2I_{b0}$

注：I_{b0} 为按矩形截面计算的截面惯性矩。

4.2.2 框架结构的计算简图

(1) 计算单元

框架结构是一个横向框架和纵向框架组成的空间结构，一般应按三维空间结构进行分析。对于平面和竖向布置比较规则的框架结构（如图 4-6 所示），为了简化计算，通常将实际的空间结构简化成若干个横向或纵向平面框架进行分析，每榀平面框架位移计算单元，如图 4-6(a) 所示。

当横向（纵向）框架承重，且在截取横向（纵向）框架计算时，全部竖向荷载由横向（纵向）框架承担，不考虑纵向（横向）框架的作用。当纵、横向框架混合承重时，应根据结构的不同特点进行分析，并对竖向荷载按楼盖的实际支撑情况进行传递，这时竖向荷载通常由纵、横向框架共同承担。

在水平荷载作用下，整个框架结构体系可视为若干个平面框架，共同抵抗与平面框架平行的水平荷载，与该方向正交的结构不参与受力。每榀平面框架所抵抗的水平荷载，取计算单元范围的水平荷载，当为风荷载时，可取计算单元范围内的风荷载［图 4-6(a)］；当为水平地震作用时，则按各平面框架的侧向刚度比例所分配到的水平力。

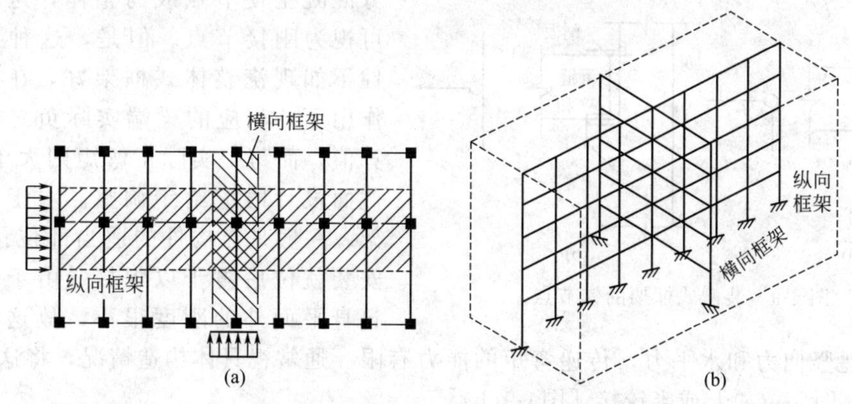

图 4-6　框架的计算单元及计算模型

(2) 计算简图

将复杂的空间框架结构简化为平面框架之后，应进一步将实际的平面框架转化为力学模型，如图 4-7(b) 所示，在该力学模型上作用荷载，就成为框架结构的计算简图。

在框架结构计算中，梁、柱用其轴线表示，梁与柱之间的连接用节点表示，梁或柱的长度用节点中的长度表示，如图 4-7 所示。由图可见，框架柱轴线之间的距离即为框架梁的计算跨度；框架柱的计算高度应为各横梁形心轴线间的距离，当各层梁截面尺寸相同时，除底层外，柱的计算高度即为各层层高。对于梁、柱、板均为现浇的情况，梁截面的形心线可近似取至板底。对于底层柱的下端，一般取至基础顶面；当设有整体刚度很大的地下室，且地下室结构的楼面侧向刚度不小于相邻上部结构楼层侧向刚度的 2 倍时，可取至地下室结构的顶板处。

对斜线或折线形横梁，当倾斜度不超过 1/8 时，在计算简图中可取为水平轴线。在实际工程中，框架柱的截面尺寸沿房屋高度通常是变化的。当上层柱截面尺寸减小但其形心轴仍与下层形心轴重合时，其计算简图与各层柱截面不变时的相同（图 4-7）。当上、下层柱截面尺寸不同且形心轴也不重合时，一般采用近似方法，即将顶层柱的形心线作为整个柱子的轴线，如图 4-8(a) 所示。但必须注意，在框架柱的内力和变形计算中，各层梁的计算跨度及线刚度仍按实际情况取；另外，尚应考虑上、下柱轴线不重合，由上层柱传来的轴力在变截面处所产生的力矩［图 4-8(b)］。此力矩应视为外荷载，与其他竖向荷载一起进行框架内力分析。

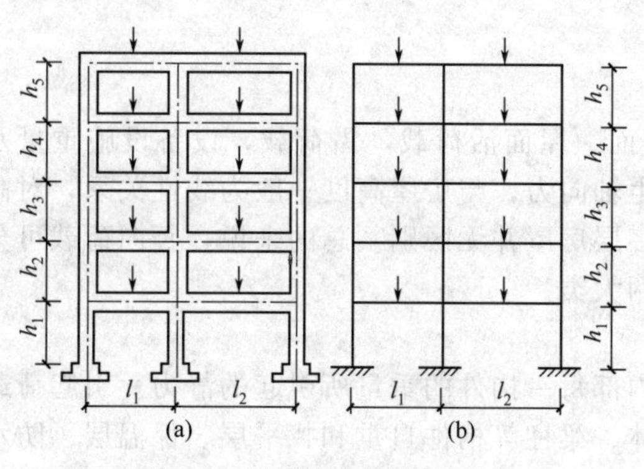

图 4-7　框架结构的计算简图

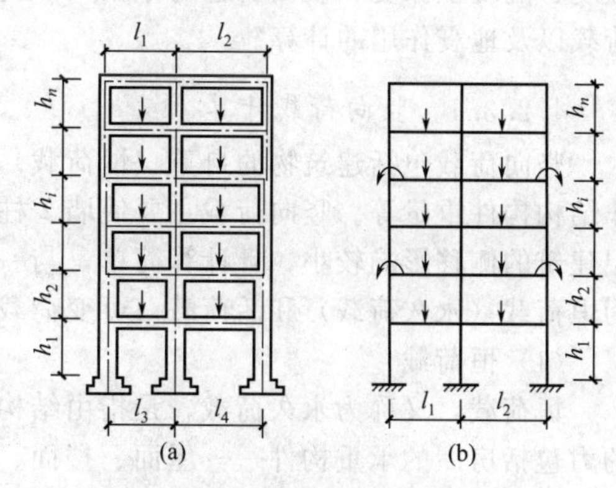

图 4-8　变截面柱框架结构的计算简图

(3) 关于计算简图的补充说明

上述计算简图是假定框架梁、柱节点为刚接，这对模拟钢筋混凝土现浇整体式框架节点非常合适。对于装配式框架，如果梁、柱中的钢筋在节点处未焊接或搭接，在现场浇筑部分混凝土使节点成为整体，这种节点也可视为刚接节点。但是，这种节点的刚性不如现浇整体式框架好，在竖向荷载作用下，相应的梁端实际负弯矩小于计算值，而跨中实际正弯矩则大于计算值，截面设计时应给予调整。对于装配式框架，一般是在构件的适当部位预埋钢板，安装就位后再予以焊接。由于钢板在其自身平面外的刚度很小，故这种节点可有效地传递竖向力和水平力，传递弯矩的能力有限。通常视具体构造情况，将这种节点模拟为铰接［图 4-9(a)］或半铰接［图4-9(b)］。

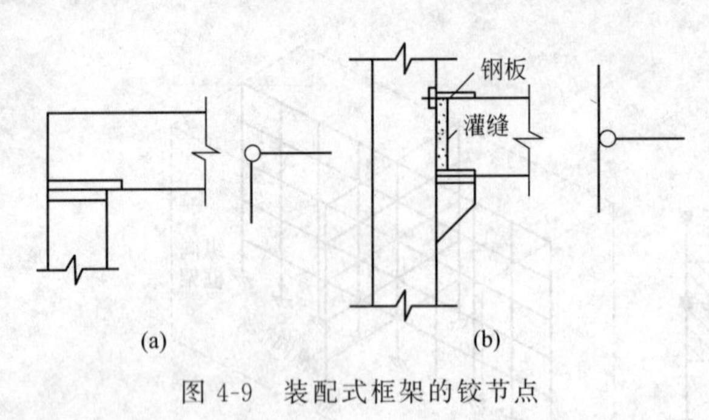

图 4-9 装配式框架的铰节点

框架柱与基础的连接也有刚接和铰接两种。当框架柱与基础现浇为整体［图 4-10(a)］且基础具有足够的转动约束作用时，柱与基础的连接应视为刚接，相应的支座为固定支座。对于装配式框架，如果柱插入基础杯口有一定的深度，并用细石混凝土与基础浇捣成整体，则柱与基础的连接可视为刚接［图 4-10(b)］；如果用沥青麻丝填实，则预制柱与基础的连接可视为铰接［图 4-10(c)］。

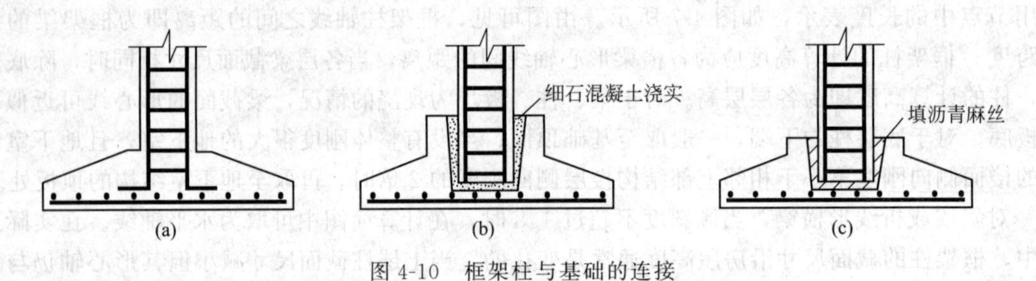

图 4-10 框架柱与基础的连接

4.2.3 框架结构的荷载计算

施加于多、高层建筑结构上的外荷载和作用，有竖向荷载（包括自重等荷载及使用荷载等活荷载）、风荷载、地震作用、施工荷载以及由于材料体积的变化受阻引起的作用（包括温度、混凝土徐变和收缩引起的作用）、地基不均匀沉降等。本节将主要介绍竖向荷载、风荷载以及地震作用的计算。

4.2.3.1 竖向荷载计算

竖向荷载包括建筑物的自重（恒荷载），楼面、屋面活荷载，雪荷载，设备设施重量及非结构构件重量等。竖向荷载主要使墙、柱产生轴向力，与房屋高度一般为线性关系，对高层建筑的侧移影响较小，且计算简单，与一般多层房屋并无区别。总的来说，竖向荷载可分为恒荷载（永久荷载）和活荷载（可变荷载）两大类。

(1) 恒荷载

恒荷载，又称为永久荷载，是指由结构物内部每一构件的重量所引起的静力。引起荷载的力包括房屋的承重构件——屋面、楼面、墙体、梁柱等构件自重和找平层、保温层、防水层、装饰材料层等重量以及固定设备重量。所有这些构件的综合重量组成房屋的恒荷载。

恒荷载标准值可按结构构件的设计尺寸和材料单位体积的自重计算确定，对常用材料和构件的自重可从《建筑结构荷载规范》附录A中查得。对某些自重变异较大的材料和构件，考虑结构的可靠度，在设计时应根据该荷载对结构的有利或不利影响，取其自重上限值或下限值。固定设备自重由相应专业资料提供。

确定材料的重量及结构物的恒荷载似乎是件简单的事情，但是恒荷载的估算可能有15%～20%或者更大的误差。因为在初步设计阶段，结构设计者不可能确定还没有选定的建筑材料的重量。

(2) 楼面、屋面活荷载

活荷载是变化的，时大时小、时有时无，它不仅随时间发生变化，还是位置的函数。变化可能是短期的也可能是长期的，这就使得活荷载几乎不可能用静力方式来预测。然而，通过经验、调查研究和实践，已制定出各种使用荷载的建议值。《建筑结构荷载规范》以表格形式列出了这些荷载的数值。

① 楼面活荷载。楼面活荷载是指楼面在使用过程中有可能承受的人、家具、设备等重量产生的荷载，虽然始终与楼面垂直，这些荷载的大小和作用位置随时都有可能发生变化，出于建筑结构计算方便和安全考虑，通常用一个固定的楼面均布活荷载来代替。《建筑结构荷载规范》提供了常见的楼面均布活荷载标准值以供计算使用。这些数值是经过对各种类型场所的楼面活荷载进行统计，得到的一个安全合理的数值。例如，普通住宅、宿舍、旅馆、办公楼、幼儿园、医院病房等楼面均布活荷载的标准值为2.0kN/m^2。

② 屋面活荷载。作用在多、高层框架结构上的楼、屋面活荷载，可根据房屋的功能不同，按照《建筑结构荷载规范》的规定取用。屋面均布活荷载，不应与雪荷载同时组合。例如，一般情况下，屋面均布活荷载按表4-3取用。

表4-3 屋面均布活荷载标准值

项次	屋面类别	标准值/(kN/m^2)	项次	屋面类别	标准值/(kN/m^2)
1	不上人的屋面	0.5	3	屋顶花园	3.0
2	上人的屋面	2.0	4	屋顶运动场地	3.0

应该指出，《建筑结构荷载规范》规定的楼面活荷载值，是根据大量调查资料所得到的等效均布活荷载标准值，且是以楼板的等效均布活荷载作为楼面活荷载。因此，在设计楼板时可以直接取用；而在计算梁、柱、墙及基础时，应将其乘以折减系数，以考虑所给楼面活荷载在楼面上的满布程度。对楼面梁来说，主要考虑梁的承载面积，承载面积越大，荷载满布的可能性越小。对于多、高层房屋的墙、柱和基础，应考虑计算面积以上各楼层活荷载的满布程度，楼层数越多，满布的可能性越小。

各种房屋或房间的楼面活荷载折减系数可由《建筑结构荷载规范》查得。下面仅以住宅、宿舍、旅馆、办公楼、医院病房、托儿所、幼儿园的楼面活荷载为例，给出折算系数。设计楼面梁时，当楼面梁的从属面积（按梁两侧各延伸1/2梁间距的范围内的实际面积确定）超过25m^{2}时，折减系数取0.9。设计墙、柱和基础时，活荷载按楼层的折减系数根据表4-4取值。

表4-4 活荷载按楼层的折减系数

墙、柱、基础计算面积以上的层数	1	2～3	4～5	6～8	9～20	>20
计算截面以上各楼层活荷载总和的折减系数	1.00(0.9)	0.85	0.70	0.65	0.60	0.55

注：当楼面梁的从属面积超过25m^{2}时，应采用括号内的系数。

(3) 雪荷载

雪荷载是冬天雪落在建筑物上堆积而产生的压力。雪荷载在结构设计时是必须要考虑的。根据《建筑结构荷载规范》的规定，屋面水平投影面上的雪荷载标准值 S_k 等于屋面积雪分布系数和基本雪压的乘积，即

$$S_k = \mu_r S_0 \tag{4-4}$$

式中 S_0——基本雪压，以当地一般空旷平坦地面上统计所得的50年一遇最大积雪的自重确定，应按《建筑结构荷载规范》中全国基本雪压分布图及有关的数据取用；

μ_r——屋面积雪分布系数，与屋面形状有关，当屋面坡度 $\alpha \leqslant 25°$，取1.0，其他情况可按《建筑结构荷载规范》。

雪荷载的组合值系数可取0.7；频遇值系数可取0.6；准永久值系数按雪荷载分区Ⅰ、Ⅱ和Ⅲ的不同，分别取0.5、0.2、0。

(4) 活荷载的不利布置

目前，我国钢筋混凝土高层建筑单位面积的重量（恒荷载与活荷载）大约如下：框架、框架-剪力墙结构体系为12～14 kN/m²；剪力墙、筒体结构体系为14～16 kN/m²。其中活荷载平均为1.0～2.0 kN/m²，仅占全部竖向荷载的10%～15%。因此，活荷载不利布置所产生的影响较小。高层建筑层数和跨数都很多，不利布置方式繁多，难以一一计算。在工程设计中，一般将恒荷载与活荷载合并计算，按满载考虑，不再一一考虑活荷载的不利布置计算。如果活荷载较大，可按满布荷载所得的框架梁跨中弯矩乘以1.1～1.2的系数加以放大，以考虑活荷载不利分布所产生的影响。

4.2.3.2 风荷载计算

(1) 风荷载标准值

根据《建筑结构荷载规范》规定，计算主要受力结构时，垂直作用在建筑物表面单位面积上的风荷载标准值应按式(4-5)计算

$$w_k = \beta_z \mu_s \mu_z w_0 \tag{4-5}$$

式中 w_k——风荷载标准值，kN/m²；

w_0——基本风压值，kN/m²；

μ_s——风荷载体型系数，见附表4-2；

μ_z——风压高度变化系数，见附表4-1；

β_z——z 高度处的风振系数。

① 基本风压值 w_0，参见第3章。

② 风压高度变化系数 μ_z，参见第3章。

③ 风荷载体型系数 μ_s。风荷载随建筑物的体型、尺度、表面位置、表面状况的改变而改变。当风流经过建筑物时，对建筑物不同的部位会产生不同的效果，有压力，也有吸力。迎风面为压力（用“+”号表示），侧风面及背风面为吸力（用“−”号表示）。如图4-11所示，各面上的风压分布是不均匀的。从图4-11可以看到，正压力在迎风面的中间偏上为最大，两边及底下最小；建筑物的背风面全部承受负压力（吸力），一般两边略大、中间小，整个背面的负压分布比较均匀。当风平行于建筑物侧面时，两侧也承受吸力，一般近侧大，远侧小，分布也极不均匀，前后差别较大。

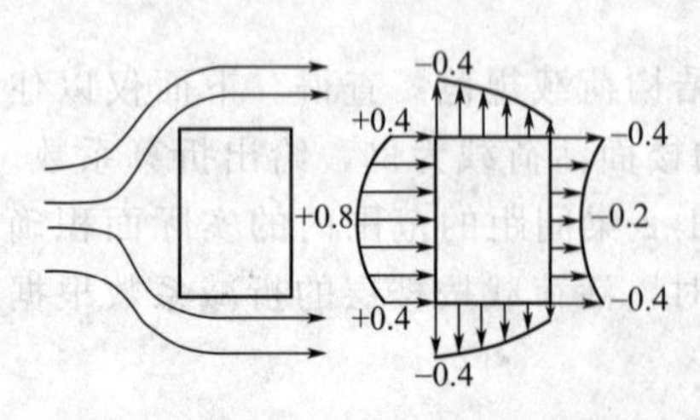

图4-11 风压对建筑物的作用分布

在建筑体积相同的情况下，合理地选用高层建筑的体型，能降低风对结构的作用。一般来说来，十字形、Y形、六边形及圆形平面的风荷载体型系数，都比矩形平面的小，但实际中还是以矩形平面的高层建筑物居多。如果从降低风荷载体型系数的观点出发，将矩形平面在角隅处进行适当的平滑处理（改为圆角或截角），将会得到较好的效果。

在计算风荷载对建筑物的整体作用时，只需按各个表面的平均风压计算，即采用各个表面的平均风荷载体型系数计算。房屋和构筑物与《建筑结构荷载规范》中表8.3.1体型类别相同时，可按表规定采用；体型不同时，可按有关资料采用；当无资料时，宜由风洞试验确定；对于重要且体型复杂的房屋和构筑物，应由风洞试验确定。

根据《高层建筑混凝土结构技术规程》(JGJ 3—2010) 第4.2.3条规定，计算主体结构的风荷载效应时，风荷载体型系数可按下列规定采用。

a. 圆形平面建筑取0.8。

b. 正多边形及截角三角形平面建筑，由式(4-6) 计算

$$\mu_s = 0.8 + \frac{1.2}{\sqrt{n}} \tag{4-6}$$

式中　n——多边形的边数。

c. 高宽比(H/B) 不大于4的矩形、方形、十字形平面建筑取1.3。

d. 下列建筑取1.4：V形、Y形、弧形、双十字形、井字形平面建筑；L形、槽形和高宽比(H/B) 大于4的十字形平面建筑；高宽比(H/B) 大于4，长宽比(L/B) 不大于1.5的矩形、鼓形平面建筑。

在需要更细致进行风荷载计算的场合，风荷载体型系数可按《高层建筑混凝土结构技术规程》附录B采用，或由风洞试验确定。

④ 风振系数 β_z。风的作用是不规则的，风压随着风速、风向的变化而不停地改变。实际风压在平均风压的上下波动。平均风压使建筑物产生一定的侧移，而波动风压会使建筑物在平均侧移附近左右摇摆，从而产生动力效应。风振系数反映了风荷载对结构产生动力反应的影响。其值与结构的自振周期、阻尼、振型以及脉动风压特性、下垫层性质等因素有关。

《建筑结构荷载规范》规定，对于高度大于30m且高宽比大于1.5的房屋，以及基本自振周期 T_1 大于0.25s的各种高耸结构，应考虑风压脉动对结构产生顺风向风振的影响。对于一般竖向悬臂型结构，如高层建筑和构架、塔架等高耸结构，均可仅考虑结构第一振型的影响。z 高度处的风振系数 β_z 可按式(4-7) 计算

$$\beta_z = 1 + 2gI_{10}B_z\sqrt{1+R^2} \tag{4-7}$$

式中　g——峰值因子，可取2.5；

I_{10}——10m高度名义湍流强度，对应A、B、C和D类地面粗糙度，可分别取0.12、0.14、0.23和0.39；

R——脉动风荷载的共振分量因子，其值参照《建筑结构荷载规范》8.4.4条(码4-1) 取值；

B_z——脉动风荷载的背景分量因子，其值参照《建筑结构荷载规范》8.4.5、8.4.6条、8.4.7条(码4-1) 取值。

(2) 总风荷载及局部风荷载

在进行建筑结构设计时，应分别计算风荷载对建筑物的总体效应及局部效应。总体效应是指作用在建筑物上的全部风荷载使结构产生的内力及变形。局部效应是指风荷载对建筑物某个局部产生的内力及变形。

码4-1

① 总体风荷载。计算风荷载的总体效应时，由建筑物承受的总风荷载，它是各个表面承受风力的合力，并且是沿高度变化的分布荷载，用于计算抗侧力结构的侧移及各构件内力。

各表面风荷载的合力作用点，即为总风荷载的作用点。总风荷载可按式(4-8) 计算

$$w=\beta_z\mu_z w_0(\mu_{s1}B_1\cos a_1+\mu_{s2}B_2\cos a_2+\cdots+\mu_{sn}B_n\cos a_n) \tag{4-8}$$ [1]

式中 n——建筑外围表面数；

B_i——第 i 个表面的宽度；

μ_{si}——第 i 个表面的风荷载体型系数；

a_i——第 i 个表面法线与总风荷载作用方向的夹角。

② 局部风荷载。局部风荷载用于计算结构局部构件或围护构件与主体的连接，如水平悬挑构件、幕墙构件及其连接件等。根据《建筑结构荷载规范》规定，计算围护构件时，风荷载标准值应按式(4-9) 计算

$$w_k=\beta_z\mu_{s1}\mu_z w_0 \tag{4-9}$$

式中 μ_{s1}——风荷载局部体型系数，参照《建筑结构荷载规范》第8.3.3、8.3.4、8.3.5条(码 4-2) 的规定；

β_z——z 高度处阵风系数。

码 4-2

当结构高宽比较大，结构顶点风速大于临界风速时，可能引起较明显的结构横风向振动，甚至出现横风向振动效应大于顺风向的情况，因此对于横风向振动作用明显的高层建筑，应考虑横风向风振的影响。横风向风振的计算范围、方法及顺风向与横风向效应的组合方法应符合《建筑结构荷载规范》的有关规定。

对于群楼效应对风荷载影响，可参照《建筑结构荷载规范》第8.3.2条(码 4-2) 的规定。

当房屋高度大于 200m 或有下列情况之一时，宜进行风洞试验判断确定建筑物的风荷载：a. 平面形状不规则、立面形状复杂；b. 立面开洞或连体建筑；c. 周围地形和环境复杂；d.《建筑结构荷载规范》中规定的需要进行风洞试验的其他情况。

码 4-3

4.2.3.3 地震作用的计算（码 4-3）

4.2.3.4 荷载效应和地震作用效应组合

(1) 荷载效应和地震作用效应组合

在高层建筑结构上，作用有竖向荷载（包括恒荷载和活荷载）、风荷载；在抗震设计时，还有水平地震作用和竖向地震作用。在结构计算时，首先应当分别计算上述各种荷载作用下产生的效应（内力和位移），然后将这些内力和位移分别按照建筑物的设计要求进行组合，得到构件效应的设计值（内力设计值和位移设计值）。

不同设计要求下，所应考虑的荷载和地震作用按下列形式考虑。

① 非抗震设计时：竖向荷载和风荷载参与组合。

② 抗震设计时：当设防烈度为 6～8 度时，竖向荷载、风荷载和水平地震作用参与组合；当设防烈度为 9 度时，竖向荷载、风荷载、水平地震作用和竖向地震作用参与组合。但

[1] 按式(4-8) 计算得到的风荷载的合力值是线荷载，单位是 kN/m。当建筑物某个表面与风力作用方向垂直时，$a_i=0°$，则这个表面的风压全部计入总风荷载；当某个表面与风力作用方向平行时，$a_i=90°$，则这个表面的风压不计入总风荷载；其他与风作用方向成某一夹角的表面，都应计入该表面上压力在风作用方向的分力。在设计时，应先将沿高度分布的总体风荷载的线荷载换算成集中作用在各楼层位置的集中荷载，再计算结构的内力及位移。

应注意，只有当建筑的高度超过 60m 时，才同时考虑风与地震产生的效应。

（2）荷载组合的效应

在非抗震设计状况下，当荷载与荷载效应按线性关系考虑时，荷载基本组合的效应设计值应按式(4-10) 确定

$$S_d=\gamma_G S_{Gk}+\gamma_L\psi_Q\gamma_Q S_{Qk}+\psi_w\gamma_w S_{wk} \quad (4\text{-}10)$$

式中 S_d——荷载组合的效应设计值；

γ_G——永久荷载分项系数；

γ_Q——可变荷载分项系数；

γ_w——风荷载的分项系数；

γ_L——考虑结构设计使用年限的荷载调整系数，设计使用年限为 50 年时取 1.0，设计使用年限为 100 年时取 1.1；

S_{Gk}——永久荷载效应标准值；

S_{Qk}——可变荷载效应标准值；

S_{wk}——风荷载效应标准值；

ψ_Q、ψ_w——楼面可变荷载组合值系数和风荷载组合值系数，当永久荷载效应起控制作用时应分别取 0.7 和 0，当可变荷载效应起控制作用时应分别取 1.0 和 0.6 或 0.7 和 1.0。[1]

上述荷载基本组合的分项系数应按下列规定采用。

① 永久荷载的分项系数 γ_G：当其效应对结构承载力不利时，对由可变荷载效应控制的组合应取 1.3，当其效应对结构承载力有利时，应取不大于 1.0。

② 楼面可变荷载的分项系数 γ_Q：一般情况下应取 1.5。

③ 风荷载的分项系数 γ_w 应取 1.5。

高层建筑中可变荷载所占的比例较小，而且一般不考虑可变荷载的不利分布，按满载计算，所以常常将永久荷载和可变荷载合并为竖向荷载进行一次性处理，这时竖向荷载效应的分项系数 γ_G 可取 1.35。风荷载的组合值系数 ψ_w 在非抗震设计时取 1.0。

因此，在非抗震设计时，分别计算出竖向荷载和风荷载所产生的位移后，总位移可直接相加(分项系数为 1.0)；而内力则应考虑表 4-5 中的各个组合，分别进行配筋计算，取最大配筋值为截面设计的结果。

表 4-5 非抗震设计时结构内力的组合

组合	竖向荷载产生的内力	x 向风荷载产生的内力	y 向风荷载产生的内力	组合	竖向荷载产生的内力	x 向风荷载产生的内力	y 向风荷载产生的内力
1	1.25	—	—	6	1.00	1.40	—
2	1.25	1.40	—	7	1.00	−1.40	—
3	1.25	−1.40	—	8	1.00	—	1.40
4	1.25	—	1.40	9	1.00	—	−1.40
5	1.25	—	−1.40				

注：表中的正负号分别表示左右方向来风。

（3）地震作用组合的效应

在抗震设计状况下，当作用与作用效应按线性关系考虑时，荷载与地震作用基本组合的

[1] 对书库、档案库、储藏室、通风机房和电梯机房，楼面活荷载组合值系数取 0.7 的场合应取为 0.9。

效应设计值应按式(4-11) 确定

$$S_d=\gamma_G S_{GE}+\gamma_{Eh}S_{Ehk}+\gamma_{Ev}S_{Evk}+\psi_w\gamma_w S_{wk} \tag{4-11}$$

式中 S_d——荷载与地震作用组合的效应设计值；

S_{GE}——重力荷载代表值的效应；

S_{Ehk}——水平地震作用标准值的效应，还应乘以相应的增大系数、调整系数；

S_{Evk}——竖向地震作用标准值的效应，还应乘以相应的增大系数、调整系数；

γ_G——重力荷载分项系数；

γ_w——风荷载的分项系数；

γ_{Eh}——水平地震作用分项系数；

γ_{Ev}——竖向地震作用分项系数；

ψ_w——风荷载的组合值系数，应取 0.2。

地震设计状况下，荷载和地震作用基本组合的分项系数应按表 4-6 采用。当重力荷载效应对结构的承载力有利时，表中的 γ_G 不应大于 1.0。

表 4-6 地震设计状况时荷载和作用的分项系数

参与组合的荷载和作用	γ_G	γ_{Eh}	γ_{Ev}	γ_w	说明
重力荷载及水平地震作用	1.2	1.3	—	—	抗震设计的高层建筑结构均应考虑
重力荷载及竖向地震作用	1.2	—	1.3	—	9 度抗震设计时考虑；水平长悬臂和大跨度结构 7、8、9 度抗震设计时考虑
重力荷载、水平地震作用及竖向地震作用	1.2	1.3	0.5	—	9 度抗震设计时考虑；水平长悬臂和大跨度结构 7、8、9 度抗震设计时考虑
重力荷载、水平地震作用及风荷载	1.2	1.3	—	1.4	60m 以上的高层建筑考虑
重力荷载、水平地震作用、竖向地震作用及风荷载	1.2	1.3	0.5	1.4	60m 以上的高层建筑，9 度抗震设计时考虑；水平长悬臂和大跨度结构 7、8、9 度抗震设计时考虑
	1.2	0.5	1.3	1.4	水平长悬臂和大跨度结构 7、8、9 度抗震设计时考虑

注："—"表示组合中不考虑该项荷载或作用效应。

4.3 框架结构的内力与位移计算

框架结构的计算分析方法分为按空间结构分析和简化成平面结构分析两种。近年来，框架结构分析时更多的是根据结构力学位移法的基本原理编制电算程序，由计算机直接求出结构的变形、内力，以及各截面的配筋。由于目前计算机内存和运算速度已经能够满足结构计算的需要，因此在电算程序中一般是按空间结构进行分析。

在初步设计阶段，为确定结构布置方案或估算截面尺寸，需要采用简单的、近似的计算方法。另外，近似的手算方法虽然精度较差，但概念明确，能够直观地反映结构的受力特点。再者，对手算方法的应用和了解，能够使读者更加深刻地领会结构概念，了解其受力特点，为以后深层次的学习研究打好基础。

因此，工程中也常利用手算结果来定性地校核判断电算结果的合理性。本节重点介绍结构的近似手算方法，包括竖向荷载作用下的分层法、水平荷载作用的反弯点法和 D 值法。

4.3.1 竖向荷载作用下的框架结构内力的简化计算

多层多跨框架在竖向荷载作用下的内力计算设计上主要采用三种近似计算法：分层法、

弯矩二次分配法和系数法。

4.3.1.1 分层法

结构在竖向荷载作用下的内力计算可近似采用分层法。用力法和位移法对框架结构进行内力分析的结果表明，框架的侧移量较小，当某层梁上作用有竖向荷载时，只使该层梁和与其相邻的柱子产生较大的内力，对上下各层的横梁影响很小，因此，为简化计算，做以下假定：①不考虑框架结构的侧移对其内力的影响；②每层梁上的竖向荷载仅对本层梁及其上、下柱的内力产生影响，对其他各层梁、柱内力的影响可忽略不计。

应当指出，上述假定中所指内力不包括柱轴力，因为某层梁上的荷载对下部各层柱的轴力均有较大影响，不能忽略。

根据叠加原理，多层多跨框架在多层竖向荷载同时作用下的内力，可看成是各层竖向荷载单独作用下的内力叠加。又根据上述假定，各层梁上单独作用竖向荷载时，仅在如图4-12所示结构的实线部分的构件内产生内力，虚线部分的构件产生的内力可忽略不计。这样就可以将整个框架结构的内力计算简化成各个开口刚架单元进行计算。

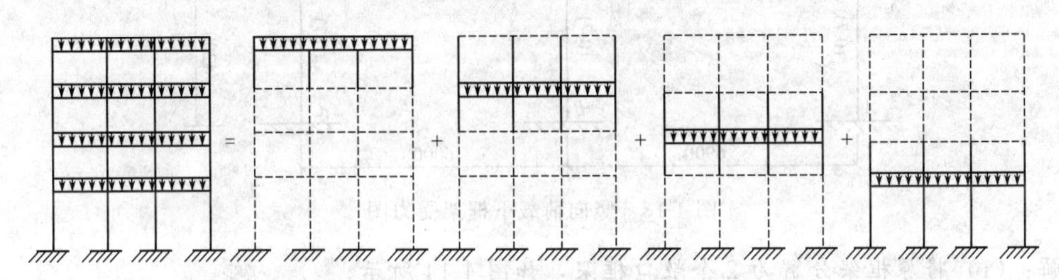

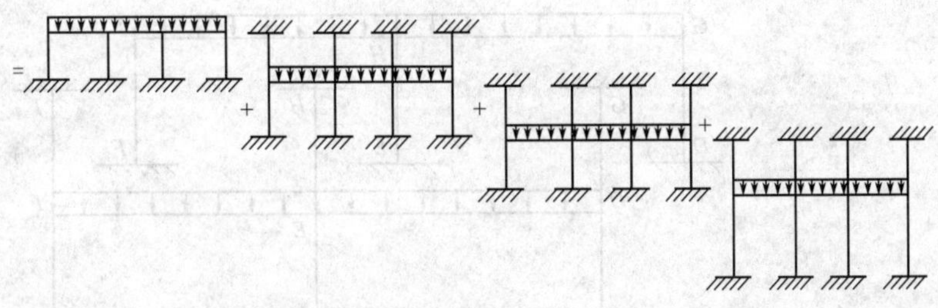

图4-12 分层法计算简图

这里把虚线部分对实线部分的约束看成是固定支座，而实际上，除底层柱子的下端以外，其他各层柱端均有转角产生，即虚线部分对实线部分的约束作用介于铰支承与固定支承之间的弹性支承。为了改善因此引起的误差，做如下修改：①除底层以外其他各层柱的线刚度均乘0.9的折减系数；②在采用弯矩分配法的计算过程中，柱的传递系数取1/3，但对底层仍取1/2。

通过上述方法求得各开口刚架梁的内力，即为原框架结构中相应层次的梁的内力，相邻两个开口刚架中同层柱的内力叠加作为原框架中柱的内力。

使用分层法计算竖向荷载作用下的框架内力还需注意以下几点。

① 由分层法计算所得框架节点处的弯矩之和常常不等于零。这是由于分层法计算单元与实际结构不符带来的误差。若想进一步提高精度，可对节点不平衡力矩再做一次弯矩分配，予以修正。

② 荷载产生的固端弯矩只在本计算单元内进行弯矩分配，单元之间不再进行分配。

③ 高层建筑在竖向荷载作用下，可变荷载一般按均布考虑，不进行不利分布的计算。但是，当可变荷载值较大时，可考虑其不利分布对梁跨中弯矩的影响。

④ 竖向荷载作用下，框架梁跨中计算所得的弯矩值小于按简支梁计算的跨中弯矩的50%时，则至少按简支梁计算的跨中弯矩的50%进行截面配筋。

分层法适用于节点梁柱线刚度比$\sum i_b/\sum i_c \geqslant 3$，结构刚度与荷载沿高度比较均匀的多层框架。

【例 4-1】 利用分层法对图 4-13 所示竖向荷载下框架进行弯矩分析并绘制弯矩图。图中括号内为杆件相对线刚度，梁跨度值与柱高值均以 mm 为单位。

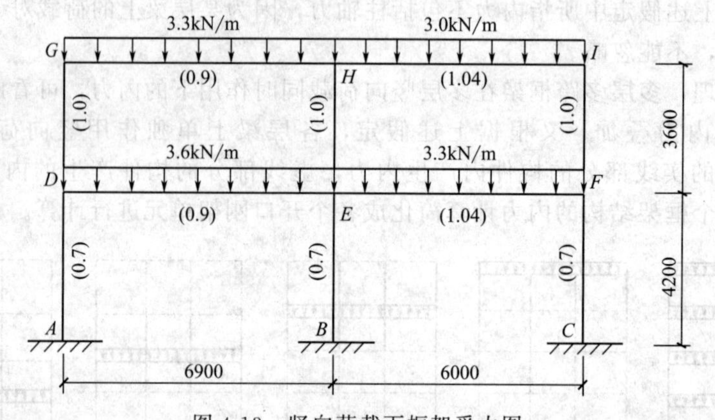

图 4-13　竖向荷载下框架受力图

解：(1) 将原框架分解为 2 个敞口框架，如图 4-14 所示。

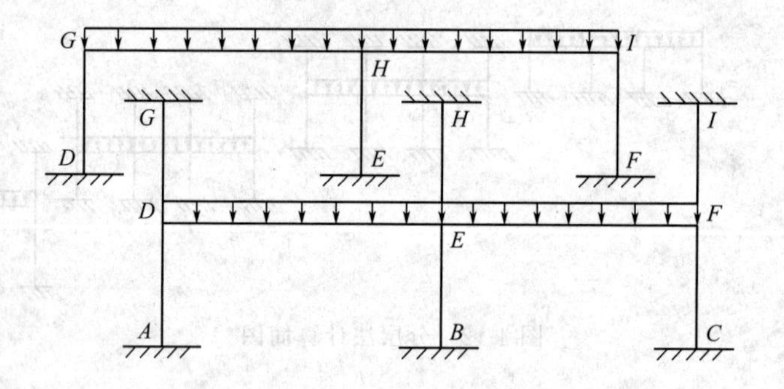

图 4-14　分层法-敞口框架

(2) 利用弯矩分配法计算这两个敞口框架的杆端弯矩，计算过程见图 4-15，其中梁的固端弯矩按$M=ql^2/12$计算，除底层柱以外，其余各层柱线刚度均乘以折减系数 0.9。同时除底层柱和各层梁远端传递系数取为 1/2 以外，其余柱均取为 1/3。

(3) 由图 4-15 可知，对于节点G而言，由二层敞口框架计算得出下柱柱端弯矩为 6.968kN，底层敞口框架计算得出传递至顶层柱端弯矩为 1.794kN，即此时G节点处下柱柱端弯矩大小为 6.968＋1.794＝8.762kN，但同时产生了不平衡力矩 1.794kN，将此力矩反号再按照分配系数分配给各杆件计算截面，即G节点处有：下柱柱端弯矩为 6.968＋1.794－1.794×0.500＝7.865kN，梁端弯矩－6.968－1.794×0.500＝－7.865kN。同理对所有节点都进行同样的计算，这里省略计算过程，直接给出结果如图 4-16所示。

上柱	下柱	右梁
	0.500	0.500
		−13.093
		−0.649
	6.871	6.871
		−0.194
	0.097	0.097
	6.968	−6.968

D 2.323

左梁	上柱	下柱	右梁
0.317		0.317	0.366
13.093			−9.000
−1.297		−1.292	−1.498
3.436			−2.212
−0.388		−0.388	−0.448
14.844		−1.685	−13.158

E −0.562

左梁	下柱	上柱
0.536	0.464	
9.000		
−0.749		
−4.423	−3.828	
−0.224		
0.120	0.104	
3.724	−3.724	

−1.241 *F*

G 1.794

上柱	下柱	右梁
0.360	0.280	0.360
		−14.283
		−0.557
5.342	4.155	5.342
		−0.108
0.039	0.030	0.039
5.381	4.185	−9.567

A 2.093

H −0.443

左梁	上柱	下柱	右梁
0.254	0.254	0.198	0.294
14.283			−9.900
−1.113	−1.113	−0.868	−1.289
2.671			−1.823
−0.215	−0.215	−0.168	−0.249
15.626	−1.328	−1.036	−13.261

B −0.518

−1.038 *I*

左梁	下柱	上柱
0.380	0.255	0.365
9.900		
−0.645		
−3.646	−2.453	−3.156
−0.125		
0.049	0.033	0.043
5.533	−2.420	−3.113

−1.210 *C*

图 4-15 分层法计算

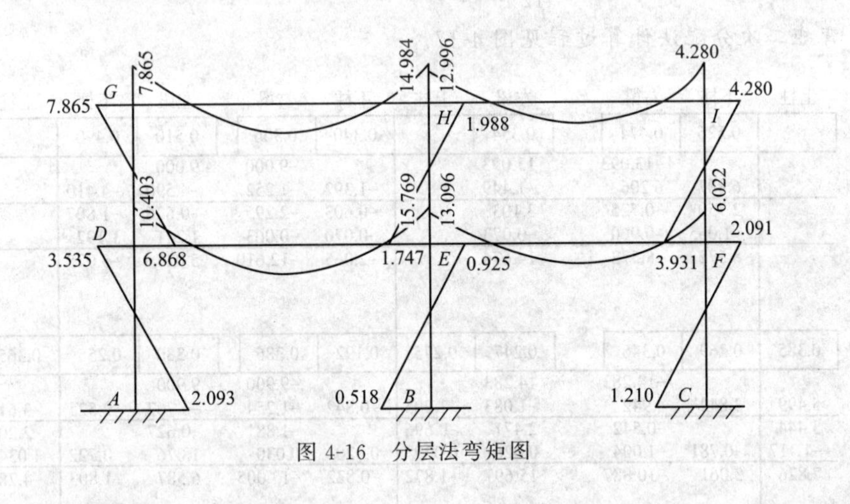

图 4-16 分层法弯矩图

4.3.1.2 弯矩二次分配法

(1) 弯矩二次分配法的计算假定

采用无侧移框架的弯矩分配法计算竖向荷载作用下框架结构的杆端弯矩，由于要考虑任一节点不平衡弯矩对杆件的影响，计算十分繁冗。为了简化计算，可假定某一节点的不平衡弯矩只对与该节点相交的各杆件的远端有影响，而对其余杆件的影响可忽略不计。

(2) 弯矩二次分配法的计算步骤

① 计算框架各杆件的线刚度及分配系数。

② 计算框架各层梁端在竖向荷载作用下的固端弯矩。

③ 计算框架各节点处的不平衡弯矩，并将每一节点处的不平衡弯矩同时进行分配并向远端传递，传递系数均为 1/2。

④ 进行两次弯矩分配后结束(仅传递一次，但分配两次)。

⑤ 将各杆端的固端弯矩、分配弯矩和传递弯矩叠加，即得各杆端弯矩。

【例 4-2】 用弯矩二次分配法计算图 4-13 所示框架在竖向荷载作用下的杆件弯矩图。

解：(1) 以第 2 层边节点 G 和中节点 H 为例，说明杆端弯矩分配系数的计算方法，其中 S_G、S_H 分别表示边节点和中节点各杆端的转动刚度之和。

$$S_G = 4\times(0.9+1.0) = 4\times1.9$$

$$S_H = 4\times(0.9+1.04+1.0) = 4\times2.94$$

$$\mu_G^{下柱} = \frac{0.9}{1.9} = 0.474,\ \mu_G^{右梁} = \frac{1.0}{1.9} = 0.526$$

$$\mu_H^{左梁} = \frac{0.9}{2.94} = 0.306,\ \mu_H^{下柱} = \frac{1.0}{2.94} = 0.340,\ \mu_H^{右梁} = \frac{1.04}{2.94} = 0.354$$

按照相同的方法可以计算其他各层节点处的杆端弯矩分配系数。

(2) 计算杆端的固端弯矩

下面以第 2 层 GH 跨梁和 HI 跨梁为例，说明杆端弯矩的计算方法。

GH 跨梁的固端弯矩为

$$M_{GH}^{G} = -\frac{1}{12}\times3.3\times6.9^2 = -13.093\text{kN}\cdot\text{m}$$

HI 跨梁的固端弯矩为

$$M_{HI}^{H} = -\frac{1}{12}\times3.0\times6.0^2 = -9.000\text{kN}\cdot\text{m}$$

(3) 弯矩二次分配法计算过程见图 4-17。

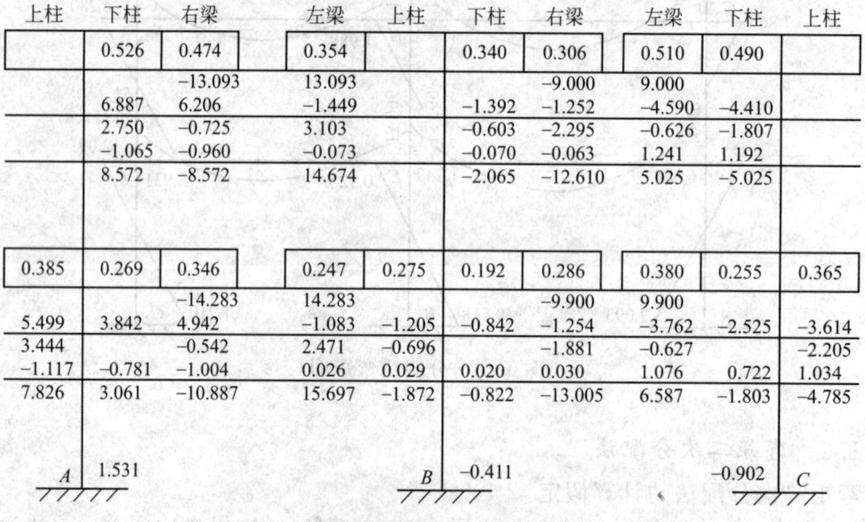

上柱	下柱	右梁	左梁	上柱	下柱	右梁	左梁	下柱	上柱
	0.526	0.474	0.354		0.340	0.306	0.510	0.490	
		-13.093	13.093			-9.000	9.000		
	6.887	6.206	-1.449		-1.392	-1.252	-4.590	-4.410	
	2.750	-0.725	3.103		-0.603	-2.295	-0.626	-1.807	
	-1.065	-0.960	-0.073		-0.070	-0.063	1.241	1.192	
	8.572	-8.572	14.674		-2.065	-12.610	5.025	-5.025	
0.385	0.269	0.346	0.247	0.275	0.192	0.286	0.380	0.255	0.365
		-14.283	14.283			-9.900	9.900		
5.499	3.842	4.942	-1.083	-1.205	-0.842	-1.254	-3.762	-2.525	-3.614
3.444		-0.542	2.471	-0.696		-1.881	-0.627		-2.205
-1.117	-0.781	-1.004	0.026	0.029	0.020	0.030	1.076	0.722	1.034
7.826	3.061	-10.887	15.697	-1.872	-0.822	-13.005	6.587	-1.803	-4.785
A 1.531					B -0.411			-0.902 C	

图 4-17 竖向荷载作用下弯矩二次分配法计算过程

(4) 弯矩图如图 4-18 所示。

4.3.1.3 系数法

采用分层法和弯矩二次分配法计算竖向荷载作用下的框架结构内力时，需首先确定梁、柱截面尺寸，计算比较麻烦。系数法是一种更简单的方法，只要给出荷载、框架梁的计算跨度和支撑情况，就可以方便地计算出框架梁、柱控制截面的内力。

(1) 框架梁内力

框架梁的弯矩 M 按式(4-12) 计算，即

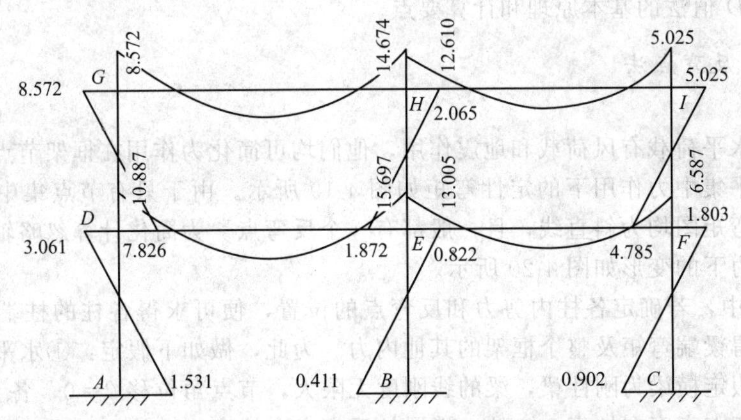

图 4-18 弯矩二次分配法弯矩图

$$M=\alpha q l_{\mathrm{n}}^{2} \tag{4-12}$$

式中 α——弯矩系数，按表 4-7 查用；

q——作用在框架上的恒荷载设计值和活荷载设计值之和；

l_{n}——框架梁净跨度，计算支座弯矩时取相邻两跨净跨度的平均值。

表 4-7 框架梁弯矩系数 α

端支座支撑情况	截面					
	端支座	边跨跨中	离端第二支座	离端第二跨跨中	中间支座	中间跨跨中
	A	Ⅰ	$B_{左}$, $B_{右}$	Ⅱ	C	Ⅲ
端部无约束	0	1/11	−1/9，−1/9 （用于两跨框架梁） −1/10，−1/11 （用于多跨框架梁）	1/16	−1/11	1/16
梁支撑	−1/24	1/14				
柱支撑	−1/16	1/14				

注：表中 A、B、C 和Ⅰ、Ⅱ、Ⅲ分别为从两端支座截面和边跨跨中截面算起的截面代码。

框架梁的剪力 V 按式(4-13) 计算，即

$$V=\beta q l_{\mathrm{n}} \tag{4-13}$$

式中 β——剪力系数，边支座取 0.5，第一内支座外侧取 0.575，内侧取 0.5，其余内支座均取 0.5。

(2) 框架柱内力

框架柱的轴力可以按楼面单位面积上恒荷载设计值与活荷载设计值之和乘以该柱负荷面积计算。计算轴力时，活荷载可以按表 4-4 规定的折减系数予以折减。

将节点两侧框架梁的梁端弯矩值之差值平均分配给上柱和下柱的柱端，即得框架柱的弯矩。

(3) 适用条件

由上述可见，系数法中的弯矩系数 α(表 4-7) 和剪力系数 β 在一定条件下取为常数，因此，按系数法计算时，框架结构应满足如下条件：①相邻两跨的跨度差不超过短跨跨长的 20%；②活荷载与恒荷载之比小于 3；③荷载均匀布置。

4.3.2 水平荷载作用下的框架结构内力和侧移的简化计算

水平荷载作用下框架结构的内力和侧移可用力法、位移法等结构力学方法计算，也可采用简化方法计算。常用的简化方法有迭代法、反弯点法、D 值法和门架法等，本节主要介

绍反弯点法和 D 值法的基本原理和计算要点。

4.3.2.1 反弯点法

(1) 概述

框架上的水平荷载有风荷载和地震作用，他们均可简化为作用在框架节点上的水平集中力，框架在水平集中力作用下的定性弯矩如图 4-19 所示。由于只有节点集中力，并无节间荷载，故各杆弯矩图均为斜直线，且一般都有一个反弯点。为简化计算忽略轴向变形，则框架结构在水平力下的变形如图 4-20 所示。

在图 4-19 中，若确定各柱内剪力和反弯点的位置，便可求得各柱的柱端弯矩，并由节点平衡条件求得梁端弯矩及整个框架的其他内力。为此，做如下假定：①水平荷载简化为节点集中力；②假定横梁为刚性梁，梁的线刚度无限大，节点角位移 $\theta=0$，各节点只有侧移；③底层柱的反弯点高度在柱高 2/3 处，楼层柱反弯点在柱高 1/2 处。

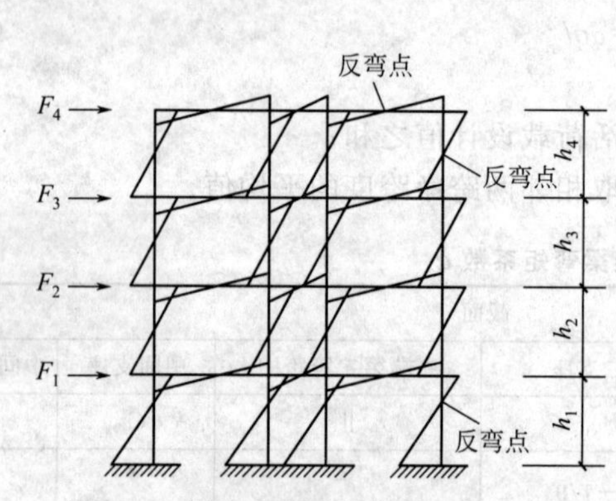

图 4-19 框架在水平力作用下的弯矩图

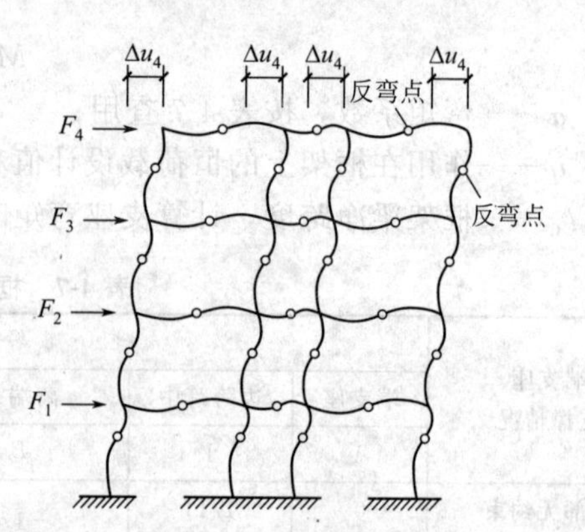

图 4-20 框架在水平力作用下的变形图

(2) 计算步骤

① 确定各柱反弯点的位置。y 定义为反弯点至柱子下端的距离，h 表示层高。

$$y=\begin{cases}\dfrac{1}{2}h & \text{(上部各层柱)}\\[2mm] \dfrac{2}{3}h & \text{(底层柱)}\end{cases} \tag{4-14}$$

② 计算层剪力。框架在各节点水平集中力 F_j 的作用下，在第 j 层引起的总剪力，等于第 j 层以上各层水平集中力之和，即

$$V_j=\sum_{j=1}^{n}F_j \tag{4-15}$$

式中 j——该柱所在层数；

n——框架总层数。

③ 求各层各柱的剪力。设框架结构共有 n 层，每层内有 m 个柱子，将框架沿第 i 层各柱的反弯点处切开代以剪力和轴力，如图 4-21 所示，设第 j 层剪力为 V_{j1}，V_{j2}，…，V_{jm}，第 j 层总剪力为 V_j。

按水平力的平衡条件有

$$V_j=V_{j1}+V_{j2}+\cdots+V_{jm}=\sum_{k=1}^{m}V_{jk} \tag{4-16}$$

式中 V_j——水平力在第 j 层所产生的层间剪力；

V_{jk}——第 j 层第 k 根柱所承受的剪力；

m——第 j 层内的柱子数。

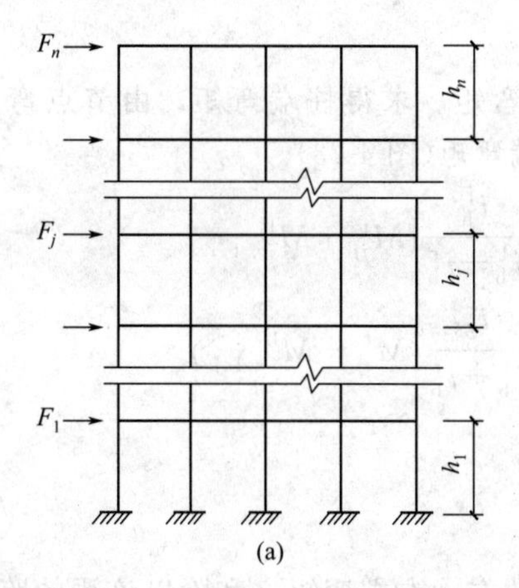

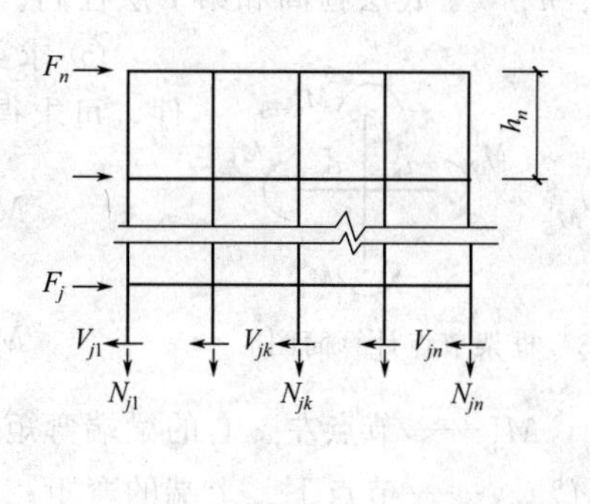

图 4-21　反弯点法柱剪力计算简图

由结构力学知　$V_{j1}=d_{j1}\Delta_j$，$V_{j2}=d_{j2}\Delta_j$，…，$V_{jk}=d_{jk}\Delta_j$，…，$V_{jm}=d_{jm}\Delta_j$

$$d_{jk}=\frac{12i_c}{h^2} \tag{4-17}$$

式中　d_{jk}——第 j 层第 k 根柱的抗侧刚度，其物理意义是表示柱端产生相对单位位移时，在柱内产生的剪力，如图 4-22 所示；

i_c——柱子的线刚度；

Δ_j——框架第 j 层侧移。

$$d_{j1}\Delta_j+d_{j2}\Delta_j+\cdots+d_{jm}\Delta_j=V_j$$

$$\Delta_j=\frac{V_j}{\sum_{k=1}^{m}d_{jk}}$$

$$V_{j1}=\frac{d_{j1}}{\sum_{k=1}^{m}d_{jk}}V_j,\ V_{j2}=\frac{d_{j2}}{\sum_{k=1}^{m}d_{jk}}V_j,\ \cdots,\ V_{jm}=\frac{d_{jm}}{\sum_{k=1}^{m}d_{jk}}V_j$$

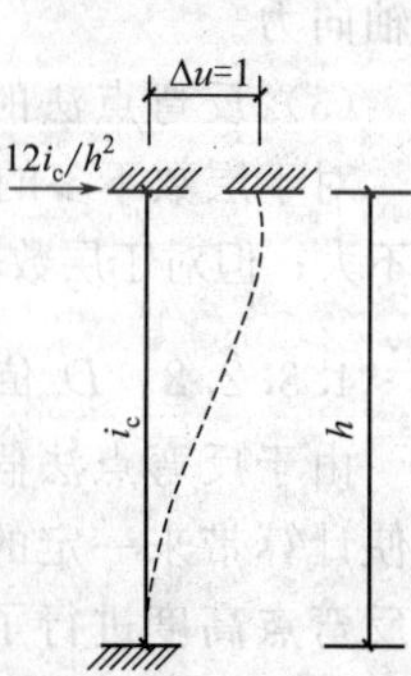

图 4-22　柱子抗侧刚度计算简图

上式表明，各柱按其抗侧刚度比分配层间剪力。一般来说，同层各柱高度相同，这样可得到第 j 楼层任意柱 k 在层间剪力 V_j 中分配的剪力

$$V_{jk}=\frac{d_{jk}}{\sum_{k=1}^{m}d_{jk}}V_j \tag{4-18}$$

④ 求柱端弯矩。由反弯点处剪力与反弯点至柱端距离的乘积可求出柱端弯矩，柱端剪力等于反弯点处剪力。

对于底层柱：

上端弯矩　$$M_{c1k}^{t}=V_{1k}\frac{h_1}{3} \tag{4-19}$$

下端弯矩　$$M_{c1k}^{b}=V_{1k}\frac{2h_1}{3} \tag{4-20}$$

对于其他层柱：

柱上、下端弯矩相等　$$M_{cjk}^{t}=M_{cjk}^{b}\text{[1]}=V_{jk}\frac{h_j}{2} \tag{4-21}$$

[1] cjk 指第 j 层第 k 根柱；t、b 指柱的上端和下端。

式中　h_1、h_j——底层柱高和第 j 层柱高。

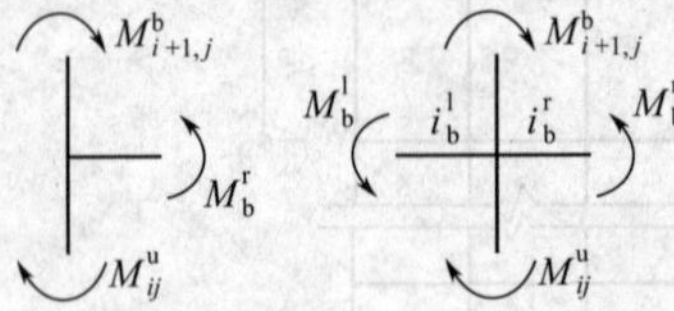

⑤ 求梁端弯矩。求得柱端弯矩，由节点弯矩平衡条件，可求得梁端弯矩(图 4-23)。

图 4-23　框架节点计算简图

$$M_b^l=\frac{i_b^l}{i_b^l+i_b^r}(M_{ij}^t+M_{i+1,j}^b) \tag{4-22a}$$

$$M_b^r=\frac{i_b^r}{i_b^l+i_b^r}(M_{ij}^t+M_{i+1,j}^b) \tag{4-22b}$$

式中　M_b^l，M_b^r——节点左、右的梁端弯矩；

M_{ij}^t、$M_{i+1,j}^b$——节点下、上端的弯矩；

i_b^l，i_b^r——节点左、右梁的线刚度。

⑥ 求梁内剪力。以各个梁为脱离体，将梁的左、右端弯矩之和除以该梁的跨长，便得梁内剪力

$$V_{左}=V_{右}=\frac{M_b^l+M_b^r}{l} \tag{4-23}$$

式中　l——梁的计算跨长。

⑦ 求柱内轴力。以柱子为脱离体自上而下逐层叠加节点左右的梁端剪力，即可得到柱内轴向力。

(3) 反弯点法的使用条件

对于层数不多的框架梁的线刚度与柱的线刚度之比大于 3 时，可用反弯点法计算，此时误差不大；但对于层数较多的框架，由于柱的截面加大，梁柱相对线刚度比减小，此时误差较大。

4.3.2.2　D 值法(改进的反弯点法)

由于反弯点法假定梁、柱之间的线刚度比为无穷大，又假定柱的反弯点高度为一定值，这使计算带来一定的误差。日本武藤清教授综合考虑以上因素，对反弯点法中柱的抗侧刚度和反弯点高度进行了修正，修正后柱的抗侧刚度以 D 表示，称为“D 值法”。

(1) 反弯点法的缺点

① 柱的抗侧刚度只与柱的线刚度及层高有关。

② 柱的反弯点高度是个定值。

反弯点法之所以存在这个缺点，是因为没有考虑节点转动带来的影响。节点的转动，导致用反弯点法计算的内力误差较大。

(2) D 值法需要解决的问题

① 修正柱的侧移刚度。节点转动影响柱的抗侧刚度，故柱的侧移刚度不但与柱本身的线刚度和层高有关，而且与梁的线刚度有关。

② 修正反弯点高度。节点转动还影响反弯点高度位置，故柱的反弯点高度不是个定值，而是个变数，并受以下因素影响：梁柱线刚度比；该柱所在楼层位置；上、下层梁的线刚度；框架总层数。

(3) 修正后的抗侧刚度 D

① 一般规则框架中的柱。所谓规则框架柱是指各层层高、各跨跨度和各层柱的线刚度分别相等的框架，如图 4-24 所示。现从框架中取柱 AB 及与其相连的梁柱为脱离体[图 4-24(b)]，框架侧移后，柱 AB 达到新的位置 $A'B'$。柱 AB 的相对侧移为 δ，旋转角为 $\varphi=\delta/h$，上下端均产生转角 θ。

对图 4-24(b) 所示的框架单元，有 8 个节点转角 θ 和 3 个旋转角 φ 共 11 个未知数，而

只有节点 A、B 两个力矩平衡条件，无法直接求解。为此，做如下假定：a. 柱 AB 两端点及其上下左右相邻的各节点的转角均为 θ；b. 柱 AB 及与其上下相邻柱的旋转角 φ 均相等；c. 柱 AB 及与其上下相邻柱子的线刚度均为 i_c；d. 柱 AB 及与其上下相邻的层间侧移均为 δ。

与柱 AB 相交的横梁线刚度分别为 i_1，i_2，i_3，i_4。

由假定可知，整个框架单元［图 4-24(b)］只有 θ 和 φ 两个未知数，两个节点力矩平衡条件可以求解。

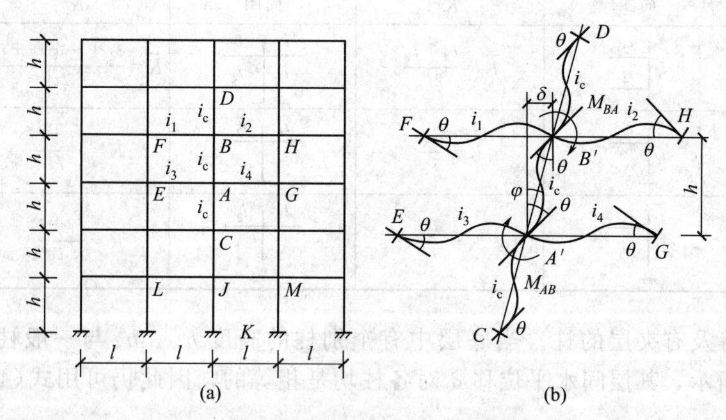

图 4-24　框架柱侧向刚度计算简图

由转角位移方程及上述假定可得

$$M_{AB}=M_{BA}=M_{AC}=M_{BD}=4i_c\theta+2i_c\theta-6i_c\varphi=6i_c(\theta-\varphi)$$

$$M_{AE}=6i_3\theta,\ M_{AG}=6i_4\theta,\ M_{BF}=6i_1\theta,\ M_{BH}=6i_2\theta$$

由节点 A 和节点 B 的力矩平衡条件分别得

$$6(i_3+i_4+2i_c)\theta-12i_c\varphi=0$$

$$6(i_1+i_2+2i_c)\theta-12i_c\varphi=0$$

将以上两式相加，经整理后得

$$\theta/\varphi=2/(2+\overline{K}) \tag{4-24}$$

式中，$\overline{K}=\sum i/2i_c=[(i_1+i_3)/2+(i_2+i_4)/2]/i_c$，表示节点两侧梁平均线刚度与柱线刚度的比值，简称梁柱线刚度比。

柱 AB 所受到的剪力为

$$V=-\frac{M_{AB}+M_{BA}}{h}=\frac{12i_c}{h}\left(1-\frac{\theta}{\varphi}\right)\varphi$$

将公式(4-24) 代入上式得

$$V=\frac{\overline{K}}{2+\overline{K}}\frac{12i_c}{h}\varphi=\frac{\overline{K}}{2+\overline{K}}\frac{12i_c}{h^2}\delta$$

由此可得柱的侧向刚度 D 为

$$D=\frac{V}{\delta}=\frac{\overline{K}}{2+\overline{K}}\frac{12i_c}{h^2}=\alpha_c\frac{12i_c}{h^2} \tag{4-25}$$

$$\alpha_c=\frac{\overline{K}}{2+\overline{K}} \tag{4-26}$$

式中，α_c 为柱的侧向刚度修正系数，它反映了节点转动降低了柱的侧向刚度，节点转动的大小则取决于梁对节点转动的约束程度。由式(4-26) 可见，$\overline{K}\to\infty$，$\alpha_c=1$，这表明梁的线刚度越大，对节点的约束能力越强，节点转动越小，柱的侧向刚度越大；一般情况下，$\alpha_c<1$。同理可得底层柱的侧向刚度修正系数 α_c。

表 4-8 列出了各种情况下的 α_c 值及相应的 $\overline{K}$ 值的计算公式。

表 4-8　柱的侧向刚度修正系数 $\boldsymbol{\alpha_c}$

位置		边柱		中柱		α_c
		简图	$\overline{K}$	简图	$\overline{K}$	
一般层		i_2, i_c, i_4	$\overline{K}=\frac{i_2+i_4}{2i_c}$	i_1, i_2, i_3, i_c, i_4	$\overline{K}=\frac{i_1+i_2+i_3+i_4}{2i_c}$	$\alpha_c=\frac{\overline{K}}{2+\overline{K}}$
底层	固接	i_2, i_c	$\overline{K}=\frac{i_2}{i_c}$	i_1, i_2, i_c	$\overline{K}=\frac{i_1+i_2}{i_c}$	$\alpha_c=\frac{0.5+\overline{K}}{2+\overline{K}}$
	铰接	i_2, i_c	$\overline{K}=\frac{i_2}{i_c}$	i_1, i_2, i_c	$\overline{K}=\frac{i_1+i_2}{i_c}$	$\alpha_c=\frac{0.5\overline{K}}{1+2\overline{K}}$

② 柱高不等及有夹层的柱。当底层中有个别柱的高度 h_a、h_b 与一般柱的高度不相等时，如图 4-25 所示，其层间水平位移 δ 对各柱均是相等的，因此仍可用式(4-25) 计算这些不等高柱的侧向刚度。对图 4-25 所示的情况，两柱的侧移刚度分别为 $D_a=\alpha_{ca}\frac{12i_{ca}}{h_a^2}$，$D_b=\alpha_{cb}\frac{12i_{cb}}{h_b^2}$，式中，$\alpha_{ca}$、$\alpha_{cb}$ 分别为 A、B 柱的侧移刚度修正系数，其余符号意义如图 4-25 所示。

当同层中有夹层时(图 4-26)，对特殊柱 B，其层间位移为 $\delta=\delta_1+\delta_2$，设 B 柱所承受的剪力为 V_B，用 D_1、D_2 表示下段柱和上端柱的 D 值，则上式可表示为

$$\delta=\frac{V_B}{D_1}+\frac{V_B}{D_2}=V_B\left(\frac{1}{D_1}+\frac{1}{D_2}\right)$$

故 B 柱的侧向刚度为

$$D_B=\frac{V_B}{\delta}=\frac{1}{\dfrac{1}{D_1}+\dfrac{1}{D_2}} \tag{4-27}$$

由图 4-26 可见，如把 B 柱视为下段柱(高度为 h_1) 和上段柱(高度为 h_2) 的串联，则式(4-27) 可理解为串联柱的总侧向刚度，其中 D_1、D_2 可按式(4-25) 计算。

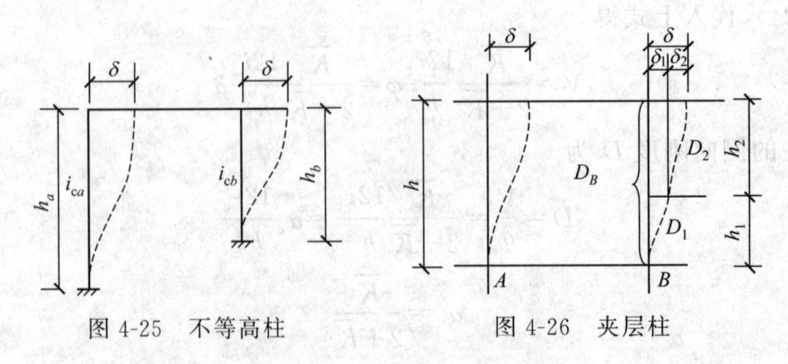

图 4-25　不等高柱　　　　图 4-26　夹层柱

求得框架柱侧向刚度值后，与反弯点法相似，由同一层内各柱的层间位移相等条件，可把层间剪力按式(4-28) 分配给该层的各柱

$$V_{jk}=\frac{D_{jk}}{\sum_{j=1}^{m}D_{jk}}V_j \tag{4-28}$$

(4) 确定修正系数后的反弯点高度

影响柱反弯点高度的主要因素是柱上、下端的约束条件。当两端固定或两端转角完全相等时，反弯点在中间。两端约束刚度不同时，两端转角也不相等，反弯点移向转角较大的一端，也就是移向约束刚度较小的一端。当一端为铰接时，反弯点与该铰重合。在 D 值法中，通过力学分析求得标准情况下的标准反弯点高度比 y_0(即反弯点到柱下端距离与柱全高的比值)，再根据上下梁线刚度比值及上、下层高变化，对 y_0 进行调整。

① 标准反弯点高度比 y_0。标准反弯点高度比是标准的矩形框架在各层等高、等跨以及各层梁、柱线刚度均相同的多层框架在水平荷载作用下用力法求得的反弯点高度比 y_0。为方便使用，已把标准的反弯点高度比 y_0 制成表格，见附表 5-1、附表 5-2 和附表 5-3。根据该框架总层数及该层所在楼层以及梁柱线刚度比值，可从表中查得标准反弯点高度比 y_0。

② 上、下梁刚度变化时的反弯点高度修正值 y_1。当某柱的上梁和下梁刚度不等，柱上、下节点转角不同时，反弯点位置有变化，应将标准反弯点高度比加以修正，修正值如下：

当 $i_1+i_2<i_3+i_4$ 时，如图 4-27(a)，令 $\alpha_1=(i_1+i_2)/(i_3+i_4)$，根据 α_1 和 $\overline{K}$ 值从附表 5-4 中查出 y_1，这时反弯点应向上移，y_1 取正值；

当 $i_1+i_2>i_3+i_4$ 时，如图 4-27(b)，令 $\alpha_1=(i_3+i_4)/(i_1+i_2)$，根据 α_1 和 $\overline{K}$ 值从附表 5-4 中查出 y_1，这时反弯点应向下移，y_1 取负值。

对于底层不考虑 y_1 修正值。

③ 层高变化时，反弯点高度比修正值 y_2 和 y_3。层高有变化时，反弯点也有移动。令上层层高与本层层高之比为 $\alpha_2=h_上/h$，根据 α_2 和 $\overline{K}$ 值由附表 5-5(层高变化时反弯点高度比修正值) 可查出修正值 y_2，可得反弯点高度的上移增量为 y_2h，如图 4-27(c)、(d) 所示。当时 $\alpha_2>1$，y_2 为正值，则反弯点向上移；当 $\alpha_2<1$ 时，y_2 为负值，则反弯点向下移。

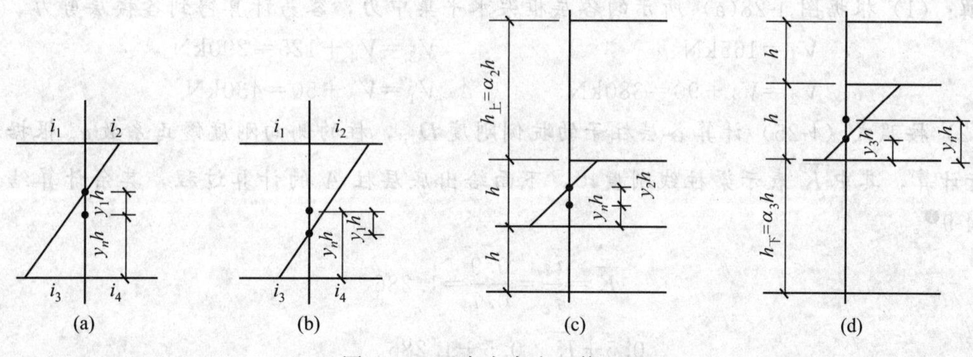

图 4-27 反弯点高度比修正图

同理，令下层层高与本层层高之比为 $\alpha_3=h_下/h$，根据 α_3 和 $\overline{K}$ 值由附表 5-5 可查得修正值 y_3。

综上所述，各层柱的反弯点高度比由式(4-29) 计算

$$y=y_0+y_1+y_2+y_3 \tag{4-29}$$

(5) 计算要点

① 同反弯点法，按式(4-15) 计算框架结构各层层间剪力。

② 按式(4-25) 求得框架柱的抗侧刚度 D_{ij}，然后按式(4 18) 求出第 j 层第 k 柱的剪力 V_{jk}，按式(4-18) 求得各柱的剪力。

③ 按式(4-29) 及相应表格(附录 5) 确定各柱的反弯点高度比 y，并按式(4-30a) 和式(4-30b) 分别计算第 j 层第 k 柱的下端弯矩 M^{b}_{cjk} 和上端弯矩 M^{t}_{cjk}；

$$M^{b}_{cjk}=V_{jk}\cdot yh \tag{4-30a}$$

$$M^{t}_{cjk}=V_{jk}\cdot(1-y)h \tag{4-30b}$$

④ 同反弯点法，根据节点平衡条件，将节点上、下柱弯矩之和按左、右梁的线刚度(当各梁远端不都是刚接时，应取用梁的转动刚度) 分配给梁端，按式(4-30) 计算。

⑤ 根据梁端弯矩计算梁端剪力，再由梁端剪力计算柱轴力，这些均可用静力平衡条件计算。

【例 4-3】 用 D 值法作图 4-28(a) 所示框架的弯矩图，并计算各杆件内力，图中括号内数字表示各杆件的相对线刚度的值。

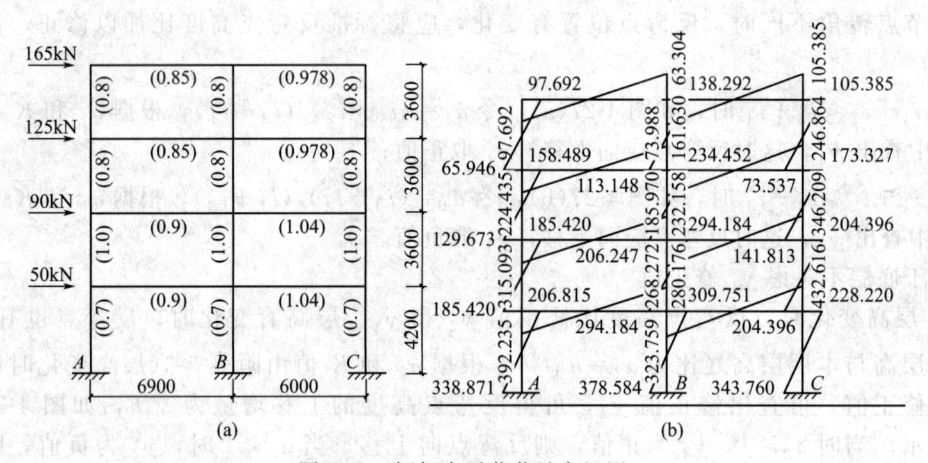

图 4-28　框架水平荷载及弯矩图

解：(1) 根据图 4-28(a) 所示的各层框架水平集中力，容易计算得到各楼层剪力

$$V_4=165\text{kN} \qquad V_3=V_4+125=290\text{kN}$$

$$V_2=V_3+90=380\text{kN} \qquad V_1=V_2+50=430\text{kN}$$

(2) 按照式 (4-25) 计算各层柱子的抗侧刚度 D_{ij}，柱的侧向刚度修正系数 α_c 根据表 4-8 进行计算，其中 $\overline{K}$ 表示梁柱线刚度比，下面给出底层柱 A 的计算过程，其余计算结果详见表 4-9❶。

$$\overline{K}=\frac{i_2}{i_c}=\frac{0.9}{0.7}=1.286$$

$$\alpha_c=\frac{0.5+\overline{K}}{2+\overline{K}}=\frac{0.5+1.286}{2+1.286}=0.544$$

$$D_{1A}=\alpha_c\frac{12i_c}{h^2}=0.544\times\frac{12\times0.7}{4200^2}=2.590\times10^{-7}$$

(3) 根据表 4-9 所示的各层柱的抗侧刚度值 D_{ij} 以及总刚度值 $\sum D_{ij}$，按照式 (4-18) 计

❶ 由于例题给出的为梁、柱的线刚度相对值，所以计算出来的结果并不代表柱子的实际抗侧刚度。

算各柱的剪力值 V_{ij}。同时按照式（4-29）计算各柱子的反弯点，再按照式（4-30）计算各柱上下端的弯矩值。同样地，在这里只给出底层柱 A 的计算过程，其他柱的计算过程省略，并在表 4-10 中给出各柱端计算结果。

$$V_{1A}=\frac{2.590}{8.571}\times 430=129.938\text{kN}$$

根据图 4-28（a）中荷载的分布，可以近似地将其看作倒三角形分布荷载，并通过查表得到 y_n；2 层与 1 层柱高度比为 3.6/4.2＝0.857，查表得到 $y_3=0$；对于底层柱不考虑 y_1、y_2。

$$y=0.621+0+0+0=0.621$$

$$M_{1A}^{b}=129.938\times 4.2\times 0.621=338.904\text{kN}\cdot\text{m}$$

$$M_{1A}^{t}=129.938\times 4.2\times (1-0.621)=206.835\text{kN}\cdot\text{m}$$

（4）按照式（4-22）计算梁端弯矩，接着计算梁端剪力，最后根据梁端剪力计算柱子轴力。计算过程及结果见表 4-11。

表 4-9　柱侧向刚度计算表

楼层	柱	i_c	$\overline{K}$	α_c	D_{ij}（$\times 10^{-7}$）	$\sum D_{ij}$（$\times 10^{-7}$）
4	A	0.8	1.063	0.347	2.570	9.325
	B	0.8	2.285	0.533	3.948	
	C	0.8	1.223	0.379	2.807	
3	A	0.8	1.094	0.354	2.622	9.496
	B	0.8	2.355	0.541	4.007	
	C	0.8	1.261	0.387	2.867	
2	A	1	0.900	0.310	2.870	10.593
	B	1	1.940	0.492	4.556	
	C	1	1.040	0.342	3.167	
4	A	0.7	1.286	0.544	2.590	8.571
	B	0.7	2.771	0.686	3.267	
	C	0.7	1.486	0.570	2.714	

表 4-10　柱端剪力及弯矩计算表

楼层	柱	V_{ij}	y	M_{ij}^{b}	M_{ij}^{t}
4	A	45.475	0.403	65.975	97.735
	B	69.857	0.450	113.168	138.317
	C	49.668	0.411	73.489	105.316
3	A	80.074	0.450	129.720	158.547
	B	122.370	0.468	206.169	234.363
	C	87.556	0.450	141.841	173.361
2	A	102.955	0.500	185.319	185.319
	B	163.436	0.500	294.185	294.185
	C	113.609	0.500	204.496	204.496
4	A	129.938	0.621	338.904	206.835
	B	163.903	0.550	378.616	309.777
	C	136.159	0.601	343.693	228.175

注：表中剪力 V_{ij} 的量纲为 kN；弯矩 M_{ij}^{b}、M_{ij}^{t} 的量纲为 kN·m。

表 4-11　梁端弯矩、剪力及柱轴力计算表

楼层	跨别	M_b^l	M_b^r	V_b	N_A	N_B	N_C
4	AB	97.735	64.316	−23.486	−23.486	−6.400	29.886
	BC	74.001	105.316	−29.886			
3	AB	224.522	161.598	−55.959	−79.445	−22.572	102.017
	BC	185.933	246.850	−72.131			
2	AB	315.039	232.123	−79.299	−158.744	−45.701	204.445
	BC	268.231	346.337	−102.428			
1	AB	392.154	280.189	−97.441	−256.185	−77.334	330.519
	BC	323.773	432.671	−126.074			

注：表中剪力 V_b、N_A、N_B、N_C 的量纲为 kN；弯矩 M_b^l、M_b^r 的量纲为 kN·m。

4.3.2.3　水平荷载作用下框架结构位移计算

框架结构侧移主要是由水平荷载引起的，可近似地认为是由梁柱弯曲变形和柱轴向变形所引起的侧移叠加。结构在水平力作用下，受到水平剪力和倾覆力矩，水平剪力由各柱分担，在柱中和梁中产生弯曲变形，梁柱的弯曲变形使框架结构产生的侧移曲线与悬臂梁的剪切变形曲线相似，故称为总体剪切变形。一般而言，Δ_M 和 Δ_N 两种成分同时存在，但对框架而言，Δ_M 占主导地位，Δ_N 数值很小，当 $H/B<4$ 或 $H\leqslant 50\text{m}$，Δ_N 的影响可忽略不计。剪切型和弯曲型的变形曲线如图 4-29 所示。

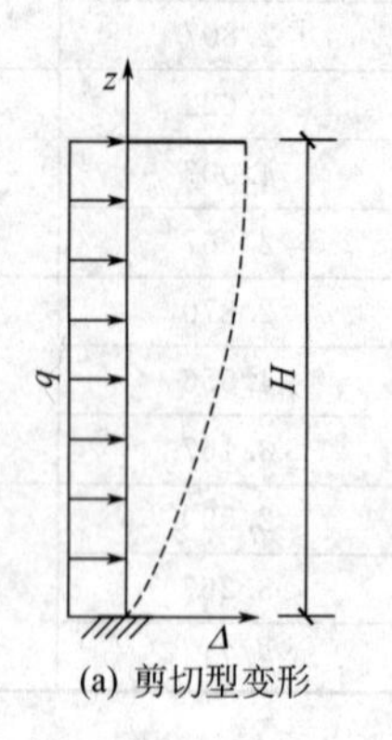

(a) 剪切型变形

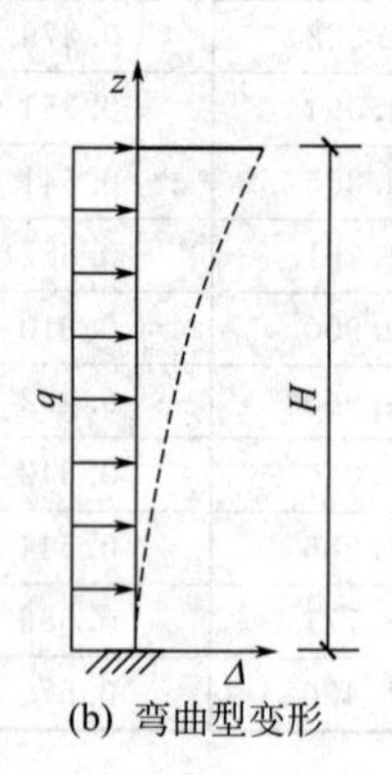

(b) 弯曲型变形

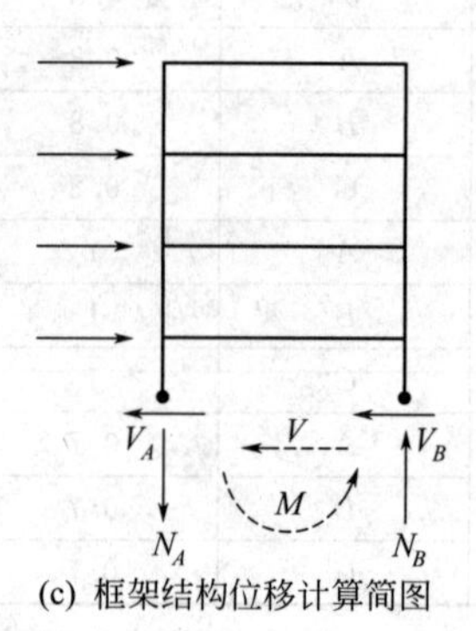

(c) 框架结构位移计算简图

图 4-29　框架结构侧移

（1）由梁、柱弯曲变形所产生的侧移

由式(4-31) 可得 j 层框架层间位移 Δ_j^M 与层间剪力 V_j 之间的关系

$$\Delta_j^M = \delta_j = \frac{V_j}{\sum_{k=1}^{m} D_{jk}} \tag{4-31a}$$

式中　D_{jk}——第 j 层第 k 根柱的抗侧刚度；

m——框架第 j 层的总柱数。

这样可逐层求得各层的层间位移。框架顶点的总位移 Δ_M 应为各层间位移之和，即

$$\Delta_M = \sum_{j=1}^{n} \Delta_j^M = \sum_{j=1}^{n} \delta_j \tag{4-31b}$$

式中　n——框架结构的总层数。

（2）柱轴向变形产生的侧移

在水平荷载作用下，对于一般的框架结构，只有两根边柱轴力较大，中柱因其两边梁的剪力相互抵消，轴力很小。因此，在计算由柱轴向变形引起的侧移时，可假定只有两边柱轴

力 N 作用，内轴力为零。

$$N=\pm\frac{M(z)}{B} \tag{4-32}$$

式中　$M(z)$——上部水平荷载对坐标 z 处的力矩总和；

B——两边柱轴线间距离。

框架结构在任意水平荷载 $q(z)$ 作用下由柱轴向变形产生的第 j 层处的侧移 Δ_j^N，由式(4-33) 计算

$$\Delta_j^N=2\int_0^{H_j}\left(\frac{\overline{N}N}{EA}\right)\mathrm{d}z \tag{4-33}$$

$$\overline{N}=\pm\frac{H_j-z}{B} \tag{4-34}$$

式中　$\overline{N}$——单位集中力作用在顶层时在边柱产生的轴力；

N——$q(z)$ 对坐标 z 处的力矩 $M(z)$ 引起的边柱轴力，是 z 的函数；

H_j——j 层楼板距底面高度；

A——边柱截面面积，是 z 的函数。

假设边柱截面面积沿 z 线性变化，即

$$A(z)=A_{底}\left(1-\frac{1-n}{H}z\right) \tag{4-35}$$

$$n=\frac{A_{顶}}{A_{底}} \tag{4-36}$$

式中　$A_{底}$——底层边柱截面面积；

n——顶层与底层边柱截面面积的比值。

将式(4-36)、式(4-35)、式(4-34) 代入式 (4-33) 得

$$\Delta_j^N=\frac{2}{EB^2A_{底}}\int_0^{H_j}\frac{(H_j-2)M(z)}{1-\dfrac{(1-n)z}{H}}\mathrm{d}z \tag{4-37}$$

$M(z)$ 与外荷载有关，积分后得到的计算公式如式(4-38)

$$\Delta_j^N=\frac{V_0H^3}{EB^2A_{底}}F_n \tag{4-38}$$

式中　V_0——基底剪力，即水平荷载总和；

F_n——系数。

在不同荷载作用下，V_0 及 F_n 不同，V_0 可根据荷载计算。F_n 是由式(4-37) 中积分部分得到的常数，它与荷载形式有关。在几种常用荷载形式下，F_n 的表达式如下。

① 顶点集中力。

$$F_n=\frac{2}{(1-n)^3}\left\{\left(1+\frac{H_j}{H}\right)\left(n^2\frac{H_j}{H}-2n\frac{H_j}{H}+\frac{H_j}{H}\right)-\frac{3}{2}-\frac{R_j^2}{2}+2R_j-\left[n^2\frac{H_j}{H}+n\left(1-\frac{H_j}{H}\right)\right]\ln R_j\right\}$$

② 均布荷载。

$$F_n=\frac{2}{(1-n)^4}\left\{\left[(n-1)^3\frac{H_j}{H}+(n-1)^2\left(1+2\frac{H_j}{H}\right)+(n-1)\left(2+\frac{H_j}{H}\right)+1\right]\ln R_j\right.$$

$$\left.-(n-1)^3\frac{H_j}{H}\left(1+2\frac{H_j}{H}\right)-\frac{R_j^3-1}{3}+\left[n\left(1+\frac{H_j}{H}\right)-2\frac{H_j}{H}+\frac{1}{2}\right](R_j^2-1)\right.$$

$$-\left[2n\left(2+\frac{H_j}{H}\right)-\frac{2H_j}{H}-1\right](R_j-1)\Bigg\}$$

③ 倒三角形荷载。

$$F_n=\frac{2}{3}\Bigg\{\frac{1}{n-1}\left[\frac{2H_j}{H}\ln R_j-\left(\frac{3H_j}{H}+2\right)\frac{H_j}{H}\right]+\frac{1}{(n-1)^2}\left[\left(\frac{3H_j}{H}+2\right)\right]\ln R_j$$
$$+\frac{3}{2(n-1)^3}[(R_j^2-1)-4(R_j-1)+2\ln R_j]$$
$$+\frac{1}{(n-1)^4}\frac{H_j}{H}\left[\frac{1}{3}(R_j^3-1)+\frac{3}{2}(R_j^2-1)+3(R_j-1)-\ln R_j\right]$$
$$+\frac{1}{(n-1)^5}\left[\frac{1}{4}(R_j^4-1)-\frac{4}{3}(R_j^3-1)+3(R_j^2-1)-4(R_j-1)+\ln R_j\right]\Bigg\}$$

式中，$R_j=\frac{H_j}{H}n+\left(1-\frac{H_j}{H}\right)$，$F_n$ 可直接由图 4-30 查出，图中变量为 n 及 H_j/H。

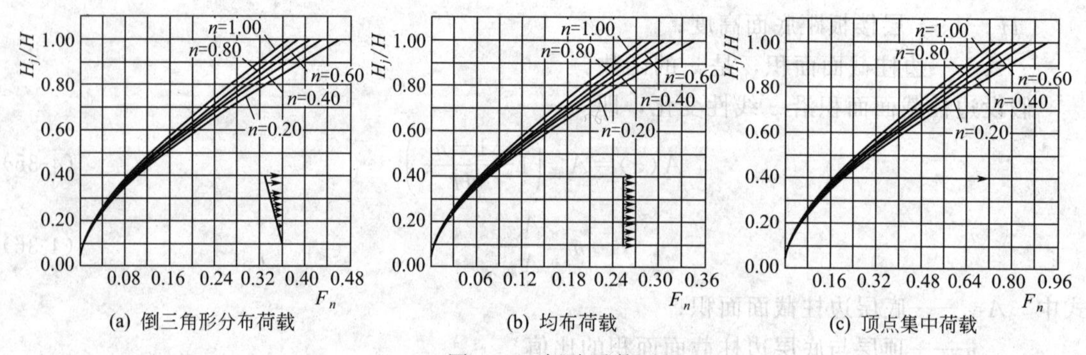

图 4-30 侧移系数

由式(4-37) 算出 Δ_j^N 后，用式(4-39) 计算第 j 层的层间变形

$$\delta_j^N=\Delta_j^N-\Delta_j^{N-1} \tag{4-39}$$

考虑柱轴向变形后，框架的总侧移为

$$\Delta_j=\Delta_j^M+\Delta_j^N \tag{4-40}$$

4.3.2.4 框架结构的水平位移控制

框架结构的侧移刚度过小，水平位移过大，将影响正常使用；侧移刚度过大，水平位移过小，虽然满足使用要求，但不满足经济性要求。因此，框架结构的侧向刚度应适宜，一般以使结构满足层间位移限制为宜。

我国《高层建筑混凝土结构技术规程》(JGJ 3—2010) 规定，按弹性方法计算的楼层层间最大位移与层高之比 δ/h 宜小于其限值 $[\delta/h]$，即

$$\delta/h\leqslant[\delta/h] \tag{4-41}$$

式中 $[\delta/h]$——层间位移角限值，对框架结构取 1/550；
h——层高。

由于变形验算属正常使用极限状态的验算，所以计算 δ 时，各作用分项系数均应采用 1.0，混凝土结构构件的截面刚度可采用弹性刚度。另外，楼层层间最大位移 δ 以楼层最大的水平位移差计算，不扣除整体弯曲变形。

层间位移角（剪切变形角）限值 $[\delta/h]$ 是根据以下两条原则并综合考虑其他因素确定的。

(1) 保证主体结构基本处于弹性受力状态。即避免混凝土墙、柱构件出现裂缝，同时将

混凝土梁等楼面构件的裂缝数量、宽度和高度限制在规范允许范围之内。

(2) 保证填充墙、隔墙和幕墙等非结构构件的完好，避免产生明显损伤。

如果式（4-41）不满足，则可增大构件截面尺寸或提高混凝土强度等级。

4.4 框架结构的最不利内力及内力组合

设计框架结构构件时，必须求出各框架的最不利内力。在进行构件设计之前，首先要做到：①确定梁或柱截面的最不利内力的种类；②选择控制构件配筋的截面及控制截面；③确定活荷载的最不利位置；④找出最不利内力，即最不利内力组合。

4.4.1 控制截面

控制截面通常是内力最大的截面，但是不同的内力（如弯矩、剪力）并不一定在同一截面达到最大值，因此一个构件可能同时有几个控制截面。

框架梁的控制截面一般是指梁的梁端支座截面和跨中截面。一般情况下，框架横梁两端支座截面常常是在最大负弯矩及最大剪力处，在水平荷载作用处，端截面处还有正弯矩。而跨中控制截面常常是在最大正弯矩作用处。内力分析都是针对轴线位置处的梁的弯矩及剪力，如图 4-31 所示。

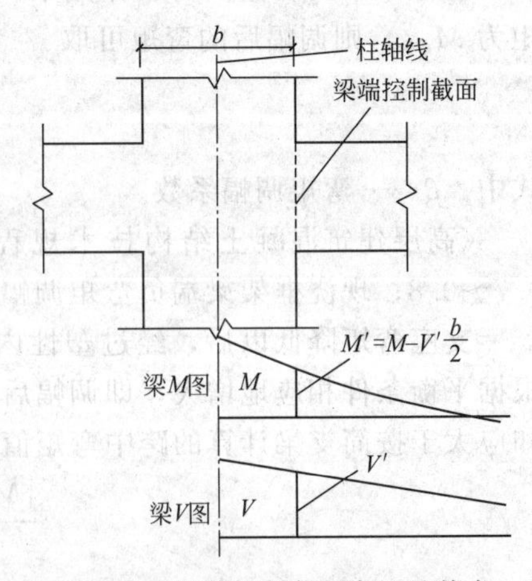

图 4-31　梁端控制截面弯矩及剪力

由弯矩图可知柱的弯矩最大值在柱的两端，剪力和轴力值在同一楼层内变化很小。因此，柱的设计控制截面为上、下两个端截面。而在轴线处的计算内力也要换算为梁上、下边缘处的柱截面内力。选择正弯矩或负弯矩中绝对值最大的弯矩进行截面配筋。

$$V'=V-(g+p)\frac{b}{2} \tag{4-42}$$

$$M'=M-V'\frac{b}{2} \tag{4-43}$$

式中　V'、M'——梁端柱边截面的剪力设计值和弯矩设计值；

V、M——内力计算得到的梁、柱轴线截面的剪力设计值和弯矩设计值；

g、p——梁上的竖向分布恒荷载设计值和活荷载设计值。

4.4.2 框架梁、柱最不利内力组合

最不利内力组合是指对控制截面的配筋起控制作用的内力组合。对于某一控制截面，可能有多种最不利内力组合。例如，对于梁端，要求得最大负弯矩以确定梁端顶部的配筋，还要求得最大剪力用于计算受剪承载力。柱是偏压构件，有可能出现大偏压破坏（此时 M 越大越不利），也有可能出现小偏压破坏（此时 N 越大越不利）。此外，由于柱多采用对称配筋，因此还应选择正弯矩或负弯矩中绝对值最大的弯矩进行截面配筋。由以上分析可知，框架结构梁、柱的最不利内力组合如下。

(1) 框架梁

梁端截面：$-M_{max}$、$+M_{max}$、V_{max}；

梁跨中截面：$+M_{max}$。

(2) 框架柱

$|M_{max}|$及相应的 N、V；

N_{max}及相应的 M；

N_{min}及相应的 M；

$|M|$ 比较大(不是最大)，但 N 比较小或 N 比较大(不是最小或最大)。

4.4.3 梁端弯矩调幅

按照框架结构的合理破坏形式，在梁端出现塑性铰是允许的；为了便于浇捣混凝土，往往也希望节点处梁的负筋放得少些；而对于装配式或装配整体式框架，节点并非绝对刚性，梁端实际弯矩将小于其弹性计算值。因此在进行框架设计时，一般均对梁端弯矩进行调幅，即降低梁端负弯矩，减少配筋面积。

设框架 AB 在竖向荷载作用下，梁端最大负弯矩分别为 M_{A0}、M_{B0}，梁跨中最大正弯矩为 M_{C0}，则调幅后的弯矩可取

$$M_A=\beta M_{A0} \tag{4-44}$$

$$M_B=\beta M_{B0} \tag{4-45}$$

式中 β——弯矩调幅系数。

《高层建筑混凝土结构技术规程》规定，装配整体式框架梁端负弯矩调幅系数可取0.7～0.8；现浇框架梁端负弯矩调幅系数可取0.8～0.9。

支座弯矩降低以后，经过塑性内力重分配，跨中弯矩将增大，如图4-32，跨中弯矩要根据平衡条件相应地增大，即调幅后梁端弯矩 M_A、M_B 的平均值与跨中最大正弯矩 M_C 之和应大于按简支梁计算的跨中弯矩值 M_0，见式(4-46)。

$$\frac{|M_A+M_B|}{2}+M_C\geqslant M_0 \tag{4-46}$$

$$M_C\geqslant\frac{M_0}{2} \tag{4-47}$$

此外，《高层建筑混凝土结构技术规程》中还做了以下规定，应先对竖向荷载作用下框架梁的弯矩进行调幅，再与水平作用产生的框架梁弯矩进行组合；截面设计时，框架梁跨中截面正弯矩设计值不应小于竖向荷载作用下按简支梁计算的跨中弯矩设计值的一半。

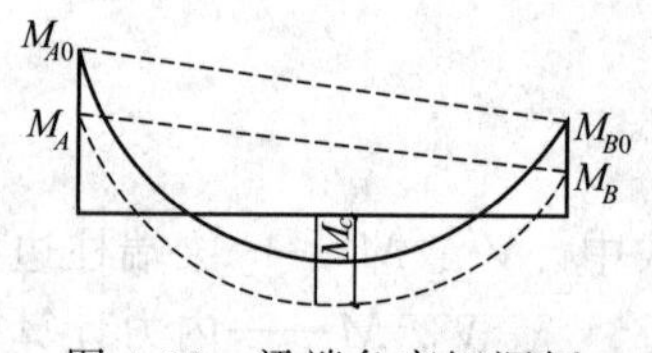

图4-32 梁端负弯矩调幅

对于非地震区的框架结构，也可按《钢筋混凝土连续梁和框架考虑内力重分布设计规程》(CECS 51—1993) 的方法进行调幅，本书从略。

4.5 框架结构构件设计

4.5.1 框架抗震设计的延性要求

4.5.1.1 延性框架

非抗震及抗震结构在结构设计上有许多不同，其根本区别在于非抗震结构在外荷载作用下结构处于弹性状态或仅有微小裂缝，构件设计主要是满足承载力要求。而抗震结构在设防

烈度下，构件进入塑性变形状态。为了实现抗震的目标，钢筋混凝土框架除了必须具有足够的承载力和刚度外，还应具有良好的塑性变形能力，则可称之为延性框架。常用顶点位移比 μ_Δ 来衡量框架结构的塑性变形能力。

$$\mu_\Delta = \frac{\Delta_\mu}{\Delta_y} \tag{4-48}$$

式中　Δ_μ——框架结构在能保持一定承载力时的最大顶点位移；

Δ_y——框架结构进入屈服状态时的顶点位移。

《建筑抗震设计规范》规定，建筑物的抗震设防必须满足三水准抗震设防标准，即“小震不坏，中震可修，大震不倒”。规范提出了两阶段设计方法，即建筑结构在多遇地震作用下进行抗震承载力验算，在罕遇地震作用下进行薄弱部位弹塑性变形验算。在大于“小震”的地震作用下，延性框架首先进入弹塑性状态，由于延性框架有较大的塑性变形能力，可以利用其塑性变形吸收和耗散大量的地震能量，且塑性变形使结构的刚度降低，因此，结构的地震作用大大减小。

大量的中外研究表明，要实现延性框架，必须遵循十四字原则，即“强柱弱梁，强节点、强锚固，强剪弱弯”。

4.5.1.2　强柱弱梁的设计原则

延性结构在中震下就会出现塑性铰，应控制塑性铰出现的部位，使结构具有良好的通过塑性铰耗散能量的能力，同时还要有足够的刚度和承载能力以抵抗地震。在设计延性框架时，要控制塑性铰，使之在梁端出现（不允许在跨中出塑性铰），尽量避免或减少柱子中的塑性铰，这一概念称为强柱弱梁。由图 4-33(a) 可见，如梁端出现塑性铰，虽然量多但结构不至形成破坏机构；由图 4-33(b) 可见，如果在同一层柱上下端出现塑性铰，该层结构将因不稳定而倒塌，抗震结构应绝对避免这种薄弱层。柱是压弯构件，轴力大，其延性不如受弯构件；而且作为结构的主要承重构件，柱子破损不易修复，也容易导致结构倒塌，引起严重后果，因此，延性框架应设计成强柱弱梁结构。

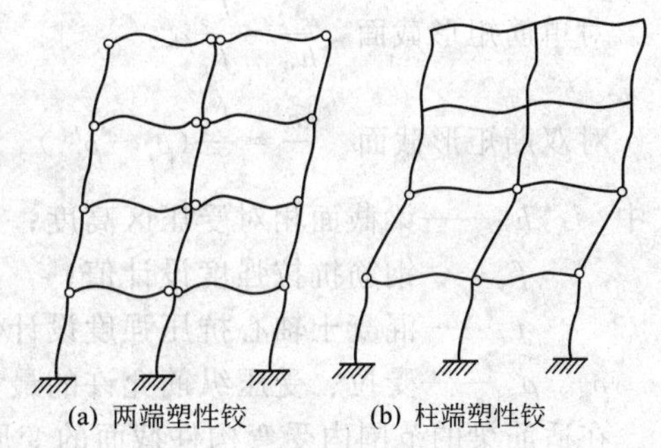

(a) 两端塑性铰　　(b) 柱端塑性铰

图 4-33　框架屈服机制

抗震设计时控制节点附近梁端和柱端的承载力设计值，使柱的受弯承载力高于梁的受弯承载力，这样就可以控制柱的破坏不至于发生在梁的破坏之前。

4.5.1.3　强节点、强锚固的设计原则

要设计延性框架，除了梁柱构件要具备一定的延性外，还须保证各构件的连接部位不过早破坏，才能充分发挥构件塑性铰的延性作用。连接部位是指节点区、支座连接和钢筋锚固等。节点核心失效也意味着交汇于节点的全部梁、柱的失效。因此，延性框架中应设计强节点、强锚固。

4.5.1.4　强剪弱弯的设计原则

通过试验及理论分析可知，钢筋混凝土构件的剪切破坏无论是哪种破坏形态均属于脆性破坏，或者说剪切破坏构件延性很小，因此，构件不能过早剪坏。对于梁、柱构件，要保证

构件出现塑性铰而不过早剪坏，就要使构件抗剪承载力大于抗弯承载力，为此要提高构件的抗剪承载力，即要求强剪弱弯。

4.5.2 框架梁的设计及构造要求

4.5.2.1 框架梁的破坏形态与影响延性的因素

框架梁的破坏一般发生在梁端节点附近。在竖向荷载和水平侧向力的共同作用下，梁端弯矩、剪力均为最大，从靠近柱边的梁顶面和底面开始出现竖向裂缝和交叉裂缝，形成梁端塑性铰。若抗剪箍筋配置较多，纵向钢筋较少，裂缝竖向贯通，为弯曲破坏；如纵筋布置较多，箍筋配置较少，裂缝以斜裂缝为主，呈剪切破坏。

在抗震设计中，要求框架结构呈现“强柱弱梁”“强剪弱弯”的受力性能。这时，框架梁的延性对结构抗震性能有较大影响。影响框架梁延性及耗能能力的因素主要有以下几个方面。

(1) 纵筋配筋率

如图 4-34 所示，在高配筋率的情况下，弯矩达到峰值后，弯矩的曲率关系曲线很快下降，配筋率越高，则下降段越陡，截面的延性越差；在低配筋率的情况下，弯矩曲率关系曲线能保持有相当长的水平段，然后才缓缓下降，说明截面的延性好。

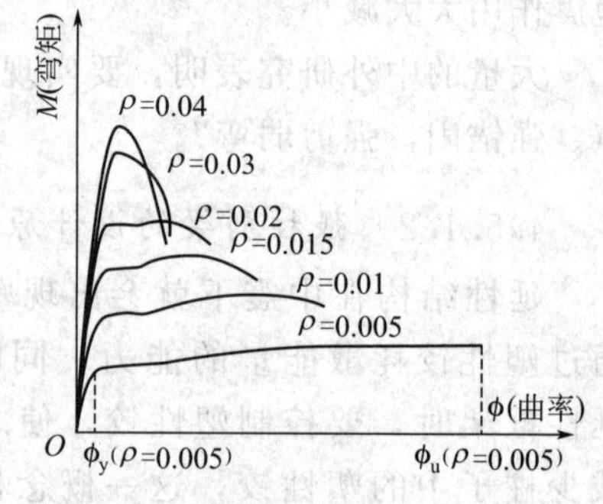

图 4-34 单筋矩形梁 M-ϕ 的计算曲线

截面的曲率与截面的受压区相对高度成比例，因此受弯构件截面的变形能力也可以用截面达到极限状态时受压区相对高度 x/h_0 来表达。

对单筋矩形截面 $\dfrac{x}{h_0}=\dfrac{f_y}{f_c}\rho_s$

对双筋矩形截面 $\dfrac{x}{h_0}=\dfrac{f_y}{f_c}(\rho_s-\rho'_s)$

式中 x/h_0——梁截面相对受压区高度；

f_y——钢筋抗拉强度设计值；

f_c——混凝土轴心抗压强度设计值；

ρ_s、ρ'_s——受拉、受压纵筋允许的最大配筋率。

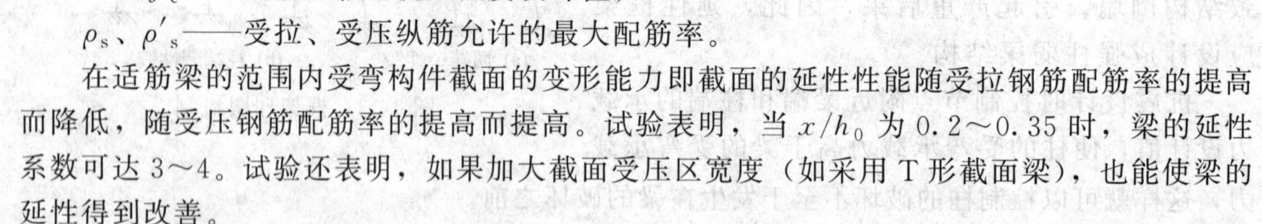

在适筋梁的范围内受弯构件截面的变形能力即截面的延性性能随受拉钢筋配筋率的提高而降低，随受压钢筋配筋率的提高而提高。试验表明，当 x/h_0 为 0.2～0.35 时，梁的延性系数可达 3～4。试验还表明，如果加大截面受压区宽度（如采用 T 形截面梁），也能使梁的延性得到改善。

(2) 剪压比

剪压比，即梁截面上的名义剪力与混凝土轴心抗压强度设计值的比值。试验表明，梁塑性铰区的截面剪压比对梁的延性、耗能能力及保证梁的强度、刚度有明显的影响。当剪压比大于 0.15 时，梁的强度和刚度即有明显的退化现象。剪压比愈高则退化的愈快，混凝土破坏愈早，这时如增加箍筋用量已不能发挥作用。因此，必须要限制截面剪压比，实际上也就是限制截面尺寸不能过小。

(3) 跨高比

梁的跨高比即梁净跨与梁截面高度之比，对梁的抗震性能有明显的影响。随着跨高比的减小，剪力的影响加大，剪切变形占全部位移的比重亦加大。试验结果表明，当梁的跨高比小于2时，极易发生以斜裂缝为特征的破坏形态。一旦主斜裂缝形成，梁的承载力就急剧下降，从而呈现出极差的延性性能。一般认为，梁净跨不宜小于截面高度的4倍。当梁的跨度较小，而梁的设计内力较大时，宜首先考虑加大梁的宽度，对提高其延性十分有利。

(4) 塑性铰区的箍筋用量

在塑性铰区配置足够的封闭式箍筋，对提高塑性铰的转动能力是十分有效的，配置足够的箍筋，可以防止受压纵筋过早压屈，提高塑性铰区混凝土的极限压应变，并可阻止斜裂缝的开展，这些都有利于充分发挥塑性铰的变形能力。因此，在工程实例中，在框架梁端塑性铰区范围内，箍筋必须加密。

4.5.2.2　框架梁正截面受弯承载力计算

① 不考虑地震作用时。

$$b_b x\alpha_1 f_c + A'_s f'_y = A_s f_y \tag{4-49}$$

$$M_b \leqslant M_{bu} = (A_s - A'_s) f_y (h_{b0} - 0.5x) + A_s f_y (h_{b0} - a') \tag{4-50}$$

② 考虑地震作用时。

$$b_b x\alpha_1 f_c + A'_s f'_y = A_s f_y \tag{4-51}$$

$$M_b \leqslant M_{bu} = \frac{(A_s - A'_s) f_y (h_{b0} - 0.5x) + A_s f_y (h_{b0} - a')}{\gamma_{RE}} \tag{4-52}$$

式中　M_b——框架梁控制截面弯矩设计值；

M_{bu}——框架梁控制截面抗弯承载力设计值；

A_s、A'_s——受拉钢筋面积和受压钢筋面积；

a'——受压钢筋合力作用点至受压截面边缘的距离；

α_1——矩形应力图的强度与受压区混凝土最大应力 f_c 的比值；

b_b、h_{b0}——框架梁截面的宽度和有效高度；

x——梁截面受压区高度；

γ_{RE}——承载力抗震调整系数。

为避免设计超筋梁，不考虑地震作用时要求

$$\frac{x}{h_0} \leqslant \xi_b \tag{4-53a}$$

$$\xi_b = \frac{x_b}{h_{b0}} = \frac{\beta_1}{1 + \dfrac{f_y}{\varepsilon_{cu} E_s}} \tag{4-53b}$$

式中　β_1——矩形应力图受压区 x 与实际受压区高度的比值；

E_s——钢筋弹性模量；

ξ_b——界限相对受压区高度。

同时，受拉钢筋最小配筋率为0.25%（支座截面）和0.20%（跨中截面）。

在地震作用下，为保证塑性铰的延性，设计时要求端部截面必须配置一定比例的受压钢筋（双筋截面），并对受压区高度进行限制。具体要求如下

一级抗震
$$\frac{x}{h_{b0}} \leqslant 0.25；\frac{A'_s}{A_s} \geqslant 0.5 \tag{4-54}$$

二级、三级抗震
$$\frac{x}{h_{b0}} \leqslant 0.35；\frac{A'_s}{A_s} \geqslant 0.3 \tag{4-55}$$

梁跨中截面受压区高度控制与非抗震设计相同，仍为$\dfrac{x}{h_{b0}} \leqslant \xi_b$。

4.5.2.3 框架梁斜截面受剪承载力计算

(1) 无地震作用组合时

对于矩形、T形和I字形一般梁

$$V_b \leqslant V_{bu} = 0.7 f_t b_b h_{b0} + f_{yv} \frac{A_{sv}}{s} h_{b0} \tag{4-56}$$

集中荷载对梁端产生的剪力占总剪力值75%以上的矩形截面梁

$$V_b \leqslant V_{bu} = \frac{1.75}{\lambda+1} f_t b_b h_{b0} + f_{yv} \frac{A_{sv}}{s} h_{b0} \tag{4-57}$$

其中，$1.5 \leqslant \lambda \leqslant 3$。

(2) 有地震作用组合时

对于矩形、T形和I字形一般梁

$$V_b \leqslant V_{bu} = \frac{1}{\gamma_{RE}} \left(0.42 f_t b_b h_{b0} + f_{yv} \frac{A_{sv}}{s} h_{b0} \right) \tag{4-58}$$

集中荷载对梁端产生的剪力占总剪力值75%以上的矩形截面梁

$$V_b \leqslant V_{bu} = \frac{1}{\gamma_{RE}} \left(\frac{1.05}{\lambda+1} f_t b_b h_{b0} + f_{yv} \frac{A_{sv}}{s} h_{b0} \right) \tag{4-59}$$

式中 V_b——框架梁控制截面组合的剪力设计值；
V_{bu}——框架梁控制截面抗剪承载力设计值；
b_b、h_{b0}——梁截面宽度和有效高度；
f_{yv}——箍筋抗拉强度设计值；
s——箍筋间距；
A_{sv}——同一截面内箍筋各肢的全部截面面积；
λ——计算截面的剪跨比。

为保证延性框架梁强剪弱弯的设计剪力，《高层建筑混凝土结构技术规程》规定，抗震设计时，框架梁端部截面组合的剪力设计值，一至三级应按式(4-60)计算；四级时可直接取考虑地震作用组合的剪力设计值。

$$V = \frac{\eta_{vb}(M_b^l + M_b^r)}{l_n} + V_{Gb} \tag{4-60}$$

9度抗震设计的框架结构和一级框架结构尚应符合

$$V = \frac{1.1(M_{bur}^l + M_{bur}^r)}{l_n} + V_{Gb} \tag{4-61}$$

式中 M_b^l、M_b^r——梁左、右端逆时针或顺时针方向截面组合的弯矩设计值，当抗震等级为一级且梁两端弯矩均为负弯矩时，绝对值较小的一端的弯矩应取0；
M_{bur}^l、M_{bur}^r——梁左、右端逆时针或顺时针方向实配的正截面受弯承载力所对应的弯矩值，可根据实配钢筋面积（计入受压钢筋）和材料强度标准值并考虑承载力抗震调整系数计算；
η_{vb}——梁剪力增大系数，一、二、三级分别取1.3、1.2和1.1；
l_n——梁的净跨；
V_{Gb}——考虑地震作用组合的重力荷载代表值（9度时还应包括竖向地震作用标准值）作用下，按简支梁计算的梁端截面剪力设计值。

4.5.2.4 框架梁的构造要求

(1) 材料强度

现浇框架梁的混凝土强度等级，按一级抗震等级设计时，不应低于C30；按二至四级和非抗震设计时，不应低于C20。同时，不宜大于C40。

（2）截面尺寸

框架结构的主梁截面高度可按计算跨度的1/18～1/10确定；梁净跨与截面高度之比不宜小于4。梁的截面宽度不宜小于截面高度的1/4，一般取梁截面高度的1/3～1/2，且不宜小于200mm。

当梁的截面高度受到限制采用梁宽大于梁高的扁梁时，除了应验算其承载力和受剪截面要求外，还应满足刚度和裂缝的有关要求。在计算梁的挠度时，可扣除梁的合理起拱值；对现浇梁板结构，宜考虑梁受压翼缘的有利影响。

（3）纵向受力钢筋

沿梁全长顶面和底面应至少各配置两根纵向钢筋，一级、二级抗震设计时钢筋直径不应小于14mm，且分别不应小于梁两端顶面和底面纵向配筋中较大截面面积的1/4；三级、四级抗震设计和非抗震设计时钢筋直径不应小于12mm。

一、二级抗震等级的框架梁内贯通中柱的每根纵向钢筋的直径，对矩形截面柱，不宜大于柱在该方向截面尺寸的1/20；对圆形截面柱，不宜大于纵向钢筋所在位置柱截面弦长的1/20。

纵向钢筋的最小配筋率ρ_{min}在非抗震设计时，不应小于0.2和$45f_t/f_y$两者的较大值；在抗震设计时不应小于表4-12规定的数值。

表4-12　梁纵向受拉钢筋最小配筋率ρ_{min}　　单位：%

抗震等级	截面位置	
	支座（取较大值）	跨中（取较大值）
一级	0.4和$80f_t/f_y$	0.3和$65f_t/f_y$
二级	0.3和$65f_t/f_y$	0.25和$55f_t/f_y$
三级、四级	0.25和$55f_t/f_y$	0.2和$45f_t/f_y$
非抗震设计	0.2和$45f_t/f_y$	0.2和$45f_t/f_y$

（4）箍筋

① 非抗震设计。非抗震设计时，框架梁箍筋配置构造应符合下列规定。

a. 应沿梁全长设置箍筋，第1个箍筋应设置在距支座边缘50mm处。

b. 截面高度大于800mm的梁，其箍筋直径不宜小于8mm，其余截面高度的梁不应小于6mm。在受力钢筋搭接长度范围内，箍筋直径不应小于搭接钢筋最大直径的1/4。

c. 箍筋间距不应大于表4-13的规定；在纵向受拉钢筋的搭接长度范围内，箍筋间距尚不应大于搭接钢筋较小直径的5倍，且不应大于100mm；在纵向受压钢筋的搭接长度范围内箍筋间距尚不应大于搭接钢筋较小直径的10倍，且不应大于200mm。

表4-13　非抗震设计梁箍筋最大间距　　单位：mm

h_b/mm \ V	$V>0.7f_tbh_0$	$V\leqslant 0.7f_tbh_0$
$h_b\leqslant 300$	150	200
$300<h_b\leqslant 500$	200	300
$500<h_b\leqslant 800$	250	350
$h_b>800$	300	400

d. 承受弯矩和剪力的梁，当梁的剪力设计值大于$0.7f_tbh_0$时，其箍筋的面积配筋率和

受扭纵向钢筋的面积配筋率应符合下列规定

$$\rho_{sv} \geqslant \frac{0.24 f_t}{f_{yv}} \tag{4-62}$$

e. 承受弯矩、剪力和扭矩的梁，其箍筋面积配筋率和受扭纵向钢筋的面积配筋率应分别符合式(4-63) 和式(4-64) 的规定

$$\rho_{sv} \geqslant \frac{0.28 f_t}{f_{yv}} \tag{4-63}$$

$$\rho_{stl} \geqslant 0.6\sqrt{\frac{T}{Vb}}\frac{f_t}{f_y} \tag{4-64}$$

当 $T/(Vb)$ 大于 2.0 时，取 2.0。

式中 T、V——扭矩、剪力设计值；

ρ_{stl}、ρ_{sv}——分别为受扭纵向钢筋的面积配筋率和箍筋的面积配筋率；

b——梁宽。

f. 当梁中配有计算需要的纵向受压钢筋时，其箍筋配置尚应符合下列要求。

(a) 箍筋直径不应小于纵向受压钢筋最大直径的 1/4。

(b) 箍筋应做成封闭式。

(c) 箍筋间距不应大于 $15d$ 且不应大于 400mm；当一层内的受压钢筋多于 5 根且直径大于 18mm 时，箍筋间距不应大于 $10d$（d 为纵向受压钢筋的最小直径）。

(d) 当梁截面宽度大于 400mm 且一层内的纵向受压钢筋多于 3 根时，或当梁截面宽度比不大于 400mm，但一层内的纵向受压钢筋多于 4 根时，应设置复合箍筋。

② 抗震设计。抗震设计时框架梁的箍筋应符合下列构造要求。

a. 抗震设计时梁的箍筋加密区长度、箍筋最大间距和最小直径应符合表 4-14 的要求；当梁纵向钢筋配置率大于 2%时，表中箍筋最小直径应增大 2mm。

表 4-14 梁端箍筋加密区的长度、箍筋最大间距和最小直径

抗震等级	加密区长度(采用较大值)/mm	箍筋最大间距(采用较小值)/mm	箍筋最小直径/mm
一级	$2h_b$,500	$h_b/4$,$6d$,100	ϕ10
二级	$1.5h_b$,500	$h_b/4$,$8d$,100	ϕ8
三级	$1.5h_b$,500	$h_b/4$,$8d$,150	ϕ8
四级	$1.5h_b$,500	$h_b/4$,$8d$,150	ϕ6

注：1. d 为纵向钢筋直径，h_b 为梁截面高度。2. 一级、二级抗震等级框架梁，当箍筋直径大于 12mm、肢数不少于 4 肢且肢距不大于 150mm 时，箍筋加密区最大间距应允许适当放松，但不应大于 150mm。

b. 沿梁全长箍筋的面积配筋率应符合下列规定

一级
$$\rho_{sv} \geqslant \frac{0.30 f_t}{f_{yv}} \tag{4-65}$$

二级
$$\rho_{sv} \geqslant \frac{0.28 f_t}{f_{yv}} \tag{4-66}$$

三、四级
$$\rho_{sv} \geqslant \frac{0.26 f_t}{f_{yv}} \tag{4-67}$$

式中 ρ_{sv}——框架梁沿梁全长箍筋的面积配筋率。

c. 在箍筋加密区范围内的箍筋肢距：一级不宜大于 200mm 和 20 倍箍筋直径的较大值，二级、三级不宜大于 250mm 和 20 倍箍筋直径的较大值，四级不宜大于 300mm。

d. 箍筋应有135°弯钩，弯钩端头直径长度不应小于10倍的箍筋直径和75mm的较大值。

e. 在纵向钢筋搭接长度范围内的箍筋间距，钢筋受拉时不应大于搭接钢筋较小值的5倍，且不应大于100mm；钢筋受压时，不应大于搭接钢筋较小直径的10倍，且不应大于200mm。

f. 框架梁非加密区箍筋最大间距不宜大于加密区箍筋间距的2倍。

4.5.3　框架柱的设计及构造要求

4.5.3.1　影响框架柱延性的主要因素

(1) 剪跨比

剪跨比是反映柱截面所承受的弯矩与剪力相对大小的一个参数，表示为

$$\lambda=\frac{M}{Vh_c} \tag{4-68}$$

式中　M、V——柱端部截面的弯矩和剪力；

h_c——柱截面高度。

剪跨比是影响钢筋混凝土柱破坏形态的重要因素。剪跨比较小的柱子会出现斜裂缝而导致剪切破坏。由试验成果可知有如下规律：

$\lambda>2$时，称为长柱，多数发生弯曲破坏；

$1.5\leqslant\lambda\leqslant2$时，称为短柱，多数出现剪切破坏，当提高混凝土强度或配有足够的箍筋时，可能出现具有一定延性的剪压破坏；

$\lambda<1.5$时，称为极短柱，一般发生脆性的剪切斜拉破坏，抗震性能差，设计时应当尽量避免这种极短柱，否则需要采取特殊措施，慎重设计。

考虑框架柱中反弯点大都接近中点，为设计方便，常采用柱的长细比近似表示剪跨比的影响。

设H_0为柱的净高，则

$$\lambda=\frac{M}{Vh_c}=\frac{H_0}{2h_c} \tag{4-69}$$

长柱　$$\frac{H_0}{h_c}>4$$

短柱　$$3<\frac{H_0}{h_c}\leqslant4$$

极短柱　$$\frac{H_0}{h_c}<3$$

(2) 轴压比

轴压比也是影响钢筋混凝土柱破坏形态和延性的一个重要参数，是指柱的轴向压力与混凝土轴心抗压强度的比值，表示为

$$\mu_c=\frac{N}{A_cf_c} \tag{4-70}$$

式中　N——柱考虑地震作用组合的轴力设计值；

f_c——混凝土轴心抗压强度设计值；

A_c——柱截面面积；

μ_c——柱轴压比。

图4-35为柱位移延性比和轴压比关系试验结果。由图4-35可见，柱的位移延性比随轴压比的增大而急剧下降。构件受压破坏特征与构件轴压比直接相关。轴压比较小时，即柱的

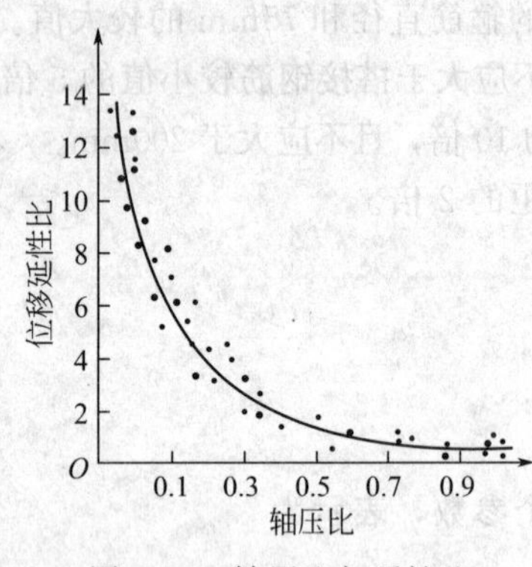

图 4-35 轴压比与延性比

轴压力设计值较小，柱截面受压区高度 x 较小，将发生受拉钢筋首先屈服的大偏心受压破坏，破坏时构件有较大变形；当轴压比较大时，柱截面受压区高度 x 较大、属小偏心受压构件，破坏时，受拉钢筋（或压应力较小侧的钢筋）并未屈服，构件变形较小。

（3）箍筋配筋率

框架柱的破坏除压弯强度不足引起的柱端水平裂缝外，较为常见的震害是由于箍筋配置不足或构造不合理，柱身出现斜裂缝，柱端混凝土被压碎，节点产生斜裂缝或纵筋弹出。试验结果表明，箍筋形式对柱核心区混凝土的约束作用有明显的影响。当配置复式箍筋或螺旋形箍筋时，柱的延性将比配置普通矩形钢筋时有所提高。箍筋对混凝土的约束程度是影响柱的延性和耗能能力的主要因素之一。约束程度与箍筋的抗拉强度和数量有关，与混凝土强度有关，同时还与箍筋的形式、轴压比有关，用箍筋特征值 λ_v 度量

$$\lambda_v=\rho_v\frac{f_{yv}}{f_c} \tag{4-71}$$

式中 λ_v——箍筋特征值；

f_{yv}——箍筋的抗拉强度设计值；

ρ_v——柱箍筋的体积配筋率。

4.5.3.2 框架柱的承载力计算

（1）正截面承载力计算

柱按压弯构件计算抗弯承载力，配置纵向抗弯钢筋。抗震设计时的承载力计算公式与非抗震时的承载力计算公式相同，仅需考虑承载力抗震调整系数，按下列公式计算

① 无地震组合时。

$$x=\frac{N}{\alpha_1 f_c b_c} \tag{4-72}$$

$$Ne\leqslant N_u e=\alpha_1 f_c b_c x\left(h_{c0}-\frac{x}{2}\right)+f'_y A'_s(h_{c0}-a') \tag{4-73}$$

② 有地震组合时。

$$x=\frac{\gamma_{RE}N}{\alpha_1 f_c b_c} \tag{4-74}$$

$$Ne\leqslant N_u e=\frac{1}{\gamma_{RE}}\left[\alpha_1 f_c b_c x\left(h_{c0}-\frac{x}{2}\right)+f'_y A'_s(h_{c0}-a')\right] \tag{4-75}$$

其中
$$e=e_i+\frac{h_c}{2}-a \tag{4-76}$$

$$e_i=e_0+e_a \tag{4-77}$$

$$e_0=\frac{M}{N} \tag{4-78}$$

$$e_a=\max\left\{\frac{h}{30},20\right\} \tag{4-79}$$

式中 b_c、h_{c0}——柱截面的宽度及截面有效高度；

e、e_i、e_0、e_a——轴向压力作用点至纵向受拉钢筋合力点之间的距离、初始偏心距、由截

面上M、N计算所得的原始偏心距、附加偏心距；

x——混凝土受压区高度；

A_s'——受压钢筋面积；

γ_{RE}——承载力抗震调整系数。

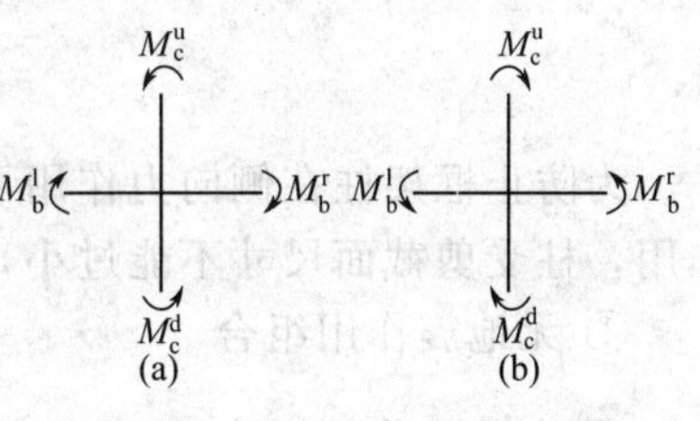

图 4-36　节点弯矩平衡示意图

其中，M、N分别为柱端弯矩及轴力设计值。无地震作用组合时，取最不利内力组合值；有地震作用组合时，N取内力组合值，M则要在内力组合值及强柱弱梁要求的弯矩值中选用较大者作为弯矩设计值。

要实现强柱弱梁，即要求在同一节点处，上下柱截面设计弯矩大于左右梁端截面抗弯承载力。图4-36为节点弯矩示意图，柱端弯矩调整如下

$$\sum M_c = \eta_c \sum M_b \tag{4-80}$$

对于9度抗震设计的框架结构和一级框架结构，还应符合

$$\sum M_c = 1.2 \sum M_{bua} \tag{4-81}$$

式中　η_c——柱端弯矩增大系数，对框架结构，二级、三级抗震等级分别取1.5，1.3，对其他结构中的框架，一至四级抗震等级分别取1.4、1.2、1.1和1.1；

$\sum M_c$——同一节点上、下柱端截面逆时针或顺时针方向组合弯矩设计值之和，上、下柱端的弯矩设计值，可按弹性分析的弯矩比例进行分配；

$\sum M_b$——同一节点左、右梁端截面顺时针或逆时针方向组合弯矩设计值之和，当抗震等级为一级且节点左、右梁端均为负弯矩时，绝对值较小的弯矩应取零；

$\sum M_{bua}$——同一节点左、右梁端顺时针或逆时针方向实配的正截面抗震受弯承载力所对应的弯矩值之和，可根据实际配筋面积（计入受压钢筋或梁有效翼缘宽度范围内的楼板钢筋）和材料强度标准值并考虑承载力抗震调整系数计算。

(2) 斜截面承载力计算

在多高层建筑中，柱的剪力较大，无论抗震或不抗震，框架柱都应做抗剪计算，按计算结果配置箍筋。在地震作用下柱的抗剪承载力降低。抗剪计算分别按下列公式进行

无地震作用组合时

$$V \leqslant V_u = \frac{1.75}{\lambda+1} f_t b_c h_{c0} + f_{yv} \frac{A_{sv}}{s} h_{c0} + 0.07N \tag{4-82}$$

有地震作用组合时

$$V \leqslant V_u = \frac{1}{\gamma_{RE}} \left(\frac{1.05}{\lambda+1} f_t b_c h_{c0} + f_{yv} \frac{A_{sv}}{s} h_{c0} + 0.056N \right) \tag{4-83}$$

式中　V——框架柱的剪力设计值；

V_u——框架柱的抗剪承载力；

λ——框架柱剪跨比，当$\lambda<1$时，取$\lambda=1$，当$\lambda>3$时，取$\lambda=3$；

N——考虑风荷载或地震作用组合的框架柱轴向压力设计值，$N \leqslant 0.3 f_c A_c$时，取$N = 0.3 f_c A_c$；

s——箍筋间距；

A_{sv}——同一截面内箍筋各肢的全部截面面积。

当框架柱中出现拉力时，抗剪承载力降低，可将式(4-82)中最后一项改为$-0.2N$，将式(4-83)中最后一项改为$-0.16N$。

当所设计柱为极短柱时（$H_{c0}/h_c<3$），为改善在剪切破坏下的抗震性能，抗震设计时

要增加箍筋数量。设计时只考虑箍筋抗剪，计算时要满足

$$V \leqslant \frac{1}{\gamma_{RE}}(f_{yv}\frac{A_{sv}}{s}h_{c0}) \tag{4-84}$$

为防止框架柱在侧向力作用下发生脆性剪切破坏，保证柱内纵筋和箍筋能够有效地发挥作用，柱受剪截面尺寸不能过小，用式(4-85)～式(4-87)保证柱截面面积。

① 无地震作用组合 $$V \leqslant 0.25\beta_c f_c b_c h_{c0} \tag{4-85}$$

② 有地震作用组合 $$V \leqslant \frac{1}{\gamma_{RE}}(0.2\beta_c f_c b_c h_{c0}) \tag{4-86}$$

③ 剪跨比小于 2 的柱 $$V \leqslant \frac{1}{\gamma_{RE}}(0.15\beta_c f_c b_c h_{c0}) \tag{4-87}$$

式中 β_c——混凝土强度影响系数，当混凝土强度等级不大于 C50 时，取 1.0，当混凝土强度等级为 C80 时，取 0.8，当混凝土强度等级在 C50 和 C80 之间时可按线性插值法取用。

非抗震设计及四级抗震设计的框架柱，取相应的内力组合所得的最大剪力作为剪力设计值。对于一至三级抗震等级的框架结构，为提高柱的延性，框架柱的设计除了应满足“强柱弱梁”要求外，还应满足“强剪弱弯”的要求，即柱的斜截面受剪承载力应大于柱截面受弯承载力，柱的剪力设计值应为

$$V = \eta_{vc}\frac{M_c^t + M_c^b}{H_n} \tag{4-88}$$

9 度抗震设计的框架结构和一级抗震等级的框架结构，还应符合

$$V = 1.2\frac{M_{cua}^t + M_{cua}^b}{H_n} \tag{4-89}$$

式中 M_c^t、M_c^b——修正后的框架柱上、下端弯矩设计值；

M_{cua}^t、M_{cua}^b——框架柱上、下端实配钢筋计算的正截面受弯抗震极限承载力所对应的弯矩值；

η_{vc}——柱端剪力增大系数，对框架结构，二级、三级抗震等级分别取 1.3、1.2，对其他结构类型的框架，一级、二级分别取 1.4 和 1.2，三级、四级均取 1.1；

H_n——柱的净高。

在长柱中，按照强剪弱弯要求计算得到的箍筋数量只需配在加密箍筋区，其余箍筋按内力组合得到剪力计算。

短柱对抗震十分不利，因此，按强剪弱弯要求计算得到的箍筋数量应沿全高配置。

在其他情况下，设计剪力取内力组合所得的最大剪力。

4.5.3.3 框架柱的构造要求

(1) 材料强度

框架柱的混凝土强度等级，一级抗震时不应低于 C30，其他情况时不应低于 C20。同时，当抗震设防烈度为 9 度时，不宜大于 C60；抗震设防烈度为 8 度时，不宜大于 C70。

(2) 截面尺寸

① 矩形截面柱的边长，非抗震设计时不宜小于 250mm；抗震设计时，四级不宜小于 300mm，一至三级时不宜小于 400mm；圆柱直径，非抗震设计和四级抗震设计时不宜小于 350mm，一至三级时不宜小于 450mm。

② 柱剪跨比宜大于 2，柱截面高宽比不宜大于 3。

③ 抗震设计时，钢筋混凝土轴压比不宜超过表4-15的规定；对于Ⅳ类场地上较高的高层建筑，其轴压比限值应适当减小。

表 4-15　柱轴压比限值

结构类型	抗震等级			
	一	二	三	四
框架结构	0.65	0.75	0.85	0.90
框架-抗震墙、板柱-抗震墙、框架-核心筒及筒中筒	0.75	0.85	0.90	0.95
部分框支抗震墙	0.6	0.7	—	

注：1. 轴压比指柱组合的轴压力设计值与柱的全截面面积和混凝土轴心抗压强度设计值乘积之比值；对《建筑抗震设计规范》规定不进行地震作用计算的结构可取无地震作用组合的轴力设计值计算。

2. 表内限值适用于剪跨比大于2、混凝土强度等级不高于C60的柱；剪跨比不大于2的柱，轴压比限值应降低0.05；剪跨比小于1.5的柱，轴压比限值应专门研究并采取特殊构造措施。

3. 沿柱全高采用井字复合箍且箍筋肢距不大于200mm、间距不大于100mm、直径不小于12mm，或沿柱全高采用复合螺旋箍、螺旋间距不大于100mm、箍筋肢距不大于200mm、直径不小于12mm，或沿柱全高采用连续复合矩形螺旋箍、螺旋净距不大于80mm、箍筋肢距不大于200mm、直径不小于10mm，轴压比限值均可增加0.10；上述三种箍筋的最小配箍特征值均应按增大的轴压比由《建筑抗震设计规范》表6.3.9确定。

4. 在柱的截面中部附加芯柱，其中另加的纵向钢筋的总面积不少于柱截面面积的0.8%，轴压比限值可增加0.05；此项措施与注3的措施共同采用时，轴压比限值可增加0.15，但箍筋的体积配箍率仍可按轴压比增加0.10的要求确定。

5. 柱轴压比不应大于1.05。

（3）纵向受力钢筋

① 柱纵向钢筋的配筋率，不应小于表4-16的规定值，且柱截面每一侧纵向钢筋配筋率不应小于0.2%；抗震设计时，对Ⅳ类场地上较高的高层建筑，表中数值应增加0.1。

表 4-16　柱纵向受力钢筋最小配筋率　单位：%

柱类型	抗震等级				非抗震
	一级	二级	三级	四级	
中柱	0.9(1.0)	0.7(0.8)	0.6(0.7)	0.5(0.6)	0.5
边柱、角柱	1.1	0.9	0.8	0.7	0.5
框支柱	1.1	0.9	—	—	0.7

注：1. 表中括号内数值适用于框架结构。2. 采用335MPa、400MPa级纵向受力钢筋时，应分别按表中数值增加0.1和0.05采用。3. 当混凝土强度等级高于C60，上述数值应增加0.1采用。

② 抗震设计时，宜采用对称配筋。

③ 截面尺寸大于400mm的柱，一至三级抗震设计时，其纵向钢筋间距不宜大于200mm；抗震等级为四级或非抗震设计时，柱纵向钢筋间距不宜大于300mm；柱纵向钢筋间距均不应小于50mm。

④ 全部纵向钢筋的配筋率，非抗震设计时不应大于6%；抗震设计时不应大于5%。

⑤ 一级剪跨比小于2的柱其单侧纵向受拉钢筋的配筋率不宜大于1.2%。

⑥ 边柱、角柱及剪力墙端柱考虑地震作用组合产生小偏心受拉时，柱内纵筋总截面面积应比计算值增加25%。

（4）箍筋

① 非抗震设计时箍筋构造要求。

a. 周边箍筋应为封闭式。

b. 箍筋间距不应大于400mm，且不应大于构件截面的短边尺寸和最小纵向受力钢筋直径的15倍。

c. 箍筋直径不应小于最大纵向钢筋直径的1/4，且不应小于6mm。

d. 当柱中全部纵向受力钢筋的配筋率超过3%时，箍筋直径不应小于8mm，箍筋间距不应大于最小纵向钢筋的10倍，且不应大于200mm，箍筋末端应做成135°弯钩且弯钩末端平直段长度不应小于10倍箍筋直径。

e. 当柱每边纵筋大于3根时，应设置复合箍筋。

f. 柱内纵向钢筋采用搭接做法时，搭接长度范围内箍筋直径不应小于搭接钢筋较大直径的0.25倍；在纵向受拉钢筋的搭接长度范围内箍筋间距不应大于搭接钢筋较小直径的5倍，且不应大于100mm；在纵向受压钢筋搭接长度范围内箍筋间距不应大于搭接钢筋较小直径的10倍，且不应大于200mm。当受压钢筋直径大于25mm时，还应在搭接接头断面外100mm的范围内各设置两道箍筋。

② 抗震设计时箍筋的构造要求。在抗震结构中，还要考虑塑性铰区的特殊配箍要求。长柱塑性铰都出现在柱的两端，为了改善柱延性而配置的钢筋——按强剪弱弯要求或按约束混凝土要求计算的钢筋，都应配置在塑性铰区。其他一切可能出现剪切破坏的部位，箍筋也要加密，这些区域亦成为箍筋加密区。《高层建筑混凝土结构技术规程》关于加密区有如下规定。

a. 柱箍筋加密区范围。

(a) 底层柱的上端及其他各层柱的两端，应取矩形截面柱长边尺寸（或圆形截面柱的直径)、柱净高1/6和500mm三者最大值范围。

(b) 底层柱刚性地面上、下各500mm的范围。

(c) 底层柱柱根以上1/3柱净高的范围。

(d) 一级、二级框架角柱的全高范围。

(e) 需要提高变形能力的柱全高范围。

b. 加密箍筋数量。柱箍筋加密区的箍筋肢距，一级不宜大于200mm，二、三级不宜大于250mm，四级不宜大于300mm。至少每隔一根纵向钢筋宜在两个方向有箍筋或拉筋约束；采用拉筋复合箍时，拉筋宜紧靠纵向钢筋并钩住箍筋。

柱箍筋加密区箍筋的体积配筋率，应符合下列规定。

(a) 柱箍筋加密区箍筋的体积配筋率，应符合下列要求

$$\rho_v \geqslant \lambda_v \frac{f_c}{f_{yv}} \tag{4-90}$$

式中 ρ_v——柱箍筋的体积配箍率；

λ_v——柱最小配箍特征值，按表4-17采用；

f_c——混凝土轴心抗压强度设计值，当混凝土强度等级低于C35时，应按C35计算；

f_{yv}——柱箍筋或拉筋的抗拉强度设计值。

表4-17 柱端箍筋加密区最小配箍特征值 λ_v

抗震等级	箍筋形式	柱轴压比								
		≤0.30	0.40	0.50	0.60	0.70	0.80	0.90	1.00	1.05
一级	普通箍、复合箍	0.10	0.11	0.13	0.15	0.17	0.20	0.23	—	—
	螺旋箍、复合或连续复合矩形螺旋箍	0.08	0.09	0.11	0.13	0.15	0.18	0.21	—	—
二级	普通箍、复合箍	0.08	0.09	0.11	0.13	0.15	0.17	0.19	0.22	0.24
	螺旋箍、复合或连续复合矩形螺旋箍	0.06	0.07	0.09	0.11	0.13	0.15	0.17	0.20	0.22
三级	普通箍、复合箍	0.06	0.07	0.09	0.11	0.13	0.15	0.17	0.20	0.22
	螺旋箍、复合或连续复合矩形螺旋箍	0.05	0.06	0.07	0.09	0.11	0.13	0.15	0.18	0.20

注：普通箍指单个矩形箍或单个圆形箍筋；螺旋箍指单个连续螺旋箍筋；复合箍指由矩形、多边形、圆形箍或拉筋组成的箍筋；复合螺旋箍指由螺旋箍与矩形、多边形、圆形箍或拉筋组成的箍筋；连续复合螺旋箍指全部螺旋箍由同一根钢筋加工而成的箍筋。

(b) 对一、二、三、四级框架柱，其箍筋加密区范围内箍筋的体积配筋率尚且分别不应小于0.8%、0.6%、0.4%和0.4%。

(c) 剪跨比小于 2 的柱宜采用复合螺旋箍或井字复合箍，其体积配筋率不应小于1.2%；设防烈度为9度时，不应小于1.5%。

(d) 计算复合箍筋的体积配筋率时，可不扣除重叠部分的箍筋体积；计算复合螺旋箍筋的体积配筋率时，其非螺旋箍筋的体积应乘以换算系数0.8。

除了按强剪弱弯计算以及约束混凝土的最小体积配筋率要求外，加密区箍筋还有如表4-18所示的最小直径和最大间距构造要求，采用直径较细而间距较密的箍筋效果好。

表4-18 柱箍筋加密区构造要求

抗震等级	箍筋最大间距(取较小值)	箍筋最小直径(取较大值)
一级	$6d$,100mm	$\phi10$
二级	$8d$,100mm	$\phi8$
三级	$8d$,150mm(柱根100mm)	$\phi8$
四级	$8d$,150mm(柱根100mm)	$\phi6$(柱根$\phi8$)

注：1. d 为柱纵向钢筋直径。2. 柱根指框架柱底部嵌固位置。

抗震设计时，柱箍筋设置还应满足下列要求。

(a) 箍筋应为封闭式，末端做成135°弯钩且弯钩末端平直段长度不应小于10倍的箍筋直径，且不应小于75mm。

(b) 箍筋加密区的箍筋肢距，一级不宜大于200mm，二级、三级不宜大于250mm和20倍箍筋直径的较大值，四级不宜大于300mm。每隔一根纵向钢筋宜在两个方向有箍筋约束；采用拉筋组合箍时，拉筋宜紧靠纵向钢筋并勾住封闭钢筋。

(c) 柱非加密区的箍筋，其体积配筋率不宜小于加密区的1/2；其箍筋间距，不应大于加密区箍筋间距的2倍，且一级、二级不应大于10倍纵向钢筋直径，三、四级不应大于15倍纵向钢筋直径。

4.5.3.4 框架节点的设计及构造要求

框架节点是连续框架梁、柱保证结构整体性的重要部位，框架节点核心区的失效也意味着交汇于节点的全部梁柱的失效，从而导致结构破坏。框架节点核心区在水平荷载作用下承受很大的剪力，易发生剪切脆性破坏，抗震设计时，要求节点核心区基本处于弹性状态，不出现明显的剪切裂缝，保证框架节点核心区在与之相交的框架梁、柱之后屈服。

震害表明，框架节点核心区在弯矩、剪力和轴力的共同作用下，其破坏形式主要有：①节点核心区斜向发生剪压破坏，混凝土产生交叉斜裂缝甚至挤压剥落，柱纵向钢筋压屈外鼓；②梁纵向钢筋发生黏结失效；③梁柱交界处混凝土局部破坏。

根据强节点的设计要求，框架节点的设计准则是：①节点的承载力不应低于其连接构件的承载力；②多遇地震时，节点应在弹性范围内工作；③罕遇地震时，节点承载力的降低不得危及竖向荷载的传递；④节点配筋不应使施工过分困难。

(1) 一般框架节点的承载力计算

① 节点剪力设计值。节点区能抵抗当节点区两边梁端出现塑性铰时的剪力称为节点区设计剪力。下面取某中间层中间节点为脱离体，对剪力设计值进行推导计算。当梁端出现塑性铰时，梁内受拉纵筋达到f_{yk}，忽略框架梁内的轴力，并忽略直交梁对节点受力的影响，则节点受力如图4-37所示。

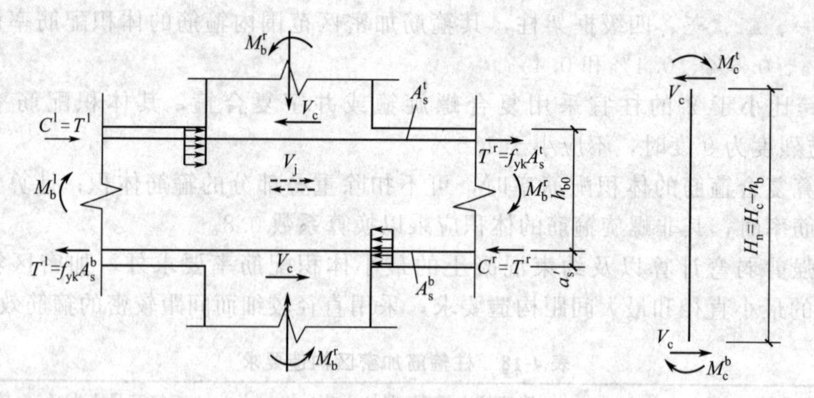

图 4-37 节点受力简图

取节点上半部分为隔离体，由$\sum x=0$，得

$$-V_c-V_j+\frac{\sum M_b}{h_0-a_s'}=0 \tag{4-91}$$

则

$$V_j=\frac{\sum M_b}{h_0-a_s'}-V_c \tag{4-92}$$

$$V_c=\frac{\sum M_c}{H_c-h_b}=\frac{\sum M_b}{H_c-h_b} \tag{4-93}$$

式中 V_j——节点核心区的剪力设计值；

$\sum M_b$——梁的左、右顺时针或逆时针方向截面组合的弯矩设计值之和；

V_c——节点上柱截面组合的剪力设计值，可按式(4-93) 确定；

$\sum M_c$——上、下柱顺时针或逆时针方向截面组合的弯矩设计值之和；

H_c——柱的截面高度，可采用节点上、下柱反弯点之间的距离；

h_b——梁的截面高度，节点两侧梁截面高度不等时，可采用平均值。

将式(4-93) 代入式(4-92) 得

$$V_j=\frac{\sum M_b}{h_0-a_s'}\left(1-\frac{h_0-a_s'}{H_c-h_b}\right) \tag{4-94}$$

考虑梁端出现塑性铰后，塑性变形较大，钢筋应力常常超过屈服强度而进入强化阶段。因此，梁端截面组合弯矩调整为

$$V_j=\frac{\eta_{jb}\sum M_b}{h_0-a_s'}\left(1-\frac{h_0-a_s'}{H_c-h_b}\right) \tag{4-95}$$

式中 η_{jb}——节点剪力增大系数，一级为 1.35，二级为 1.2。

设防烈度为 9 度的框架结构以及一级抗震等级的框架结构

$$V_j=\frac{1.15\sum M_{bua}}{h_0-a_s'}\left(1-\frac{h_0-a_s'}{H_c-h_b}\right) \tag{4-96}$$

式中 $\sum M_{bua}$——节点左、右梁端逆时针或顺时针方向按实配钢筋面积（计入受压钢筋）和材料强度标准值计算的受弯承载力所对应的弯矩设计值之和。

② 节点核心区截面受剪承载力验算。《高层建筑混凝土结构技术规程》规定，节点核心区截面受剪承载力按式(4-97) 验算

$$V_j\leqslant\frac{1}{\gamma_{RE}}\left(1.1\eta_j f_t b_j h_j+0.05\eta_j N\frac{b_j}{b_c}+f_{yv}A_{svj}\frac{h_{b0}-a_s'}{s}\right) \tag{4-97}$$

9 度设防时
$$V_j \leqslant \frac{1}{\gamma_{RE}}\left(0.9\eta_j f_t b_j h_j + f_{yv} A_{svj} \frac{h_{b0}-a_s'}{s}\right) \tag{4-98}$$

式中　N——对应于组合剪力设计值的上柱组合轴向力设计值，当 N 为轴向压力时，不应大于柱的截面面积和混凝土轴心抗压强度值乘积的 50%，当 N 为拉力时，应取 0；

f_{yv}——箍筋的抗拉强度设计值；

f_t——混凝土轴心抗拉强度设计值；

A_{svj}——核心区计算宽度范围内验算方向同一截面各肢箍筋的全部截面面积；

s——箍筋间距；

h_j——框架节点核心区水平截面的高度，可取剪力计算方向的柱截面高度 h_c；

b_j——框架节点核心区水平截面有效计算宽度，当 $b_b \geqslant b_c/2$ 时，可取 $b_j=b_c$，当 $b_b<b_c/2$ 时，可取 $b_j=b_b+0.5h_c$ 和 $b_j=b_c$ 两者中的较小值，这里的 b_b 为梁截面宽度，当梁柱轴线有偏心距 e_0 时，e_0 不宜大于柱截面宽度的 1/4，此时节点截面有效计算宽度应取：$b_j=0.5b_c+0.5b_b+0.25h_c-e_0$，$b_j=b_b+0.5h_c$，$b_j=b_c$ 三者中的最小值；

h_{b0}——框架梁的有效高度；

b_c、h_c——框架柱剪力计算方向的截面宽度和高度。

③ 节点剪压比对节点剪力设计值的影响。节点核心区截面的抗震验算是按箍筋和混凝土共同抗剪考虑的。当剪压比较高时，斜压力使混凝土破坏先于箍筋，两者不能同时发生，因而不能提高抗剪承载力。但节点核心周围一般都有梁的约束，抗剪面积比实际大，故剪压比限值可适当放宽。节点的破坏如图 4-38 所示。

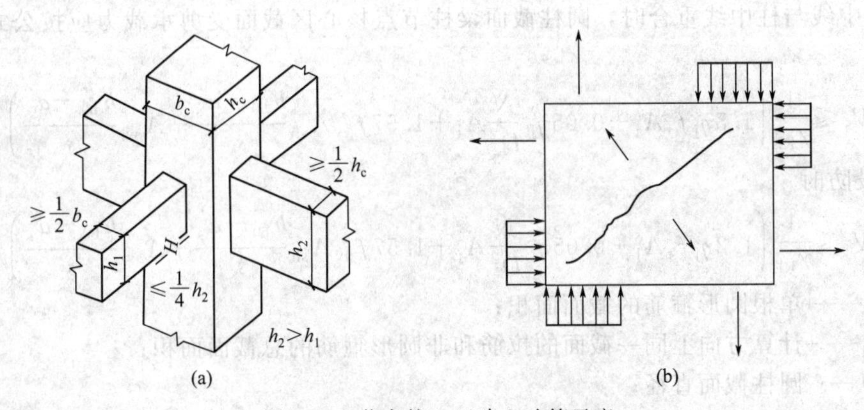

图 4-38　节点核心区建立验算示意

为了避免出现如图 4-38 所示的裂缝，规范规定
$$V_j \leqslant \frac{1}{\gamma_{RE}}(0.3\eta_j\beta_c f_c b_j h_j) \tag{4-99}$$

式中　η_j——正交梁的约束影响系数，楼板为现浇、梁柱中线重合、四侧各梁截面宽度不小于该侧柱截面宽度的 1/2，且正交方向梁高不小于框架梁高度的 3/4，可采用 1.5，9 度时宜采用 1.25，其他情况宜采用 1.0；

h_j——节点核心区的截面高度，可采用验算方向的柱截面高度；

γ_{RE}——承载力抗震调整系数，可取 0.85；

β_c——混凝土强度影响系数；

f_c——混凝土轴心受压强度设计值；

b_j——节点核心区的截面有效计算宽度，按式(4-98)中 b_j 采用。

(2) 梁宽大于柱宽的扁梁框架的梁柱节点

采用宽扁梁时，除应满足普通框架梁有关设计要求外还应符合下列规定。

① 楼盖采用现浇，梁柱中心线宜重合。

② 扁梁框架的梁柱节点区应根据梁上部纵向钢筋在柱宽范围内、外截面面积比例，对柱宽以内和柱宽以外的范围分别计算受剪承载力。计算柱外节点核心区的剪力设计值时，可不考虑节点以上柱下端的剪力作用。

③ 节点核心区计算除应符合一般梁柱节点的要求外，还应符合下列要求：

a. 四边有梁的节点约束影响系数，计算柱宽范围内核心区的受剪承载力时可取 1.5，计算柱宽范围外核心区的受剪承载力时宜取 1.0；

b. 计算核心区受剪承载力时，在柱宽范围内的核心区，轴力的取值可同一般梁柱节点，柱宽以外的核心区可不考虑轴向压力对受剪承载力的有利作用；

c. 锚入柱内的梁上部纵向钢筋宜大于其全部钢筋截面面积的 60%。

(3) 圆柱的梁柱节点

① 梁中线与柱中线重合时，圆柱框架梁柱节点核心区受剪截面应符合下列要求

$$V_j = \frac{1}{\gamma_{RE}}(0.3\eta_j\beta_c f_c A_j) \tag{4-100}$$

式中 η_j——正交梁的约束影响系数；

A_j——节点核心区有效截面面积，当梁宽 b_b 不小于圆柱直径 D 的 1/2 时，可取 $A_j = 0.8D^2$，当梁宽 b_b 小于柱直径的 1/2 但不小于柱直径的 2/5 倍时，可取 $A_j = 0.8D(b_b + D/2)$。

② 梁中线与柱中线重合时，圆柱截面梁柱节点核心区截面受剪承载力应按公式(4-101)验算

$$V_j \leqslant \frac{1}{\gamma_{RE}}\left(1.5\eta_j f_t A_j + 0.05\eta_j \frac{N}{D^2}A_j + 1.57 f_{yv} A_{sh} \frac{h_{b0} - a_s'}{s} + A_{svj}\frac{h_{b0} - a_s'}{s}\right) \tag{4-101}$$

9 度设防时

$$V_j \leqslant \frac{1}{\gamma_{RE}}\left(1.2\eta_j f_t A_j + 0.05\eta_j \frac{N}{D^2}A_j + 1.57 f_{yv} A_{sh} \frac{h_{b0} - a_s'}{s} + A_{svj}\frac{h_{b0} - a_s'}{s}\right) \tag{4-102}$$

式中 A_{sh}——单根圆形箍筋的截面面积；

A_{svj}——计算方向上同一截面的拉筋和非圆形箍筋的总截面面积；

D——圆柱截面直径；

N——轴向力设计值，按式(4-97)中的 N 取用。

(4) 框架节点的构造要求

节点设计是框架结构设计中极为重要的环节。在非抗震区，框架节点的承载力一般通过采取适当的构造措施来保证。节点设计应保证整个框架结构安全可靠、经济合理且便于施工。对装配整体式框架节点，还需保证结构的整体性，受力明确，安装方便，又易于调整，在构件连接后能尽早地承受部分或全部设计荷载，使上部结构得以及时继续安装。

① 材料强度。框架节点区的混凝土强度等级的限制条件与柱相同，工程中现浇框架节点的混凝土强度等级一般与柱相同。在装配整体式框架中，现浇节点的混凝土强度等级宜比预制柱的混凝土强度等级提高 5 MPa。

② 箍筋。框架节点核心区应设置水平箍筋，并应符合下列要求。

a. 非抗震设计时，节点核心区的箍筋配置可与柱中箍筋布置相同，但箍筋间距不宜大

于250mm，对四边有梁与之相连的节点，可仅沿节点周边设置矩形箍筋。

b. 抗震设计时，在满足节点受剪承载力的前提下，框架节点区箍筋的间距和直径还应符合柱端箍筋加密区的构造要求。一级、二级、三级框架节点核心区配置特征值分别不宜小于0.12、0.10和0.08，且箍筋体积配箍率分别不宜小于0.6%、0.5%和0.4%。柱剪跨比小于2的框架节点核心区的体积配箍率不宜小于核心区上、下柱端体积配箍率中的较大值。

③ 非抗震设计时节点区的钢筋锚固与搭接。非抗震设计时，框架梁、柱的纵向钢筋在框架节点区的锚固和搭接，应参照图4-39的要求布置。l_a 为受拉钢筋的锚固长度（单位：mm)，按照《混凝土结构设计规范》采用；d 为纵向受力钢筋的直径；l_n 为梁的净跨长度。

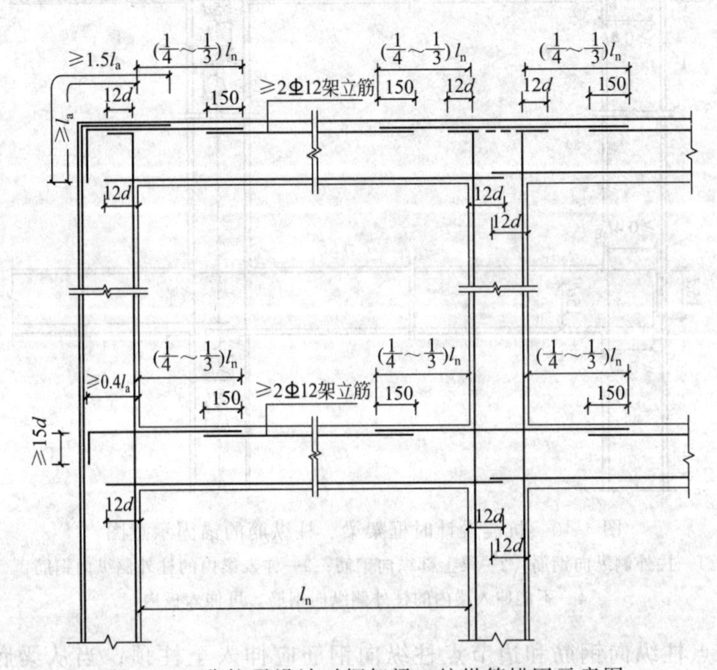

图4-39　非抗震设计时框架梁、柱纵筋锚固示意图

a. 顶层中节点柱纵向钢筋边节点柱内侧纵向钢筋应伸至柱顶；当从梁底边计算的直线锚固长度不小于 l_a 时，可不必水平弯折，否则应向柱内或梁、板内水平弯折；当充分利用柱纵向钢筋的抗拉强度时，其锚固段弯折前的竖向投影长度不应小于0.5l_{ab}，弯折后的水平投影长度不宜小于12倍的柱纵向钢筋直径。此处 l_{ab} 为钢筋的基本锚固长度，应符合现行的《混凝土设计规范》。

b. 顶层端节点，在梁宽范围以内的柱外侧纵向钢筋可与梁上部钢筋搭接，搭接长度不应小于1.5l_a；在梁宽范围以外的柱外侧纵向钢筋可伸入现浇板内，其伸入长度与伸入梁内的相同。当柱外侧纵向钢筋的配筋率大于1.2%时，伸入梁内的纵向钢筋宜分成两批截断，其截断点之间的距离不宜小于20倍的柱纵向钢筋直径。

c. 梁上部纵向钢筋伸入端节点的锚固长度，直线锚固时不宜小于 l_a，且伸过柱中线的程度不宜小于5倍的梁纵向钢筋直径；当柱截面尺寸不足时，梁上部纵向钢筋应伸至节点对边并向下弯折，锚固段弯折前的水平投影长度不应小于0.4l_{ab}，弯折后的竖向投影长度应取15倍的梁纵向钢筋直径。

d. 当计算中不利于梁下部纵向钢筋的强度时，其伸入节点内的锚固长度应取不小于

12 倍的梁纵向钢筋直径。当计算中充分利用梁下部钢筋的抗拉强度时，梁下部纵向钢筋可采用直线方向或向上 90°弯折方式锚固于节点内，直线锚固时的锚固长度不应小于 l_a；弯折锚固时，锚固段的水平投影长度不应小于 $0.4l_{ab}$，竖向投影长度应取 15 倍的梁纵向钢筋直径。

④ 抗震设计时节点区的钢筋锚固与搭接。抗震设计时，框架梁、柱的纵向钢筋在框架节点区的锚固和搭接，应参照图 4-40 所示的要求布置。

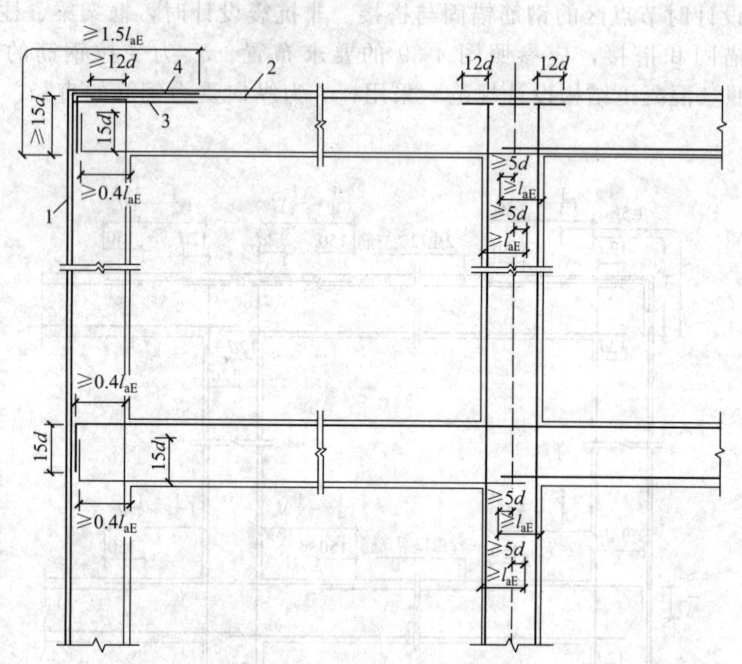

图 4-40　抗震设计时框架梁、柱纵筋的锚固示意图

1—柱外侧纵向钢筋；2—梁上部纵向钢筋；3—伸入梁内的柱外侧纵向钢筋；4—不能伸入梁内的柱外侧纵向钢筋，可伸入板内

a. 顶层中节点柱纵向钢筋和边节点柱纵向钢筋应伸入至柱顶；当从梁底边计算的直线锚固长度不小于 l_{aE}，可不必水平弯折，否则应向柱内或梁内、板内水平弯折，锚固段弯折前的竖向投影长度不应小于 $0.5l_{abE}$，弯折后的水平投影长度不应小于 12 倍的柱纵向钢筋直径。因此，l_{abE} 为抗震时钢筋基本锚固长度，一级、二级取 $1.15l_{ab}$，三级、四级分别取 $1.05l_{ab}$ 和 l_{ab}。

b. 顶层节点处，柱外侧纵向钢筋可与梁上部纵向钢筋搭接，搭接长度不应小于 $1.5l_{aE}$，且伸入梁内的柱外侧纵向钢筋截面面积不宜小于柱外侧全部纵向钢筋截面面积的 65%；在梁宽范围以外的柱外侧纵向钢筋可伸入现浇柱内，其伸入长度与伸入梁内的相同。当柱外侧纵向钢筋的配筋率大于 1.2%时，伸入梁内的纵向钢筋宜分成两批截断，其截断点之间的距离不宜小于 20 倍的柱纵向钢筋直径。

c. 梁的纵向钢筋伸入端节点的锚固长度，直线锚固时不应小于 l_{ab}，且伸过柱中心线的长度不应小于 5 倍的梁纵向钢筋直径；当柱截面尺寸不足时，梁上部纵向钢筋应伸至节点对边并向下弯折，弯折前的竖直投影长度不应小于 $0.4l_{abE}$，弯折后的竖直投影长度应取 15 倍的梁纵向钢筋直径。

d. 梁下部纵向钢筋的锚固与梁上部纵向钢筋相同，但采用 90°弯折方式锚固时，竖直端应向上弯入节点内。

4.6 多层建筑框架结构设计实例

某6层框架办公楼楼结构（图4-41），地震设防烈度为7度（第一组），Ⅱ类场地，结构抗震等级为三级，设计地震参数 $\alpha_{\max}=0.08$，$T_g=0.35s$。基本雪压 $s_0=0.6kN/m^2$，基本风压 $\omega_0=0.35kN/m^2$。

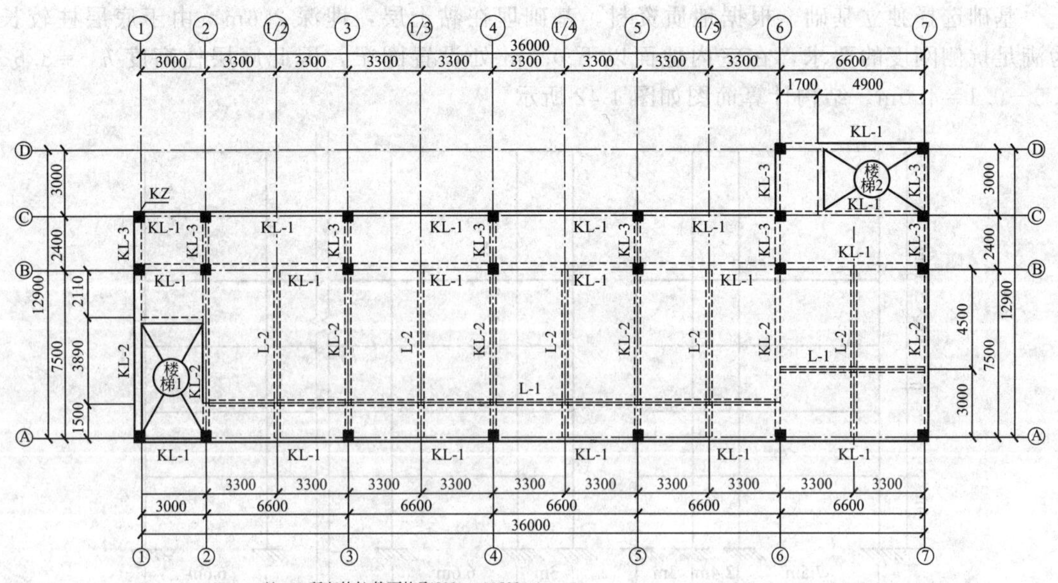

注：1.所有的柱截面均取500mm×500mm。

2.主梁分为三种，分别是：KL-1，250mm×600mm；KL-2，300mm×700mm；KL-3，300mm×400mm。

3.次梁分为两种，分别是：L-1，250mm×450mm；L-2，250mm×500mm。

图4-41 结构平面布置图

4.6.1 构件材料及尺寸

① 框架板的厚度。除顶层板进行加厚外，其余层板厚均取100mm。

② 框架梁截面尺寸。框架梁的截面尺寸根据承受竖向荷载的大小，梁的跨度、框架的间距等因素综合考虑确定。一般来说，主梁截面高度按梁跨度的1/12～1/8估算，次梁截面高度按梁跨度的1/18～1/12估算；梁截面的宽均按梁截面高的1/3～1/2估算，且要考虑抗震设计的要求；有时为方便布筋，尽量使同一轴线上的主梁截面宽度相等。梁截面的尺寸具体见表4-19。

表4-19 梁截面尺寸 单位：mm

层次	混凝土强度等级	横梁(b×h)		纵梁(b×h)	次梁(b×h)	
		AB跨	BC跨、CD跨		横向	纵向
1～6	C30	300×700	300×400	250×600	250×500	250×450

③ 框架柱的截面尺寸。

边柱：$A_c \geqslant \dfrac{GnS\beta\varphi}{[\mu_c]f_c}=\dfrac{12\times10^3\times6\times6.6\times3.75\times1.2\times1.1}{0.85\times14.3}=1.9\times10^5mm^2$

中柱：$A_c \geqslant \dfrac{GnS\beta\varphi}{[\mu_c]f_c} = \dfrac{12\times10^3\times6\times6.6\times4.95\times1.2\times1.1}{0.85\times14.3} = 2.3\times10^5\,\text{mm}^2$

为了便于计算与施工以及满足刚度要求，柱截面设为正方形，通长等截面，所有柱的截面尺寸取为 500mm×500mm。

4.6.2 框架侧移刚度计算

4.6.2.1 框架结构计算简图

基础选择独立基础，根据地质资料，基础埋在黏土层，埋深 2.6m。由于底层柱较长，为满足抗侧刚度的要求，在室内地面以下 0.5m 处设置圈梁，因此底层柱高度 $h_1 = 3.6 + 0.5 - 0.1 = 4.0$m。结构计算简图如图 4-42 所示。

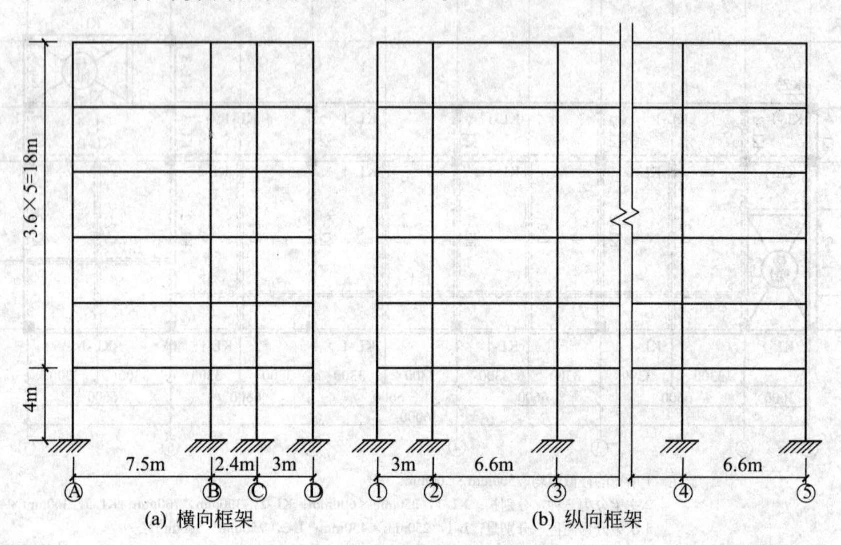

图 4-42 框架结构计算简图

4.6.2.2 梁柱线刚度计算

梁的线刚度 $i_b = E_c I_b / l_0$，其中，E_c 为混凝土弹性模量；l_0 为梁的计算跨度；I_b 为梁截面惯性矩。本结构为现浇式楼板，故考虑楼板的影响，具体参见 4.2.1 所述。梁的线刚度计算过程见表 4-20。

表 4-20 横梁线刚度 i_b 计算

层次	类别		E_c/($\times10^4$N/mm^2)	b_b/mm	h_b/mm	I_b/($\times10^9$mm^4)	l/mm	(E_cI_0/l)/($\times10^{10}$N·mm)	($1.5E_cI_0/l$)/($\times10^{10}$N·mm)	($2E_cI_0/l$)/($\times10^{10}$N·mm)
1	边横梁	AB 跨	3.15	300	700	8.58	7500	3.604	5.406	7.208
		CD 跨	3.15	300	400	1.6	3000	1.68	2.52	3.36
	走道梁	BC 跨	3.15	300	400	1.6	2400	2.1	3.150	4.2
2～6	边横梁	AB 跨	3.0	300	700	8.58	7500	3.432	5.148	6.864
		CD 跨	3.0	300	400	1.6	3000	1.6	2.4	3.2
	走道梁	BC 跨	3.0	300	400	1.6	2400	2.0	3.0	4.0

柱的线刚度 $i_c = E_c I_c / h$。其中，I_c 为柱的截面惯性矩；h 为框架柱的计算高度。柱的

线刚度计算过程见表 4-21。

表 4-21　柱线刚度 i_c 计算表

类别	层次	$E_c/(\times10^4\mathrm{N/mm^2})$	h/mm	b_c/mm	h_c/mm	$I_c/(\times10^9\mathrm{mm^4})$	$(E_cI_c/h)/(\times10^{10}\mathrm{N\cdot mm})$
Z-1	1	3.15	4000	500	500	5.208	4.101
	2～6	3.0	3600	500	500	5.208	4.34

4.6.2.3　柱侧移刚度 D 值计算

柱的侧移刚度 D 值按式(4-25) 计算，式中 α 为柱侧移刚度修正系数，它反映了节点转动降低了柱的抗侧移能力，根据框架结构的不同层次和不同位置确定梁柱线刚度比 $\overline{K}$，从而确定了 α 的值，进而求得不同位置柱的侧移刚度 D 值。再将不同情况下同层框架柱侧移刚度相加，即得框架各层间总侧移刚度$\sum D_i$，具体计算过程见表 4-22。

表 4-22　框架柱的侧移刚度 D 值　单位：N/mm

层次	位置		$\overline{K}$	α	D_i	$\sum D_i$/(N/mm)
2～6	中框架边柱	A2	1.185	0.372	14955	361983
		A3～A6	1.581	0.441	17740	
		C2～C5	0.922	0.315	12677	
		D6	0.369	0.156	6255	
	中框架边柱	B2	2.107	0.513	20617	
		B3～B6	2.502	0.556	22335	
		C6	1.290	0.392	15759	
	边框架边柱	A1	0.790	0.283	11382	
		A7	1.185	0.372	14955	
		C1	0.691	0.257	10322	
		D7	0.369	0.156	6255	
	边框架边柱	B1	1.481	0.426	17101	
		B7	1.877	0.484	19454	
		C7	1.060	0.346	13920	
1	中框架边柱	A2	1.317	0.548	16851	397373
		A3～A6	1.756	0.601	18477	
		C2～C5	1.024	0.504	15503	
		D6	0.410	0.377	11612	
	中框架边柱	B2	2.341	0.645	20133	
		B3～B6	2.780	0.686	21109	
		C6	1.434	0.563	17323	
	边框架边柱	A1	0.878	0.479	14729	
		A7	1.317	0.548	16851	
		C1	0.768	0.458	14092	
		D7	0.410	0.377	11612	
	边框架边柱	B1	1.646	0.589	18106	
		B7	2.085	0.633	19467	
		C7	1.178	0.528	16241	

由表 4-22 可见，$\sum D_1/\sum D_2=397373/361983=1.098>0.7$，所以该框架结构为规则框架。

4.6.3 重力荷载代表值计算

重力荷载代表值计算包括屋面及楼面永久荷载标准值、屋面及楼面可变荷载标准值、梁柱重力荷载以及墙体重力荷载的计算。下面分别从这几个方面进行计算。

4.6.3.1 屋面及楼面永久荷载标准值

屋面（不上人）：

30mm 细石混凝土保护层	$22\times0.03=0.66\text{kN/m}^2$
三毡四油防水层	0.4kN/m^2
20mm 厚混合水泥砂浆找平层	$20\times0.02=0.4\text{kN/m}^2$
150mm 厚水泥蛭石保温层	$5\times0.15=0.75\text{kN/m}^2$
130mm 厚钢筋混凝土板	$25\times0.13=3.25\text{kN/m}^2$
20mm 厚抹灰	$17\times0.02=0.34\text{kN/m}^2$
合计	5.80kN/m^2

1～5 层楼楼面：

瓷砖地面(包括水泥粗砂打底)	0.55kN/m^2
100mm 厚钢筋混凝土板	$25\times0.1=2.5\text{kN/m}^2$
20mm 厚抹灰	$17\times0.02=0.34\text{kN/m}^2$
20mm 厚水泥砂浆找平层	$20\times0.02=0.4\text{kN/m}^2$
合计	3.79kN/m^2

4.6.3.2 屋面及楼面可变荷载标准值

不上人屋面均布活荷载标准值	0.5kN/m^2
楼面活荷载标准值	2.0kN/m^2
屋面雪荷载标准值	$s_k=\mu_r s_0=1.0\times0.6=0.6\text{kN/m}^2$

其中，μ_r 为屋面雪荷载分布系数，取为 1.0。

4.6.3.3 梁、柱重力荷载计算

梁、柱可根据截面尺寸、材料容量及粉刷等计算出单位长度上的重力荷载，具体计算过程从略，计算结果见表 4-23。

表 4-23 梁、柱重力荷载标准值计算

层次	构件		b	h	γ	β	g	l_i	n	G_i/kN	$\sum G_i$/kN
1	柱	KZ-1	0.5	0.5	25	1.1	6.875	4	23	632.500	1619.532
	主梁	KL-1	0.25	0.6	25	1.05	3.938	2.5	3	413.831	
					25	1.05	3.938	6.1	16		
		KL-2	0.3	0.7	25	1.05	5.513	7	7	270.113	
		KL-3	0.3	0.4	25	1.05	3.150	1.9	7	57.645	
					25	1.05	3.150	2.5	2		

续表

层次	构件		b	h	γ	β	g	l_i	n	G_i/kN	ΣG_i/kN
1	次梁	L-1	0.25	0.45	25	1.05	2.953	3.025	9	118.125	1619.532
			0.25	0.45	25	1.05	2.953	3.125	1		
			0.25	0.45	25	1.05	2.953	9.65	1		
		L-2	0.25	0.5	25	1.05	3.281	7.76	5	127.313	
2～6	柱	KZ-1	0.5	0.5	25	1.1	6.875	3.6	23	569.25	1556.277
	主梁	和首层一样，$G_i=413.831+270.113+57.645=741.589$								741.589	
		和首层一样，$G_i=118.125+127.313=245.438$								245.438	

注：1. 表中β为考虑梁、柱的粉刷层重力荷载的增大系数；g表示单位长度构件重力荷载；n为构件数量；γ表示材料的容重，kN/m^3；l_i表示构件长度，m；G_i表示构件重力荷载标准值。2. 梁长度取净长，柱长度取层高。

4.6.3.4 墙体重力荷载标准值计算

墙体为240mm厚的黏土空心砖，外墙面贴瓷砖（0.5kN/m^2），内墙面为20mm厚的抹灰，则外墙单位墙面重力荷载为

$$0.5+15\times0.24+17\times0.02=4.44\text{kN/m}^2$$

内墙为240mm厚的黏土空心砖，两侧均为20mm厚的抹灰，则内墙单位面积重力荷载为

$$15\times0.24+17\times0.02\times2=4.28\text{kN/m}^2$$

考虑门窗洞口的影响，墙体总重力荷载乘以折减系数0.9。计算结果见表4-24～表4-26。

表4-24 屋面梁上墙体自重

位置	单位墙重/(kN/m^2)	女儿墙高/m	均布墙重/(kN/m)	跨度/m	数量	重量/kN	总重/kN
外纵墙轴线	4.44	0.6	2.664	36	2	191.808	260.539
外横墙轴线	4.44	0.6	2.664	12.9	2	68.731	

表4-25 1～5层梁上墙体自重

位置	单位墙重/(kN/m^2)	层高/m	梁高/m	跨度/m	数量	墙重/kN	折减后墙重/kN
外纵墙	4.44	3.6	0.6	6.6	2	175.824	2564.623
	4.44	走廊矮墙(高1.3m)		29.4	2	339.394	
内纵墙	4.28	3.6	0.6	33	2	847.440	
	4.28	3.6	0.6	3.3	1	42.372	
外横墙	4.44	3.6	0.7	7.5	2	193.140	
	4.44	3.6	0.4	5.4	2	153.446	
内横墙	4.28	3.6	0.7	7.5	5	465.450	
	4.28	3.6	0.5	7.5	5	497.550	
装饰墙	4.44	3.6	0.45	9.65	1	134.965	

表4-26 底层梁上墙体自重

位置	单位墙重/(kN/m^2)	层高/m	梁高/m	跨度/m	数量	墙重/kN	折减后墙重/kN
外纵墙	4.44	4	0.6	22.8	1	344.1888	2551.749
	4.44	走廊矮墙(高1.3m)		49.2	1	283.9824	

续表

位置	单位墙重/(kN/m²)	层高/m	梁高/m	跨度/m	数量	墙重/kN	折减后墙重/kN
内纵墙	4.28	4	0.6	26.4	2	768.3456	2551.749
	4.28	4	0.6	3.3	1	48.0216	
外横墙	4.44	4	0.7	7.5	2	219.7800	
	4.44	4	0.4	5.4	2	172.6272	
内横墙	4.28	4	0.7	7.5	5	529.6500	
	4.28	4	0.5	7.5	4	449.4000	
装饰墙	4.44		3.6	9.65	1	19.2807	

4.6.3.5　各层重力荷载代表值计算

将各层楼面恒活荷载标准值、墙自重（上下各半层）、梁自重、柱自重（上下各半层）分别乘以各自的组合系数，然后相加得到每层的重力荷载代表值，见表 4-27。

表 4-27　各层重力荷载代表值

层次	1	2	3	4	5	6
G_i	6463.26	6440.55	6440.55	6440.55	6440.55	5633.17

4.6.4　横向水平地震作用下框架内力和侧移计算

4.6.4.1　横向自振周期计算

因为结构体型规整，质量和刚度沿高度分布比较均匀，所以采用顶点位移法（码 4-3）计算结构自振周期 T_1(单位：s)。

$$T_l = 1.7\alpha_0\sqrt{\Delta T}$$

式中　ΔT——结构顶点假想位移；

α_0——结构基本周期折减系数，与理论计算方法的取值相同。

结构顶点的假想位移可通过下式计算，计算结果见表 4-28。

$$V_{G_i} = \sum_{k=i}^{n} G_k \tag{4-103}$$

$$\Delta T_i = \frac{V_{G_i}}{\sum_{j=1}^{s} D_{ij}} \tag{4-104}$$

$$\Delta T = \sum_{i=1}^{n} \Delta T_i \tag{4-105}$$

式中　G_k——集中在 k 层楼面处的重力荷载代表值；

V_{G_i}——把集中在各层楼面处的重力荷载代表值视为水平荷载而得到的第 i 层的层间剪力；

$\sum_{j=1}^{s} D_{ij}$——第 i 层的层间侧移刚度；

ΔT_i——第 i 层的层间侧移；

s——同层内框架柱的总数。

表 4-28　结构顶点假想位移计算表

层次	G_i/kN	V_{G_i}/kN	$\sum D_{ij}$(N/mm)	ΔT_i/mm	ΔT/mm
6	5633.17	5633.17	361983	15.6	351.0
5	6440.55	12073.72	361983	33.4	335.4
4	6440.55	18514.27	361983	51.1	302.0
3	6440.55	24954.82	361983	68.9	250.9
2	6440.55	31395.37	361983	86.7	182.0
1	6463.26	37858.64	397373	95.3	95.3

计算基本周期 T_1，得 $T_1=1.7\times0.7\times\sqrt{0.351}=0.705\text{s}$。

4.6.4.2　水平地震作用及楼层剪力计算

本设计中，结构高度不超过 40m，质量和刚度沿高度分布比较均匀，以剪切变形为主，故可用底部剪力法计算水平地震作用。结构总水平地震作用标准值按《建筑抗震设计规范》5.2 规定计算（码 4-3）。

$$G_{eq}=0.85\sum G_i=32179.84\text{kN}$$

查《建筑抗震设计规范》5.1.4 条（码 4-3）得 $\alpha_{max}=0.08$，$T_g=0.35\text{s}$。

$$\alpha_1=\left(\frac{0.35}{0.705}\right)^{0.9}\times0.08=0.0426$$

$$F_{Ek}=\alpha_1 G_{eq}=0.0426\times32179.84=1370.73\text{kN}$$

根据各质点水平地震作用（码 4-3）具体计算结果见表 4-29。

表 4-29　各质点水平地震作用及楼层地震剪力计算表

层次	H_i/m	G_i/kN	G_iH_i/(kN·m)	$G_iH_i/\sum G_jH_j$	F_i/kN	V_i/kN
6	19.0	5633.17	107030.27	0.274	375.69	375.69
5	15.4	6440.55	99184.47	0.254	348.15	723.84
4	11.8	6440.55	75998.49	0.195	266.77	990.61
3	8.2	6440.55	52812.51	0.135	185.38	1175.99
2	4.6	6440.55	29626.53	0.076	103.99	1279.98
1	4.0	6163.26	25853.05	0.066	90.75	1370.73

4.6.4.3　水平地震作用下的位移验算

水平地震作用下的框架结构层间位移 $\Delta\mu_j$ 和顶点位移 Δ_M 分别按式(4-31a)、式(4-31b)计算，计算结果见表 4-30，其中 V_j 取自表 4-29，$\sum D_i$ 取自表 4-22，表中还计算了各层的层间弹性位移角 $\theta_e=\Delta\mu_j/h_i$，由表中数据可知，最大层间弹性位移角发生在第 2 层，其值为 1/1018<1/550，满足条件。

表 4-30　横向水平地震作用下的位移验算

层次	V_i/kN	$\sum D_i$/(N/mm)	$\Delta\mu_j$/mm	μ_i/mm	h_i/mm	$\theta_e=\Delta\mu_j/h_i$
6	375.69	361983	1.04	16.10	3600	1/3469
5	723.84	361983	2.00	14.97	3600	1/1800

续表

层次	V_i/kN	$\sum D_i$/(N/mm)	$\Delta\mu_j$/mm	μ_i/mm	h_i/mm	$\theta_e=\Delta\mu_j/h_i$
4	990.61	361983	2.74	12.97	3600	1/1315
3	1175.99	361983	3.25	10.23	3600	1/1108
2	1279.98	361983	3.54	6.99	3600	1/1018
1	1370.73	397373	3.45	3.45	4000	1/1160

4.6.4.4　水平地震作用下框架内力计算

以图 4-42 中③轴线横向框架内力计算为例，说明计算方法，其余框架内力计算从略。

框架柱端剪力及弯矩分别按式(4-28)、式(4-31a) 和式(4-31b) 计算，其中 D_{ij}、$\sum D_{ij}$ 分别取自表 4-28 中相应楼层相应柱的 D_i、$\sum D_i$，层间剪力 V_i 取自表 4-29。各柱反弯点高度比 y 按式(4-29) 确定。本例中，底层柱需要考虑修正值 y_2，第二层柱需要考虑修正值 y_1 和 y_3，其余柱无修正。

具体计算结果见表 4-31。

表 4-31　各层柱端弯矩及剪力计算

层次	h_i/m	V_i/kN	$\sum D_i$/(N/mm)	边柱 A3					
				D_{i1}	V_{i1}	$\overline{K}$	y	M_{bi1}	M_{ui1}
6	3.6	375.69	361983	17740	18.41	1.581	0.38	25.12	41.16
5	3.6	723.84	361983	17740	35.47	1.581	0.45	57.47	70.24
4	3.6	990.61	361983	17740	48.55	1.581	0.48	83.71	91.06
3	3.6	1175.99	361983	17740	57.63	1.581	0.50	103.74	103.74
2	3.6	1279.98	361983	17740	62.73	1.581	0.50	112.91	112.91
1	4.0	1370.73	397373	18477	63.74	1.756	0.61	156.03	98.91
层次	h_i/m	V_i/kN	$\sum D_i$/(N/mm)	中柱 B3					
				D_{i2}	V_{i2}	$\overline{K}$	y	M_{bi2}	M_{ui2}
6	3.6	375.69	361983	22335	23.18	2.502	0.43	35.47	47.98
5	3.6	723.84	361983	22335	44.66	2.502	0.48	76.37	84.41
4	3.6	990.61	361983	22335	61.12	2.502	0.50	110.02	110.02
3	3.6	1175.99	361983	22335	72.56	2.502	0.50	130.61	130.61
2	3.6	1279.98	361983	22335	78.98	2.502	0.50	142.16	142.16
1	4.0	1370.73	397373	21109	72.81	2.780	0.56	163.40	127.86
层次	h_i/m	V_i/kN	$\sum D_i$/(N/mm)	边柱 C3					
				D_{i3}	V_{i3}	$\overline{K}$	y	M_{bi3}	M_{ui3}
6	3.6	375.69	361983	12677	13.16	0.922	0.35	16.58	30.79
5	3.6	723.84	361983	12677	25.35	0.922	0.45	41.07	50.19
4	3.6	990.61	361983	12677	34.69	0.922	0.45	56.20	68.69
3	3.6	1175.99	361983	12677	41.18	0.922	0.46	68.35	79.91
2	3.6	1279.98	361983	12677	44.83	0.922	0.50	80.69	80.69
1	4.0	1370.73	397373	15503	53.48	1.024	0.65	139.04	74.87

注：表中 M 量纲为 kN·m，V 量纲为 kN。

梁端弯矩、剪力及轴力按式(4-22a)、式(4-22b) 和式(4-23) 计算。其中梁线刚度取自表4-20，具体计算过程见表4-32。

表4-32 梁端弯矩、剪力及柱轴力计算

层次	剪力								轴力		
	边梁 AB				走道梁 BC				A3柱	B3柱	C3柱
	M_b^l/(kN·m)	M_b^r/(kN·m)	L/m	V_b/kN	M_b^l/(kN·m)	M_b^r/(kN·m)	L/m	V_b/kN	N/kN	N/kN	N/kN
6	41.16	30.31	7.5	9.53	17.67	30.79	2.4	20.19	−9.53	−10.66	20.19
5	95.36	75.72	7.5	22.81	44.15	66.77	2.4	46.22	−32.24	−34.07	66.41
4	148.52	117.74	7.5	35.50	68.65	109.76	2.4	74.34	−67.84	−72.91	140.75
3	187.45	152.00	7.5	45.26	88.63	136.11	2.4	93.64	−113.10	−121.29	234.39
2	216.65	172.30	7.5	51.86	100.47	149.04	2.4	103.96	−164.96	−173.39	338.35
1	211.83	170.57	7.5	50.99	99.46	155.55	2.4	106.25	−215.94	−228.66	444.60

注：柱轴力中的负号表示拉力。左震作用时，左侧两根柱为拉力，右侧一根柱为压力。

水平地震作用下框架的弯矩图、梁端剪力及柱轴力图如图4-43所示。

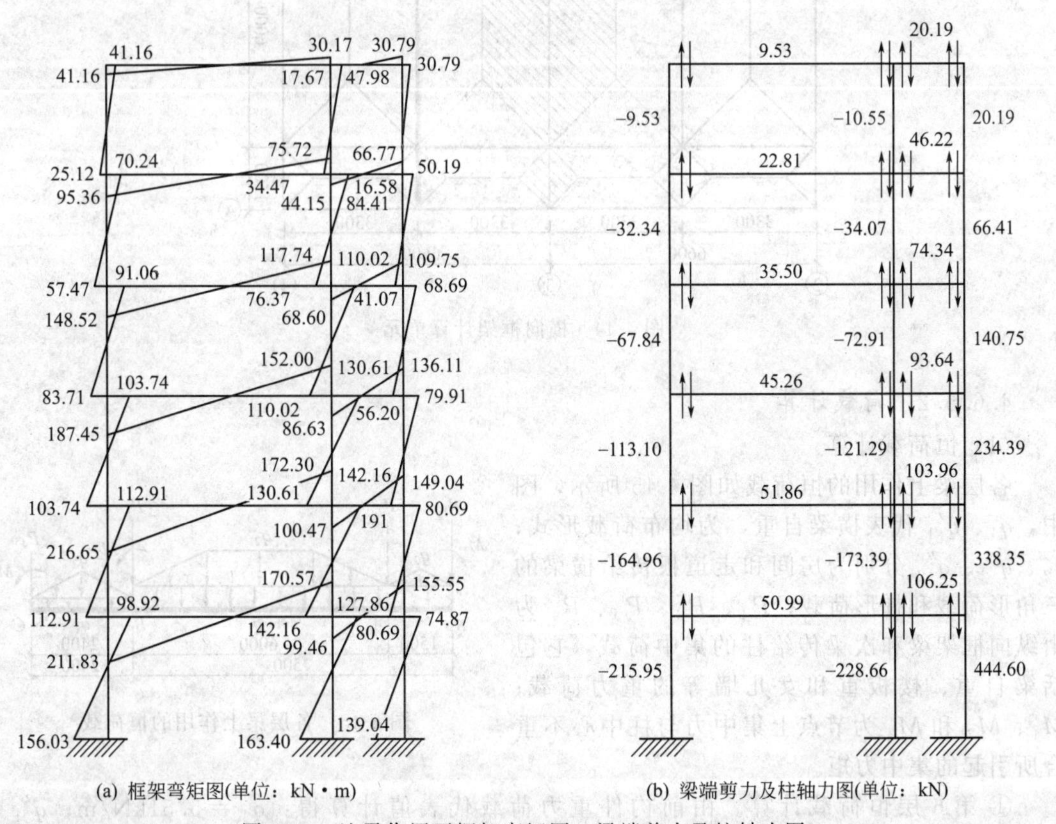

图4-43 地震作用下框架弯矩图、梁端剪力及柱轴力图

4.6.5 竖向荷载作用下框架的内力计算

梁端、柱端弯矩采用二次分配法。根据荷载传递路线最短的原则，将横向框架梁上的双向板所承担的荷载以三角形和梯形分布形式传递到框架梁上，纵向框架板上的荷载沿板短跨

方向传递到纵梁上，计算单位范围内的其余楼面荷载则通过次梁和纵向框架梁以集中力的形式传给横向框架，作用于各节点上。梁端剪力可根据梁上竖向荷载引起的剪力与梁端弯矩引起的剪力叠加而得，柱轴力可由梁端剪力和节点集中力叠加得到，计算柱底轴力还需考虑柱自重，柱端剪力可由柱端弯矩平衡条件确定。

4.6.5.1 计算单元

取③轴线横向框架进行计算，计算单元宽度为6.6m，如图4-44所示。由于房间内有次梁，故直接传给该框架的楼面荷载，如图4-44的斜线阴影所示，计算单元范围内的其余楼面荷载则通过次梁和纵向框架梁以集中力的形式传给横向框架，作用于各节点上。由于纵向框架梁的中心线与柱的中心线不重合，因此在框架节点上还作用有集中力矩。

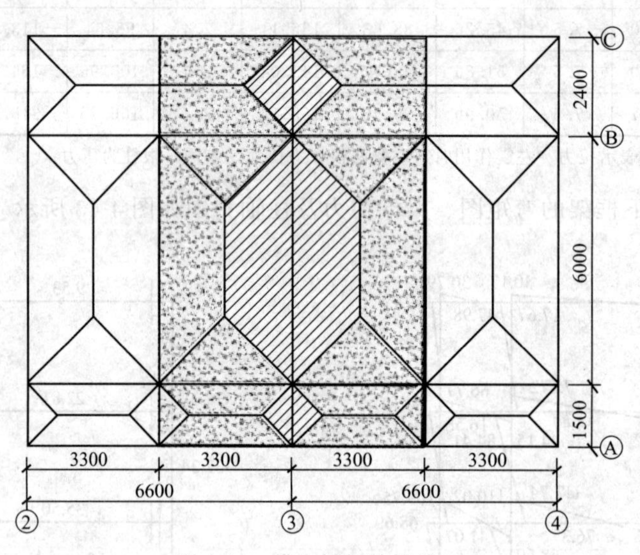

图4-44 横向框架计算单元

4.6.5.2 荷载计算

(1) 恒荷载计算

各层梁上作用的恒荷载如图4-45所示，图中，q_1、q'_1代表横梁自重，为均布荷载形式；q_2、q'_2、q''_2分别为房间和走道板传给横梁的三角形荷载和梯形荷载；P_1、P_2、P_3、P_4为由纵向框架梁和次梁传给柱的集中荷载，它包括梁自重、楼板重和女儿墙等的重力荷载；M_1、M_2和M_3为节点上集中力与柱中心不重合所引起的集中力矩。

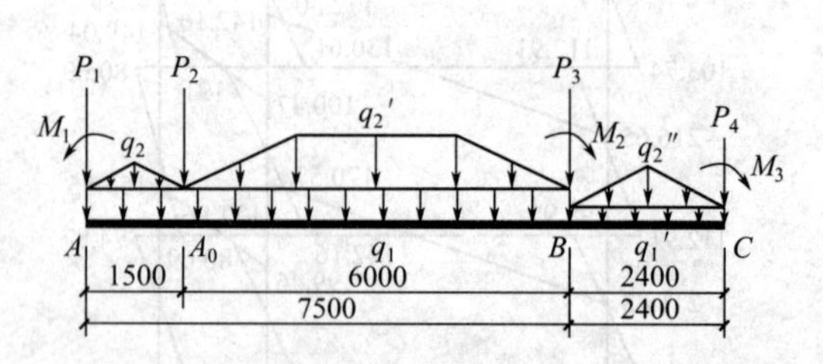

图4-45 各层梁上作用的恒荷载

① 第6层恒荷载计算。由前构件重力荷载代表值计算得：$q_1=5.51\text{kN/m}$；$q'_1=3.15\text{kN/m}$；$q_2=5.8\times1.5=8.7\text{kN/m}$；$q'_2=5.8\times3.3=19.14\text{kN/m}$；$q''_2=5.8\times2.4=13.92\text{kN/m}$

$$P_1=5.8\times\left[\left(3.3-\frac{1.5}{2}+3.3\right)\times\frac{1.5}{2}\right]+3.938\times6.6+3.28\times0.75+4.44\times0.6\times6.6$$
$$=71.5\text{kN}$$

$$P_2=5.8\times\left[\left(3.3-\frac{1.5}{2}+3.3\right)\times\frac{1.5}{2}+3.3\times\frac{3.3}{2}+(6-3.3+6)\times\frac{3.3}{2}\times\frac{1}{2}\right]$$
$$+2.95\times6.6+3.28\times3.75+4.28\times0=131.50\text{kN}$$

$$P_3=5.8\times\left[3.3\times\frac{3.3}{2}+(6-3.3+6)\times\frac{3.3}{2}\times\frac{1}{2}+(3.3-1.2+3.3)\times1.2\right]+3.94\times6.6$$
$$+3.28\times3.75+4.28\times0=146.6\text{kN}$$

$$P_4=5.8\times[(3.3-1.2+3.3)\times1.2]+3.94\times6.6+4.44\times0.6\times6.6=81.2\text{kN}$$

集中力矩 $M_1=P_1e_1=71.5\times0.13=8.93\text{kN}\cdot\text{m}$

$M_2=P_3e_2=146.6\times0.13=18.33\text{kN}\cdot\text{m}$

$M_3=P_4e_3=81.2\times0.13=10.14\text{kN}\cdot\text{m}$

② 第1～5层恒荷载计算。

对于1～5层，q_1 包括梁自重和其上横墙自重，为均布荷载。其他荷载计算方法同第6层，结果为：

$q_1=5.513+2.9\times4.44=18.39\text{kN/m}$；$q'_1=3.15\text{kN/m}$

$q_2=3.79\times1.5=5.685\text{kN/m}$；$q'_2=3.79\times3.3=12.51\text{kN/m}$；$q''_2=3.79\times2.4=9.10\text{kN/m}$

$$P_1=3.79\times\left[\left(3.3-\frac{1.5}{2}+3.3\right)\times\frac{1.5}{2}\right]+3.938\times6.6+3.28\times0.75+4.44\times10.905$$
$$=93.50\text{kN}$$

$$P_2=3.79\times\left[\left(3.3-\frac{1.5}{2}+3.3\right)\times\frac{1.5}{2}+3.3\times\frac{3.3}{2}+(6-3.3+6)\times\frac{3.3}{2}\times\frac{1}{2}\right]$$
$$+2.95\times6.6+3.28\times3.75+4.28\times21.345=187.59\text{kN}$$

$$P_3=3.79\times\left[3.3\times\frac{3.3}{2}+(6-3.3+6)\times\frac{3.3}{2}\times\frac{1}{2}+(3.3-1.2+3.3)\times1.2\right]$$
$$+3.94\times6.6+3.28\times3+4.28\times24.78=214.30\text{kN}$$

$$P_4=3.79\times[(3.3-1.2+3.3)\times1.2]+3.94\times6.6+4.44\times8.58=88.66\text{kN}$$

集中力矩：

$M_1=P_1e_1=93.5\times0.13=11.69\text{kN}\cdot\text{m}$

$M_2=P_3e_2=214.30\times0.13=26.79\text{kN}\cdot\text{m}$

$M_3=P_4e_3=88.66\times0.13=11.08\text{kN}\cdot\text{m}$

(2) 活荷载计算

活荷载作用下各层框架梁上的荷载分布如图4-46所示。

① 第6层活荷载计算。本办公楼设计为不上人屋面，所以根据《建筑结构荷载规范》查得屋面活荷载取值为 0.5kN/m^2，各荷载值计算如下。

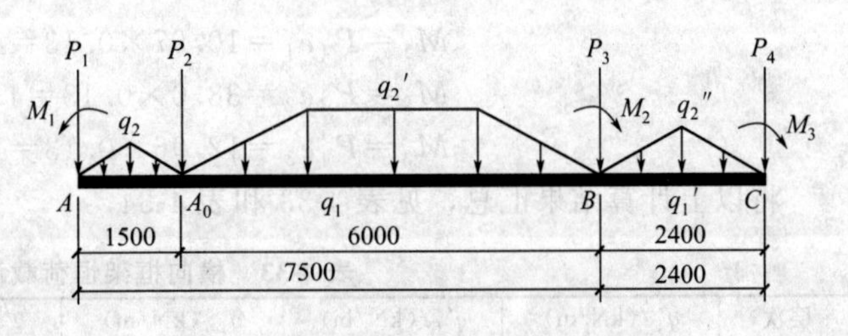

图4-46 各层梁上作用的活荷载

$q_2=0.5\times1.5=0.75\text{kN/m}$；$q'_2=0.5\times3.3=1.65\text{kN/m}$；$q''_2=0.5\times2.4=1.2\text{kN/m}$

$$P_1=0.5\times\left[\left(3.3-\frac{1.5}{2}+3.3\right)\times\frac{1.5}{2}\right]=2.19\text{kN}$$

$$P_2=0.5\times\left[\left(3.3-\frac{1.5}{2}+3.3\right)\times\frac{1.5}{2}+3.3\times\frac{3.3}{2}+(6-3.3+6)\times\frac{3.3}{2}\times\frac{1}{2}\right]=8.50\text{kN}$$

$$P_3=0.5\times\left[3.3-\frac{3.3}{2}+3.3+(6-3.3+6)\times\frac{3.3}{2}\times\frac{1}{2}+(3.3-1.2+3.3)\times1.2\right]=9.55\text{kN}$$

$$P_4=0.5\times[(3.3-1.2+3.3)\times1.2]=3.24\text{kN}$$

集中力矩：

$$M_1=P_1e_1=2.194\times0.13=0.27\text{kN}\cdot\text{m}$$

$$M_2=P_3e_2=9.55\times0.13=1.19\text{kN}\cdot\text{m}$$

$$M_3=P_4e_3=3.24\times0.13=0.41\text{kN}\cdot\text{m}$$

同理，在屋面雪荷载作用下（0.6kN/m^2）：

$q_2=0.6\times1.5=0.9\text{kN/m}$；$q'_2=0.6\times3.3=1.98\text{kN/m}$；$q''_2=0.6\times2.4=1.44\text{kN/m}$

$$P_1=0.6\times\left[\left(3.3-\frac{1.5}{2}+3.3\right)\times\frac{1.5}{2}\right]=2.633\text{kN}$$

$$P_2=0.6\times\left[\left(3.3-\frac{1.5}{2}+3.3\right)\times\frac{1.5}{2}+3.3\times\frac{3.3}{2}+(6-3.3+6)\times\frac{3.3}{2}\times\frac{1}{2}\right]=10.206\text{kN}$$

$$P_3=0.6\times\left[3.3\times\frac{3.3}{2}+(6-3.3+6)\times\frac{3.3}{2}\times\frac{1}{2}+(3.3-1.2+3.3)\times1.2\right]=11.462\text{kN}$$

$$P_4=0.6\times[(3.3-1.2+3.3)\times1.2]=3.888\text{kN}$$

集中力矩：

$$M_1=P_1e_1=2.633\times0.13=0.329\text{kN}\cdot\text{m}$$

$$M_2=P_3e_2=11.462\times0.13=1.433\text{kN}\cdot\text{m}$$

$$M_3=P_4e_3=3.888\times0.13=0.486\text{kN}\cdot\text{m}$$

② 1～5层活荷载计算。

$q_2=2.5\times1.5=3.75\text{kN/m}$；$q'_2=2\times3.3=6.60\text{kN/m}$；$q''_2=2\times2.4=4.80\text{kN/m}$

$$P_1=2.5\times\left[\left(3.3-\frac{1.5}{2}+3.3\right)\times\frac{1.5}{2}\right]=10.97\text{kN}$$

$$P_2=2\times\left[\left(3.3-\frac{1.5}{2}+3.3\right)\times\frac{1.5}{2}+3.3\times\frac{3.3}{2}+(6-3.3+6)\times\frac{3.3}{2}\times\frac{1}{2}\right]=36.21\text{kN}$$

$$P_3=2\times\left[3.3\times\frac{3.3}{2}+(6-3.3+6)\times\frac{3.3}{2}\times\frac{1}{2}+(3.3-1.2+3.3)\times1.2\right]=38.21\text{kN}$$

$$P_4=2\times[(3.3-1.2+3.3)\times1.2]=12.96\text{kN}$$

集中力矩：

$$M_1=P_1e_1=10.97\times0.13=1.37\text{kN}\cdot\text{m}$$

$$M_2=P_3e_2=38.0\times0.13=4.78\text{kN}\cdot\text{m}$$

$$M_3=P_4e_3=12.96\times0.13=1.62\text{kN}\cdot\text{m}$$

将以上计算结果汇总，见表4-33和表4-34。

表4-33 横向框架恒荷载汇总表

层次	q_1/(kN/m)	q'_1/(kN/m)	q_2/(kN/m)	q'_2/(kN/m)	q''_2/(kN/m)	P_1/kN
6	5.51	3.15	8.70	19.17	13.92	71.48
1～5	18.39	3.15	5.69	12.51	9.10	93.50
层次	P_2/kN	P_3/kN	P_4/kN	M_1/(kN·m)	M_2/(kN·m)	M_3/(kN·m)
6	130.45	146.63	81.15	8.93	18.33	10.14
1～5	187.62	214.29	88.64	11.69	26.79	11.08

表 4-34 横向框架活荷载汇总表

层次	q_2/(kN/m)	q'_2/(kN/m)	q''_2/(kN/m)	P_1/kN	P_2/kN
6	0.75(0.9)	1.65(1.98)	1.2(1.44)	2.19(2.63)	8.50(10.21)
1～5	3.75	6.60	4.80	10.97	36.21
层次	P_3/kN	P_4/kN	M_1/(kN·m)	M_2/(kN·m)	M_3/(kN·m)
6	9.55(11.46)	3.24(3.9)	0.27(0.33)	1.19(1.43)	0.41(0.49)
1～5	38.21	12.96	1.37	4.78	1.62

4.6.5.3 内力计算

梁端、柱端弯矩采用二次分配法计算。所得弯矩图如图 4-47 所示。计算柱底轴力还需考虑柱的自重，如表 4-35～表 4-37 所列。梁端剪力可根据梁上竖向荷载引起的剪力与梁端弯矩引起的剪力相叠加而得。柱轴力可由梁端剪力和节点集中力叠加得到。计算柱底轴力还需考虑柱的自重。

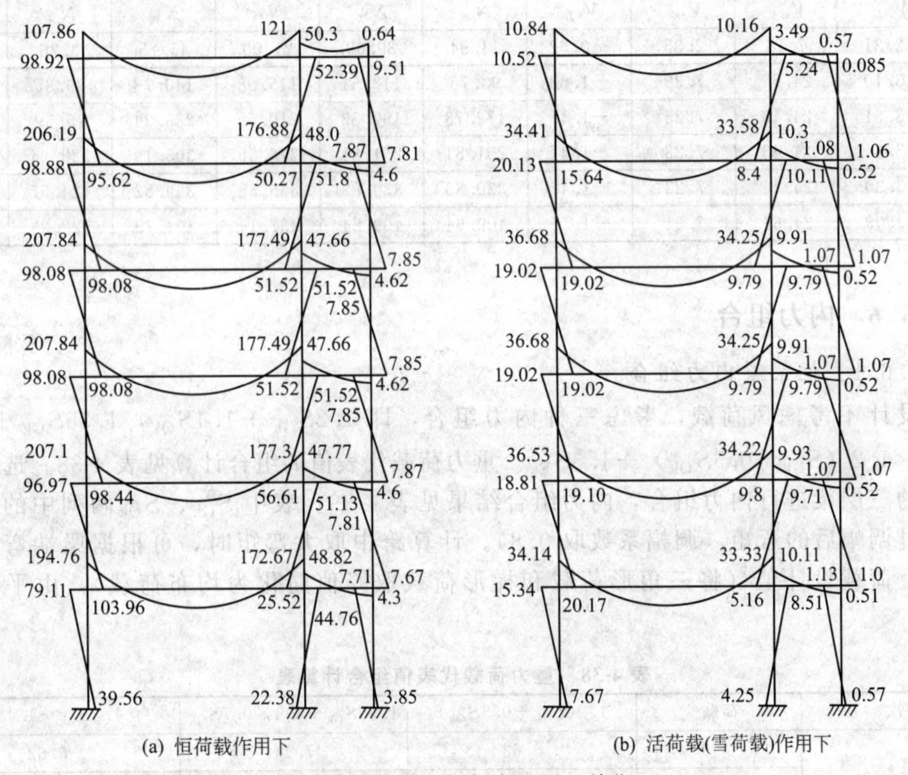

(a) 恒荷载作用下　　(b) 活荷载(雪荷载)作用下

图 4-47 竖向荷载作用下框架弯矩图（单位：kN·m）

表 4-35 恒荷载作用下梁端剪力及柱轴力

层次	总剪力/kN				柱轴力/kN					
					A 柱		B 柱		C 柱	
	V_{AB}	V_{BA}	V_{BC}	V_{CB}	$N_{顶}$	$N_{底}$	$N_{顶}$	$N_{底}$	$N_{顶}$	$N_{底}$
6	162.46	99.12	32.83	−8.56	233.94	258.69	278.57	303.32	72.59	97.34
5	248.56	135.64	31.16	−12.68	600.74	625.49	684.41	709.16	173.30	198.05
4	248.70	135.50	31.02	−12.55	967.69	992.44	1089.98	1114.73	274.14	298.89
3	248.70	135.50	31.02	−12.55	1334.63	1359.38	1495.54	1520.29	374.99	399.74
2	248.63	135.58	31.06	−12.58	1701.50	1726.25	1901.22	1925.97	475.80	500.55
1	247.60	136.60	31.37	−12.89	2067.35	2094.85	2308.23	2335.73	576.30	603.80

表 4-36 屋面活荷载（0.5kN/m²）作用下梁端剪力及柱轴力

层次	总剪力/kN				柱轴力/kN					
					A 柱		B 柱		C 柱	
	V_{AB}	V_{BA}	V_{BC}	V_{CB}	$N_{顶}$	$N_{底}$	$N_{顶}$	$N_{底}$	$N_{顶}$	$N_{底}$
6	10.30	14.74	−2.06	0.65	12.50	37.25	22.24	46.99	3.89	28.64
5	7.58	57.85	−7.29	2.36	55.80	80.55	135.75	160.50	43.96	68.71
4	5.26	58.58	−6.87	2.36	96.78	121.53	250.41	275.16	84.02	108.78
3	5.26	58.58	−6.87	2.36	137.76	162.51	365.08	389.8	124.09	148.84
2	5.40	58.54	−6.89	2.36	178.88	203.63	479.69	504.4	164.16	188.91
1	7.68	57.67	−7.09	2.37	222.28	249.78	593.22	620.7	204.24	231.74

表 4-37 屋面雪荷载（0.6kN/m²）作用下梁端剪力及柱轴力

层次	总剪力/kN				柱轴力/kN					
					A 柱		B 柱		C 柱	
	V_{AB}	V_{BA}	V_{BC}	V_{CB}	$N_{顶}$	$N_{底}$	$N_{顶}$	$N_{底}$	$N_{顶}$	$N_{底}$
6	12.31	7.18	2.35	−0.62	14.94	39.69	21.00	45.75	3.26	28.01
5	43.10	24.64	7.39	−1.63	93.76	118.51	115.98	140.73	39.35	64.10
4	43.31	24.43	7.23	−1.47	172.78	197.53	210.59	235.34	75.59	100.34
3	43.31	24.43	7.23	−1.47	251.81	251.81	276.56	305.19	329.94	136.59
2	43.30	24.44	7.23	−1.47	330.83	330.83	355.58	399.82	424.57	172.82
1	43.09	24.64	7.31	−1.55	409.64	409.64	437.14	494.73	522.23	211.74

4.6.6 内力组合

4.6.6.1 框架梁内力组合

本设计不考虑风荷载，考虑三种内力组合，即 $1.2S_{Gk}+1.4S_{Qk}$，$1.35S_{Gk}+1.4\times0.7S_{Qk}$，$1.2(S_{Gk}+0.5S_{Qk})+1.3S_{Eh}$。重力荷载代表值的组合计算见表 4-38。选择具有代表性的三层梁进行内力组合，内力组合结果见表 4-39，表中 S_{Gk}、S_{Qk} 两列中的两端弯矩为经过调幅后的弯矩（调幅系数取 0.8）。计算跨中取大弯矩时，可根据梁端弯矩组合值及梁上荷载设计值（将三角形荷载和梯形荷载取峰值简化为均布荷载），由平衡条件确定。

表 4-38 重力荷载代表值组合计算表

层次	荷载	$1.2(S_{Gk}+0.5S_{Qk})$	$1.35S_{Gk}+1.4\times0.7S_{Qk}$	$1.2S_{Gk}+1.4S_{Qk}$
6	q_1	6.62	7.44	6.62
	q'_1	3.78	4.25	3.78
	q_2	10.98	12.65	11.70
	q'_2	24.16	27.82	25.74
	q''_2	17.57	20.23	18.72
	P_2	163.67	186.32	170.83
1～5	q_1	22.07	24.82	22.07
	q'_1	3.78	4.25	3.78
	q_2	9.07	11.42	12.07
	q'_2	18.97	23.48	24.25
	q''_2	13.80	17.08	17.64
	P_2	246.87	289.50	275.84

表 4-39 框架梁内力组合表

层次	截面位置	内力	S_{Gk}	S_{Qk}	S_{Ek}		$\gamma_{RE}[1.2(S_{Gk}+0.5S_{Qk})+1.3S_{Ek}]$		$1.35S_{Gk}+S_{Qk}$	$1.2S_{Gk}+1.4S_{Qk}$	$V=\gamma_{RE}[\eta_{Vb}(M_b^l+M_b^r)/l_n+V_{Gb}]$
					→	←	→	←			
1	A	M	−155.81	−27.31	211.83	−211.83	54.02	−359.05	−237.65	−225.20	256.06
		V	247.60	43.09	−50.99	50.99	218.19	330.87	377.35	357.45	
	B左	M	−138.13	−26.66	−170.57	170.57	−302.62	29.98	−213.14	−203.09	
		V	136.90	24.64	50.99	−50.99	208.24	95.56	209.06	198.43	
	B右	M	−39.60	−8.09	99.46	−99.46	58.18	−135.76	−60.82	−58.19	155.26
		V	31.37	7.31	−106.25	106.25	−81.69	153.13	49.65	47.87	
	C左	M	3.44	0.41	−155.55	155.55	−148.39	154.94	5.05	4.70	
		V	−12.89	−1.55	106.25	−106.25	103.57	−131.35	−18.95	−17.64	
	跨中	M_{AB}					343.37	190.72	299.31	318.65	
	M_{max}	M_{BC}					54.60	−0.10	43.24	42.17	
3	A	M	−166.27	−29.34	187.45	−187.45	19.92	−345.62	−253.81	−240.61	249.77
		V	248.70	43.31	−45.26	45.26	225.75	325.77	379.05	359.07	
	B左	M	−141.99	−27.40	−152.00	152.00	−288.31	8.08	−219.09	−208.75	
		V	135.50	24.43	45.26	−45.26	200.68	100.66	207.36	196.80	
	B右	M	−38.13	−7.92	88.63	−88.63	48.53	−124.30	−59.40	−56.85	139.60
		V	31.02	7.23	−93.64	93.64	−68.15	138.80	49.11	47.34	
	C左	M	3.70	0.42	−136.11	136.11	−129.20	136.23	5.41	5.02	
		V	−12.55	−1.47	93.64	−93.64	89.93	−117.02	−18.40	−17.11	
	跨间	M_{AB}					318.95	186.49	285.19	505.78	
		M_{BC}					49.82	3.52	42.35	41.33	
6	A	M	−86.69	−8.68	41.16	−41.16	−41.43	−121.70	−125.16	−115.69	146.54
		V	162.46	12.31	−9.53	9.53	161.46	182.52	231.63	212.18	
	B左	M	−96.80	−8.13	−30.31	30.31	−120.33	−61.22	−138.80	−127.53	
		V	99.12	7.18	9.53	−9.53	115.30	94.24	141.00	129.01	
	B右	M	−40.24	−2.79	17.67	−17.67	−20.24	−54.70	−57.11	−52.19	48.63
		V	32.83	2.35	−20.19	20.19	12.37	57.00	46.67	42.68	
	C左	M	−0.51	0.07	−30.79	30.79	−30.44	29.59	−0.62	−0.51	
		V	−8.56	−0.62	20.19	−20.19	13.26	−31.36	−12.18	−11.15	
	跨中	AB跨					193.04	162.31	255.68	175.51	
	M_{max}	BC跨					36.87	24.08	46.49	42.55	

注：1. 表中M_{AB}和M_{BC}分别为AB跨和BC跨间最大正弯矩。M以下部受拉为正，V以向上为正。S_{Qk}一项取的是屋面作用雪荷载时对应的内力。

2. 表中γ_{RE}为地震影响系数，对于本工程为框架结构三级抗震，因此弯矩取0.75，剪力取0.85。

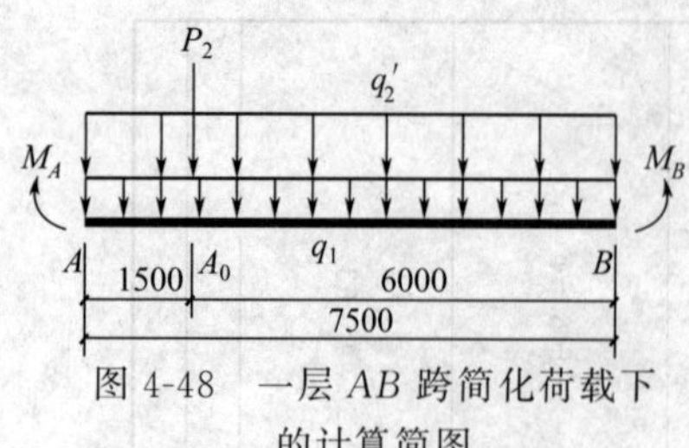

图 4-48　一层 AB 跨简化荷载下的计算简图

下面以第一层 AB 跨梁考虑地震作用的组合为例，说明各内力的组合方法。

(1) 跨中最大弯矩计算

将作用在 AB 跨上的梯形荷载和三角形荷载取其峰值 q_2' 简化为均布荷载作用在梁上，梁两端施加各组合下梁端弯矩组合值 M_A、$M_{B左}$，其计算简图如图 4-48 所示。左震计算如下。

查表 4-38 得 $q_1+q'_2=22.07+18.97=41.03\text{kN/m}$；$P_2=246.78\text{kN}$

查表 4-39 得
$$M_A=\frac{54.02}{0.75}=72.03\text{kN}\cdot\text{m}$$
$$M_{B左}=\frac{-302.62}{0.75}=403.49\text{kN}\cdot\text{m}$$

根据平衡条件可计算出左右端剪力（以向上为正）
$$V_A=287.97\text{kN};\ V_{B左}=266.66\text{kN}$$

从而可计算出跨中弯矩最大值
$$M_{max}=457.82\text{kN}\cdot\text{m}$$
$$\gamma_{RE}M_{max}=0.75\times457.82=343.37\text{kN}\cdot\text{m}$$

右震计算同左震。

(2) 剪力计算

其中 V_b^l、V_b^r、M_b^l、M_b^r 取自表 4-39 中的地震作用组合内力除以抗震调整系数 γ_{RE} 后所得值。

AB 净跨
$$l_n=7.5-0.25\times2=7\text{m}$$

左震
$$V_b^l=\frac{218.19}{0.85}=256.69\text{kN};\ V_b^r=\frac{208.24}{0.85}=244.99\text{kN}$$
$$M_{b边}^l=M_b^l-V_b^l\times0.25=\frac{54.02}{0.75}-256.69\times0.25=7.85\text{kN}\cdot\text{m}$$
$$M_{b边}^r=M_b^r+V_b^r\times0.25=\frac{-302.62}{0.75}+244.99\times0.25=-342.25\text{kN}\cdot\text{m}$$

右震
$$V_b^l=\frac{330.87}{0.85}=389.26\text{kN};\ V_b^r=\frac{95.56}{0.85}=112.43\text{kN}$$
$$M_{b边}^l=M_b^l+V_b^l\times0.25=\frac{359.05}{0.75}+389.26\times0.25=-381.42\text{kN}\cdot\text{m}$$
$$M_{b边}^r=M_b^r-V_b^r\times0.25=\frac{29.98}{0.75}-112.43\times0.25=11.87\text{kN}\cdot\text{m}$$
$$|M_{b边}^l|+|M_{b边}^r|=381.42+11.87=393.29>7.85+342.25=350.10\text{kN}\cdot\text{m}$$
$$V_{Gb}=\frac{1}{2}\times\left[22.07\times7+\frac{1}{2}\times1\times9.07+\frac{1}{2}\times(5.5+2.2)\times18.97+246.87\right]=239.45\text{kN}$$

则
$$V=1.1\times\frac{393.29}{7}+239.45=301.18\text{kN}$$
$$\gamma_{RE}V=0.85\times301.18=256.06\text{kN}$$

4.6.6.2　框架柱内力组合

取每层柱顶和柱底两个控制截面，组合方式同梁端内力组合，组合结果及柱端弯矩设计值的调整见表 4-40～表 4-48。在考虑地震作用效应组合中，取屋面为雪荷载时的内力组合。

表 4-40 横向框架 A 柱弯矩和轴力组合

层次	截面位置	内力	S_{Gk}	S_{Qk}	S_{Ek}		$\gamma_{RE}[1.2(S_{Gk}+0.5S_{Qk})+1.35S_{Ek}]$		$1.35S_{Gk}+S_{Qk}$	$1.2S_{Gk}+1.4S_{Qk}$	M_{max}	N_{min}	N_{max}
					→	←	→	←			N	M	M
6	柱顶	M	98.82	10.52	−41.16	41.16	53.63	133.90	144.06	133.43	144.06	53.63	144.06
		N	233.94	14.94	−9.53	9.53	207.98	226.56	330.76	301.64	226.56	207.98	330.76
	柱底	M	−95.62	−15.64	25.12	−25.12	−68.61	−117.59	−144.74	−136.65	−144.74	−68.61	−144.74
		N	258.69	39.69	−9.53	9.53	241.39	259.97	388.92	365.99	388.92	241.39	388.92
5	柱顶	M	98.88	20.13	−70.24	70.24	31.54	177.64	153.62	146.85	177.64	31.54	153.62
		N	600.74	93.76	−32.34	32.34	588.08	655.35	904.76	852.15	655.35	588.08	904.76
	柱底	M	−98.08	−19.02	57.47	−57.47	−43.52	−163.05	−151.43	−144.33	−163.05	−43.52	−151.43
		N	625.49	118.51	−32.34	32.34	623.72	690.99	962.92	916.50	690.99	623.72	962.92
4	柱顶	M	98.08	19.02	−91.06	91.06	8.59	197.98	151.43	144.33	197.98	8.59	151.43
		N	967.69	172.78	−67.84	67.84	941.36	1082.47	1479.16	1403.12	1082.47	941.36	1479.16
	柱底	M	−98.08	−19.02	83.71	−83.71	−16.22	−190.35	−151.43	−144.33	−190.35	−16.22	−151.43
		N	992.44	197.53	−67.84	67.84	977.00	1118.11	1537.33	1467.47	1118.11	977.00	1537.33
3	柱顶	M	98.08	19.02	−103.74	103.74	−4.60	211.17	151.43	144.33	211.17	−4.60	151.43
		N	1334.63	251.81	−113.10	113.10	1284.49	1519.74	2053.57	1954.10	1519.74	1284.49	2053.57
	柱底	M	−98.44	−19.10	103.74	−103.74	4.22	−211.56	−151.99	−144.86	−211.56	4.22	−151.99
		N	1359.38	276.56	−113.10	113.10	1320.13	1555.38	2111.73	2018.45	1555.38	1320.13	2111.73
2	柱顶	M	98.08	18.81	−112.91	112.91	−14.25	220.61	151.21	144.03	220.61	−14.25	151.21
		N	1701.50	330.83	−164.96	164.96	1620.68	1963.80	2627.86	2504.96	1963.80	1620.68	2627.86
	柱底	M	−103.96	−20.17	112.91	−112.91	7.95	−226.91	−160.51	−152.99	−226.91	7.95	−160.51
		N	1726.25	355.58	−164.96	164.96	1656.32	1999.44	2686.02	2569.31	1999.44	1656.32	2686.02
1	柱顶	M	103.96	15.34	−98.92	98.92	4.29	210.04	155.68	146.22	210.04	4.29	155.68
		N	2067.35	409.64	−215.95	215.95	1956.69	2405.87	3200.56	3054.31	2405.87	1956.69	3200.56
	柱底	M	−39.56	−7.67	156.03	−156.03	120.61	−203.92	−61.07	−58.20	−203.92	120.61	−61.07
		N	2094.85	437.14	−215.95	215.95	1996.29	2445.47	3265.18	3125.81	2445.47	1996.29	3265.18

注：1. 表中 M 以左侧受拉为正，单位为 kN·m；N 以受压为正，单位为 kN。2. S_{Qk} 选择的是屋面作用雪荷载，其他楼层作用活荷载对应的内力值。3. 表中地震影响系数 γ_{RE} 的取值根据《建筑抗震设计规范》，当轴压比大于 0.15 时，取 0.8；当轴压比小于 0.15 时，取 0.75，并对取值为 0.8 的楼层弯矩设计值进行调整。

表 4-41 横向框架 A 柱柱端组合弯矩设计值的调整

层次	6		5		4		3		2		1	
截面	柱顶	柱底	柱顶	柱底	柱顶	柱底	柱顶	柱底	柱顶	柱底	柱顶	柱底
γ_{RE} ($\sum M_c=\eta_c\sum M_b$)	—	—	198.61	−203.25	176.35	−212.82	166.78	−219.21	160.39	−232.47	164.21	−254.90
$\gamma_{RE}N$	—	—	655.35	690.99	1082.47	1118.11	1519.74	1555.38	1963.80	1999.44	2405.87	2445.47

注：表中弯矩为相应于本层柱净高上、下两端弯矩设计值。

表 4-42 横向框架 A 柱剪力组合

单位：kN

层次	S_{Gk}	S_{Qk}	S_{Ek}		$\gamma_{RE}[1.2(S_{Gk}+0.5S_{Qk})+1.3S_{Ek}]$		$1.35S_{Gk}+S_{Qk}$	$1.2S_{Gk}+1.4S_{Qk}$	$\gamma_{RE}[\eta_{vc}(M_c^b+M_c^t)]/H_n$
			→	←	→	←			
6	−54.04	−7.27	18.41	−18.41	−38.48	−79.17	−80.22	−75.02	84.86
5	−54.71	−10.88	35.47	−35.47	−22.15	−100.55	−84.74	−80.88	110.61
4	−54.49	−10.57	48.55	−48.55	−7.32	−114.61	−84.13	−80.18	126.07
3	−54.49	−10.59	57.63	−57.63	2.60	−124.76	−84.28	−80.33	137.24
2	−55.81	−10.83	62.73	−62.73	6.86	−131.77	−86.18	−82.14	145.37
1	−29.67	−5.75	63.74	−63.74	37.23	−103.62	−45.80	−43.65	125.89

注：表中 V 以绕柱端顺时针为正。$\gamma_{RE}[\eta_{vc}(M_c^b+M_c^t)]/H_n$ 为相应于本层柱净高上、下两端的剪力设计值。γ_{RE} 取值为 0.8。

表 4-43 横向框架 B 柱弯矩和轴力组合

层次	截面	内力	S_{Gk}	S_{Qk}	S_{Ek}		$\gamma_{RE}[1.2(S_{Gk}+0.5S_{Qk})+1.3S_{Ek}]$		$1.35S_{Gk}+S_{Qk}$	$1.2S_{Gk}+1.4S_{Qk}$	M_{max}	N_{min}	N_{max}
					→	←	→	←			N	M	M
6	柱顶	M	−52.36	−5.24	−47.98	47.98	−96.27	−2.70	−75.93	−70.17	−96.27	−96.27	−75.93
		N	278.57	21.00	−10.66	10.66	249.77	270.56	397.07	363.69	249.77	249.77	397.07
	柱底	M	50.27	8.40	35.47	−35.47	83.61	14.45	76.27	72.09	83.61	83.61	76.27
		N	303.32	45.75	−10.66	10.66	283.18	303.97	455.24	428.04	283.18	283.18	455.24
5	柱顶	M	−51.81	−10.11	−84.41	84.41	−142.38	33.19	−80.06	−76.33	−142.38	−142.38	−80.06
		N	684.41	115.98	−34.07	34.07	677.28	748.14	1039.94	983.67	677.28	677.28	1039.94
	柱底	M	51.52	9.79	76.37	−76.37	133.58	−25.27	79.34	75.52	133.58	133.58	79.34
		N	709.16	140.73	−34.07	34.07	712.92	783.78	1098.10	1048.02	712.92	712.92	1098.10
4	柱顶	M	−51.52	−9.79	−110.02	110.02	−168.58	60.26	−79.34	−75.52	−168.58	−168.58	−79.34
		N	1089.98	210.59	−72.91	72.91	1071.64	1223.28	1682.06	1602.79	1071.64	1071.64	1682.06
	柱底	M	51.52	9.79	110.02	−110.02	168.58	−60.26	79.34	75.52	168.58	168.58	79.34
		N	992.44	235.34	−72.91	72.91	989.88	1141.52	1575.13	1520.40	989.88	989.88	1575.13
3	柱顶	M	−51.52	−9.79	−130.61	130.61	−189.99	81.68	−79.34	−75.52	−189.99	−189.99	−79.34
		N	1495.54	305.19	−121.29	121.29	1456.07	1708.35	2324.17	2221.92	1456.07	1456.07	2324.17
	柱底	M	51.61	9.80	130.61	−130.61	190.09	−81.58	79.48	45.66	190.09	190.09	79.48
		N	1520.29	329.94	−121.29	121.29	1491.71	1743.99	2382.34	2286.27	1491.71	1491.71	2382.34
2	柱顶	M	−51.13	−9.71	−142.16	142.16	−201.59	94.10	−78.74	−74.95	−201.59	−201.59	−78.74
		N	1901.22	399.82	−173.39	173.39	1836.76	2197.41	2966.47	2841.21	1836.76	1836.76	2966.47
	柱底	M	25.52	5.16	142.16	−142.16	174.82	−120.87	39.60	37.84	174.82	174.82	39.60
		N	1925.97	424.57	−173.39	173.39	1872.40	2233.05	3024.63	2905.56	1872.40	1872.40	3024.63
1	柱顶	M	−44.76	−8.51	−127.86	127.86	−180.03	85.92	−68.93	−65.62	−180.03	−180.03	−69.93
		N	2308.23	494.73	−228.66	228.66	2215.57	2691.17	3610.84	3462.49	2215.57	2215.57	3610.84
	柱底	M	22.38	4.25	163.40	−163.40	193.46	−146.40	34.47	32.81	193.46	193.46	34.47
		N	2335.73	522.23	−228.66	228.66	2255.17	2730.77	3675.46	3533.99	2255.17	2255.17	3675.46

注：表中 M 以左侧受拉为正，单位为 kN·m；N 以受压为正，单位为 kN。

表 4-44　横向框架 *B* 柱柱端组合弯矩设计值的调整

层次	6		5		4		3		2		1	
截面	柱顶	柱底	柱顶	柱底	柱顶	柱底	柱顶	柱底	柱顶	柱底	柱顶	柱底
γ_{RE} ($\sum M_c=\eta_c\sum M_b$)	—	—	−212.39	203.37	−181.51	214.36	−170.51	83.11	−167.85	234.612	−177.01	241.82
$\gamma_{RE}N$	—	—	677.28	712.92	1071.64	989.88	1456.0725	1491.71	1836.76	1872.399	2215.57	2255.17

注：表中弯矩为相应于本层柱净高上、下两端弯矩设计值。

表 4-45　横向框架 *B* 柱剪力组合　　单位：kN

层次	S_{Gk}	S_{Qk}	S_{Ek}		$\gamma_{RE}[1.2(S_{Gk}+0.5S_{Qk})+1.3S_{Ek}]$		$1.35S_{Gk}+S_{Qk}$	$1.2S_{Gk}+1.4S_{Qk}$	$\gamma_{RE}[\eta_{vc}(M_c^b+M_c^t)]/H_n$
			→	←	→	←			
6	28.51	3.79	23.18	−23.18	56.63	−3.97	42.28	39.52	60.69
5	28.70	5.53	44.66	−44.66	81.45	−35.37	44.28	42.18	89.59
4	28.62	5.44	61.12	−61.12	99.51	−60.30	44.08	41.96	80.36
3	28.65	5.44	72.56	−72.56	112.18	−77.51	44.12	42.00	82.09
2	21.29	4.13	78.98	−78.98	111.09	−95.36	32.87	31.33	102.27
1	16.78	3.19	72.81	−72.81	99.21	−95.40	25.85	24.61	112.44

注：表中 V 以绕柱端顺时针为正。$\gamma_{RE}[\eta_{vc}(M_c^b+M_c^t)]/H_n$ 为相应于本层柱净高上、下两端的剪力设计值。γ_{RE} 取值为 0.8。

表 4-46 横向框架 C 柱弯矩和轴力组合

层次	截面	内力	S_{Gk}	S_{Qk}	S_{Ek}		$\gamma_{RE}[1.2(S_{Gk}+0.5S_{Qk})+1.3S_{Ek}]$		$1.35S_{Gk}+S_{Qk}$	$1.2S_{Gk}+1.4S_{Qk}$	M_{max}	N_{min}	N_{max}
					→	←	→	←			N	M	M
6	柱顶	M	9.51	0.57	−30.79	30.79	−21.20	38.83	13.41	12.21	38.83	38.83	13.41
		N	72.59	3.26	20.19	−20.19	86.49	47.11	101.26	91.68	47.11	47.11	101.26
	柱底	M	−7.81	−1.06	16.58	−16.58	8.65	−23.67	−11.61	−10.86	−23.67	−23.67	−11.61
		N	97.34	28.01	20.19	−20.19	119.90	80.53	159.42	156.03	80.53	80.53	159.42
5	柱顶	M	7.87	1.08	−50.19	50.19	−44.13	60.27	11.70	10.95	60.27	60.27	11.70
		N	600.74	39.35	66.41	−66.41	664.67	526.53	850.35	775.98	526.53	526.53	850.35
	柱底	M	−7.85	−1.07	41.07	−41.07	34.66	−50.76	−11.67	−10.92	−50.76	−50.76	−11.67
		N	198.05	64.10	66.41	−66.41	289.96	151.83	331.46	327.40	151.83	151.83	331.46
4	柱顶	M	7.85	1.07	−68.69	68.69	−63.39	79.49	11.67	10.92	79.49	79.49	−63.39
		N	274.14	75.59	140.75	−140.75	445.84	153.09	445.69	434.80	153.09	153.09	445.84
	柱底	M	−7.85	−1.07	56.20	−56.20	50.40	−66.50	−11.67	−10.92	−66.50	−66.50	50.40
		N	298.89	100.34	140.75	−140.75	481.48	188.73	503.85	499.15	188.73	188.73	481.48
3	柱顶	M	7.85	1.07	−79.91	79.91	−75.06	91.16	11.67	10.92	91.16	91.16	−75.06
		N	374.99	111.84	234.39	−234.39	657.44	169.91	618.07	606.56	169.91	169.91	657.44
	柱底	M	−7.87	−1.07	68.35	−68.35	63.01	−79.15	−11.69	−10.94	−79.15	−79.15	63.01
		N	399.74	136.59	234.39	−234.39	693.08	205.55	676.24	670.91	205.55	205.55	693.08
2	柱顶	M	7.81	1.07	−80.69	80.69	−75.90	91.93	11.62	10.88	91.93	91.93	−75.90
		N	475.80	148.07	338.35	−338.35	879.73	175.96	790.40	778.26	175.96	175.96	879.73
	柱底	M	−7.67	−1.00	80.69	−80.69	76.07	−91.75	−11.35	−10.60	−91.75	−91.75	76.07
		N	500.55	172.82	338.35	−338.35	915.37	211.60	848.56	842.61	211.60	211.60	915.37
1	柱顶	M	7.71	1.13	−74.87	74.87	−69.92	85.81	11.54	10.84	85.81	85.81	−69.92
		N	576.30	184.24	444.60	−444.60	1104.07	179.29	962.24	949.48	179.29	179.29	1104.07
	柱底	M	−3.85	−0.57	139.04	−139.04	140.63	−148.57	−5.77	−5.42	−148.57	−148.57	140.62
		N	603.80	211.74	444.60	−444.60	1143.67	218.89	1026.86	1020.98	218.89	218.89	1143.67

注：表中 M 以左侧受拉为正，单位为 kN·m；N 以受压为正，单位为 kN。

表 4-47　横向框架 C 柱柱端组合弯矩设计值的调整

层次	6		5		4		3		2		1	
截面	柱顶	柱底	柱顶	柱底	柱顶	柱底	柱顶	柱底	柱顶	柱底	柱顶	柱底
γ_{RE} ($\sum M_c=\eta_c\sum M_b$)	—	—	107.24	−63.48	89.63	−68.58	84.53	−75.44	77.67	−97.73	76.95	−185.72
$\gamma_{RE}N$	—	—	526.53	151.83	153.09	188.73	169.91	205.55	175.96	211.60	179.29	218.89

注：表中弯矩为相应于本层柱净高上、下两端弯矩设计值。

表 4-48　横向框架 C 柱剪力组合

单位：kN

层次	S_{Gk}	S_{Qk}	S_{Ek}		$\gamma_{RE}[1.2(S_{Gk}+0.5S_{Qk})+1.3S_{Ek}]$		$1.35S_{Gk}+S_{Qk}$	$1.2S_{Gk}+1.4S_{Qk}$	$\gamma_{RE}[\eta_{vc}(M_c^b+M_c^t)]/H_n$
			→	←	→	←			
6	−4.81	−0.45	13.16	−13.16	9.40	−19.68	−6.95	−6.41	23.47
5	−4.37	−0.60	25.35	−25.35	23.25	−32.77	−6.49	−6.08	39.78
4	−4.36	−0.60	34.69	−34.69	33.58	−43.09	−6.48	−6.07	52.30
3	−4.37	−0.60	41.18	−41.18	40.75	−50.27	−6.49	−6.07	61.01
2	−4.30	−0.57	44.83	−44.83	44.85	−54.21	−6.38	−5.96	65.80
1	−2.89	−0.42	53.48	−53.48	55.93	−62.26	−6.33	−4.06	76.78

注：表中 V 以绕柱端顺时针为正。$\gamma_{RE}[\eta_{vc}(M_c^b+M_c^t)]/H_n$ 为相应于本层柱净高上、下两端的剪力设计值。γ_{RE} 取值为 0.8。

4.6.7 框架结构构件截面设计

4.6.7.1 框架梁截面设计

仅以第 1 层 AB 跨为例，说明计算方法和过程，其他梁的配筋计算结果见表 4-49、表 4-50。

表 4-49 框架梁纵向钢筋计算表

层次	截面		M/(kN·m)	ξ	A_s/mm²	实配钢筋 A_s	实配钢筋 A'_s	A'_s/A_s	ρ/%
6	AB 跨	A	−81.43	<0	359.06	4Φ18(1018)	4Φ16(804)	0.79>0.3	0.51
		B 左	−107.70	<0	474.86	4Φ18(1018)	4Φ16(804)	0.79>0.3	0.51
		AB 跨间	193.04	0.0123	811.35	4Φ18(1018)	4Φ16(804)	0.79>0.3	0.51
	BC 跨	B 右	−42.13	<0	354.64	4Φ16(804)	2Φ16(402)	0.50	0.73
		C	−27.52	<0	231.64	4Φ16(804)	2Φ16(402)	0.50	0.73
		BC 跨间	46.49	0.0031	359.41	4Φ16(804)	2Φ16(402)	0.50	0.73
3	AB 跨	A	−273.75	<0	1207.03	4Φ22(1521)	4Φ22(1521)	1.00	0.76
		B 左	−244.05	<0	1076.07	4Φ22(1521)	4Φ22(1521)	1.00	0.76
		AB 跨间	318.95	0.0204	1345.99	4Φ22(1521)	4Φ22(1521)	1.00	0.76
	BC 跨	B 右	−93.68	<0	788.52	4Φ18(1018)	4Φ18(1018)	1.00	0.93
		C	110.41	0.0753	873.16	4Φ18(1018)	4Φ18(1018)	1.00	0.93
		BC 跨间	33.49	0.0222	257.74	4Φ18(1018)	4Φ18(1018)	1.00	0.93
1	AB 跨	A	−286.07	<0	1261.31	4Φ22(1521)	4Φ22(1521)	1.00	0.76
		B 左	−256.68	<0	1131.76	4Φ22(1521)	4Φ22(1521)	1.00	0.76
		AB 跨间	343.37	0.0188	1496.60	4Φ22(1521)	4Φ22(1521)	1.00	0.76
	BC 跨	B 右	−101.98	<0	858.42	4Φ18(1018)	4Φ20(1257)	1.56	0.73
		C	125.97	0.0735	995.22	4Φ18(1018)	4Φ20(1257)	1.56	0.73
		BC 跨间	35.26	0.0200	271.08	4Φ18(1018)	4Φ20(1257)	1.56	0.73

表 4-50 框架梁箍筋数量计算表

层次	截面	$\gamma_{RE}V$/kN	$0.20\beta_c f_c bh_0$	$nA_{sv}/s=[\gamma_{RE}V-1.75/(\lambda+1)f_t bh_0]/f_{yv}h_0$	$nA_{sv}/s=(\gamma_{RE}V-0.7f_t bh_0)/f_{yv}h_0$	梁端加密区实配钢筋	非加密区实配钢筋
6	AB 跨	146.54	570.57	−0.15		双肢Φ8@100	双肢Φ8@200
	BC 跨	48.93	313.17		−0.18	双肢Φ8@100	双肢Φ8@100
3	AB 跨	249.77	570.57	0.43		双肢Φ10@100	双肢Φ10@200
	BC 跨	139.60	313.17		0.75	双肢Φ10@100	双肢Φ10@100
1	AB 跨	256.06	666.33	0.49	0.69	双肢Φ10@100	双肢Φ10@200
	BC 跨	155.26	365.73		0.84	双肢Φ10@100	双肢Φ10@100

注：表中 V 为换算至支座边缘外的梁端剪力。

(1) 梁的正截面受弯承载力计算

从表 4-39 中选出 AB 跨间截面及支座截面的最不利内力，并将支座中心处的弯矩换算为支座边缘控制截面的弯矩进行配筋计算。

支座弯矩 $M_A=-359.05/0.75+(330.87/0.85)\times0.25=-381.42\text{kN}\cdot\text{m}$

$$\gamma_{RE}M_A=0.75\times(-381.42)=-286.07\text{kN}\cdot\text{m}$$

$$M_B=-302.62/0.75+(208.24/0.85)\times0.25=-342.25\text{kN}\cdot\text{m}$$

$$\gamma_{RE}M_B=0.75\times(-342.25)=-256.69\text{kN}\cdot\text{m}$$

跨间弯矩取控制截面的最大弯矩，即跨中最大正弯矩查表 4-39 得。

$$M_{max}=457.825\text{kN}\cdot\text{m}$$

$$\gamma_{RE}M_{max}=0.75\times457.825=343.37\text{kN}\cdot\text{m}$$

当梁下部受拉时，按梯形截面设计，当梁上部受拉时，按矩形截面设计。

翼缘设计宽度当按跨度考虑时，$b'_f=l/3=7.5/3=2.5\text{m}=2500\text{mm}$；按梁间距考虑时，$b'_f=b+s_n=300+(3300-150-125)=3325\text{mm}$；按翼缘厚度考虑时，$b'_f=b+12h'_f=300+12\times100=1500\text{mm}$，此种情况起控制作用，故取 $b'_f=1500\text{mm}$，$h_0=h-a_s=700-40=660\text{mm}$。

梁内纵向钢筋选 HRB400 级钢（$f_y=f'_y=360\text{N/mm}^2$），$\zeta_b=0.518$。下部跨间截面按单筋 T 形截面计算。

$$\alpha_1 f_c b'_f h'_f=\left(h_0-\frac{h'_f}{2}\right)=1.0\times16.7\times1500\times100\times\left(660-\frac{100}{2}\right)=1528.05>343.37\text{kN}\cdot\text{m}$$

属第一类 T 形截面。

$$\alpha_s=\frac{M}{\alpha_1 f_c b'_f h_0^2}=\frac{343.37\times10^6}{1.0\times16.7\times1500\times660^2}=0.0315$$

$$\zeta=1-\sqrt{1-2\alpha_s}=1-\sqrt{1-2\times0.0315}=0.032$$

$$A_s=\frac{\zeta\alpha_1 f_c b'_f h_0}{f_y}=\frac{0.032\times1.0\times16.7\times1500\times660}{360}=1469.6\text{mm}^2$$

实配钢筋 4 Φ22($A_s=1521\text{mm}^2$)，$\rho=1521/(300\times660)=0.768\%>0.25\%$，满足要求。

将下部跨间截面的 4 Φ22 钢筋伸入支座，作为支座负弯矩作用下的受压钢筋（$A_s=1521\text{mm}^2$），再计算相应的受拉钢筋 A_s 及支座 A 上部 α_s。

$$\alpha_s=\frac{M-f'_yA'_s(h_0-\alpha'_s)}{\alpha_1 f_c b'_f h_0^2}=\frac{286.07\times10^6-360\times1521\times(660-40)}{1.0\times16.7\times1500\times660^2}<0$$

说明 A'_s 富余，且达不到屈服。可近似取

$$A'_s=\frac{M}{f_y(h_0-\alpha'_s)}=\frac{286.07\times10^6}{360\times(660-40)}=1281.68\text{mm}^2$$

实取 4 Φ22($A_s=1521\text{mm}^2$)，$\rho=\frac{1521}{300\times665}=0.768\%>0.3\%$，满足要求。

(2) 梁斜截面受剪承载力计算

AB 跨：$\gamma_{RE}V=256.06<0.20\beta_c f_c bh_0=0.20\times1.0\times16.7\times300\times660=661.32\text{kN}$，故截面尺寸满足要求。

梁端加密区箍筋取 2 肢Φ10@100，箍筋用 HPB300($f_y=270\text{N/mm}^2$)，则

$$0.7f_t bh_0+f_{yv}\frac{A_{sv}}{s}h_0=0.7\times1.57\times300\times660+270\times\frac{157}{100}\times660=497.37\text{kN}>256.06\text{kN}$$

加密区长度取 0.84m，非加密区箍筋取 2 肢Φ10@200，箍筋设置满足要求。

BC 跨：若梁端箍筋加密区取 2 肢Φ10@100，则其承载力为

$$0.7\times1.57\times300\times600+270\times\frac{157}{100}\times660=497.37>155.26\text{kN}$$

由于非加密区长度较小，故全跨均按加密区配置。

4.6.7.2　框架柱截面设计

柱截面尺寸宜满足剪跨比及轴压比的要求。剪跨比宜大于 2，本结构抗震等级为三级，轴压比应小于 0.85。

（1）柱正截面承载力计算

以第 2 层 B 柱为例说明计算方法。根据 B 柱内力组合表，将支座中心处的弯矩换算至支座边缘，并与柱端组合弯矩的调整值比较后，选出最不利内力进行配筋计算。

B 柱节点左、右两端弯矩

$$-302.62/0.75+(208.24/0.85)\times0.25=-342.55\text{kN}\cdot\text{m}$$

$$58.18/0.75-81.69/0.85\times0.25=53.54\text{kN}\cdot\text{m}$$

B 节点上、下柱端弯矩

$$174.82/0.8-(111.09/0.85)\times0.1=205.46\text{kN}\cdot\text{m}$$

$$-180.03/0.8+(99.21/0.85)\times(0.7-0.1)=-155\text{kN}\cdot\text{m}$$

$$\sum M_{B柱}=205.46+155=360.46\text{kN}\cdot\text{m}$$

$$\sum M_{B梁}=342.25+53.54=395.79\text{kN}\cdot\text{m}$$

$$\frac{\sum M_{B柱}}{\sum M_{B梁}}=\frac{360.46}{395.79}=0.91$$

$1.3\sum M_{B梁}=1.3\times395.79=514.53\text{kN}\cdot\text{m}$；$\Delta M_B=514.53-360.46=154.07\text{kN}\cdot\text{m}$

在节点处将其按弹性弯矩分配给上、下柱端，即

$$M_{B上柱}=514.53\times\frac{205.46}{360.46}=293.28\text{kN}\cdot\text{m}$$

$$\gamma_{\text{RE}}M_{B上柱}=0.8\times293.28=234.62\text{kN}\cdot\text{m}$$

$$M_{B下柱}=514.53\times\frac{-155}{360.46}=-221.25\text{kN}\cdot\text{m}$$

$$\gamma_{\text{RE}}M_{B下柱}=0.8\times(-221.25)=-177\text{kN}\cdot\text{m}$$

$$e_0=\frac{M}{N}=\frac{234.62\times10^6}{1872.4\times10^3}=125\text{mm}$$

e_0 取 20mm 和偏心方向截面尺寸的 1/30 两者中的较大值，即 500/30＝16.7mm，故取 $e_0=20\text{mm}$。柱的计算长度 l_c 现浇楼盖底层取 $1.0H$，其余层取 $1.25H$，故取 $l_c=1.25\times3600=4500\text{mm}$。

$e_i=e_0+e_a=125+20=145\text{mm}$。

因为 $\dfrac{M_1}{M_2}=\dfrac{-167.85}{234.62}=-0.72<0.9$

轴压比 $n=\dfrac{N}{f_cA}=\dfrac{1872.4\times10^3}{14.3\times500\times500}=0.524<0.9$

$$\frac{l_c}{i}=\frac{4500}{0.289\times500}=31.14<34-12\left(\frac{M_1}{M_2}\right)=34-12\times\left(-\frac{167.85}{234.62}\right)=42.58$$

故不用考虑二阶效应。

$$e=e_i+\frac{h}{2}-a_s=145+\frac{500}{2}-40=355\text{mm}$$

对称配筋 $\zeta=\dfrac{x}{h_0}=\dfrac{N}{f_cbh_0}=\dfrac{1872.4\times10^3}{14.3\times500\times460}=0.57>\zeta_b$

为小偏压情况

$$\zeta=\frac{N-\zeta_b f_c bh_0}{\dfrac{Ne-0.43f_c bh_0^2}{(0.8-\zeta_b)(h_0-a_s')}+f_c bh_0}+\zeta_b$$

$$=\frac{1872.4\times10^3-0.518\times14.3\times500\times460}{\dfrac{1872.4\times10^3\times355-0.43\times14.3\times500\times460^2}{(0.8-0.518)(460-40)}+14.3\times500\times460}+0.518=0.523$$

$$A_s=A'=\frac{Ne-\zeta(1-0.5\zeta)\alpha_1 f_c bh_0^2}{f_y'(h_0'-a_s')}$$

$$=\frac{1872.4\times10^3\times355-0.523\times(1-0.5\times0.523)\times1.0\times14.3\times500\times460^2}{360\times(460-40)}$$

$$=531.42\text{mm}^2$$

再按 N_{max} 及相应的 M 一组计算

$$N=3024.63\text{kN}$$

节点上、下柱端弯矩

$$36.3-32.87\times0.1=36.32\text{kN}\cdot\text{m}$$

$$-68.93+25.85\times0.6=-53.42\text{kN}\cdot\text{m}$$

$$e_0=\frac{M}{N}=\frac{53.42\times10^3}{3024.63}=17.66\text{mm}$$

$$e_i=e_0+e_a=17.66+20=37.66\text{mm}$$

因为 $\dfrac{M_1}{M_2}=\dfrac{39.60}{-78.74}=-0.50<0.9$

轴压比 $n=\dfrac{N}{f_c A}=\dfrac{3024.63\times10^3}{14.3\times500\times500}=0.846<0.9$

$$\frac{l_c}{i}=\frac{4500}{0.289\times500}=31.14<34-12\left(\frac{M_1}{M_2}\right)=34-12\left(\frac{39.60}{-78.74}\right)=40.04$$

故不用考虑二阶效应。

$$e_i=37.66\text{mm}<0.3h_0=0.3\times460=138\text{mm}$$

故为小偏心受压。

$$e=e_i+\frac{h}{2}-a_s=37.66+250-40=247.66\text{mm}$$

$$\frac{N-\zeta_b f_c bh_0}{\dfrac{Ne-0.43f_c bh_0^2}{(0.8-\zeta_b)(h_0-a_s')}+f_c bh_0}+\zeta_b$$

$$=\frac{3024.63\times10^3-0.518\times14.3\times500\times460}{\dfrac{3024.63\times10^3\times247.66-0.43\times14.3\times500\times460^2}{(0.8-0.518)(460-40)}+14.3\times500\times460}+0.518$$

$$=0.839$$

$$A_s=A_s'=\frac{Ne-\zeta(1-0.5\zeta)\alpha_1 f_c bh_0^2}{f_y'(h_0-a_s')}$$

$$=\frac{3024.63\times10^3\times247.66-0.839\times(1-0.5\times0.839)\times1.0\times14.3\times500\times460^2}{360\times(460-40)}$$

$=80.81<531.42\text{mm}^2$

故按地震作用组合的内力计算进行配筋。

选 4 Φ18 ($A_s=A_s'=1018>\rho_{smin}bh=0.2\%\times500\times500=500\text{mm}^2$)。

总配筋率 $\rho_s=3\times1018/(500\times460)=1.33\%$。

(2) 柱斜截面受剪承载力计算

以第 1 层 B 柱为例进行计算。由前可知，上柱柱端弯矩设计值

$$M_c^t=221.25\text{kN}\cdot\text{m}$$

对三级抗震等级，柱底弯矩设计值

$$M_c^b=1.3\times241.82=314.37\text{kN}\cdot\text{m}$$

则框架柱的剪力设计值为

$$V=1.1\frac{M_c^t+M_c^b}{H_n}=1.1\times\left(\frac{221.25+314.37}{4-0.6}\right)=173.29\text{kN}$$

$$\lambda=\frac{M^c}{V^c h_0}=\frac{241.82\times10^3}{116.71\times460}=4.5>3(\text{取}\lambda=3.0)$$

其中 M^c 取较大的柱下端值，而且 M^c、V^c 不应考虑 γ_{RE}，与 V^c 相应的轴力为

$$N=2215.57/0.8=2769.46>0.3f_c bh=\frac{0.3\times16.7\times500^2}{10^3}=1072.5\text{kN}$$

取 $N=1072.5\text{kN}$。

$$\frac{A_{sv}}{s}=\frac{\gamma_{RE}V-\dfrac{1.05}{\lambda+1}f_c bh_0-0.056N}{f_{yv}h_0}$$

$$=\frac{0.85\times231.3\times10^3-\dfrac{1.05}{3+1}\times1.57\times500\times460-0.056\times1072.5\times10^3}{270\times460}$$

$$=0.336$$

查表 4-17 用插值法计算得 $\lambda_v=0.156$，则最小体积配筋率为

$$\rho_{vmin}=\frac{\lambda_v f_c}{f_{yv}}=\frac{0.156\times16.7}{270}=0.965\%$$

则按构造要求

$$\frac{A_{sv}}{s}\geqslant\frac{\rho_v A_{cor}}{\sum l_i}=\frac{0.965\times450\times450}{100\times8\times450}=0.543$$

取 $A_{sv}/s\geqslant0.543$，Φ10，$A_{sv}=78.5\text{mm}^2$，则 $s\leqslant144.6\text{mm}$。根据构造要求，取加密区箍筋为 4 Φ10@100，加密区位置及长度按规范要求确定。

非加密区还应满足 $s<10d=250\text{mm}$，故箍筋取 4 Φ10@200。各层柱的箍筋计算结果见表 4-51。

表 4-51　框架柱箍筋数量表

柱号	层次	V/kN	$\gamma_{RE}V/(\beta_c f_c bh_0)$	N/kN	$0.3f_c bh$/kN	A_{sv}/s	$\lambda_v f_c/f_{yv}$	$\rho_v A_{cor}/\sum l_i$	实配钢筋	
									加密区	非加密区
A	6	122.95	0.032	302.08	1072.5	0.010	0.371%	0.209	4 Φ8@100	4 Φ8@150
	5	184.19	0.048	819.19	1072.5	0.196	0.371%	0.209	4 Φ8@100	4 Φ8@150
	4	178.37	0.046	1353.09	1072.5	0.042	0.433%	0.244	4 Φ8@100	4 Φ8@150
	3	176.91	0.046	1899.68	1072.5	0.032	0.619%	0.348	4 Φ8@100	4 Φ8@150

续表

柱号	层次	V/kN	$\gamma_{RE}V/(\beta_c f_c bh_0)$	N/kN	$0.3f_c bh$/kN	A_{sv}/s	$\lambda_v f_c/f_{yv}$	$\rho_v A_{cor}/\sum l_i$	实配钢筋	
									加密区	非加密区
A	2	180.06	0.047	1454.75	1072.5	0.054	0.816%	0.459	4Φ10@100	4Φ10@200
	1	173.62	0.038	3007.33	1072.5	0.009	0.866%	0.487	4Φ10@100	4Φ10@200
B	6	87.94	0.023	333.03	1072.5	−0.243	0.371%	0.509	4Φ8@100	4Φ8@150
	5	190.55	0.049	846.59	1072.5	0.227	0.371%	0.209	4Φ8@100	4Φ8@150
	4	181.44	0.047	1237.35	1072.5	0.063	0.470%	0.264	4Φ8@100	4Φ8@150
	3	116.24	0.030	1820.09	1072.5	−0.383	0.705%	0.397	4Φ8@100	4Φ8@150
	2	184.46	0.048	2295.95	1072.5	0.084	0.915%	0.515	4Φ10@100	4Φ10@100
	1	173.29	0.038	2769.46	1072.5	0.007	0.965%	0.543	4Φ10@100	4Φ10@100
C	6	27.78	0.007	62.82	1072.5	−0.533	0.371%	0.209	4Φ8@100	4Φ8@150
	5	71.13	0.018	189.78	1072.5	−0.294	0.371%	0.209	4Φ8@100	4Φ8@150
	4	65.92	0.017	191.36	1072.5	−0.330	0.371%	0.209	4Φ8@100	4Φ8@150
	3	66.65	0.017	212.38	1072.5	−0.335	0.371%	0.209	4Φ8@100	4Φ8@150
	2	7308	0.019	219.94	1072.5	−0.294	0.408%	0.230	4Φ8@100	4Φ8@150
	1	100.37	0.022	224.11	1072.5	−0.109	0.427%	0.240	4Φ8@100	4Φ8@150

4.6.7.3 框架梁柱节点核心区截面抗震验算

以1层中节点为例。由节点两侧梁的受弯承载力计算节点核心区的剪力设计值，因节点两侧梁不等高，取两侧梁的平均高度

$$h_b=\frac{700+400}{2}=550\text{mm};\ h_{b0}=\frac{665+365}{2}=515\text{mm}$$

结构为三级抗震，按 $V_j=\frac{\eta_{jb}\sum M_b}{h_{b0}-a_s'}\left(1-\frac{h_{b0}-a_s'}{H_c-h_b}\right)$ 计算节点剪力设计值，其中 H_c 为柱的计算高度，取节点上、下柱反弯点的距离，即

$$H_c=(1-0.561)\times4+0.5\times3.6=3.556\text{m}$$

$$\sum M_b=(302.62+58.18)/0.75=481.06\text{kN}\cdot\text{m}$$

剪力设计值

$$V_j=\frac{1.1\times481.06\times10^3}{510-40}\times\left(1-\frac{510-40}{3556-550}\right)=950.44\text{kN}$$

$b_b=300$mm，故取 $b_i=b_j=0.5\text{m}=500$mm，$\eta_j=1.5$

$$\frac{1}{\gamma_{RE}}(0.3\eta_j f_c b_j h_j)=\frac{0.3\times1.5\times16.7\times500\times500}{0.85\times1000}=2210.29>V_j=950.44\text{kN}\ (满足要求)$$

4.7 叠合梁设计

在装配整体式框架中，为了节约模板，方便施工，并增强结构的整体性，框架的横梁常采用二次浇捣混凝土。这种分两次浇捣混凝土的梁，即是叠合梁。第一次在预制厂浇捣混凝土做成预制梁，并将其运往现场吊装；当预制板搁置在叠合梁上后，第二次浇捣梁上部的混凝土，如图4-49所示。预制梁之所以能和后浇混凝土连成整体、共同工作，主要依靠预制

梁中伸出叠合面的箍筋与粗糙的叠合面上的黏结力。

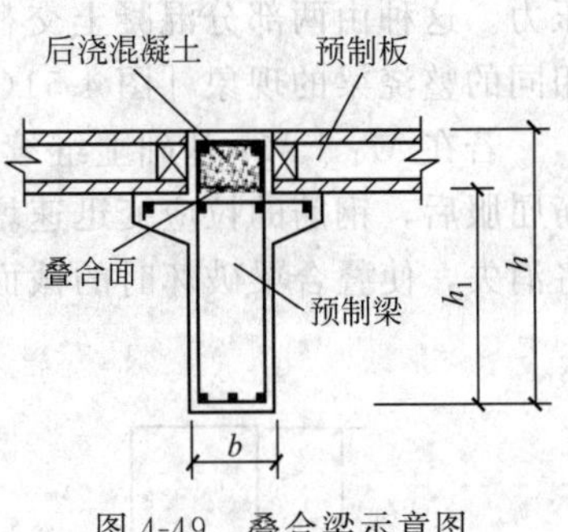

图 4-49　叠合梁示意图

若施工阶段预制梁下设有可靠支撑，施工阶段的荷载直接传给支撑，待叠合层后浇混凝土达到强度后再拆除支撑，这样整个截面承受全部荷载，称为“一阶段受力叠合梁”，其受力特点与一般钢筋混凝土梁相同。若施工阶段预制梁下不设支撑，由预制梁承受施工阶段作用的荷载，待叠合层后浇混凝土达到设计强度后形成的整个截面继续承担后加荷载，这种叠合梁称为“二阶段受力叠合梁”。本节主要讨论二阶段受力叠合梁的有关问题。

4.7.1　叠合梁的受力特点

二阶段受力叠合梁在不同阶段的内力不同。第一阶段指叠合层混凝土到达设计强度前的阶段，此时预制梁按简支梁考虑，梁的内力为 M_1、V_1。第二阶段指叠合层混凝土达到设计强度后的阶段，这时梁、柱已形成整体框架，应按整体框架结构分析内力，梁的内力为 M_2、V_2。

图 4-50 是简支叠合梁与条件完全相同的整浇梁试验结果的比较。由图 4-50 的跨中弯矩-挠度曲线可见，在第一阶段（叠合前），叠合梁跨中挠度的增长比整浇梁快得多，出现裂缝也较早。在第二阶段（叠合后），叠合梁的跨中挠度增长减慢，但在同级荷载作用下，叠合梁的挠度与裂缝宽度始终大于整浇梁。由图 4-50（b）所示的跨中弯矩-钢筋应力曲线可以看出，叠合梁的跨中受拉钢筋应力始终大于整浇梁，这种现象称为“钢筋应力超前”。另外由这两图还可以看出，叠合梁与整浇梁的极限承载力基本相同。

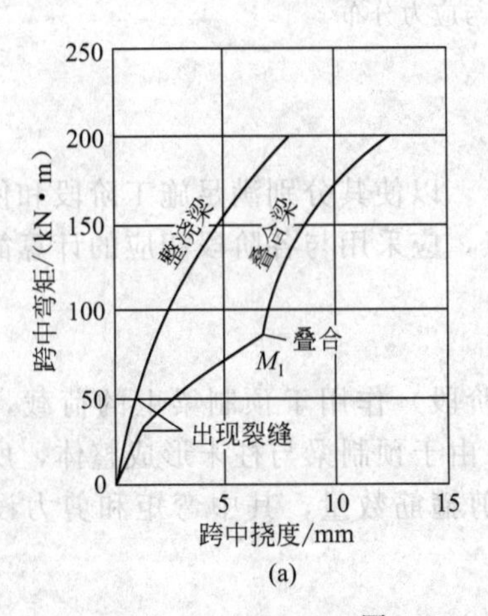

(a)

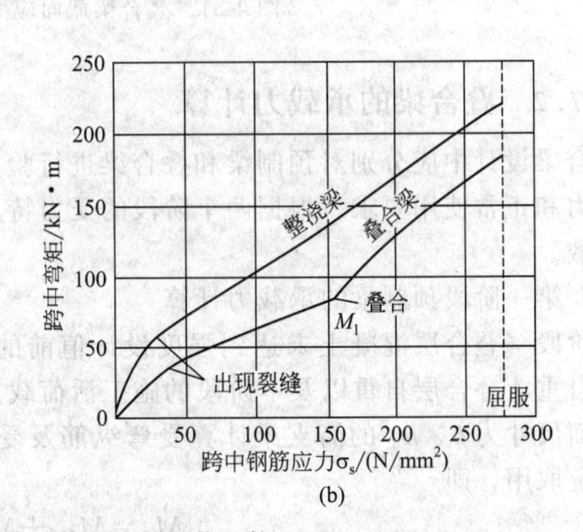

(b)

图 4-50　叠合梁与整浇梁性能比较

图 4-51 是叠合梁在各阶段的截面应变与应力分布图。第一阶段预制梁在 M_1 作用下发生弯曲变形，截面中的应变与应力分布如图 4-51（a）所示，此时截面上部是压应变，叠合后在第二阶段 M_2 作用下引起的拉应变，将抵消由 M_1 引起的一部分混凝土压应变［如图 4-51（b）中的影线部分］，从而在第二阶段的截面受拉区中有仅是由于 M_2 作用而产生的附加拉应力，其合力用 T_c 表示。这一附加拉力将减小纵向钢筋在 M_2 作用下的应力增量，故受拉钢筋在 M_2 作用下产生的应力增量将比一般钢筋混凝土梁相应的应力增量小，同时其挠度增量也小于相同条件下的一般钢筋混凝土梁的相应增量，如图 4-50 所示。

第一阶段受力时，由预制梁的压区混凝土承受压力，二次受力时主要由后浇混凝土承受压力。这种由两部分混凝土交替承压，使在 M_1+M_2 作用下，叠合层中的压应变小于条件相同的整浇梁的现象［图 4-51(c)］，称为压区混凝土的“应变滞后现象”。

若在 M_1+M_2 基础上继续增量，叠合梁的受力钢筋一般比条件相同的梁更早屈服。钢筋屈服后，钢筋的拉应变迅速增加，裂缝不断上升，当裂缝穿过叠合面后，上述的受力特点将消失，使叠合梁破坏时的截面应力分布特征与整浇梁相似，如图 4-51(d) 所示。

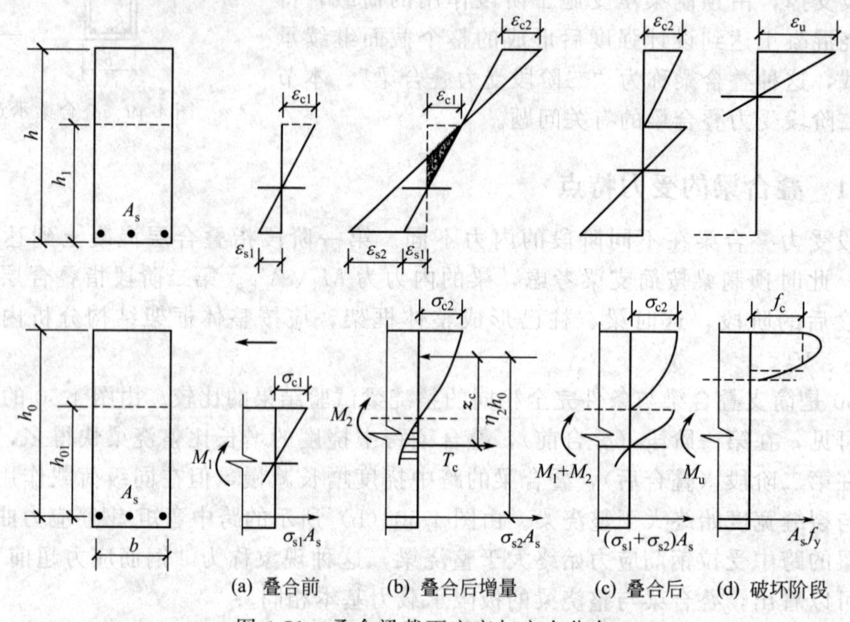

图 4-51　叠合梁截面应变与应力分布

4.7.2　叠合梁的承载力计算

叠合梁设计中应分别对预制梁和叠合梁进行验算，以使其分别满足施工阶段和使用阶段的承载力和正常使用要求。根据两个阶段的受力特点，应采用与各阶段相应的计算简图和有关的荷载。

(1) 第一阶段预制梁的承载力计算

此阶段（叠合层混凝土未达到强度设计值前的阶段）作用于预制梁上的荷载，有预制梁、板自重、叠合层自重以及本阶段的施工活荷载。由于预制梁与柱未形成整体，所以预制梁按截面尺寸为 $b \times h_1$ 的简支梁计算受弯纵筋及受剪箍筋数量，其中弯矩和剪力设计值按下列规定取用，即

$$M_1 = M_{1G} + M_{1Q}$$
$$V_1 = V_{1G} + V_{1Q}$$

式中　M_{1G}、V_{1G}——预制梁、板自重和叠合层自重在计算截面产生的弯矩设计值及剪力设计值；

M_{1Q}、V_{1Q}——第一阶段施工活荷载在计算截面产生的弯矩设计值及剪力设计值。

(2) 第二阶段叠合梁的承载力计算

本阶段（叠合层混凝土达到设计规定的强度值之后的阶段）作用于叠合梁上的荷载考虑下列两种情况，并取其较大值：

① 施工阶段考虑叠合构件自重，预制楼板自重，面层、吊顶等自重以及本阶段的施工活荷载；

② 使用阶段考虑叠合构件自重，预制楼板自重，面层、吊顶等自重以及使用阶段的可变荷载。

这阶段梁、柱已形成整体框架，应按框架结构分析内力，并按截面尺寸为 $b\times h$ 的梁计算所需的受弯纵筋及受剪箍筋数量，相应的弯矩设计值和剪力设计值按下列规定取用：

对叠合梁的正弯矩区段　$M=M_{1G}+M_{2G}+M_{2Q}$

对叠合梁的负弯矩区段　$M=M_{2G}+M_{2Q}$

叠合梁的剪力　$V=V_{1G}+V_{2G}+V_{2Q}$

式中　M_{2G}、V_{2G}——第二阶段面层、吊顶等自重在计算截面产生的弯矩设计值及剪力设计值；

M_{2Q}、V_{2Q}——第二阶段可变荷载在计算截面产生的弯矩设计值和剪力设计值，取本阶段施工活荷载和使用阶段可变荷载在计算截面产生的弯矩设计值和剪力设计值中的较大值。

叠合梁的负弯矩中不应计入 M_{1G}，因为 M_{1G} 是预制梁、板和叠合层自重产生的弯矩值，此时叠合层混凝土尚未参加受力，处于简支状态，不存在负弯矩的问题。

在计算中，正弯矩区段的混凝土强度等级，按叠合层取用；负弯矩区段的混凝土强度等级，按计算截面受压区的实际情况取用。对叠合梁的受剪承载力设计值，取叠合层和预制梁中较低的混凝土强度等级进行计算，且不低于预制梁的受剪承载力设计值。

(3) 叠合面的受剪承载力验算

叠合梁中的混凝土叠合面，一般为自然粗糙面，其受剪承载力主要取决于自然粗糙面的黏结强度和穿越叠合面的箍筋数量。

试验表明，随着配箍量的增加，叠合面的受剪承载力增加（图 4-52），其变化规律可用下式表示

$$\tau/f_c=0.14+0.1\rho_{sv}\frac{f_{yv}}{f_c}\leqslant 0.3 \tag{4-106}$$

式中　ρ_{sv}——配箍率，$\rho_{sv}=\dfrac{A_{sv}}{bs}$，其中 A_{sv} 为配置在同一截面内箍筋的全部截面面积；

s——箍筋间距；

b——梁截面宽度。

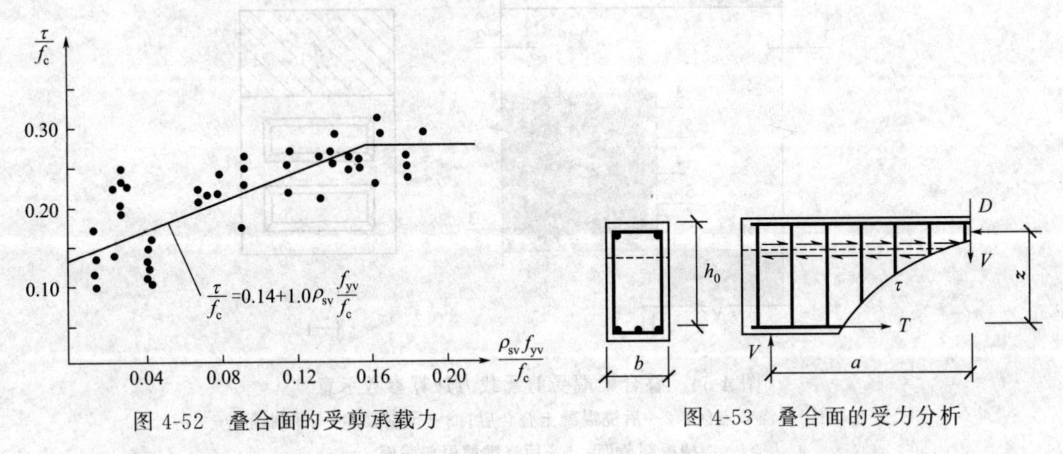

图 4-52　叠合面的受剪承载力　　图 4-53　叠合面的受力分析

作用在叠合面的剪应力 τ 和剪力 V 之间的关系可从图 4-53 所示的脱离体中得到，即

$$Va = Dz = \tau abz$$

式中 z——内力臂，取 $z=0.85h_0$；

τ——叠合面的平均剪应力。

由上式得
$$\tau=\frac{V}{bz}=\frac{V}{0.85bh_0} \tag{4-107}$$

将式(4-107)代入式(4-106)，并近似取 $f_t=0.1f_c$，则得叠合面的受剪承载力设计表达式

$$V \leqslant 1.2f_t bh_0+0.85f_{yv}\frac{A_{sv}}{s}h_0 \tag{4-108}$$

式中 V——梁支座截面剪力设计值；

f_t——混凝土抗拉强度设计值，取叠合层和预制构件中的较低值。

叠合梁的箍筋数量，应取第一、二阶段斜截面受剪承载力及叠合面受剪承载力三者计算值中的最大值。

(4) 叠合梁端竖向接缝的受剪承载力验算

① 持久状况设计。

$$V \leqslant V_u=0.07f_cA_{c1}+0.10f_cA_{c1}+1.65A_{sd}\sqrt{f_cf_y} \tag{4-109a}$$

② 地震状况设计。

$$V \leqslant V_{uE}=0.04f_cA_{c1}+0.06f_cA_k+1.65A_{sd}\sqrt{f_cf_y} \tag{4-109b}$$

式中 V——叠合梁端剪力设计值；

V_u——叠合梁端竖向接缝的受剪承载力；

V_{uE}——地震作用时叠合梁端竖向接缝的受剪承载力；

A_{c1}——叠合梁端截面后浇混凝土叠合层截面面积；

f_c——预制构件混凝土轴心受压强度设计值；

f_y——垂直穿过结合面的钢筋抗拉强度设计值；

A_k——各键槽的根部截面面积（图4-54）之和，按后浇键槽根部界面和预制件根部截面分别计算，并取两者的较小值；

A_{sd}——垂直穿过结合面所有钢筋的面积，包括叠合层内的纵向钢筋。

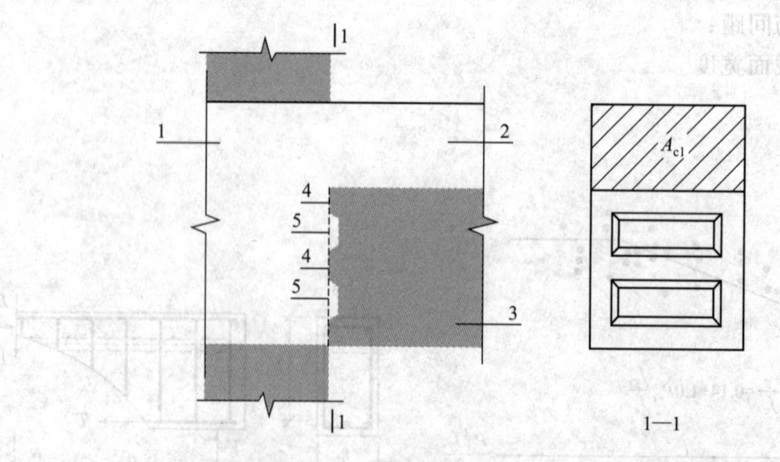

图4-54 叠合梁端受剪承载力计算参数示意

1—后浇节点区；2—后浇混凝土叠合层；3—预制梁；4—预制键槽根部截面；5—后浇键槽根部截面

4.7.3 叠合梁的正常使用极限状态验算

(1) 二阶段受力特征系数β

在图 4-51(b) 中，令$\beta=T_c z_c/M_2$，β是反映二阶段受力叠合梁在使用阶段受力特点的一个主要参数，它直接影响叠合梁第二阶段纵向受拉钢筋的应力大小，从而影响梁在使用阶段的裂缝宽度，还间接影响叠合梁第二阶段的刚度。

试验结果表明，在M_2作用下，β值主要受预制梁与叠合梁的截面高度比h_1/h和M_{1k}/M_{1u}(其中M_{1k}、M_{1u}分别为第一阶段预制梁所承受的弯矩标准值和受弯承载力）这两个因素的影响，其中h_1/h的影响较大。为简化计算，略去M_{1k}/M_{1u}的影响，并取试验结果的偏下限值，则β可表示为

$$\beta=0.5(1-h_1/h) \tag{4-110}$$

由于$h_1/h<0.4$时，在使用阶段的变形和裂缝宽度较难满足要求，已不能采用二阶段受力叠合梁，故$h_1/h<0.4$时不能采用式(4-110)。此外，式(4-110) 仅适用于$M_{1k}/M_{1u}\geqslant 0.35$的情况，当$M_{1k}/M_{1u}<0.35$时，实际$\beta$的值比计算值要小，这时取$\beta=0$。

(2) 纵向受拉钢筋应力的控制

由于二阶段受力叠合梁存在着应力超前现象，与整浇梁相比，其受拉钢筋应力将较早达到屈服强度。理论分析和试验结果表明，当h_1/h较小，而M_{1k}/M_{2k}（此处，M_{1Gk}为预制梁、板和叠合层自重标准值在计算截面产生的弯矩值，M_{2k}为按第二阶段荷载效应标准组合计算的弯矩值）又较大时，二阶段受力叠合梁的受拉钢筋应力甚至可能在使用阶段就接近或达到屈服强度，这种情况应予以防止。为此，在荷载效应的标准组合下，钢筋混凝土叠合梁的纵向受拉钢筋应力应符合下列要求

$$\sigma_{sk}=\sigma_{1sk}+\sigma_{2sk}\leqslant 0.9f_y \tag{4-111}$$

在弯矩M_{1Gk}作用下，预制梁中纵向受拉钢筋应力σ_{1sk}可按下式计算，即

$$\sigma_{1sk}=\frac{M_{1Gk}}{0.87A_s h_{01}} \tag{4-112}$$

式中 h_{01}——预制梁截面的有效高度；

A_s——纵向受拉钢筋面积。

弯矩M_{2k}为按第二阶段荷载效应标准组合计算的弯矩值，取$M_{2k}=M_{2Gk}+M_{2Qk}$，其中M_{2Gk}为面层、吊顶灯等自重标准值在计算截面产生的弯矩值；M_{2Qk}为使用阶段的可变荷载标准值在计算截面产生的弯矩值。根据图 4-51(b)，可得在M_{2k}作用下叠合梁截面上所产生的纵向受拉钢筋应力增量σ_{s2k}的计算公式，即

$$\sigma_{s2k}=\frac{M_{2k}-T_c z_c}{\eta_2 h_0 A_s}=\frac{M_{2k}(1-\beta)}{\eta_2 h_0 A_s}$$

上式中，$\beta=T_c z_c/M_{2k}$。将β的近似式(4-110) 代入并取$h_0=0.87$，则得

$$\sigma_{s2k}=\frac{0.5(1+h_1/h)M_{2k}}{0.87A_s h_0} \tag{4-113}$$

当$M_{1Gk}/M_{1u}<0.35$时，取$\beta=0$，这时

$$\sigma_{s2k}=\frac{M_{2k}}{0.87h_0 A_s} \tag{4-114}$$

(3) 裂缝宽度计算

叠合梁的裂缝宽度计算公式，是按普通钢筋混凝土受弯构件裂缝宽度计算模式结合二阶段受力叠合梁的特点确定的。

二次受力叠合梁的钢筋应力 σ_{sk} 按下式计算，即

$$\sigma_{sk}=\sigma_{s1k}+\sigma_{s2k} \tag{4-115}$$

参照普通钢筋混凝土受弯构件钢筋应力不均匀系数 ψ 的计算模式，以预制梁和叠合后的整体全截面梁为两端点，可得叠合梁的 ψ 计算公式

$$\psi=1.1-\frac{0.65f_{tk1}}{\rho_{te1}\sigma_{s1k}+\rho_{te}\sigma_{s2k}} \tag{4-116}$$

式中 ρ_{te1}、ρ_{te}——按预制梁、叠合梁的有效受拉混凝土截面面积计算的纵向受拉钢筋配筋率；

f_{tk1}——预制梁的混凝土抗拉强度标准值。

当 $\sigma_{s2k}=0$ 时，上式即为预制梁 ψ 的计算公式；当 $\sigma_{s1k}=0$ 时，即为高度等于 h 的整体梁的计算公式。

裂缝间距按预制梁计算，但要乘以 1.05 的扩大系数，即

$$l_m=1.05\left(1.9c+0.08\frac{d_{eq}}{\rho_{te1}}\right) \tag{4-117}$$

正常情况下，预制梁在 M_{1k} 作用下裂缝已出齐，所以裂缝间距应由第一阶段预制梁来确定。当 M_{1k} 较小时，裂缝可能未出齐，对叠合梁继续施加 M_{2k} 时，由于叠合后的截面较大，已不可能再增加新的裂缝，这样实际的裂缝间距增大了，所以要乘以扩大系数 1.05。

将叠合梁的 σ_{sk}、ψ 以及 l_m 代入钢筋混凝土受弯构件的裂缝宽度计算公式，得钢筋混凝土叠合梁的最大裂缝宽度计算公式

$$\omega_{max}=2.0\frac{\psi(\sigma_{s1k}+\sigma_{s2k})}{E_s}\left(1.9c+0.08\frac{d_{eq}}{\rho_{te1}}\right) \tag{4-118}$$

(4) 挠度计算

① 荷载效应准永久组合下的截面刚度和挠度计算。二阶段受力钢筋混凝土叠合梁，在荷载效应准永久组合下的挠度 ω_{fk}，可由第一阶段的挠度 ω_{f1} 和第二阶段的挠度 ω_{f2} 叠加而得

$$\omega_{fk}=\omega_{f1}+\omega_{f2} \tag{4-119}$$

式中 ω_{f1}——按预制梁截面短期刚度 B_{s1} 计算的由 M_{1k} 所引起的挠度；

ω_{f2}——按叠合梁截面短期刚度 B_{s2} 计算的由 M_{2k} 所引起的挠度。

预制梁的截面短期刚度 B_{s1} 按一般钢筋混凝土梁的相应公式计算。叠合梁正弯矩区段内的截面短期刚度 B_{s2} 根据第二阶段受力特点，考虑受拉钢筋应力超前及受压混凝土应变滞后的影响，按与普通钢筋混凝土梁类似的原则确定。

图 4-55 是截面在弯矩 M_{2k} 作用下的应力增量图形，对受拉钢筋合力作用点取矩，得

$$M_{2k}=\omega\sigma_{c2}b\xi h_0\eta_2h_0-T_c(\eta_2h_0-z_c)$$

式中 ω——矩形应力图形丰满程度系数；

σ_{c2}——第二阶段受压区边缘混凝土的应力值；

η_2——内力臂系数。

由上式得 $$\sigma_{c2}=\frac{M_{2k}+T_cz_c(\eta_2h_0/z_c-1)}{\omega\xi\eta_2bh_0^2}=\frac{M_{2k}[1+\beta(\eta_2h_0/z_c-1)]}{\omega\xi\eta_2bh_0^2}$$

第二阶段受压边缘混凝土平均应变值为

$$\varepsilon_{cm2}=\frac{\psi_{c2}\sigma_{c2}}{\upsilon E_c}=\frac{\psi_{c2}M_{2k}[1+\beta(\eta_2h_0/z_c-1)]}{\upsilon E_c\omega\xi\eta_2bh_0^2} \tag{4-120}$$

式中 ψ_{c2}——第二阶段受压区边缘混凝土压应变的不均匀系数；

υ——混凝土的弹性系数。

对受压混凝土合力作用点取矩，可得

$$\sigma_{s2}=\frac{M_{2k}-T_c z_c}{A_s\eta_2 h_0}=\frac{M_{2k}(1-\beta)}{A_s\eta_2 h_0}$$

第二阶段纵向钢筋的平均应变 ε_{sm2} 为

$$\varepsilon_{sm2}=\frac{\psi_{s2}\sigma_{s2}}{E_s}=\frac{\psi_{s2}M_{2k}(1-\beta)}{E_sA_s\eta_2 h_0} \tag{4-121}$$

根据平截面假定，叠合梁第二阶段的短期刚度 B_{s2} 可写为

$$B_{s2}=\frac{M_{2k}h_0}{\varepsilon_{sm2}+\varepsilon_{cm2}}$$

将式(4-120)、式(4-121) 代入上式，并经适当简化后得

$$B_{s2}=\frac{E_sA_sh_0^2}{0.7+0.6\dfrac{h_1}{h}+\dfrac{4.5\alpha_E\rho}{1+3.5\gamma_f'}} \tag{4-122}$$

式中 ρ——纵向受拉钢筋配筋率，$\rho=\dfrac{A_s}{bh_0}$；

α_E——钢筋弹性模量与混凝土弹性模量的比值；

γ_f'——受压翼缘面积与腹板有效面积的比值，$\gamma_f'=(b_f'-b)h_f'/bh_0$。

② 长期刚度。为了简化，假定荷载对刚度的长期影响主要发生在叠合梁上。图 4-56 为荷载长期作用下的挠度图，其中 M_q 为叠合梁按荷载效应的准永久组合计算的弯矩值，即

$$M_q=M_{1Gk}+M_{2Gk}+\psi_q M_{2Qk}$$

式中 M_{1Gk}——预制梁、板和叠合层自重标准值在计算截面产生的弯矩值；

M_{2Gk}——面层、吊顶灯自重标准值在计算截面产生的弯矩值；

M_{2Qk}——第二阶段活荷载标准值在计算截面产生的弯矩值；

ψ_q——活荷载的准永久值系数。

从图 4-56 可见，叠合梁按荷载效应准永久组合并考虑荷载长期作用影响的总挠度 ω_f 为

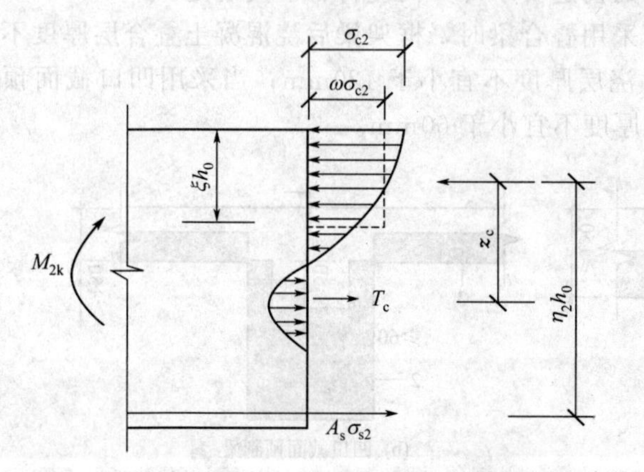

图 4-55 叠合梁截面应力增量图形

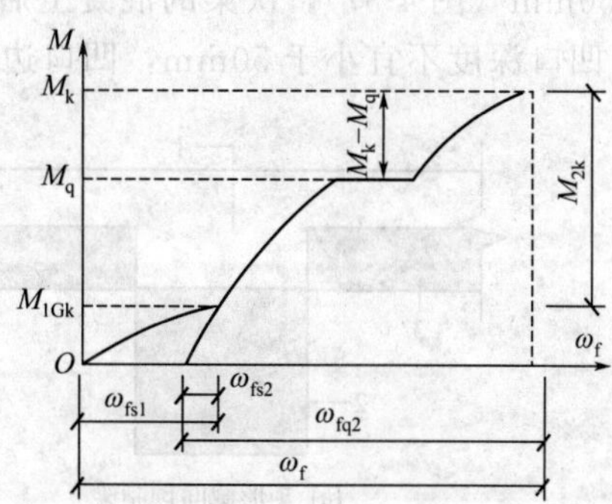

图 4-56 荷载长期作用下叠合梁的挠度

$$\omega_f=\omega_{fq2}+\omega_{fs1}-\omega_{fs2} \tag{4-123}$$

式中 ω_{fs1}——M_{1Gk} 作用下预制梁的短期挠度；

ω_{fs2}——M_{1Gk} 作用下叠合梁的短期挠度；

ω_{fq2}——第二阶段叠合梁在荷载效应准永久组合下的挠度。

如用考虑荷载长期作用的刚度 B 计算总挠度 ω_f，则

$$\omega_{\mathrm{f}}=\beta \frac{M_{\mathrm{q}} l_0^2}{B}$$

另由图 4-56 得

$$\omega_{\mathrm{fq2}}=\beta\theta \frac{M_{\mathrm{q}} l_0^2}{B}+\beta \frac{(M_{\mathrm{k}}-M_{\mathrm{q}}) l_0^2}{B_{\mathrm{s2}}}$$

$$\omega_{\mathrm{fs1}}=\beta \frac{M_{\mathrm{1Gk}} l_0^2}{B_{\mathrm{s1}}}$$

$$\omega_{\mathrm{fs2}}=\beta \frac{M_{\mathrm{1Gk}} l_0^2}{B_{\mathrm{s2}}}$$

式中 β——挠度系数；

θ——考虑荷载长期效应组合对挠度增大的影响系数；

l_0——构件计算长度；

M_{k}——叠合梁按荷载的标准效应组合计算的弯矩值，即

$$M_{\mathrm{k}}=M_{\mathrm{1Gk}}+M_{\mathrm{2k}}$$

其余符号意义同前。

将上述的 ω_{f}、ω_{fq2}、ω_{fs1}、ω_{fs2} 代入式(4-124)，得

$$\beta \frac{M_{\mathrm{q}} l_0^2}{B}=\beta\theta \frac{M_{\mathrm{q}} l_0^2}{B_{\mathrm{s2}}}+\beta \frac{(M_{\mathrm{k}}-M_{\mathrm{q}}) l_0^2}{B_{\mathrm{s2}}}+\beta \frac{M_{\mathrm{1Gk}} l_0^2}{B_{\mathrm{s1}}}-\beta \frac{M_{\mathrm{1Gk}} l_0^2}{B_{\mathrm{s2}}} \tag{4-124}$$

③ 叠合梁负弯矩区段内第二阶段的短期刚度 B_{s2}。荷载效应准永久组合下，叠合梁负弯矩区段内第二阶段的短期刚度 B_{s2}，与一般钢筋混凝土梁的短期刚度公式相同，但其中的弹性模量比取 $\alpha_{\mathrm{E}}=E_{\mathrm{s}}/E_{\mathrm{c1}}$，此处 E_{c1} 为预制梁的弹性模量。

4.7.4 叠合梁的构造规定

叠合梁构造要求的关键是保证后浇混凝土与预制构件的混凝土相互黏结，使两部分能共同工作。因此，叠合梁除应符合普通梁的构造要求外，尚应符合下列规定。

(1) 在装配整体式框架结构中，当采用叠合梁时，框架梁后浇混凝土叠合层厚度不宜小于 150mm（图 4-57），次梁的混凝土后浇层厚度不宜小于 120mm；当采用凹口截面预制梁时，凹口深度不宜小于 50mm，凹口边厚度不宜小于 60mm。

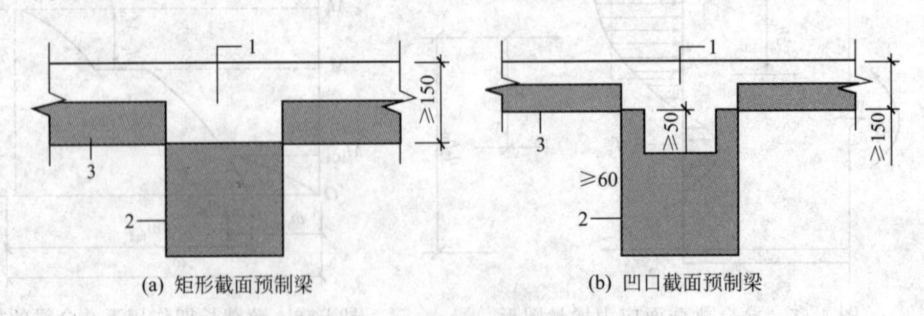

图 4-57　叠合框架梁截面示意

1—后浇混凝土叠合层；2—预制梁；3—预制板

(2) 叠合梁的箍筋配置应符合下列规定：①抗震等级为一、二级的叠合框架梁的梁端箍筋加密区宜采用整体封闭箍筋［图 4-58(a)］；②采用组合封闭箍筋的形式［图 4-58(b)］时，开口箍筋上方应做成 135°弯钩；非抗震设计时，弯钩端头平直段长度不应小于 5d（d 为箍筋直径），抗震设计时，平直段长度不小于 10d。现场应采用箍筋帽封闭开口箍，箍筋

帽末端应做成135°弯钩；非抗震设计时，弯钩端头平直段长度不应小于$5d$；抗震设计时，平直段长度不应小于$10d$。

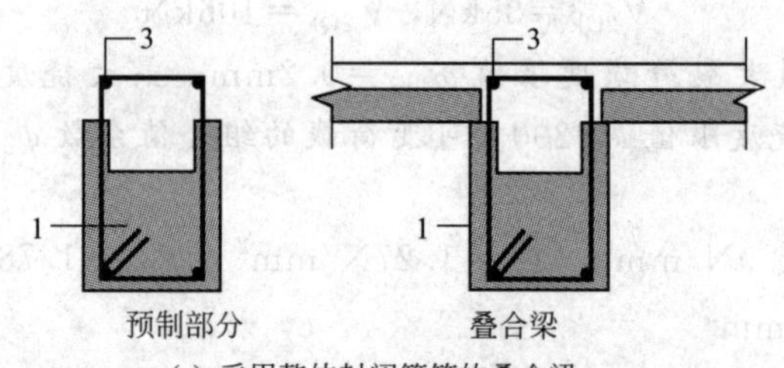

(a) 采用整体封闭箍筋的叠合梁

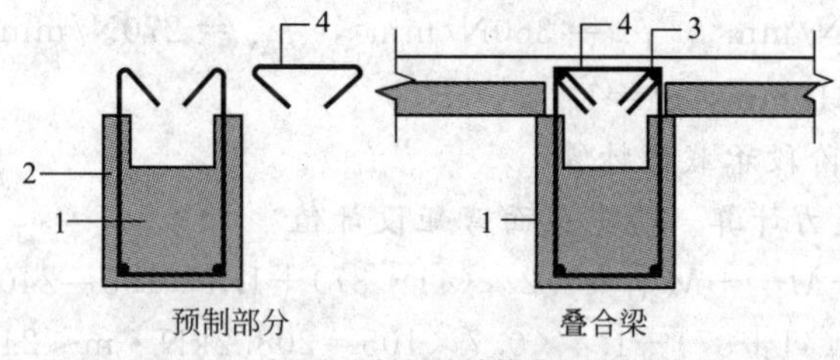

(b) 采用组合封闭箍筋的叠合梁

图4-58 叠合梁箍筋构造示意

1—预制梁；2—开口箍筋；3—上部纵向钢筋；4—箍筋帽

(3) 叠合梁可采用对接连接，如图4-59所示，并应满足以下规定：

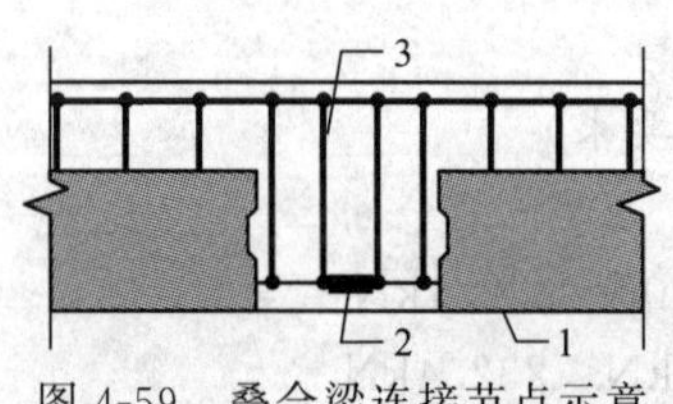

图4-59 叠合梁连接节点示意

1—预制梁；2—钢筋连接接头；3—后浇段

① 连接处应设置后浇段，后浇段的长度应满足梁下部纵向钢筋连接作业的空间需求；

② 梁下部纵向钢筋在后浇段内宜采用机械连接、套筒灌浆连接或焊接连接；

③ 后浇段内的箍筋应加密，箍筋间距小于等于$5d$(d为纵向钢筋直径)，且不应大于100mm。

(4) 预制梁的箍筋应全部伸入叠合层，且各肢伸入叠合层的直线段长度不宜小于$10d$(d为箍筋直径)。

(5) 对承受静荷载为主的叠合梁，预制梁的叠合面可采用凹凸不小于6mm的自然粗糙面。

(6) 叠合层混凝土的厚度不宜小于100mm，叠合层的混凝土强度等级不宜低于C20。

此外，为了保证叠合梁在使用阶段具有良好的工作性能，叠合梁预制部分的高度h_1与总高度h之比应满足$h_1/h \geqslant 0.4$，否则应在施工阶段设置可靠支撑。

【例4-4】 钢筋混凝土叠合梁的截面尺寸如图4-60所示。环境类别为一类。梁的计算跨度$l_0=6.0$m。预制部分混凝土强度等级采用C30，叠合层混凝土为C25。纵筋采用HRB400，箍筋采用HPB300级。施工阶段不加支撑。

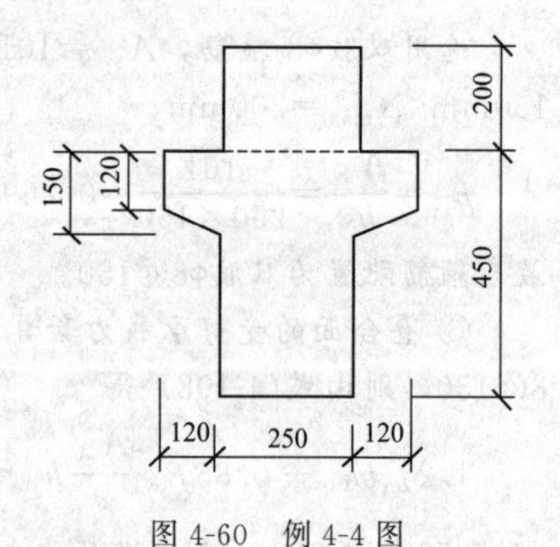

图4-60 例4-4图

经计算，第一阶段作用的荷载标准值在跨中截面产生的弯矩值和支座截面产生的剪力值分别为

$$M_{1Gk}=41\text{kN}\cdot\text{m}，M_{1Qk}=57\text{kN}\cdot\text{m}$$

$$V_{1Gk}=35\text{kN}，V_{1Qk}=49\text{kN}$$

第二阶段作用的荷载标准值在相应截面产生的弯矩值和剪力值分别为

$$M_{2Gk}=37\text{kN}\cdot\text{m},\ M_{2Qk}=105\text{kN}\cdot\text{m}$$

$$V_{2Gk}=35\text{kN},\ V_{2Qk}=106\text{kN}$$

叠合前预制构件的最大裂缝宽度限值 $\omega_{lim}=0.2\text{mm}$，最大挠度限值为 $l_0/300$；叠合构件 $\omega_{lim}=0.3\text{mm}$，最大挠度限值 $l_0/200$。可变荷载的组合值系数 $\psi_q=0.4$。

解：(1) 设计资料

C25 混凝土 $f_c=11.9\text{N/mm}^2$，$f_t=1.27\text{N/mm}^2$，$f_{tk}=1.78\text{N/mm}^2$，$f_{ck}=16.7\text{N/mm}^2$，$E_c=2.8\times10^4\text{N/mm}^2$

C30 混凝土 $f_c=14.3\text{N/mm}^2$，$f_t=1.43\text{N/mm}^2$，$f_{tk}=2.01\text{N/mm}^2$，$f_{ck}=20.1\text{N/mm}^2$，$E_c=3.0\times10^4\text{N/mm}^2$，$f_y=360\text{N/mm}^2$，$f_{yv}=270\text{N/mm}^2$，$E_s=2.0\times10^5\text{N/mm}^2$，$h_0=650-40=610\text{mm}$，$\beta_c=1.0$。

(2) 叠合梁的第二阶段承载力计算

① 正截面受弯承载力计算。跨中截面弯矩设计值

$$M=M_{1G}+M_{2G}+M_{2Q}=1.2\times(41+37)+1.4\times105=240.6\text{kN}\cdot\text{m}$$

$$M=1.35\times(41+37)+1.4\times0.7\times105=208.2\text{kN}\cdot\text{m}<240.6\text{kN}\cdot\text{m}$$

$$\alpha_s=\frac{M}{\alpha_1 f_c bh_0^2}=\frac{240.6\times10^6}{1.0\times11.9\times250\times610^2}=0.217$$

$$\xi=1-\sqrt{1-2\alpha_s}=1-\sqrt{1-2\times0.217}=0.248<\xi_b=0.518$$

$$A_s=\alpha_1 f_c bh_0\xi/f_y=1.0\times11.9\times250\times610\times0.248/360=1250.16\text{mm}^2$$

选用 4 Φ20($A_s=1256\text{mm}^2$)。

$A_{s,min}=0.002bh=0.002\times250\times650=325\text{mm}^2<A_s$(满足要求)

② 斜截面受剪承载力计算。

$$V=V_{1G}+V_{2G}+V_{2Q}=1.2\times(35+35)+1.4\times106=232.4\text{kN}$$

$$V=1.35\times(35+35)+1.4\times0.7\times106=198.38\text{kN}<232.4\text{kN}$$

因叠合层混凝土强度较低，故计算时取叠合层的混凝土强度 C25。

$h_w=h_0=610\text{mm}$，$h_w/b=610/250=2.44<4$，故

$$0.25\beta_c f_c bh_0=0.25\times1.0\times11.9\times250\times610=453.69\text{kN}>232.4\text{kN}$$

截面尺寸满足要求。

由受剪承载力计算公式得

$$\frac{A_{sv}}{s}=\frac{V-0.7f_t bh_0}{f_{yv}h_0}=\frac{232400-0.7\times1.27\times250\times610}{270\times610}=0.588$$

选用双肢Φ8 箍筋，$A_{sv}=101\text{mm}^2$，则 $s=A_{sv}/0.588=101/0.588=171.77\text{mm}$，取 $s=150\text{mm}<s_{max}=200\text{mm}$。

$$\rho_{sv}=\frac{A_{sv}}{bs}=\frac{101}{250\times150}=0.269\%>\rho_{sv,min}=0.24\frac{f_t}{f_{yv}}=0.24\times\frac{1.27}{270}=0.113\%$$

最后箍筋配置为双肢Φ8@150。

③ 叠合面的受剪承载力验算。取叠合层的混凝土强度，$f_t=1.27\text{N/mm}^2$，箍筋为双肢Φ8@150，则由式(4-108) 得

$$1.2f_t bh_0+0.85f_{yv}\frac{A_{sv}}{s}h_0=1.2\times1.27\times250\times610+0.85\times270\times\frac{101}{150}\times610=326.673\text{kN}>232.4\text{kN}\ (\text{满足要求})$$

(3) 叠合梁第一阶段承载力验算

① 预制梁受弯承载力。弯矩设计值

$$M_1=M_{1G}+M_{1Q}=1.2\times41+1.4\times57=129\text{kN}\cdot\text{m}$$

$$M_1=1.35\times41+1.4\times0.7\times57=111.21\text{kN}\cdot\text{m}<129\text{kN}\cdot\text{m}$$

预制梁混凝土为C30，$f_c=14.3\ \text{N/mm}^2$，$A_s=1256\text{mm}^2$（4Φ20）。因为

$$\alpha_1f_cb_f'h_f'=1.0\times14.3\times490\times120$$
$$=840.8\text{kN}>f_yA_s=360\times1256=452.16\text{kN}$$

所以预制梁属第一类T型截面，$h_{01}=450-40=410\text{mm}$。

$$\xi=\frac{f_yA_s}{\alpha_1f_cb_f'h_{01}}=\frac{360\times1256}{1.0\times14.3\times490\times410}=0.157<\xi_b=0.518$$

$$M_{1u}=\alpha_1f_cb_f'h_{01}^2\xi(1-0.5\xi)=1.0\times14.3\times490\times410^2\times0.157\times(1-0.5\times0.157)$$
$$=170.41\text{kN}\cdot\text{m}>M_1=129\text{kN}\cdot\text{m}\text{（满足要求）}$$

② 预制梁受剪承载力。剪力设计值

$$V=V_{1G}+V_{1Q}=1.2\times35+1.4\times49=110.6\text{kN}$$

$$V_1=1.35\times35+1.4\times0.7\times49=95.27\text{kN}<110.6\text{kN}$$

预制梁混凝土为C30，$f_t=1.43\text{N/mm}^2$，箍筋双肢Φ8@150，则受剪承载力为

$$V_{1u}=0.7f_tbh_{01}+f_{yv}\frac{A_{sv}}{s}h_{01}=0.7\times1.43\times250\times410+270\times\frac{101}{150}\times410$$
$$=177.14\text{kN}\cdot\text{m}>V_1=110.6\text{kN}\text{（满足要求）}$$

(4) 叠合梁正常使用极限状态验算

① 纵向受拉钢筋应力验算。由式(4-112) 得

$$\sigma_{s1k}=\frac{M_{1Gk}}{0.87A_sh_{01}}=\frac{41\times10^6}{0.87\times1256\times410}=91.5\text{N/mm}^2$$

因为$M_{1Gk}/M_{1u}=41/170.41=0.24<0.35$，所以$\sigma_{s2k}$应按式(4-113) 计算，其中

$$M_{2k}=M_{2Gk}+M_{2Qk}=37+105=142\text{kN}\cdot\text{m}$$

$$\sigma_{s2k}=\frac{M_{2K}}{0.87A_sh_0}=\frac{142\times10^6}{0.87\times1256\times610}=213.03\text{N/mm}^2$$

由式(4-111) 得

$$\sigma_{sk}=\sigma_{s1k}+\sigma_{s2k}=91.5+213.03=304.53\text{N/mm}^2<0.9f_y=0.9\times360=324\text{N/mm}^2$$

满足要求。

② 预制梁裂缝宽度验算。

$f_{tk1}=2.01\text{N/mm}^2$，$E_s=2.0\times10^5\text{N/mm}^2$，$d_{eq}=d=20\text{mm}$，$c=20\text{mm}$

$$\rho_{te1}=\frac{A_s}{0.5bh_1}=\frac{1256}{0.5\times250\times450}=0.022>0.01\text{（取}\rho_{te1}=0.022\text{）}$$

$$M_{1k}=M_{1Gk}+M_{1Qk}=41+57=98\text{kN}\cdot\text{m}$$

$$\sigma_{s1k}=\frac{M_{1k}}{0.87A_sh_{01}}=\frac{98\times10^6}{0.87\times1256\times410}=218.7\text{N/mm}^2$$

$$\psi_1=1.1-\frac{0.65f_{tk1}}{\rho_{te1}\sigma_{s1k}}=1.1-\frac{0.65\times2.01}{0.022\times218.7}=0.828$$

$$\omega_{max}=1.9\psi_1\frac{\sigma_{s1k}}{E_s}\left(1.9c+0.08\frac{d_{eq}}{\rho_{te1}}\right)$$

$$=1.9\times0.828\times\frac{218.7}{2.0\times10^5}\times\left(1.9\times20+0.08\times\frac{20}{0.022}\right)$$

$$=0.19\text{mm}<0.2\text{mm}$$

裂缝宽度验算不满足要求。

③ 叠合梁裂缝宽度验算。

$$\rho_{te}=\frac{A_s}{0.5bh}=\frac{1256}{0.5\times250\times650}=0.0154$$

$$\sigma_{s1k}=\frac{M_{1Gk}}{0.87A_sh_{01}}=\frac{41\times10^6}{0.87\times1256\times410}=91.5\text{N/mm}^2$$

$$\sigma_{s2k}=\frac{M_{2k}}{0.87A_sh_0}=\frac{142\times10^6}{0.87\times1256\times610}=213.03\text{N/mm}^2$$

$$\psi=1.1-\frac{0.65f_{tk1}}{\rho_{te1}\sigma_{s1k}+\rho_{te}\sigma_{s2k}}$$

$$=1.1-\frac{0.65\times2.01}{0.022\times91.5+0.0154\times213.03}=0.853$$

由式(4-118) 得

$$\omega_{max}=2.0\frac{\psi(\sigma_{s1k}+\sigma_{s2k})}{E_s}\left(1.9c+0.08\frac{d_{eq}}{\rho_{te1}}\right)$$

$$=2.0\times\frac{0.853\times(91.5+213.03)}{2.0\times10^5}\times\left(1.9\times20+0.08\times\frac{20}{0.022}\right)$$

$$=0.29\text{mm}<0.3\text{mm}$$ （满足要求）

④ 预制梁挠度验算。预制梁混凝土为 C30，$E_{c1}=3.0\times10^4\text{N/mm}^2$，$\alpha_E=2\times10^5/3\times10^4=6.667$，受拉钢筋的配筋率

$$\rho_1=A_s/(bh_{01})=1256/(250\times410)=0.0123$$

$$\gamma_f'=\frac{(b_f'-b)h_f'}{bh_{01}}=\frac{(490-250)\times120}{250\times410}=0.281$$

$$\psi_1=1.1-\frac{0.65f_{tk1}}{\rho_{te1}\sigma_{s1k}}=1.1-\frac{0.65\times2.01}{0.022\times218.7}=0.828$$

预制梁的短期刚度 B_{s1} 为

$$B_{s1}=\frac{E_sA_sh_{01}^2}{1.15\psi_1+0.2+\frac{6\alpha_E\rho_1}{1+3.5\gamma_f'}}$$

$$=\frac{2.0\times10^5\times1256\times410^2}{1.15\times0.828+0.2+\frac{6\times6.667\times0.0123}{1+3.5\times0.281}}=3.015637\times10^{13}\text{N/mm}^2$$

跨中挠度为

$$\omega_f=\frac{5}{48}\frac{M_{1k}l_0^2}{B_{s1}}=\frac{5}{48}\times\frac{98\times10^6\times6000^2}{3.015637\times10^{13}}=12.19\text{mm}<\frac{l_0}{300}=6000/300=200\text{mm}$$ （满足要求）

⑤ 叠合梁挠度验算。叠合层混凝土为 C25，$E_{c2}=2.8\times10^4\text{N/mm}^2$，$\alpha_{E1}=E_s/E_{c2}=2\times10^5/2.8\times10^4=7.143$，$\gamma_f'=0$，$\rho=1256/(250\times610)=0.00823$。叠合梁第二阶段短期刚度按式(4-122) 计算

$$B_{s2}=\frac{E_sA_sh_0^2}{0.7+0.6\dfrac{h_1}{h}+\dfrac{4.5\alpha_E\rho}{1+3.5\gamma_f'}}=\frac{2.0\times10^5\times1256\times610^2}{0.7+0.6\times450/650+4.5\times7.143\times0.00823}$$

$$=6.77366\times10^{13}\text{N}\cdot\text{mm}^2$$

$$M_k=M_{1Gk}+M_{2Gk}+M_{2Qk}=41+37+105=183\text{kN}\cdot\text{m}$$

$$M_q=M_{1Gk}+M_{2Gk}+\psi_qM_{2Qk}=41+37+0.4\times105=120\text{kN}\cdot\text{m}$$

因 $\rho=0$，所以 $\theta=2.0$。由式(4-123) 得

$$B=\frac{M_k}{\left(\dfrac{B_{s2}}{B_{s1}}-1\right)M_{1Gk}+(\theta-1)M_q+M_k}B_{s2}$$

$$=\frac{183\times10^6\times6.77366\times10^{13}}{\left(\dfrac{6.77366}{3.015637}-1\right)\times41\times10^6+(2-1)\times120\times10^6+183\times10^6}$$

$$=3.500715\times10^{13}\text{N/mm}^2$$

跨中最大挠度为

$$\omega_f=\frac{5}{48}\frac{M_kl_0^2}{B}=\frac{5}{48}\times\frac{183\times10^6\times6000^2}{3.500715\times10^{13}}=19.60\text{mm}<\frac{l_0}{200}=30\text{mm}$$

满足要求。

4.8 装配式框架结构设计

4.8.1 装配式框架结构承载力计算

装配整体式框架结构可按现浇混凝土框架结构进行设计。装配整体式框架结构中，预制柱的纵筋连接应满足以下规定：①当房屋高度不大于12m或层数不超过3层时，可采用套筒灌浆、浆锚搭接、焊接等连接方式；②当房屋高度大于12m或层数超过3层时，宜采用套筒灌浆连接方式。另外，装配式框架结构中，预制柱水平接缝处不宜出现拉力。

另外，装配式框架结构梁、柱设计按照普通钢筋混凝土设计原理进行设计，在地震设计状况下，预制柱底水平接缝处的受剪承载力要根据公式(4-125)、式(4-126) 进行计算

当预制柱受压时
$$V\leqslant V_{uE}=\frac{1}{\gamma_{RE}}(0.8N+1.65A_{sd}\sqrt{f_cf_y})\tag{4-125}$$

当预制柱受拉时
$$V\leqslant V_{uE}=\frac{1}{\gamma_{RE}}\left\{1.65A_{sd}\sqrt{f_cf_y\left[1-\left(\frac{N}{A_{sd}f_y}\right)^2\right]}\right\}\tag{4-126}$$

式中　f_c——预制构件混凝土轴心抗压强度设计值；

f_y——垂直穿过结合面钢筋抗拉强度设计值；

N——与剪力设计值V相应的垂直于结合面的轴向力设计值，取绝对值进行计算；

A_{sd}——垂直穿过结合面所有钢筋的面积；

V_{uE}——地震设计状况下接缝受剪承载力设计值。

4.8.2 装配式框架结构构造设计

(1) 预制柱的设计应符合现行国家标准《混凝土结构设计规范》的要求，并应符合下列规定：①柱纵向受力钢筋直径不宜小于20mm；②矩形柱截面宽度或圆柱直径不宜小于

400mm，且不宜小于同方向梁宽的1.5倍；③柱纵向受力钢筋在柱底采用套筒灌浆连接时，柱箍筋加密区长度不应小于纵向受力钢筋连接区域长度与500mm之和，套筒上端第一道箍筋距离套筒顶部不应大于50mm（图4-61）。

（2）采用预制柱及叠合梁的装配整体式框架中，柱底接缝宜设置在楼面标高处（图4-62），并应符合下列规定：①后浇节点混凝土上表面应设置粗糙面；②柱纵向受力钢筋应贯穿后浇节点区；③柱底接缝厚度宜为20mm，并应采用灌浆料填实。

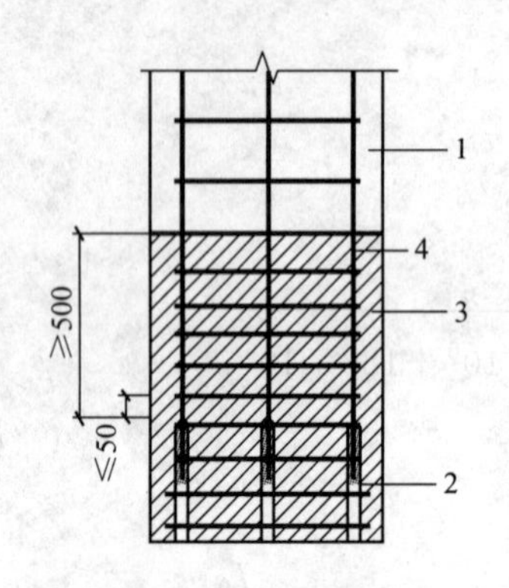

图4-61　钢筋采用套筒灌浆连接时柱底箍筋加密区域构造示意

1—预制柱；2—套筒灌浆连接接头；3—箍筋加密区（阴影区域）；4—加密区箍筋

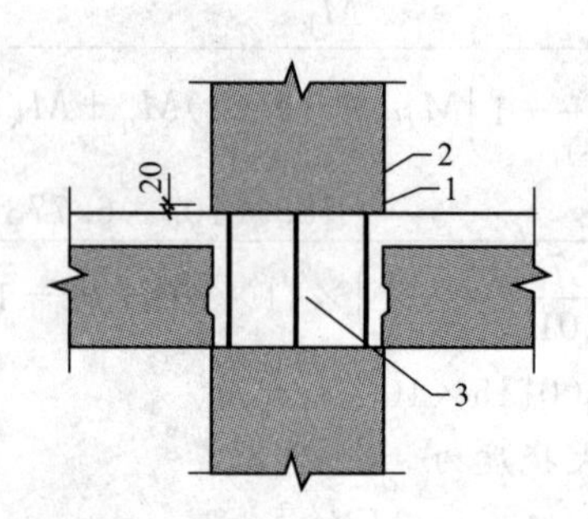

图4-62　预制柱底接缝构造示意

1—后浇节点区混凝土上表面粗糙面；2—接缝灌浆层；3—后浇区

（3）采用预制柱及叠合梁的装配式框架中，柱底接缝宜设置在楼面标高处（图4-62），并应符合如下规定：①后浇节点区混凝土上表面应设置粗糙面；②柱纵向受力钢筋应贯穿后浇节点区；③柱底接缝厚度宜为20mm，并应采用灌浆料填实。

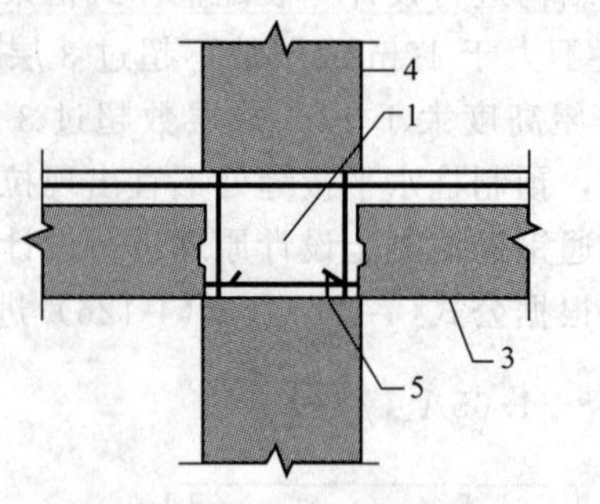

(a) 梁下部纵向受力钢筋锚图

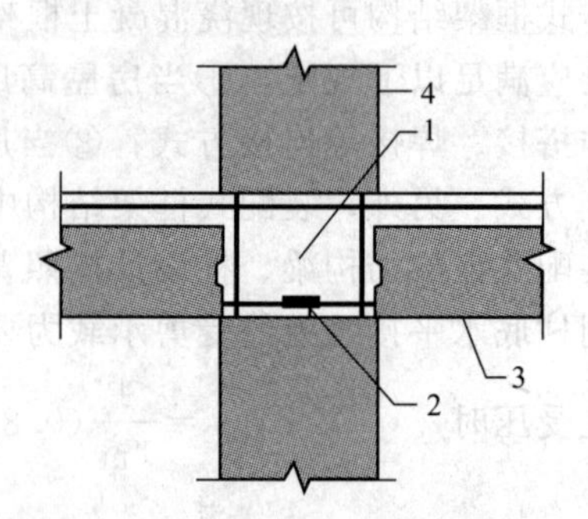

(b) 梁下部纵向受力钢筋连接

图4-63　预制柱及叠合梁框架中间层中节点构造示意

1—后浇区；2—梁下部纵向受力钢筋连接；3—预制梁；4—预制柱；5—梁下部纵向受力钢筋锚固

（4）梁、柱纵向钢筋在后浇节点区内采用直线锚固、弯折锚固或机械锚固的方式时，其锚固长度应符合现行国家标准《混凝土结构设计规范》中的有关规定；当梁、柱纵向钢筋采用锚固板时，应符合现行行业标准《钢筋锚固板应用技术规程》（JGJ 256）中的有关规定。

（5）采用预制柱及叠合梁的装配整体式框架节点，梁纵向受力钢筋应伸入后浇节点区内锚固或连接，并应符合下列规定：

① 对框架中间层中节点，节点两侧的梁下部纵向受力钢筋宜锚固在后浇节点区内

[图 4-63(a)]，也可采用机械连接或焊接的方式直接连接 [图 4-63(b)]；梁的上部纵向受力钢筋应贯穿后浇节点区。

② 对框架中间层端节点，当柱截面尺寸不满足梁纵向受力钢筋的直线锚固要求时，宜采用锚固板锚固（图 4-64），也可采用90°弯折锚固。

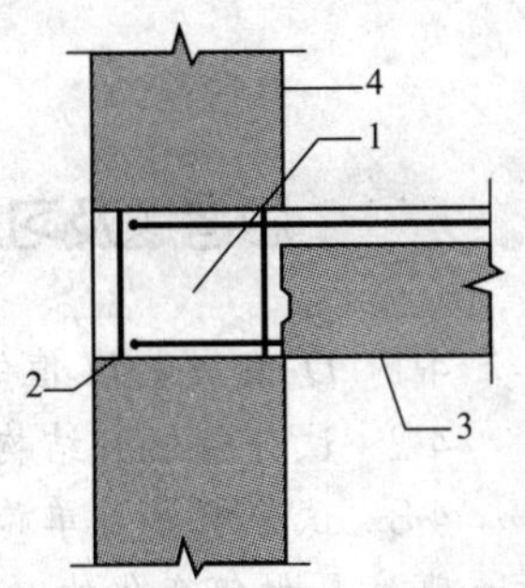

图 4-64 预制柱及叠合梁框架中间层端节点构造示意

1—后浇区；2—梁纵向受力钢筋锚固；3—预制梁；4—预制柱

③ 对框架顶层中节点，梁纵向受力钢筋的构造应符合①的规定。柱纵向受力钢筋宜采用直线锚固；当梁截面尺寸不满足直线锚固要求时，宜采用锚固板锚固（图 4-65）。

④ 对框架顶层端节点，梁下部纵向受力钢筋应锚固在后浇节点区内，且宜采用锚固板的锚固方式；梁、柱其他纵向受力钢筋的锚固应符合下列规定：a. 柱宜伸出屋面并将柱纵向受力钢筋锚固在伸出段内 [图 4-66(a)]，伸出段长度不宜小于 500mm，伸出段内箍筋间距不应大于 $5d$（d 为柱纵向受力钢筋直径)，且不应大于 100mm；柱纵向钢筋宜采用锚固板锚固，锚固长度不应小于 $40d$；梁上部纵向受力钢筋宜采用锚固板锚固；b. 柱外侧纵向受力钢筋也可与梁上部纵向受力钢筋在后浇节点区搭接 [图 4-66(b)]，其构造要求应符合现行国家标准《混凝土结构设计规范》中的规定；柱内侧纵向受力钢筋宜采用锚固板锚固。

（6）采用预制柱及叠合梁的装配整体式框架节点，梁下部纵向受力钢筋也可伸至节点区外的后浇段内连接（图 4-67），连接接头与节点区的距离不应小于 $1.5h_0$（h_0 为梁截面有效高度)。

(a) 梁下部纵向受力钢筋连接　　(b) 梁下部纵向受力钢筋锚图

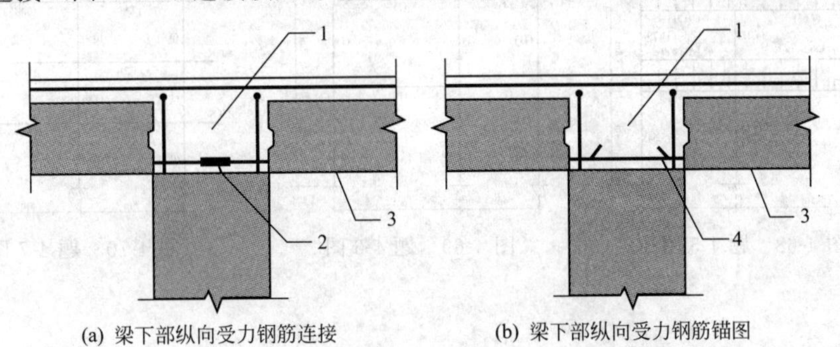

图 4-65 预制柱及叠合梁框架顶层中节点构造示意

1—后浇区；2—梁下部纵向受力钢筋连接；3—预制梁；4—梁下部纵向受力钢筋锚固

(a) 柱向上伸长　　(b) 梁柱外侧钢筋搭接

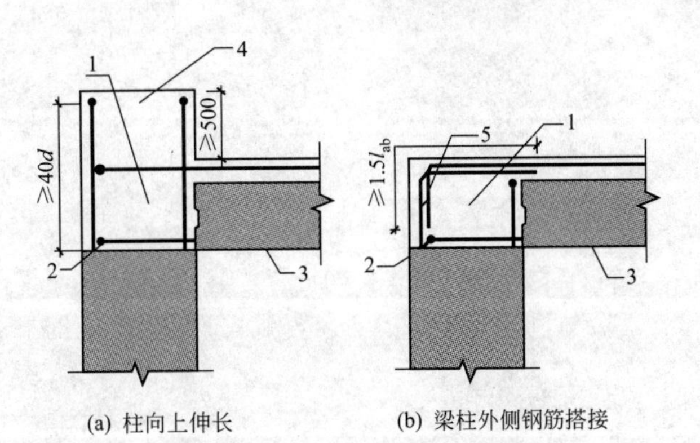

图 4-66 预制柱及叠合梁框架顶层端节点构造示意

1—后浇区；2—梁下部纵向受力钢筋锚固；3—预制梁；4—柱延伸段；5—梁柱外侧钢筋搭接

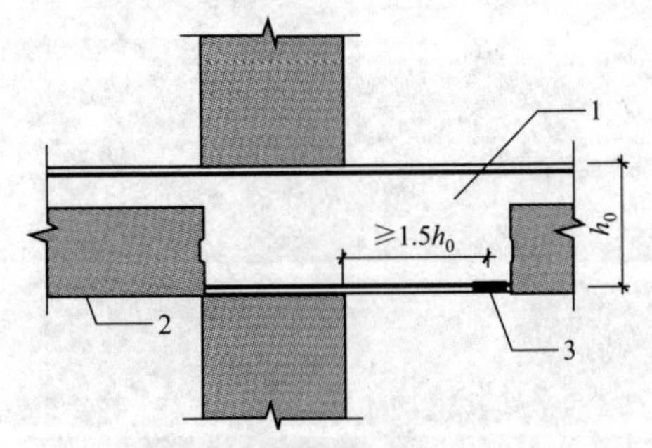

图 4-67 梁纵向钢筋在节点区外的后浇段内连接示意

1—后浇段；2—预制梁；3—纵向受力钢筋连接

(7) 现浇柱与叠合梁组成的框架节点中，梁纵向受力钢筋的连接与锚固应符合（4）、（5）、（6）条规定。

思考题及习题

4-1 D 值法中 D 值的物理意义是什么？

4-2 试分析框架结构在侧向荷载作用下，框架柱反弯点高度的影响因素有哪些？

4-3 试分析单层单跨结构承受侧向荷载作用，当梁柱刚度比由零变到无穷大时，柱反弯点高度是如何变化的？

4-4 一多层多跨框架结构，层高、跨度、梁柱截面尺寸均为常数，试分析该框架结构底层柱和顶层柱的反弯点高度与中间层的柱反弯点高度有何区别？

4-5 如图 4-68 所示的 2 层框架，用分析法计算其弯矩图，括号内数字表示每根线刚度的相对值。

4-6 用反弯点法作如图 4-69 所示框架的弯矩图，括号内数字表示各杆线刚度的相对值。

4-7 用 D 值法作如图 4-70 所示框架的弯矩图，括号内数字表示各杆线刚度的相对值。

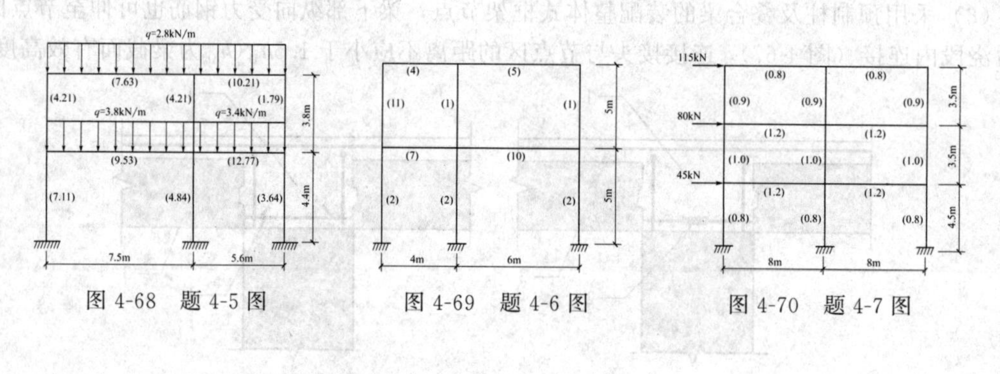

图 4-68 题 4-5 图　　图 4-69 题 4-6 图　　图 4-70 题 4-7 图

附　录

附录1　等截面等跨连续梁在常用荷载作用下弹性内力系数表

（1）在均布及三角形荷载作用下

M=表中系数$\times gl_0^2$(或ql_0^2)　　　V=表中系数$\times gl_0$(或ql_0)

（2）在集中荷载作用下

M=表中系数$\times Gl_0$(或Ql_0)　　　V=表中系数$\times G$(或Q)

（3）在梯形荷载作用下，可将梯形荷载等效为均布荷载，采用表中均布荷载的系数计算，具体如下

支座弯矩M=表中系数$\times gAl_0^2$(或qAl_0^2)

跨中弯矩最大弯矩$M=gl_0^2$(或ql_0^2)$\times$(表中系数$\times A+B$)

最大剪力V=表中系数gl_0(或ql_0)$\times\left(\text{表中系数}\times\frac{A}{l_0}+C\right)$

其中$A=\frac{l_0^3-2a^2l_0+a^3}{l_0^3}$，$B=\frac{2a^2l_0-3a^3}{24l_0^3}$，$C=\pm\frac{2a^2l_0-al_0^2-a^3}{2l_0^3}$

（4）内力符号规定如下：

弯矩M使梁截面上部受压、下部受拉为正，如图 +M +M；

剪力V使脱离体顺时针转为正，如图 +V。

附表1-1　两跨梁

荷载图	跨内最大弯矩		支座弯矩	剪力		
	M_1	M_2	M_B	V_A	V_B^l V_B^r	V_C
均布荷载g满跨（A、B、C；l_0、l_0）	0.070	0.070	−0.125	0.375	−0.625 0.625	−0.375
均布荷载g作用于第一跨（M_1、M_2）	0.096	−0.032	−0.063	0.437	−0.563 0.063	0.063
三角形荷载g两跨	0.048	0.048	−0.078	0.172	−0.328 0.328	−0.172
三角形荷载g作用于第一跨	0.064	—	−0.039	0.211	−0.289 0.039	0.039

续表

荷载图	跨内最大弯矩		支座弯矩	剪力		
	M_1	M_2	M_B	V_A	V_B^l V_B^r	V_C
G G	0.156	0.156	−0.188	0.312	−0.688 0.688	−0.312
Q	0.203	—	−0.094	0.406	−0.594 0.094	0.094
Q Q Q Q	0.222	0.222	−0.333	0.667	−1.333 1.333	−0.667
Q Q	0.278	—	−0.167	0.833	−1.167 0.167	0.167

附表 1-2 三跨梁

荷载图	跨内最大弯矩		支座弯矩		剪力			
	M_1	M_2	M_B	M_C	V_A	V_B^l V_B^r	V_C^l V_C^r	V_D
g (A B C D; l_0 l_0 l_0)	0.080	0.025	−0.100	−0.100	0.400	−0.600 0.500	−0.050 0.600	−0.400
q (M_1 M_2 M_3)	0.101	−0.050	−0.050	−0.050	0.450	−0.550 0	0 0.550	−0.450
q	—	0.075	−0.050	−0.050	−0.050	−0.050 0.500	−0.500 0.050	0.050
q	0.073	0.054	−0.117	−0.033	0.383	−0.617 0.583	−0.417 0.033	0.033
q	0.094	—	−0.067	0.017	0.433	−0.567 0.083	−0.083 −0.017	−0.017
g	0.054	0.021	−0.063	−0.063	0.188	−0.313 0.250	−0.250 0.313	−0.188
q	0.068	−0.031	−0.031	−0.031	0.219	−0.281 0	0 0.281	−0.219

续表

荷载图	跨内最大弯矩		支座弯矩		剪力			
	M_1	M_2	M_B	M_C	V_A	V_B^l V_B^r	V_C^l V_C^r	V_D
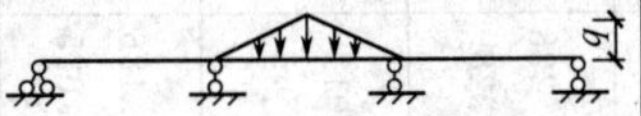 q	−0.014	0.052	−0.031	−0.031	0.031	−0.031 0.250	−0.250 0.031	0.031
 q	0.050	0.038	−0.073	−0.021	0.177	−0.323 0.303	−0.198 0.021	0.021
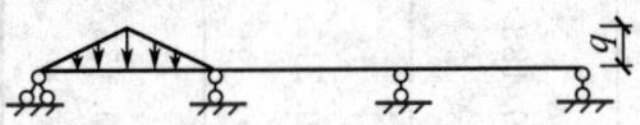 q	0.063	—	−0.042	0.010	0.220	−0.292 0.052	0.052 −0.010	−0.010
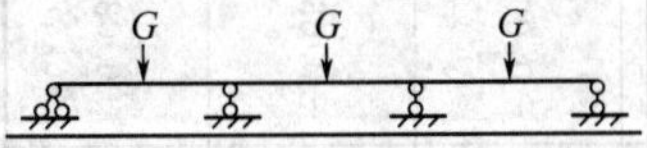 G G G	0.175	0.100	−0.150	−0.150	0.350	−0.650 0.500	−0.500 0.650	−0.350
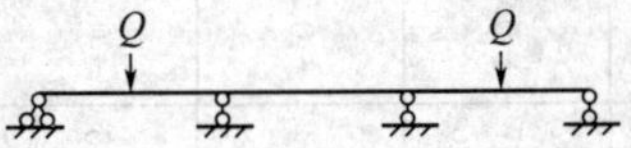 Q Q	0.213	—	−0.075	−0.075	0.425	−0.575 0	0 0.575	−0.425
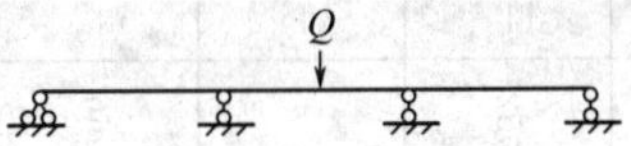 Q	—	0.175	−0.075	−0.075	−0.075	−0.075 0.500	−0.500 0.075	0.075
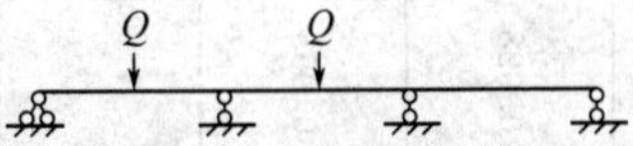 Q Q	0.162	0.137	−0.175	−0.050	0.325	−0.675 0.625	−0.375 0.050	0.050
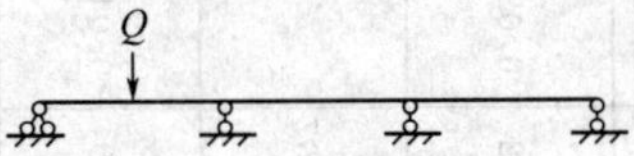 Q	0.200	—	−0.100	0.025	0.400	−0.600 0.125	0.125 −0.125	−0.025
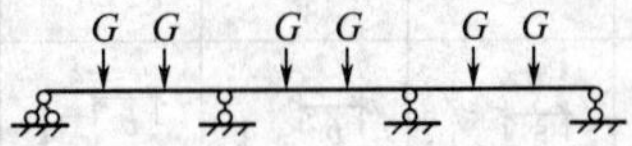 G G G G G G	0.244	0.067	−0.267	−0.267	0.733	−1.267 1.000	−1.000 1.267	−0.733
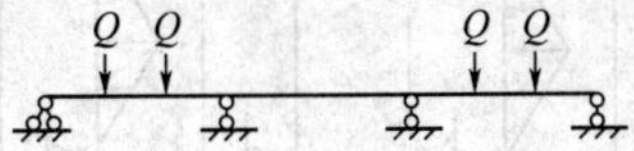 Q Q Q Q	0.289	—	−0.133	−0.133	0.866	−1.134 0	0 1.134	−0.866
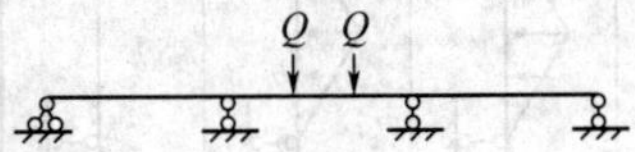 Q Q	—	0.200	−1.33	−0.133	−0.133	−0.133 1.000	−1.000 0.133	0.133
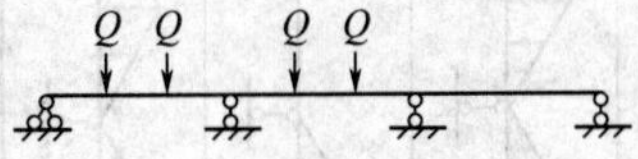 Q Q Q Q	0.229	0.170	−0.311	−0.089	0.689	−1.311 1.222	−0.778 0.089	0.089
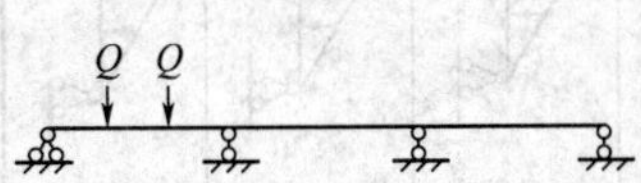 Q Q	0.274	—	−0.178	0.044	0.822	−1.178 0.222	0.222 −0.044	−0.044

附表 1-3　四跨梁

荷载图	跨内最大弯矩				支座弯矩			剪力				
	M_1	M_2	M_3	M_4	M_B	M_C	M_D	V_A	V_B^l V_B^r	V_C^l V_C^r	V_D^l V_D^r	V_E
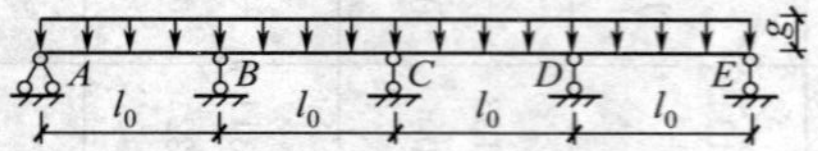	0.077	0.036	0.036	0.077	-0.107	-0.071	-0.107	0.393	-0.607 0.536	-0.464 0.464	-0.536 0.607	-0.393
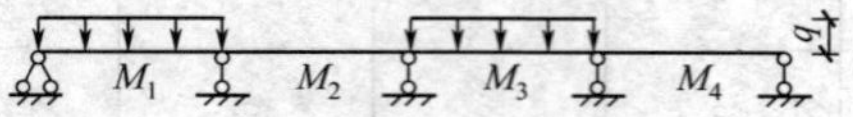	0.100		0.081		-0.054	-0.036	-0.054	0.446	-0.554 0.018	0.018 0.482	-0.518 0.550	0.054
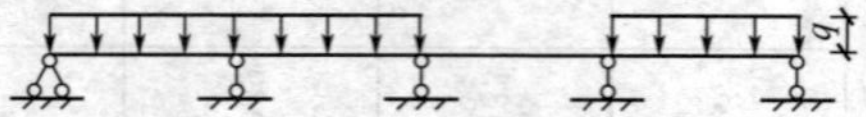	0.072	0.061		0.098	-0.121	-0.018	-0.058	0.380	-0.620 0.603	-0.397 -0.040	-0.040 0.558	-0.442
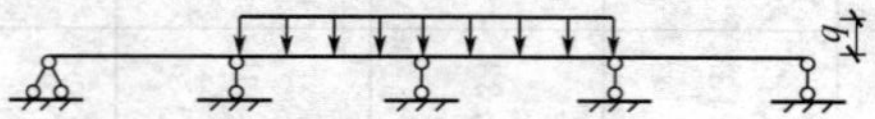		0.056	0.056		-0.036	-0.107	-0.036	-0.036	-0.036 0.429	-0.571 0.571	-0.429 0.036	0.036
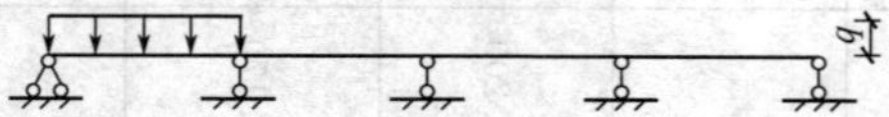	0.094				-0.067	0.018	-0.004	0.433	-0.567 0.085	0.085 -0.022	0.022 0.004	0.004
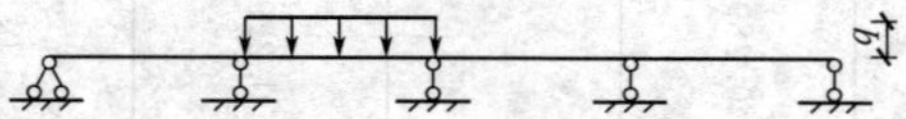		0.071			-0.049	-0.054	0.013	-0.049	-0.049 0.496	-0.504 0.067	0.067 0.013	-0.013
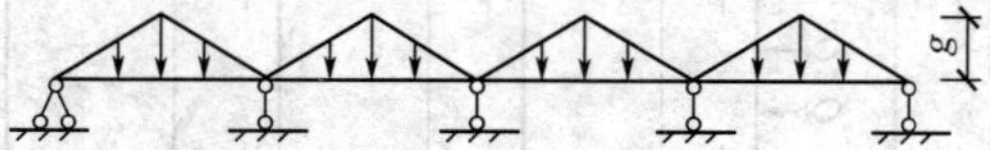	0.052	0.028	0.028	0.052	-0.067	-0.045	-0.067	0.183	-0.317 0.272	-0.228 0.228	-0.272 0.317	-0.183
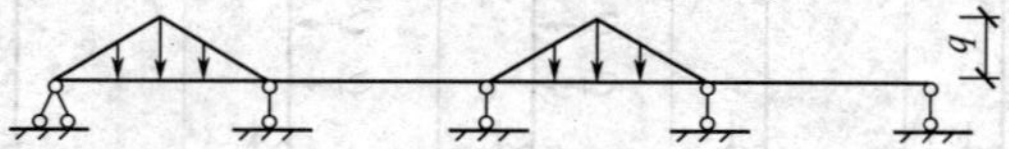	-0.067		0.055		-0.084	-0.022	-0.034	0.217	-0.234 0.011	0.011 0.239	-0.261 0.034	0.034
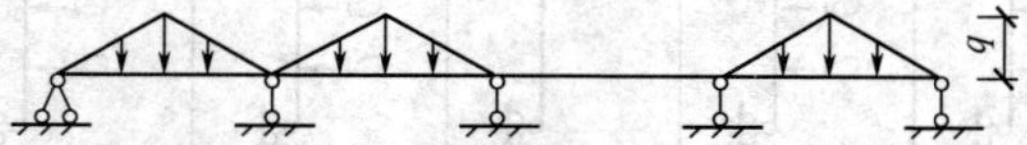	0.049	0.042		0.066	-0.075	-0.011	-0.036	0.175	-0.325 0.314	-0.186 -0.025	-0.025 0.286	-0.214

续表

荷载图	跨内最大弯矩				支座弯矩			剪力				
	M_1	M_2	M_3	M_4	M_B	M_C	M_D	V_A	V_B^l V_B^r	V_C^l V_C^r	V_D^l V_D^r	V_E
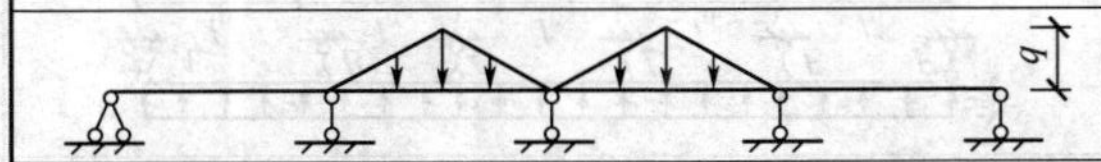		0.040	0.040		−0.022	−0.067	−0.022	−0.022	−0.022 0.205	−0.295 0.295	−0.205 0.022	0.022
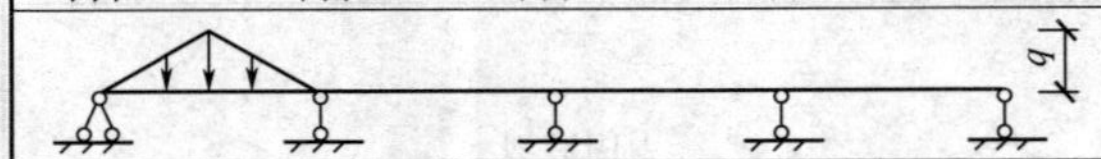	0.088				−0.042	0.011	−0.003	0.208	−0.292 0.053	0.063 −0.014	−0.014 0.003	0.003
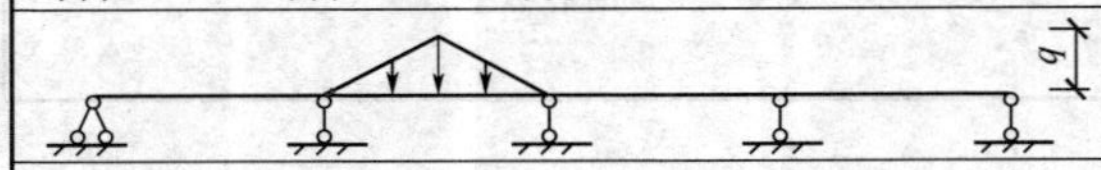		0.051			−0.031	−0.034	0.008	−0.031	−0.031 0.247	−0.253 0.042	0.042 −0.008	−0.008
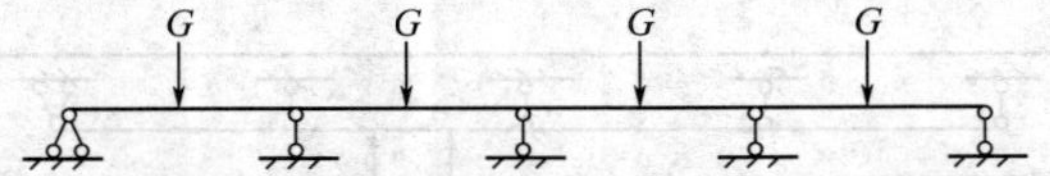	0.169	0.116	0.116	0.169	−0.161	−0.107	−0.161	0.339	−0.661 0.554	−0.446 0.446	−0.554 0.661	−0.330
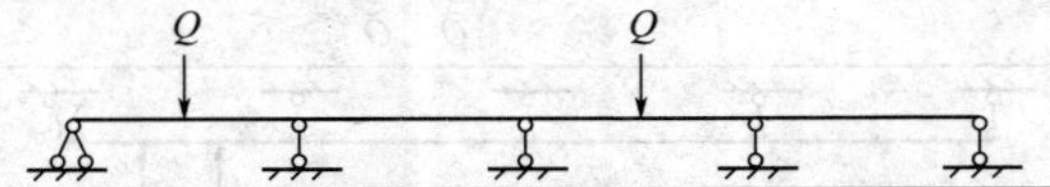	0.210		0.183		−0.080	−0.054	−0.080	0.420	−0.580 0.027	0.027 0.473	−0.527 0.080	0.080
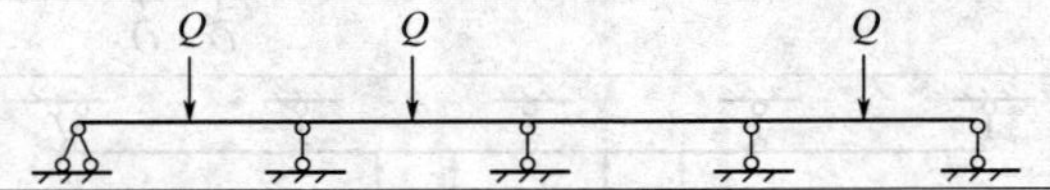	0.159	0.146		0.206	−0.181	−0.027	−0.087	0.319	−0.681 0.654	−0.346 −0.060	−0.060 0.587	−0.413
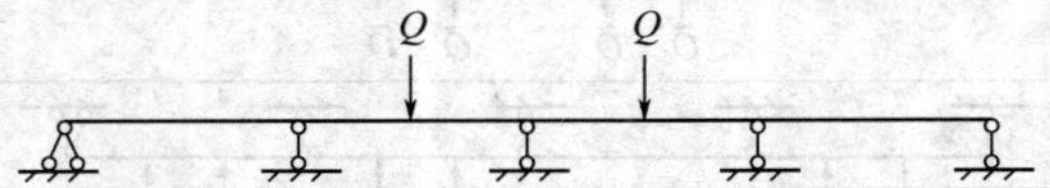		0.142	0.142		−0.054	−0.161	−0.054	0.054	−0.054 0.393	−0.607 0.607	−0.393 0.054	0.054
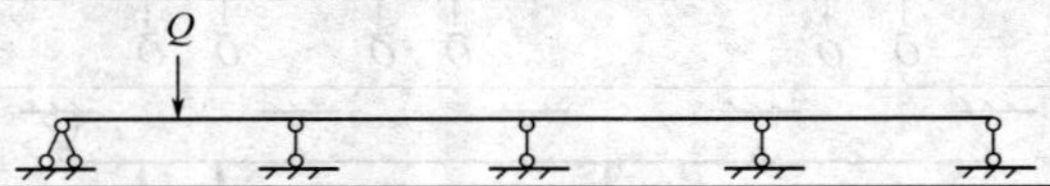	0.200				−0.100	−0.027	−0.007	0.400	−0.600 0.127	0.127 −0.033	−0.033 0.007	0.007
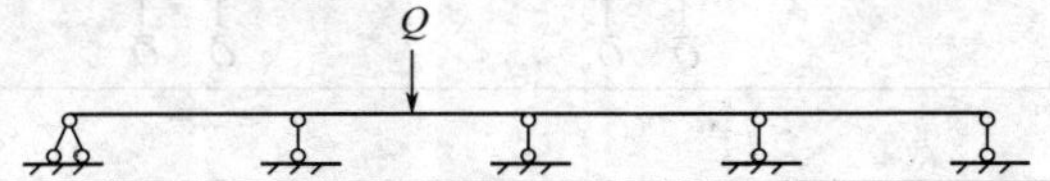		0.173			−0.074	−0.080	0.020	−0.074	−0.074 0.493	−0.507 0.100	0.100 −0.020	−0.020
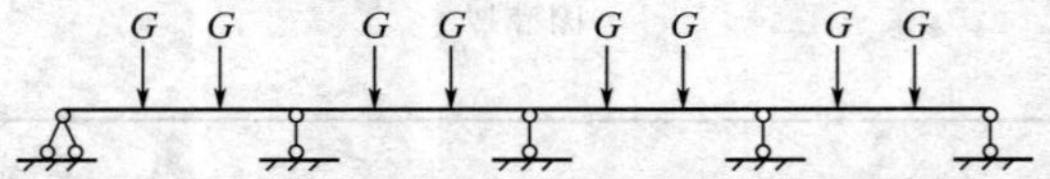	0.238	0.111	0.111	0.238	−0.286	−0.191	−0.286	0.714	−1.286 1.095	−0.905 0.905	−1.095 1.286	−0.714

续表

荷载图	跨内最大弯矩				支座弯矩			剪力				
	M_1	M_2	M_3	M_4	M_B	M_C	M_D	V_A	V_B^l V_B^r	V_C^l V_C^r	V_D^l V_D^r	V_E
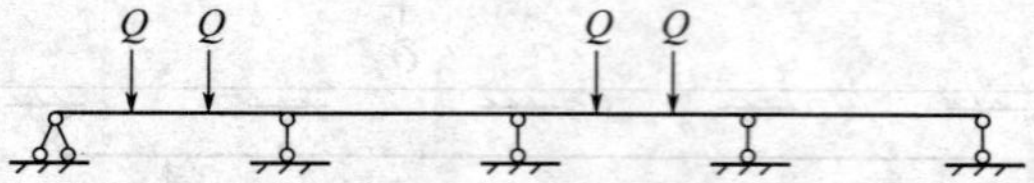	0.286		0.222		−0.143	−0.095	−0.143	0.857	−1.143 0.048	0.048 0.952	−1.048 0.143	0.143
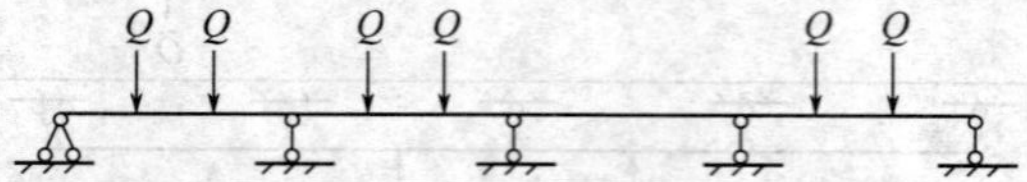	0.226	0.194		0.282	−0.321	−0.048	−0.155	0.679	−1.321 1.274	−0.726 −0.107	−0.107 1.155	−0.345
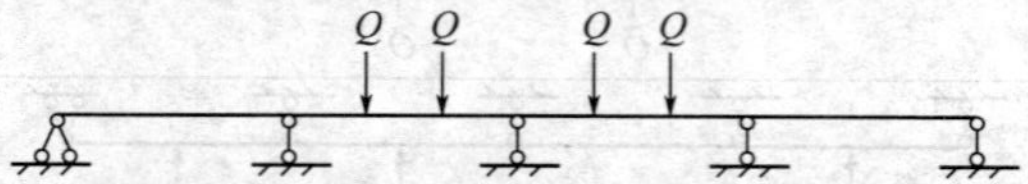		0.175	0.175		−0.095	−0.286	−0.095	−0.095	−0.095 0.810	−1.190 1.190	−0.810 0.095	0.095
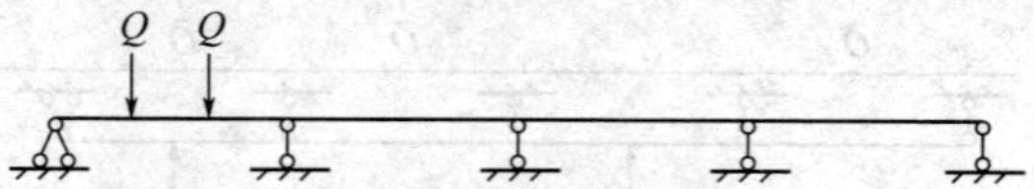	0.274				−0.178	0.048	−0.012	0.822	−1.178 0.226	0.226 −0.060	−0.060 0.012	0.012
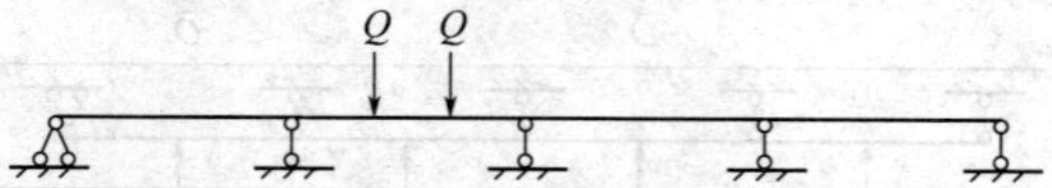		0.198			−0.131	−0.143	0.036	−0.131	−0.131 0.988	−1.012 0.178	0.178 −0.036	−0.036

附表 1-4 五跨梁

荷载图	跨内最大弯矩			支座弯矩				剪力					
	M_1	M_2	M_3	M_B	M_C	M_D	M_E	V_A	V_B^l V_B^r	V_C^l V_C^r	V_D^l V_D^r	V_E^l V_E^r	V_F
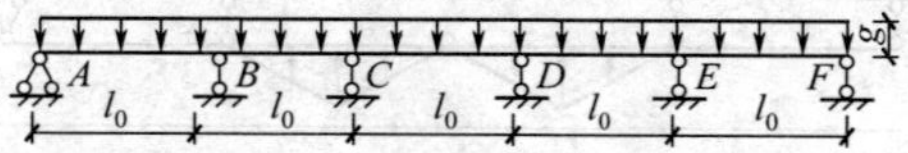	0.078	0.033	0.046	−0.105	−0.079	−0.079	−0.105	0.394	−0.606 0.526	−0.474 0.500	−0.500 0.474	−0.526 0.606	−0.394
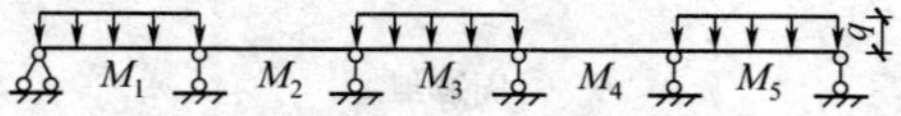	0.100		0.085	−0.053	−0.040	−0.040	−0.053	0.447	−0.553 0.013	0.013 −0.500	−0.500 −0.013	−0.013 0.553	−0.447
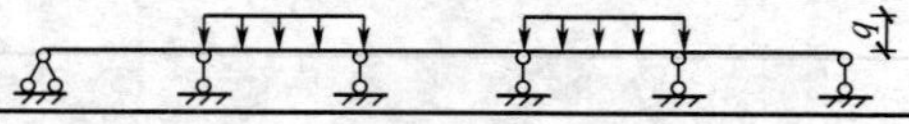		0.079		−0.053	−0.040	−0.040	−0.053	−0.053	−0.053 0.513	−0.487 0	0 0.487	−0.513 0.053	0.053

续表

荷载图	跨内最大弯矩			支座弯矩				剪力					
	M_1	M_2	M_3	M_B	M_C	M_D	M_E	V_A	V_B^l V_B^r	V_C^l V_C^r	V_D^l V_D^r	V_E^l V_E^r	V_F
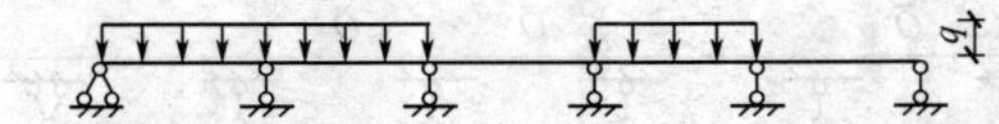	0.073	(2)0.059 0.078		−0.119	−0.022	−0.044	−0.051	0.380	−0.620 0.598	−0.402 −0.023	−0.023 0.493	−0.507 0.052	0.052
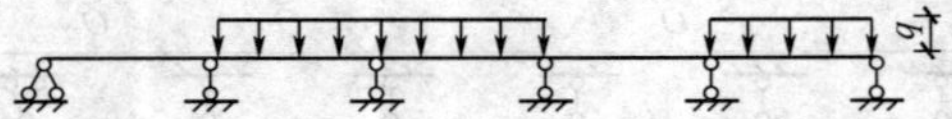	(1)— 0.098	0.055	0.064	−0.035	−0.111	−0.020	−0.057	0.035	0.035 0.424	0.576 0.591	−0.409 −0.037	−0.037 0.557	−0.443
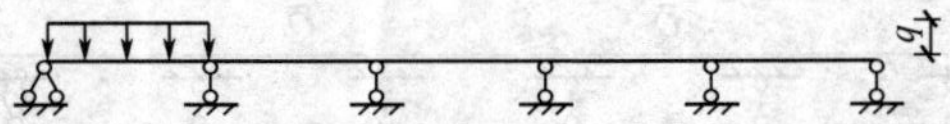	0.094			−0.067	0.018	−0.005	0.001	0.433	0.567 0.085	0.086 0.023	0.023 0.006	0.006 −0.001	0.001
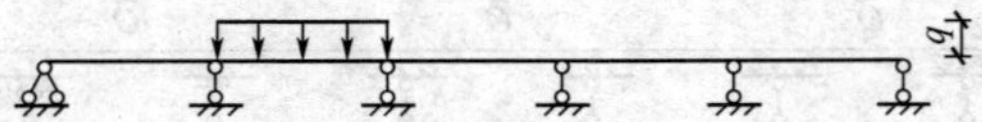		0.074	—	−0.049	−0.054	0.014	−0.004	0.019	−0.049 0.496	−0.505 0.068	0.068 −0.018	−0.018 0.004	0.004
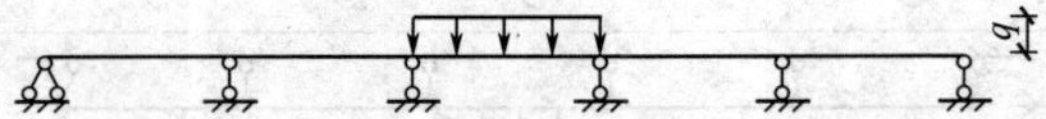	—	—	0.072	0.013	0.053	0.053	0.013	0.013	0.013 −0.066	−0.066 0.500	−0.500 0.066	0.066 −0.013	0.013
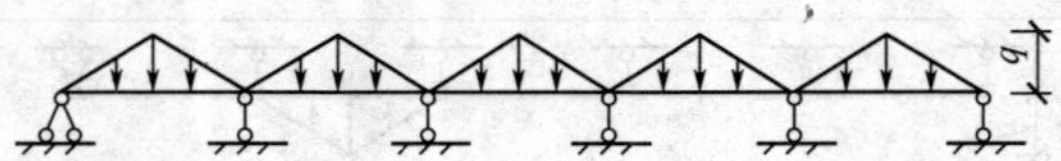	0.053	0.026	0.034	−0.066	−0.049	0.049	−0.066	0.184	−0.316 0.266	−0.234 0.250	−0.250 0.234	−0.266 0.316	0.184
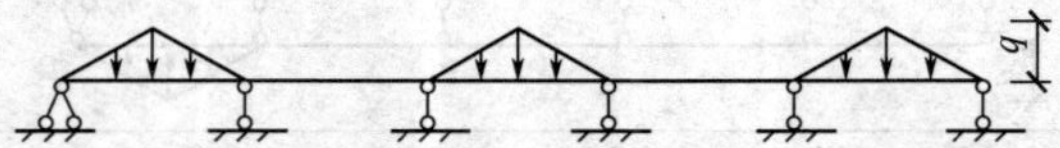	0.067	—	0.059	−0.033	−0.025	−0.025	0.033	0.217	0.283 0.008	0.008 0.250	−0.250 −0.006	−0.008 0.283	0.217
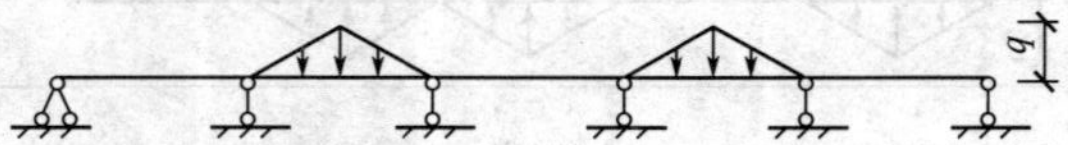	—	0.055	—	−0.033	−0.025	−0.025	−0.033	0.033	−0.033 0.258	−0.242 0	0 0.242	−0.258 0.033	0.033
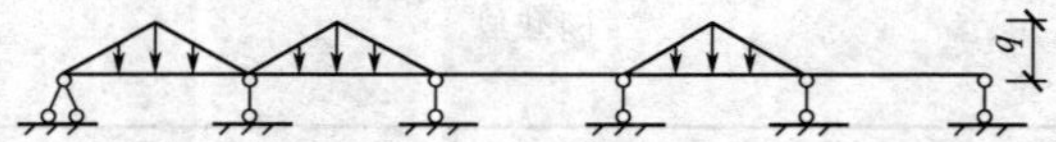	0.049	(2)0.041 0.053	—	−0.075	−0.014	−0.028	−0.032	0.175	0.325 0.311	−0.189 −0.014	−0.014 0.246	−0.255 0.032	0.032

续表

荷载图	跨内最大弯矩			支座弯矩				剪力					
	M_1	M_2	M_3	M_B	M_C	M_D	M_E	V_A	V_B^l V_B^r	V_C^l V_C^r	V_D^l V_D^r	V_E^l V_E^r	V_F
	(1)— 0.066	0.039	0.044	−0.022	−0.070	−0.013	−0.036	−0.022	−0.022 0.202	−0.298 0.307	−0.198 −0.028	−0.023 0.286	−0.214
	0.063	—	—	0.042	0.011	−0.003	0.001	0.208	−0.292 0.053	0.053 −0.014	−0.014 0.004	0.004 −0.001	−0.001
	—	0.051	—	−0.031	−0.034	0.009	−0.002	0.031	−0.031 0.247	−0.253 0.043	0.049 −0.011	−0.011 0.002	0.002
	—	—	0.050	0.008	−0.033	−0.033	0.008	0.008	0.008 −0.041	−0.041 0.250	−0.250 0.041	0.041 −0.008	−0.008
	0.171	0.112	0.132	−0.158	−0.118	−0.118	−0.158	0.342	−0.658 0.540	−0.460 0.500	−0.500 0.460	−0.540 0.658	−0.342
	0.211	—	0.191	−0.079	−0.059	−0.059	−0.079	0.421	−0.579 0.020	0.200 0.500	−0.500 −0.020	−0.020 0.579	−0.421
	—	0.181	—	−0.079	−0.059	−0.059	−0.079	−0.079	−0.079 0.520	−0.480 0	0 0.480	−0.520 0.079	0.079
	0.160	(2)0.144 0.178	—	−0.179	−0.032	−0.066	−0.077	0.321	−0.679 0.647	−0.353 −0.034	−0.034 0.489	−0.511 0.077	0.077
	(1)— 0.207	0.140	0.151	−0.052	−0.167	−0.031	−0.086	−0.052	−0.052 0.385	−0.615 0.637	−0.363 −0.056	−0.056 0.586	−0.414
	0.200	—	—	−0.100	0.027	−0.007	0.002	0.400	−0.600 0.127	0.127 −0.031	−0.034 0.009	0.009 −0.002	−0.002

续表

荷载图	跨内最大弯矩			支座弯矩				剪力					
	M_1	M_2	M_3	M_B	M_C	M_D	M_E	V_A	V_B^l V_B^r	V_C^l V_C^r	V_D^l V_D^r	V_E^l V_E^r	V_F
Q	—	0.173	—	−0.073	−0.081	0.022	−0.005	−0.073	−0.073 0.493	−0.507 0.102	0.102 −0.027	−0.027 0.005	0.005
Q	—	—	0.171	0.020	−0.079	−0.079	0.020	0.020	0.020 −0.099	−0.099 0.500	−0.500 0.099	0.099 −0.020	−0.020
G G G G G G G G G G	0.240	0.100	0.122	−0.281	−0.211	0.211	−0.281	0.719	−1.281 1.070	−0.930 1.000	−1.000 0.930	1.070 1.281	−0.719
Q Q Q Q Q Q	0.287	—	0.228	−0.140	−0.105	−0.105	−0.140	0.860	−1.140 0.035	0.035 1.000	1.000 −0.035	−0.035 1.140	−0.860
Q Q Q Q	—	0.216	—	−0.140	−0.105	−0.105	−0.140	−0.140	−0.140 1.035	−0.965 0	0 0.965	−1.035 1.140	0.140
Q Q Q Q Q Q	0.227	(2) 0.189 0.209	—	−0.319	−0.057	−0.118	−0.137	0.681	−1.319 1.262	−0.738 −0.061	−0.061 0.981	−1.019 0.137	0.137
Q Q Q Q Q Q	(1) — 0.282	0.172	0.198	−0.093	−0.297	−0.054	−0.153	−0.093	−0.093 0.796	−1.204 1.243	−0.757 −0.099	−0.099 1.153	−0.847
Q Q	0.274	—	—	−0.179	0.048	−0.013	0.003	0.821	−1.179 0.227	0.227 −0.061	−0.061 0.016	0.016 −0.003	−0.003
Q Q	—	0.198	—	−0.131	−0.144	0.038	−0.010	−0.131	−0.131 0.987	−1.013 0.182	0.182 −0.048	−0.048 0.010	0.010
Q Q	—	—	0.193	0.035	−0.140	−0.140	0.035	0.035	0.035 −0.175	−0.175 1.000	−1.000 0.175	0.175 −0.035	−0.035

附录 2 双向板按弹性理论计算的系数表

符号说明：

B_c——板的抗弯刚度，$B_c=\dfrac{Eh^3}{12(1-\upsilon_c^2)}$；

E——混凝土弹性模量；

h——板厚；

υ_c——混凝土泊松比，本附表中 $\upsilon_c=0$；

f、f_{max}——板中心点的挠度和最大挠度；

m_x、$m_{x\max}$——平行于 l_x 方向板中心点单位板宽内的弯矩和板跨内最大弯矩；

m_y、$m_{y\max}$——平行于 l_y 方向板中心点单位板宽内的弯矩和板跨内最大弯矩；

m_x'、m_y'——固定边中点沿 I_x、I_y 方向单位板宽内的弯矩。

正负号的规定：

弯矩，使板的受荷面受压者为正；挠度，变形与荷载方向相同者为正。

⊥⊥⊥⊥⊥⊥⊥ 表示固定；======= 表示简支边。

附表 2-1

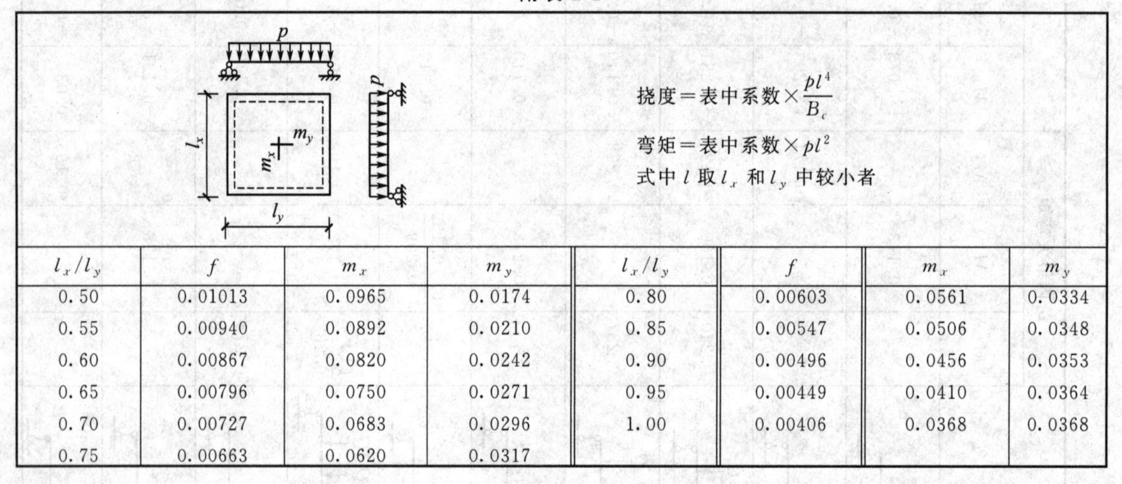

l_x/l_y	f	m_x	m_y	l_x/l_y	f	m_x	m_y
0.50	0.01013	0.0965	0.0174	0.80	0.00603	0.0561	0.0334
0.55	0.00940	0.0892	0.0210	0.85	0.00547	0.0506	0.0348
0.60	0.00867	0.0820	0.0242	0.90	0.00496	0.0456	0.0353
0.65	0.00796	0.0750	0.0271	0.95	0.00449	0.0410	0.0364
0.70	0.00727	0.0683	0.0296	1.00	0.00406	0.0368	0.0368
0.75	0.00663	0.0620	0.0317				

附表 2-2

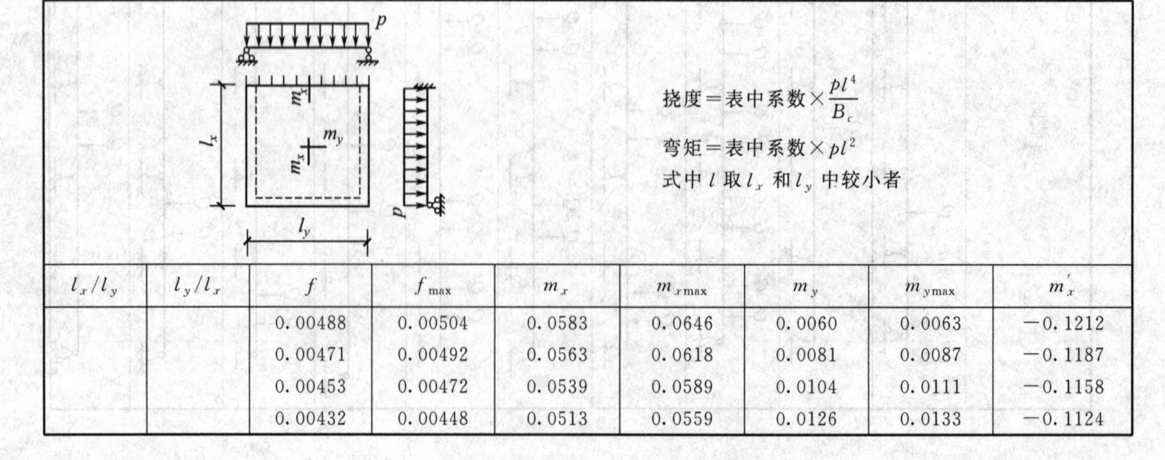

l_x/l_y	l_y/l_x	f	f_{max}	m_x	$m_{x\max}$	m_y	$m_{y\max}$	m_x'
		0.00488	0.00504	0.0583	0.0646	0.0060	0.0063	−0.1212
		0.00471	0.00492	0.0563	0.0618	0.0081	0.0087	−0.1187
		0.00453	0.00472	0.0539	0.0589	0.0104	0.0111	−0.1158
		0.00432	0.00448	0.0513	0.0559	0.0126	0.0133	−0.1124

续表

l_x/l_y	l_y/l_x	f	f_{max}	m_x	m_{xmax}	m_y	m_{ymax}	m_x'
0.50		0.00410	0.00422	0.0485	0.0529	0.0148	0.0154	−0.1087
0.55		0.00388	0.00399	0.0457	0.0496	0.0168	0.0174	−0.1048
0.60		0.00365	0.00376	0.0428	0.0463	0.0187	0.0193	−0.1007
0.65		0.00343	0.00352	0.0400	0.0431	0.0204	0.0211	−0.0965
0.70		0.00321	0.00329	0.0372	0.0400	0.0219	0.0226	−0.0922
0.75		0.00299	0.00306	0.0345	0.0369	0.0232	0.0239	−0.0880
0.80	1.00	0.00279	0.00285	0.0319	0.0340	0.0243	0.0249	−0.0839
0.85	0.95	0.00316	0.00324	0.0324	0.0345	0.0280	0.0287	−0.0882
0.90	0.90	0.00360	0.00368	0.0328	0.0347	0.0322	0.0330	−0.0926
0.95	0.85	0.00409	0.00417	0.0329	0.0347	0.0370	0.0378	−0.0970
1.00	0.80	0.00464	0.00473	0.0326	0.0343	0.0424	0.0433	−0.1014
	0.75	0.00526	0.00536	0.0319	0.0335	0.0485	0.0494	−0.1056
	0.70	0.00595	0.00605	0.0308	0.0323	0.0553	0.0562	−0.1096
	0.65	0.00670	0.00680	0.0291	0.0306	0.0627	0.0637	−0.1133
	0.60	0.00752	0.00762	0.0268	0.0289	0.0707	0.0717	−0.1166
	0.55	0.00838	0.00848	0.0239	0.0271	0.0792	0.0801	−0.1193
	0.50	0.00927	0.00935	0.0205	0.0249	0.0880	0.0888	−0.1215

附表 2-3

挠度＝表中系数×$\frac{pl^4}{B_c}$

弯矩＝表中系数×pl^2

式中 l 取 l_x 和 l_y 中较小者

l_x/l_y	l_y/l_x	f	m_x	m_y	m_x'
		0.00261	0.0416	0.0017	−0.0843
		0.00259	0.0410	0.0028	−0.0840
0.50		0.00255	0.0402	0.0042	−0.0834
0.55		0.00250	0.0392	0.0057	−0.0826
0.60		0.00243	0.0379	0.0072	−0.0814
0.65		0.00236	0.0366	0.0088	−0.0799
0.70		0.00228	0.0351	0.0103	−0.0782
0.75		0.00220	0.0335	0.0118	−0.0763
0.80		0.00211	0.0319	0.0133	−0.0743
0.85		0.00201	0.0302	0.0146	−0.0721
0.90	1.00	0.00192	0.0285	0.0158	−0.0698
0.95	0.95	0.00223	0.0296	0.0189	−0.0746
1.00	0.90	0.00260	0.0306	0.0224	−0.0797
	0.85	0.00303	0.0314	0.0266	−0.0850
	0.80	0.00354	0.0319	0.0316	−0.0904
	0.75	0.00413	0.0321	0.0374	−0.0959
	0.70	0.00482	0.0318	0.0441	−0.1013
	0.65	0.00560	0.0308	0.0518	−0.1066
	0.60	0.00647	0.0292	0.0604	−0.1114
	0.55	0.00743	0.0267	0.0698	−0.1156
	0.50	0.00844	0.0234	0.0798	−0.1191

附表 2-4

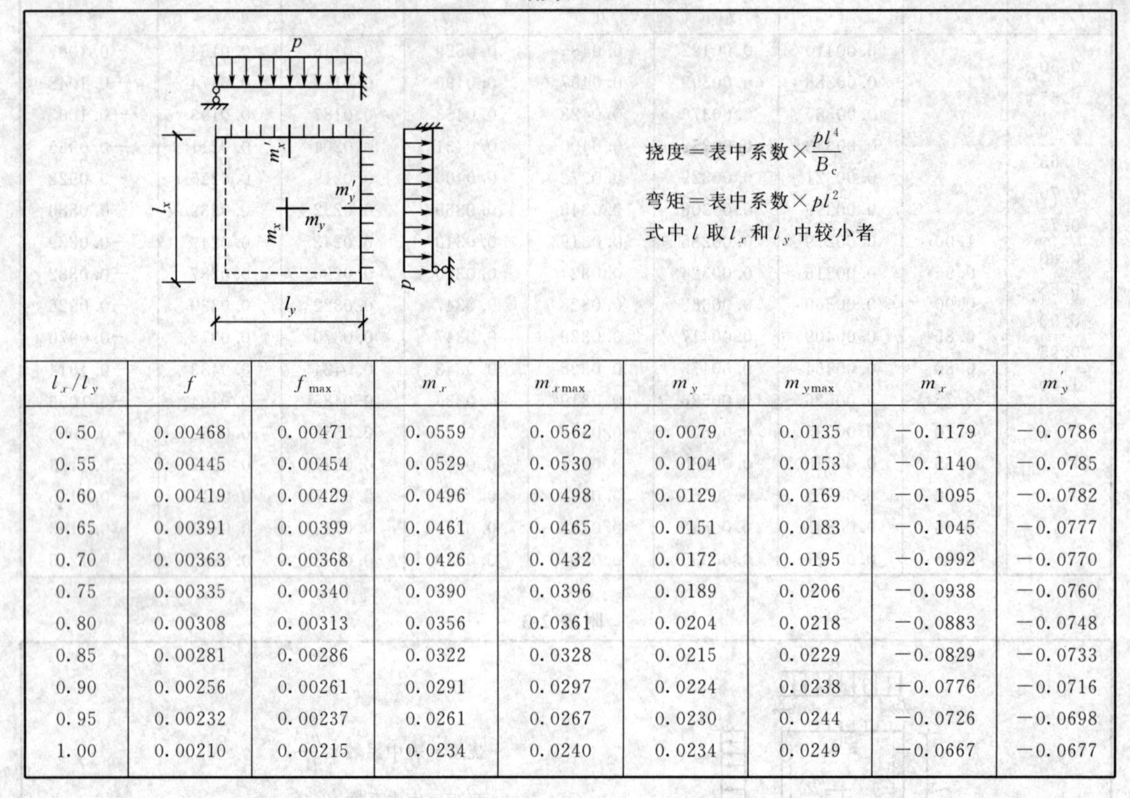

l_x/l_y	f	f_{max}	m_x	$m_{x max}$	m_y	$m_{y max}$	m_x'	m_y'
0.50	0.00468	0.00471	0.0559	0.0562	0.0079	0.0135	−0.1179	−0.0786
0.55	0.00445	0.00454	0.0529	0.0530	0.0104	0.0153	−0.1140	−0.0785
0.60	0.00419	0.00429	0.0496	0.0498	0.0129	0.0169	−0.1095	−0.0782
0.65	0.00391	0.00399	0.0461	0.0465	0.0151	0.0183	−0.1045	−0.0777
0.70	0.00363	0.00368	0.0426	0.0432	0.0172	0.0195	−0.0992	−0.0770
0.75	0.00335	0.00340	0.0390	0.0396	0.0189	0.0206	−0.0938	−0.0760
0.80	0.00308	0.00313	0.0356	0.0361	0.0204	0.0218	−0.0883	−0.0748
0.85	0.00281	0.00286	0.0322	0.0328	0.0215	0.0229	−0.0829	−0.0733
0.90	0.00256	0.00261	0.0291	0.0297	0.0224	0.0238	−0.0776	−0.0716
0.95	0.00232	0.00237	0.0261	0.0267	0.0230	0.0244	−0.0726	−0.0698
1.00	0.00210	0.00215	0.0234	0.0240	0.0234	0.0249	−0.0667	−0.0677

附表 2-5

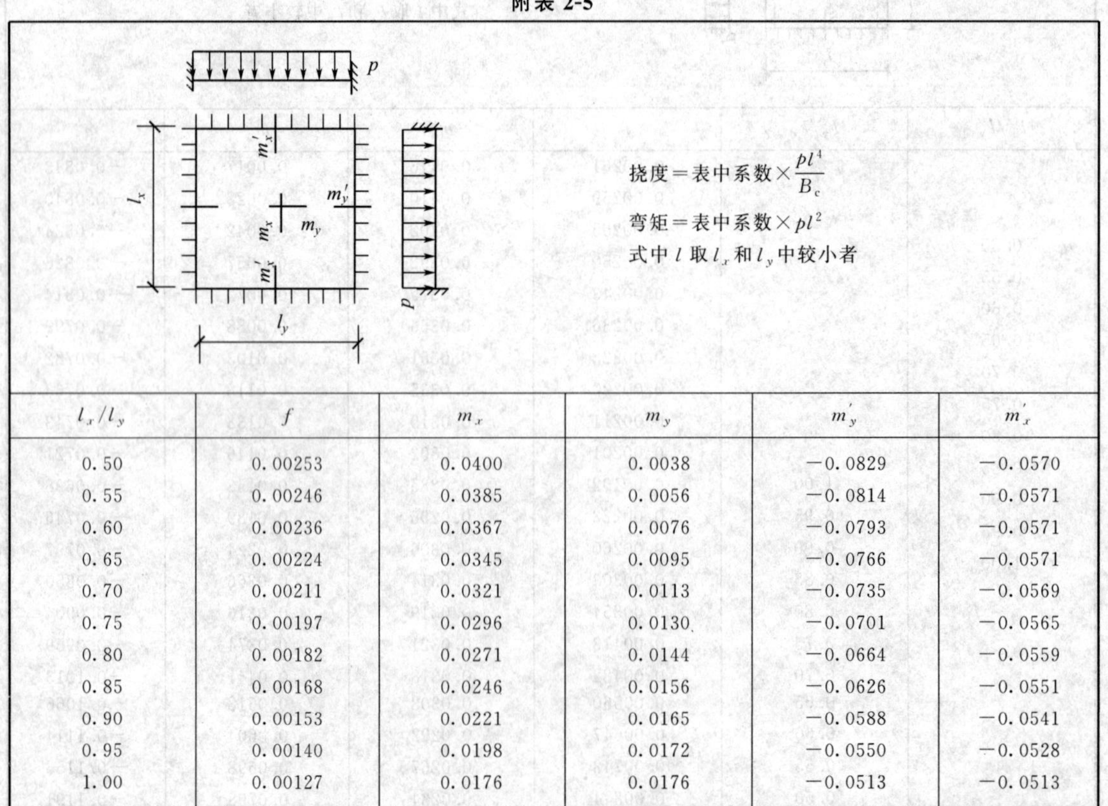

l_x/l_y	f	m_x	m_y	m_y'	m_x'
0.50	0.00253	0.0400	0.0038	−0.0829	−0.0570
0.55	0.00246	0.0385	0.0056	−0.0814	−0.0571
0.60	0.00236	0.0367	0.0076	−0.0793	−0.0571
0.65	0.00224	0.0345	0.0095	−0.0766	−0.0571
0.70	0.00211	0.0321	0.0113	−0.0735	−0.0569
0.75	0.00197	0.0296	0.0130	−0.0701	−0.0565
0.80	0.00182	0.0271	0.0144	−0.0664	−0.0559
0.85	0.00168	0.0246	0.0156	−0.0626	−0.0551
0.90	0.00153	0.0221	0.0165	−0.0588	−0.0541
0.95	0.00140	0.0198	0.0172	−0.0550	−0.0528
1.00	0.00127	0.0176	0.0176	−0.0513	−0.0513

附表 2-6

挠度＝表中系数$\times\frac{pl^4}{B_c}$

弯矩＝表中系数$\times pl^2$

式中 l 取 l_x 和 l_y 中较小者

l_x/l_y	l_y/l_x	f	f_{max}	m_x	m_{xmax}	m_y	m_{ymax}	m'_x	m'_y
0.50		0.00257	0.00258	0.0408	0.0409	0.0028	0.0089	−0.0836	−0.0569
0.55		0.00252	0.00255	0.0398	0.0399	0.0042	0.0093	−0.0827	−0.0570
0.60		0.00245	0.00249	0.0384	0.0386	0.0059	0.0105	−0.0814	−0.0571
0.65		0.00237	0.00240	0.0368	0.0371	0.0076	0.0116	−0.0796	−0.0572
0.70		0.00227	0.00229	0.0350	0.0354	0.0093	0.0127	−0.0774	−0.0572
0.75		0.00216	0.00219	0.0331	0.0335	0.0109	0.0137	−0.0750	−0.0572
0.80		0.00205	0.00208	0.0310	0.0314	0.0124	0.0147	−0.0722	−0.0570
0.85		0.00193	0.00196	0.0289	0.0293	0.0138	0.0155	−0.0693	−0.0567
0.90		0.00181	0.00184	0.0268	0.0273	0.0159	0.0163	−0.0663	−0.0563
0.95		0.00169	0.00172	0.0247	0.0252	0.0160	0.0172	−0.0631	−0.0558
1.00	1.00	0.00157	0.00160	0.0227	0.0231	0.0168	0.0180	−0.0600	−0.0550
	0.95	0.00178	0.00182	0.0229	0.0234	0.0194	0.0207	−0.0629	−0.0599
	0.90	0.00201	0.00206	0.0228	0.0234	0.0223	0.0238	−0.0656	−0.0653
	0.85	0.00227	0.00233	0.0225	0.0231	0.0255	0.0273	−0.0683	−0.0711
	0.80	0.00256	0.00262	0.0219	0.0224	0.0290	0.0311	−0.0707	−0.0772
	0.75	0.00286	0.00294	0.0208	0.0214	0.0329	0.0354	−0.0729	−0.0837
	0.70	0.00319	0.00327	0.0194	0.0200	0.0370	0.0400	−0.0748	−0.0903
	0.65	0.00352	0.00365	0.0175	0.0182	0.0412	0.0446	−0.0762	−0.0970
	0.60	0.00386	0.00403	0.0153	0.0160	0.0454	0.0493	−0.0773	−0.1033
	0.55	0.00419	0.00437	0.0127	0.0133	0.0496	0.0541	−0.0780	−0.1093
	0.50	0.00449	0.00463	0.0099	0.0103	0.0534	0.0588	−0.0784	−0.1146

附表 2-7

挠度＝表中系数$\times\frac{pl_x^4}{B_c}$

弯矩＝表中系数$\times pl^2$

l_x/l_y	f			f_{0x}		
	$\nu=0$	$\nu=\frac{1}{6}$	$\nu=0.3$	$\nu=0$	$\nu=\frac{1}{6}$	$\nu=0.3$
0.30	0.00133	0.00152	0.00173	0.00248	0.00289	0.00336
0.35	0.00177	0.00199	0.00223	0.00322	0.00372	0.00431
0.40	0.00225	0.00248	0.00276	0.00399	0.00458	0.00526
0.45	0.00275	0.00299	0.00329	0.00476	0.00542	0.00620

续表

l_x/l_y	f			f_{0x}		
	$\nu=0$	$\nu=\frac{1}{6}$	$\nu=0.3$	$\nu=0$	$\nu=\frac{1}{6}$	$\nu=0.3$
0.50	0.00327	0.00351	0.00381	0.00552	0.00624	0.00709
0.55	0.00379	0.00402	0.00432	0.00625	0.00703	0.00794
0.60	0.00430	0.00452	0.00481	0.00694	0.00776	0.00373
0.65	0.00481	0.00501	0.00528	0.00759	0.00843	0.00945
0.70	0.00529	0.00547	0.00573	0.00818	0.00905	0.01011
0.75	0.00576	0.00592	0.00615	0.00872	0.00962	0.01071
0.80	0.00621	0.00634	0.00655	0.00922	0.01013	0.01124
0.85	0.00663	0.00674	0.00693	0.00966	0.01058	0.01172
0.90	0.00703	0.00711	0.00728	0.01006	0.01099	0.01214
0.95	0.00740	0.00747	0.00762	0.01041	0.01135	0.01252
1.00	0.00775	0.00780	0.00793	0.01073	0.01167	0.01285
1.10	0.00839	0.00841	0.00850	0.01125	0.01221	0.01341
1.20	0.00895	0.00894	0.00901	0.01166	0.01262	0.01383
1.30	0.00944	0.00941	0.00946	0.01198	0.01294	0.01416
1.40	0.00987	0.00983	0.00986	0.01223	0.01319	0.01442
1.50	0.01025	0.01020	0.01022	0.01242	0.01338	0.01461
1.75	0.01101	0.01095	0.01095	0.01272	0.01368	0.01492
2.00	0.01156	0.01151	0.01150	0.01287	0.01383	0.01507

l_x/l_y	m_x			m_y			m_{0x}		
	$\nu=0$	$\nu=\frac{1}{6}$	$\nu=0.3$	$\nu=0$	$\nu=\frac{1}{6}$	$\nu=0.3$	$\nu=0$	$\nu=\frac{1}{6}$	$\nu=0.3$
0.30	0.0114	0.0145	0.0170	0.0101	0.0103	0.0104	0.0219	0.0250	0.0273
0.35	0.0155	0.0192	0.0222	0.0127	0.0131	0.0134	0.0289	0.0327	0.0355
0.40	0.0199	0.0242	0.0276	0.0152	0.0159	0.0165	0.0363	0.0407	0.0439
0.45	0.0247	0.0294	0.0331	0.0174	0.0186	0.0195	0.0438	0.0487	0.0522
0.50	0.0296	0.0346	0.0385	0.0192	0.0210	0.0223	0.0512	0.0564	0.0602
0.55	0.0316	0.0397	0.0437	0.0207	0.0231	0.0250	0.0583	0.0639	0.0677
0.60	0.0395	0.0447	0.0488	0.0218	0.0250	0.0274	0.0651	0.0709	0.0747
0.65	0.0444	0.0495	0.0536	0.0226	0.0266	0.0296	0.0714	0.0773	0.0812
0.70	0.0491	0.0542	0.0581	0.0230	0.0279	0.0315	0.0773	0.0833	0.0871
0.75	0.0537	0.0585	0.0624	0.0232	0.0289	0.0332	0.0826	0.0886	0.0924
0.80	0.0580	0.0626	0.0663	0.0232	0.0298	0.0347	0.0875	0.0935	0.0972
0.85	0.0622	0.0665	0.0701	0.0230	0.0304	0.0360	0.0918	0.0979	0.1015
0.90	0.0660	0.0702	0.0736	0.0227	0.0309	0.0372	0.0957	0.1018	0.1053
0.95	0.0697	0.0736	0.0768	0.0222	0.0313	0.0382	0.0992	0.1052	0.1087
1.00	0.0732	0.0768	0.0799	0.0217	0.0315	0.0390	0.1024	0.1083	0.1117
1.10	0.0794	0.0826	0.0853	0.0204	0.0317	0.0403	0.1076	0.1135	0.1167
1.20	0.0849	0.0877	0.0901	0.0190	0.0315	0.0411	0.1116	0.1175	0.1205
1.30	0.0897	0.0922	0.0943	0.0175	0.0312	0.0417	0.1148	0.1205	0.1235
1.40	0.0940	0.0961	0.0980	0.0161	0.0307	0.0420	0.1172	0.1229	0.1258
1.50	0.0977	0.0995	0.1012	0.0147	0.0301	0.0421	0.1190	0.1247	0.1275
1.75	0.1051	0.1065	0.1077	0.0115	0.0286	0.0420	0.1220	0.1276	0.1302
2.00	0.1106	0.1115	0.1125	0.0088	0.0271	0.0414	0.1235	0.1291	0.1316

附表 2-8

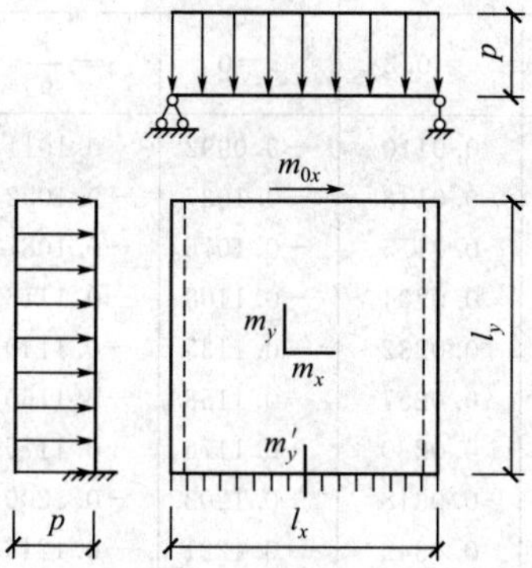

挠度＝表中系数×$\frac{pl^4}{B_c}$

弯矩＝表中系数×pl_x^2

l_x/l_y	f			f_{0x}			m_{0x}		
	$\nu=0$	$\nu=\frac{1}{6}$	$\nu=0.3$	$\nu=0$	$\nu=\frac{1}{6}$	$\nu=0.3$	$\nu=0$	$\nu=\frac{1}{6}$	$\nu=0.3$
0.30	0.00027	0.00029	0.00030	0.00071	0.00077	0.00082	0.0050	0.0052	0.0051
0.35	0.00045	0.00048	0.00051	0.00114	0.00125	0.00135	0.0088	0.0093	0.0094
0.40	0.00068	0.00072	0.00077	0.00166	0.00184	0.00202	0.0136	0.0147	0.0151
0.45	0.00096	0.00102	0.00109	0.00227	0.00252	0.00279	0.0193	0.0210	0.0218
0.50	0.00128	0.00136	0.00145	0.00293	0.00327	0.00364	0.0257	0.0280	0.0293
0.55	0.00164	0.00174	0.00185	0.00363	0.00406	0.00453	0.0326	0.0355	0.0372
0.60	0.00203	0.00214	0.00227	0.00435	0.00486	0.00544	0.0396	0.0431	0.0453
0.65	0.00245	0.00256	0.00271	0.00507	0.00566	0.00633	0.0467	0.0508	0.0532
0.70	0.00288	0.00300	0.00315	0.00578	0.00644	0.00720	0.0536	0.0582	0.0610
0.75	0.00332	0.00344	0.00359	0.00646	0.00718	0.00801	0.0603	0.0652	0.0683
0.80	0.00377	0.00388	0.00403	0.00711	0.00787	0.00878	0.0667	0.0719	0.0751
0.85	0.00421	0.00431	0.00446	0.00772	0.00852	0.00948	0.0727	0.0781	0.0815
0.90	0.00465	0.00474	0.00488	0.00828	0.00912	0.01013	0.0782	0.0838	0.0872
0.95	0.00507	0.00515	0.00528	0.00879	0.00966	0.01071	0.0833	0.0890	0.0925
1.00	0.00549	0.00555	0.00567	0.00927	0.01015	0.01124	0.0879	0.0938	0.0972
1.10	0.00627	0.00630	0.00640	0.01008	0.01099	0.01213	0.0959	0.1018	0.1052
1.20	0.00698	0.00699	0.00707	0.01073	0.01167	0.01283	0.1024	0.1083	0.1115
1.30	0.00763	0.00762	0.00768	0.01125	0.01220	0.01339	0.1075	0.1134	0.1165
1.40	0.00822	0.00820	0.00823	0.01166	0.01261	0.01382	0.1115	0.1173	0.1204
1.50	0.00875	0.00871	0.00873	0.01198	0.01293	0.01415	0.1147	0.1204	0.1233
1.75	0.00984	0.00979	0.00979	0.01249	0.01345	0.01468	0.1197	0.1254	0.1281
2.00	0.01066	0.01062	0.01061	0.01275	0.01371	0.01495	0.1223	0.1279	0.1305

l_x/l_y	m_x			m_y			m'_y		
	$\nu=0$	$\nu=\frac{1}{6}$	$\nu=0.3$	$\nu=0$	$\nu=\frac{1}{6}$	$\nu=0.3$	$\nu=0$	$\nu=\frac{1}{6}$	$\nu=0.3$
0.30	0.0016	0.0007	−0.0004	−0.0052	−0.0060	−0.0068	−0.0371	−0.0388	−0.0403
0.35	0.0030	0.0022	0.0012	−0.0048	−0.0058	−0.0069	−0.0468	−0.0489	−0.0511
0.40	0.0050	0.0045	0.0035	−0.0037	−0.0048	−0.0060	−0.0562	−0.0588	−0.0615
0.45	0.0075	0.0073	0.0067	−0.0020	−0.0031	−0.0043	−0.0651	−0.0680	−0.0711
0.50	0.0104	0.0108	0.0105	−0.0001	−0.0008	−0.0019	−0.0735	−0.0764	−0.0797
0.55	0.0138	0.0146	0.0147	0.0021	0.0018	0.0010	−0.0811	−0.0839	−0.0783
0.60	0.0175	0.0188	0.0193	0.0044	0.0045	0.0042	−0.0879	−0.0905	−0.0938
0.65	0.0214	0.0232	0.0241	0.0066	0.0074	0.0076	−0.0939	−0.0962	−0.0992

续表

l_x/l_y	m_x			m_y			m_y'		
	$\nu=0$	$\nu=\frac{1}{6}$	$\nu=0.3$	$\nu=0$	$\nu=\frac{1}{6}$	$\nu=0.3$	$\nu=0$	$\nu=\frac{1}{6}$	$\nu=0.3$
0.70	0.0256	0.0277	0.0290	0.0087	0.0102	0.0110	−0.0992	−0.1011	−0.1038
0.75	0.0299	0.0323	0.0339	0.0107	0.0129	0.0143	−0.1037	−0.1052	−0.1076
0.80	0.0342	0.0368	0.0387	0.0124	0.0154	0.0175	−0.1076	−0.1087	−0.1107
0.85	0.0384	0.0413	0.0433	0.0138	0.0177	0.0204	−0.1108	−0.1116	−0.1133
0.90	0.0427	0.0456	0.0478	0.0151	0.0198	0.0232	−0.1135	−0.1140	−0.1153
0.95	0.0468	0.0499	0.0522	0.0161	0.0217	0.0257	−0.1158	−0.1160	−0.1170
1.00	0.0509	0.0539	0.0563	0.0169	0.0233	0.0280	−0.1176	−0.1176	−0.1184
1.10	0.0585	0.0615	0.0640	0.0179	0.0259	0.0318	−0.1203	−0.1200	−0.1204
1.20	0.0655	0.00684	0.0708	0.0183	0.0277	0.0349	−0.1221	−0.1216	−0.1218
1.30	0.0719	0.0746	0.0770	0.0182	0.0289	0.0372	−0.1232	−0.1227	−0.1227
1.40	0.0777	0.0802	0.0824	0.0177	0.0297	0.0389	−0.1239	−0.1234	−0.1233
1.50	0.0828	0.0852	0.0873	0.0170	0.0300	0.0401	−0.1243	−0.1239	−0.1237
1.75	0.0936	0.0955	0.0972	0.0146	0.0298	0.0417	−0.1248	−0.1245	−0.1244
2.00	0.1017	0.1033	0.1047	0.0120	0.0288	0.0420	−0.1250	−0.1248	−0.1247

附表 2-9

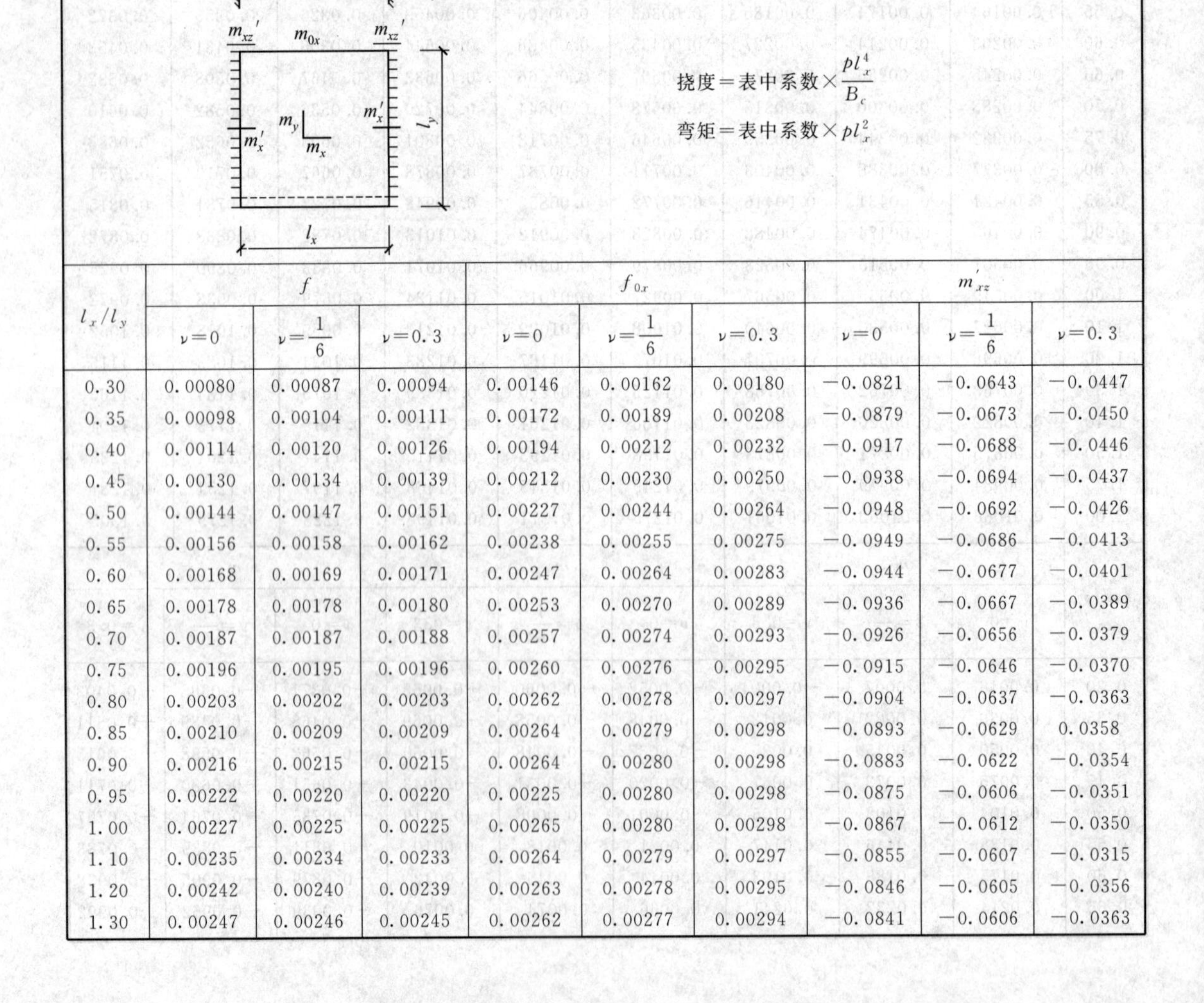

挠度＝表中系数×$\frac{pl_x^4}{B_c}$

弯矩＝表中系数×pl_x^2

l_x/l_y	f			f_{0x}			m_{xz}'		
	$\nu=0$	$\nu=\frac{1}{6}$	$\nu=0.3$	$\nu=0$	$\nu=\frac{1}{6}$	$\nu=0.3$	$\nu=0$	$\nu=\frac{1}{6}$	$\nu=0.3$
0.30	0.00080	0.00087	0.00094	0.00146	0.00162	0.00180	−0.0821	−0.0643	−0.0447
0.35	0.00098	0.00104	0.00111	0.00172	0.00189	0.00208	−0.0879	−0.0673	−0.0450
0.40	0.00114	0.00120	0.00126	0.00194	0.00212	0.00232	−0.0917	−0.0688	−0.0446
0.45	0.00130	0.00134	0.00139	0.00212	0.00230	0.00250	−0.0938	−0.0694	−0.0437
0.50	0.00144	0.00147	0.00151	0.00227	0.00244	0.00264	−0.0948	−0.0692	−0.0426
0.55	0.00156	0.00158	0.00162	0.00238	0.00255	0.00275	−0.0949	−0.0686	−0.0413
0.60	0.00168	0.00169	0.00171	0.00247	0.00264	0.00283	−0.0944	−0.0677	−0.0401
0.65	0.00178	0.00178	0.00180	0.00253	0.00270	0.00289	−0.0936	−0.0667	−0.0389
0.70	0.00187	0.00187	0.00188	0.00257	0.00274	0.00293	−0.0926	−0.0656	−0.0379
0.75	0.00196	0.00195	0.00196	0.00260	0.00276	0.00295	−0.0915	−0.0646	−0.0370
0.80	0.00203	0.00202	0.00203	0.00262	0.00278	0.00297	−0.0904	−0.0637	−0.0363
0.85	0.00210	0.00209	0.00209	0.00264	0.00279	0.00298	−0.0893	−0.0629	0.0358
0.90	0.00216	0.00215	0.00215	0.00264	0.00280	0.00298	−0.0883	−0.0622	−0.0354
0.95	0.00222	0.00220	0.00220	0.00225	0.00280	0.00298	−0.0875	−0.0606	−0.0351
1.00	0.00227	0.00225	0.00225	0.00265	0.00280	0.00298	−0.0867	−0.0612	−0.0350
1.10	0.00235	0.00234	0.00233	0.00264	0.00279	0.00297	−0.0855	−0.0607	−0.0315
1.20	0.00242	0.00240	0.00239	0.00263	0.00278	0.00295	−0.0846	−0.0605	−0.0356
1.30	0.00247	0.00246	0.00245	0.00262	0.00277	0.00294	−0.0841	−0.0606	−0.0363

续表

l_x/l_y	f			f_{0x}			m'_{xz}		
	$\nu=0$	$\nu=\frac{1}{6}$	$\nu=0.3$	$\nu=0$	$\nu=\frac{1}{6}$	$\nu=0.3$	$\nu=0$	$\nu=\frac{1}{6}$	$\nu=0.3$
1.40	0.00251	0.00250	0.00249	0.00262	0.00276	0.00294	−0.0837	−0.0608	−0.0371
1.50	0.00254	0.00253	0.00252	0.00261	0.00276	0.00293	−0.0835	−0.0612	−0.0380
1.75	0.00259	0.00258	0.00258	0.00261	0.00275	0.00292	−0.0833	−0.0624	−0.0405
2.00	0.00261	0.00260	0.00260	0.00260	0.00275	0.00292	−0.0833	−0.0637	−0.0430

l_x/l_y	m_x			m_y			m_{0x}			m'_x		
	$\nu=0$	$\nu=1/6$	$\nu=0.3$	$\nu=0$	$\nu=1/6$	$\nu=0.3$	$\nu=0$	$\nu=1/6$	$\nu=0.3$	$\nu=0$	$\nu=1/6$	$\nu=0.3$
0.30	0.0106	0.0127	0.0143	0.0080	0.0084	0.0087	0.0193	0.0211	0.0223	−0.0349	−0.0372	−0.0396
0.35	0.0135	0.0157	0.0174	0.0093	0.0100	0.0106	0.0237	0.0256	0.0267	−0.0402	−0.0421	−0.0443
0.40	0.0162	0.0185	0.0201	0.0103	0.0114	0.0122	0.0276	0.0295	0.0306	−0.0451	−0.0467	−0.0485
0.45	0.0188	0.0210	0.0226	0.0109	0.0125	0.0136	0.0309	0.0328	0.0338	−0.0496	−0.0508	−0.0522
0.50	0.0211	0.0232	0.0248	0.0113	0.0133	0.0148	0.0337	0.0355	0.0363	−0.0537	−0.0546	−0.0556
0.55	0.0232	0.0252	0.0267	0.0115	0.0139	0.0157	0.0359	0.0376	0.0383	−0.0575	−0.0579	−0.0587
0.60	0.0251	0.0270	0.0284	0.0114	0.0143	0.0165	0.0376	0.0393	0.0399	−0.0608	−0.0610	−0.0615
0.65	0.0268	0.0286	0.0299	0.0112	0.0146	0.0170	0.0389	0.0406	0.0411	−0.0637	−0.0637	−0.0640
0.70	0.0284	0.0301	0.0313	0.0109	0.0146	0.0174	0.0399	0.0415	0.0420	−0.0663	−0.0662	−0.0663
0.75	0.0298	0.0314	0.0325	0.0105	0.0146	0.0177	0.0407	0.0422	0.0426	−0.0687	0.0684	−0.0684
0.80	0.0311	0.0326	0.0336	0.0100	0.0145	0.0178	0.0412	0.0427	0.0431	−0.0707	−0.0704	−0.0703
0.85	0.0323	0.0336	0.0346	0.0095	0.0142	0.0178	0.0416	0.0431	0.0434	−0.0725	−0.0721	−0.0720
0.90	0.0333	0.0346	0.0355	0.0089	0.0140	0.0178	0.0418	0.0433	0.0436	−0.0741	−0.0737	−0.0735
0.95	0.0343	0.0354	0.0363	0.0084	0.0136	0.0177	0.0420	0.0434	0.0437	−0.0755	−0.0751	−0.0748
1.00	0.0352	0.0362	0.0370	0.0078	0.0133	0.0175	0.0421	0.0435	0.0437	−0.0767	−0.0763	−0.0760
1.10	0.0367	0.0375	0.0382	0.0067	0.0125	0.0171	0.0421	0.0435	0.0437	−0.0787	−0.0783	−0.0781
1.20	0.0379	0.0386	0.0392	0.0056	0.0118	0.0166	0.0421	0.0434	0.0436	−0.0802	−0.0799	−0.0797
1.30	0.0389	0.0394	0.0399	0.0047	0.0110	0.0160	0.0420	0.0433	0.0436	−0.0813	−0.0811	−0.0809
1.40	0.0396	0.0401	0.0405	0.0038	0.0104	0.0155	0.0419	0.0433	0.0435	−0.0822	−0.0820	−0.0819
1.50	0.0402	0.0406	0.0409	0.0031	0.0098	0.0150	0.0418	0.0432	0.0434	−0.0828	−0.0826	−0.0825
1.75	0.0412	0.0414	0.0415	0.0017	0.0086	0.0141	0.0417	0.0431	0.0433	−0.0836	−0.0836	−0.0835
2.00	0.0416	0.0417	0.0418	0.0009	0.0078	0.0134	0.0417	0.0431	0.0433	−0.0838	−0.0839	−0.0839

附表 2-10

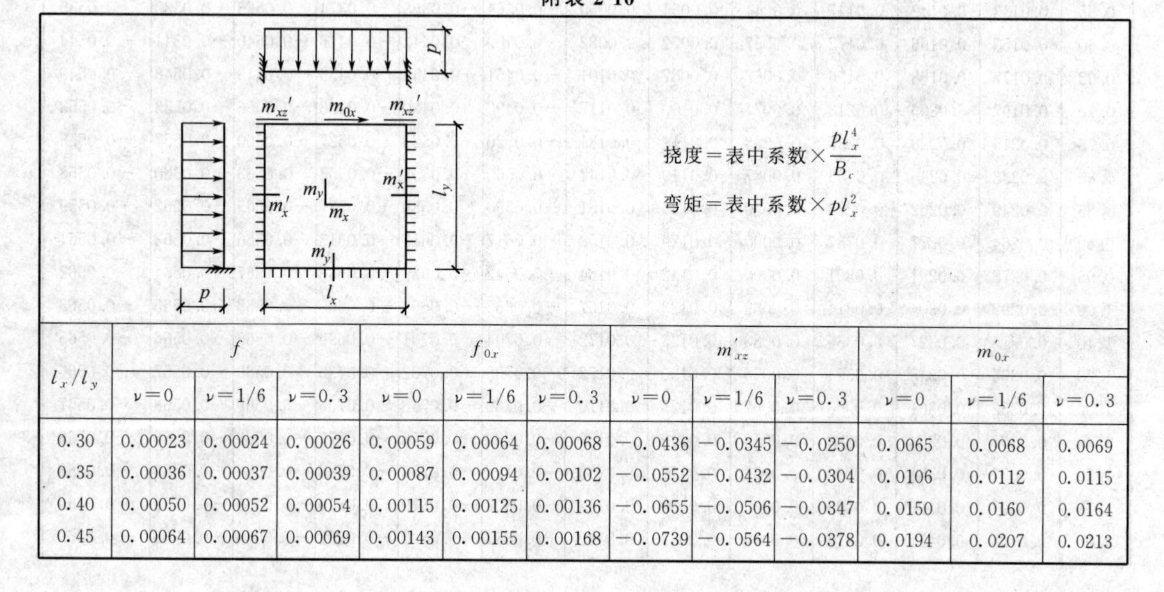

挠度＝表中系数×$\frac{pl_x^4}{B_c}$

弯矩＝表中系数×pl_x^2

l_x/l_y	f			f_{0x}			m'_{xz}			m'_{0x}		
	$\nu=0$	$\nu=1/6$	$\nu=0.3$	$\nu=0$	$\nu=1/6$	$\nu=0.3$	$\nu=0$	$\nu=1/6$	$\nu=0.3$	$\nu=0$	$\nu=1/6$	$\nu=0.3$
0.30	0.00023	0.00024	0.00026	0.00059	0.00064	0.00068	−0.0436	−0.0345	−0.0250	0.0065	0.0068	0.0069
0.35	0.00036	0.00037	0.00039	0.00087	0.00094	0.00102	−0.0552	−0.0432	−0.0304	0.0106	0.0112	0.0115
0.40	0.00050	0.00052	0.00054	0.00115	0.00125	0.00136	−0.0655	−0.0506	−0.0347	0.0150	0.0160	0.0164
0.45	0.00064	0.00067	0.00069	0.00143	0.00155	0.00168	−0.0739	−0.0564	−0.0378	0.0194	0.0207	0.0213

续表

l_x/l_y	f			f_{0x}			m'_{xz}			m'_{0x}		
	$\nu=0$	$\nu=1/6$	$\nu=0.3$	$\nu=0$	$\nu=1/6$	$\nu=0.3$	$\nu=0$	$\nu=1/6$	$\nu=0.3$	$\nu=0$	$\nu=1/6$	$\nu=0.3$
0.50	0.00079	0.00081	0.00084	0.00167	0.00181	0.00197	−0.0804	−0.0607	−0.0398	0.0236	0.0250	0.0257
0.55	0.00093	0.00095	0.00098	0.00189	0.00204	0.00221	−0.0851	−0.0635	−0.0408	0.0272	0.0288	0.0295
0.60	0.00107	0.00109	0.00111	0.00207	0.00222	0.00240	−0.0883	−0.0652	−0.0411	0.0304	0.0320	0.00327
0.65	0.00120	0.00121	0.00123	0.00221	0.00237	0.00256	−0.0902	−0.0661	−0.0409	−0.0330	0.0347	0.0353
0.70	0.00133	0.00133	0.00135	0.00233	0.00249	0.00268	−0.0911	−0.0663	−0.0404	0.0352	0.0368	0.0374
0.75	0.00144	0.00144	0.00145	0.00241	0.00258	0.00277	−0.0914	−0.0661	−0.0398	0.0369	0.0385	0.0391
0.80	0.00155	0.00155	0.00155	0.00248	0.00264	0.00283	−0.0912	−0.0656	−0.0391	0.0383	0.0399	0.0404
0.85	0.00165	0.00164	0.00165	0.00253	0.00269	0.00288	−0.0907	−0.0651	−0.0385	0.0394	0.0409	0.0414
0.90	0.00174	0.00173	0.00173	0.00257	0.00273	0.00291	−0.0901	−0.0644	−0.0379	0.0402	0.0417	0.0421
0.95	0.00183	0.00182	0.00191	0.00260	0.00275	0.00294	−0.0893	−0.0638	−0.0374	0.0408	0.0422	0.0426
1.00	0.00191	0.00189	0.00189	0.00261	0.00277	0.00295	−0.0886	−0.0632	−0.0371	0.0412	0.0427	0.0430
1.10	0.00204	0.00203	0.00203	0.00263	0.00278	0.00296	−0.0871	−0.0623	−0.0366	0.0417	0.0431	0.0434
1.20	0.00216	0.00215	0.00214	0.00263	0.00278	0.00296	−0.0859	−0.0617	−0.0366	0.0419	0.0433	0.0436
1.30	0.00226	0.00225	0.00224	0.00263	0.00278	0.00295	−0.0850	−0.0614	−0.0370	0.0420	0.0434	0.0436
1.40	0.00234	0.00233	0.00232	0.00263	0.00277	0.00295	−0.0844	−0.0614	−0.0376	0.0420	0.0433	0.0436
1.50	0.00240	0.00239	0.00238	0.00262	0.00276	0.00294	−0.0839	−0.0616	−0.0383	0.0419	0.0433	0.0435
1.75	0.00251	0.00250	0.00250	0.00261	0.00275	0.00293	−0.0834	−0.0625	−0.0406	0.0418	0.0431	0.0434
2.00	0.00257	0.00256	0.00256	0.00261	0.00275	0.00292	−0.0833	−0.0637	−0.0430	0.0417	0.0431	0.0433

l_x/l_y	m_x			m_y			m'_x			m'_y		
	$\nu=0$	$\nu=1/6$	$\nu=0.3$	$\nu=0$	$\nu=1/6$	$\nu=0.3$	$\nu=0$	$\nu=1/6$	$\nu=0.3$	$\nu=0$	$\nu=1/6$	$\nu=0.3$
0.30	0.0024	0.0018	0.0012	−0.0034	−0.0039	−0.0045	−0.0131	−0.0135	−0.0139	−0.0332	−0.0344	−0.0356
0.35	0.0042	0.0039	0.0034	−0.0022	−0.0026	−0.0031	−0.0174	−0.0179	−0.0185	−0.0394	−0.0406	−0.0420
0.40	0.0063	0.0063	0.0061	−0.0006	−0.0008	−0.0012	−0.0220	−0.0237	−0.0233	−0.0443	−0.0454	−0.0468
0.45	0.0086	0.0090	0.0090	0.0011	0.0014	0.0012	−0.0269	−0.0275	−0.0282	−0.0480	−0.0489	−0.0500
0.50	0.0110	0.0116	0.0119	0.0028	0.0034	0.0037	−0.0317	−0.0322	−0.0329	−0.0507	−0.0513	−0.0522
0.55	0.0133	0.0142	0.0147	0.0044	0.0054	0.0060	−0.0364	−0.0368	−0.0374	−0.0526	−0.0530	−0.0535
0.60	0.0155	0.0166	0.0172	0.0057	0.0072	0.0082	−0.0409	−0.0412	−0.0416	−0.0540	−0.0541	−0.0544
0.65	0.0177	0.0188	0.0196	0.0068	0.0087	0.0101	−0.0451	−0.0453	−0.0456	−0.0549	−0.0548	−0.0549
0.70	0.0197	0.0209	0.0218	0.0077	0.0100	0.0117	−0.0490	−0.0490	−0.0493	−0.0556	−0.0533	−0.0553
0.75	0.0215	0.0228	0.0238	0.0083	0.0111	0.0131	−0.0526	−0.0526	−0.0527	−0.0560	−0.0557	−0.0556
0.80	0.0233	0.0246	0.0256	0.0087	0.0119	0.0142	−0.0560	−0.0558	−0.0558	−0.0563	−0.0560	−0.0558
0.85	0.0249	0.0262	0.0272	0.0090	0.0125	0.0151	−0.0590	−0.0588	−0.0587	−0.0565	−0.0562	−0.0559
0.90	0.0264	0.0277	0.0287	0.0090	0.0129	0.0158	−0.0617	−0.0615	−0.0613	−0.0566	−0.0563	−0.0561
0.95	0.0278	0.0291	0.0301	0.0090	0.0132	0.0164	−0.0642	−0.0639	−0.0638	−0.0567	−0.0564	−0.0562
1.00	0.0292	0.0304	0.0314	0.0089	0.0133	0.0167	−0.0665	−0.0662	−0.0660	−0.0568	−0.0565	−0.0563
1.10	0.0315	0.0327	0.0336	0.0083	0.0133	0.0172	−0.0704	−0.0701	−0.0699	−0.0568	−0.0566	−0.0565
1.20	0.0335	0.0345	0.0354	0.0076	0.0130	0.0172	−0.0735	−0.0732	−0.0730	−0.0569	−0.0567	−0.0566
1.30	0.0352	0.0361	0.0368	0.0067	0.0125	0.0170	−0.0760	−0.0758	−0.0756	−0.0569	−0.0568	−0.0567
1.40	0.0366	0.0374	0.0380	0.0059	0.0119	0.0167	−0.0780	−0.0778	−0.0777	−0.0569	−0.0568	−0.0568
1.50	0.0377	0.0384	0.0390	0.0051	0.0113	0.0163	−0.0795	−0.0794	−0.0793	−0.0659	−0.0569	−0.0568
1.75	0.0397	0.0402	0.0405	0.0032	0.0099	0.0152	−0.0820	−0.0819	−0.0819	−0.0569	−0.0569	−0.0569
2.00	0.0408	0.0411	0.0413	0.0019	0.0087	0.0142	−0.0831	−0.0832	−0.0832	−0.0569	−0.0569	−0.0569

附录 3 电动桥式起重机基本参数

附表 3-1　5～50/5t 一般用途电动桥式起重机基本参数和尺寸系列（ZQ1-62）

起重量 Q/t	跨度 L_k/m	尺寸				吊车工作级别			
		宽度 B/mm	轮距 K/mm	轨顶以上高度 H/mm	轨道中心至端部距离 B_l/mm	最大轮压 $P_{\max}$/kN	最小轮压 $P_{\min r}$/t	起重机总质量 m_1/t	小车总质量 m_2/t
5	16.5	4650	3500	1870	230	76	3.1	16.4	2.0(单闸) 2.1(双闸)
	19.5	5150	4000			85	3.5	19.0	
	22.5					90	4.2	21.4	
	25.5	6400	5250			10	4.7	24.4	
	28.5					105	6.3	28.5	
10	16.5	5550	4400	2140	230	115	2.5	18.0	3.8(单闸) 3.9(双闸)
	19.5	5550	4400			120	3.2	20.3	
	22.5					125	4.7	22.4	
	25.5	6400	5250	2190		135	5.0	27.0	
	28.5					140	6.6	31.5	
15	16.5	5650	4400	2050	230	165	3.4	24.1	5.3(单闸) 5.5(双闸)
	19.5	5550		2140	260	170	4.8	25.5	
	22.5					185	5.8	31.6	
	25.5	6400	5250			195	6.0	38.0	
	28.5					210	6.8	40.0	
15/3	16.5	5650	4400	2050	230	165	3.5	25	6.9(单闸) 7.4(双闸)
	19.5	5500		2150	260	175	4.3	28.5	
	22.5					185	5.0	32.1	
	25.5	6400	5250			195	6.0	36.0	
	28.5					210	6.8	40.5	
20/5	16.5	5650	4400	2200	230	195	3.0	25.0	7.5(单闸) 7.8(双闸)
	19.5	5500		2300	260	205	3.5	28.0	
	22.5					215	4.5	32.0	
	25.5	6400	5250			230	5.3	30.5	
	28.5					240	6.5	41.0	
30/5	16.5	6050	4600	2600	260	270	5.0	34.0	11.7(单闸) 11.8(双闸)
	19.5	6150	4800		300	280	6.5	36.5	
	22.5					290	7.0	42.0	
	25.5	6650	5250			310	7.8	47.5	
	28.5					320	8.8	51.5	

续表

起重量 Q/t	跨度 L_k/m	尺寸				吊车工作级别			
		宽度 B/mm	轮距 K/mm	轨顶以上高度 H/mm	轨道中心至端部距离 B_1/mm	最大轮压 $P_{\max}/\mathrm{kN}$	最小轮压 $P_{\min,r}/\mathrm{t}$	起重机总质量 m_1/t	小车总质量 m_2/t
50/5	16.5	6350	4800	2700	300	395	7.5	44.0	14.0(单闸) 14.5(双闸)
	19.5			2750		415	7.5	48.0	
	22.5					425	8.5	52.0	
	25.5	6800	2750			445	8.5	56.0	
	28.5					460	9.5	61.0	

注：1. 表列尺寸和起重量均为该标准制造的最大限值。

2. 起重量总质量根据带双闸小车和封闭式操纵室质量求得。

3. 本表未包括工作级别为 A6、A7 的吊车，需要时可查（ZQ1-62）。

4. 本表重量单位为吨（t），使用时要折算成法定重力计量单位千牛顿（kN），故理应将表中值乘以 9.81，为简化，近似以表中值乘以 10.0。

5. 起重量 50/5t 表示主钩起重量为 50t，副钩起重量为 5t。

附录 4 风荷载计算所用系数

附表 4-1 风压高度变化系数 μ_z

离地面或海平面高度/m	地面粗糙度类别			
	A	B	C	D
5	1.09	1.00	0.65	0.51
10	1.28	1.00	0.65	0.51
15	1.42	1.13	0.65	0.51
20	1.52	1.23	0.74	0.51
30	1.67	1.39	0.88	0.51
40	1.79	1.52	1.00	0.60
50	1.89	1.62	1.10	0.69
60	1.97	1.71	1.20	0.77
70	2.05	1.79	1.28	0.84
80	2.12	1.87	1.36	0.91
90	2.18	1.93	1.43	0.98
100	2.23	2.00	1.50	1.04
150	2.46	2.25	1.79	1.33
200	2.64	2.46	2.03	1.58
250	2.78	2.63	2.24	1.81
300	2.91	2.77	2.43	2.02
350	2.91	2.91	2.60	2.22
400	2.91	2.91	2.76	2.40
450	2.91	2.91	2.91	2.58
500	2.91	2.91	2.91	2.74
≥550	2.91	2.91	2.91	2.91

附表 4-2　部分建筑的风荷载体型系数 μ_s

<table>
<tr><th>项次</th><th>类别</th><th>体型及体型系数 μ_s</th></tr>
<tr><td>1</td><td>封闭式双坡屋面</td><td>μ_s α −0.5 +0.8 −0.5
−0.7 +0.8 −0.5 −0.7
<table><tr><th>α</th><th>μ_s</th></tr><tr><td>≤15°</td><td>−0.6</td></tr><tr><td>30°</td><td>0</td></tr><tr><td>≥60°</td><td>+0.8</td></tr></table>
中间值按插入法计算</td></tr>
<tr><td>2</td><td>封闭式带天窗双坡屋面</td><td>+0.6 −0.7 −0.6 −0.2 −0.6 +0.8 −0.5
带天窗的拱形屋面可按本图采用</td></tr>
<tr><td>3</td><td>封闭式双跨双坡屋面</td><td>μ_s α −0.5 −0.4 −0.4 +0.8 −0.4
迎风坡面的 μ_s 按第1项采用</td></tr>
<tr><td>4</td><td>封闭式不等高
不等跨的双跨
双坡屋面</td><td>体型及体型系数 μ_s
μ_s α −0.6 +0.6 −0.6 −0.4 +0.8 −0.4
μ_s α −0.6 −0.6 −0.2 −0.5 +0.8 −0.4
迎风坡面的 μ_s 第1项采用</td></tr>
<tr><td>5</td><td>封闭式房屋和构筑物</td><td>−0.7 +0.8 −0.5 −0.7
0 −0.5 +0.8 −0.5 0 −0.5
−0.7 +0.4 −0.5 +0.8 −0.5 +0.4 −0.5 −0.7
(a)正多边形(包括矩形)平面
−0.7 −0.5 +1.0 −0.5 −0.5 −0.7
40° +0.7 −0.75 +0.9 −0.55 −0.5 −0.5
(b)Y型平面
−0.6 +0.8 +0.8 −0.5 −0.6
45° +0.3 +0.9 +0.3 −0.6 −0.6
(c)L型平面
−0.7 +0.8 +0.9 −0.5 +0.8 −0.7
(d)Π 型平面
−0.6 +0.6 −0.5 +0.8 −0.5 +0.6 −0.5 −0.6
(e)十字型平面
−0.45 −0.5 +0.8 −0.5 −0.5 −0.45
(f)裁角三角形平面</td></tr>
</table>

附录5 框架柱反弯点高度比

附表 5-1 均布水平荷载下各层柱标准反弯点高度比 y_n

m	n \ $\overline{K}$	0.1	0.2	0.3	0.4	0.5	0.6	0.7	0.8	0.9	1.0	2.0	3.0	4.0	5.0
1	1	0.80	0.75	0.70	0.65	0.65	0.60	0.60	0.60	0.60	0.55	0.55	0.55	0.55	0.55
2	2	0.45	0.40	0.35	0.35	0.35	0.35	0.40	0.40	0.40	0.40	0.45	0.45	0.45	0.45
	1	0.95	0.80	0.75	0.70	0.65	0.65	0.65	0.60	0.60	0.60	0.55	0.55	0.55	0.50
3	3	0.15	0.20	0.20	0.25	0.30	0.30	0.30	0.35	0.35	0.35	0.40	0.45	0.45	0.45
	2	0.55	0.50	0.45	0.45	0.45	0.45	0.45	0.45	0.45	0.45	0.45	0.50	0.50	0.50
	1	1.00	0.85	0.80	0.75	0.70	0.70	0.65	0.65	0.65	0.60	0.55	0.55	0.55	0.55
4	4	−0.05	0.05	0.15	0.20	0.25	0.30	0.30	0.35	0.35	0.35	0.40	0.45	0.45	0.45
	3	0.25	0.30	0.30	0.35	0.35	0.40	0.40	0.40	0.40	0.45	0.45	0.50	0.50	0.50
	2	0.65	0.55	0.50	0.50	0.45	0.45	0.45	0.45	0.45	0.45	0.50	0.50	0.50	0.50
	1	1.10	0.90	0.80	0.75	0.70	0.70	0.65	0.65	0.65	0.60	0.55	0.55	0.55	0.55
5	5	−0.20	0.00	0.15	0.20	0.25	0.30	0.30	0.30	0.35	0.35	0.40	0.45	0.45	0.45
	4	0.10	0.20	0.25	0.30	0.35	0.35	0.40	0.40	0.40	0.40	0.45	0.45	0.50	0.50
	3	0.40	0.40	0.40	0.40	0.40	0.45	0.45	0.45	0.45	0.45	0.50	0.50	0.50	0.50
	2	0.65	0.50	0.50	0.50	0.50	0.50	0.50	0.50	0.50	0.50	0.50	0.50	0.50	0.50
	1	1.20	0.95	0.80	0.75	0.75	0.70	0.70	0.65	0.65	0.65	0.55	0.55	0.55	0.55
6	6	−0.30	0.00	0.10	0.20	0.25	0.25	0.30	0.30	0.35	0.35	0.40	0.45	0.45	0.45
	5	0.00	0.20	0.25	0.30	0.35	0.35	0.40	0.40	0.40	0.40	0.45	0.45	0.50	0.50
	4	0.20	0.30	0.35	0.35	0.40	0.40	0.40	0.45	0.45	0.45	0.45	0.50	0.50	0.50
	3	0.40	0.40	0.40	0.45	0.45	0.45	0.45	0.45	0.45	0.45	0.50	0.50	0.50	0.50
	2	0.70	0.60	0.55	0.50	0.50	0.50	0.50	0.50	0.50	0.50	0.50	0.50	0.50	0.50
	1	1.20	0.95	0.85	0.85	0.75	0.70	0.70	0.65	0.65	0.65	0.55	0.55	0.55	0.55
7	7	−0.35	−0.05	0.10	0.20	0.20	0.25	0.30	0.30	0.35	0.35	0.40	0.45	0.45	0.45
	6	−0.10	0.15	0.25	0.30	0.35	0.35	0.35	0.40	0.40	0.40	0.45	0.45	0.50	0.50
	5	0.10	0.25	0.30	0.35	0.40	0.40	0.40	0.45	0.45	0.45	0.50	0.50	0.50	0.50
	4	0.30	0.35	0.40	0.40	0.40	0.45	0.45	0.45	0.45	0.45	0.50	0.50	0.50	0.50
	3	0.50	0.45	0.45	0.45	0.45	0.45	0.45	0.45	0.45	0.45	0.50	0.50	0.50	0.50
	2	0.75	0.60	0.55	0.50	0.50	0.50	0.50	0.50	0.50	0.50	0.50	0.50	0.50	0.50
	1	1.20	0.95	0.85	0.80	0.75	0.70	0.70	0.65	0.65	0.65	0.55	0.55	0.55	0.55
8	8	−0.35	−0.15	0.10	0.10	0.25	0.25	0.30	0.30	0.35	0.35	0.40	0.45	0.45	0.45
	7	−0.10	0.15	0.25	0.30	0.35	0.35	0.40	0.40	0.40	0.40	0.45	0.50	0.50	0.50
	6	0.05	0.25	0.30	0.35	0.40	0.40	0.40	0.45	0.45	0.45	0.45	0.50	0.50	0.50
	5	0.20	0.30	0.35	0.40	0.40	0.45	0.45	0.45	0.45	0.45	0.50	0.50	0.50	0.50
	4	0.35	0.40	0.40	0.45	0.45	0.45	0.45	0.45	0.45	0.45	0.50	0.50	0.50	0.50
	3	0.50	0.45	0.45	0.55	0.45	0.45	0.45	0.45	0.50	0.50	0.50	0.50	0.50	0.50
	2	0.75	0.60	0.55	0.55	0.50	0.50	0.50	0.50	0.50	0.50	0.50	0.50	0.50	0.50
	1	1.20	1.00	0.85	0.80	0.75	0.70	0.70	0.65	0.65	0.65	0.55	0.55	0.55	0.55

续表

m	n \ $\overline{K}$	0.1	0.2	0.3	0.4	0.5	0.6	0.7	0.8	0.9	1.0	2.0	3.0	4.0	5.0
9	9	−0.40	−0.05	0.10	0.20	0.25	0.25	0.30	0.30	0.35	0.35	0.45	0.45	0.45	0.45
	8	−0.15	0.15	0.25	0.30	0.35	0.35	0.35	0.40	0.40	0.40	0.45	0.45	0.50	0.50
	7	0.05	0.25	0.30	0.35	0.40	0.40	0.40	0.45	0.45	0.45	0.45	0.50	0.50	0.50
	6	0.15	0.30	0.35	0.40	0.40	0.45	0.45	0.45	0.45	0.45	0.50	0.50	0.50	0.50
	5	0.25	0.35	0.40	0.40	0.45	0.45	0.45	0.45	0.45	0.45	0.50	0.50	0.50	0.50
	4	0.40	0.40	0.40	0.45	0.45	0.45	0.45	0.45	0.45	0.45	0.50	0.50	0.50	0.50
	3	0.55	0.45	0.45	0.45	0.45	0.45	0.45	0.45	0.50	0.50	0.50	0.50	0.50	0.50
	2	0.80	0.65	0.55	0.55	0.50	0.50	0.50	0.50	0.50	0.50	0.50	0.50	0.50	0.50
	1	1.20	1.00	0.85	0.75	0.75	0.70	0.70	0.65	0.65	0.65	0.55	0.55	0.55	0.55
10	10	−0.40	−0.05	0.10	0.20	0.25	0.30	0.30	0.30	0.30	0.35	0.40	0.45	0.45	0.45
	9	−0.15	0.15	0.25	0.30	0.35	0.35	0.40	0.40	0.40	0.40	0.45	0.45	0.50	0.50
	8	0.00	0.25	0.30	0.35	0.40	0.40	0.40	0.45	0.45	0.45	0.45	0.50	0.50	0.50
	7	−0.10	0.30	0.35	0.40	0.40	0.40	0.45	0.45	0.45	0.45	0.50	0.50	0.50	0.50
	6	0.20	0.35	0.40	0.40	0.45	0.45	0.45	0.45	0.45	0.45	0.50	0.50	0.50	0.50
	5	0.30	0.40	0.40	0.45	0.45	0.45	0.45	0.45	0.45	0.50	0.50	0.50	0.50	0.50
	4	0.40	0.40	0.45	0.45	0.45	0.45	0.45	0.45	0.45	0.50	0.50	0.50	0.50	0.50
	3	0.55	0.50	0.45	0.45	0.45	0.50	0.50	0.50	0.50	0.50	0.50	0.50	0.50	0.50
	2	0.80	0.65	0.55	0.55	0.55	0.50	0.50	0.50	0.50	0.50	0.50	0.50	0.50	0.50
	1	1.30	1.00	0.85	0.80	0.75	0.70	0.70	0.65	0.65	0.65	0.60	0.55	0.55	0.55
11	11	−0.40	0.05	0.10	0.20	0.25	0.30	0.30	0.30	0.35	0.35	0.40	0.45	0.45	0.45
	10	−0.15	0.15	0.25	0.30	0.35	0.35	0.40	0.40	0.40	0.40	0.45	0.45	0.45	0.50
	9	0.00	0.25	0.30	0.35	0.40	0.40	0.40	0.45	0.45	0.45	0.45	0.50	0.50	0.50
	8	0.10	0.30	0.35	0.40	0.40	0.45	0.45	0.45	0.45	0.45	0.50	0.50	0.50	0.50
	7	0.20	0.35	0.40	0.45	0.45	0.45	0.45	0.45	0.45	0.45	0.50	0.50	0.50	0.50
	6	0.25	0.35	0.40	0.45	0.45	0.45	0.45	0.45	0.45	0.45	0.50	0.50	0.50	0.50
	5	0.35	0.40	0.40	0.45	0.45	0.45	0.45	0.45	0.45	0.50	0.50	0.50	0.50	0.50
	4	0.40	0.45	0.45	0.45	0.45	0.45	0.45	0.50	0.50	0.50	0.50	0.50	0.50	0.50
	3	0.55	0.50	0.50	0.50	0.50	0.50	0.50	0.50	0.50	0.50	0.50	0.50	0.50	0.50
	2	0.80	0.65	0.60	0.55	0.55	0.50	0.50	0.50	0.50	0.50	0.50	0.50	0.50	0.50
	1	1.30	1.00	0.85	0.80	0.75	0.70	0.70	0.65	0.65	0.65	0.60	0.55	0.55	0.55
12以上	自上 1	−0.40	−0.05	0.10	0.20	0.25	0.30	0.30	0.30	0.35	0.35	0.40	0.45	0.45	0.45
	2	−0.15	0.15	0.25	0.30	0.35	0.35	0.40	0.40	0.40	0.40	0.45	0.45	0.50	0.50
	3	0.00	0.25	0.30	0.35	0.40	0.40	0.40	0.45	0.45	0.45	0.50	0.50	0.50	0.50
	4	0.10	0.30	0.35	0.40	0.40	0.45	0.45	0.45	0.45	0.45	0.50	0.50	0.50	0.50
	5	0.20	0.35	0.40	0.40	0.45	0.45	0.45	0.45	0.45	0.45	0.50	0.50	0.50	0.50

续表

m	n \ $\overline{K}$	0.1	0.2	0.3	0.4	0.5	0.6	0.7	0.8	0.9	1.0	2.0	3.0	4.0	5.0
12以上	6	0.25	0.35	0.40	0.45	0.45	0.45	0.45	0.45	0.45	0.45	0.50	0.50	0.50	0.50
	7	0.30	0.40	0.40	0.45	0.45	0.45	0.45	0.45	0.50	0.50	0.50	0.50	0.50	0.50
	8	0.35	0.40	0.45	0.45	0.45	0.45	0.45	0.50	0.50	0.50	0.50	0.50	0.50	0.50
	中间	0.40	0.40	0.45	0.45	0.45	0.45	0.50	0.50	0.50	0.50	0.50	0.50	0.50	0.50
	4	0.45	0.45	0.45	0.45	0.50	0.50	0.50	0.50	0.50	0.50	0.50	0.50	0.50	0.50
	3	0.60	0.50	0.50	0.50	0.50	0.50	0.50	0.50	0.50	0.50	0.50	0.50	0.50	0.50
	2	0.80	0.65	0.60	0.55	0.55	0.50	0.50	0.50	0.50	0.50	0.50	0.50	0.50	0.50
	自下1	1.30	1.00	0.85	0.80	0.75	0.70	0.70	0.65	0.65	0.55	0.55	0.55	0.55	0.55

附表 5-2 倒三角形分布水平荷载下各层柱标准反弯点高度比 y_n

m	n \ $\overline{K}$	0.1	0.2	0.3	0.4	0.5	0.6	0.7	0.8	0.9	1.0	2.0	3.0	4.0	5.0
1	1	0.80	0.75	0.70	0.65	0.65	0.60	0.60	0.60	0.60	0.55	0.55	0.55	0.55	0.55
2	2	0.50	0.45	0.40	0.40	0.40	0.40	0.40	0.40	0.40	0.45	0.45	0.45	0.45	0.50
	1	1.00	0.85	0.75	0.70	0.70	0.65	0.65	0.65	0.65	0.60	0.55	0.55	0.55	0.55
3	3	0.25	0.25	0.25	0.30	0.30	0.35	0.35	0.35	0.40	0.40	0.45	0.45	0.45	0.50
	2	0.60	0.50	0.50	0.50	0.50	0.45	0.45	0.45	0.45	0.45	0.50	0.50	0.50	0.50
	1	1.15	0.90	0.80	0.75	0.75	0.70	0.70	0.65	0.65	0.65	0.60	0.55	0.55	0.55
4	4	0.10	0.15	0.20	0.25	0.30	0.30	0.35	0.35	0.35	0.40	0.45	0.45	0.45	0.45
	3	0.35	0.35	0.35	0.40	0.40	0.40	0.40	0.45	0.45	0.45	0.45	0.50	0.50	0.50
	2	0.70	0.60	0.55	0.50	0.50	0.50	0.50	0.50	0.50	0.50	0.50	0.50	0.50	0.50
	1	1.20	0.95	0.85	0.80	0.75	0.70	0.70	0.70	0.65	0.65	0.55	0.55	0.55	0.50
5	5	−0.05	0.10	0.20	0.25	0.30	0.30	0.35	0.35	0.35	0.35	0.40	0.45	0.45	0.45
	4	0.20	0.25	0.35	0.35	0.40	0.40	0.40	0.40	0.40	0.45	0.45	0.50	0.50	0.50
	3	0.45	0.40	0.45	0.45	0.45	0.45	0.45	0.45	0.45	0.45	0.50	0.50	0.50	0.50
	2	0.75	0.60	0.55	0.55	0.50	0.50	0.50	0.60	0.50	0.50	0.50	0.50	0.50	0.50
	1	1.30	1.00	0.85	0.80	0.75	0.70	0.70	0.65	0.65	0.65	0.65	0.55	0.55	0.55
6	6	−0.15	0.05	0.15	0.20	0.25	0.30	0.30	0.35	0.35	0.35	0.40	0.45	0.45	0.45
	5	0.10	0.25	0.30	0.35	0.35	0.40	0.40	0.40	0.45	0.45	0.45	0.50	0.50	0.50
	4	0.30	0.35	0.40	0.40	0.45	0.45	0.45	0.45	0.45	0.45	0.50	0.50	0.50	0.50
	3	0.50	0.45	0.45	0.45	0.45	0.45	0.45	0.45	0.45	0.50	0.50	0.50	0.50	0.50
	2	0.80	0.65	0.55	0.55	0.55	0.55	0.50	0.50	0.50	0.50	0.50	0.50	0.50	0.50
	1	1.30	1.00	0.85	0.80	0.75	0.70	0.70	0.65	0.65	0.65	0.60	0.55	0.55	0.55
7	7	−0.20	0.05	0.15	0.20	0.25	0.30	0.30	0.35	0.35	0.35	0.45	0.45	0.45	0.45
	6	0.05	0.20	0.30	0.35	0.35	0.40	0.40	0.40	0.40	0.45	0.45	0.50	0.50	0.50
	5	0.20	0.30	0.35	0.40	0.40	0.45	0.45	0.45	0.45	0.45	0.50	0.50	0.50	0.50
	4	0.35	0.40	0.40	0.45	0.45	0.45	0.45	0.45	0.45	0.45	0.50	0.50	0.50	0.50
	3	0.55	0.50	0.50	0.50	0.50	0.50	0.50	0.50	0.50	0.50	0.50	0.50	0.50	0.50
	2	0.80	0.65	0.60	0.55	0.55	0.55	0.50	0.50	0.50	0.50	0.50	0.50	0.50	0.50
	1	1.30	1.00	0.90	0.80	0.75	0.70	0.70	0.70	0.65	0.65	0.60	0.55	0.55	0.55

续表

m	n \ $\overline{K}$	0.1	0.2	0.3	0.4	0.5	0.6	0.7	0.8	0.9	1.0	2.0	3.0	4.0	5.0
8	8	−0.20	0.05	0.15	0.20	0.25	0.30	0.30	0.35	0.35	0.35	0.45	0.45	0.45	0.45
	7	0.00	0.20	0.30	0.35	0.35	0.40	0.40	0.40	0.40	0.45	0.45	0.50	0.50	0.50
	6	0.15	0.30	0.35	0.40	0.40	0.45	0.45	0.45	0.45	0.45	0.50	0.50	0.50	0.50
	5	0.30	0.45	0.40	0.45	0.45	0.45	0.45	0.45	0.45	0.45	0.50	0.50	0.50	0.50
	4	0.40	0.45	0.45	0.45	0.45	0.45	0.45	0.50	0.50	0.50	0.50	0.50	0.50	0.50
	3	0.60	0.50	0.50	0.50	0.50	0.50	0.50	0.50	0.50	0.50	0.50	0.50	0.50	0.50
	2	0.85	0.65	0.60	0.55	0.55	0.55	0.50	0.50	0.50	0.50	0.50	0.50	0.50	0.50
	1	1.30	1.00	0.90	0.80	0.75	0.70	0.70	0.70	0.65	0.65	0.60	0.55	0.55	0.55
9	9	−0.25	0.00	0.15	0.20	0.25	0.30	0.30	0.35	0.35	0.40	0.45	0.45	0.45	0.45
	8	0.00	0.20	0.30	0.35	0.35	0.40	0.40	0.40	0.40	0.45	0.45	0.50	0.50	0.50
	7	0.15	0.30	0.35	0.40	0.40	0.45	0.45	0.45	0.45	0.45	0.50	0.50	0.50	0.50
	6	0.25	0.35	0.40	0.40	0.45	0.45	0.45	0.45	0.45	0.50	0.50	0.50	0.50	0.50
	5	0.35	0.40	0.45	0.45	0.45	0.45	0.45	0.45	0.50	0.50	0.50	0.50	0.50	0.50
	4	0.45	0.45	0.45	0.45	0.45	0.50	0.50	0.50	0.50	0.50	0.50	0.50	0.50	0.50
	3	0.65	0.50	0.50	0.50	0.50	0.50	0.50	0.50	0.50	0.50	0.50	0.50	0.50	0.50
	2	0.80	0.65	0.65	0.55	0.55	0.55	0.55	0.50	0.50	0.50	0.50	0.50	0.50	0.50
	1	1.35	1.00	1.00	0.80	0.75	0.75	0.70	0.70	0.65	0.65	0.60	0.55	0.55	0.55
10	10	−0.25	0.00	0.15	0.20	0.25	0.30	0.30	0.35	0.35	0.40	0.45	0.45	0.45	0.45
	9	−0.05	0.20	0.30	0.35	0.35	0.40	0.40	0.40	0.40	0.45	0.45	0.50	0.50	0.50
	8	0.10	0.30	0.35	0.40	0.40	0.40	0.45	0.45	0.45	0.45	0.50	0.50	0.50	0.50
	7	0.20	0.35	0.40	0.40	0.45	0.45	0.45	0.45	0.45	0.50	0.50	0.50	0.50	0.50
	6	0.30	0.40	0.40	0.45	0.45	0.45	0.45	0.45	0.45	0.50	0.50	0.50	0.50	0.50
	5	0.40	0.45	0.45	0.45	0.45	0.45	0.45	0.50	0.50	0.50	0.50	0.50	0.50	0.50
	4	0.50	0.45	0.45	0.45	0.50	0.50	0.50	0.50	0.50	0.50	0.50	0.50	0.50	0.50
	3	0.60	0.55	0.50	0.50	0.50	0.50	0.50	0.50	0.50	0.50	0.50	0.50	0.50	0.50
	2	0.85	0.65	0.60	0.55	0.55	0.55	0.55	0.50	0.50	0.50	0.50	0.50	0.50	0.50
	1	1.35	1.00	0.90	0.80	0.75	0.75	0.70	0.70	0.65	0.65	0.60	0.55	0.55	0.55
11	11	−0.25	0.00	0.15	0.20	0.25	0.30	0.30	0.30	0.35	0.35	0.45	0.45	0.45	0.45
	10	−0.05	0.20	0.25	0.30	0.35	0.40	0.40	0.40	0.40	0.45	0.45	0.50	0.50	0.50
	9	0.10	0.30	0.35	0.40	0.40	0.40	0.45	0.45	0.45	0.45	0.50	0.50	0.50	0.50
	8	0.20	0.35	0.40	0.40	0.45	0.45	0.45	0.45	0.45	0.45	0.50	0.50	0.50	0.50
	7	0.25	0.40	0.40	0.45	0.45	0.45	0.45	0.45	0.45	0.50	0.50	0.50	0.50	0.50
	6	0.35	0.40	0.45	0.45	0.45	0.45	0.45	0.50	0.50	0.50	0.50	0.50	0.50	0.50
	5	0.40	0.44	0.45	0.45	0.45	0.50	0.50	0.50	0.50	0.50	0.50	0.50	0.50	0.50
	4	0.50	0.50	0.50	0.50	0.50	0.50	0.50	0.50	0.50	0.50	0.50	0.50	0.50	0.50
	3	0.65	0.55	0.50	0.50	0.50	0.50	0.50	0.50	0.50	0.50	0.50	0.50	0.50	0.50
	2	0.85	0.65	0.60	0.55	0.55	0.55	0.55	0.50	0.50	0.50	0.50	0.50	0.50	0.50
	1	1.35	1.00	0.90	0.80	0.75	0.75	0.70	0.70	0.65	0.65	0.60	0.55	0.55	0.55

续表

m	n \ $\overline{K}$	0.1	0.2	0.3	0.4	0.5	0.6	0.7	0.8	0.9	1.0	2.0	3.0	4.0	5.0
12以上	自上1	−0.30	0.00	0.15	0.20	0.25	0.30	0.30	0.30	0.35	0.35	0.40	0.45	0.45	0.45
	2	−0.10	0.20	0.25	0.30	0.35	0.40	0.40	0.40	0.40	0.40	0.45	0.45	0.45	0.50
	3	0.05	0.25	0.35	0.40	0.40	0.40	0.45	0.45	0.45	0.45	0.45	0.50	0.50	0.50
	4	0.15	0.30	0.40	0.40	0.45	0.45	0.45	0.45	0.45	0.45	0.45	0.50	0.50	0.50
	5	0.25	0.30	0.40	0.45	0.45	0.45	0.45	0.45	0.45	0.45	0.50	0.50	0.50	0.50
	6	0.30	0.40	0.40	0.45	0.45	0.45	0.45	0.50	0.50	0.50	0.50	0.50	0.50	0.50
	7	0.35	0.40	0.40	0.45	0.45	0.45	0.50	0.50	0.50	0.50	0.50	0.50	0.50	0.50
	8	0.35	0.45	0.45	0.45	0.50	0.50	0.50	0.50	0.50	0.50	0.50	0.50	0.50	0.50
	中间	0.45	0.45	0.45	0.50	0.50	0.50	0.50	0.50	0.50	0.50	0.50	0.50	0.50	0.50
	4	0.55	0.50	0.50	0.50	0.50	0.50	0.50	0.50	0.50	0.50	0.50	0.50	0.50	0.50
	3	0.65	0.55	0.50	0.50	0.50	0.50	0.50	0.50	0.50	0.50	0.50	0.50	0.50	0.50
	2	0.70	0.70	0.60	0.55	0.55	0.55	0.55	0.50	0.50	0.50	0.50	0.50	0.50	0.50
	自下1	1.35	1.05	0.90	0.80	0.75	0.70	0.70	0.70	0.65	0.65	0.60	0.55	0.55	0.55

附表 5-3 顶点集中水平荷载作用下各层柱标准反弯点高度比 y_n

m	n \ $\overline{K}$	0.1	0.2	0.3	0.4	0.5	0.6	0.7	0.8	0.9	1.0	2.0	3.0	4.0	5.0
1	1	0.80	0.75	0.70	0.65	0.65	0.60	0.60	0.60	0.60	0.55	0.55	0.55	0.55	0.55
2	2	0.55	0.50	0.45	0.45	0.45	0.45	0.45	0.45	0.45	0.45	0.45	0.50	0.50	0.50
	1	1.15	0.95	0.85	0.80	0.75	0.70	0.70	0.65	0.65	0.65	0.60	0.55	0.55	0.55
3	3	0.40	0.40	0.40	0.40	0.40	0.40	0.40	0.45	0.45	0.45	0.45	0.50	0.50	0.50
	2	0.75	0.60	0.55	0.55	0.55	0.50	0.50	0.50	0.50	0.50	0.50	0.50	0.50	0.50
	1	1.30	1.00	0.90	0.80	0.75	0.70	0.70	0.70	0.65	0.65	0.60	0.55	0.55	0.55
4	4	0.35	0.35	0.35	0.40	0.40	0.40	0.40	0.45	0.45	0.45	0.45	0.50	0.50	0.50
	3	0.60	0.50	0.50	0.50	0.50	0.50	0.50	0.50	0.50	0.50	0.50	0.50	0.50	0.50
	2	0.85	0.65	0.60	0.50	0.50	0.50	0.50	0.50	0.50	0.50	0.50	0.50	0.50	0.50
	1	1.35	1.05	0.90	0.80	0.75	0.75	0.70	0.70	0.65	0.65	0.60	0.55	0.55	0.55
5	5	0.30	0.35	0.35	0.40	0.40	0.40	0.40	0.45	0.45	0.45	0.45	0.50	0.50	0.50
	4	0.50	0.45	0.45	0.50	0.50	0.50	0.50	0.50	0.50	0.50	0.50	0.50	0.50	0.50
	3	0.65	0.55	0.50	0.50	0.50	0.50	0.50	0.50	0.50	0.50	0.50	0.50	0.50	0.50
	2	0.90	0.70	0.60	0.55	0.55	0.55	0.55	0.55	0.50	0.50	0.50	0.50	0.50	0.50
	1	1.40	1.05	0.90	0.80	0.75	0.75	0.70	0.70	0.65	0.65	0.60	0.55	0.55	0.55
6	6	0.30	0.35	0.35	0.40	0.40	0.40	0.40	0.45	0.45	0.45	0.45	0.50	0.50	0.50
	5	0.45	0.45	0.45	0.45	0.50	0.50	0.50	0.50	0.50	0.50	0.50	0.50	0.50	0.50
	4	0.55	0.50	0.50	0.50	0.50	0.50	0.50	0.50	0.50	0.50	0.50	0.50	0.50	0.50
	3	0.65	0.55	0.55	0.50	0.50	0.50	0.50	0.50	0.50	0.50	0.50	0.50	0.50	0.50
	2	0.90	0.70	0.60	0.60	0.55	0.55	0.55	0.55	0.50	0.50	0.50	0.50	0.50	0.50
	1	1.40	1.05	0.90	0.80	0.75	0.75	0.70	0.70	0.65	0.65	0.60	0.55	0.55	0.55
7	7	0.30	0.35	0.35	0.40	0.40	0.40	0.40	0.45	0.45	0.45	0.45	0.50	0.50	0.50
	6	0.40	0.45	0.45	0.50	0.50	0.50	0.50	0.50	0.50	0.50	0.50	0.50	0.50	0.50
	5	0.50	0.50	0.50	0.50	0.50	0.50	0.50	0.50	0.50	0.50	0.50	0.50	0.50	0.50
	4	0.55	0.50	0.50	0.50	0.50	0.50	0.50	0.50	0.50	0.50	0.50	0.50	0.50	0.50
	3	0.70	0.55	0.55	0.50	0.50	0.50	0.50	0.50	0.50	0.50	0.50	0.50	0.50	0.50
	2	0.90	0.70	0.60	0.60	0.55	0.55	0.55	0.55	0.50	0.50	0.50	0.50	0.50	0.50
	1	1.40	1.05	0.90	0.80	0.75	0.75	0.70	0.70	0.65	0.65	0.60	0.55	0.55	0.55

续表

m	n \ $\overline{K}$	0.1	0.2	0.3	0.4	0.5	0.6	0.7	0.8	0.9	1.0	2.0	3.0	4.0	5.0
8	8	0.30	0.35	0.35	0.40	0.40	0.40	0.40	0.45	0.45	0.45	0.45	0.50	0.50	0.50
	7	0.40	0.40	0.45	0.45	0.50	0.50	0.50	0.50	0.50	0.50	0.50	0.50	0.50	0.50
	6	0.45	0.50	0.50	0.50	0.50	0.50	0.50	0.50	0.50	0.50	0.50	0.50	0.50	0.50
	5	0.50	0.50	0.50	0.50	0.50	0.50	0.50	0.50	0.50	0.50	0.50	0.50	0.50	0.50
	4	0.60	0.50	0.50	0.50	0.50	0.50	0.50	0.50	0.50	0.50	0.50	0.50	0.50	0.50
	3	0.70	0.55	0.55	0.50	0.50	0.50	0.50	0.50	0.50	0.50	0.50	0.50	0.50	0.50
	2	0.90	0.70	0.60	0.60	0.55	0.55	0.55	0.55	0.50	0.50	0.50	0.50	0.50	0.50
	1	1.40	1.05	0.90	0.80	0.75	0.75	0.70	0.70	0.65	0.65	0.60	0.55	0.55	0.55
9	9	0.25	0.35	0.35	0.40	0.40	0.40	0.40	0.45	0.45	0.45	0.45	0.50	0.50	0.50
	8	0.40	0.45	0.45	0.45	0.50	0.50	0.50	0.50	0.50	0.50	0.50	0.50	0.50	0.50
	7	0.45	0.50	0.50	0.50	0.50	0.50	0.50	0.50	0.50	0.50	0.50	0.50	0.50	0.50
	6	0.50	0.50	0.50	0.50	0.50	0.50	0.50	0.50	0.50	0.50	0.50	0.50	0.50	0.50
	5	0.55	0.50	0.50	0.50	0.50	0.50	0.50	0.50	0.50	0.50	0.50	0.50	0.50	0.50
	4	0.60	0.50	0.50	0.50	0.50	0.50	0.50	0.50	0.50	0.50	0.50	0.50	0.50	0.50
	3	0.70	0.55	0.50	0.50	0.50	0.50	0.50	0.50	0.50	0.50	0.50	0.50	0.50	0.50
	2	0.90	0.70	0.60	0.60	0.50	0.50	0.50	0.50	0.50	0.50	0.50	0.50	0.50	0.50
	1	1.40	1.05	0.90	0.80	0.75	0.75	0.70	0.70	0.65	0.60	0.60	0.55	0.55	0.55
10	10	0.25	0.35	0.35	0.40	0.40	0.40	0.40	0.45	0.45	0.45	0.45	0.50	0.50	0.50
	9	0.40	0.45	0.45	0.45	0.50	0.50	0.50	0.50	0.50	0.50	0.50	0.50	0.50	0.50
	8	0.45	0.50	0.50	0.50	0.50	0.50	0.50	0.50	0.50	0.50	0.50	0.50	0.50	0.50
	7	0.50	0.55	0.50	0.50	0.50	0.50	0.50	0.50	0.50	0.50	0.50	0.50	0.50	0.50
	6	0.50	0.50	0.50	0.50	0.50	0.50	0.50	0.50	0.50	0.50	0.50	0.50	0.50	0.50
	5	0.55	0.50	0.50	0.50	0.50	0.50	0.50	0.50	0.50	0.50	0.50	0.50	0.50	0.50
	4	0.60	0.50	0.50	0.50	0.50	0.50	0.50	0.50	0.50	0.50	0.50	0.50	0.50	0.50
	3	0.70	0.55	0.55	0.50	0.50	0.50	0.50	0.50	0.50	0.50	0.50	0.50	0.50	0.50
	2	0.90	0.70	0.60	0.60	0.55	0.55	0.55	0.55	0.50	0.50	0.50	0.50	0.50	0.50
	1	1.40	1.05	0.90	0.80	0.75	0.75	0.70	0.70	0.65	0.65	0.60	0.55	0.55	0.50
11	11	0.25	0.35	0.35	0.40	0.40	0.40	0.40	0.45	0.45	0.45	0.45	0.50	0.50	0.50
	10	0.40	0.45	0.45	0.45	0.50	0.50	0.50	0.50	0.50	0.50	0.50	0.50	0.50	0.50
	9	0.45	0.50	0.50	0.50	0.50	0.50	0.50	0.50	0.50	0.50	0.50	0.50	0.50	0.50
	8	0.50	0.50	0.50	0.50	0.50	0.50	0.50	0.50	0.50	0.50	0.50	0.50	0.50	0.50
	7	0.50	0.50	0.50	0.50	0.50	0.50	0.50	0.50	0.50	0.50	0.50	0.50	0.50	0.50
	6	0.50	0.50	0.50	0.50	0.50	0.50	0.50	0.50	0.50	0.50	0.50	0.50	0.50	0.50
	5	0.55	0.50	0.50	0.50	0.50	0.50	0.50	0.50	0.50	0.50	0.50	0.50	0.50	0.50
	4	0.60	0.50	0.50	0.50	0.50	0.50	0.50	0.50	0.50	0.50	0.50	0.50	0.50	0.50
	3	0.70	0.55	0.55	0.50	0.50	0.50	0.50	0.50	0.50	0.50	0.50	0.50	0.50	0.50
	2	0.90	0.70	0.60	0.60	0.55	0.55	0.55	0.55	0.50	0.50	0.50	0.50	0.50	0.50
	1	1.40	1.05	0.90	0.80	0.75	0.75	0.70	0.70	0.65	0.65	0.60	0.55	0.55	0.60

续表

m	n \ $\overline{K}$	0.1	0.2	0.3	0.4	0.5	0.6	0.7	0.8	0.9	1.0	2.0	3.0	4.0	5.0
12	12	0.25	0.35	0.35	0.40	0.40	0.40	0.40	0.45	0.45	0.45	0.45	0.50	0.50	0.50
	11	0.40	0.45	0.45	0.45	0.50	0.50	0.50	0.50	0.50	0.50	0.50	0.50	0.50	0.50
	10	0.45	0.50	0.50	0.50	0.50	0.50	0.50	0.50	0.50	0.50	0.50	0.50	0.50	0.50
	9	0.50	0.50	0.50	0.50	0.50	0.50	0.50	0.50	0.50	0.50	0.50	0.50	0.50	0.50
	8	0.50	0.50	0.50	0.50	0.50	0.50	0.50	0.50	0.50	0.50	0.50	0.50	0.50	0.50
	7	0.50	0.50	0.50	0.50	0.50	0.50	0.50	0.50	0.50	0.50	0.50	0.50	0.50	0.50
	6	0.50	0.50	0.50	0.50	0.50	0.50	0.50	0.50	0.50	0.50	0.50	0.50	0.50	0.50
	5	0.55	0.50	0.50	0.50	0.50	0.50	0.50	0.50	0.50	0.50	0.50	0.50	0.50	0.50
	4	0.60	0.50	0.50	0.50	0.50	0.50	0.50	0.50	0.50	0.50	0.50	0.50	0.50	0.50
	3	0.70	0.55	0.50	0.50	0.50	0.50	0.50	0.50	0.50	0.50	0.50	0.50	0.50	0.50
	2	0.90	0.70	0.60	0.60	0.55	0.55	0.50	0.50	0.50	0.50	0.50	0.50	0.50	0.50
	1	1.40	1.05	0.90	0.80	0.75	0.75	0.70	0.65	0.65	0.65	0.60	0.55	0.55	0.55

附表 5-4　上、下层梁相对线刚度变化的修正值 y_1

α_1 \ $\overline{K}$	0.1	0.2	0.3	0.4	0.5	0.6	0.7	0.8	0.9	1.0	2.0	3.0	4.0	5.0
0.4	0.55	0.40	0.30	0.25	0.20	0.20	0.20	0.15	0.15	0.15	0.05	0.05	0.05	0.05
0.5	0.45	0.30	0.20	0.20	0.20	0.15	0.15	0.10	0.10	0.10	0.05	0.05	0.05	0.05
0.6	0.30	0.20	0.15	0.15	0.10	0.10	0.10	0.10	0.05	0.05	0.05	0.05	0.00	0.00
0.7	0.20	0.15	0.10	0.10	0.10	0.05	0.05	0.05	0.05	0.05	0.05	0.00	0.00	0.00
0.8	0.15	0.10	0.05	0.05	0.05	0.05	0.05	0.05	0.05	0.00	0.00	0.00	0.00	0.00
0.9	0.05	0.05	0.05	0.05	0.00	0.00	0.00	0.00	0.00	0.00	0.00	0.00	0.00	0.00

注：对底层柱不考虑 α_1 值，不做此项修正。

附表 5-5　上、下层层高不同的修正值 y_2 和 y_3

α_2	α_3 \ $\overline{K}$	0.1	0.2	0.3	0.4	0.5	0.6	0.7	0.8	0.9	1.0	2.0	3.0	4.0	5.0
2.0		0.25	0.15	0.15	0.10	0.10	0.10	0.10	0.10	0.05	0.05	0.05	0.05	0.0	0.0
1.8		0.20	0.15	0.10	0.10	0.10	0.05	0.05	0.05	0.05	0.05	0.05	0.0	0.0	0.0
1.6	0.4	0.15	0.10	0.10	0.05	0.05	0.05	0.05	0.05	0.05	0.05	0.0	0.0	0.0	0.0
1.4	0.6	0.10	0.05	0.05	0.05	0.05	0.05	0.05	0.05	0.05	0.0	0.0	0.0	0.0	0.0
1.2	0.8	0.05	0.05	0.05	0.0	0.0	0.0	0.0	0.0	0.0	0.0	0.0	0.0	0.0	0.0
1.0	1.0	0.0	0.0	0.0	0.0	0.0	0.0	0.0	0.0	0.0	0.0	0.0	0.0	0.0	0.0
0.8	1.2	−0.05	−0.05	−0.05	0.0	0.0	0.0	0.0	0.0	0.0	0.0	0.0	0.0	0.0	0.0
0.6	1.4	−0.10	−0.05	−0.05	−0.05	−0.05	−0.05	−0.05	−0.05	−0.05	0.0	0.0	0.0	0.0	0.0
0.4	1.6	−0.15	−0.10	−0.10	−0.05	−0.05	−0.05	−0.05	−0.05	−0.05	−0.05	0.0	0.0	0.0	0.0
	1.8	−0.20	−0.15	−0.10	−0.10	−0.10	−0.05	−0.05	−0.05	−0.05	−0.05	−0.05	0.0	0.0	0.0
	2.0	−0.25	−0.15	−0.15	−0.10	−0.10	−0.10	−0.10	−0.10	−0.05	−0.05	−0.05	−0.05	0.0	0.0

注：y_2 为上层层高变化的修正值，根据 α_2 求得，上层较高时为正值，但对于最上层 y_2 可不考虑。y_3 为下层层高变化的修正值，根据 α_3 求得，对于最下层 y_3 可不考虑。

参 考 文 献

[1] GB 50010—2010 混凝土结构设计规范.
[2] GB 50009—2012 建筑结构荷载规范.
[3] GB 50153—2008 工程结构可靠性设计统一标准.
[4] GB 50011—2010 建筑抗震设计规范.
[5] GB 50223—2008 建筑工程抗震设防分类标准.
[6] GB 50007—2011 建筑地基基础设计规范.
[7] JGJ 3—2010 高层建筑混凝土结构技术规程.
[8] GB/T 50105—2010 建筑结构制图标准.
[9] JGJ 1—2014 装配式混凝土结构技术规程.
[10] GB/T 51231—2016 装配式混凝土建筑技术标准.
[11] 叶列平. 混凝土结构. 下册. 北京：中国建筑工业出版社，2013.
[12] 梁兴文，史庆轩. 混凝土结构设计. 第3版. 北京：中国建筑工业出版社，2016.
[13] 李宏男. 混凝土结构设计. 大连：大连理工大学出版社，2016.
[14] 蓝宗建. 混凝土结构. 下册. 北京：中国电力出版社，2012.
[15] 赵维霞，马秀平. 混凝土结构与砌体结构. 北京：北京理工大学出版社，2014.
[16] 侯治国，陈伯望. 混凝土结构. 第4版. 武汉：武汉理工大学出版社，2011.
[17] 黄炜，薛建阳. 混凝土及砌体结构. 第2版. 北京：中国电力出版社，2014.
[18] 庄伟，匡亚川，廖平平. 装配式混凝土结构设计与工艺深化设计. 北京：中国建筑工业出版社，2016.
[19] 罗福午，方鄂华，叶知满. 混凝土结构及砌体结构. 下册. 第2版. 北京：中国建筑工业出版社，2014.
[20] 东南大学，同济大学，天津大学. 混凝土结构. 中册. 混凝土结构及砌体结构设计. 第6版. 北京：中国建筑工业出版社，2016.03.
[21] 梁兴文，史庆轩. 混凝土结构设计. 第三版. 北京：中国建筑工业出版社，2016.
[22] 贾莉莉，陈道政，江小燕. 土木工程专业毕业设计指导书：建筑工程分册. 第2版. 合肥：合肥工业大学出版社，2008.
[23] 张维斌. 多层及高层钢筋混凝土结构设计释疑及工程实例. 北京：中国建筑工业出版社，2005.
[24] 沈小璞. 高层建筑结构设计. 合肥：合肥工业大学出版社，2006.
[25] 沈小璞，陈道政. 高层建筑结构设计. 武昌：武汉大学出版社，2014.